개정판

드레이핑 이해와 응용

입체 패턴 구성

지은이 **양경희**

건국대학교 의상학과와 파리 에스모드를 졸업했다.
파리 7대학에서 석사, 건국대학교 대학원 의복 디자인·구성 전공 박사과정을 수료했다.
삼성물산 에스에스패션 디자이너, (주)아가방 디자인 실장, 에스모드 서울 전임을 지냈다.
의류 상품기획과 디자인 개발 프로모션사인 에코모다 대표, 건국대학교 의상텍스타일학부 겸임교수,
홍익대학교 산업미술대학원 의상디자인 전공 겸임교수를 역임했다.
현재 홍익대학교 패션대학원 교수로 재직 중이다.
지은 책으로《15주 평면 패턴 메이킹 기초》가 있으며,
《드레이핑 입문—기본 스커트편》《드레이핑 입문—기본 상의편》《드레이핑 입문—상의응용편》등을
전자책으로 펴냈다. 옮긴 책으로《패션 섬유 조형 예술》이 있다.
이메일 yangssam8@gmail.com

개정판
드레이핑 이해와 응용
입체 패턴 구성

초판 1쇄 발행일 2013년 8월 30일
초판 2쇄 발행일 2022년 2월 25일

지은이 양경희
펴낸이 박재환
펴낸곳 에코모다
주소 서울시 마포구 동교로15길 34 3층(04003)
전화 702-2530 팩스 702-2532
이메일 ecolivres@hanmail.net
출판등록 2001년 5월 7일 제201-10-2147호

ISBN 978-89-6263-101-2 13590
책값은 뒤표지에 있습니다. 잘못된 책은 구입한 곳에서 바꿔드립니다.
에코모다는 에코리브르의 디자인도서 브랜드명입니다.

개정판

드레이핑 이해와 응용

입체 패턴 구성

양경희 지음

에코모다

●머리말

나는 '옷'이라는 것을 생각할 때마다, 이 세상에 알몸으로 태어나서 옷 한 벌은 챙겼으니 밑지지 않는 장사가 아니냐는 어느 유행가 가사가 떠오른다. 이처럼 태어나면서부터 입기 시작해서 죽어서까지 우리와 떨어지지 않는 옷은 과연 어떻게 만들어질까?

상상하는 것보다 훨씬 복잡한 여러 단계를 거치지만, 아주 단순하게 생각해도 디자이너의 스케치를 구입해서 입을 수는 없는 노릇이다. 일반적인 회화 작품과 달리, 옷은 머릿속에 떠오른 아이디어를 스케치하는 것으로 끝나는 것이 아니라 패턴을 제작하고 적절한 소재와 부자재를 사용하여 봉제 과정을 거친 뒤에야 옷으로 탄생한다. 그런데 똑같은 디자인을 가지고도 작업하는 사람에 따라 완성된 옷의 모양은 각기 다르다. 그만큼 디자인을 해석하고 표현하는 과정인 패턴의 역할은 매우 중요하다. 이러한 패턴을 이해하기 위해서는 우선 인체에 대한 기본적인 이해가 필수적인데, 마네킹에 직접 천을 사용하여 작업하는 드레이핑 방법은 패턴을 처음 접하는 사람들에게 평면 패턴에 비해 훨씬 쉽게 인체의 구조와 패턴의 관계를 이해할 수 있게 한다.

패턴에 대한 지식이 전혀 없는 독자를 대상으로 쓴 '기본 스커트편' '기본 상의편' '상의 응용편' 등 세 권을 정리하여 《드레이핑 이해와 응용》 한 권으로 만드는 과정에서 빠졌던 숄 칼라와 파워 슬리브 등을 다시 추가하여 개정판을 내게 되었다. 기존의 세 권은 전자책으로 만나볼 수 있다.

이 책은 초보자가 쉽게 이해할 수 있도록 단계별 사진과 설명을 덧붙이는 방법으로 되어 있다. 간단한 스커트부터 시작해서 칼라와 소매가 없는 상의를 거쳐 난이도가 있는 재킷 순으로 구성되어 있다. 처음 스커트 부분에서는 광목을 준비하는 과정이 제시되어 있으나 상의부터는 스스로 준비하도록 되어 있다. 또한

앞부분에서 설명한 것이 반복될 때 생략하는 경우도 있으므로 반드시 앞부분부터 순서대로 작업하기를 권한다. 실제로 이 책은 의상디자인 전공 학생들에게 드레이핑의 기초 과정을 가르치는 교재로 사용되고 있다. 1학기에는 모델 1~17번까지를 익히고 2학기에는 18~28번을 거친다. 각 과정은 자신의 창작 디자인을 작업하면서 복습의 효과와 응용력을 기르는 것으로 마무리한다. 일반 독자들의 경우에도 마찬가지로 기본 과정을 먼저 충분히 연습한 다음 심화 과정으로 넘어가도록 권한다.

이 책의 궁극적인 목적은 인체와 기본적인 패턴의 연관성을 이해하는 것에서 출발하여 독창적인 디자인 아이디어를 창출해낼 수 있는 창의력을 기르는 데 있다. 실제로 작업 과정에서 뜻하지 않은 실수나 의도하지 않은 결과물들이 새로운 아이디어로 발전하는 경우도 많다. 그러므로 드레이핑 작업을 하면서 우연히 발견하는 작은 디자인 아이디어 하나도 소중하게 생각하고 발전시키도록 반복적인 노력을 기울여야 할 것이다.

항상 초보자의 수준에 맞추어 최대한 쉽고 자세하게 설명하려고 노력하지만 늘 아쉬운 것이 사실이다. 여러분의 많은 관심과 충고를 기대한다.

끝으로 편집을 맡아준 오필민 실장님, 많은 도움을 준 여러 제자들, 멋진 사진 작업을 해준 조항일 실장님, 에코리브르 출판사 여러분께 감사의 마음을 전한다.

2013년 8월 양경희

●차 례

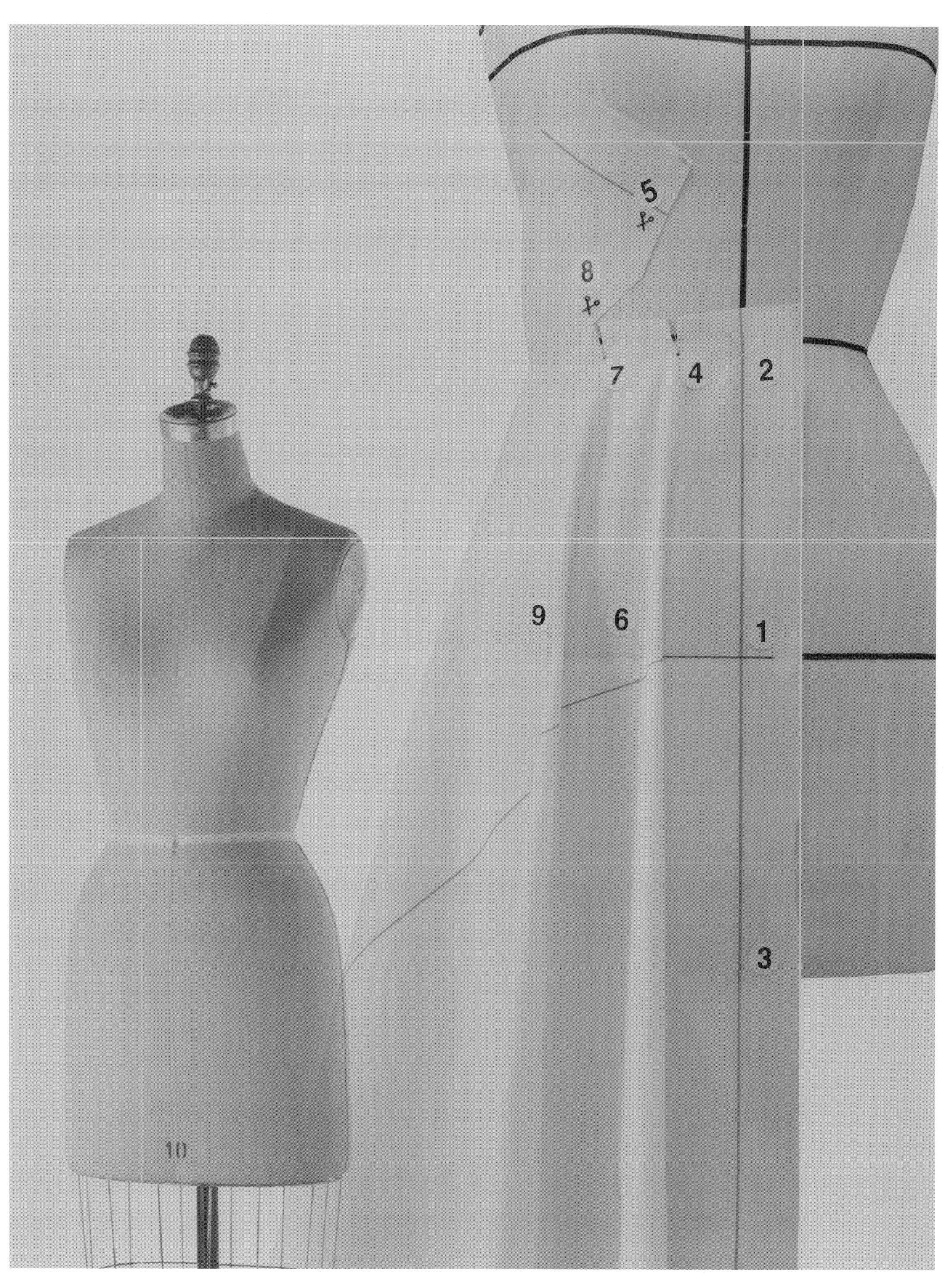

제1장 준비 과정

① 도구

- **직선자** 직선을 그리기 위한 것으로 두께가 얇은 것이 좋다.

  예 50cm, 100cm

- **직각자** 직각을 찾아 그릴 때 사용한다.

- **줄자** cm와 inch가 함께 표시되어 있는 것을 준비하면 편리하다. 치수를 재거나 곡선의 길이를 찾는 데 편리하게 사용할 수 있다.

- **곡선자** 엉덩이 옆 곡선과 소매 진동둘레 등 여러 가지 곡선을 자연스럽게 그리기 위해 필요하다.

- **방안자** 다양한 시접선을 그리는 데 편리하게 사용할 수 있다.

- **글씨자** 패턴의 명칭과 중요 사항을 기입하는 데 사용한다.

- **가위** 종이용과 헝겊용을 구분하여 쓰도록 한다. 입체재단용 가위는 작고 가벼운 것이 좋다.

- **룰렛** 작업한 패턴을 베껴낼 때 자국이 나도록 하여 사용한다.

- **송곳** 너치를 표시하거나 다트의 끝점을 찾는 데 사용한다.

- **핀** 마네킹 테이프 고정용으로는 짧고 튼튼한 것이 좋으며, 입체재단용은 가늘고 길며 잘 휘어지지 않는 것이 좋다.

- **핀 쿠션** 핀을 하나씩 쓰기 편하도록 해주며 특히 손목에 착용할 수 있으면 더욱 편리하다.

- **먹지** 가봉을 위해서 패턴을 광목에 빠르게 베껴내는 데 유용하다.

- **광목** 두께가 얇은 것, 중간 것, 두꺼운 것 중에서 사용할 소재에 따라 적절하게 선택해서 사용한다.

- **연필** 광목에 그리는 것으로는 샤프 연필보다 보통 연필이 좋다.

- **색 사인펜 또는 볼펜** 기본적으로 빨강, 파랑, 검정색을 준비한다.

- **라인테이프** 마네킹에 기본선을 치기 위한 면 테이프와 입체재단을 할 때 쉽게 라인을 보기 위해 사용하는 접착용 라인테이프 등 다양하다.

마네킹에 기본선 테이프 치기

여러 종류의 마네킹이 있으나 여기서는 한국에서 쉽게 구할 수 있고 학생들이 많이 사용하는 것을 선택했다. 치수나 형태가 과장된 점이 있고 인체의 완벽한 곡선을 표현해내지는 못하지만, 기본적인 드레이핑 원리를 이해하고 작업하는 데 그 의의를 두고자 했다. 인체에 대한 많은 연구가 진행되고 있고, 이를 바탕으로 마네킹 제작 시도도 활발하게 이뤄지고 있으므로 머지않아 좀더 좋은 마네킹이 보급될 수 있기를 기대해본다.

- 우선 테이프를 치기 전에 마네킹이 바닥에 수직으로 곧게 서 있는지, 바닥 면이 기울지는 않았는지를 살펴본다.
- 가봉을 보거나 입체로 패턴을 떠내는 데 필요한 기본선을 마네킹에 테이프로 표시해둔다. 기준이 되는 선이므로 정확하게 표시해야 한다는 것은 여러 번 강조해도 지나치지 않다.

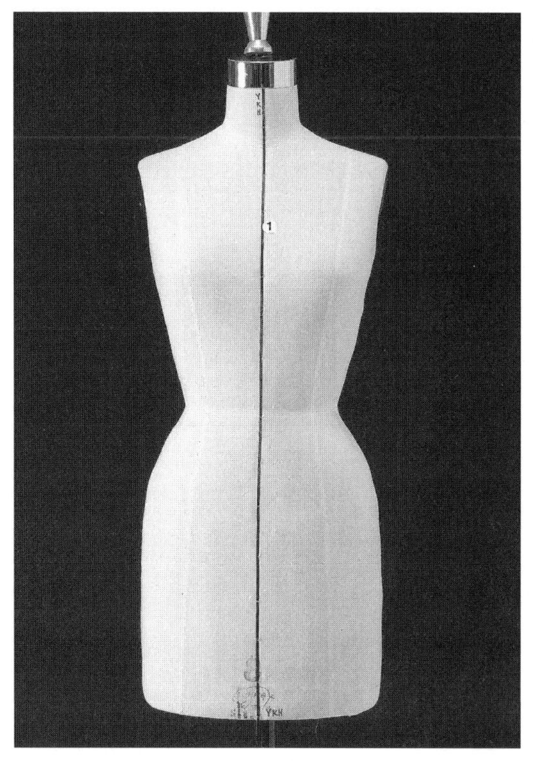

1. 앞 중심선

앞 중심 목점에 테이프를 고정한 후 테이프 끝 부분에 무게가 있는 물체를 매달아 수직선을 정확하게 찾은 다음, 마네킹 바닥까지 테이프를 고정한다

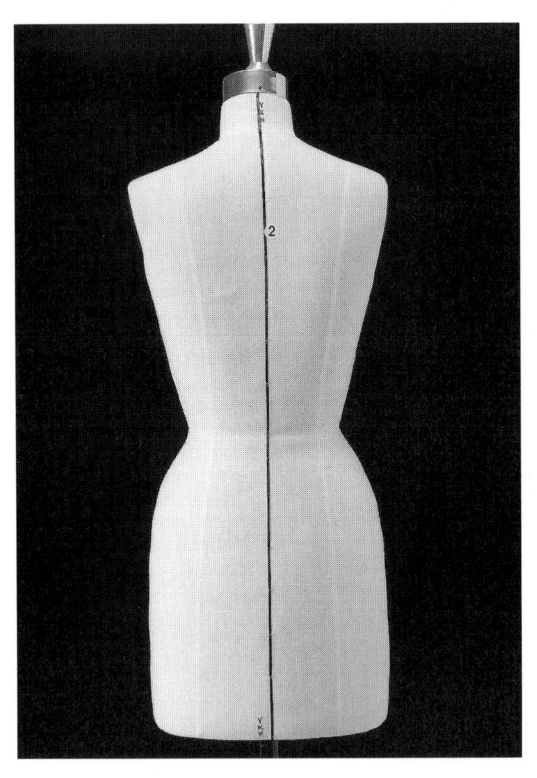

2. 뒤 중심선

마네킹의 둘레 치수(목둘레, 허리둘레, 마네킹 바닥 둘레)를
잰 다음 앞 중심에서 출발하여 그 1/2 치수를 찾아 뒤
중심선을 정한다.

* 우선 핀으로 표시한 후 뒷목 중심에 테이프를 고정하고, 추를 매
  달아 내린 선이 핀으로 찾아놓은 점과 만나는지 확인한 다음 앞
  중심선을 치는 것과 같은 방법으로 고정한다.

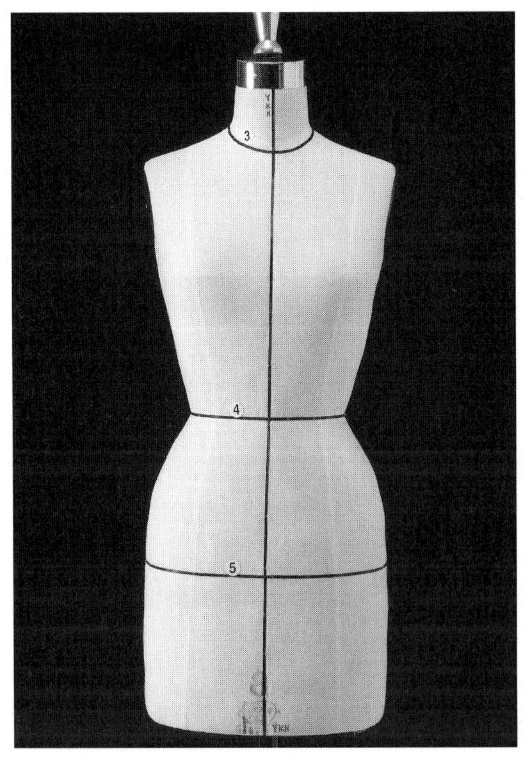

3. 목둘레선

앞뒤 목둘레선이 꺾이거나 휘는 곳이 없도록 모양을 살
펴보면서 좌우 대칭이 되게 고정한다.

4. 허리둘레선

마네킹의 가장 가는 곳에 돌려 친다.

* 테이프를 고정하기 전에 등 길이와 앞 중심 길이를 확인한다.

* 앞뒤 중심선과 직각을 이루며 중요한 선이므로 정확하게 찾는다.

5. 엉덩이둘레선

앞 중심 허리선에서 엉덩이 길이(18~20cm)만큼 내려온
점에서 앞뒤 중심선과 직각이며 바닥과 평행이 되도록 고정한다.

* 허리선과 마찬가지로 중요한 기준선이다. 마네킹 바닥과 평행이 되도록 한다.

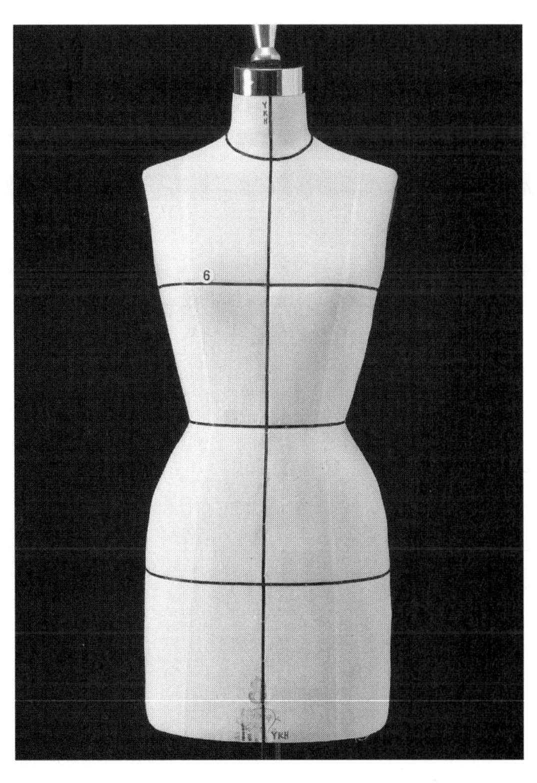

6. 가슴둘레선

가장 튀어나온 두 유두점을 지나면서 앞뒤 중심선과 직
각이며, 마네킹 바닥과 수평이 되도록 테이프를 둘러 고
정한다.

＊ 가슴선과 엉덩이선은 평행이 되도록 한다: 마네킹과 가까운 곳에
서는 잘 보이지 않으므로 마네킹에서 조금 떨어져서 관찰하면서
여러 번 검토하도록 한다.

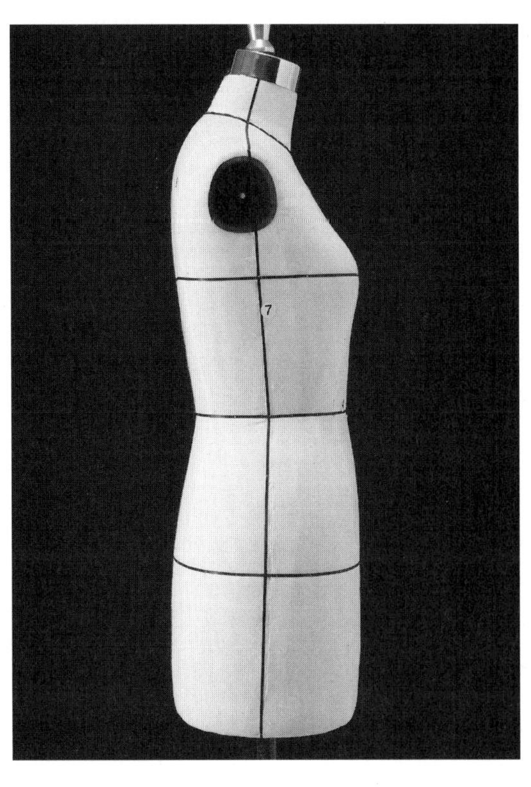

7. 옆선

옆 목점에서 출발하여 어깨점을 거쳐 밑단까지 이르는
옆선을 한꺼번에 고정한다.

• 옆 목점: 앞뒤 중심선까지의 목둘레 치수를 이등분하
고 뒤로 1cm 옮긴 점을 찾아 핀으로 표시해둔다.

• 어깨점: 가장 솟아 있는 어깨 포인트를 찾아 핀으로
표시해둔다.

• 허리점: 앞뒤 중심선까지의 허리둘레 치수를 이등분
하고 뒤로 1cm 옮겨 핀으로 표시해둔다.

• 엉덩이점: 앞뒤 중심선까지의 엉덩이둘레 치수를 이
등분하고 뒤로 1cm 옮긴 점을 핀으로 표시해둔다.

• 마네킹 바닥점: 앞뒤 중심선까지의 밑단 둘레 치수를 이등분하고 1cm 뒤로 옮긴 점을 핀으로 표시해둔다.

＊ 가슴 부분이 강한 마네킹은 가슴선에서 뒤로 1.5~2cm 이동해야 하는 경우도 있다. 마네킹에 따라 무리 없는 옆선을 찾도록 한다.

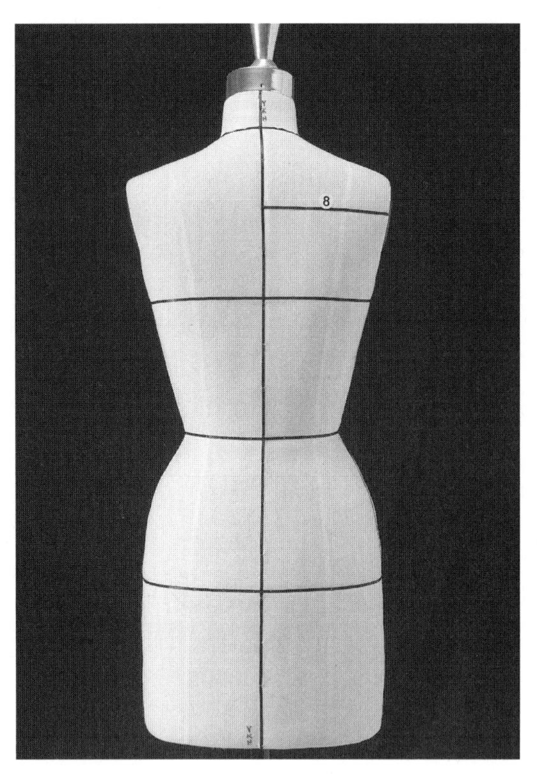

8. 뒤품선

뒤 중심선에서 뒷목 중심점과 가슴선까지의 길이를 이등분한 점에서 뒤 중심선과 직각으로 암홀까지 수평으로 테이프를 친다.

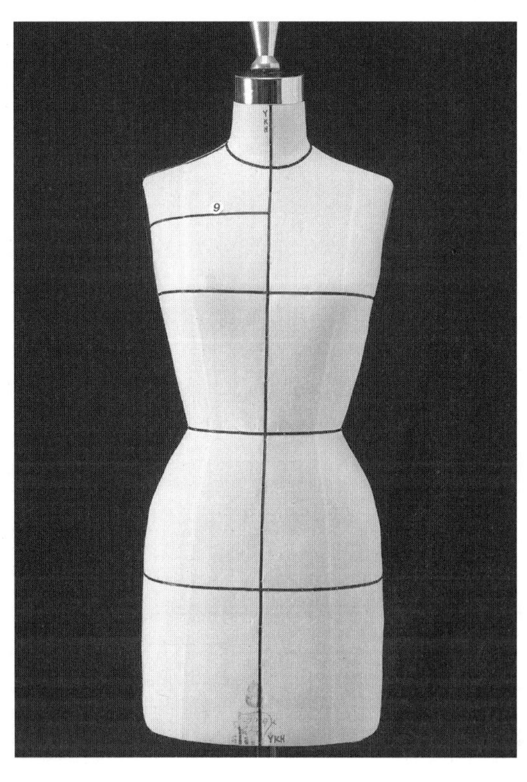

9. 앞품선

뒤 가슴선에서 뒤품선까지의 길이와 같은 길이를 앞 중심의 앞 가슴선에서 위쪽으로 찾아놓고 앞 중심선에 직각으로 암홀까지 수평으로 테이프를 친다.

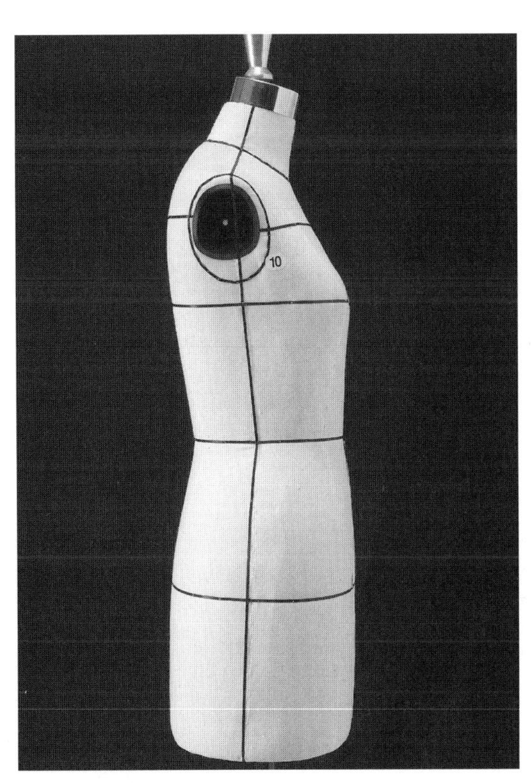

10. 진동둘레선

어깨점과, 어깨점에서 수직 방향으로 13~13.5cm 내려
온 점, 그리고 그 두 점의 이등분 지점을 중심으로 너비
가 9.5~10cm인 두 점을 찾아 네 점을 자연스럽게 연결
하여 달걀 모양의 진동둘레선을 고정한다.

3 마네킹 팔

1 패턴 제도

1. 위팔과 아래팔의 제도

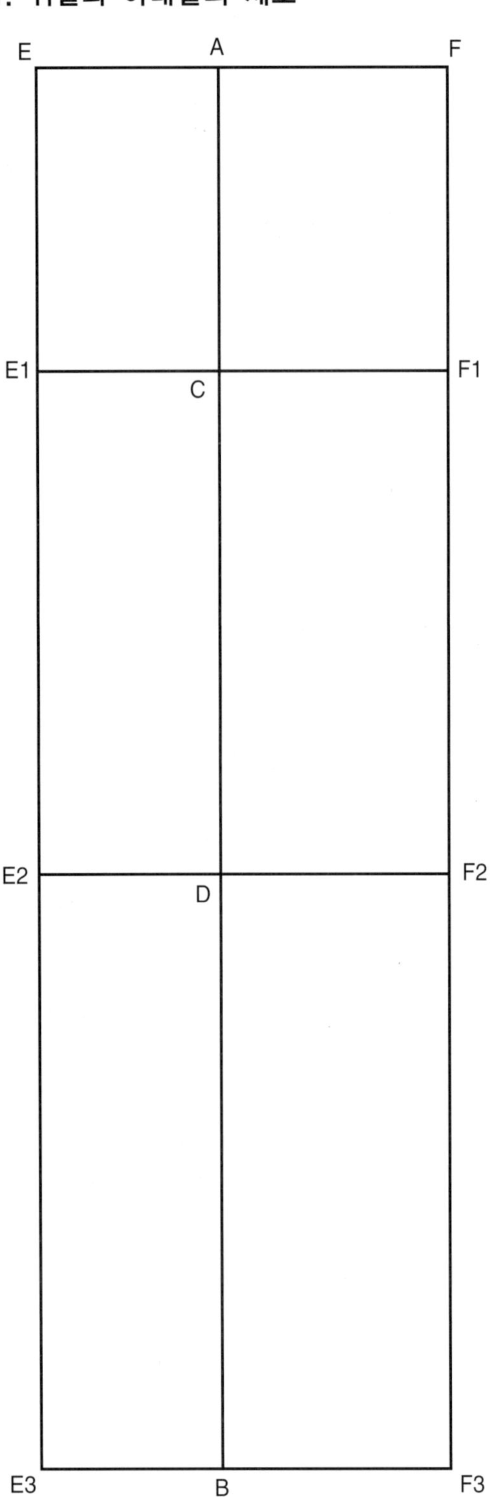

- AB＝59cm

- AC＝13cm

- AD＝34cm

- AE＝8cm

- AF＝10cm

- EE3과 FF3은 AB와 평행

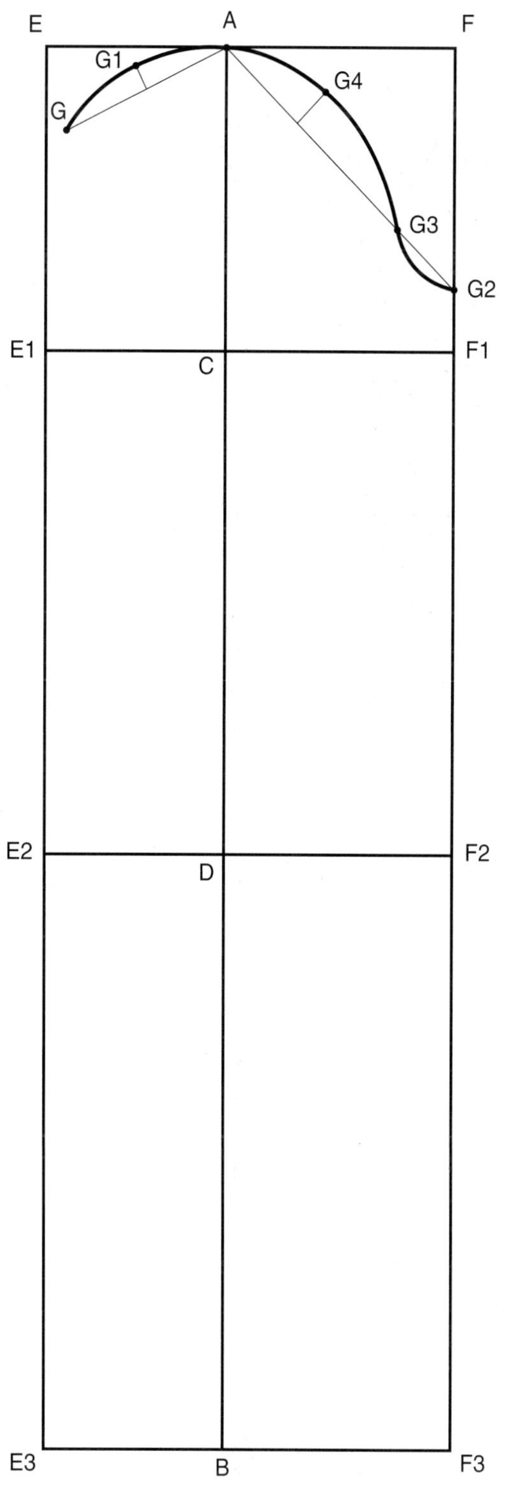

필요한 점

- G : E에서 3.5cm 내려서 안으로 1cm 들어간 점

- G1 : AG의 1/2 점에서 약 0.7cm 올린 점

- G2 : F1에서 2.5cm 올린 점

- G3 : AG2 직선상에서 G2로부터 3.5cm인 점

- G4 : AG2 직선상에서 A로부터 4cm 점에서 약 2.5cm

  올린 점

- 위의 모든 점을 연결하여 팔의 어깨 부분을 그린다.

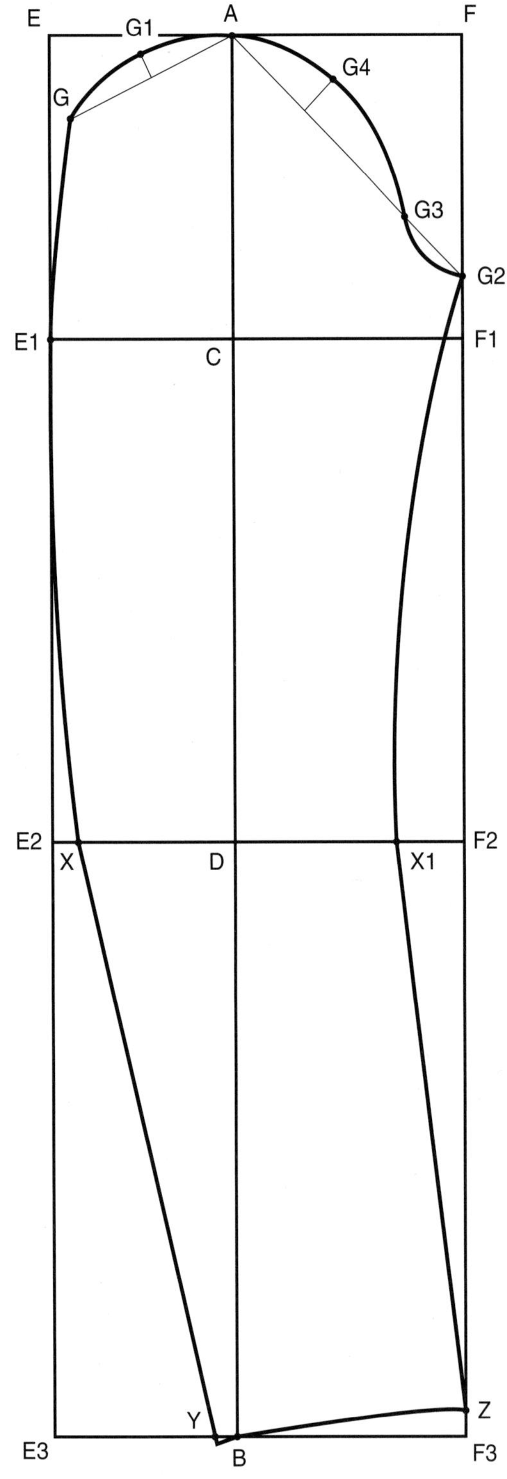

필요한 점

• X : E2에서 1cm 들어간 점

• X1 : F2에서 2.5cm 들어간 점

• Y : E3에서 7cm 들어간 점

• Z : F3에서 1cm 올린 점

∗ GE1X를 곡선 연결

∗ XY 직선을 Y 방향으로 약간 더 길게 그려놓고 XY선에 직각으로

　B점을 통과하여 Z까지 곡선으로 손목선을 그린다.

∗ G2X1 곡선 연결

∗ X1Z 직선 연결

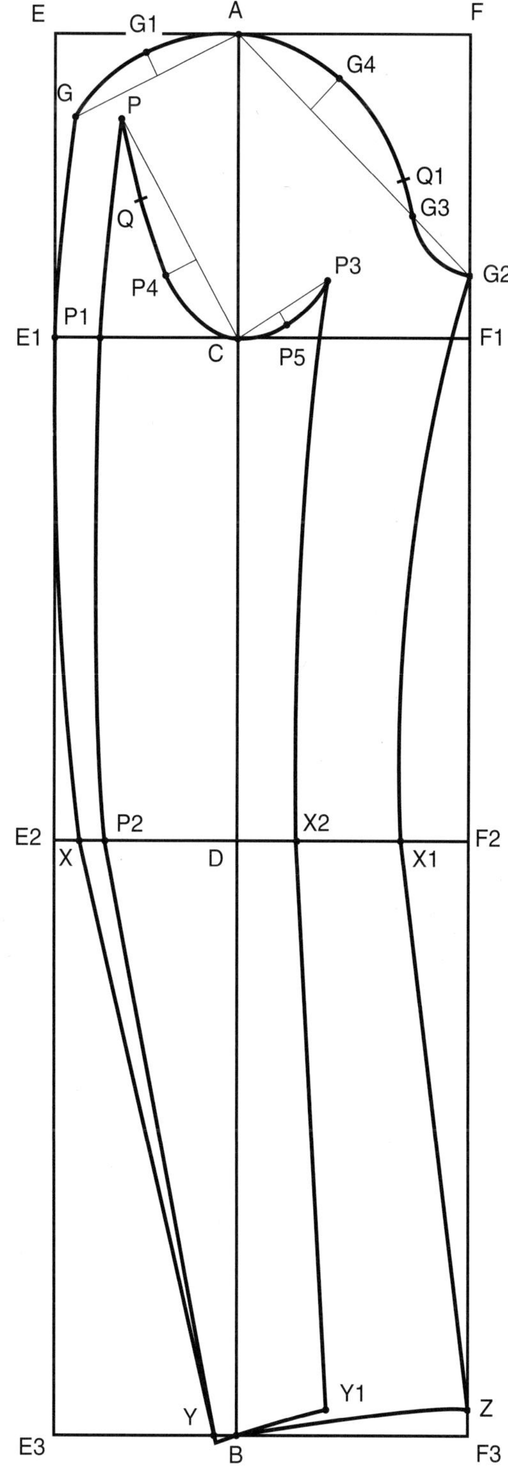

필요한 점

- P: G에서 수평으로 2cm 들어간 점

- P1: E1에서 2cm 들어간 점

- P2: X에서 1cm 들어간 점

- P3: C에서 4cm 나간 점에서 수직으로 2.5cm 올린 점

- P4: CP 연결 후 C로부터 4cm 점에서 약 1.8cm 내린 점

- P5: CP3 연결 후 1/2 점에서 0.5cm 내린 점

- X2: D에서 2.5cm 나간 점

- Y1: B에서 4cm 나간 점에서 수직으로 1cm 올린 점

* P, P4, C, P5, P3을 연결하여 팔의 겨드랑이 부분을 그린다.

* PP1P2 곡선 연결, P2Y 직선 연결

* P3X2 곡선 연결, X2Y1 직선 연결, YY1 곡선 연결

* 위팔 막음 제도 후에 접합점 QQ1을 표시한다.

- 위팔 막음의 FY 길이에 맞추어 CP3+G2Q1이 되도록 한다.

- 위팔 막음의 FZ 길이에 맞추어 CQ가 되도록 한다.

* Q: 뒤 어깨걸이 D점과 만나는 점

* Q1: 앞 어깨걸이 B점과 만나는 점

- 완성선과 시접선을 그리면서 위팔과 아래팔의 패턴을 각각 베껴낸다. 시접은 모두 1cm로 한다.

- 이때 아래팔의 방향은 반대가 되도록 베껴낸다(오른팔을 제작하기 때문).

2. 어깨걸이 제도

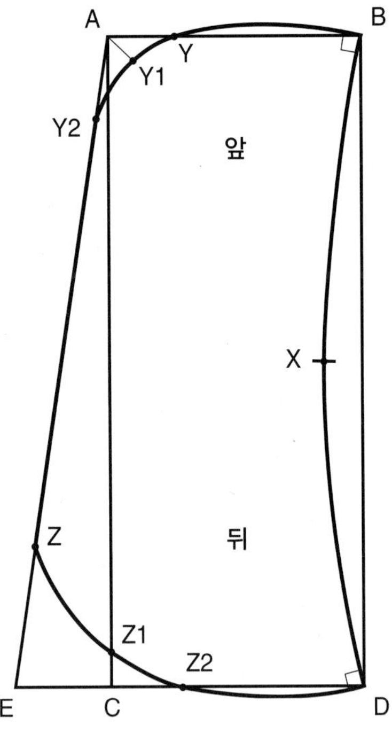

직사각형 ABCD

- AB＝7cm BD＝18cm

- CE＝2.5cm

필요한 점

- X: BD의 1/2 점에서 1cm 들어간 점

- AY＝1.5cm AY1＝1cm AY2＝2cm

- EZ＝4cm CZ1＝1cm CZ2＝2cm

- BXD와 직각이게 B와 D를 출발해 모든 점을 연결하여 어깨걸이 패턴을 완성한다.

- 시접은 1cm로 한다.

3. 위팔 막음 제도

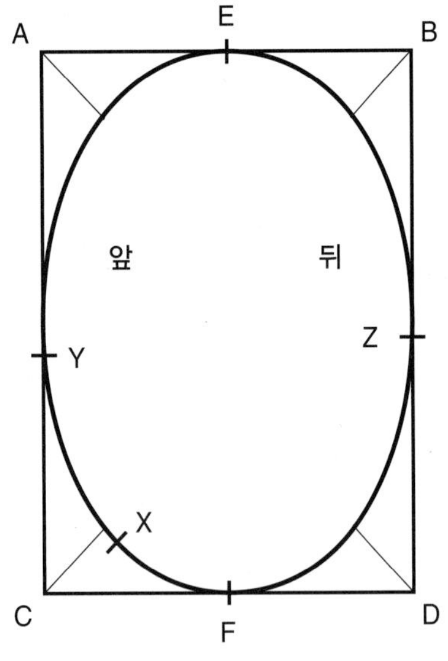

직사각형 ABCD

- AB＝9cm BD＝13cm

- AE＝BE CF＝DF

- E는 어깨 끝점, F는 겨드랑이점

- ABCD 각 모서리에서 약 2cm 들어온 점을 지나는 타원형을 그린다.

- 접합점 표시: 연결할 패턴에 맞춘다.

- EY＝앞 어깨걸이 치수 BX

- EZ＝뒤 어깨걸이 치수 DX

- FX＝아래팔 치수 CP3

4. 손목 제도

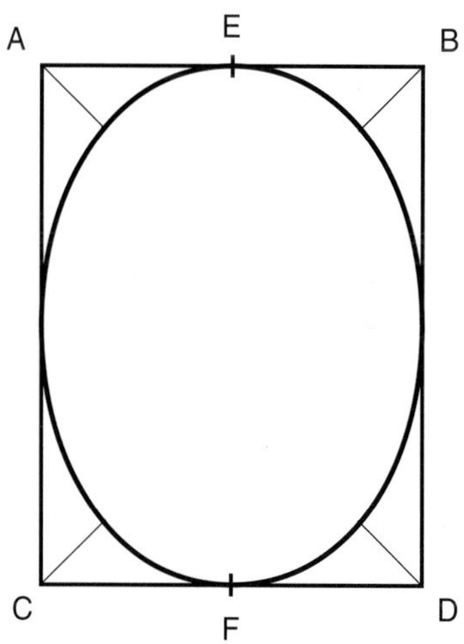

직사각형 ABCD

- AB＝4.5cm BD＝6cm

- AE＝BE CF＝DF

- ABCD 네 점에서 약 1cm 들어간 점을 지나는 곡선을 그린다.

2 봉제

1. 패턴에 맞추어 광목을 재단한다.

- 위팔 1장, 아래팔 1장, 어깨걸이 2장, 위팔 막음 1장, 손목 1장

- 모든 중요 선과 가윗집을 표시하도록 한다.

  * 오른팔을 제작할 것이므로 광목을 재단할 때 방향을 유의한다.

2. 위팔과 아래팔의 겉면에서 곧은 올과 위 팔둘레선, 팔꿈치선에 면 테이프를 박아 고정한다.

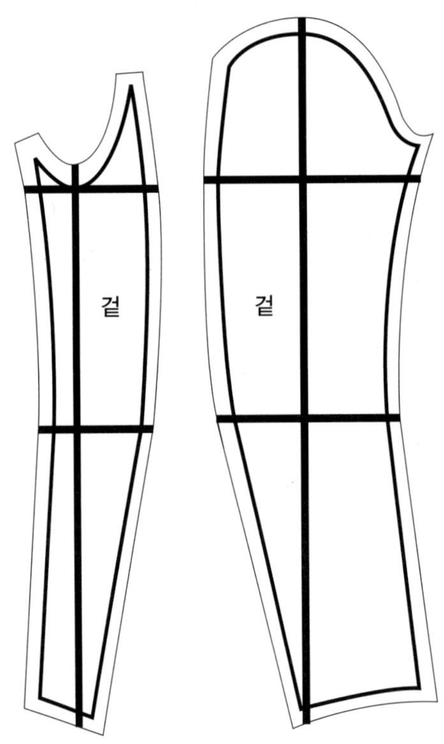

3. 어깨걸이 1장과 위팔 막음, 손목의 안쪽에 접착심지를 부착한다.

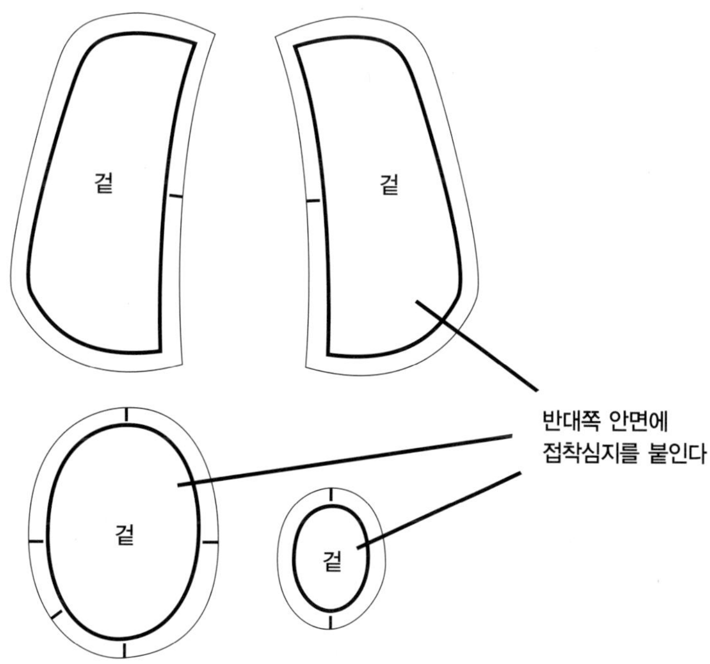

4. 소매통 연결: 위팔과 아래팔을 통이 되도록 연결한 다음 가름솔로 다림질한다.

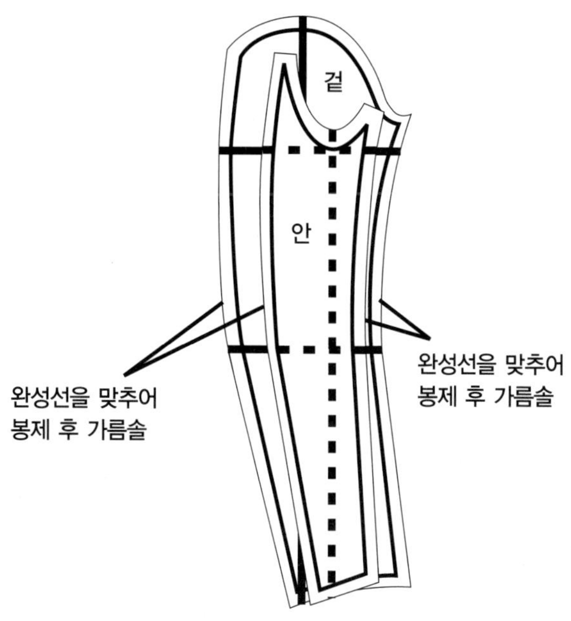

5. 손목을 연결한다.

가윗집 표시와 정확하게 맞추어 고정하고 가윗집을 넣어 봉제하기 쉽도록 한 다음 돌려 박는다(어려우면

손으로 박음질한다).

6. 위팔 어깨 부분의 이새 처리를 위해 홈질을 해둔다.

7. 어깨걸이 준비

- 어깨걸이 2장을 겉과 겉을 마주 대고 둥근 가장자리를 1cm 시접으로 박는다.

- 박은 부분의 시접을 3mm 정도만 남기고 잘라낸 다음 뒤집어서 다림질한다.

- 곡선을 따라 누벼준다.

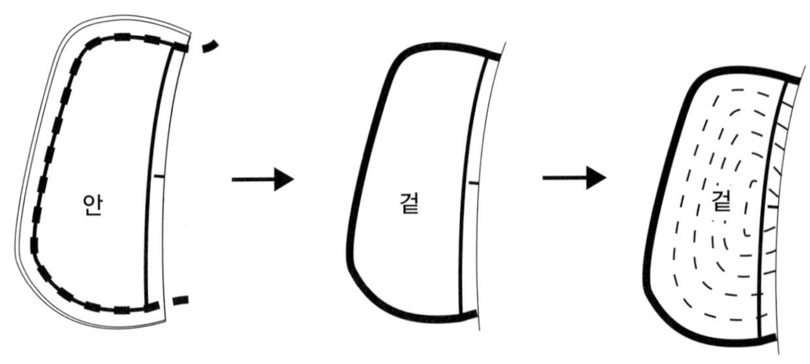

8. 가윗집 표시에 맞추어 위팔과 어깨걸이를 연결한다.

＊ 오른팔의 방향이 맞는지 확인하고 어깨걸이도 앞뒤가 바뀌지 않았는지 확인한다.

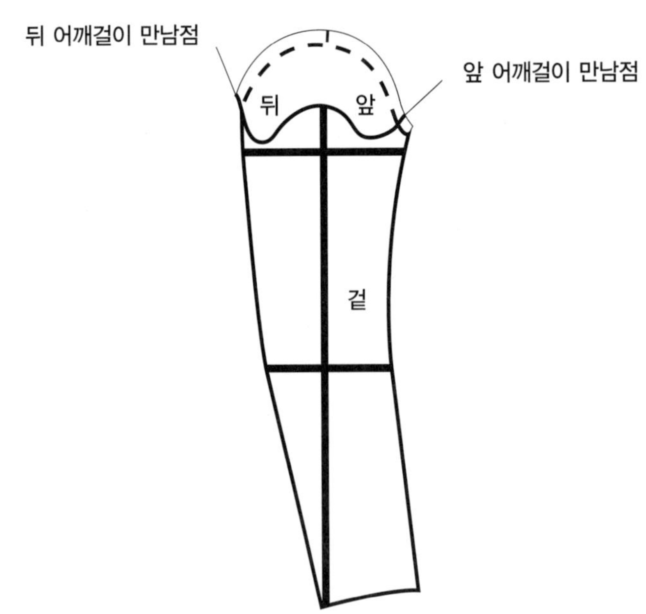

9. 가윗집에 맞추어 위팔과 어깨걸이를 연결한 곳을 위팔 막음과 다시 한번 연결한다.

  * 어깨걸이가 가운데 놓인 채로 위팔의 겉면과 위팔 막음의 겉면이 마주보는 상태이다.

10. 손목용 마분지를 넣어 고정한 후 트인 위팔 막음의 아랫부분으로 솜을 넣는다.

11. 손바느질로 위팔 막음의 아랫부분을 닫아 고정한다.

12. 위팔 누름 고정: 팔뚝이 부풀어오르는 것을 막기 위해 3~4군데에 누름 고정을 해준다.

3 고정

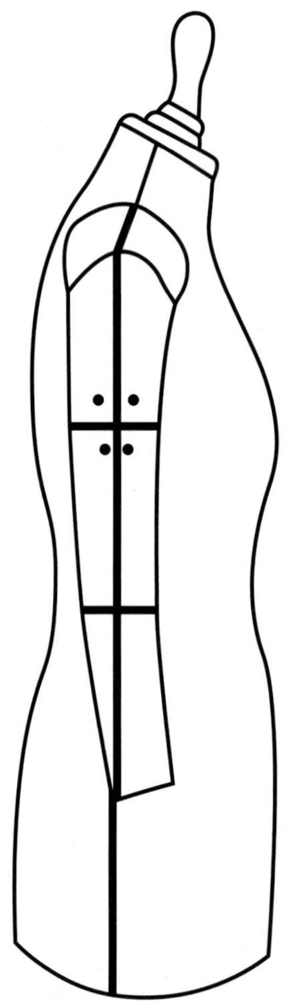

1 마네킹과 팔의 어깨 끝점에 빈 공간이 생기지 않도록 맞춘 다음 어깨선에서 고정한다.

2 마네킹과 팔의 암홀이 밀착되도록 어깨걸이를 당겨서 앞뒤 판 마네킹의 몸판에 고정한다.

3 이때 팔의 중심선과 마네킹의 옆선이 수직으로 떨어지도록 한다.

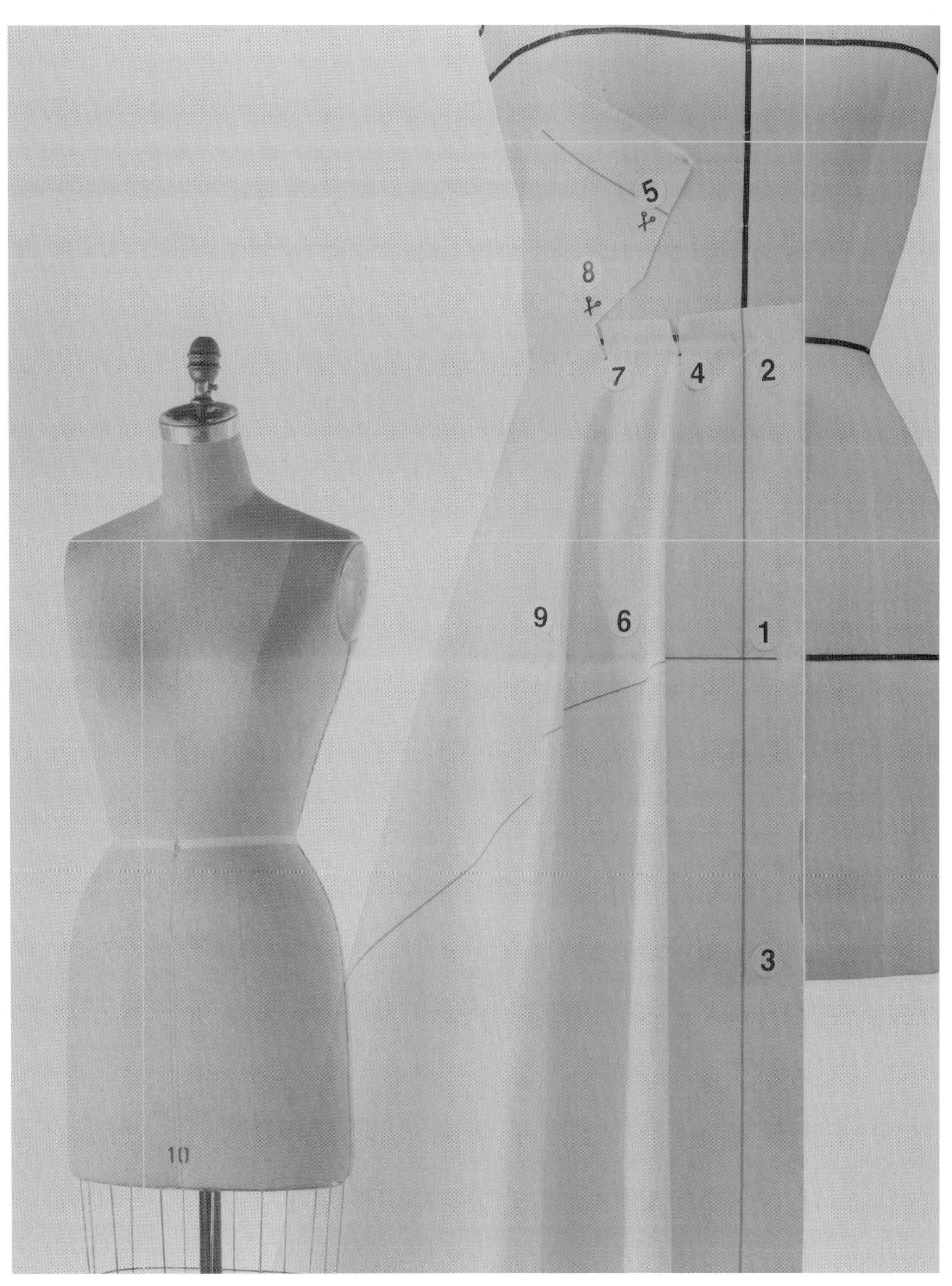

제2장 디자인에 따른 드레이핑

① 타이트 스커트

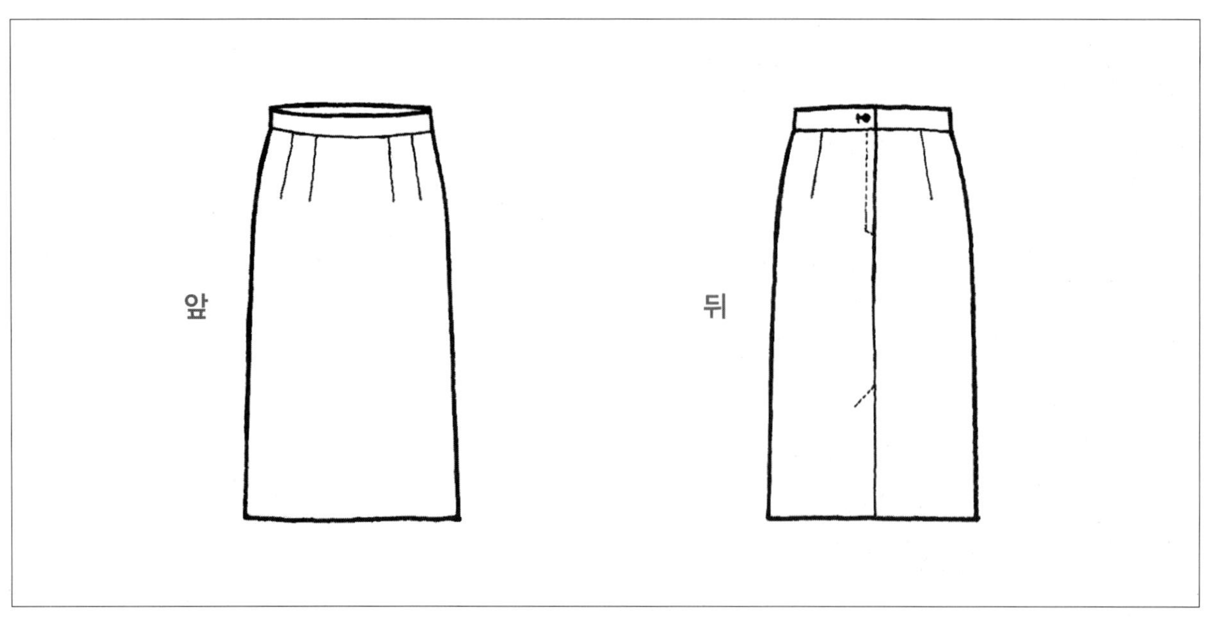

1 디자인에 대한 관찰과 라인테이프 치기

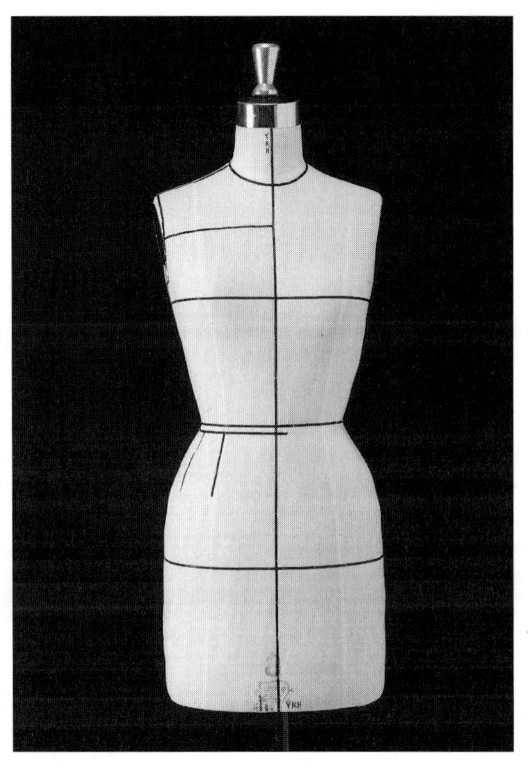

- 엉덩이선이 바닥과 평행한지 확인한다.

- 중심선이 휘어 있지는 않은지 확인한다.

- 허리선과 다트 위치를 라인테이프로 표시한다.

* 스커트 허리선은 보통 1cm나 1/2 벨트 너비만큼 내려서 표시한다.

* 다트의 방향은 옆선과 나란한 것이 좋으나 디자인에 따라 변할 수 있으며, 위치나 길이도 정해져 있는 것은 아니다.

◪ 앞판 첫 번째 다트는 앞 허리 중심에서 7.5~8cm 떨어진 점에서 길이는 9cm 정도로 한다. 두 번째 다트는 첫 번째 다트와 옆 허리선까지의 1/2 정도의 위치에, 길이는 9cm 정도로 한다.

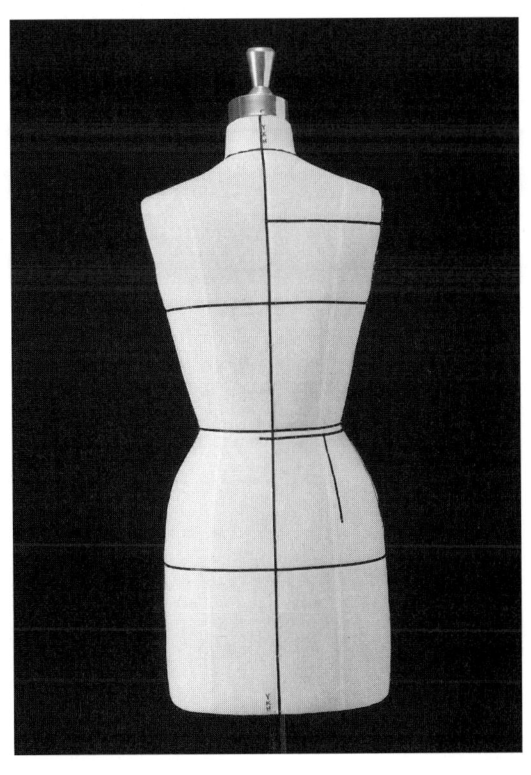

- 뒤판에 허리선과 다트 위치를 라인테이프로 표시한다.

  예 뒤판 다트는 보통 허리선의 이등분점에서 12~13cm 길이

  로 한다.

2 광목 준비

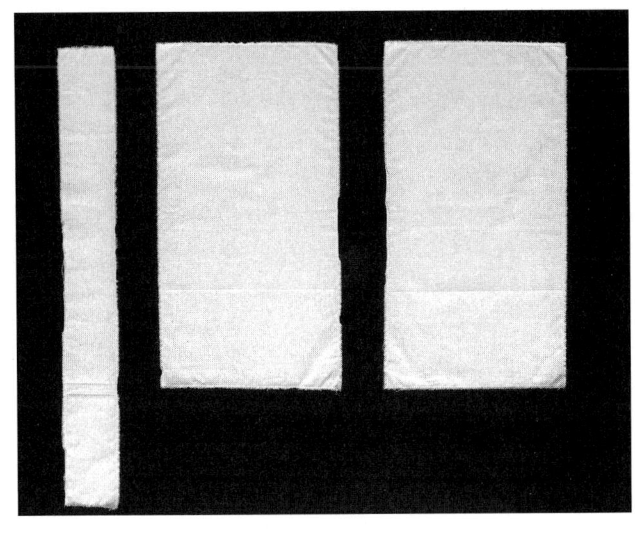

- 디자인에 필요한 광목 치수를 정하여 식서 방
  향에 유의하면서 디자인에 따라 필요한 광목
  을 찢어놓는다.

  예 앞판용: 식서 방향 길이 60cm, 너비 30cm

    뒤판용: 식서 방향 길이 60cm, 너비 35cm

    벨트용: 식서 방향 길이 75cm, 너비 10cm

- 광목의 결을 바로잡기 위해 대각선, 가로, 세
  로 방향으로 잡아당기면서 광목을 정리한다.

- 스팀 다림질을 한다.

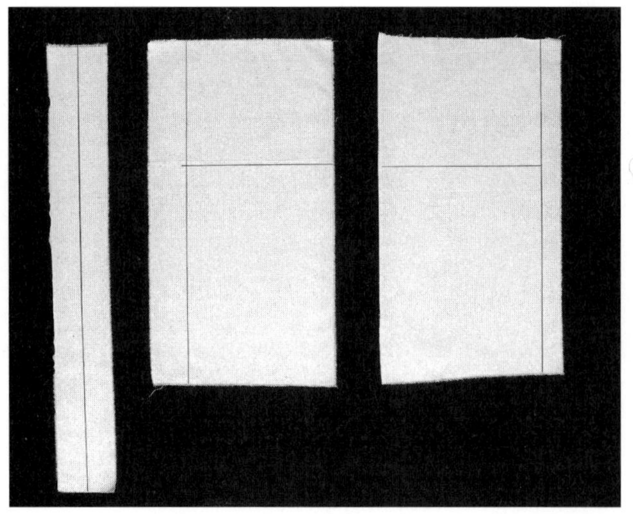

- 식서선을 핀으로 찾아 광목의 앞뒤 중심선을 그려놓고(**예** 앞 중심선은 광목 끝에서 3cm, 뒤 중심선은 광목 끝에서 5cm 정도), 엉덩이 길이 치수에 여유를 둔 치수만큼(**예** 25cm) 내려 중심선에 직각으로 엉덩이선을 그려놓는다.

* 보통 화살표로 표시된 식서선은 **빨간색**으로, 엉덩이선은 **파란색**으로 표시한다.

광목 준비 예

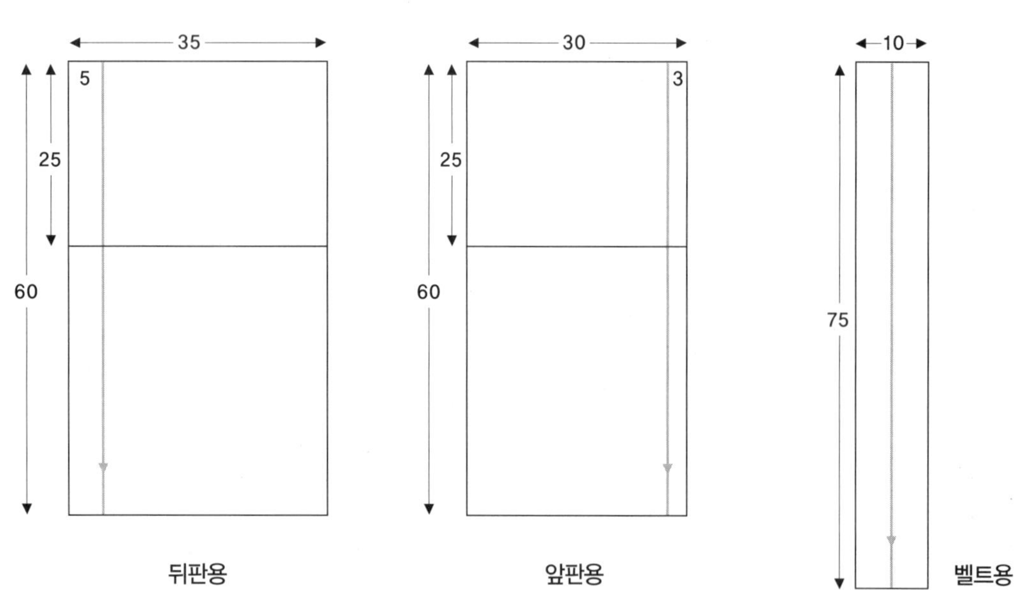

* 이 책에서 제시하는 모든 광목 준비 치수는 하나의 '예'일 뿐이며, 디자인에 따라 치수는 달라질 수 있다.

3 드레이핑과 볼륨 확인

디자인이 좌우 대칭일 경우에는 마네킹의 오른쪽만 작업한 다음 반대쪽은 먹지 등을 이용해 베껴낸다(이 내용은 모든 모델에서 똑같으므로 이후부터는 생략하기로 한다).

앞판

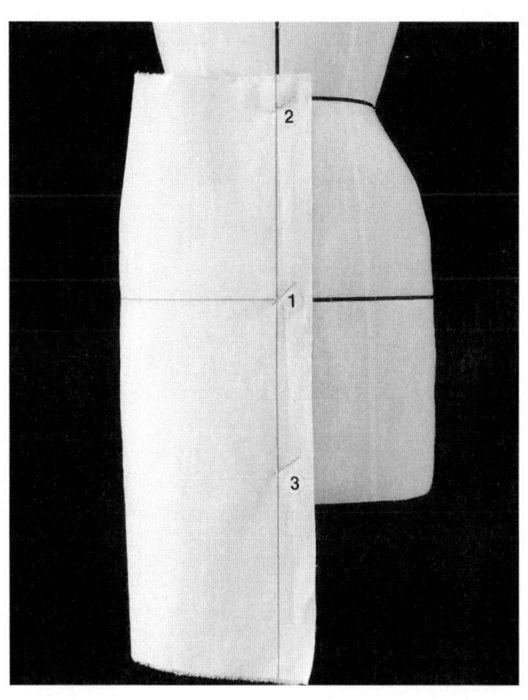

1 앞 중심선과 엉덩이선의 교차점을 고정한다.

2 광목을 수직으로 쓸어 올려서 허리선을 고정한다(허리와 엉덩이선의 중간 지점을 한 번 정도 고정해주어도 좋다).

3 광목을 수직으로 쓸어 내려서 앞 중심선 밑단을 고정한다.

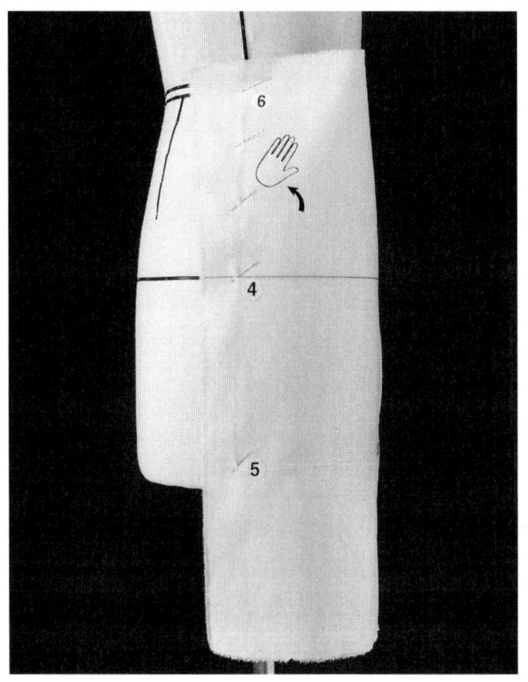

4 엉덩이선과 옆선이 만나는 점을 임시로 고정한다.

5 마네킹 옆선에 맞추어 광목을 수직으로 쓸어 내리고 옆선 밑단을 임시로 고정한다.

6 광목을 수직 위로 잡고 최대한 옆선 바깥 위쪽으로 쓸어 넘기면서(손동작 참조) 옆 허리선에 임시로 고정한다.

* 엉덩이 옆 곡선에 광목이 남거나 당기지 않도록 주의한다.

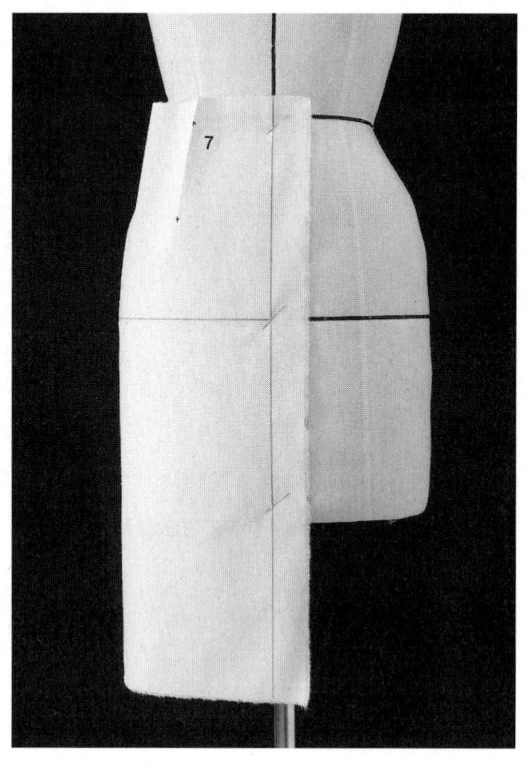

7 허리선에서 남은 광목의 양을 측정하여 다트의 양을 계산해둔다. 총 다트의 양을 둘로 나누어 중심 쪽 다트 위치를 표시한 후 광목을 접어서 자국을 내둔다.

* 허리선에 남은 광목의 양을 측정할 때 광목이 너무 당기지 않도록 주의한다.

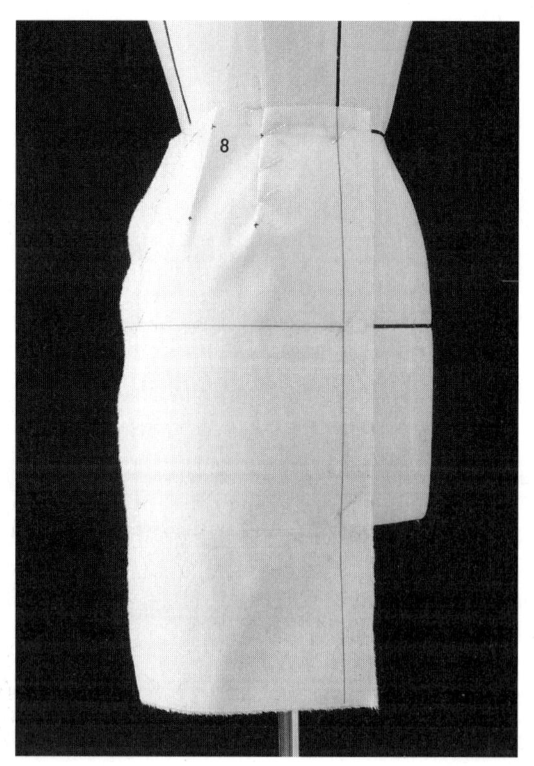

8 첫 번째 다트를 닫아 고정하고 남은 양으로 첫 번째 다트와 같은 방법으로 두 번째 다트를 잡는다.

* 다트를 닫을 때는 마네킹에 핀을 고정하지 않고 광목끼리만 연결하고, 다트의 끝이 너무 길어지지 않도록 주의한다.

* 허리선에 광목이 많이 남아 작업에 방해가 되지 않도록 정리한 다음 다트를 잡도록 한다.

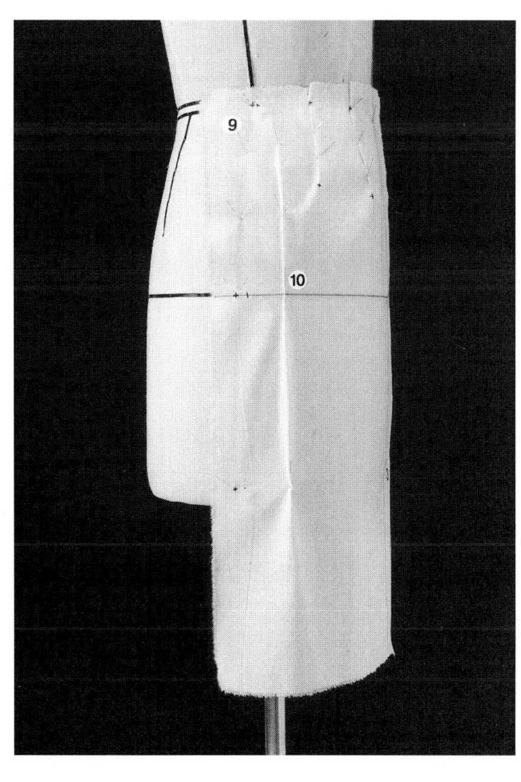

9 여유분 주기

- 숨을 쉬거나 음식 섭취, 봉제시의 솔기 두께 등을 고려해 기본 여유분을 준다.

  예 허리선 0.25cm, 엉덩이와 바닥선 0.5~1cm

- 옆선에서 여유분 표시를 하고 임시로 고정해두었던 핀을 뽑아 광목을 앞판 쪽으로 보낸 후 여유분을 표시한 점이 옆선에 오도록 핀을 다시 꽂는다.

10 여유분이 움직이지 않도록 엉덩이선 5cm 안쪽에 수직으로 고정해두기도 한다.

* 허리선, 옆선, 다트 등 모든 작업점을 연필로 점을 찍어 표시한다.

- 다트의 시작과 끝점, 허리 옆선 점 등 중요한 점은 + 표시를 해두도록 한다.

- 스커트 길이를 정하고 광목을 정리한다.

뒤판

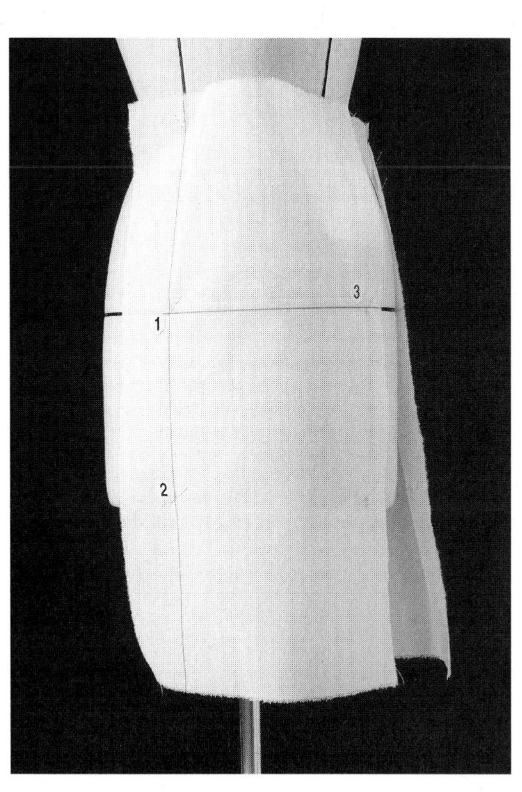

1 뒤 중심선과 엉덩이선이 만나는 점을 고정한다.

2 광목을 수직으로 쓸어 내려서 뒤 중심선 밑단을 고정한다.

3 엉덩이선을 따라 옆선을 임시로 고정한다.

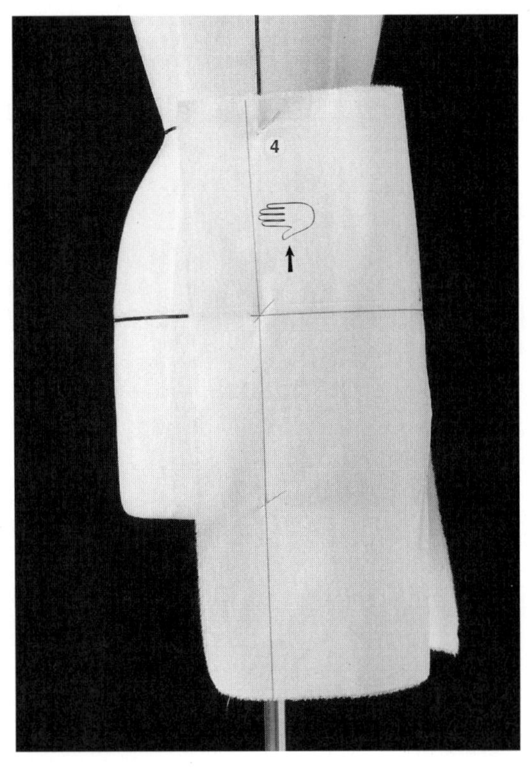

4 광목을 위로 쓸어 올려서 뒤 중심선 부분의 광목이 편안하게 놓이도록 한 다음, 뒤 중심 허리선을 고정한다. 이때 뒤 중심선에서 1cm 정도의 다트가 자연스럽게 빠지는 것을 볼 수 있다.

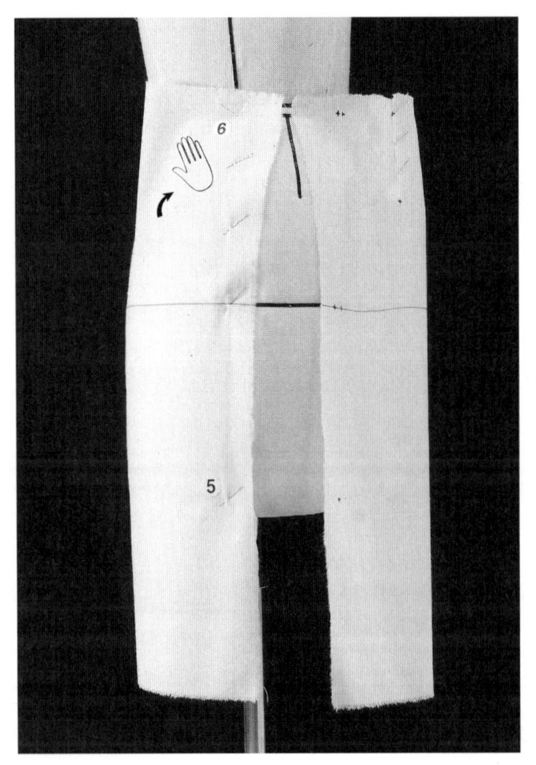

5 마네킹 옆선에 맞추어 광목을 수직으로 쓸어 내리고 밑단을 임시로 고정한다.

6 광목을 수직 위로 잡고 최대한 옆선 바깥쪽으로 쓸어 넘기면서 옆 허리선에 임시로 고정한다.

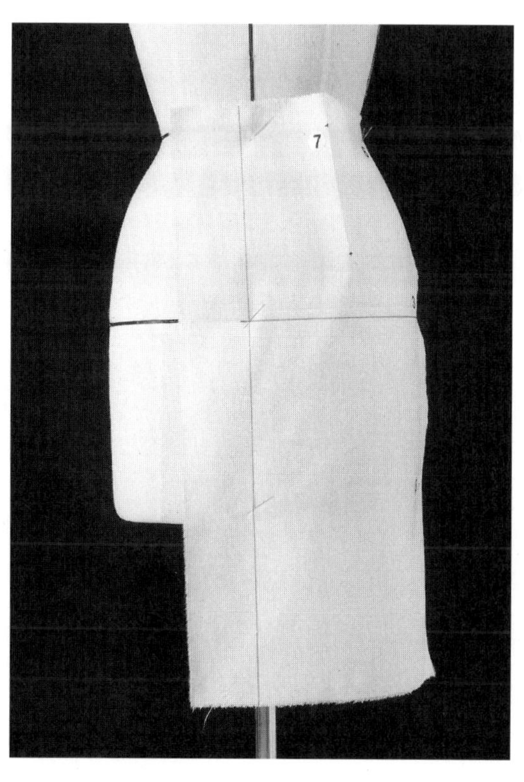

7 허리선에서 남은 광목의 양으로 다트의 위치를 정하
고 중심 쪽 다트선의 광목을 접어 표시해둔다.

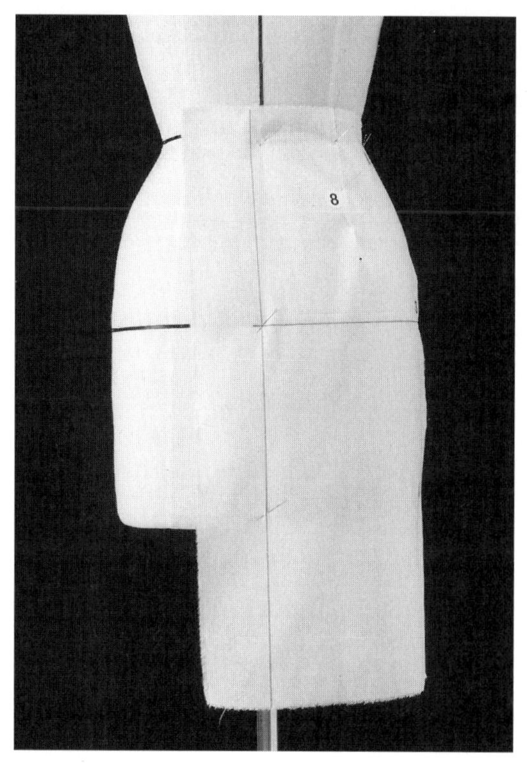

8 다트를 닫아 고정한다.

• 광목이 너무 당기거나 길이가 길어지지 않도록 한다.

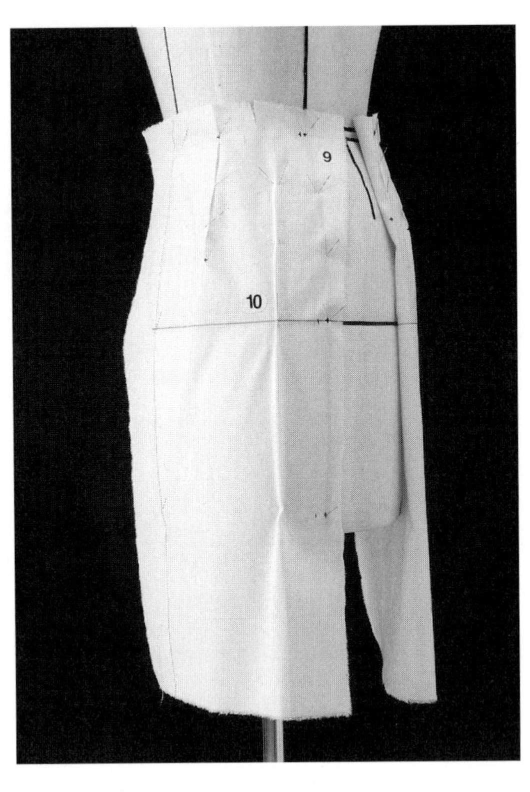

9 여유분 주기

- 앞판과 마찬가지로 여유분을 준다.

  예 허리선 0.25cm, 엉덩이와 바닥선 0.5~1cm

- 허리선과 엉덩이선에 여유분 표시를 하고 그 점이 옆
  선에 오도록 핀을 다시 꽂는다.

10 여유분이 움직이지 않도록 엉덩이선 5cm 안쪽에 수
  직으로 고정해두면 편하다.

- 허리선, 옆선, 다트 등 모든 작업점을 연필로 점을 찍
  어 표시한다.

- 스커트 길이를 정하고 광목을 정리한다.

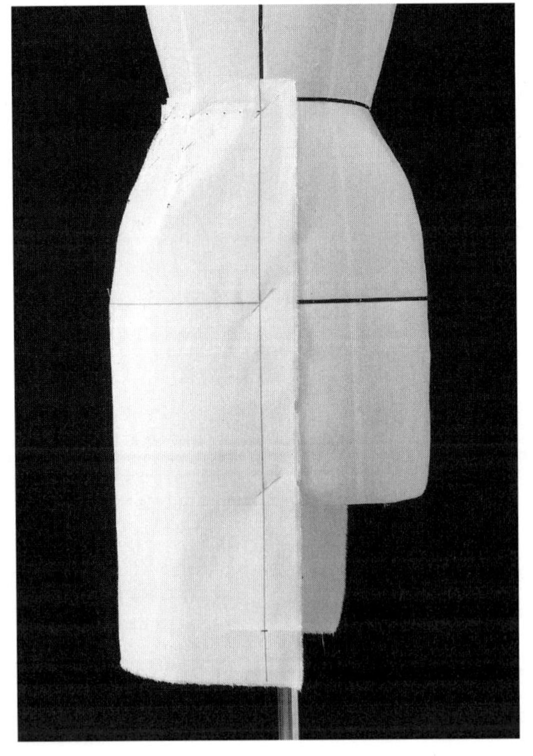

- 앞뒤 판의 여유분은 풀어주고 옆선을 연결한다.
- 앞면에서 볼륨을 확인한다.

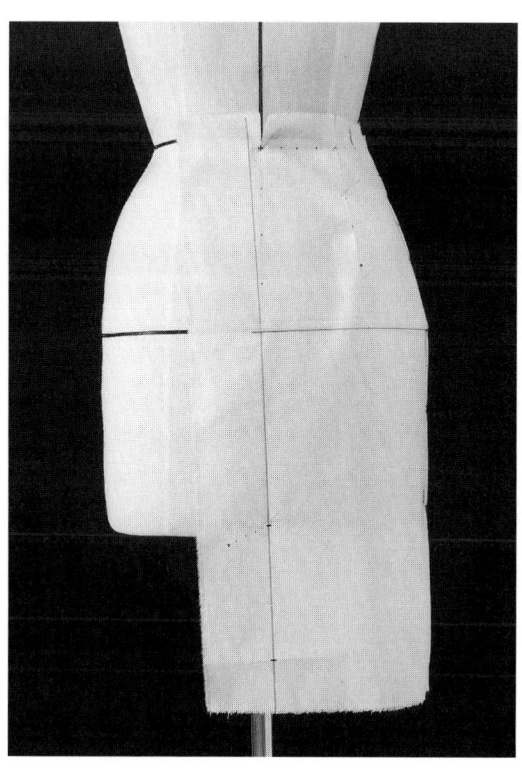

• 뒷면에서 볼륨을 확인한다.

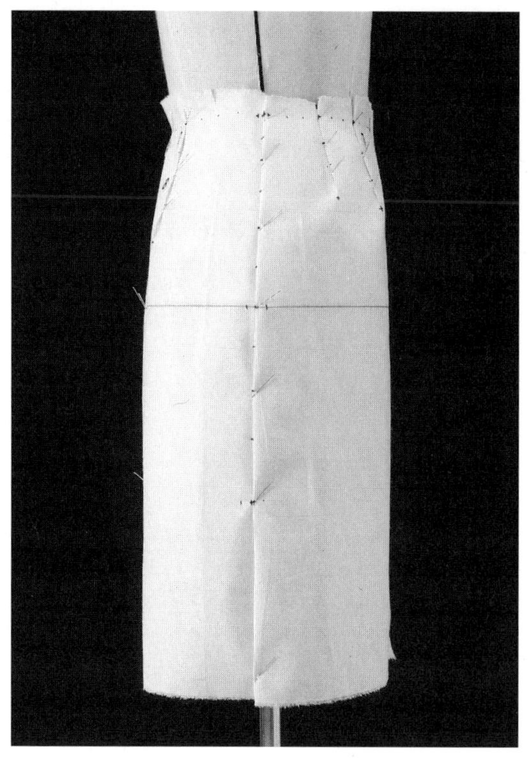

• 옆면에서 볼륨을 확인한다.

4 패턴 정리

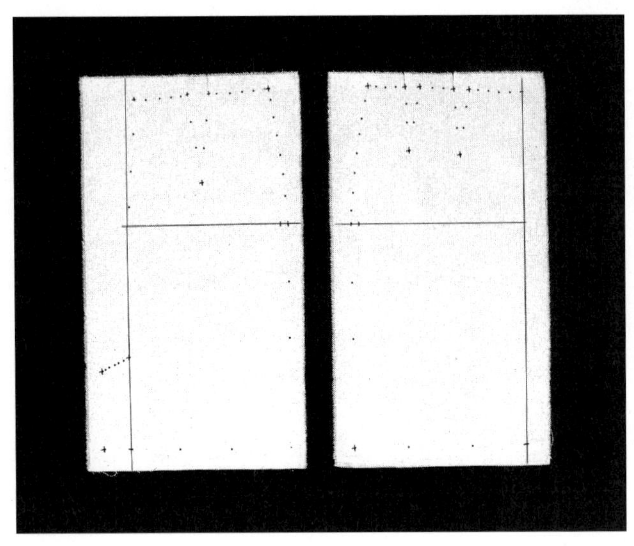

- 모든 작업점이 표시된 광목을 마네킹에서 떼어내어 펼쳐놓는다.

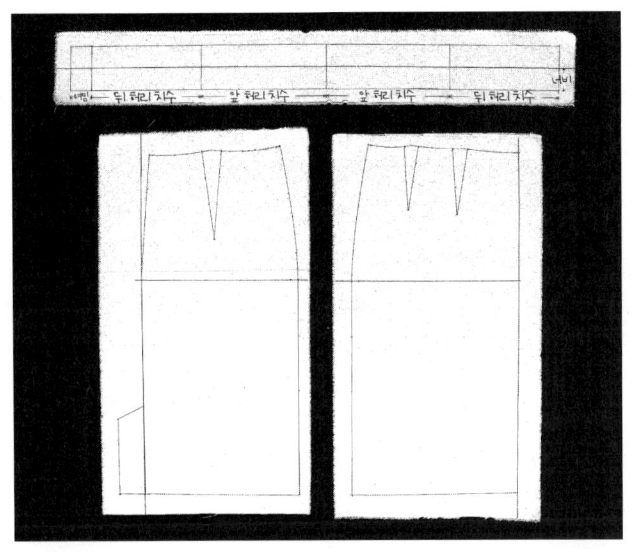

- 작업점을 따라 완성선을 그린다.
- 옆선 그리기: 옆 곡선의 길이가 맞는지 확인하고 허리에서 엉덩이선까지 곡선, 엉덩이선에서 밑단까지 수직으로 직선 연결한다.
- 밑단선 그리기: 중심선과 옆선에 직각이 되며 엉덩이선과 평행하게 그린다.
- 스커트 길이는 앞뒤 판이 엉덩이선에서 일정한 길이를 유지하도록 한다.

- 뒤트임을 줄 경우 트임의 길이와 너비를 정해놓는다.
- 허리선 그리기: 다트를 접어서 닫아놓고 곡자로 정리한다. 다트를 닫은 상태에서 앞뒤 판 허리 치수를 줄자로 재어놓는다. 닫힌 다트의 머리 부분에 먹지를 끼우고 룰렛을 눌러 베껴내도록 한다.
- 벨트 그리기: 디자인에 따라 허리 치수에 맞추어 벨트를 구성한다. 벨트는 두 겹으로 작업한다.

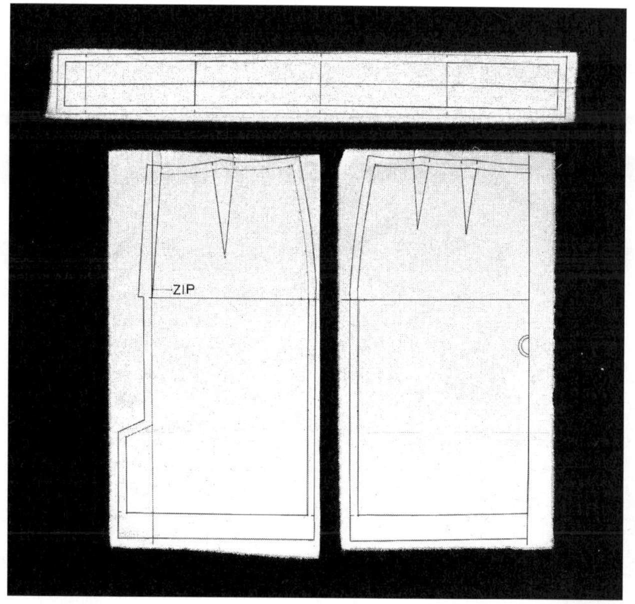

• 시접을 주고 시접선을 그린다.

　📋 뒤 지퍼 부분 2cm, 밑단 4cm,

　　그 외는 모두 1cm

＊ 앞 중심은 접어서 재단할 부분이므로 시접이 필요 없
다. 그러나 광목을 잘라내면 올이 풀려서 완성선을 잃
어버릴 수 있으므로 그대로 남겨둔다.

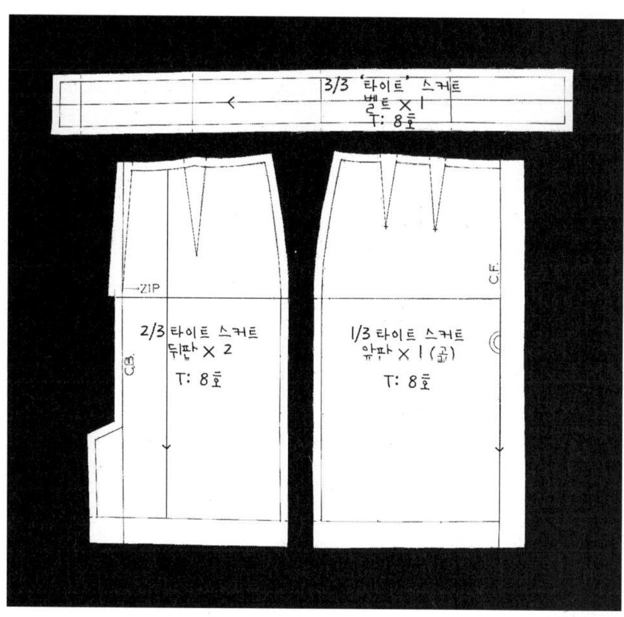

• 접합점을 표시한다.

– 허리의 뒤 중심선

– 다트의 시작과 끝점

– 앞뒤 판 옆선의 엉덩이선

– 뒤 중심 지퍼 달 위치

– 밑단 시접 위치

– 뒤트임 시접 위치

– 벨트의 뒤 중심선, 옆선, 앞 중심선, 여밈 단

• 패턴의 명칭과 모든 중요 사항을 기록한다.

• 시접선을 따라 자른다(앞 중심선은 재단할 때 원
단의 접힘선에 맞추어야 하며 올이 풀리는 것을 막
기 위해 작업한 광목을 그대로 남겨둔다).

5 전체 가봉과 패턴 수정 완료

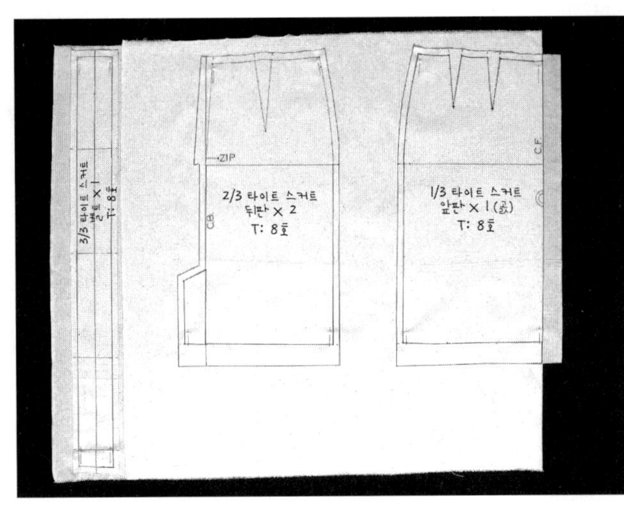

• 광목 준비

- 식서 방향으로 곬이 되도록 접어서 광목을 준비한다. 벨트는 한 번만 재단하면 되므로 벨트를 재단할 부분은 남겨놓고 접는다.

• 재단하기

- 앞판: 앞 중심선을 광목의 곬선에 맞추어 고정한다. 허리선, 옆선, 밑단선도 고정한다.

- 뒤판: 광목의 식서와 뒤판 패턴의 식서를 맞추어 뒤 중심을 고정한다. 허리선, 옆선, 밑단선도 고정한다.

* 원단인 경우 왼쪽 뒤트임 부분의 시접은 두 배가 필요하다.

- 벨트: 벨트는 한 번만 재단하면 된다. 반드시 식서선에 맞추도록 한다.

- 시접선을 따라 자른다.

- 모든 접합점에 가윗집을 준다.

* 가윗집은 시접 끝을 가위 끝으로 0.3cm 정도만 잘라서 표시한다.

- 다트 꼭짓점은 핀으로 찾아 초크로 표시하거나 실표뜨기를 하기도 한다.

- 필요할 경우 완성선을 먹지로 베껴내기도 한다.

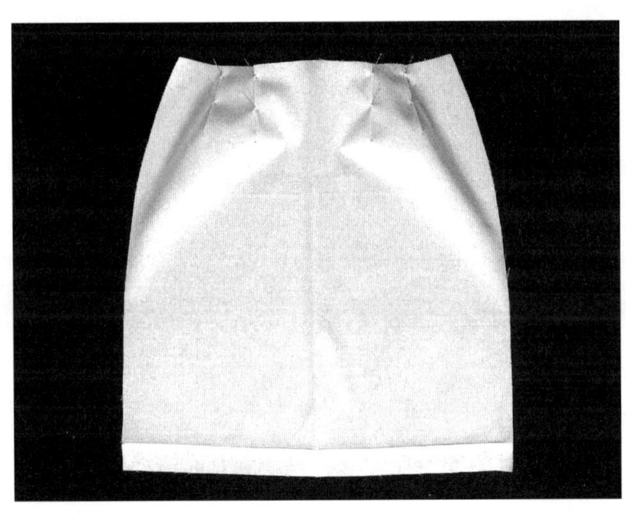

• 가봉 준비

- 앞판의 다트를 닫아 핀으로 고정한다(시접은 보통 중심 쪽으로 접는다).

- 밑단은 접어서 자국을 내어놓는다.

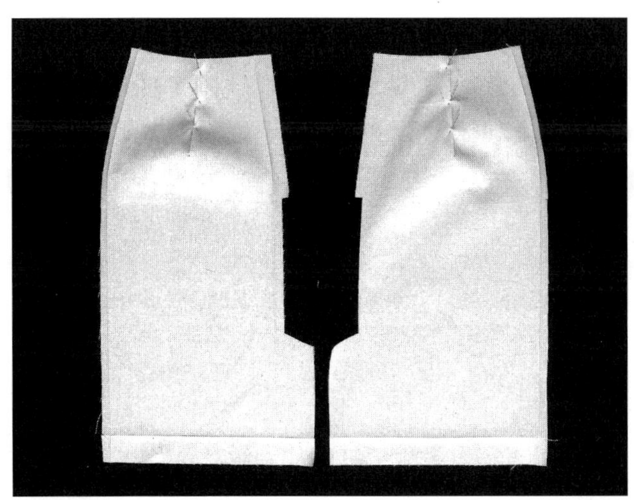

- 뒤판의 다트를 닫아 핀으로 고정한다.
- 밑단은 한 번 접어서 자국을 내어놓는다.

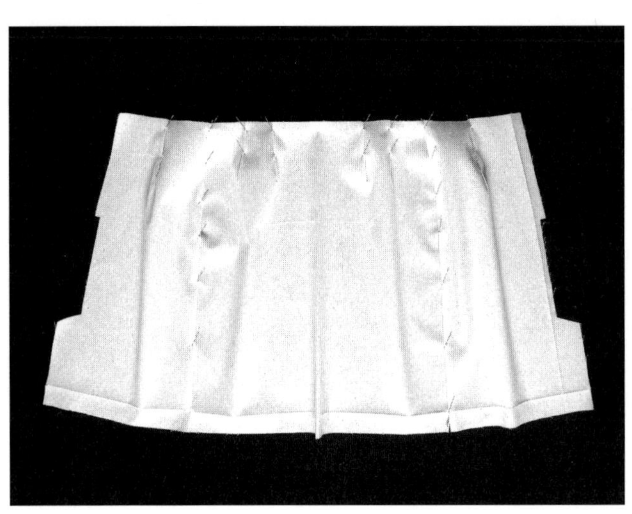

- 앞뒤 판의 양 옆선을 연결한다(시접은 보통 뒤 판 쪽으로 접는다).

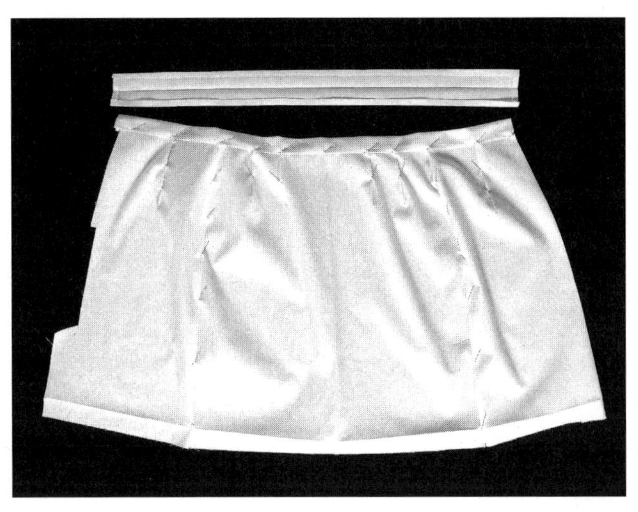

- 뒤판 왼쪽 중심선은 완성선에 맞추어 시접을 접고 오른쪽 중심선은 시접을 펼쳐둔다.
- 벨트는 시접을 접어서 준비한 후 스커트와 연결한다.
- 사진의 윗부분은 벨트의 사방 시접을 접어서 준비해놓은 것이고 아랫부분은 벨트를 스커트에 연결해놓은 상태이다.

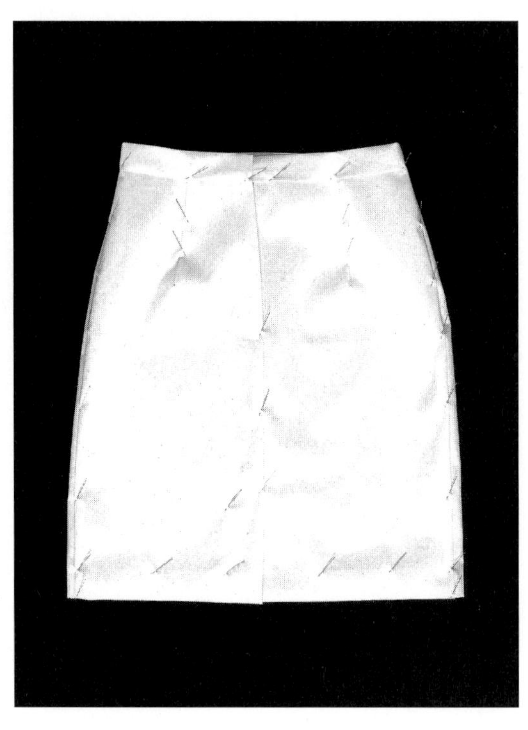

- 지퍼와 트임 부분을 남기고 뒤 중심선을 연결한다.

- 밑단과 트임 부분을 접고 시접을 고정한다.

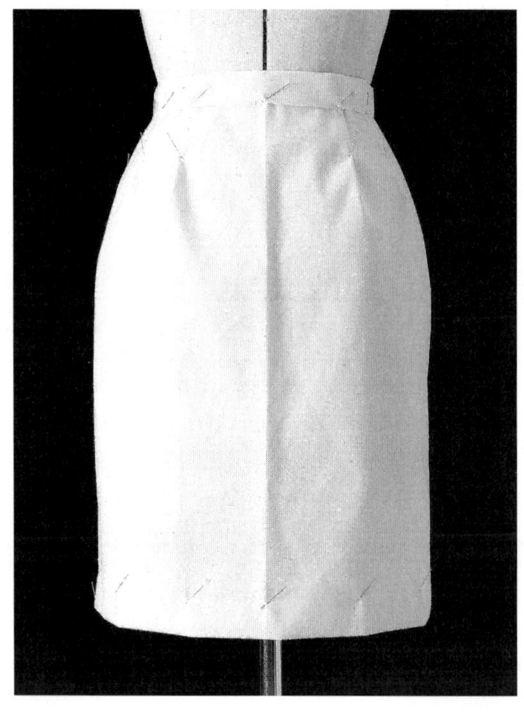

- 마네킹에 입힌 다음 전체 가봉을 본다.

- 앞면에서 볼륨을 확인한다.

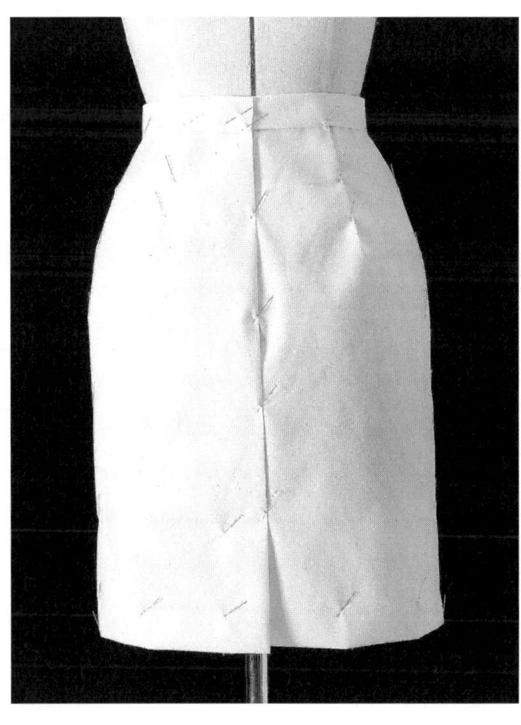

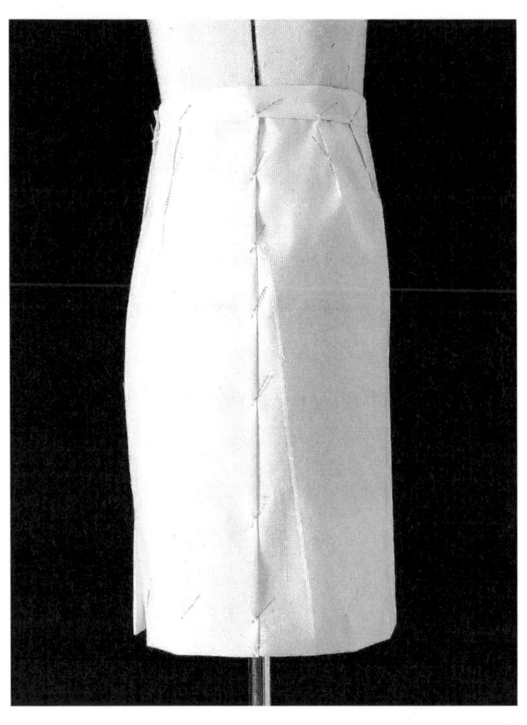

• 필요할 경우 패턴을 수정하여 완성한다.

• 필요할 경우 광목으로 완성한 패턴을 두꺼운 종이에 옮겨 사용 또는 보관하기도 한다.

— 패턴 정리 이후 전체 가봉 과정은 모든 모델이 같으므로 이 순서를 참고하도록 하며 각각의 과정은 생략한다.

A-라인 스커트

1 디자인에 대한 관찰과 라인테이프 치기

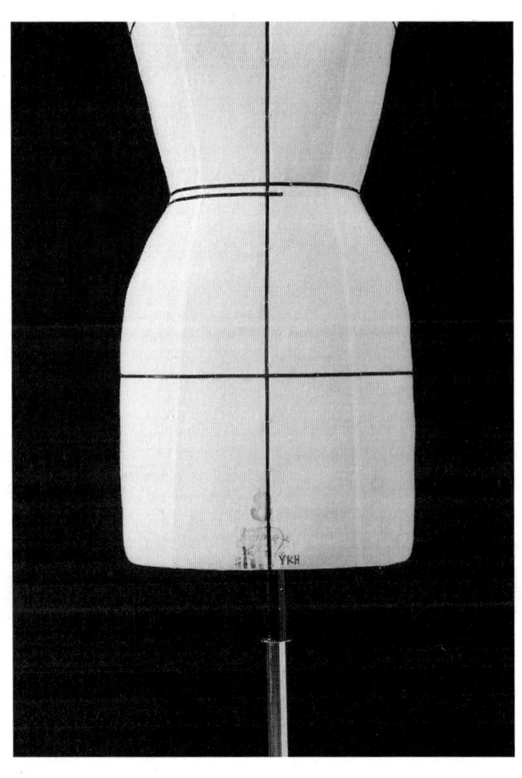

- 마네킹 테이프선을 점검한다.

  - 엉덩이선이 바닥과 평행한지 확인한다.

  - 중심선이 휘어 있지는 않은지 확인한다.

  - 디자인에 따라 허리선을 내려서 테이프를 치기도 한다.

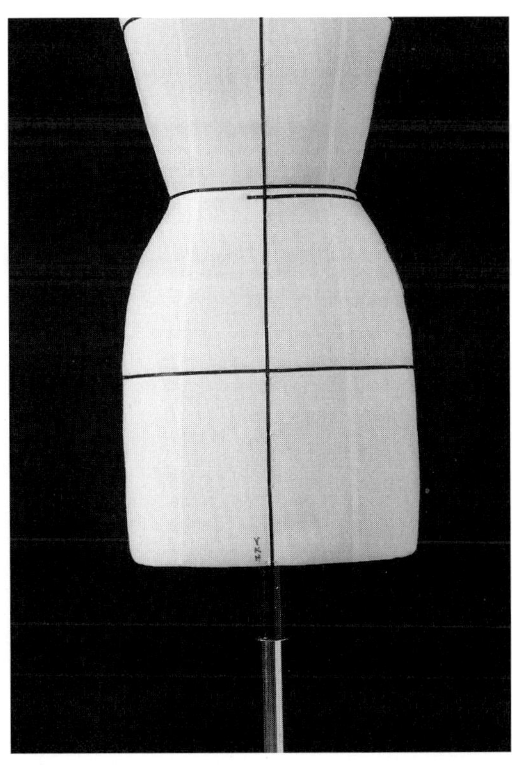

• 뒤판에 라인테이프를 친다.

2 광목 준비

광목 준비 예

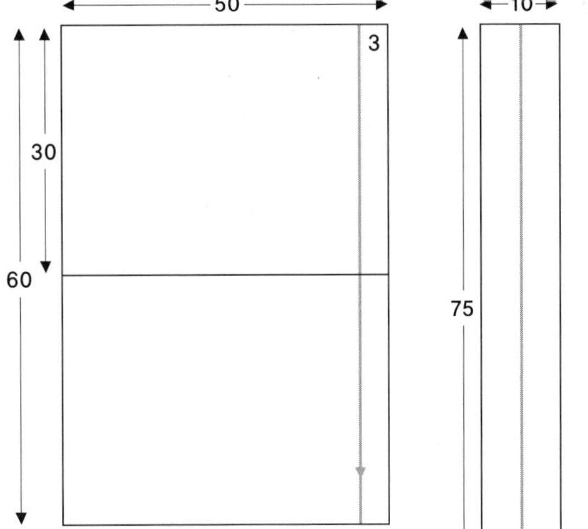

3 드레이핑

앞판

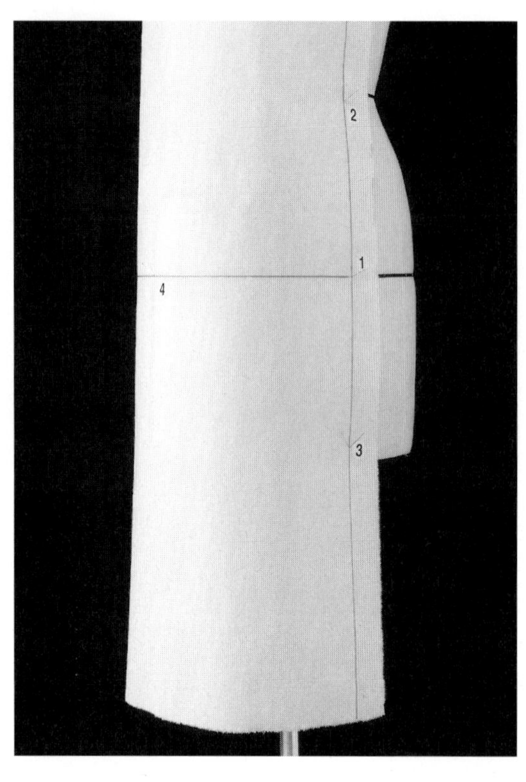

1 앞 중심선과 엉덩이선의 교차점을 고정한다.

2 광목을 수직으로 쓸어 올려서 허리선을 고정한다(허리 와 엉덩이선의 중간 지점을 한 번 정도 고정해주어도 좋다).

3 광목을 수직으로 쓸어 내려서 앞 중심선 밑단을 고정 한다.

4 엉덩이선과 옆선이 만나는 점을 임시로 고정한다.

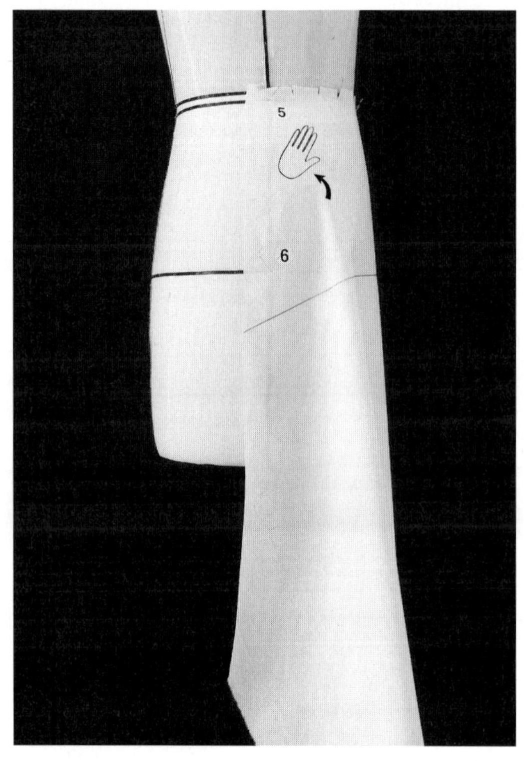

5 광목을 정리하고 허리선에 광목이 남지 않도록 가윗 집을 주면서 옆 허리선을 임시로 고정한다.

6 엉덩이선과 옆선의 교차점을 고정한다(허리선의 둘레에 있던 광목이 스커트 밑단 쪽으로 이동한 것을 볼 수 있다).

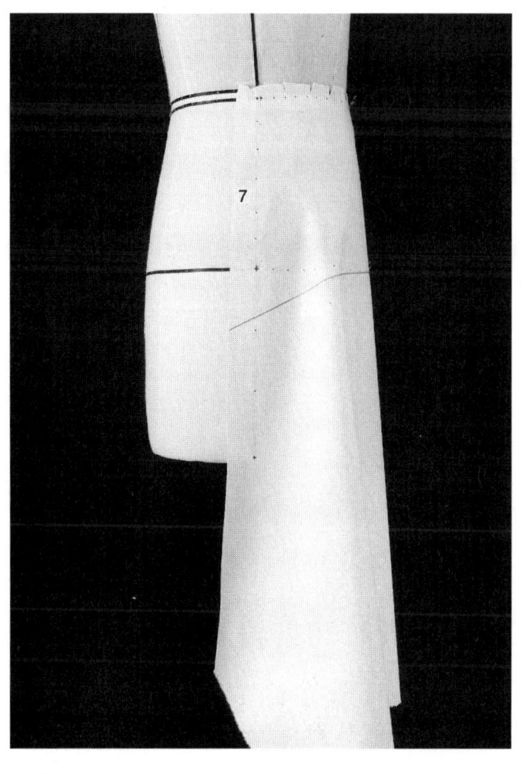

7 임시 핀을 뽑고 허리선에 기본 여유분을 주어 고정한 다음, 허리선 · 옆선 · 엉덩이선 등 모든 작업선을 연필로 점을 찍어 표시한다.

* 엉덩이선에는 충분한 여유가 있으므로 기본 여유분을 추가하지 않아도 된다.

* 엉덩이선이 변했으므로 반드시 점을 찍어 표시한다.

뒤판

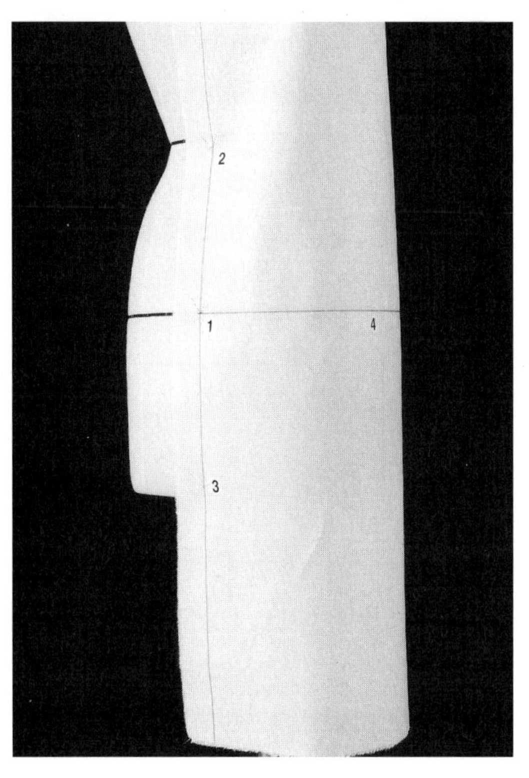

1 뒤 중심선과 엉덩이선의 교차점을 고정한다.

2 광목을 수직으로 쓸어 올려서 허리선을 고정한다.

* 뒤 중심선에 절개선이 없는 디자인이므로 골선이 되어야 한다.

3 광목을 수직으로 쓸어 내려서 뒤 중심선 밑단을 고정한다.

4 엉덩이선과 옆선이 만나는 점을 임시로 고정한다.

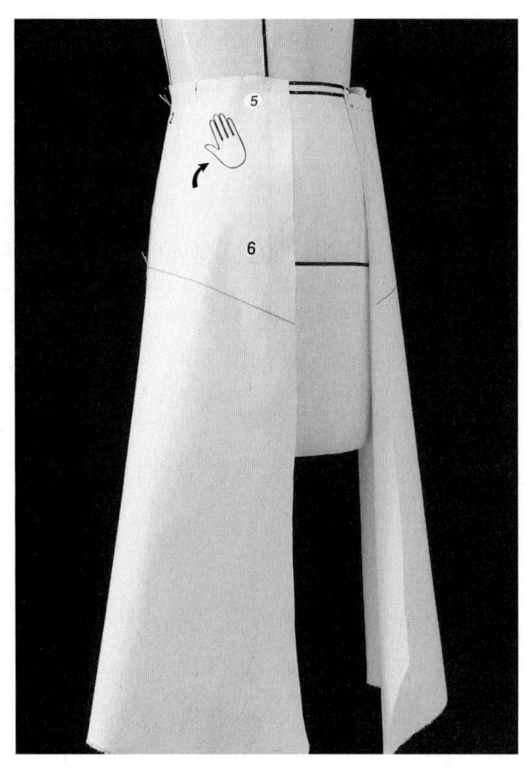

5 앞판과 같은 방법으로 허리선에 광목이 남지 않도록
　가윗집을 주면서 옆 허리선을 임시로 고정한다.

6 앞판의 엉덩이선 기울기에 맞추어 엉덩이선을 내리고
　옆선과 엉덩이선의 교차점을 고정한다.

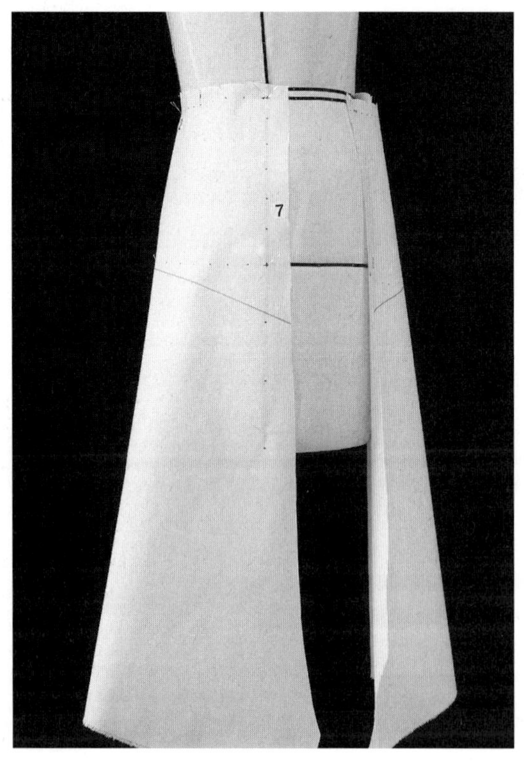

7 임시 핀을 뽑고 허리선에 여유분을 주어 고정한 다음
　모든 작업점을 표시한다.

＊ 변한 엉덩이선을 표시하는 것을 잊지 않는다.

4 볼륨 확인과 패턴 정리

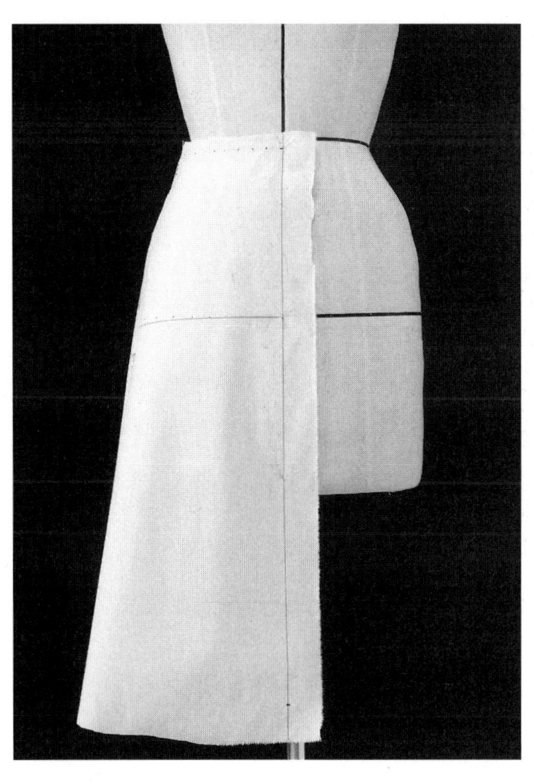

• 옆선을 서로 연결한다.

• 앞면에서 볼륨을 확인한다.

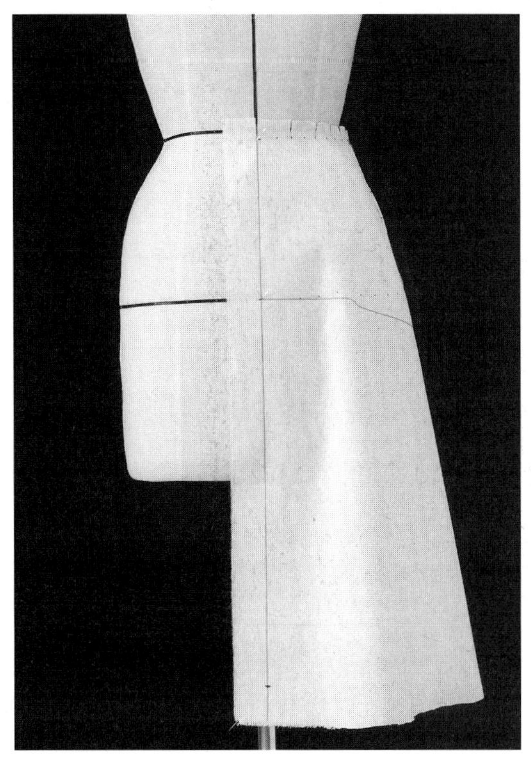

• 뒷면에서 볼륨을 확인한다.

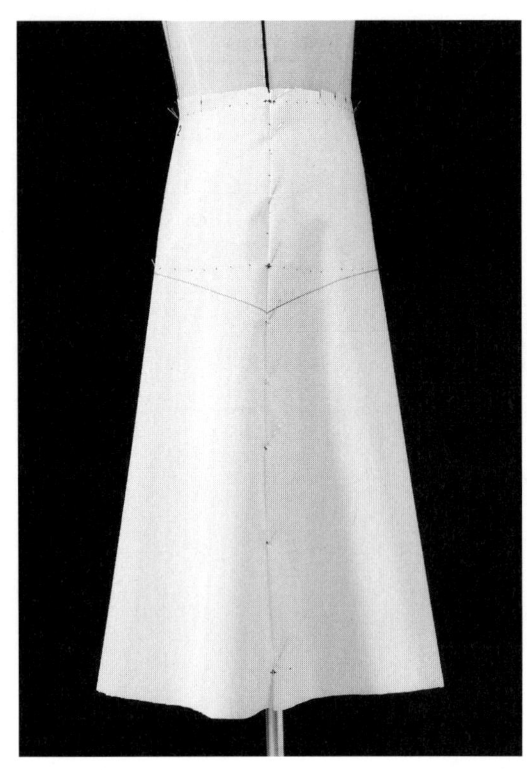

• 옆면에서 볼륨을 확인한다.

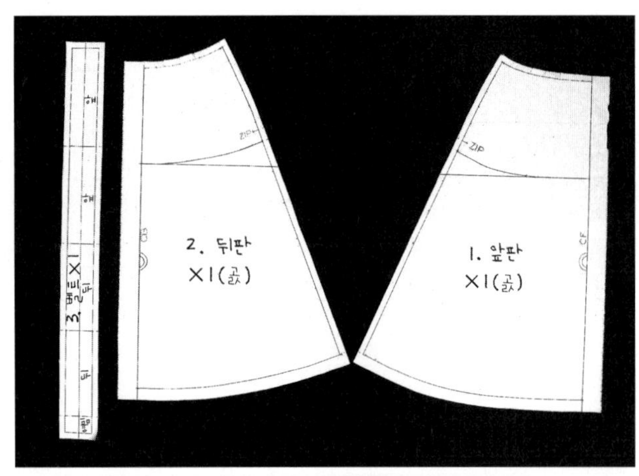

• 작업점을 따라 완성선을 그린다.

• 디자인과 허리 치수에 따라 벨트도 구성한다.

• 시접을 주고 시접선을 그린다.

• 시접선을 따라 자른다.

③ 플레어 스커트

1 디자인에 대한 관찰과 라인테이프 치기

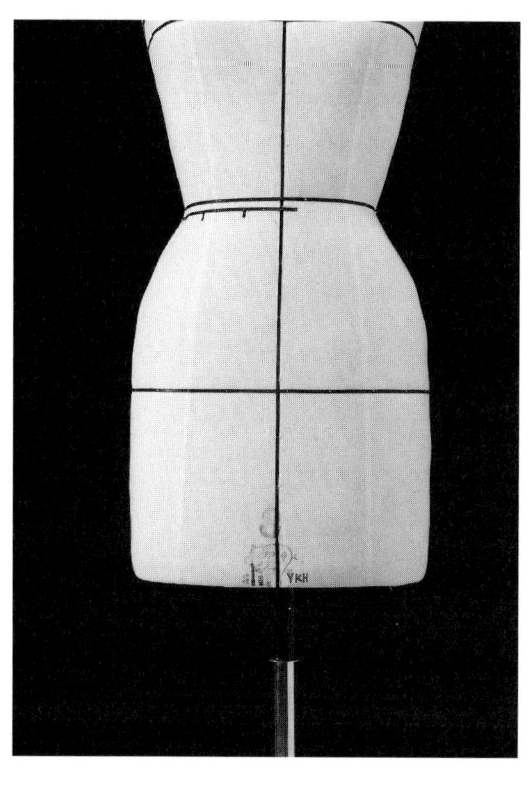

- 마네킹 테이프선을 점검한다.

  - 엉덩이선이 바닥과 평행한지 확인한다.

  - 중심선이 휘어 있지는 않은지 확인한다.

- 디자인에 따라 허리선을 친다.

- 플레어를 잡을 위치를 표시해둔다.

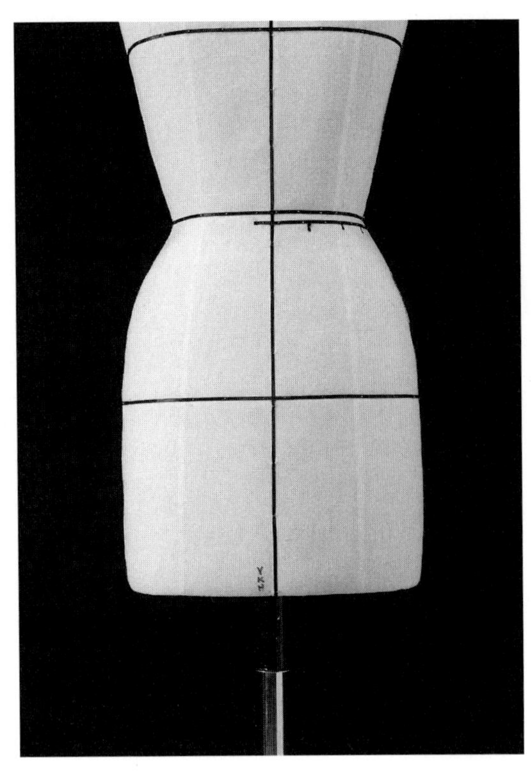

- 뒤판에 라인테이프를 친다.

- 허리선과 플레어의 위치를 표시한다.

2 광목 준비

광목 준비 예

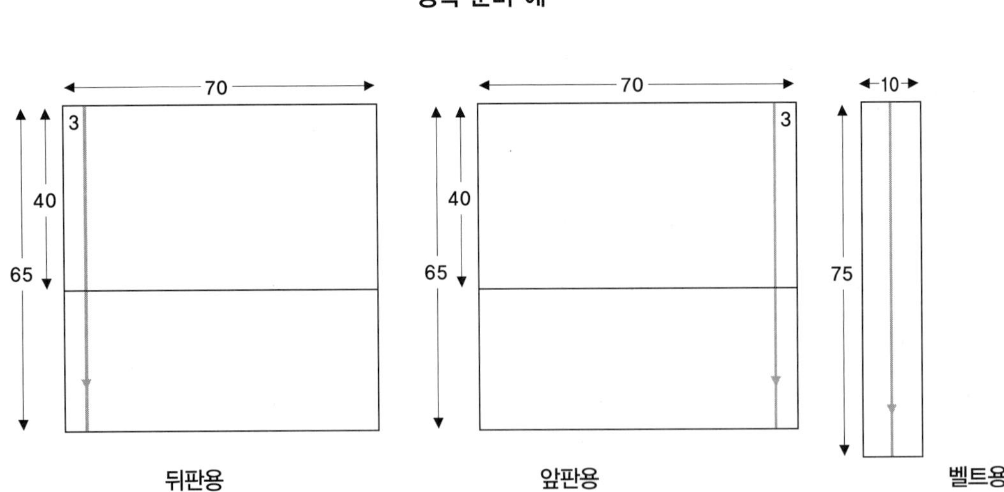

* 타이트 스커트, A-라인 스커트, 플레어 스커트의 광목 준비 예에서 보는 것처럼 스커트의 밑단 볼륨이 커질수록 엉덩이선 위쪽으로 광목의 치수가 늘어나는 것을 알 수 있다. 플레어의 양을 많이 잡으면 치수가 더 커져야 하며, 원단의 너비에 따라 스커트 중심선에 절개선이 필요할 수도 있다.

3 드레이핑

앞판

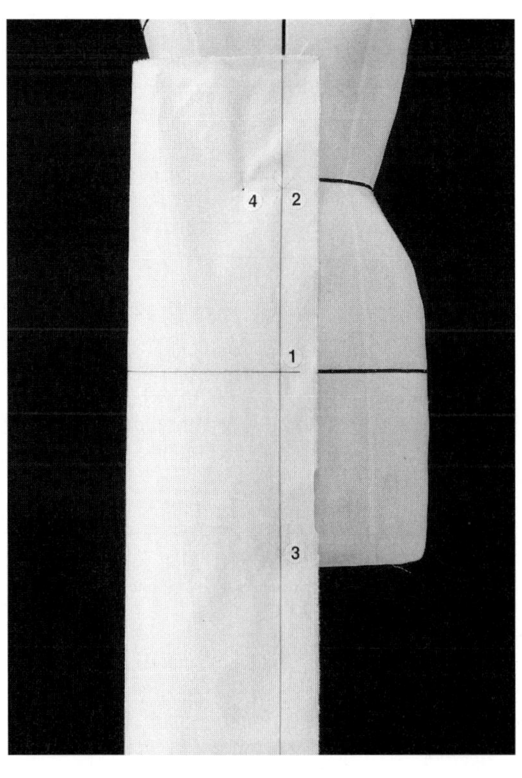

1 앞 중심선과 엉덩이선의 교차점을 고정한다.

2 광목을 수직으로 쓸어 올려서 허리선을 고정한다(허리 와 엉덩이선의 중간 지점을 한 번 정도 고정해주어도 좋다).

3 광목을 수직으로 쓸어 내려서 앞 중심선 밑단을 고정 한다.

• 엉덩이선과 옆선이 만나는 점을 임시로 고정한다.

4 허리선에서 첫 번째 플레어 위치에 수직으로 핀을 꽂 는다.

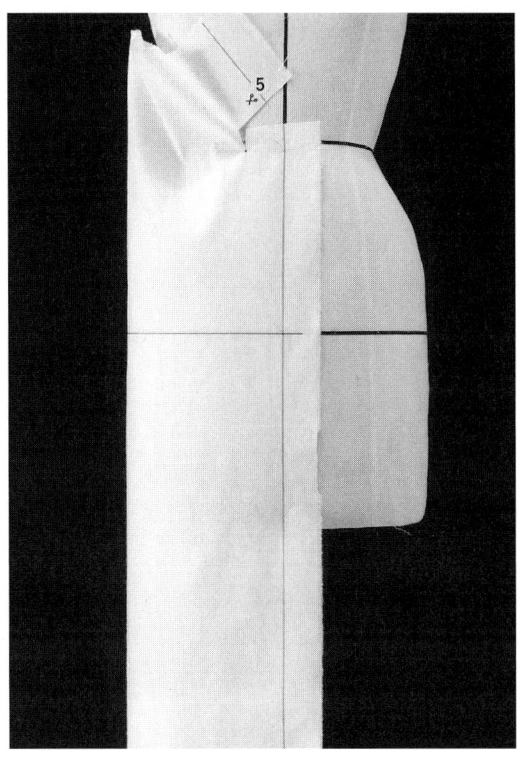

5 핀을 꽂아둔 곳까지 가윗집을 넣고 옆 엉덩이선에 고 정되어 있던 광목을 풀어준다.

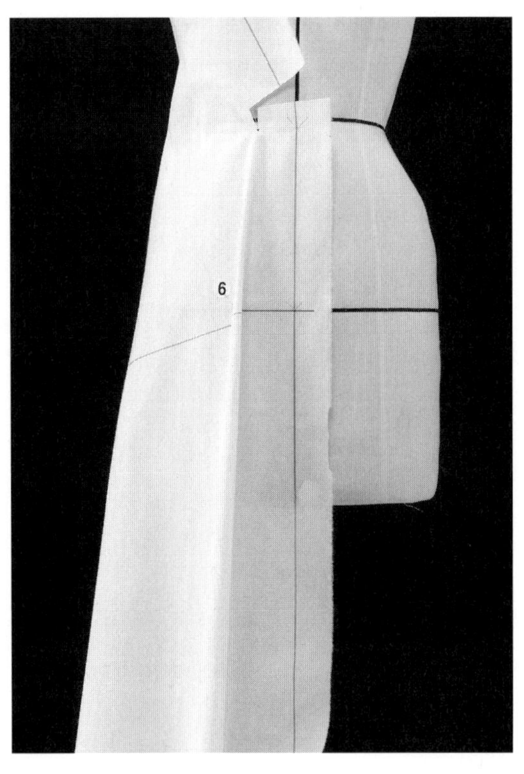

6 디자인에 따라 플레어의 양을 잡은 다음 엉덩이선에
서 움직이지 않도록 고정해둔다.

• 허리선과 엉덩이선에 광목이 남지 않도록 펴서 옆선
의 엉덩이선에 고정해둔다.

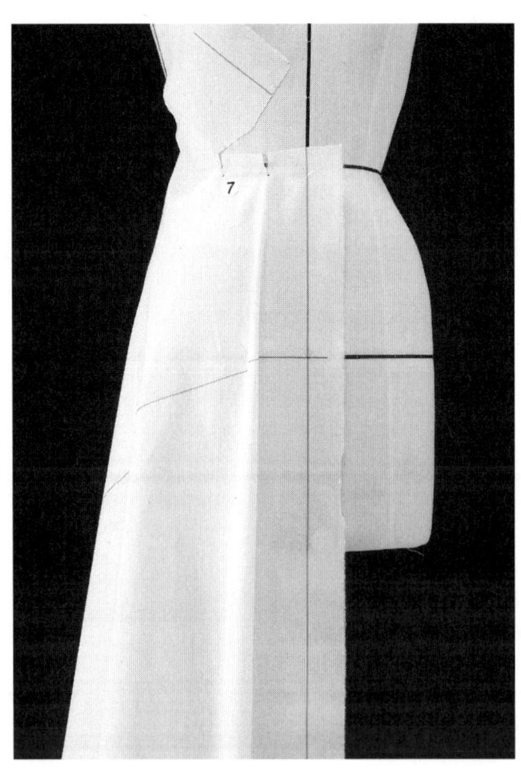

7 두 번째 플레어 위치에 수직으로 핀을 꽂는다.

• 5번과 마찬가지로 다시 한번 핀을 꽂아둔 곳까지 가윗
집을 넣고 옆 엉덩이선에 고정되어 있던 광목을 풀어
준다.

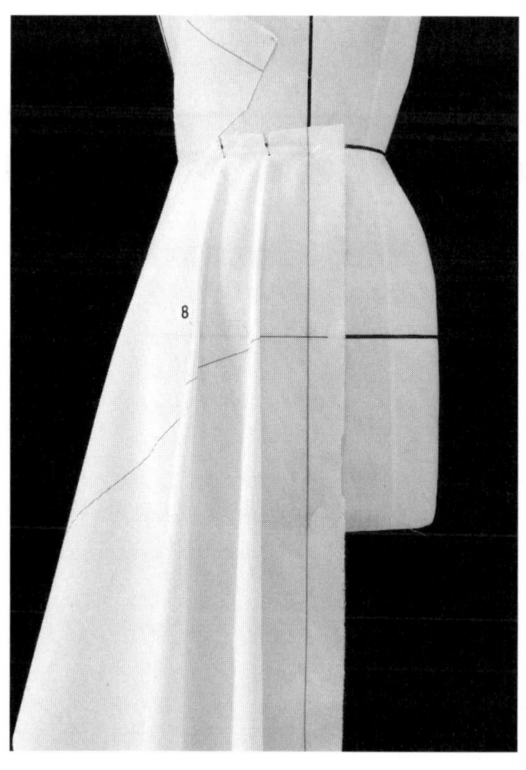

8 첫 번째와 같은 방법으로 원하는 플레어의 양을 잡고 엉덩이선에서 움직이지 않도록 고정해둔다.

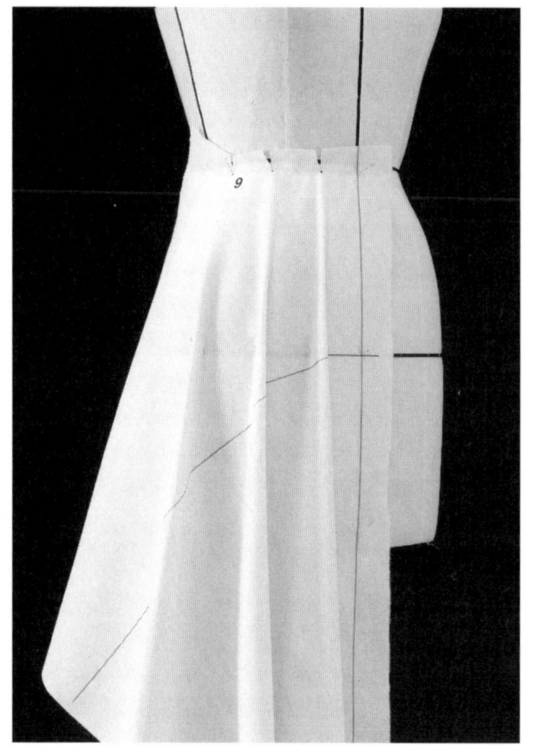

9 같은 방법으로 세 번째 플레어를 잡는다.

• 허리선과 엉덩이선에 광목이 남지 않도록 잘 펴준 다음 옆 엉덩이선에 임시로 고정해둔다.

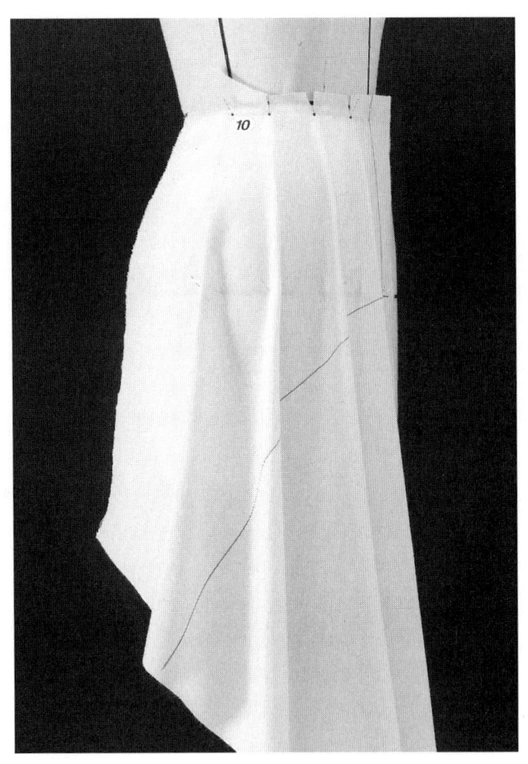

10 옆선에도 플레어를 주고 싶은 경우, 옆 허리선에서
   수직으로 핀을 꽂는다. 뒤판 옆선에서도 줄 것이므로
   플레어 양의 1/2을 잡고 엉덩이선에서 움직이지 않도
   록 고정해둔다.

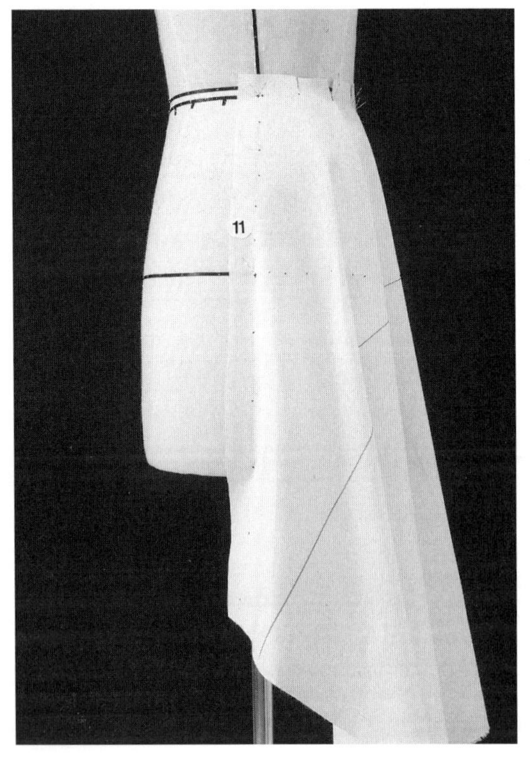

11 허리선에 기본 여유분을 주고 고정한 다음 허리선,
   옆선, 엉덩이선 등에 작업점을 표시한다.

* 엉덩이선의 플레어 분량에도 작업점을 표시해둔다.

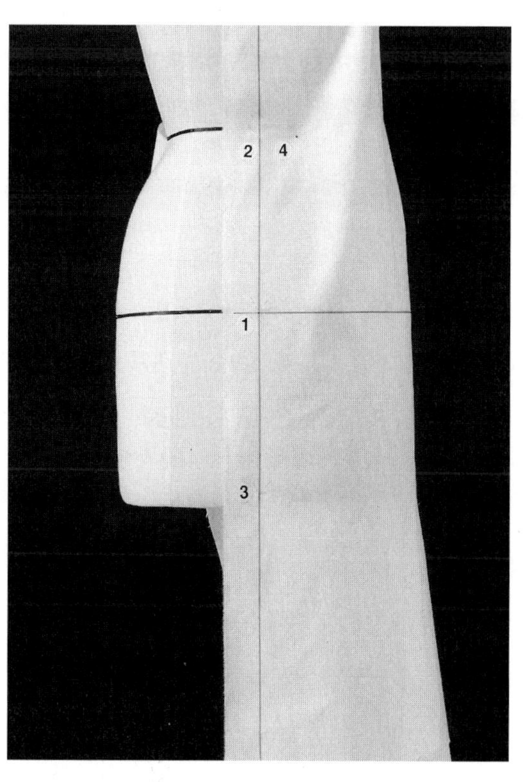

1 뒤 중심선과 엉덩이선의 교차점을 고정한다.

2 광목을 수직으로 쓸어 올려서 허리선을 고정한다.

3 광목을 수직으로 쓸어 내려서 뒤 중심선 밑단을 고정
한다.

• 엉덩이선에 광목이 남지 않도록 하고 옆선에 임시로
고정해둔다.

4 허리선에서 첫 번째 플레어 위치에 수직으로 핀을 꽂
는다.

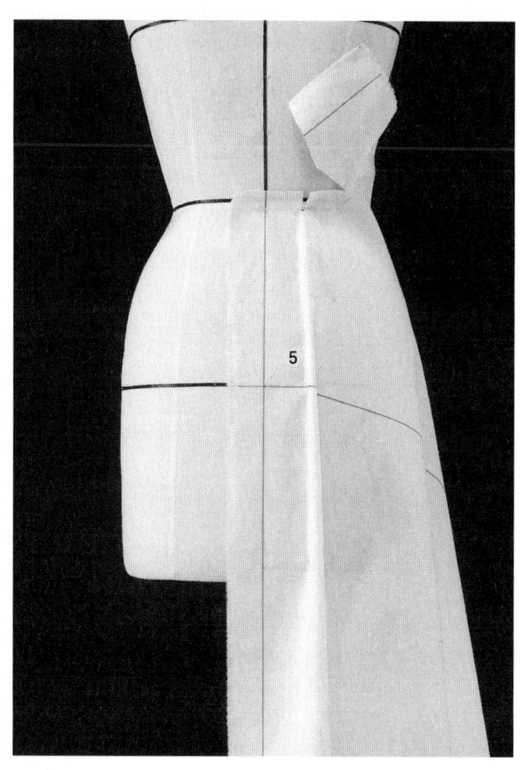

5 핀을 꽂아둔 곳까지 가윗집을 넣고 옆선에 임시로 고
정해두었던 광목을 풀어준 다음, 원하는 플레어 양을
잡고 엉덩이선에서 움직이지 않도록 고정해둔다.

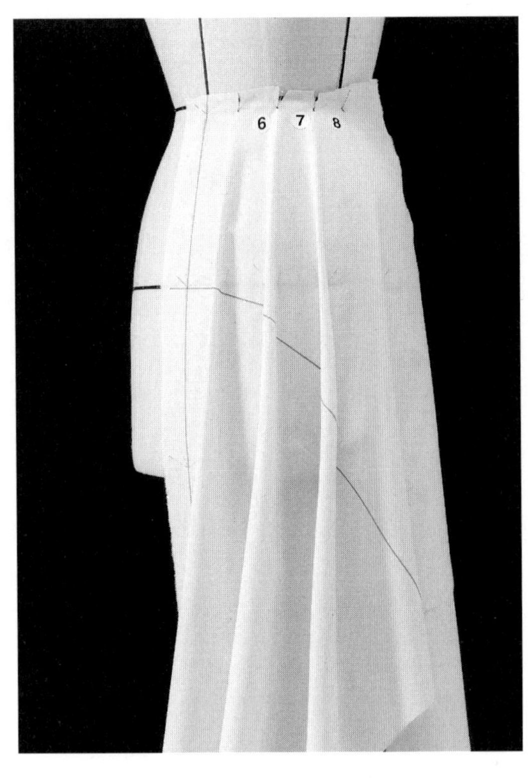

6 같은 방법으로 두 번째 플레어를 잡는다.

7 같은 방법으로 세 번째 플레어를 잡는다.

8 옆 허리선에서 수직으로 핀을 꽂는다. 앞판과 마찬가지로 원하는 플레어 양의 1/2을 잡고 엉덩이선에서 움직이지 않도록 고정해둔다.

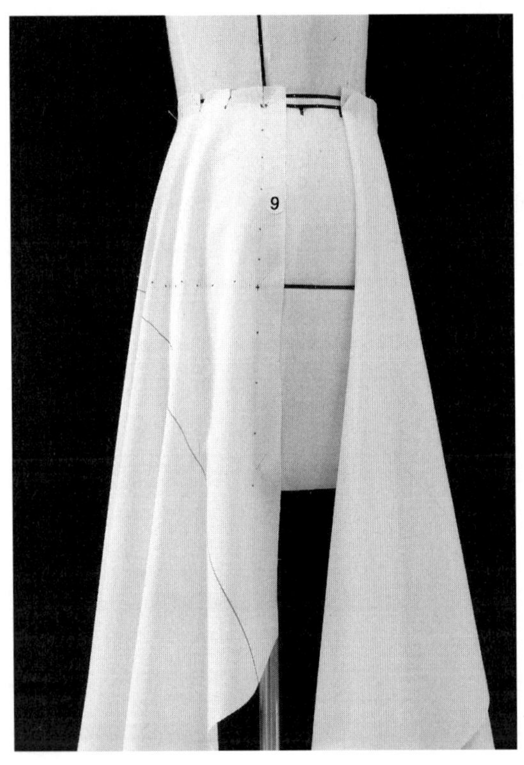

9 허리선에 기본 여유분을 주고 고정한 다음 허리선, 옆선, 엉덩이선 등에 작업점을 표시한다.

* 엉덩이선의 플레어 분량에도 작업점을 표시해둔다.

4 볼륨 확인과 패턴 정리

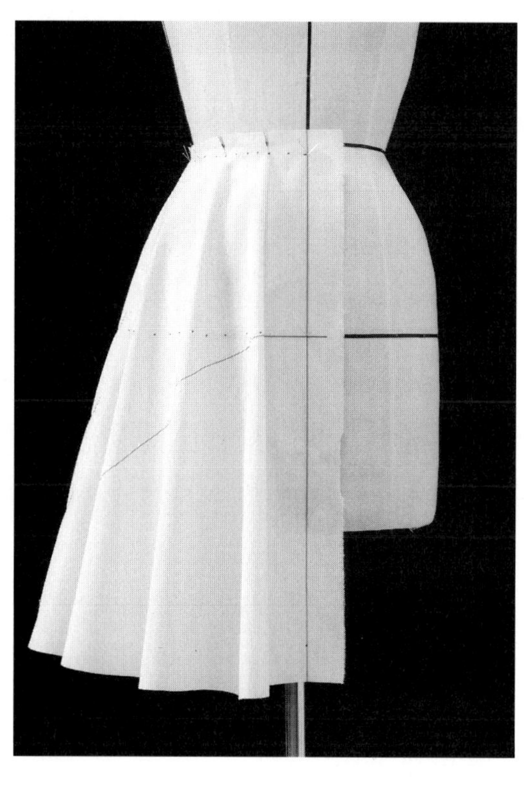

- 옆선을 서로 연결한다.

- 앞면에서 볼륨을 확인한다.

- 뒷면에서 볼륨을 확인한다.

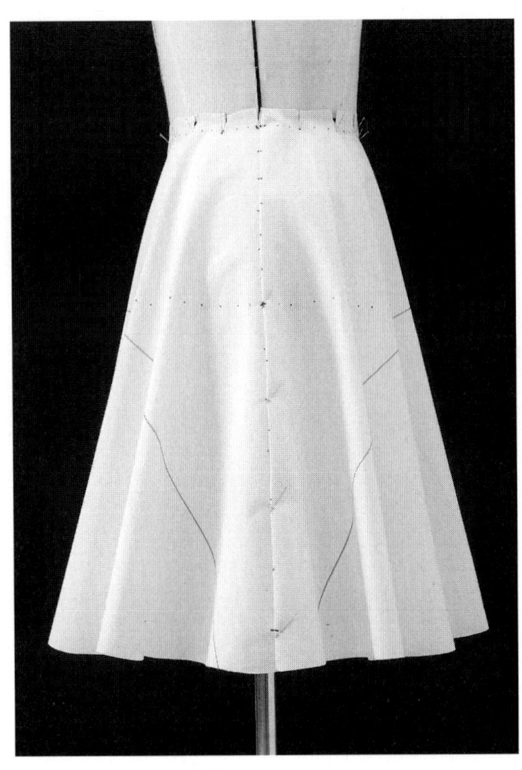

• 옆면에서 볼륨을 확인한다.

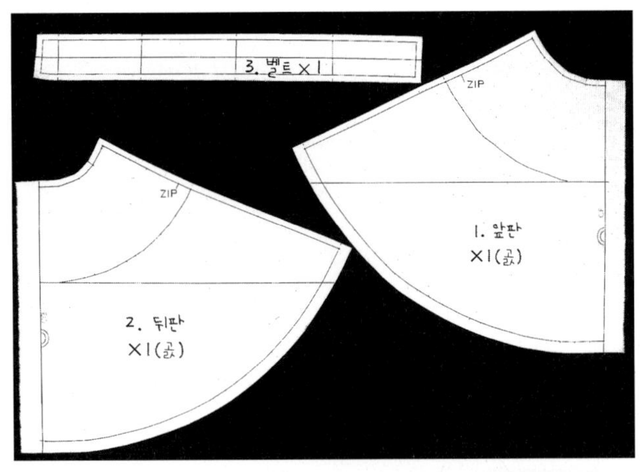

• 작업점을 따라 완성선을 그린다.

• 디자인과 허리 치수에 따라 벨트도 구성한다.

• 시접을 주고 시접선을 그린다.

• 시접선을 따라 자른다.

• 밑단이 곡선이므로 시접은 2~3cm로 한다.

요크와 플레어 스커트

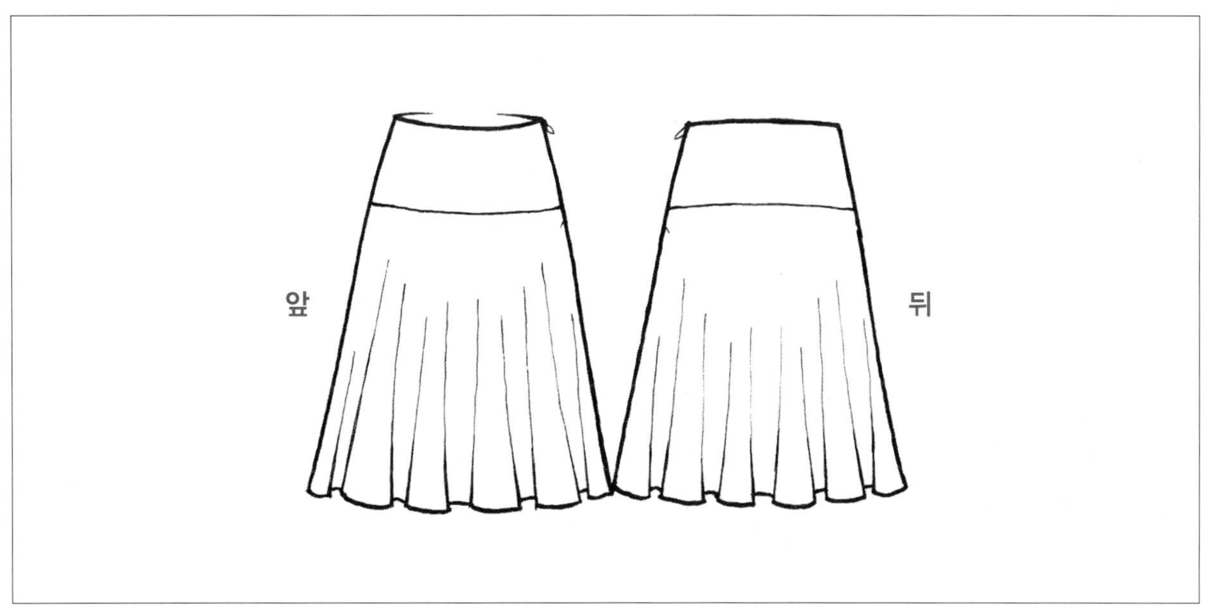

1 디자인에 대한 관찰과 라인테이프 치기

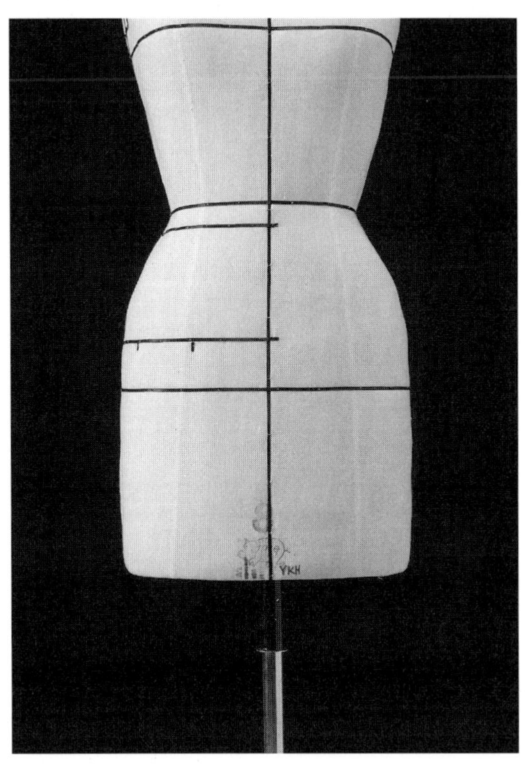

- 마네킹 테이프선을 점검한다.
- 엉덩이선이 바닥과 평행한지 확인한다.
- 중심선이 휘어 있지는 않은지 확인한다.
- 디자인에 따라 요크선을 친다.
- 요크와 연결되어 플레어가 잡힐 곳을 표시해둔다.

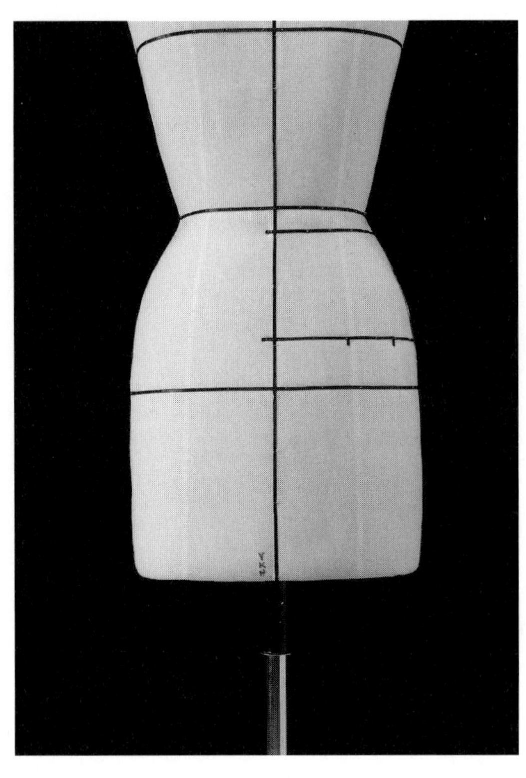

- 디자인에 따라 뒤판에서도 요크선을 친다.

- 요크와 연결되어 플레어가 잡힐 곳을 표시해둔다.

2 광목 준비

광목 준비 예

요크 뒤판용	요크 앞판용
30 / 20 / 3	30 / 20 / 3

스커트 뒤판용	스커트 앞판용
50 / 20 / 50 / 3	50 / 20 / 50 / 3

3 드레이핑

요크 앞판

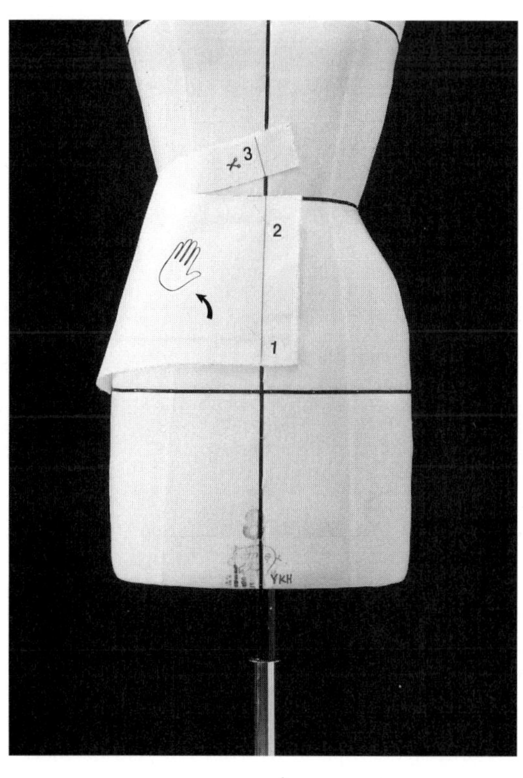

1, 2 요크의 앞 중심선을 고정한다.

*** 위쪽으로 작업할 광목을 많이 남기도록 한다.**

3 허리선과 요크선에 광목이 남지 않도록 잘라내어 정

리하면서 광목을 편안하게 요크에 붙인다.

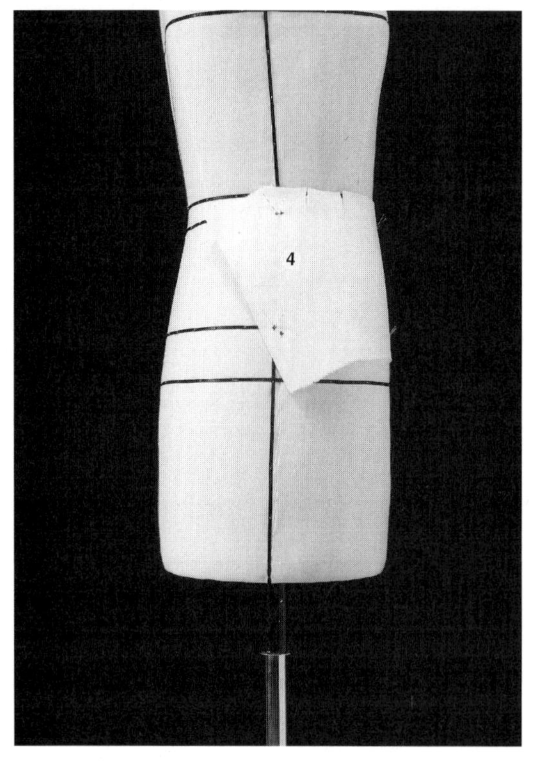

4 허리선과 요크선에 광목이 당기지 않도록 기본 여유

분을 주고 옆선을 고정한다.

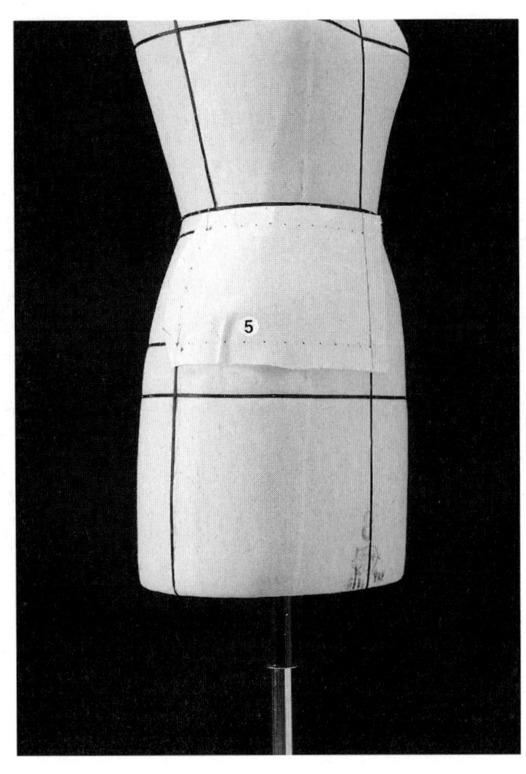

5 여유분이 작업에 방해가 되지 않도록 옆선에서 5cm 정도 떨어진 곳에 고정해둔다.

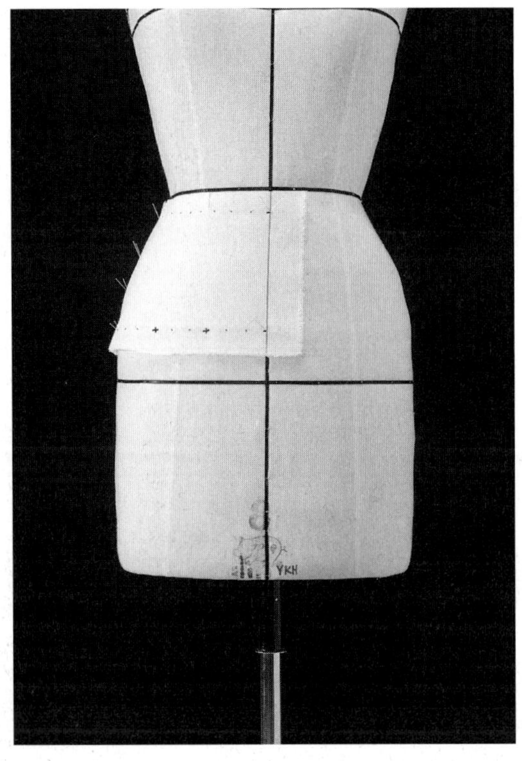

• 모든 작업점을 표시한다.

＊ 플레어의 위치점도 반드시 ＋로 표시해둔다.

요크 뒤판

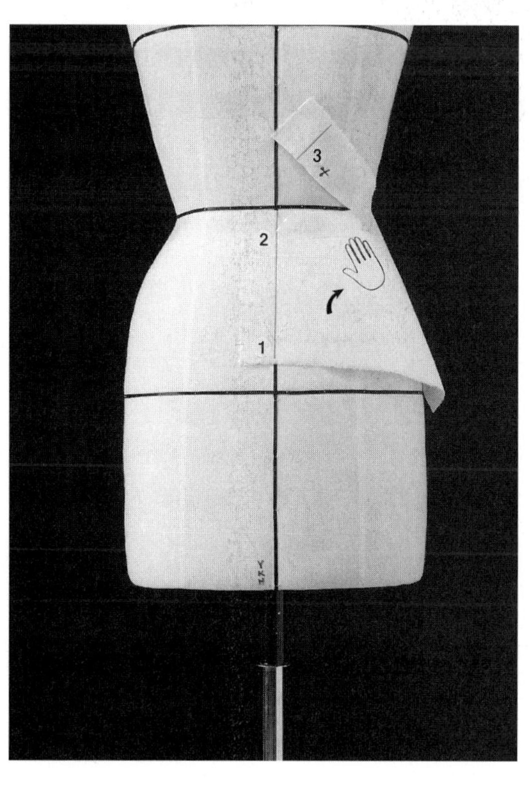

1, 2 요크의 뒤 중심선을 고정한다.

3 허리선과 요크선에 광목이 남지 않도록 잘라내어 정

리하면서 광목을 편안하게 요크에 붙인다.

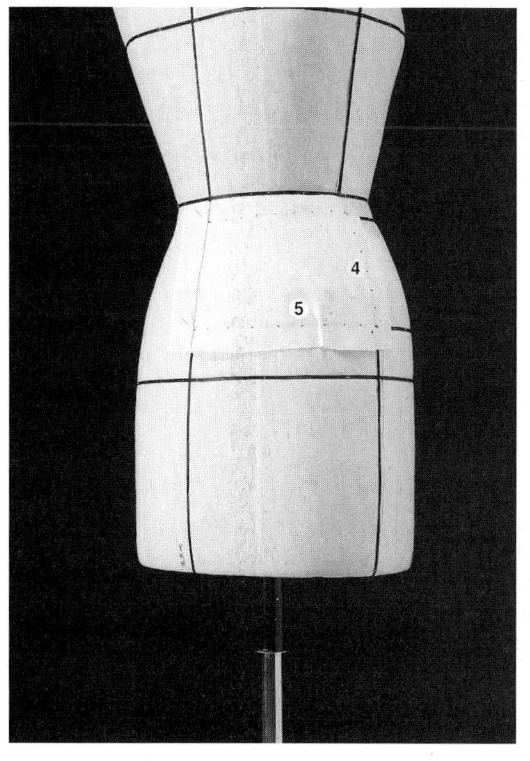

4 허리선과 중힙선에 광목이 당기지 않도록 기본 여유

분을 주고 옆선을 고정한다.

5 앞판과 마찬가지 방법으로 여유분을 고정한다.

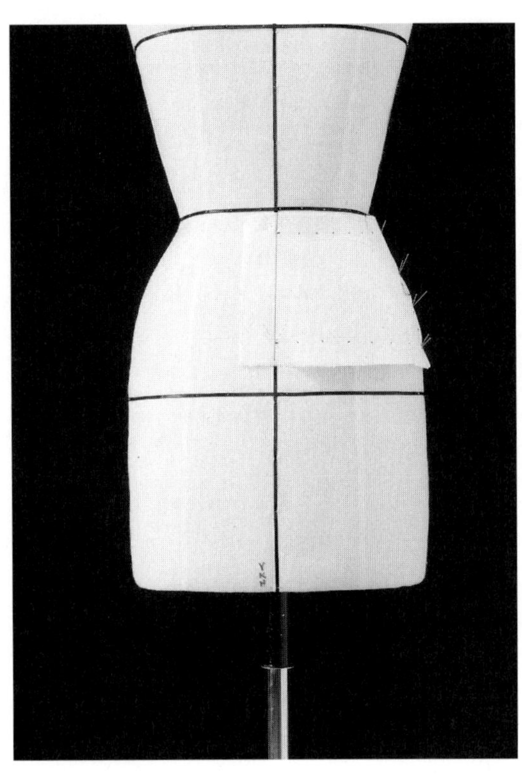

• 앞판과 마찬가지로 모든 작업점을 표시한다.

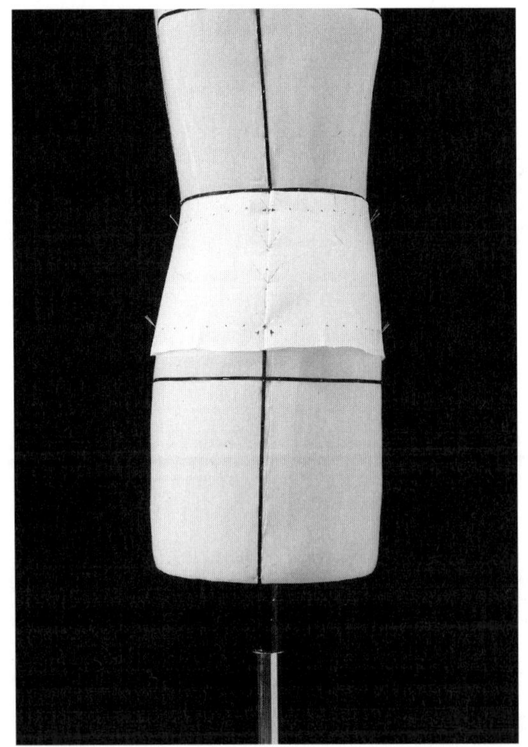

• 기본 여유분은 풀어주고 앞뒤 판 요크의 옆선을 연결

하여 볼륨을 확인한다.

스커트 앞판

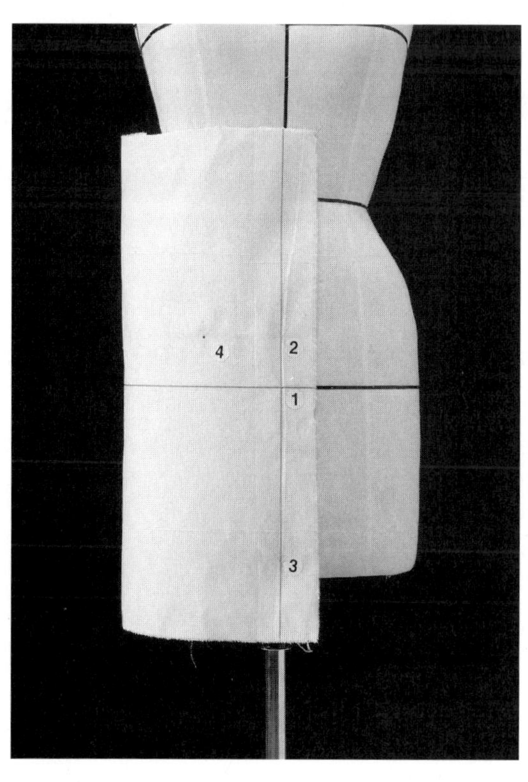

1 앞 중심선과 엉덩이선의 교차점을 고정한다.

2 광목을 수직으로 쓸어 올려서 요크와 만나는 점을 고정한다.

3 광목을 수직으로 쓸어 내려서 앞 중심선 밑단을 고정한다.

• 엉덩이선과 옆선이 만나는 점을 임시로 고정한다.

4 요크선에서 첫 번째 플레어 위치에 수직으로 핀을 꽂는다.

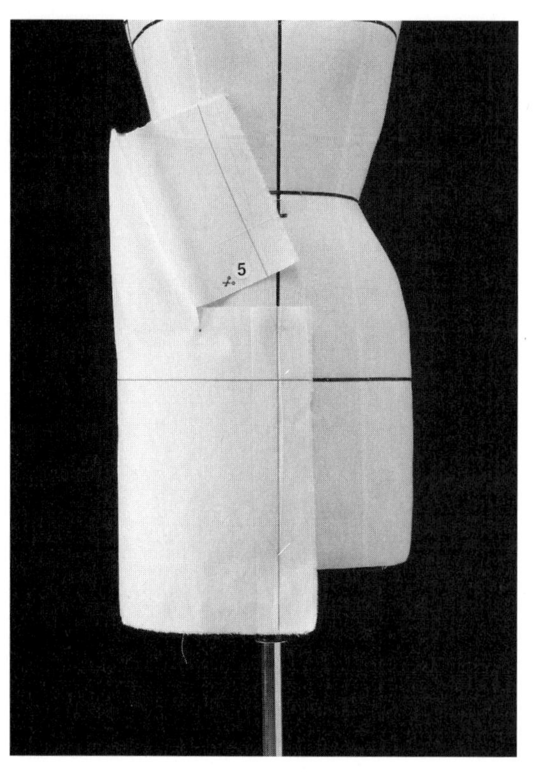

5 핀을 꽂아둔 곳까지 가윗집을 넣고 옆선에 고정되어 있던 광목을 풀어준다.

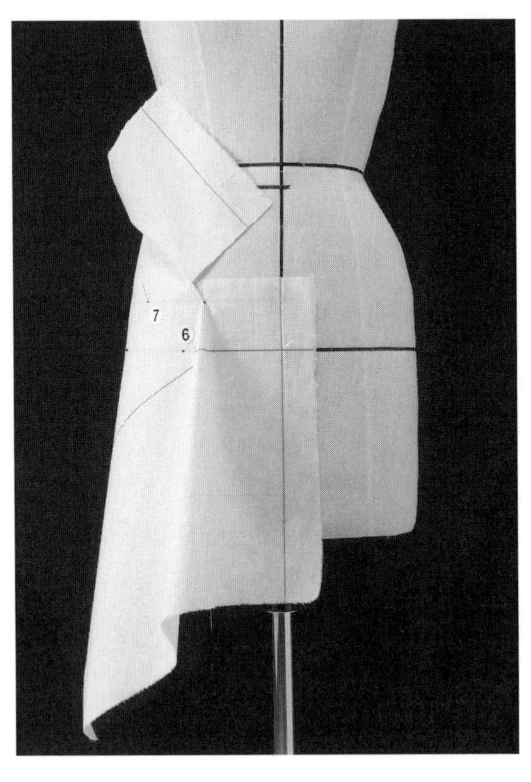

6 디자인에 따라 플레어의 양을 잡고 엉덩이선에서 움직이지 않도록 고정해둔다.

7 요크선과 엉덩이선에 광목이 남지 않도록 주의하면서 두 번째 플레어 위치에 수직으로 핀을 꽂는다.

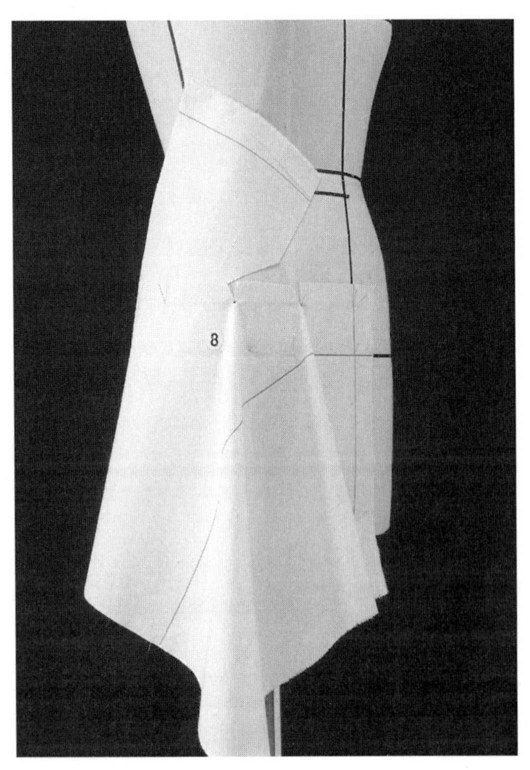

8 핀을 꽂아둔 곳까지 가윗집을 넣고 옆선에 임시로 고정해두었던 광목을 풀어준다.

• 디자인에 따라 플레어의 양을 잡고 엉덩이선에서 움직이지 않도록 고정해둔다.

• 요크선과 엉덩이선에 광목이 남지 않도록 펴서 옆선에 임시로 고정해둔다.

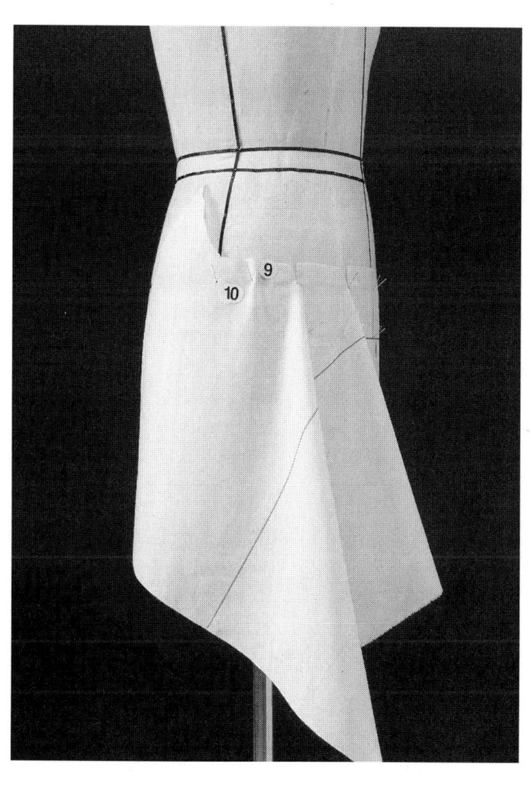

9 요크선에서 주었던 기본 여유분을 같은 위치에서 같
은 양으로 잡아준다.

10 옆선을 고정한다.

• 옆선에도 플레어를 주고 싶은 경우 옆선과 요크선이
만나는 점에 수직으로 핀을 꽂는다.

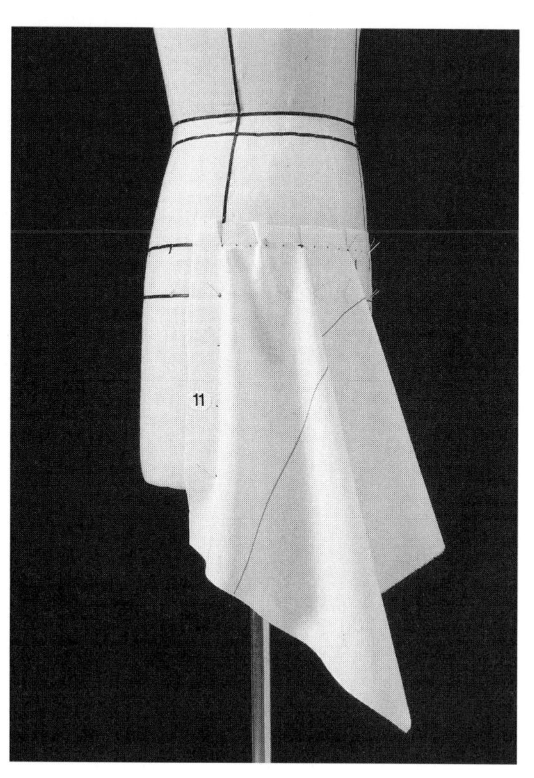

11 핀을 꽂아둔 곳까지 가윗집을 넣고 옆선에 고정되어
있던 광목을 풀어준다.

* 디자인에 따라 플레어 양의 1/2을 잡고 엉덩이선에서 움직이지
않도록 고정해둔다.

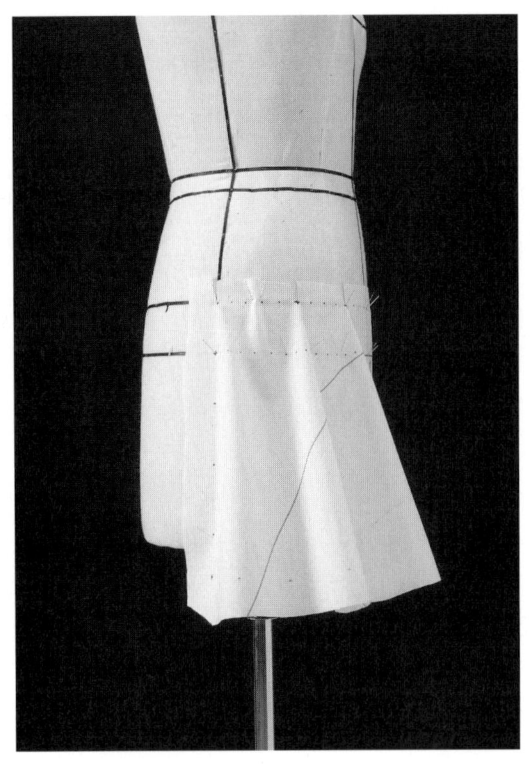

- 모든 작업점을 표시한다.

- 스커트 길이를 정한다.

- 광목을 정리한다.

스커트 뒤판

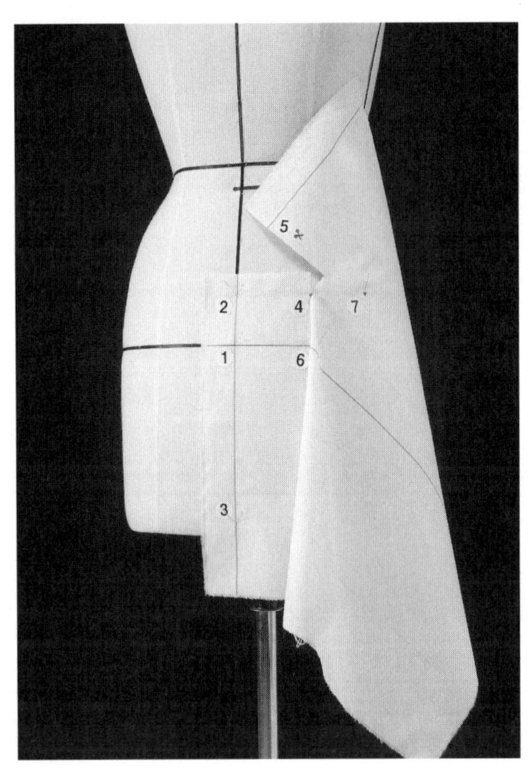

1 엉덩이선과 뒤 중심선의 교차점을 고정한다.

2 요크와 연결점을 고정한다.

3 뒤 중심선 밑단을 고정한다.

4 첫 번째 플레어 위치에 수직으로 핀을 꽂고 광목이 남
  지 않도록 옆선에 임시로 고정한다.

5 플레어 위치까지 가윗집을 주고 옆선에 임시로 고정
  한 광목을 풀어준다.

6 디자인에 따라 플레어를 잡고 엉덩이선에서 고정한다.

7 두 번째 플레어 위치에 핀을 수직으로 꽂는다.

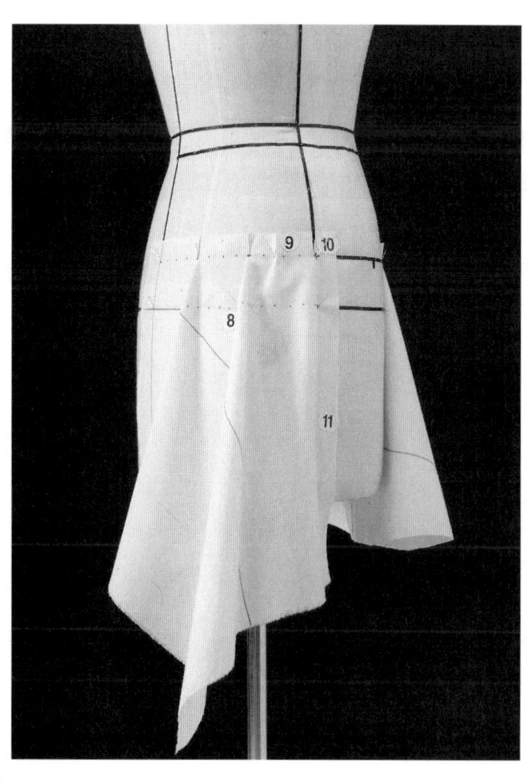

8 같은 방법으로 두 번째 플레어를 잡는다

9 요크 뒤판에서 주었던 기본 여유분과 같은 여유분을 준다.

10, 11 앞판과 같은 방법으로 옆선에서 플레어를 잡고 옆선을 마무리한다.

- 모든 작업점을 표시한다.
- 스커트 길이를 정한다.
- 광목을 정리한다.

4 볼륨 확인과 패턴 정리

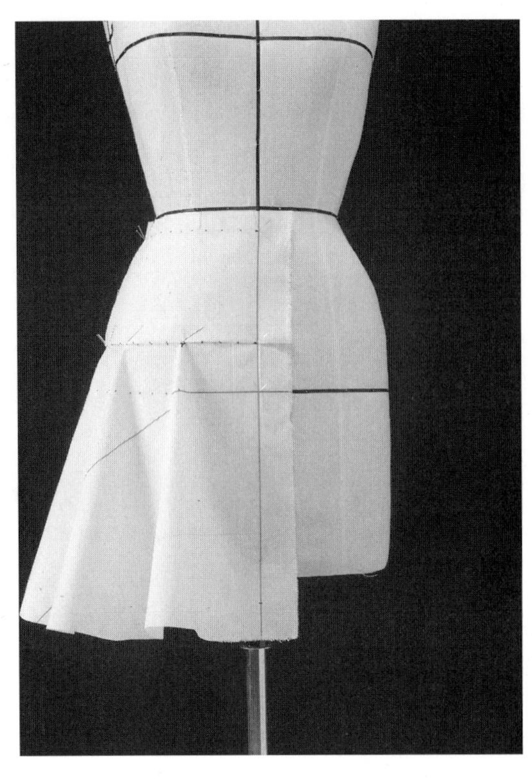

- 옆선과 요크선을 모두 연결한다.

- 앞면에서 볼륨을 확인한다.

* 시접은 요크 쪽으로 접는다.

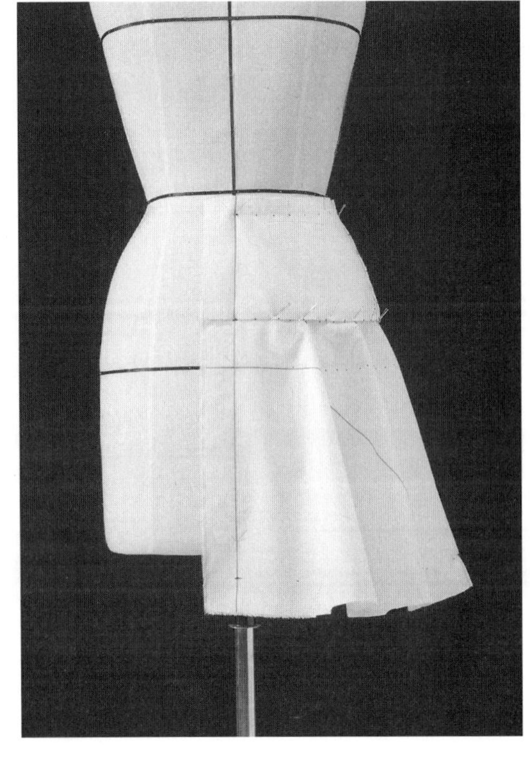

- 뒷면에서 볼륨을 확인한다.

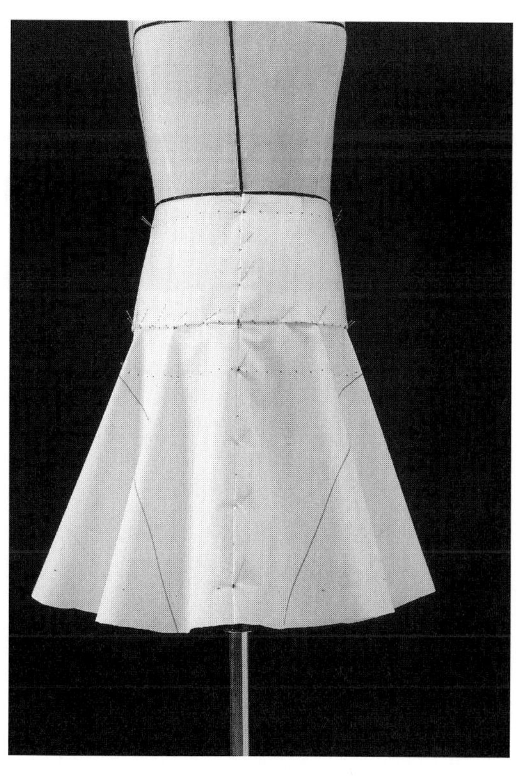

- 옆면에서 볼륨을 확인한다.

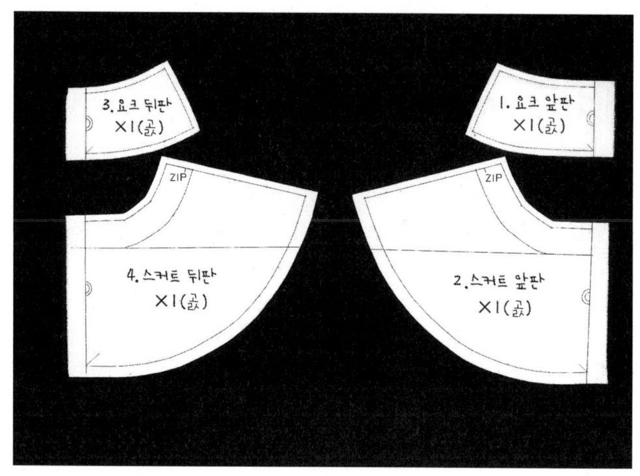

- 작업점을 따라 완성선을 그린다.

- 시접을 주고 시접선을 그린다.

- 시접선을 따라 자른다.

- 필요한 경우 허리 안단선도 표시해두면 좋다.

- 밑단이 곡선이므로 시접량은 많지 않도록 한다.

 **요크와 외주름 스커트**

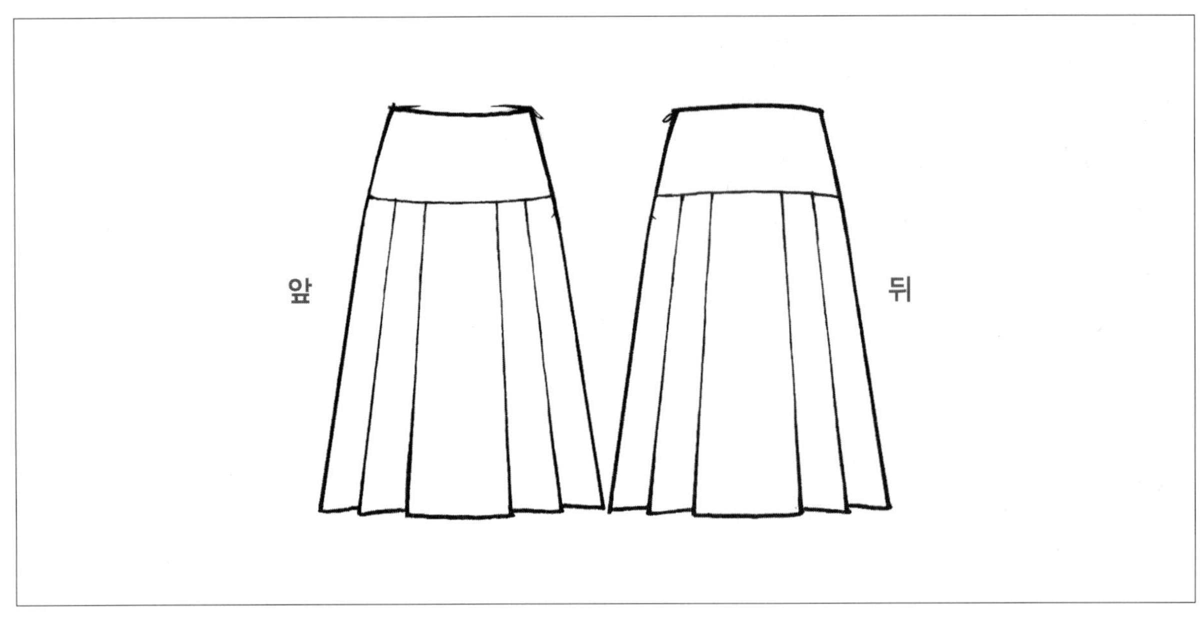

1 디자인에 대한 관찰과 라인테이프 치기

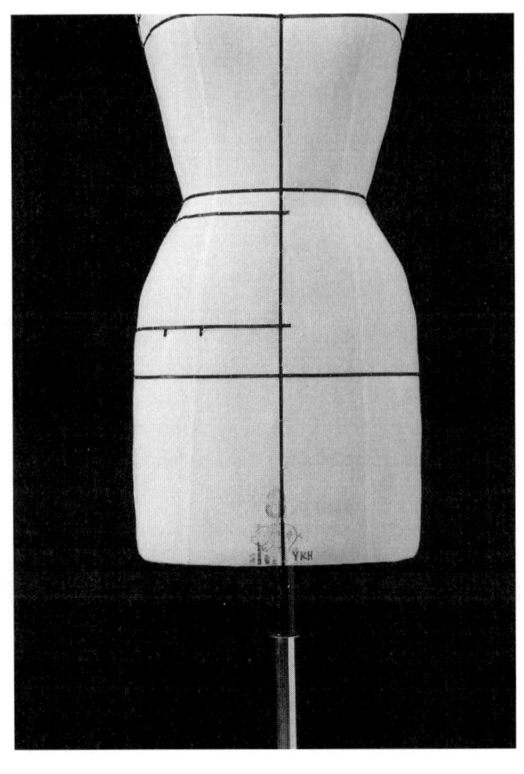

- 마네킹 테이프선을 점검한다.

- 엉덩이선이 바닥과 평행한지 확인한다.

- 중심선이 휘어 있지는 않은지 확인한다.

- 디자인에 따라 요크선을 친다.

- 요크와 연결되어 외주름이 잡힐 곳을 표시해둔다.

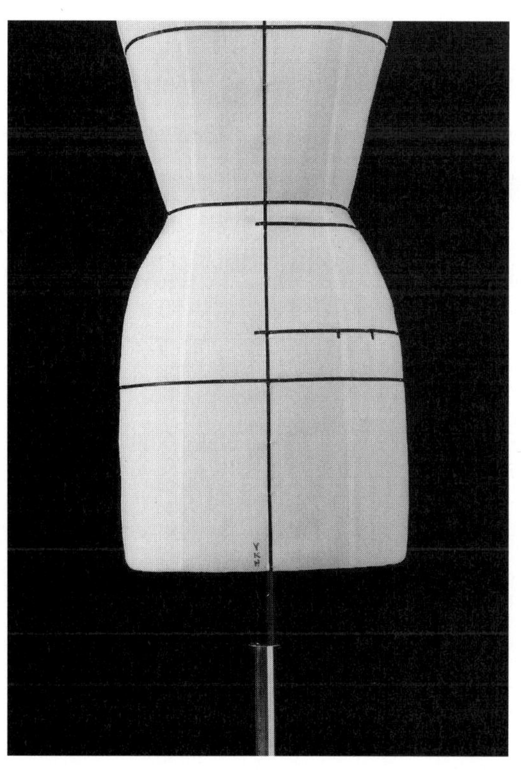

- 디자인에 따라 뒤판에서도 요크선을 친다.

- 요크와 연결되어 외주름이 잡힐 곳을 표시해둔다.

2 광목 준비

광목 준비 예

요크 뒤판용

요크 앞판용

스커트 뒤판용

스커트 앞판용

3 드레이핑

요크 앞뒤 판

요크를 작업하는 방법은 '요크와 플레어 스커트'(61쪽)에서 설명했으므로 참조하도록 한다.

스커트 앞판

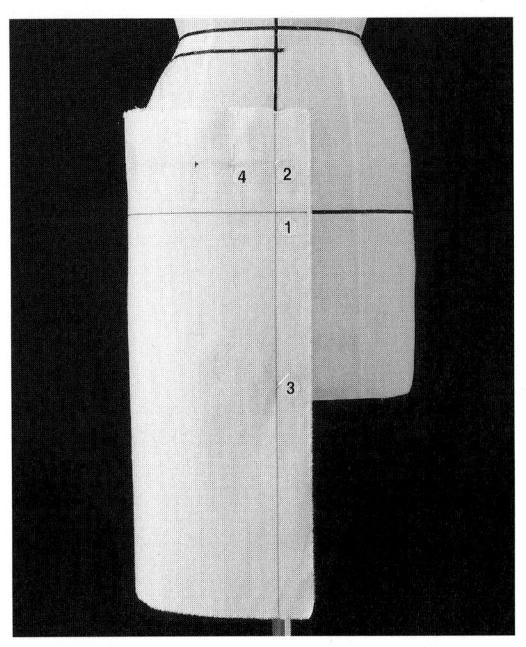

1 앞 중심선과 엉덩이선의 교차점을 고정한다.

2 광목을 수직으로 쓸어 올려서 요크와 만나는 점을 고정한다.

3 광목을 수직으로 쓸어 내려서 앞 중심선 밑단을 고정한다.

4 요크선에서 첫 번째 외주름 위치를 확인하고 주름 위치가 아닌 주름 깊이의 위치에 수직으로 핀을 꽂아서 고정한다.

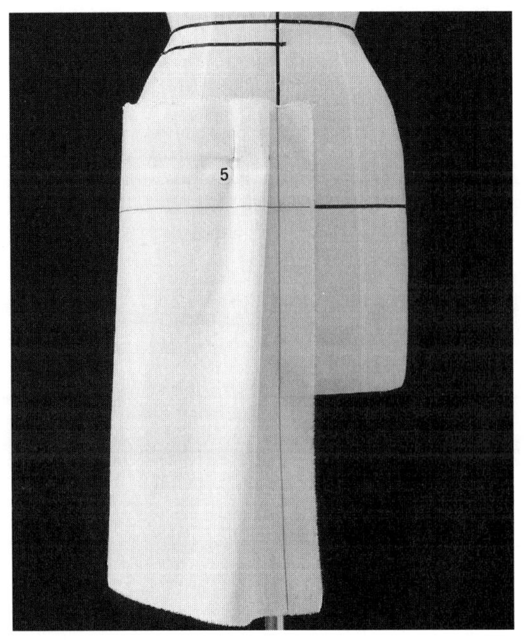

5 주름 위치에서 광목을 접어 주름을 만들면서 중심 쪽으로 눕혀 주름 깊이만큼 주름량을 정한다.

• 엉덩이선이 변하지 않도록 주의한다.

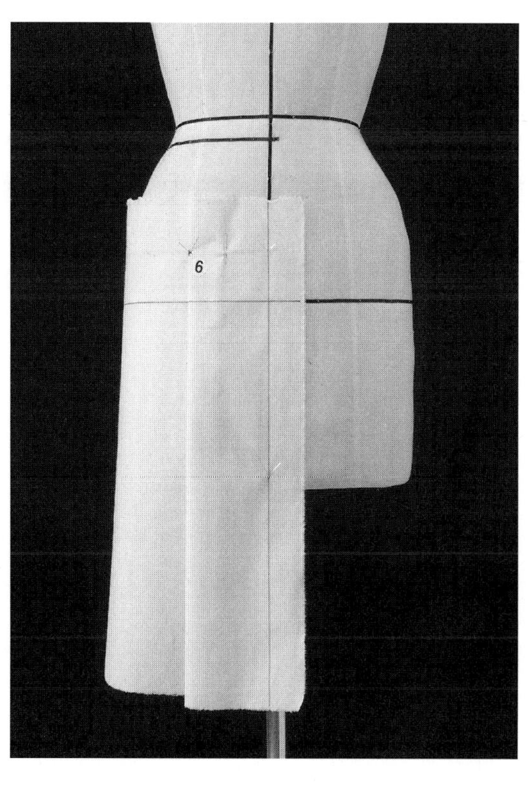

6 주름 깊이에 따라 정한 주름을 원래의 주름 위치에 고

정한다.

* 엉덩이선이 변하지 않도록 한다.

* 움직임으로 주름이 펴지는 것을 감안해서 밑단 쪽의 주름량을 줄

여주기도 한다.

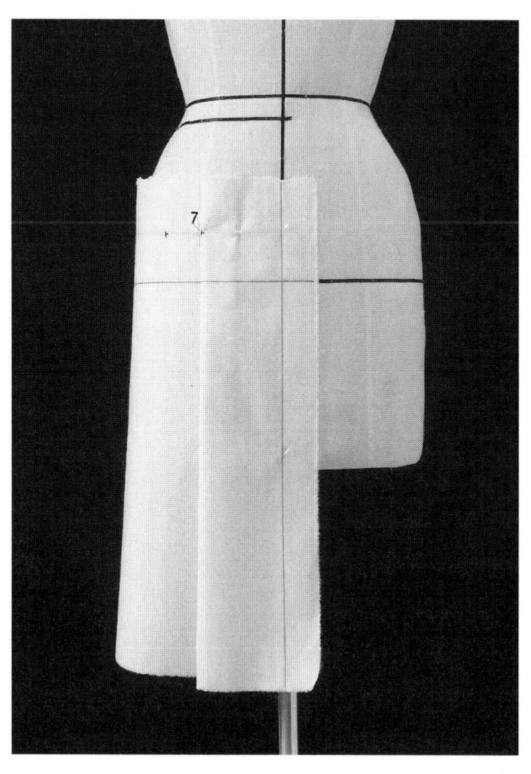

7 두 번째 외주름도 첫 번째와 마찬가지로 주름의 위치

를 확인하고 주름 깊이 위치에 수직으로 핀을 꽂는다.

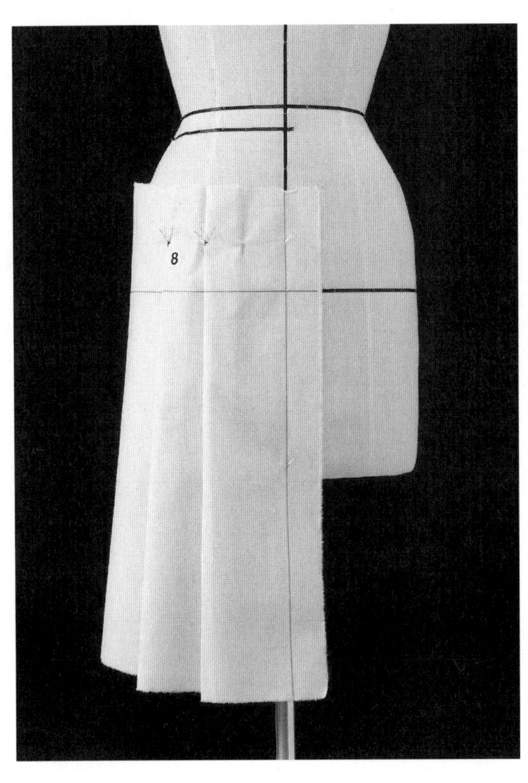

8 같은 방법으로 두 번째 주름을 잡아 고정한다.

* 엉덩이선이 변하지 않도록 한다.

* 움직임으로 주름이 펴지는 것을 감안해서 밑단 쪽의 주름량을 줄

  여주기도 한다.

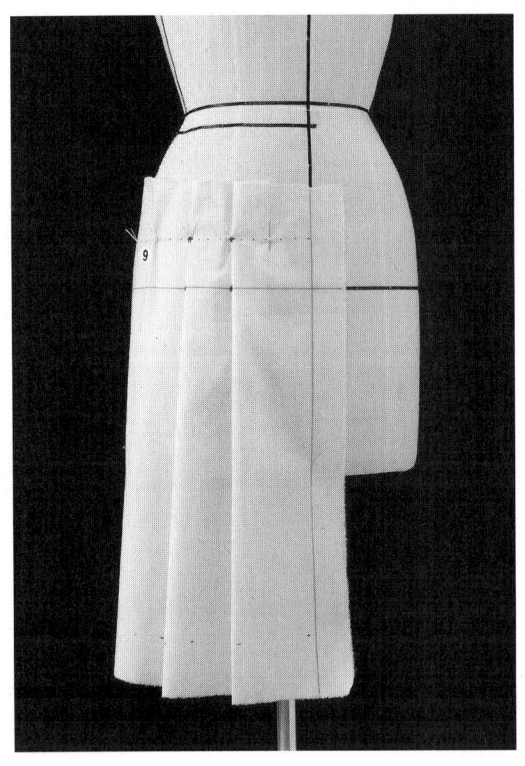

9 요크선에서 주었던 기본 여유분을 같은 위치에서 같

  은 양으로 잡아준다.

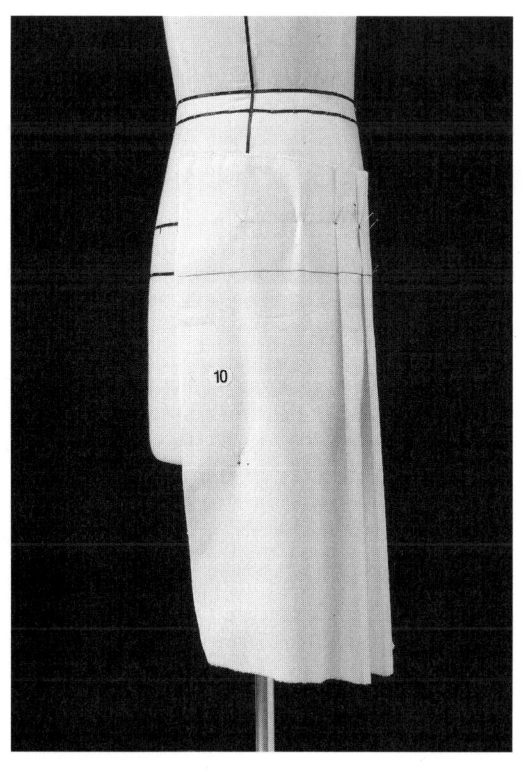

10 디자인에 따라 옆선이 약간 사선이 되도록 볼륨을 주고 옆선을 고정한다.

• 스커트 길이를 정한다.

• 모든 작업점을 표시한다.

스커트 뒤판

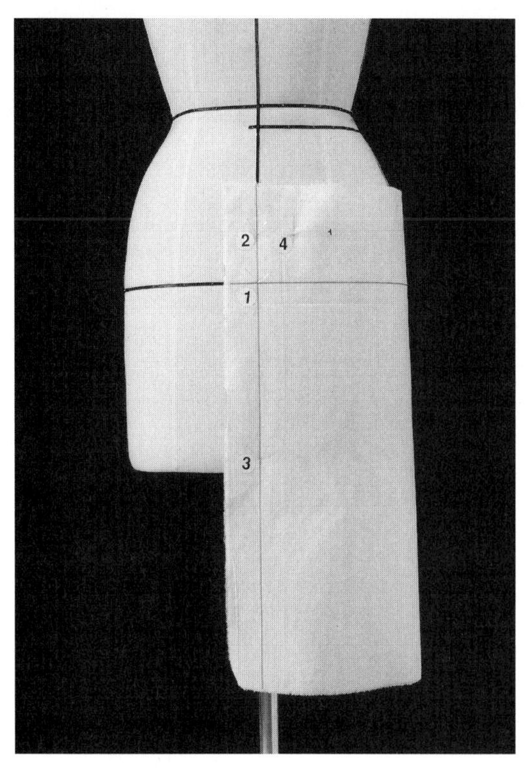

1 엉덩이선과 뒤 중심선의 교차점을 고정한다.

2 광목을 수직으로 쓸어 올려서 요크선과 만나는 점을 고정한다.

3 광목을 수직으로 쓸어 내려서 뒤 중심선 밑단을 고정한다.

4 첫 번째 주름 위치를 확인하고 주름 깊이에 수직으로 핀을 꽂는다.

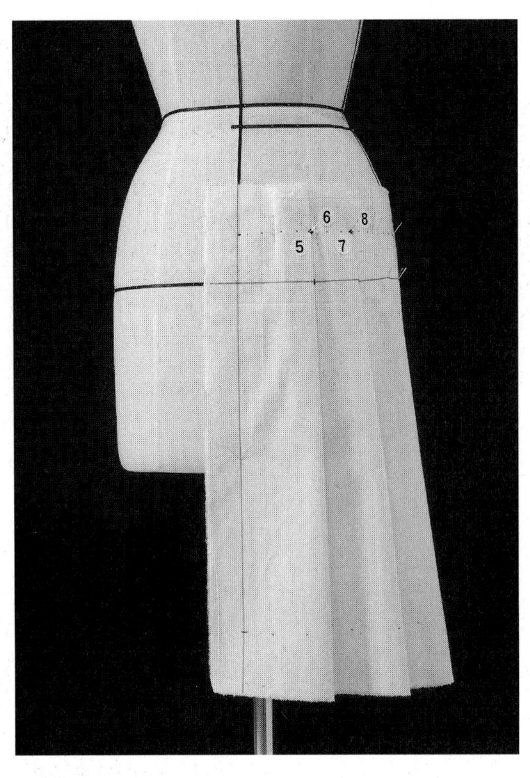

5 첫 번째 주름을 고정한다.

6 첫 번째와 같은 방법으로 두 번째 주름 깊이 위치에 수직으로 핀을 꽂는다.

7 두 번째 주름을 고정한다.

8 요크선에서 기본 여유분을 주었던 것처럼 스커트 연결 부분에도 같은 양의 여유분을 주고 여유분이 작업에 방해되지 않도록 고정해둔다.

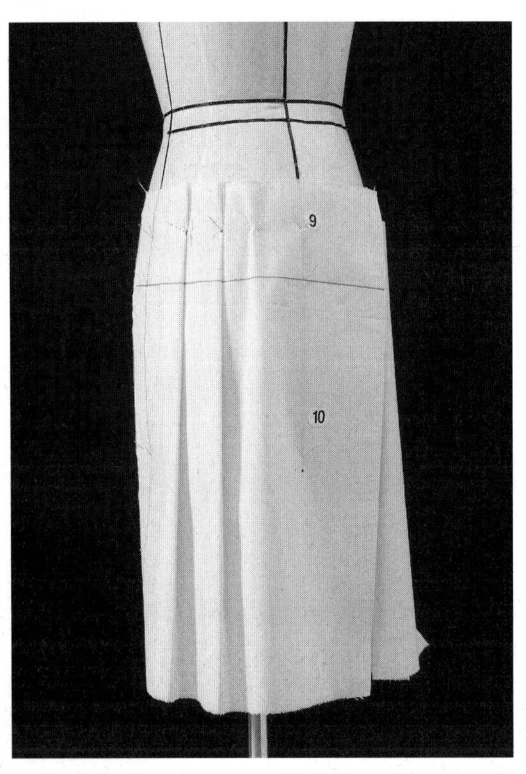

9 요크선과 만나는 옆선을 고정한다.

10 디자인에 따라 앞판과 같은 볼륨을 주고 옆선을 고정한다.

• 스커트 길이를 정한다.

• 모든 작업점을 표시한다.

4 볼륨 확인과 패턴 정리

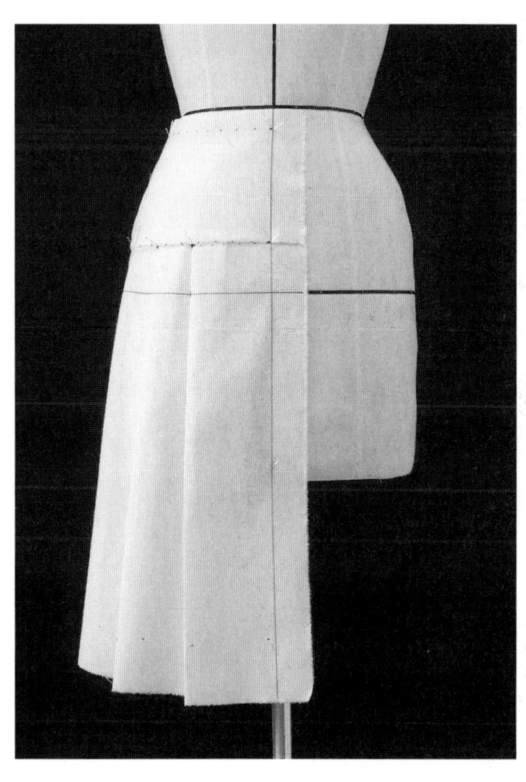

• 옆선과 요크선을 모두 연결한다.

• 앞면에서 볼륨을 확인한다.

* 시접은 요크 쪽으로 접는다.

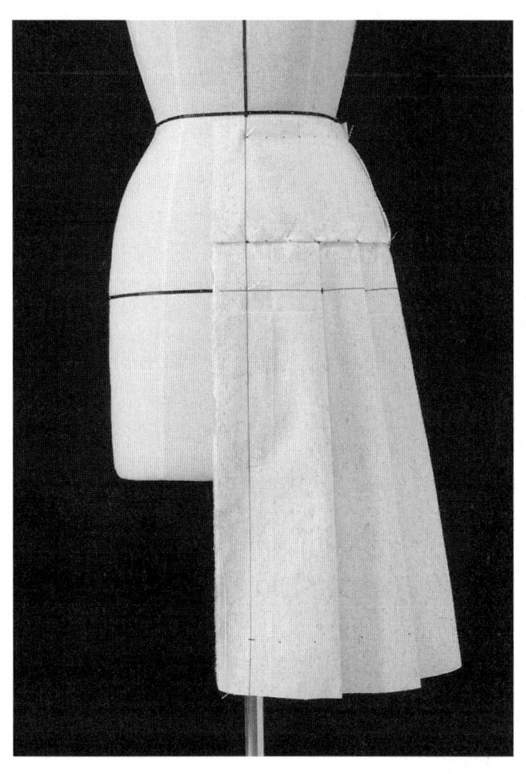

• 뒷면에서 볼륨을 확인한다.

• 옆면에서 볼륨을 확인한다.

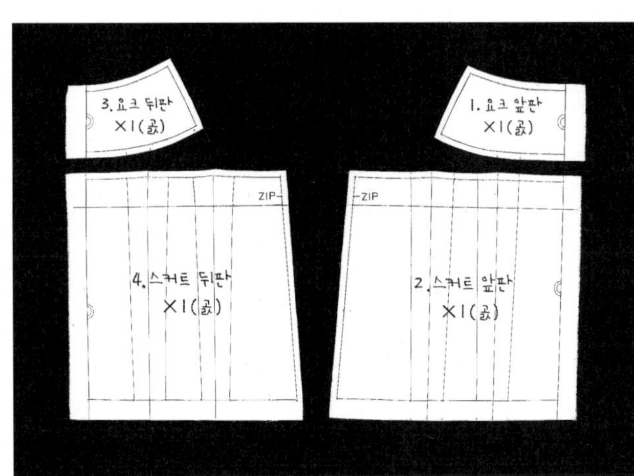

• 작업점을 따라 완성선을 그린다.

* 외주름 부분은 모두 주름을 닫아 연결하고, 주름 깊이

  부분은 먹지와 룰렛을 사용하여 그린다.

• 시접을 주고 시접선을 그린다.

• 시접선을 따라 자른다.

• 필요한 경우 허리 안단선도 표시해두면 좋다.

6 요크와 맞주름 스커트

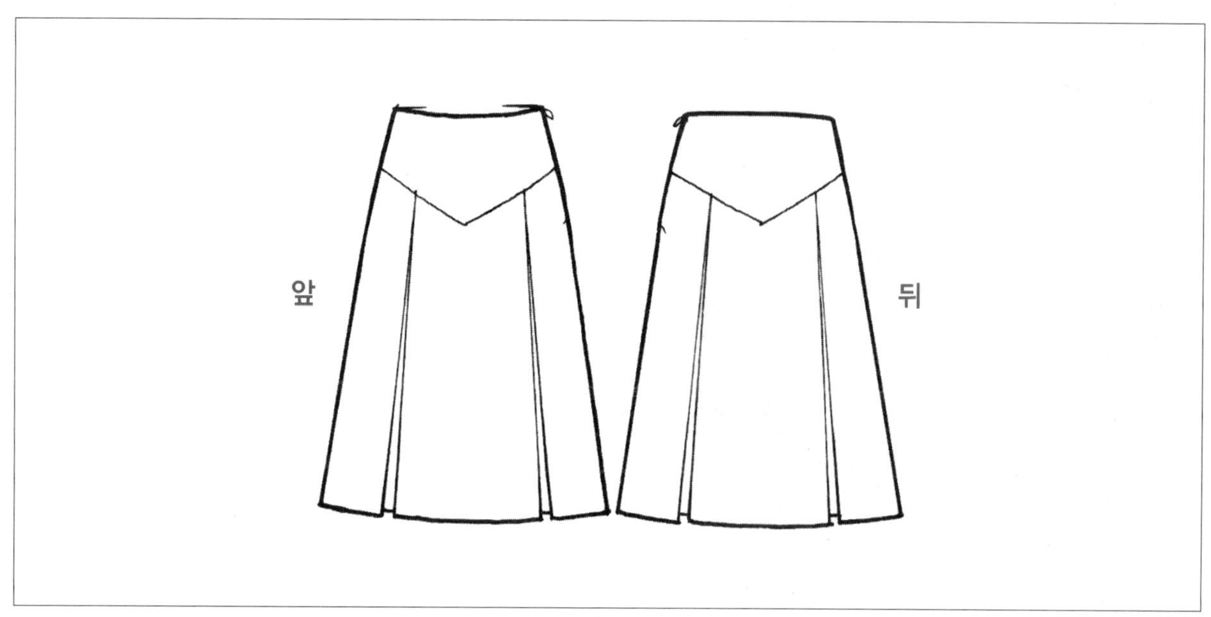

1 디자인에 대한 관찰과 라인테이프 치기

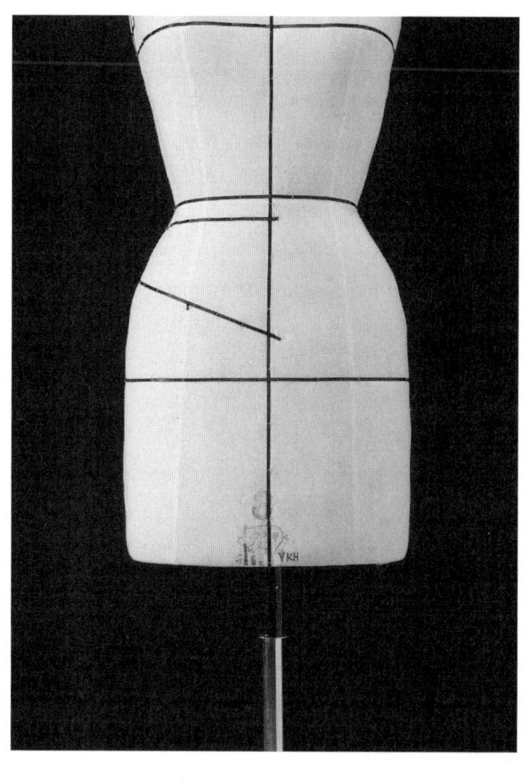

- 마네킹 테이프선을 점검한다.

- 엉덩이선이 바닥과 평행한지 확인한다.

- 중심선이 휘어 있지는 않은지 확인한다.

- 디자인에 따라 요크선을 친다.

- 요크와 연결되어 맞주름이 잡힐 곳을 표시해둔다.

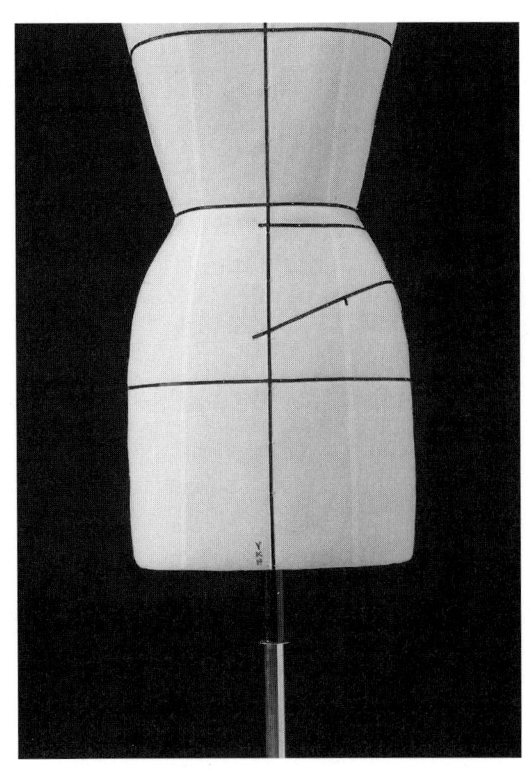

- 디자인에 따라 뒤판에서도 요크선을 친다.

- 요크와 연결되어 맞주름이 잡힐 곳을 표시해둔다.

2 광목 준비

광목 준비 예

	요크 뒤판용	요크 앞판용

요크 뒤판용 — 30 × 25 (3)

요크 앞판용 — 30 × 25 (3)

스커트 뒤판용 — 50 × 50, 15 (3)

스커트 앞판용 — 50 × 50, 15 (3)

3 드레이핑

요크 앞판

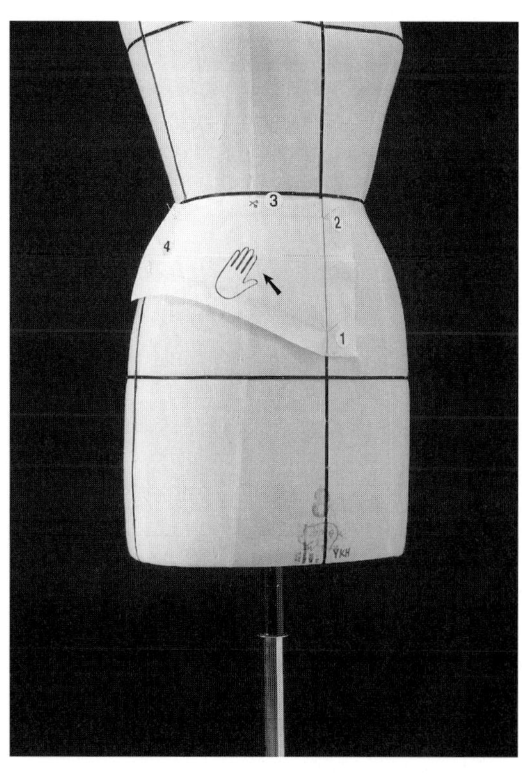

1, 2 요크의 앞 중심선을 고정한다.

3, 4 허리선과 요크선에 광목이 남지 않도록 잘라내어
정리하면서 광목을 편안하게 요크에 붙인다.

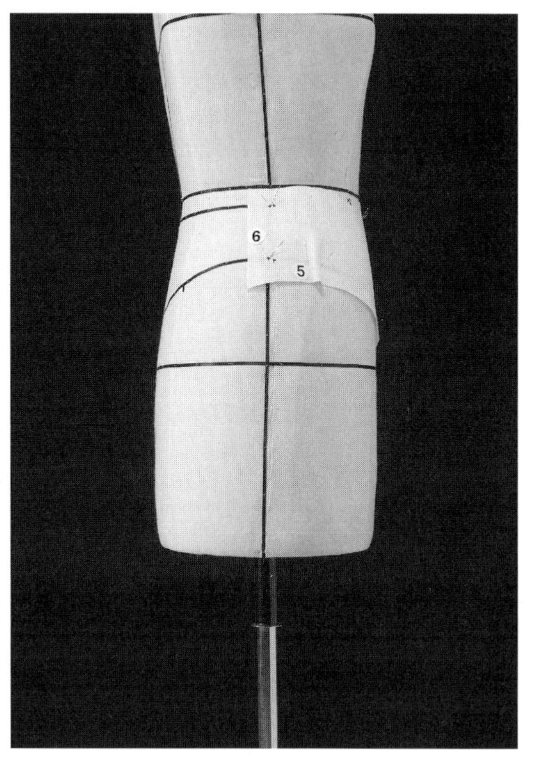

5, 6 허리선과 요크선에 광목이 당기지 않도록 기본 여
유분을 주고 옆선을 고정한다.

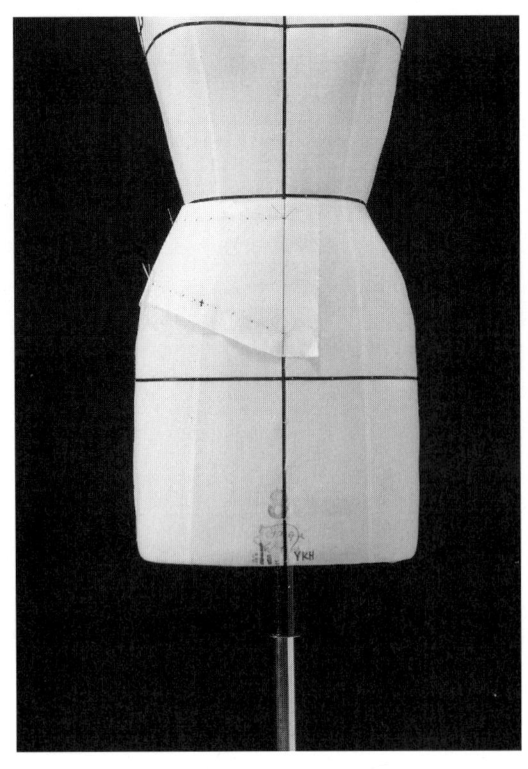

- 모든 작업점을 표시하고 맞주름과 만나는 점도 반드시 표시한다.

요크 뒤판

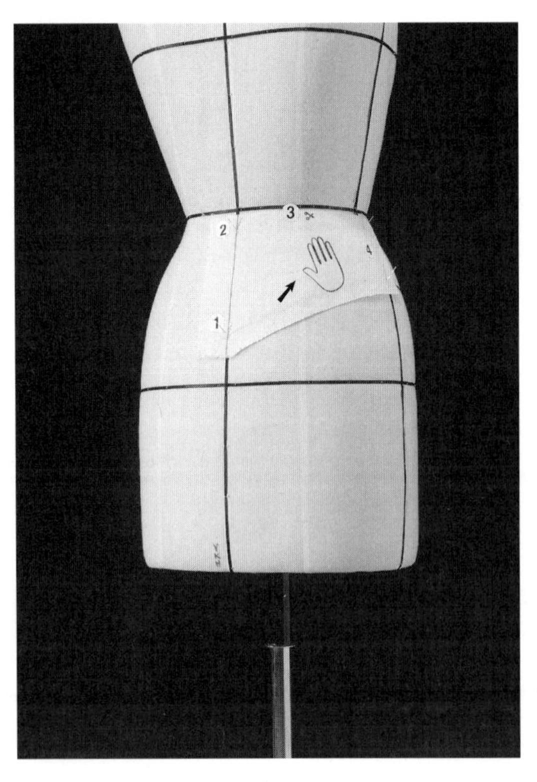

1, 2 요크의 뒤 중심선을 고정한다.

3, 4 허리선과 요크선에 광목이 남지 않도록 잘라내어 정리하면서 광목을 편안하게 요크에 붙인다.

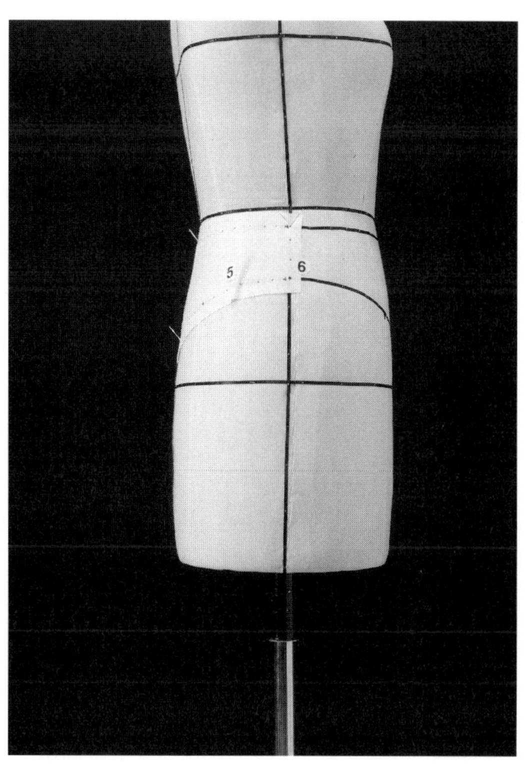

5, 6 허리선과 요크선에 광목이 당기지 않도록 기본 여
유분을 주고 옆선을 고정한다.

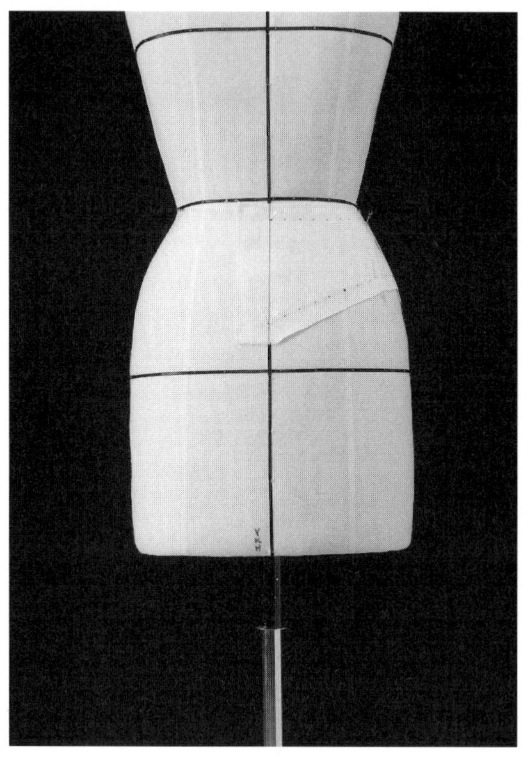

• 모든 작업점을 표시한다.

스커트 앞판

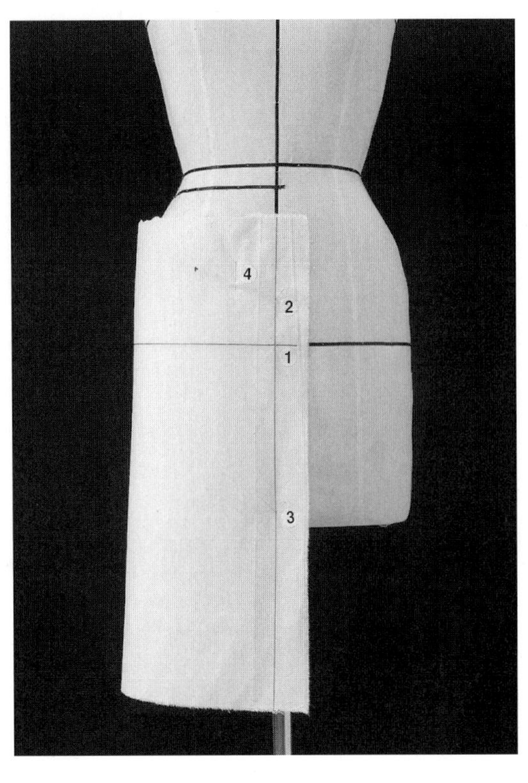

1, 2, 3 스커트 앞 중심선을 고정하고, 엉덩이선과 옆선이
　　　　 만나는 점을 임시로 고정한다.

4 주름 위치를 확인하고 주름 깊이 위치에 수직으로 핀
　 을 꽂아서 고정한다.

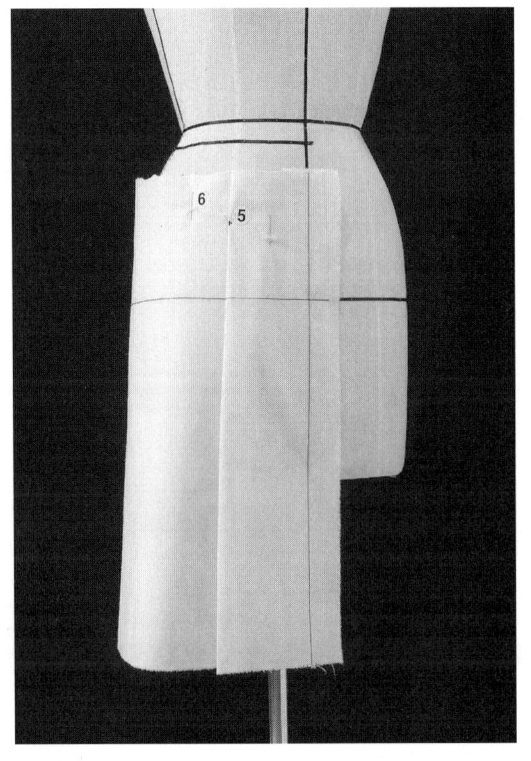

5 '요크와 외주름 스커트'(74쪽)를 참조하여 외주름을 한
　 번 잡는다.

6 주름 깊이 위치에 수직으로 핀을 꽂아서 고정한다.

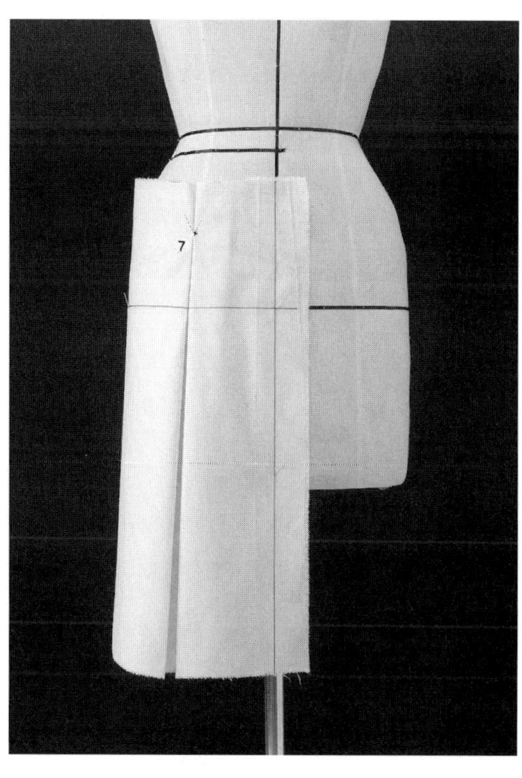

7 반대 방향으로 외주름을 한 번 더 잡는다.

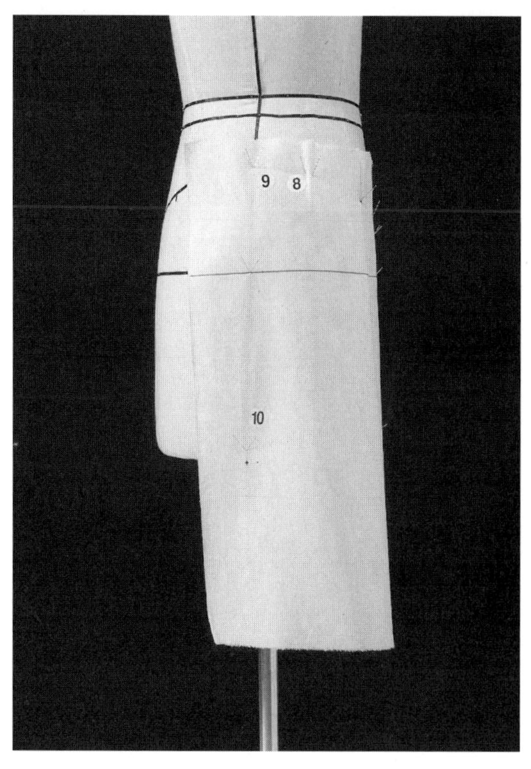

8 요크선에서 주었던 여유분만큼 잡아 고정한다.

9 요크선과 만나는 옆선을 고정한다.

10 디자인에 따라 볼륨을 주고 옆선 밑단을 고정한다.

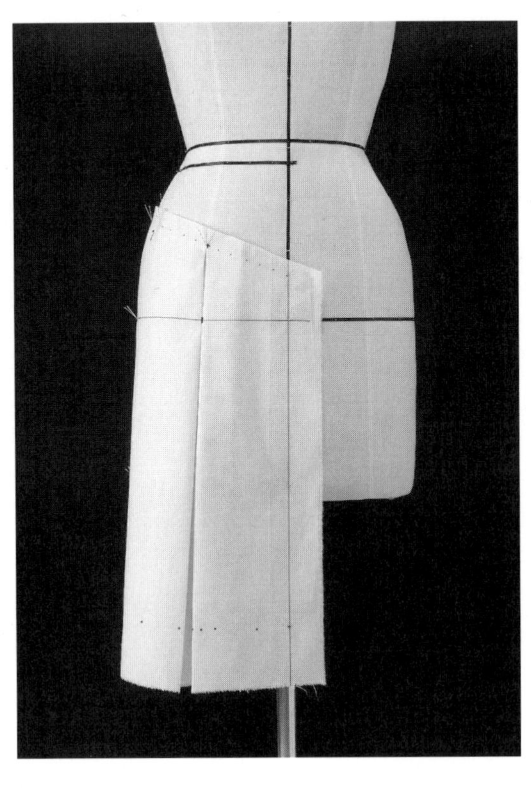

- 모든 작업점을 표시한다.

- 스커트 길이를 정한다.

- 광목을 정리한다.

스커트 뒤판

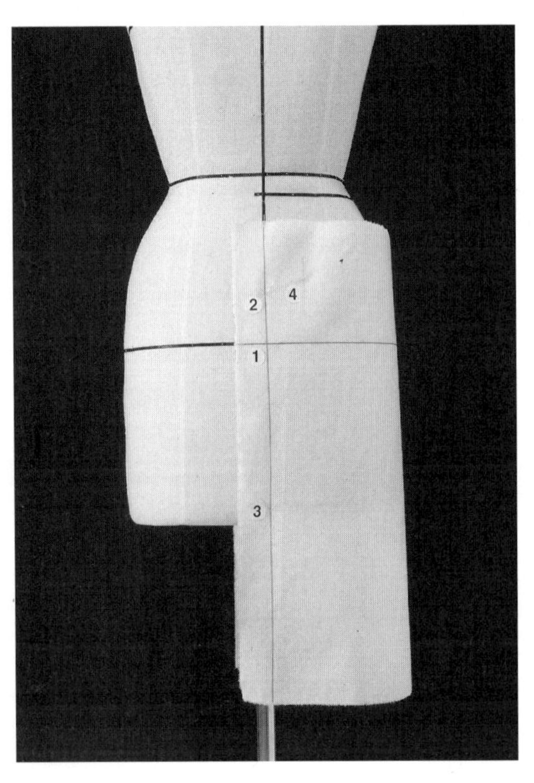

1, 2, 3 뒤 중심선을 고정한다.

4 주름 깊이에서 고정한다.

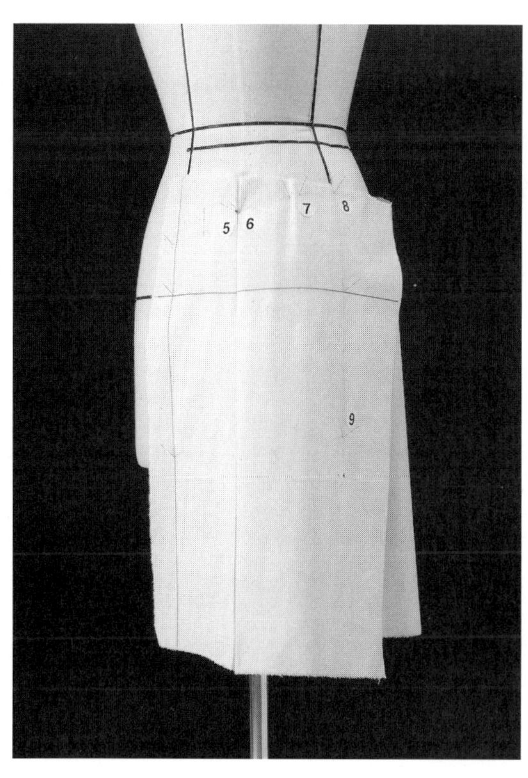

5, 6 앞판과 같은 방법으로 맞주름을 잡는다.

7 요크선에서 주었던 여유분만큼 잡아 고정한다.

8, 9 앞판의 옆선과 같은 방법으로 옆선을 마무리한다.

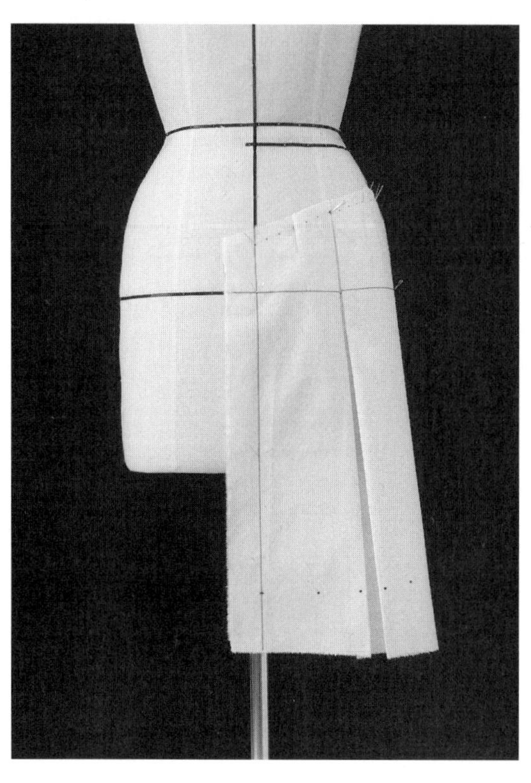

• 스커트 길이를 정한다.

• 광목을 정리하고 모든 작업점을 표시한다.

4 볼륨 확인과 패턴 정리

- 옆선과 요크선을 모두 연결한다.

- 앞면에서 볼륨을 확인한다.

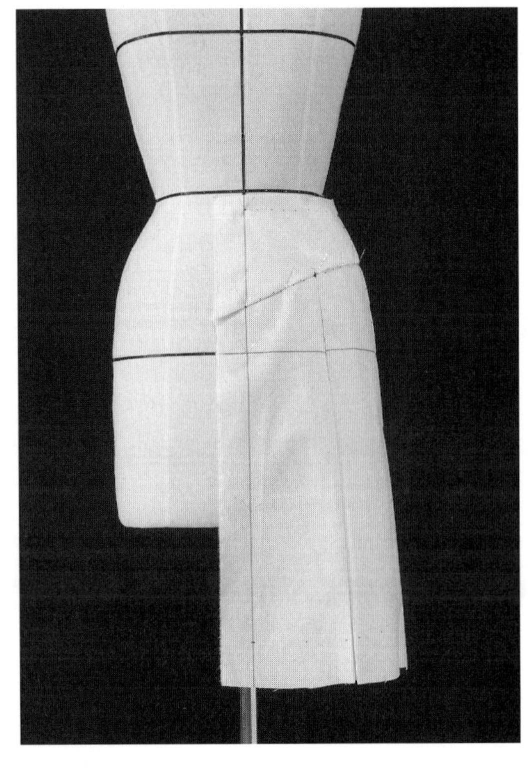

- 뒷면에서 볼륨을 확인한다.

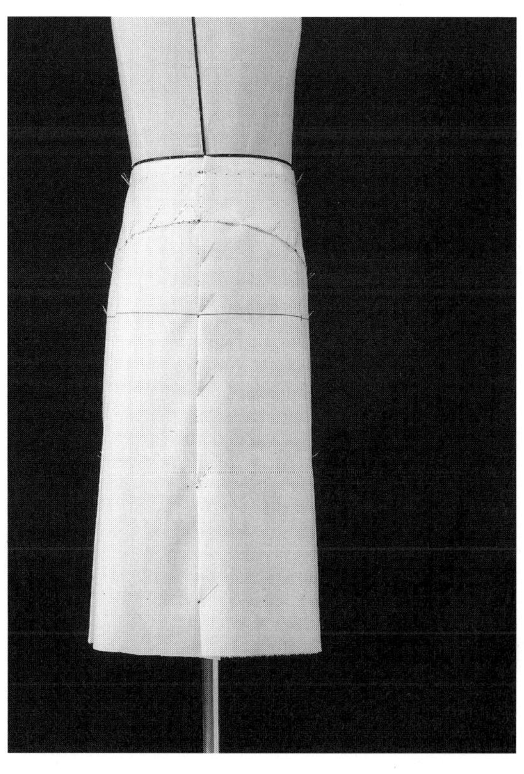

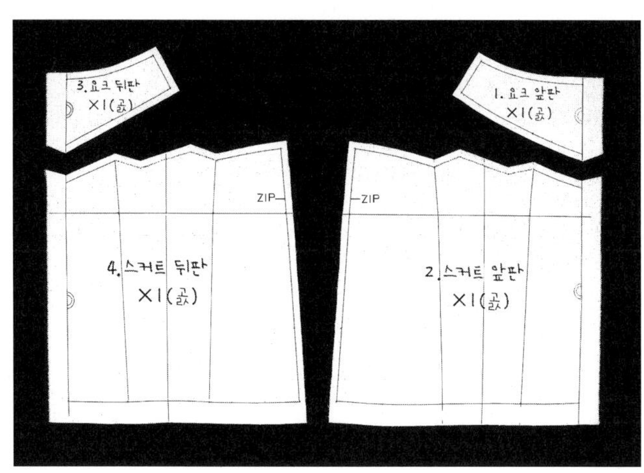

• 옆면에서 볼륨을 확인한다.

• 작업점을 따라 완성선을 그린다.

* 맞주름 부분은 모두 주름을 닫고 연결하여 하나의 선이

되도록 그리고, 주름 깊이 부분은 먹지와 룰렛을 사용

하여 그려낸다.

• 시접을 주고 시접선을 그린다.

• 시접선에 따라 자른다.

• 필요한 경우 허리 안단선도 표시해두면 좋다.

7 무릎 덧댄 6쪽 스커트

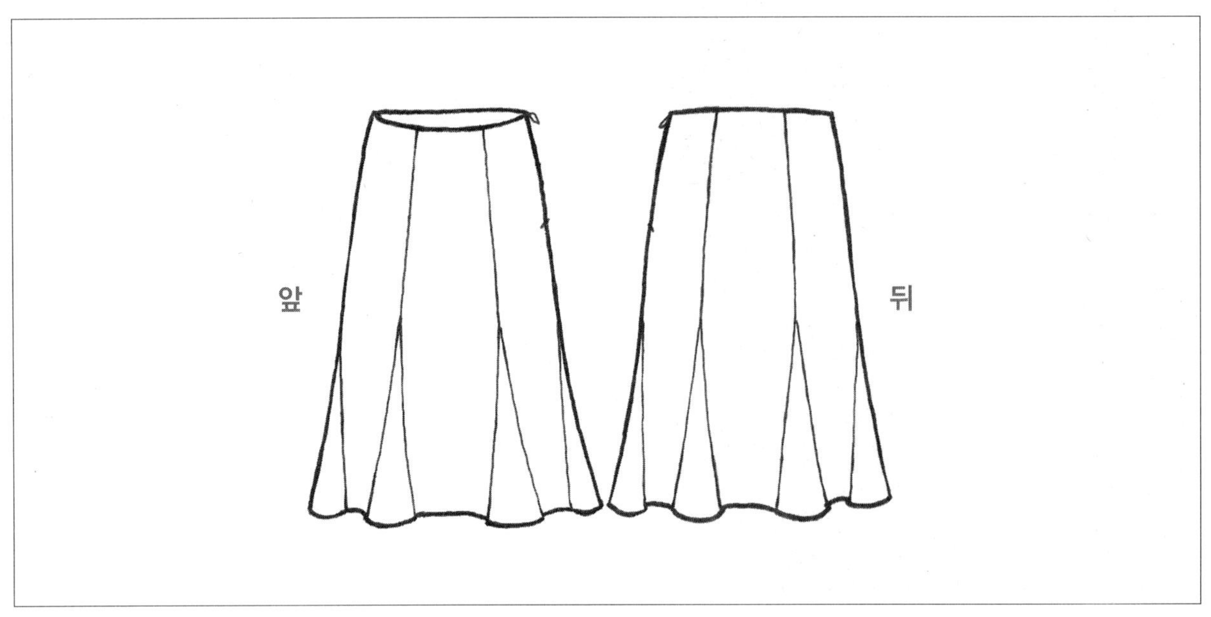

1 디자인에 대한 관찰과 라인테이프 치기

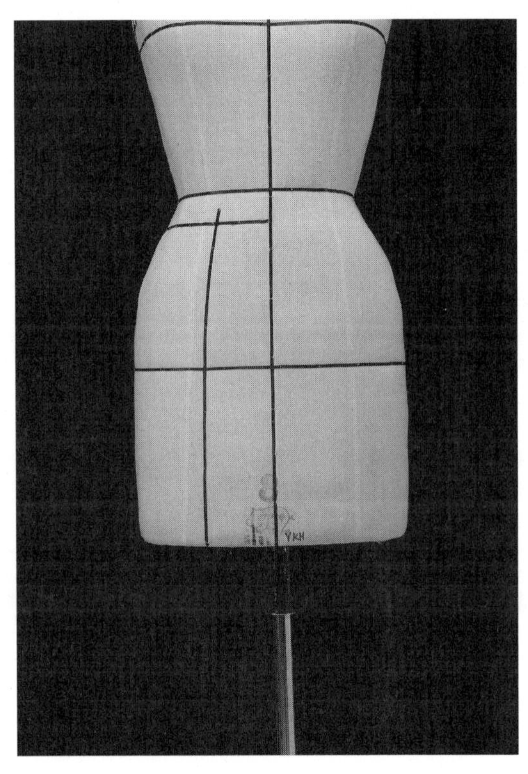

- 마네킹 테이프선을 점검한다.

- 엉덩이선이 바닥과 평행한지 확인한다.

- 중심선이 휘어 있지는 않은지 확인한다.

- 디자인에 따라 허리선 테이프를 친다.

- 원하는 쪽선에 따라 라인테이프를 친다.

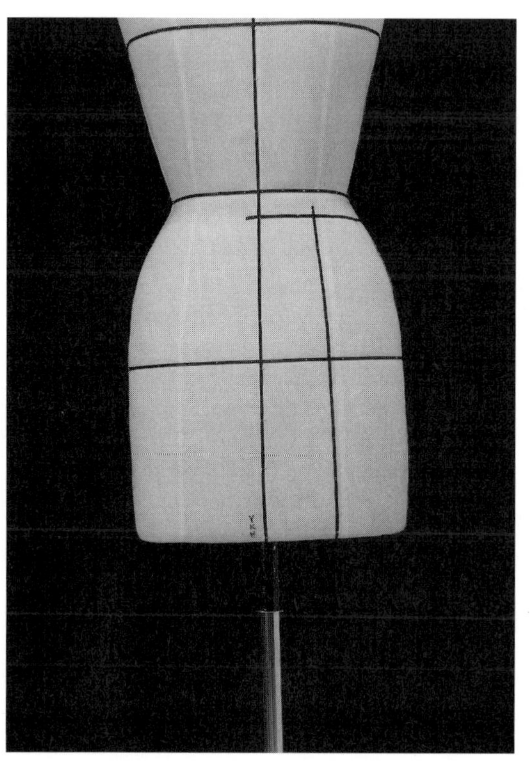

2 광목 준비

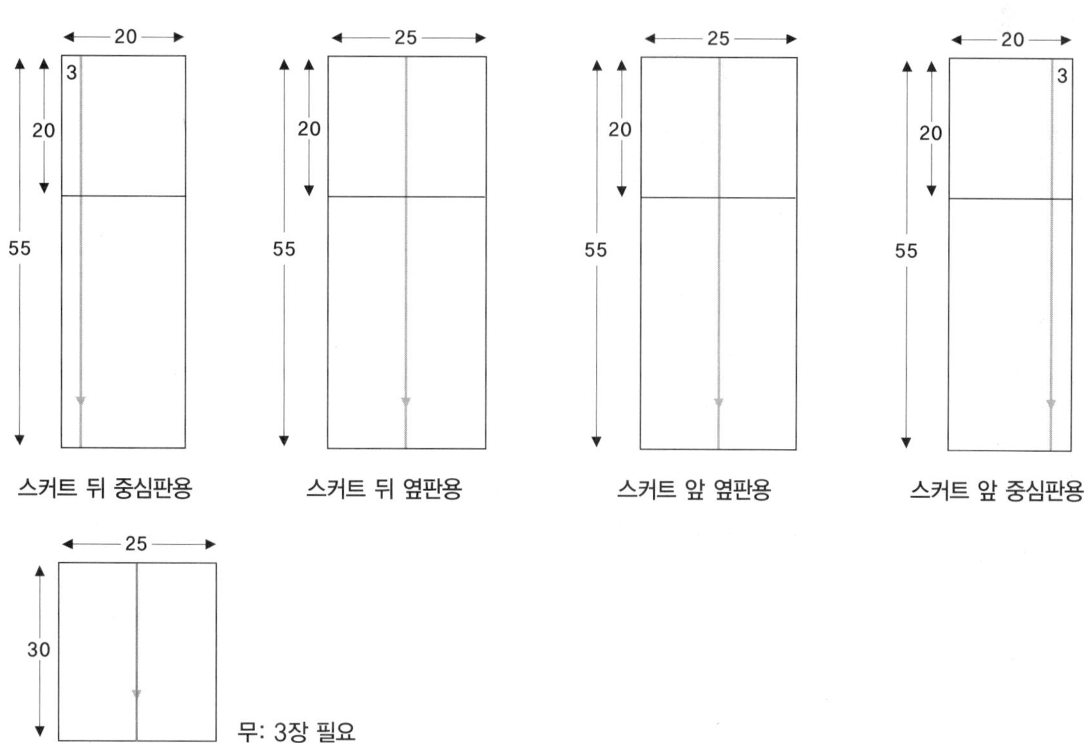

• 앞판과 마찬가지로 뒤판에서도 디자인에 따라 허리선
과 쪽선을 친다.

20
3
20
55
스커트 뒤 중심판용
25
20
55
스커트 뒤 옆판용
25
20
55
스커트 앞 옆판용
20
3
20
55
스커트 앞 중심판용
25
30
무: 3장 필요

광목 준비 예

3 드레이핑

앞 중심판

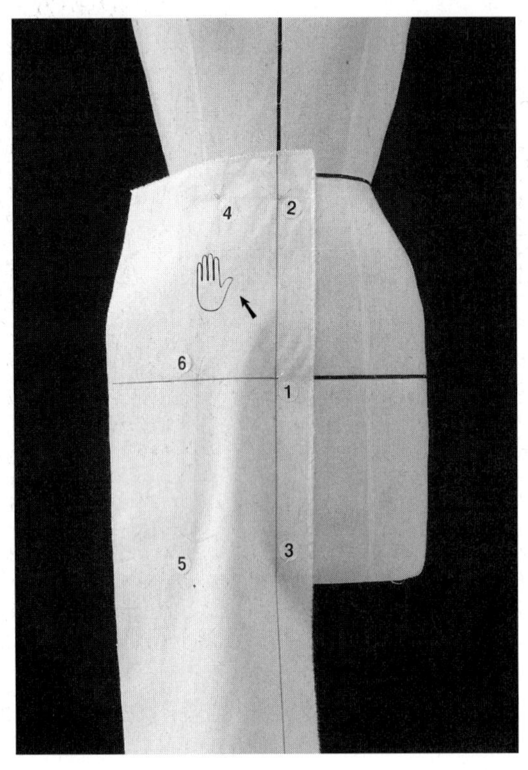

1, 2, 3 앞 중심선을 고정한다

4 허리선에 광목이 남지 않도록 하면서 허리선을 고정

한다.

5 디자인에 따라 볼륨을 주고 밑단을 고정한다.

6 엉덩이선을 고정한다.

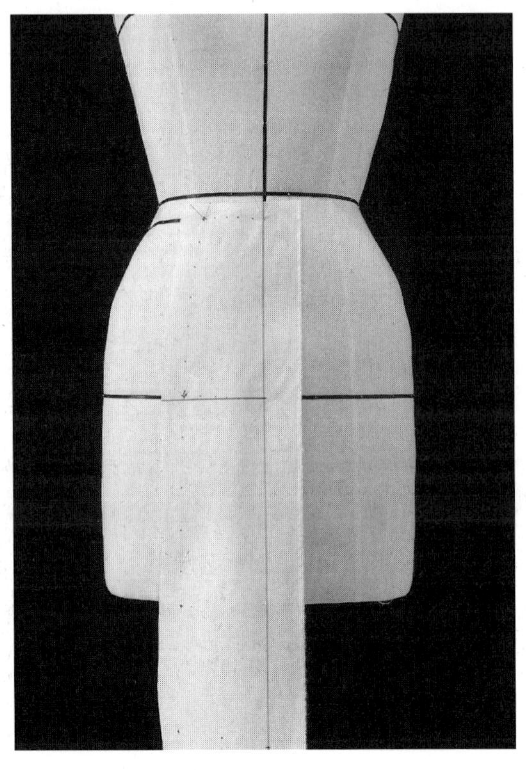

앞 중심판

• 광목을 정리하고 모든 작업점을 표시한다.

*** 변한 엉덩이선의 작업점을 반드시 표시한다.**

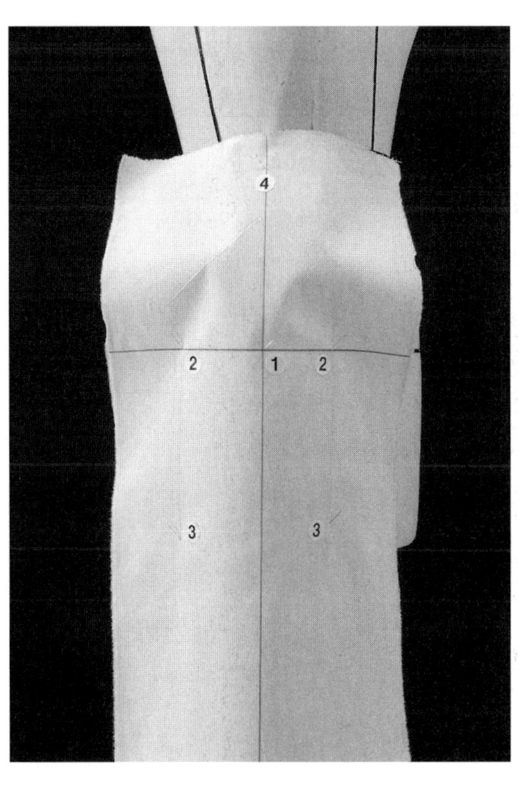

1 쪽의 중앙에 식서선이 오도록 고정한다.

2 양쪽 엉덩이선을 고정한다.

3 식서선이 수직으로 떨어지도록 하면서 양쪽 밑단을 고정한다.

4 식서선을 수직으로 올려 허리선에서 고정한다.

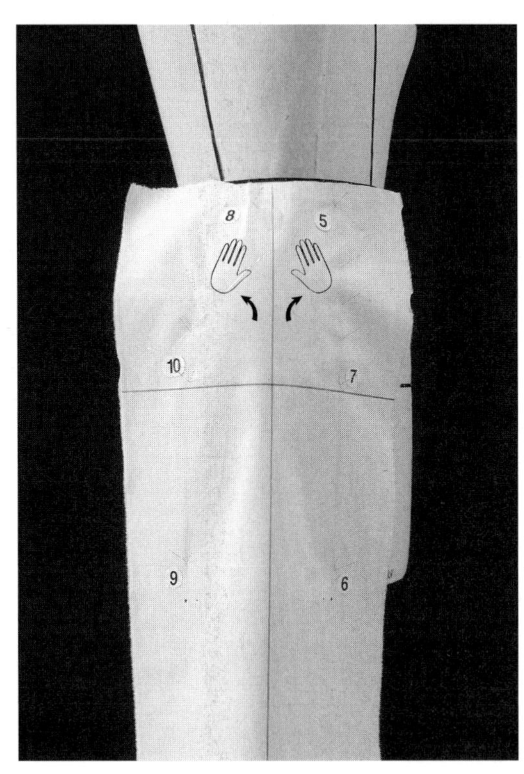

5 허리선에 광목이 남지 않도록 하면서 허리선을 고정한다.

6 디자인에 따라 볼륨을 주고 밑단을 고정한다.

7 엉덩이선을 고정한다.

8 허리선에 봉제를 위한 기본 여유분을 주고 허리선을 고정한다.

9 중심 쪽과 마찬가지로 디자인에 따라 볼륨을 주고 밑단을 고정한다.

10 엉덩이선을 고정한다.

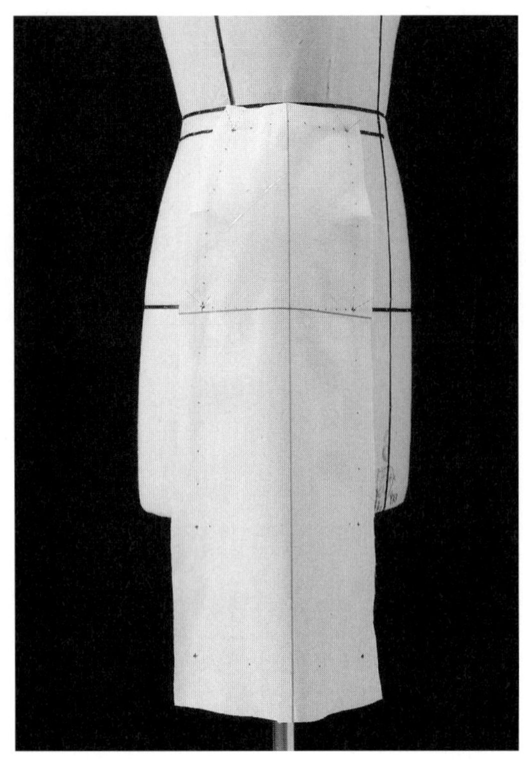

• 광목을 정리하고 모든 작업점을 표시한다.

뒤 중심판

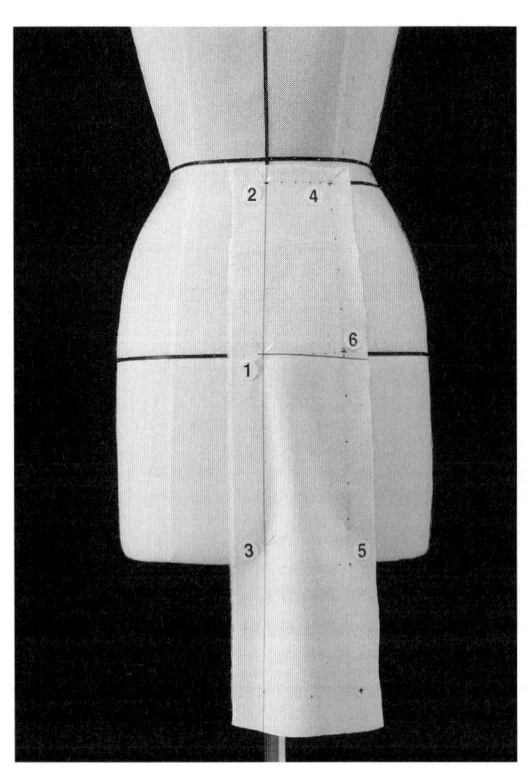

1, 2, 3 뒤 중심선을 고정한다.

4, 5, 6 앞 중심판과 같은 방법으로 작업한 다음 광목을

잘라서 정리하고 모든 작업점을 표시한다.

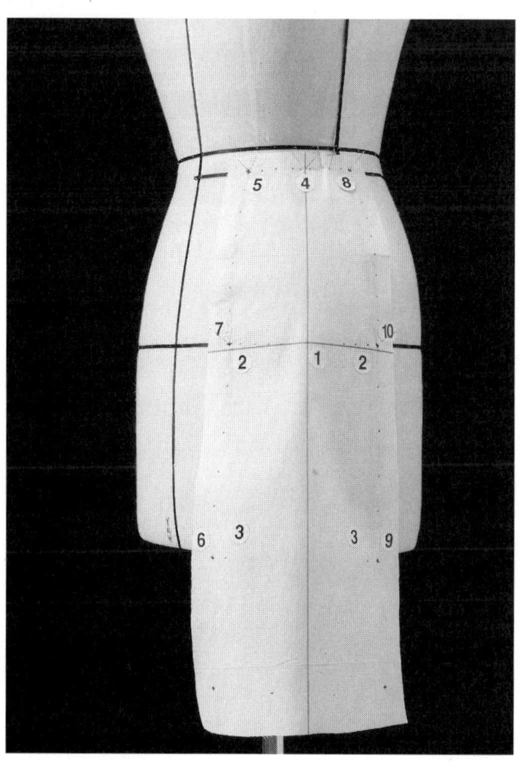

1~10 앞 옆판과 같은 방법으로 작업한 다음 광목을 정리
하고 모든 작업점을 표시한다.

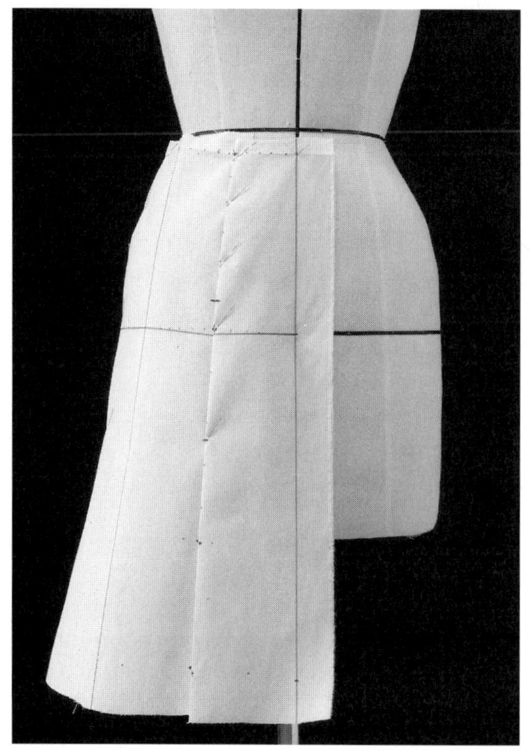

• 무가 달릴 부분을 제외하고 앞 중심판과 앞 옆판을 연
결한다.

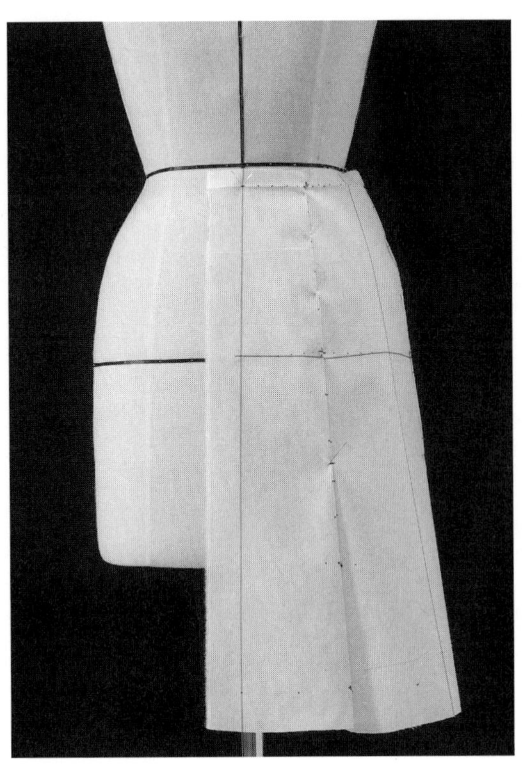

• 무가 달릴 부분을 제외하고 뒤 중심판과 뒤 옆판을 연결한다.

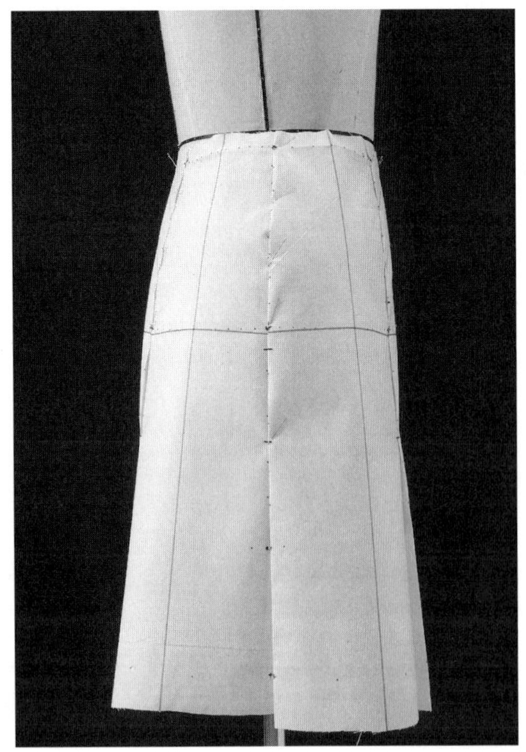

• 무가 달릴 부분을 제외하고 앞 옆판과 뒤 옆판을 연결한다.

무 연결하기

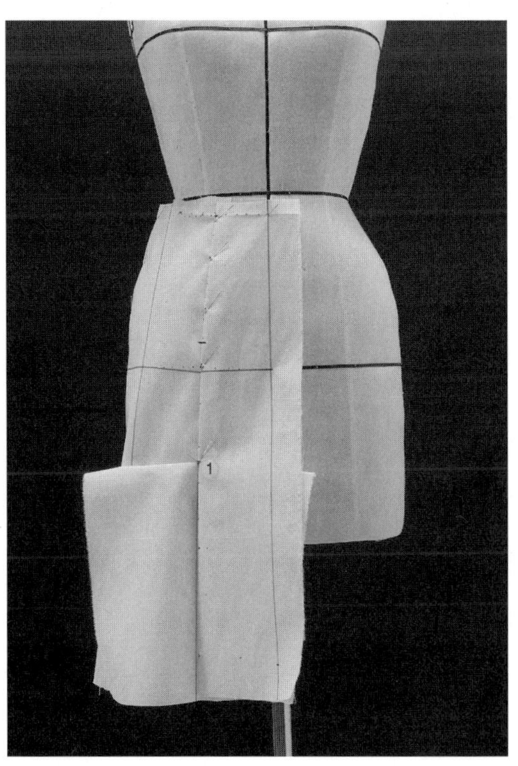

1 디자인에 따라 무의 길이와 너비에 적당한 광목을 준

　비하고 무의 시작점에 연결한다.

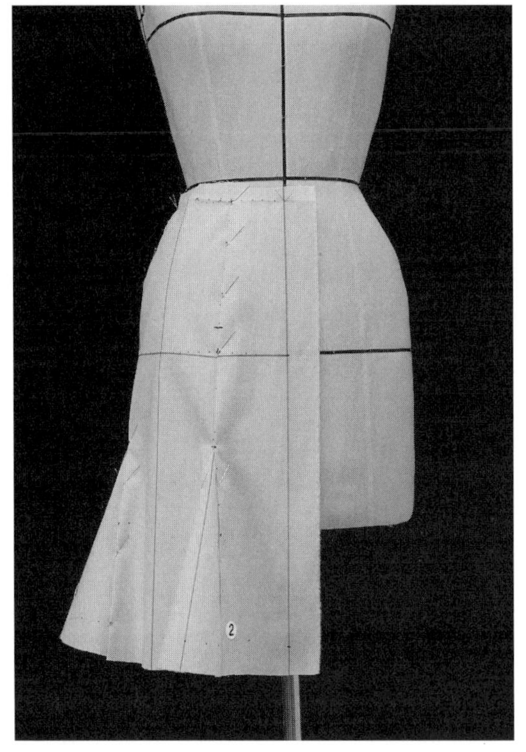

2 디자인에 따라 원하는 무의 볼륨을 정하고 스커트 앞

　중심판의 밑단과 연결한다.

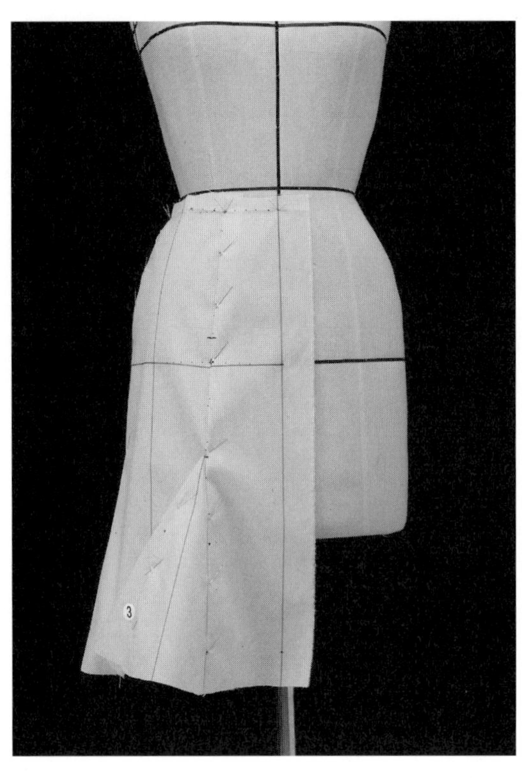

3 식서선을 기준으로 앞 중심판과 같은 양으로 볼륨을 주고 앞 옆판의 밑단과 연결한다.

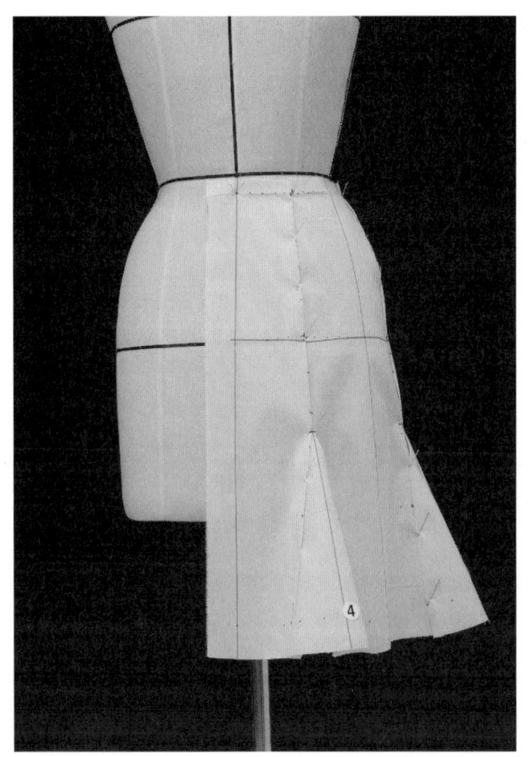

4 같은 방법으로 뒤 중심판과 뒤 옆판 사이에도 무를 단다.

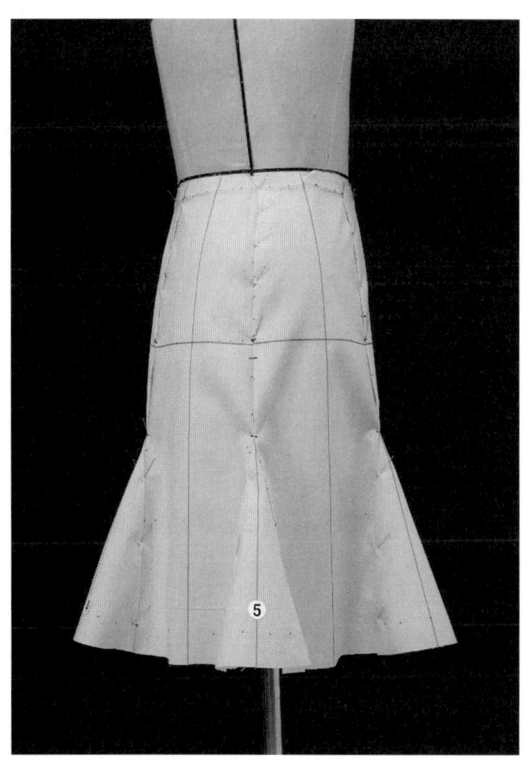

5 같은 방법으로 앞 옆판과 뒤 옆판 사이에도 무를 연결한다.

4 볼륨 확인과 패턴 정리

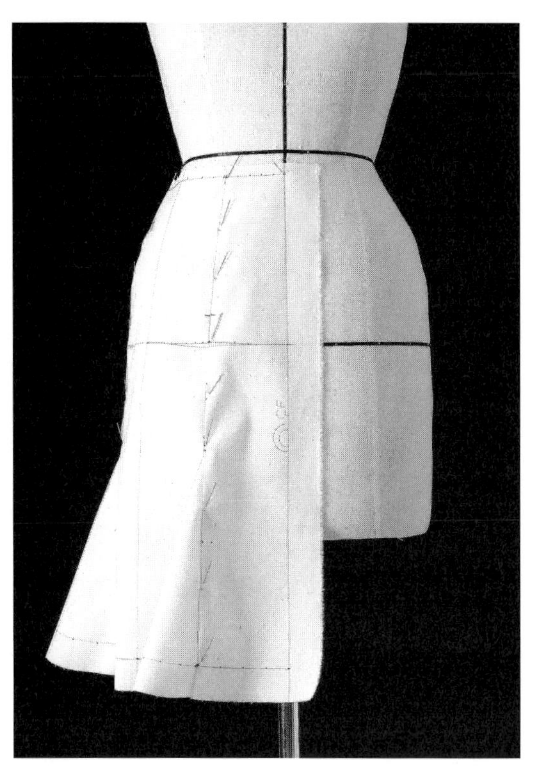

- 모든 무와 쪽선을 연결한다.

- 앞면에서 볼륨을 확인한다.

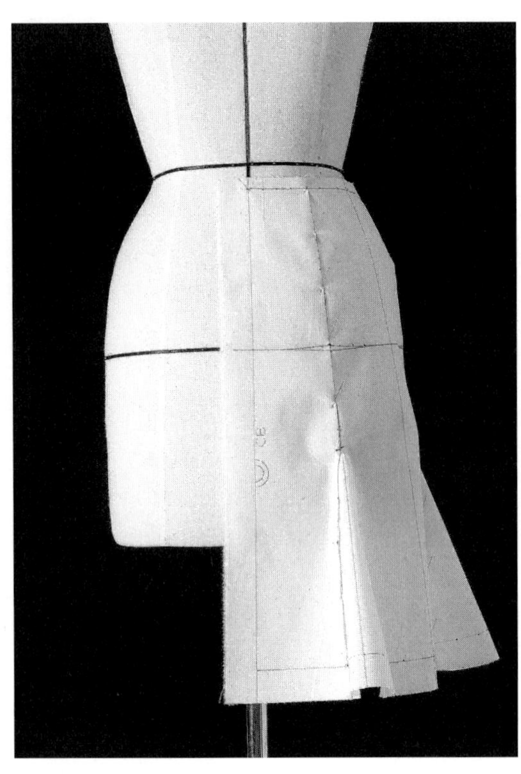

• 뒷면에서 볼륨을 확인한다.

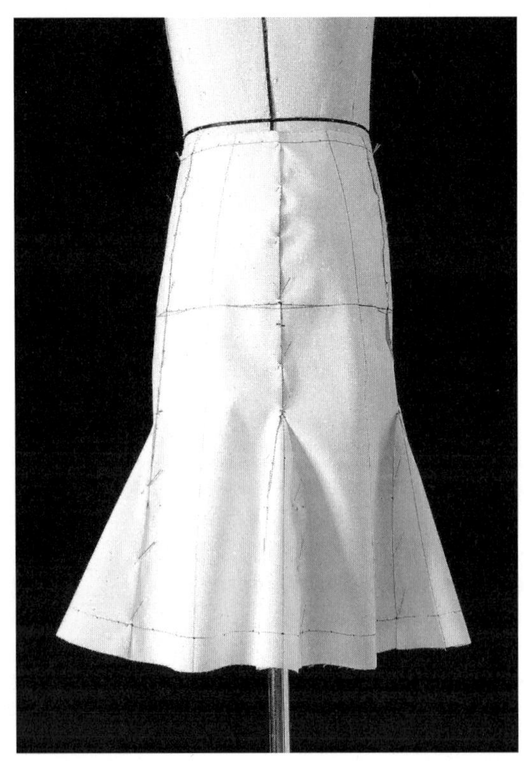

• 옆면에서 볼륨을 확인한다.

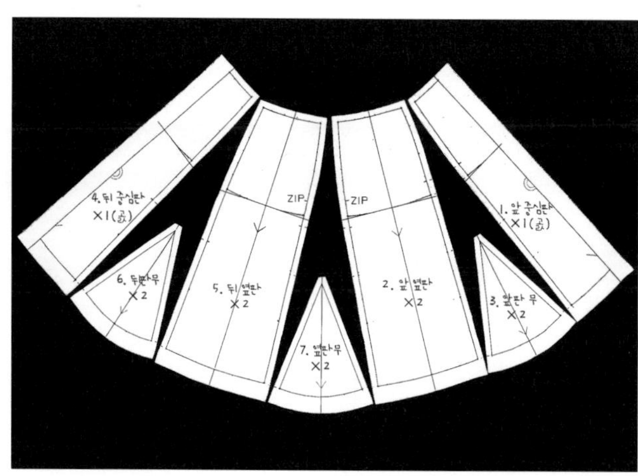

- 작업점을 따라 완성선을 그린다.

- 필요한 접합점과 사항을 기록한다.

- 시접을 주고 시접선을 그린다.

- 시접선을 따라 자른다.

8 무가 포함된 6쪽 스커트

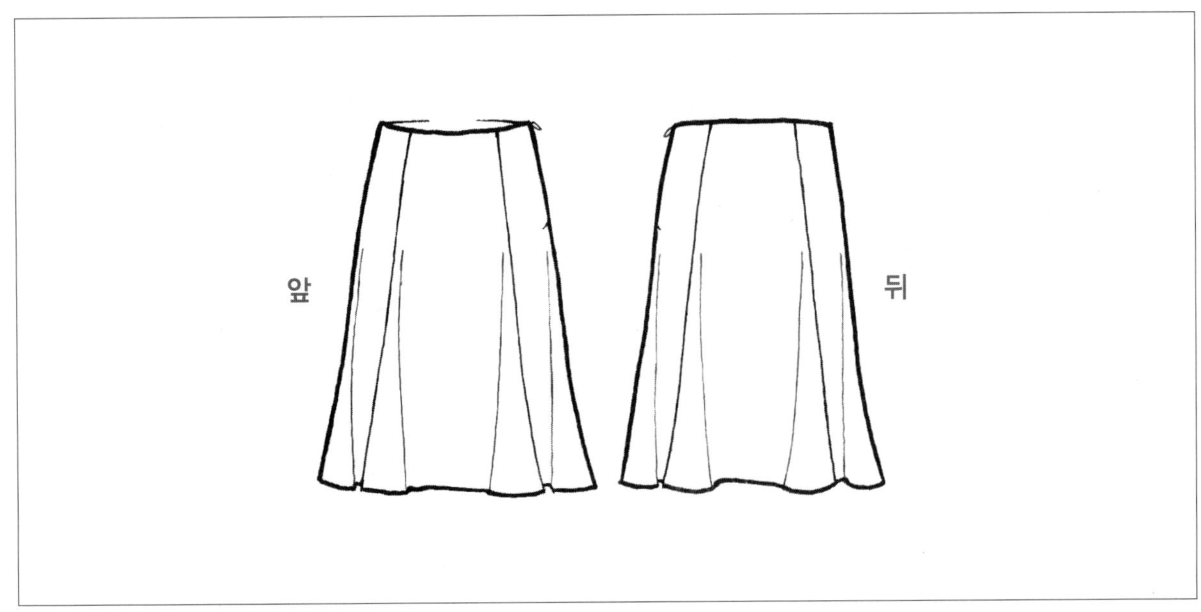

1 디자인에 대한 관찰과 라인테이프 치기

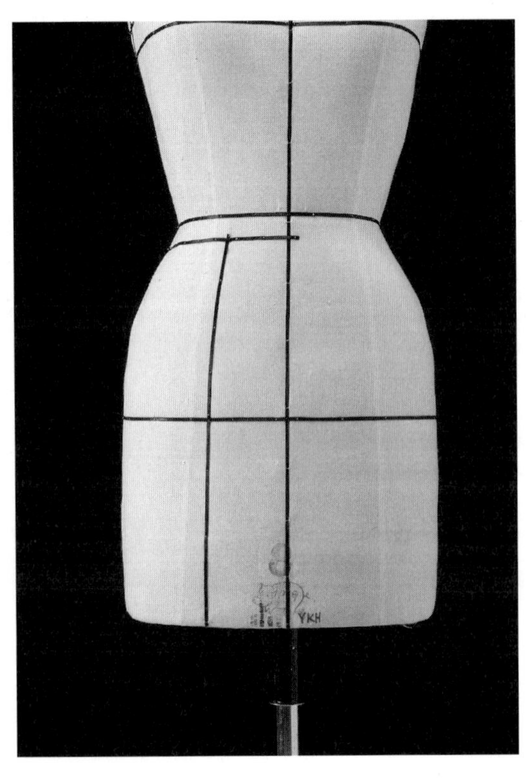

- 마네킹 테이프선을 점검한다.

- 엉덩이선이 바닥과 평행한지 확인한다.

- 중심선이 휘어 있지는 않은지 확인한다.

- 원하는 쪽선에 따라 라인테이프를 친다.

- 무를 연결할 부분을 표시한다. 여기서는 엉덩이선을
  무의 시작점으로 정했으므로 별도로 표시하지 않았다.

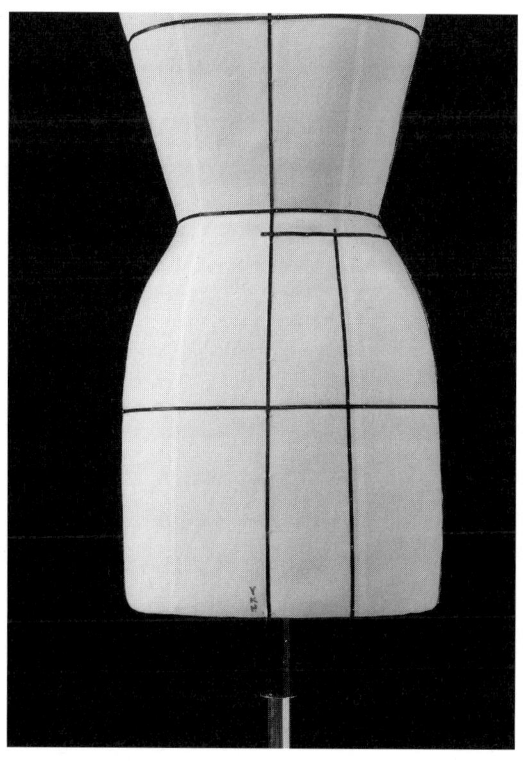

- 앞판과 마찬가지로 뒤판에서도 쪽선과 무의 시작점을 표시한다.

2 광목 준비

광목 준비 예

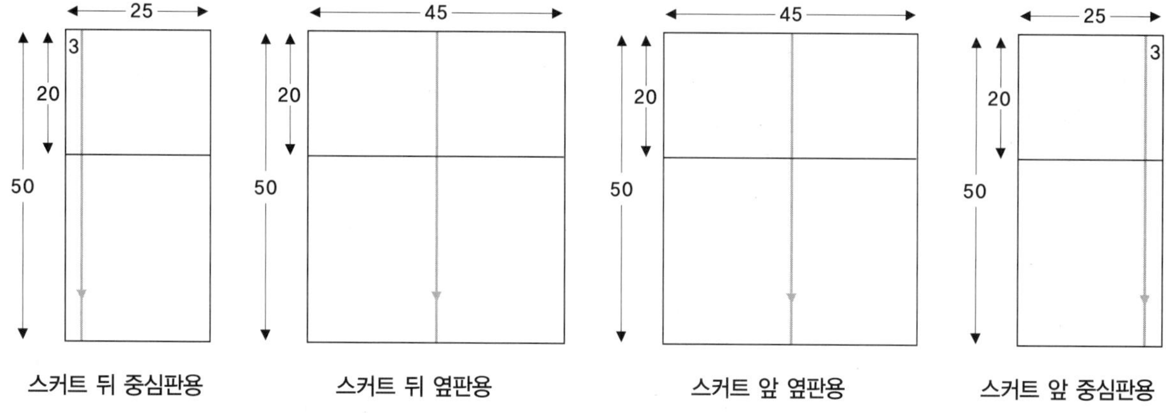

3 드레이핑

앞 중심판

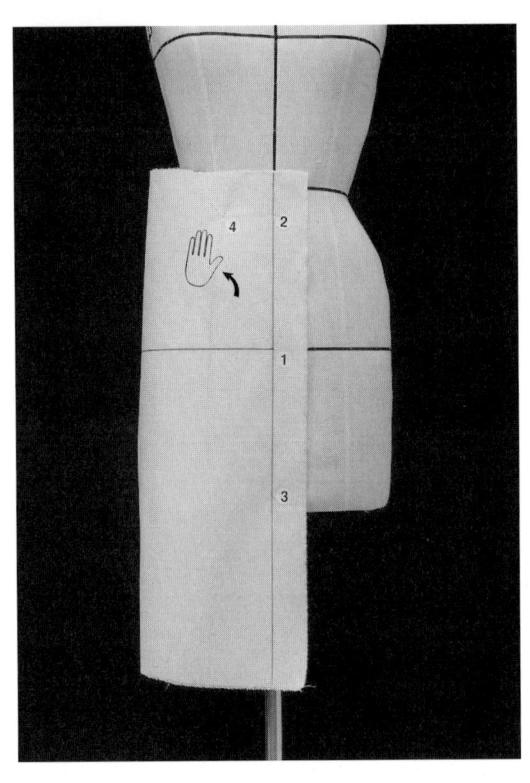

1, 2, 3 앞 중심선을 고정한다.

4 허리선에 광목이 남지 않도록 하면서 허리선을 고정
한다.

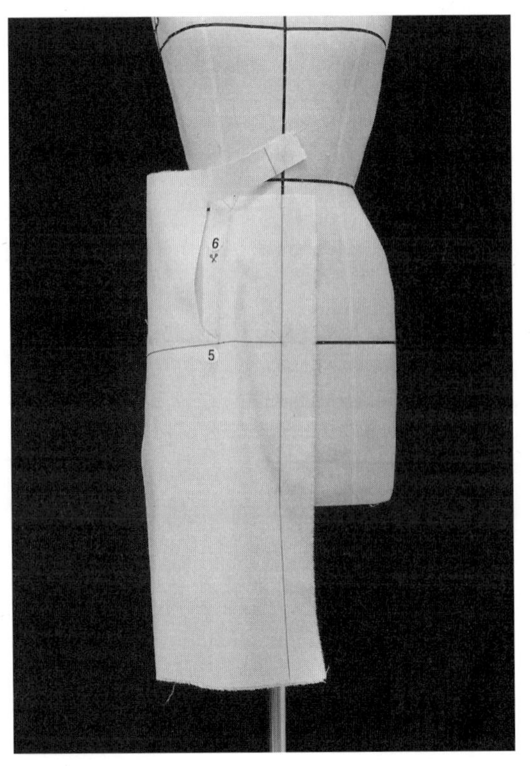

5 디자인에 따라 엉덩이선에서 여유분을 주고 무의 시
작점을 고정한다.

* 여기서는 엉덩이선을 무의 시작점으로 정했다.

6 광목을 정리하고 무의 시작점까지 가윗집을 준다.

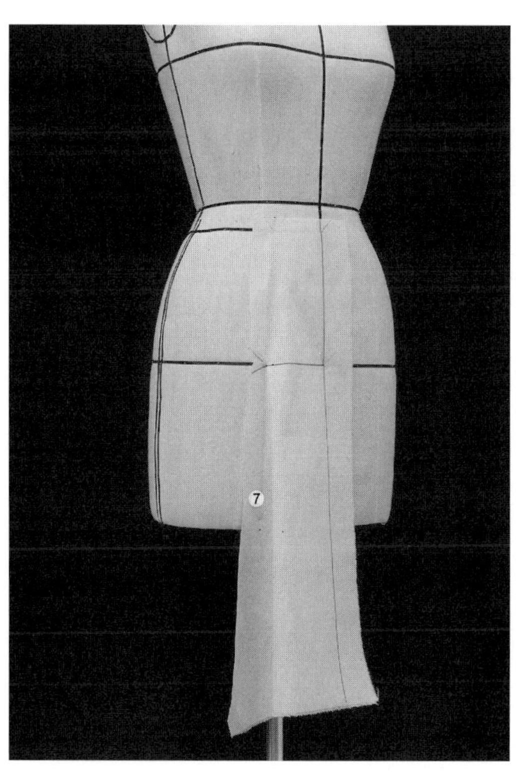

7 디자인에 따라 무의 볼륨을 주고 밑단을 고정한다.

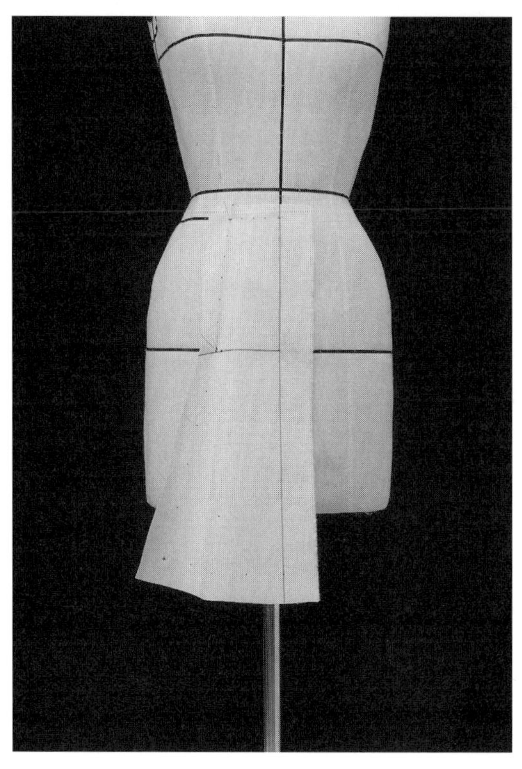

• 스커트 길이를 결정한 다음 광목을 정리하고 모든 작
업점을 표시한다.

앞 옆판

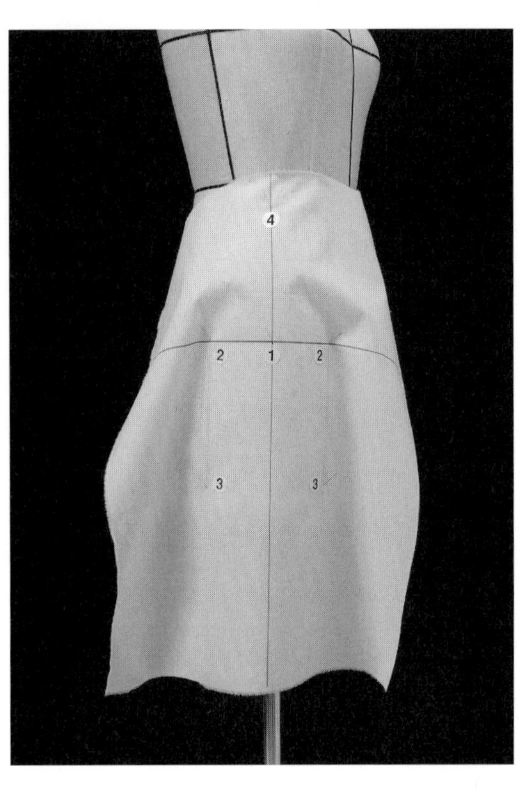

1 쪽의 중앙에 식서선이 오도록 하여 고정한다.

2 양쪽 엉덩이선을 고정한다.

3 식서선이 수직으로 떨어지게 하면서 양쪽 밑단을 고
정한다.

4 식서선을 수직으로 올려 허리선을 고정한다.

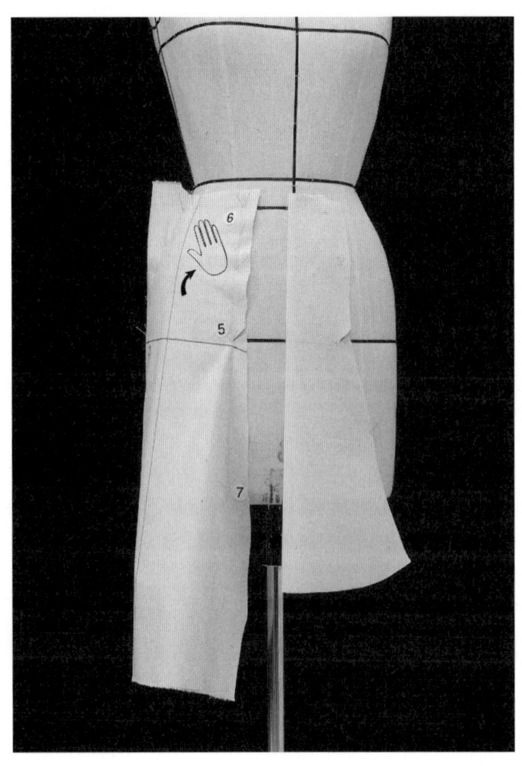

5, 6, 7 디자인에 따라 앞 중심판과 같은 방법으로 무의
볼륨을 주고 쪽선을 고정한다.

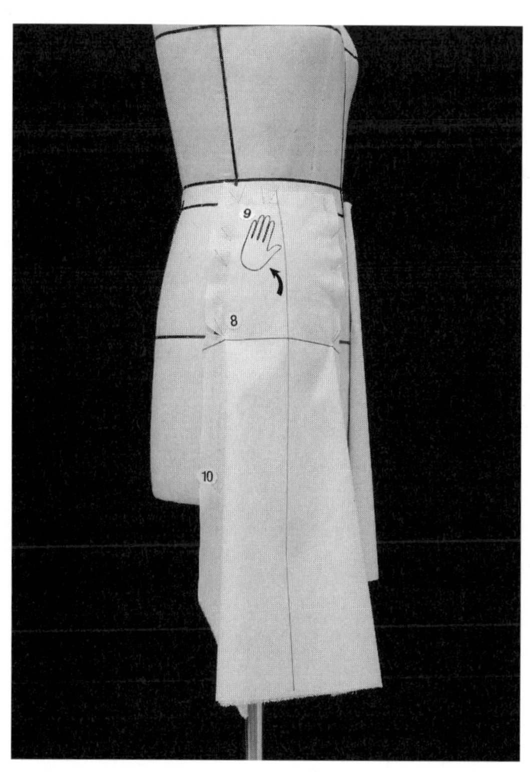

8, 9, 10 같은 방법으로 무의 볼륨을 주고 옆선을 완성하여 앞 옆판을 마무리한다.

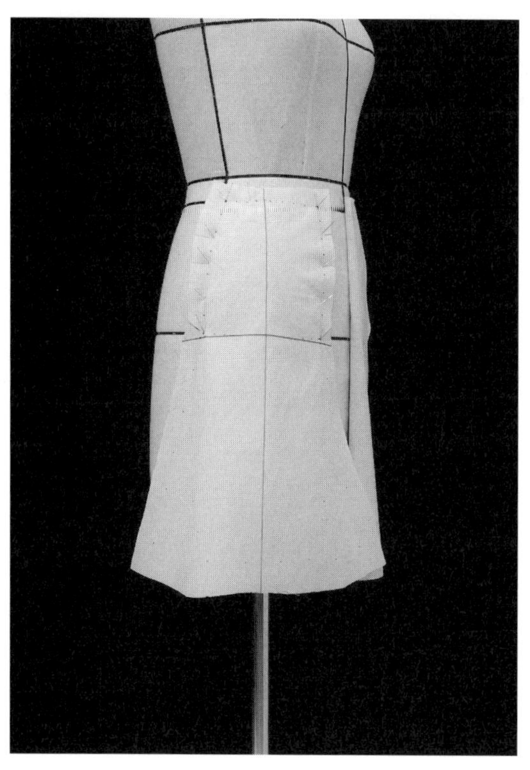

• 광목을 정리하고 모든 작업점을 표시한다.

뒤 중심판

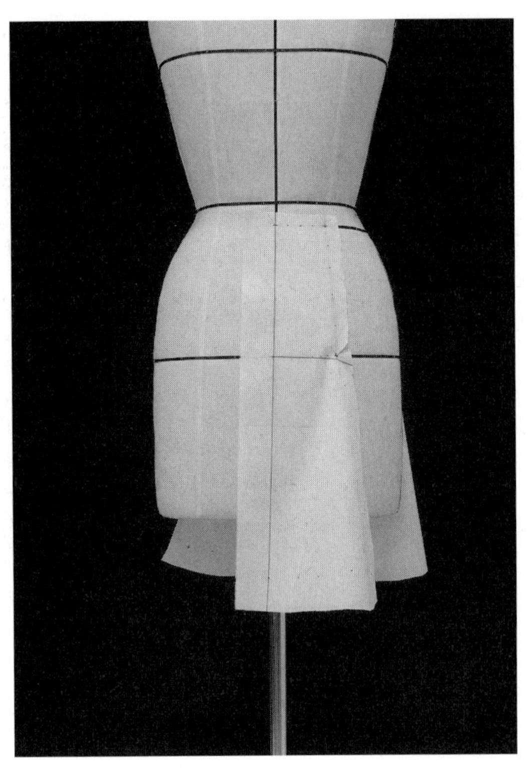

• 앞 중심판과 같은 방법으로 뒤 중심선을 고정하고, 디
자인에 따라 무의 볼륨을 주어 뒤 중심판을 완성한다.

뒤 옆판

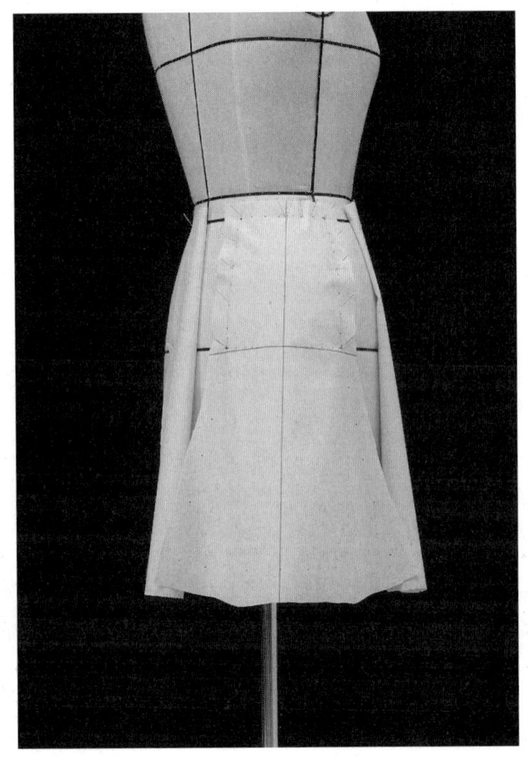

• 앞 옆판과 같은 방법으로 쪽의 중앙에 식서선을 고정
하고 중심과 연결되는 쪽선에 무의 볼륨을 준다. 옆선
에서도 앞 옆판과 같이 무의 볼륨을 준 다음 뒤 옆판
을 완성한다.

4 볼륨 확인과 패턴 정리

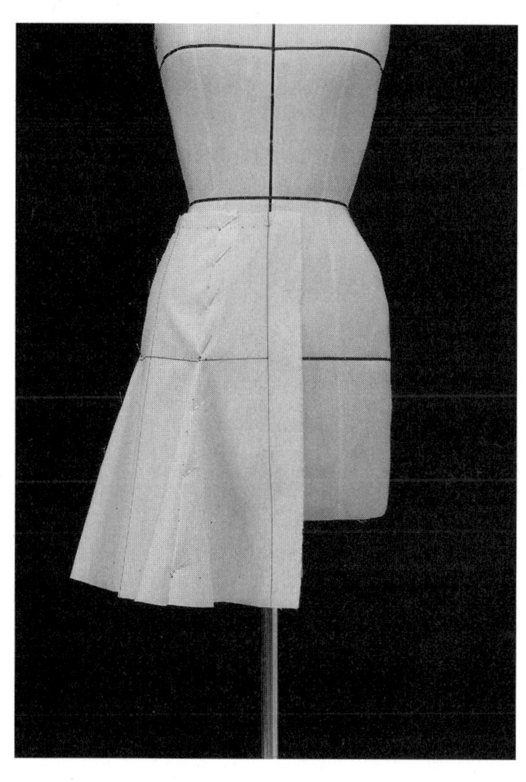

- 모든 쪽선을 연결한다.

- 앞면에서 볼륨을 확인한다.

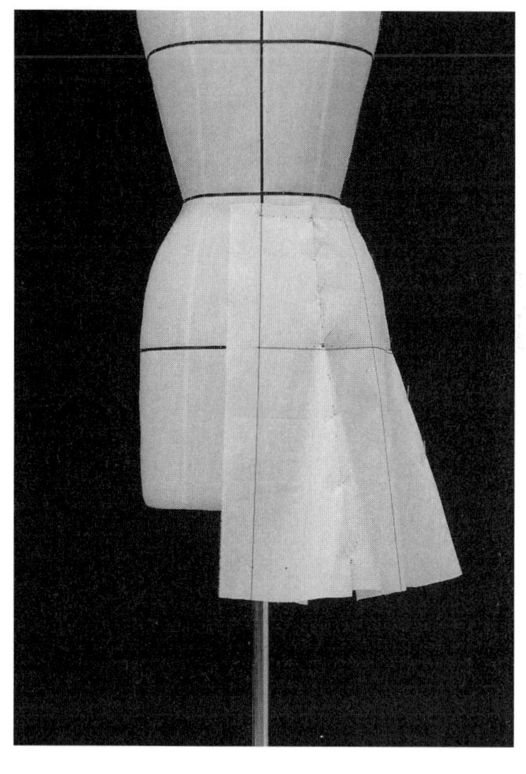

- 뒷면에서 볼륨을 확인한다.

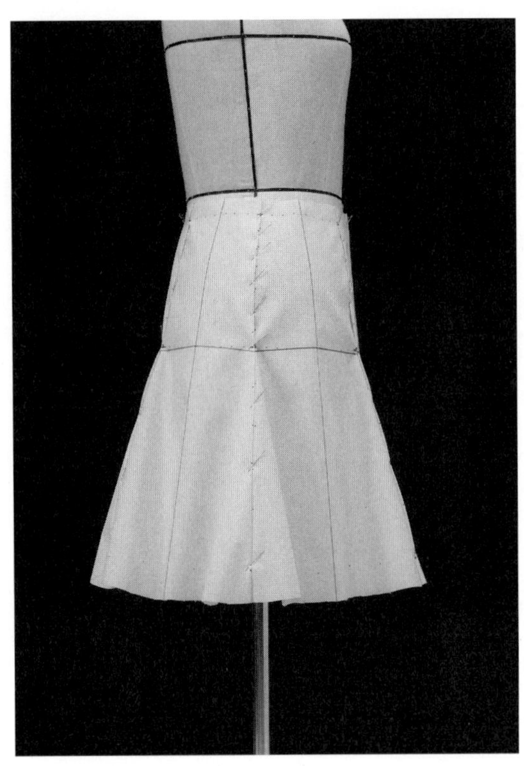

• 옆면에서 볼륨을 확인한다.

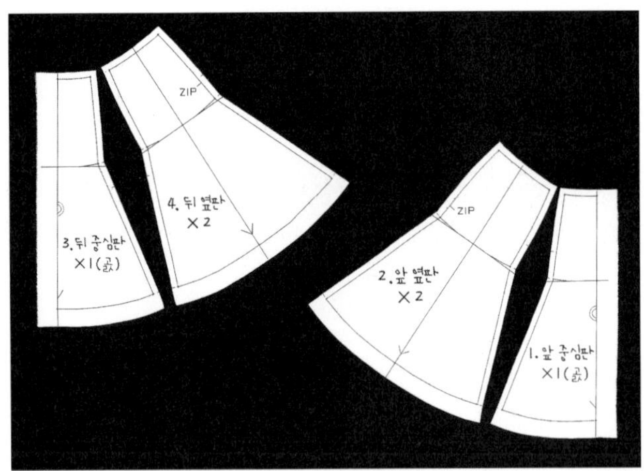

• 작업점을 따라 완성선을 그린다.

• 시접을 주고 시접선을 그린다.

• 시접선을 따라 자른다.

9 상의 원형

1 마네킹 테이프 살펴보기

기준이 되는 앞뒤 중심선이 수직으로 떨어져 있는지, 가슴선은 바닥과 평행한지 등 테이프선을 점검한다.

2 광목 준비

광목 준비 예

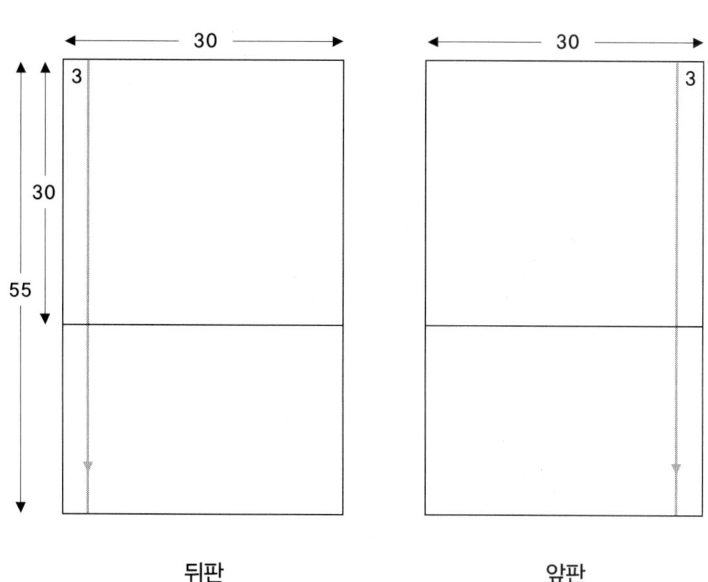

3 드레이핑

앞판

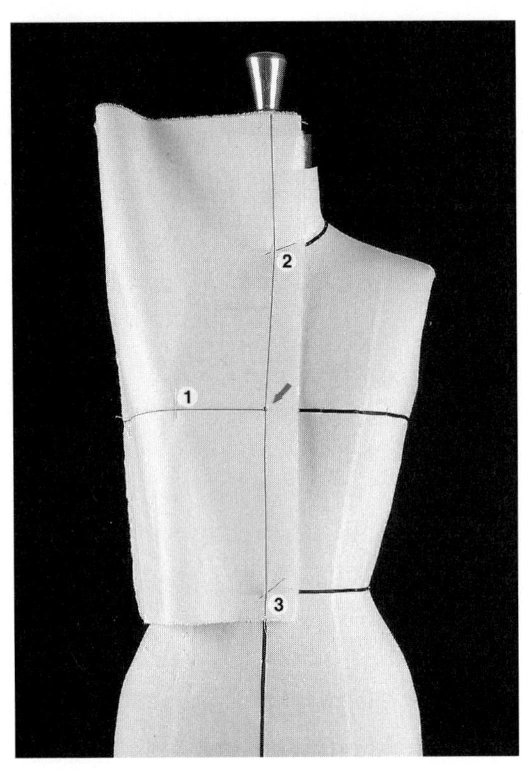

1 화살표가 가리키는 앞 중심선과 가슴선이 만나는 점의
   광목이 마네킹에 붙지 않고 평평함을 유지하도록 유의
   하면서 유두점(가슴의 가장 튀어나온 점)을 고정한다.

2 앞 목점을 고정한다.

3 가슴선의 광목이 평평한지 다시 한번 확인하고 앞 중
   심 허리선을 고정한다.

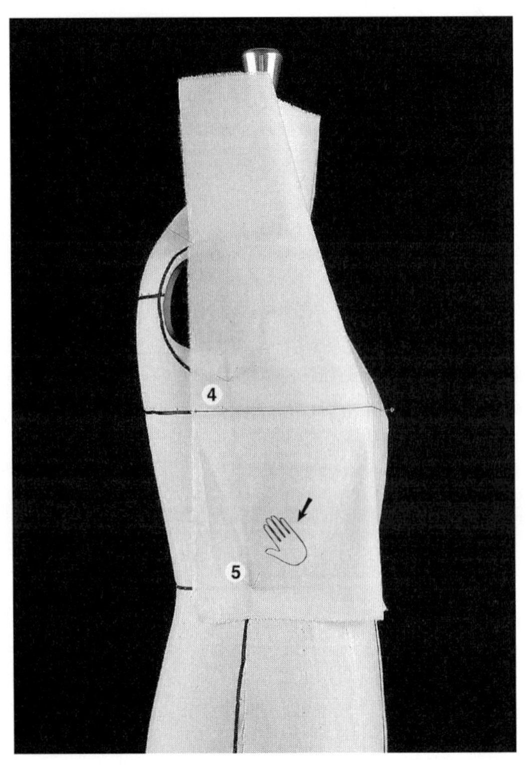

4 가슴선을 따라 광목을 편안하게 놓으면서 옆선과 만
   나는 점을 고정한다.

5 옆선에 광목이 남지 않도록 아래로 쓸어 내려주면서
   허리선과 만나는 점을 고정한다.

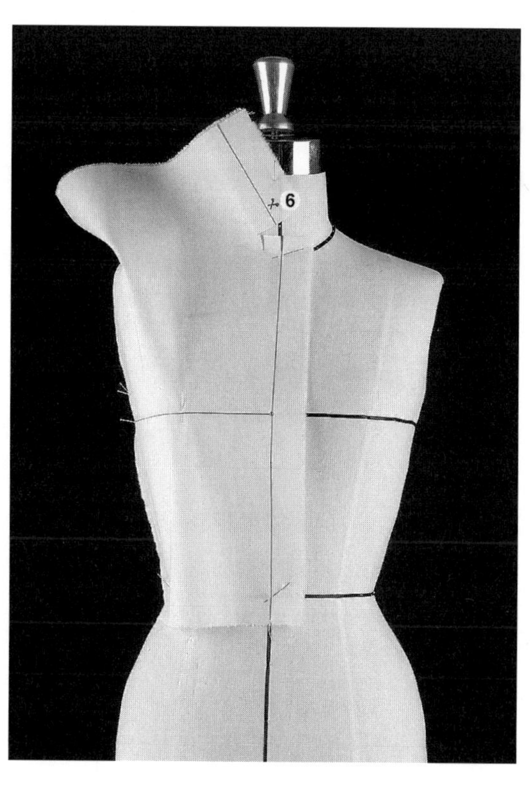

6 목둘레선을 따라 조금씩 단계적으로 남은 광목을 자르면서 가윗집을 넣어 목 곡선에 광목이 편안하게 놓이도록 한다.

* 광목을 절대로 한 번에 잘라내지 않도록 한다.

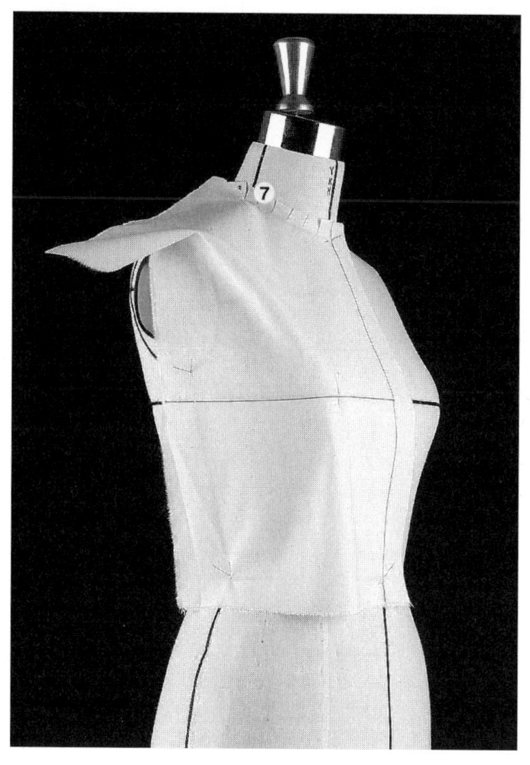

7 광목이 당기지 않게 유의하면서 옆 목점을 고정한다.

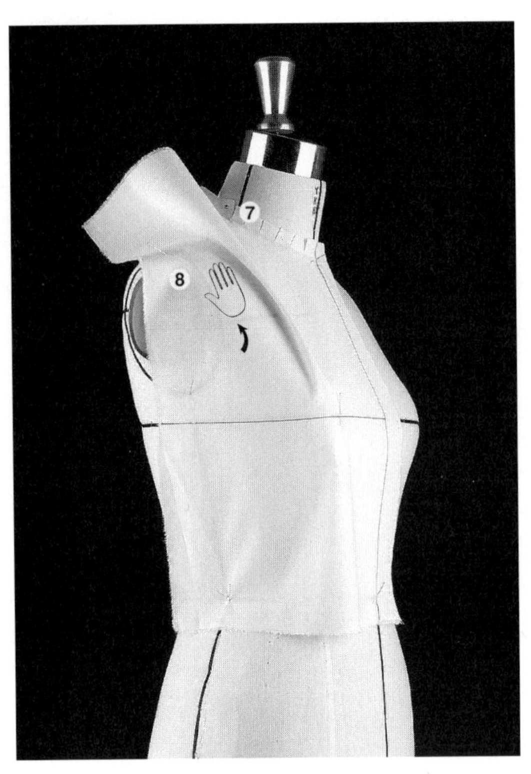

8 암홀선을 따라 어깨 끝점까지 몸판에 광목이 남지 않도록 쓸어 올려준 다음 어깨 끝점을 고정한다. 이때 가슴선이 움직이지 않도록 주의한다.

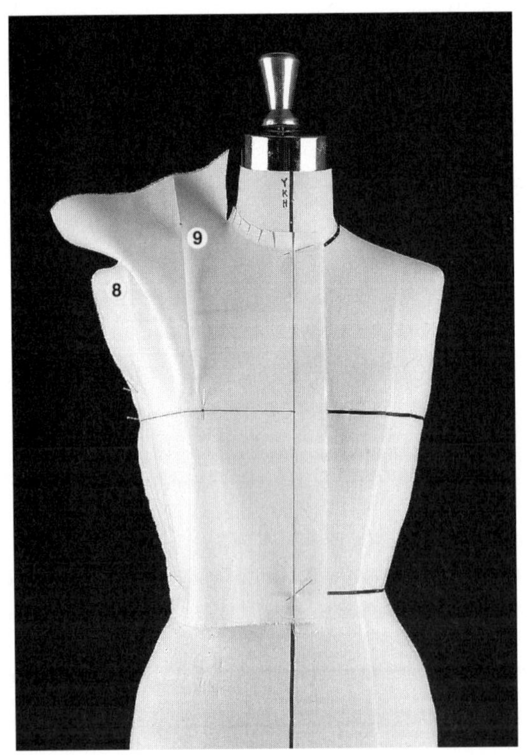

9 어깨 다트를 잡을 위치를 표시하고 광목을 접어 방향을 정한다. 디자인에 따라 다르지만 어깨 다트는 보통 어깨의 이등분점에서 시작하여 유두점으로 향한다.

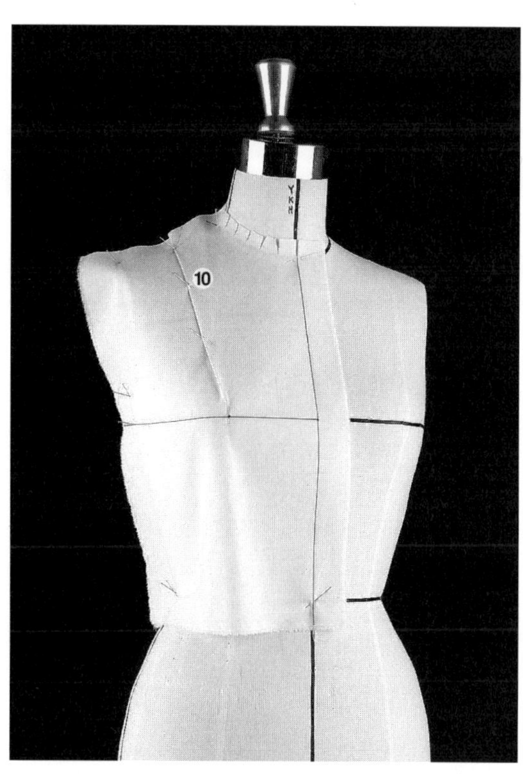

10 남은 광목을 접어 넣어 다트를 닫는다.

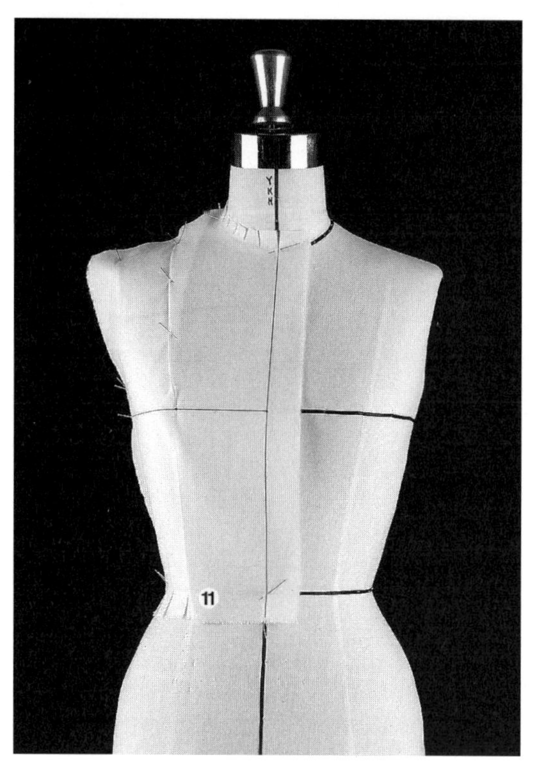

11 어깨 다트의 연장선상에 허리 다트가 오도록 허리 다
트의 위치를 정하고 광목을 접어서 표시한다.

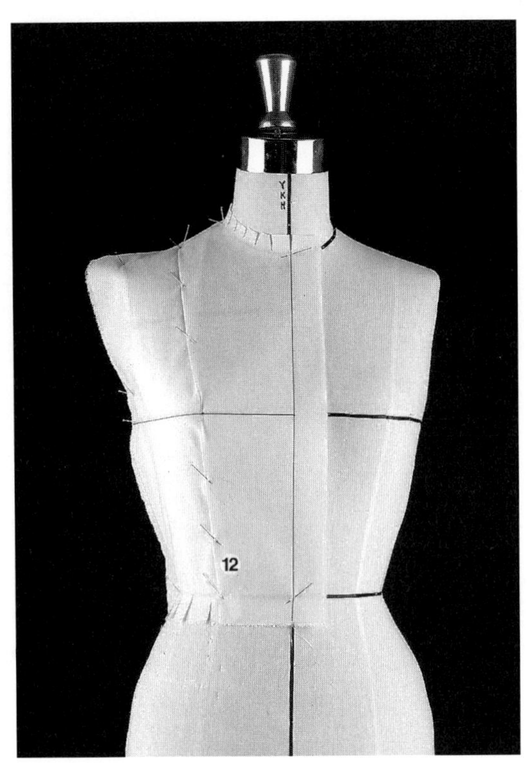

12 남은 광목을 접어 넣어 다트를 닫는다.

＊ 허리 부분에 남아 있는 광목을 먼저 정리하여 잘라내고 가윗집을

넣어 광목이 허리선에 편안하게 놓이도록 한 후 작업하면 다트를

잡기가 쉽다.

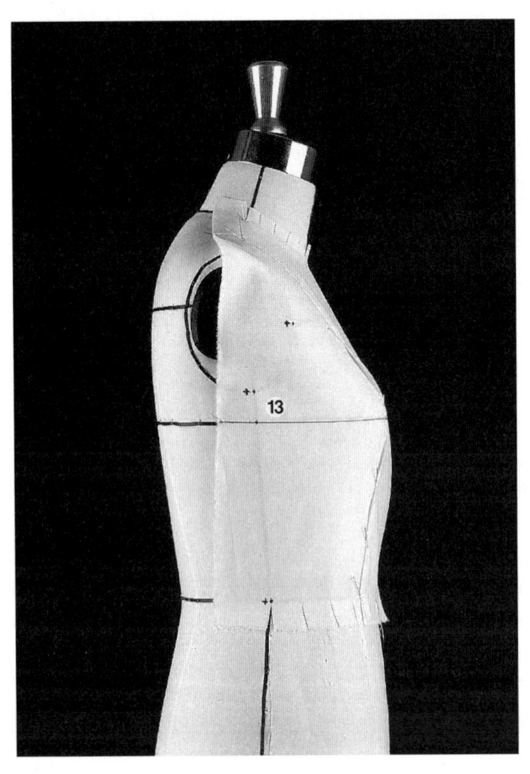

13 암홀과 만나는 품선과 옆선에 봉제시의 솔기 두께 등

을 감안해 여유분을 더하여 표시해둔다.

＊ 디자인이나 원단의 두께에 따라 여유분이 다르지만 여기서는 품선

에 약 0.7cm, 옆선에 약 1cm를 주었다.

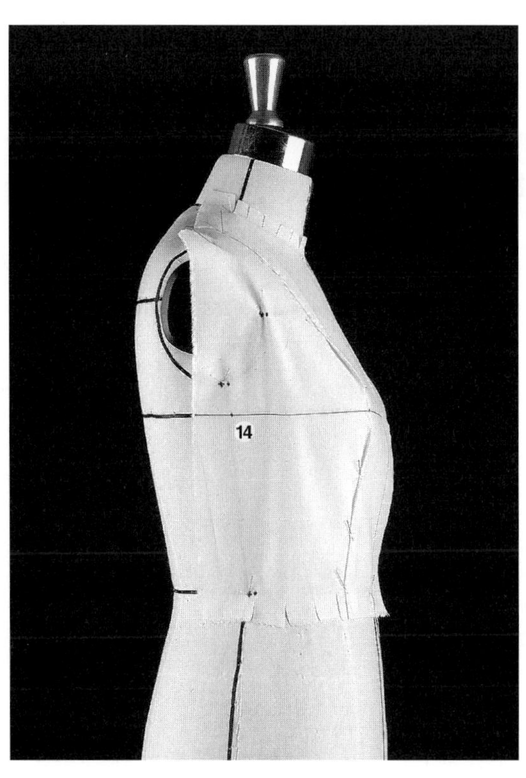

14 여유분을 몸판 쪽으로 밀어 넣고 암홀과 만나는 품선
과 옆선을 다시 고정한다.

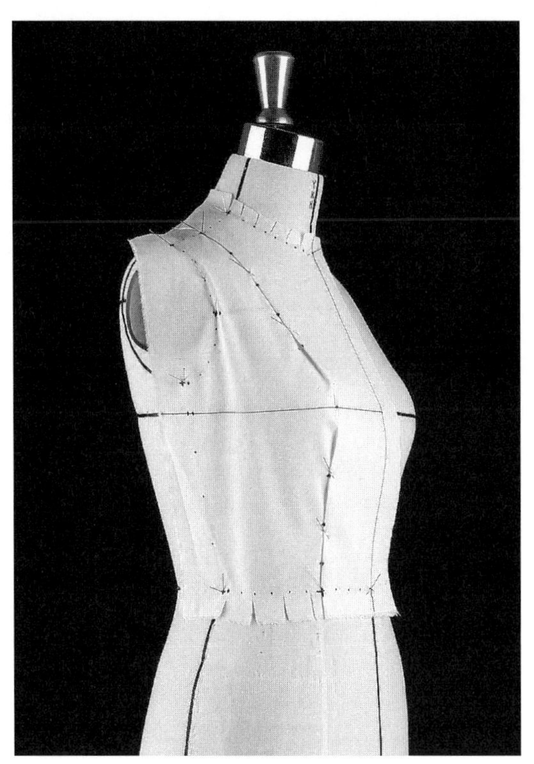

- 여유분을 주고 모든 작업점을 표시한다.

* 중요 연결점은 + 표시를 하도록 한다.

* 다트 부분은 위아래 부분에 모두 표시가 나도록 한다.

* 어깨 다트와 허리 다트의 연장선이 만나는 유두점을 표시해둔다.

뒤판

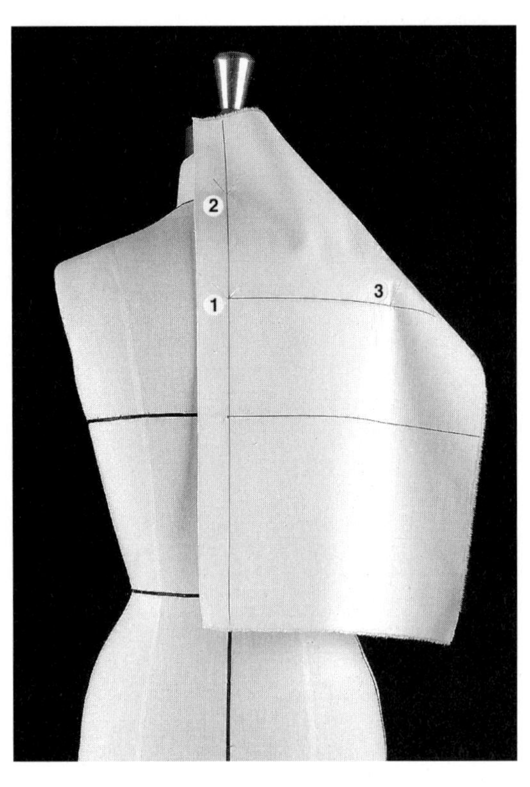

1 가장 돌출된 뒤 중심선과 뒤 품선의 교차점을 고정한다.

2 뒤 목점을 고정한다.

3 광목을 수평으로 쓸어 붙인 다음, 뒤 품선과 암홀의
  교차점을 고정한다.

* 마네킹에서 치수를 재어 뒤 품선을 그은 다음 작업할 수도 있다.

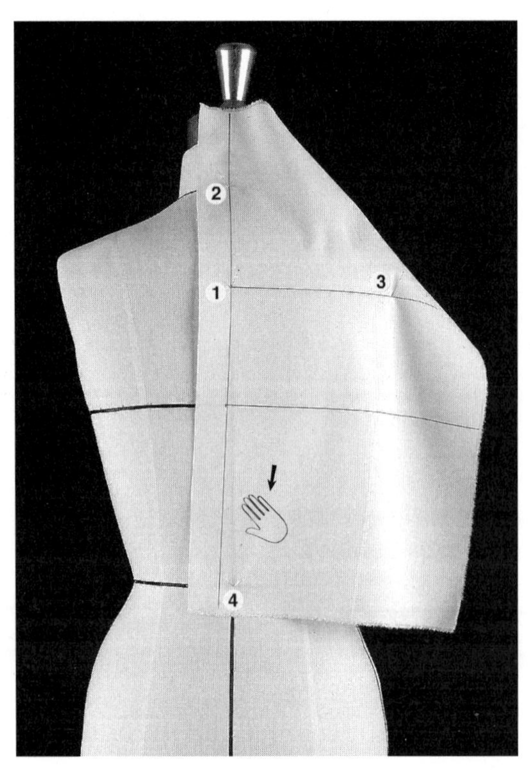

4 뒤 중심선의 몸판에 광목이 남지 않도록 쓸어 내려 허
  리선을 고정한다. 이때 광목에 그려두었던 식서선이
  바깥쪽으로 빠지면서 허리선에 광목이 밀착되는 것을
  볼 수 있다.

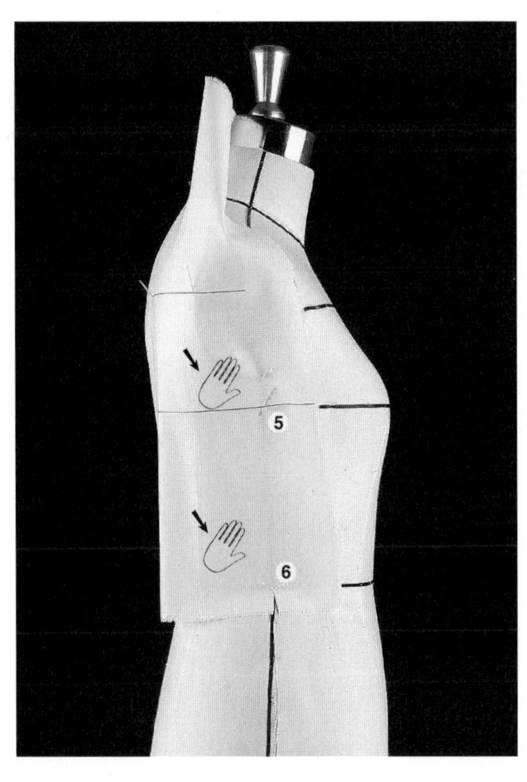

5 암홀 부분에 광목이 남지 않도록 유의하면서 가슴선을 따라 옆선을 고정한다.

6 옆선에 광목이 남지 않도록 편안하게 바깥쪽으로 쓸어 내려 옆 허리선을 고정한다.

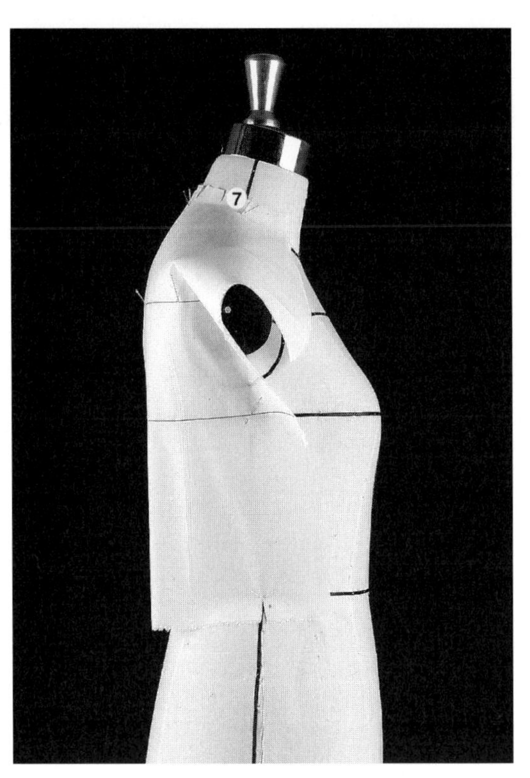

7 앞판에서 작업한 방법과 마찬가지로 단계적으로 광목을 정리하여 옆 목점을 고정한다.

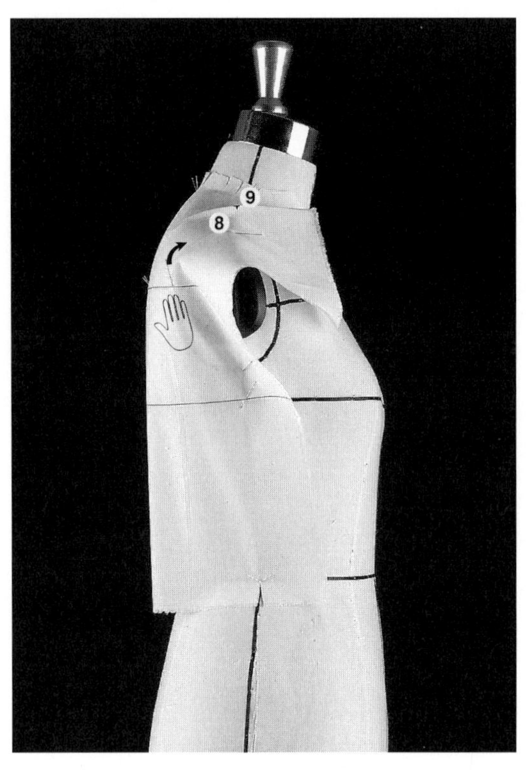

8 암홀선을 따라 어깨 끝점까지 몸판에 광목이 남지 않도록 쓸어 올려준 다음 어깨 끝점을 고정한다.

9 앞판의 어깨 다트와 같은 위치를 찾아서 표시한 후 광목을 접어 방향을 정한다.

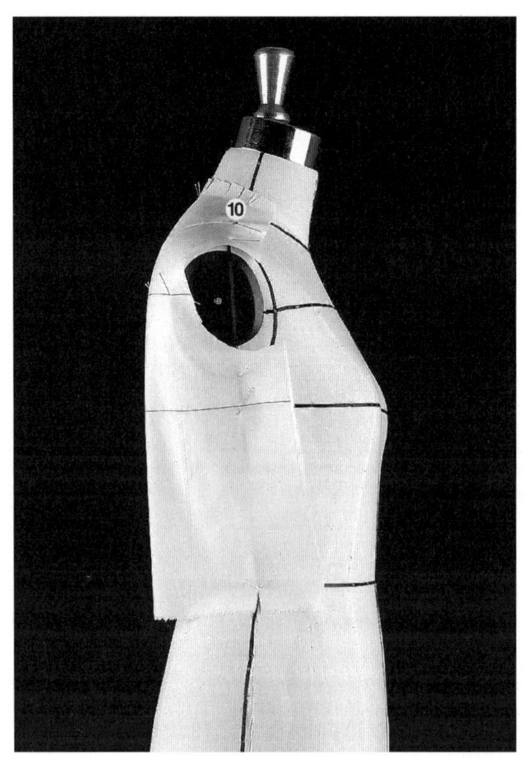

10 남은 광목을 접어 넣어 다트를 닫는다.

• 광목을 정리한다.

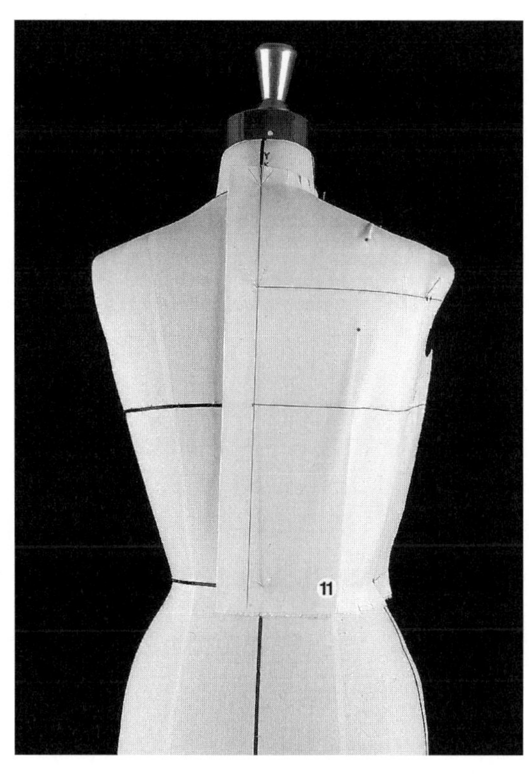

11 어깨 다트의 연장선상에 허리 다트가 오도록 허리 다트의 위치를 정하고 광목을 접어 방향을 정한다.

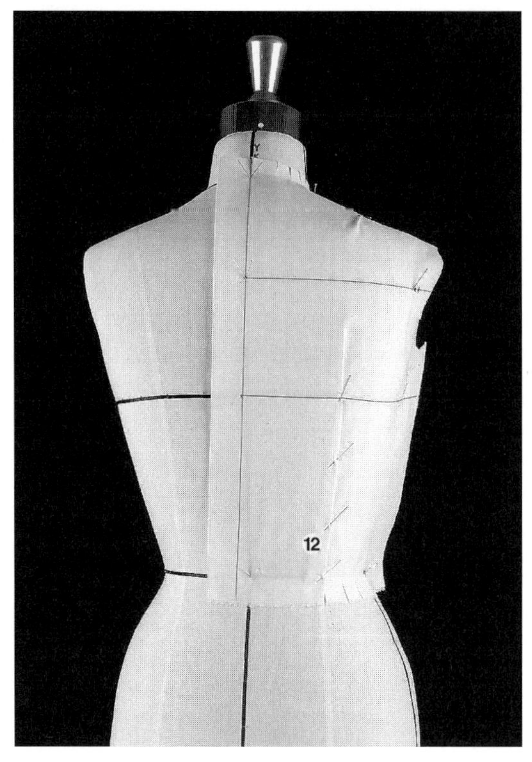

12 남은 광목을 접어 넣어 다트를 닫는다.

• 다트는 허리선에서부터 단계적으로 닫아가도록 한다.

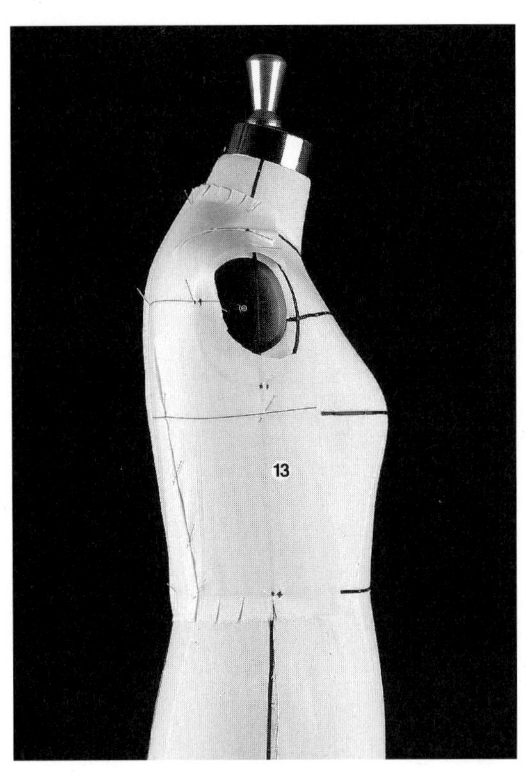

13 앞판과 같은 여유분을 암홀과 만나는 품선과 옆선에 표시해둔다.

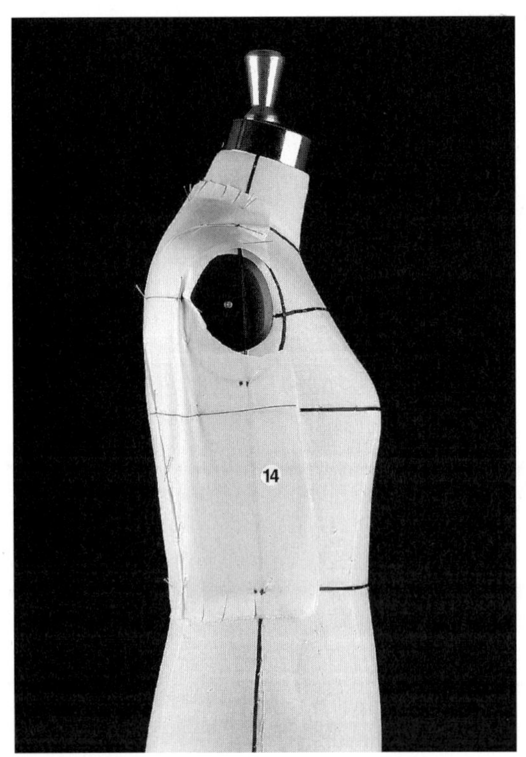

14 여유분을 몸판 쪽으로 밀어 넣고 암홀과 만나는 품선 과 옆선을 다시 고정한다.

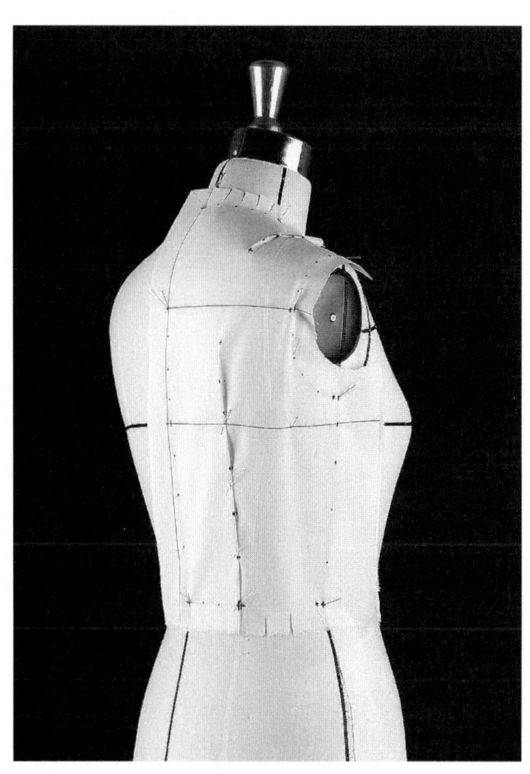

• 여유분을 주고 모든 작업점을 표시한다.

4 볼륨 확인과 패턴 정리

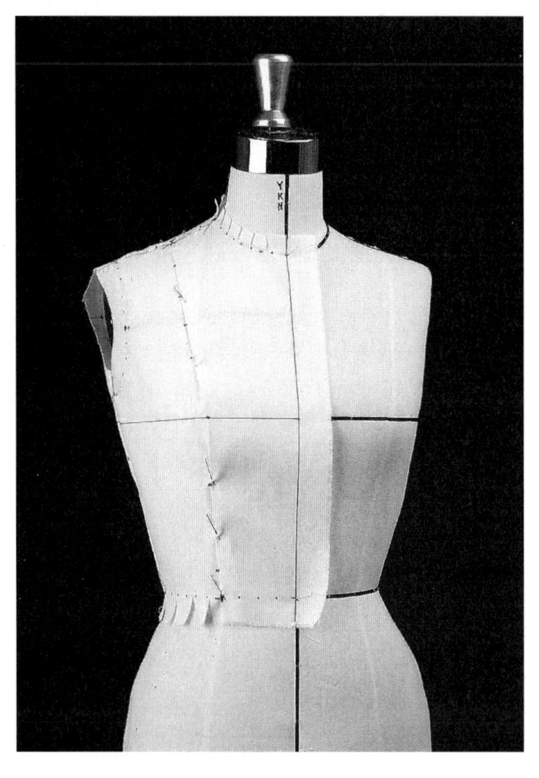

• 앞뒤 판을 연결한다.

• 앞면에서 볼륨을 확인한다.

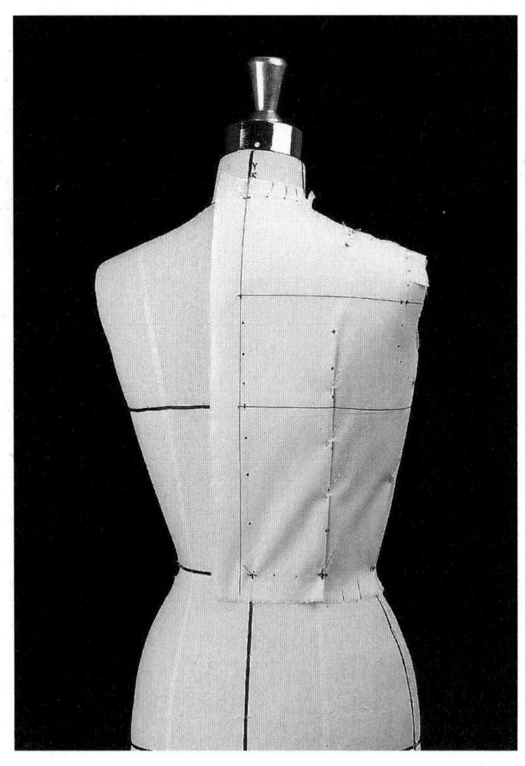

• 뒷면에서 볼륨을 확인한다.

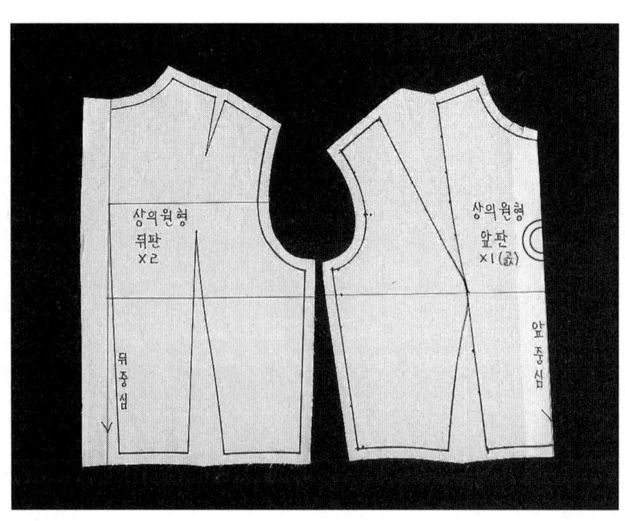

• 작업점을 따라 완성선을 그린다.

• 필요한 사항을 기록한다.

• 시접을 주고 시접선을 그린다.

• 시접선을 따라 자른다.

• 앞 중심선은 곬(접어서 재단)이므로 접어놓는다.

* 스커트편에서처럼 펼쳐놓아도 된다. 중요한 것은 완성선을 자르지 않는 것이며, 원단에서 재단할 때 접힌 곬선에 놓는 것을 잊지 않도록 한다.

10 디자인에 따른 상의 다트 이동

1 앞판 어깨 다트를 암홀로 이동

광목 준비

- 너비: 약 30cm

- 식서 방향 길이: 약 55cm

- 상의 원형의 광목 준비를 참조하여 앞 중심선과 가슴선을 표시해둔다.

드레이핑

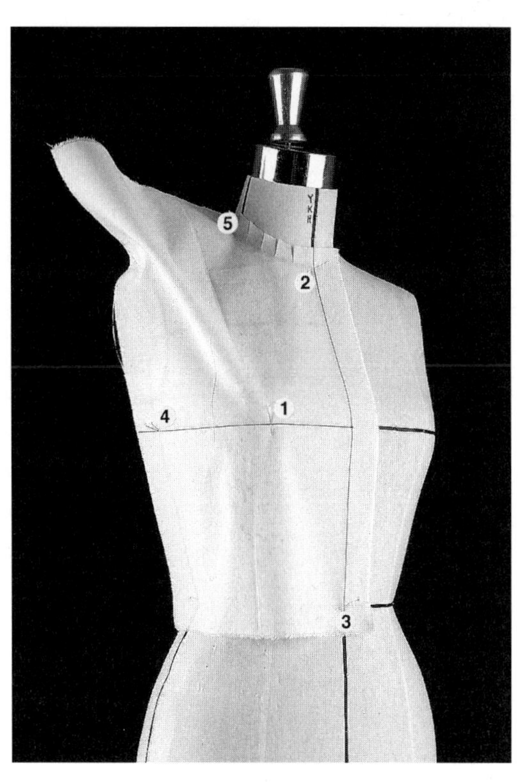

1 유두점을 고정한다.

2 앞 목점을 고정한다.

3 앞 중심 허리선을 고정한다.

4 가슴선을 따라 옆선을 고정한다. 허리선도 고정한다.

5 목둘레선을 따라 광목을 단계적으로 정리한 다음 옆
  목점을 고정한다

* 앞 중심선과 가슴선이 만나는 점의 광목이 마네킹에 붙지 않고 평
  평함을 유지하도록 유의한다.

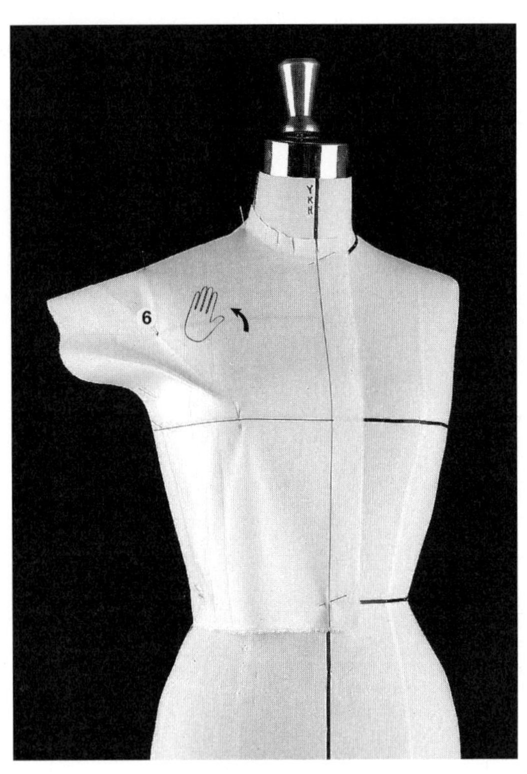

6 남은 광목을 모두 어깨 바깥쪽으로 보내고 어깨 끝점

을 고정한 다음 다트 위치를 정한다.

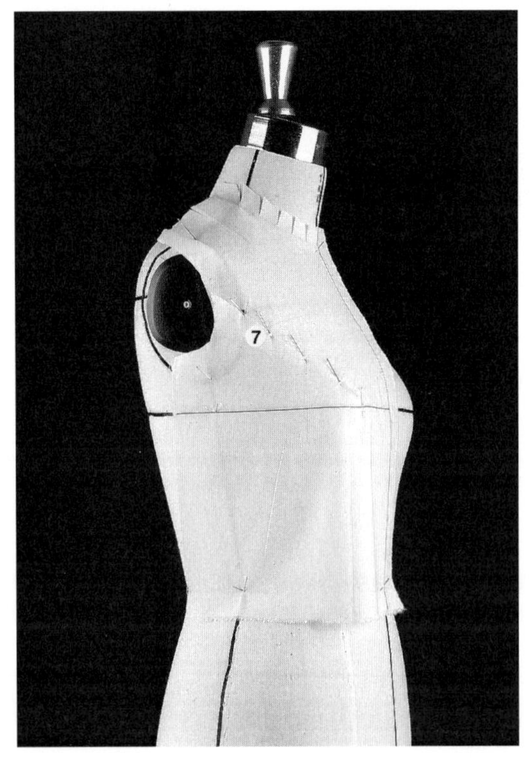

7 남은 광목을 접어 넣어 다트를 닫는다.

• 광목을 정리한다.

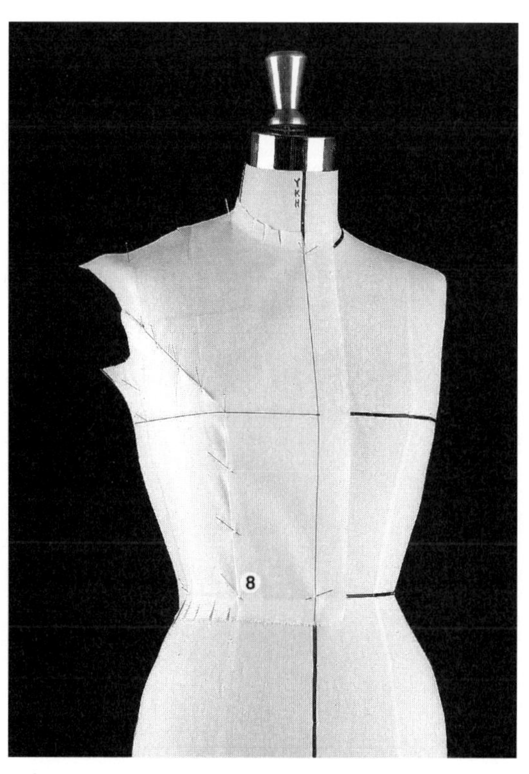

8 허리선에 남은 광목을 잘라서 정리하고 가윗집을 넣어 광목이 허리선에 편안하게 놓이도록 한 후 허리 다트를 닫는다.

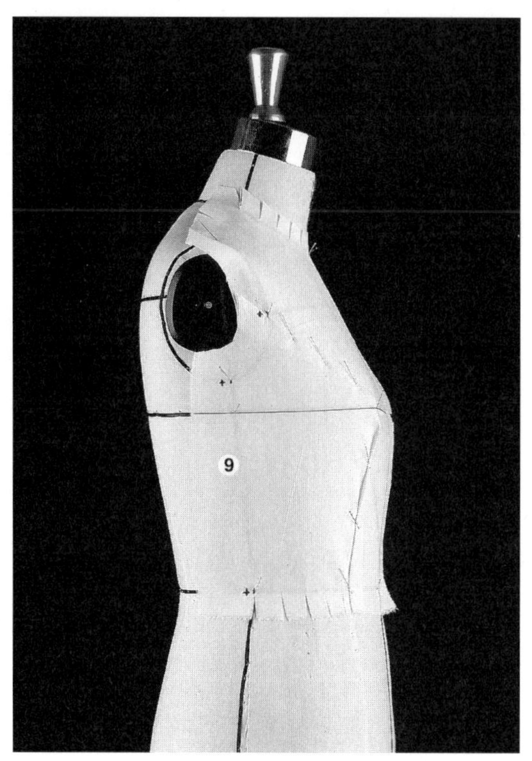

9 상의 원형과 마찬가지 방법으로 여유분을 표시한다.

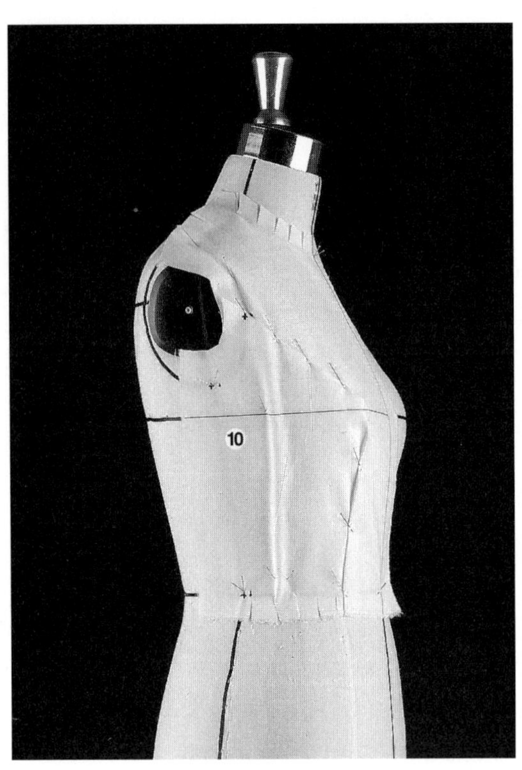

10 여유분을 몸판 쪽으로 밀어 넣고 암홀과 만나는 품선
과 옆선을 다시 고정한다.

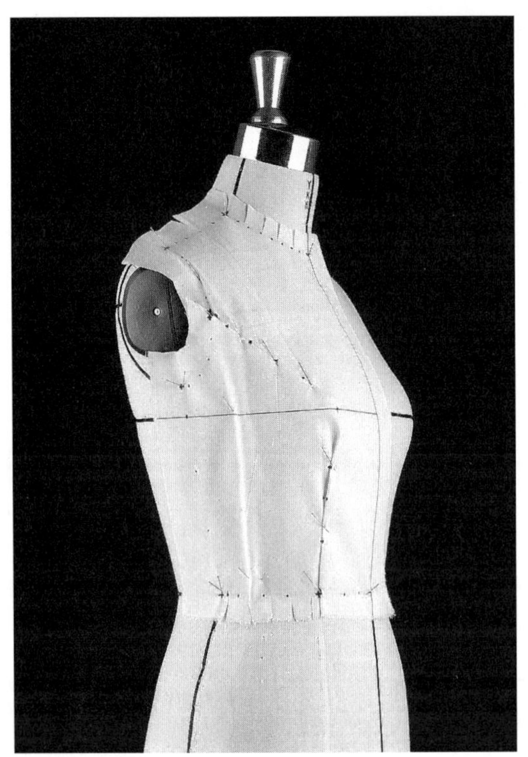

• 여유분을 주고 모든 작업점을 표시한다.

패턴 정리

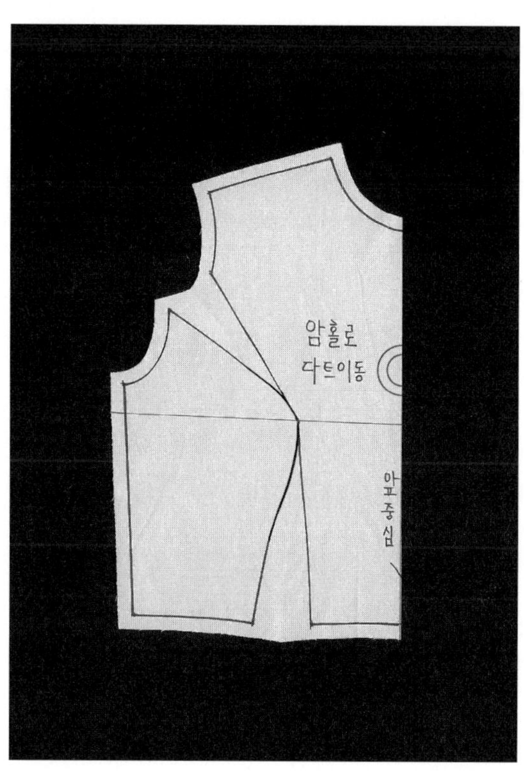

• 작업점을 따라 완성선을 그린다.

• 필요한 사항을 기록한다.

• 시접을 주고 시접선을 그린다.

• 시접선을 따라 자른다.

2 앞판 어깨 다트를 목선으로 이동

광목 준비

- 너비: 약 35cm

- 식서 방향 길이: 약 55cm

- 상의 원형의 광목 준비를 참조하여 앞 중심선과 가슴선을 표시해둔다.

드레이핑

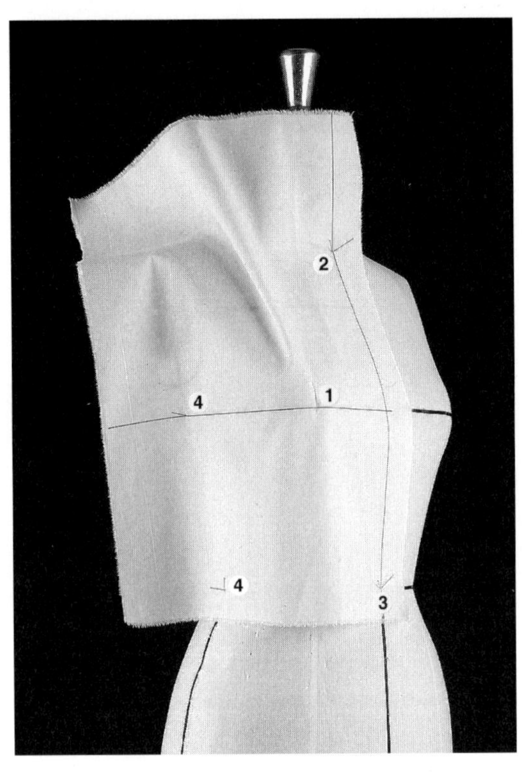

1 유두점을 고정한다.

2 앞 목점을 고정한다.

3 앞 중심 허리선을 고정한다.

4 가슴선을 따라 옆선을 고정한다. 허리선도 고정한다.

＊ 앞 중심선과 가슴선이 만나는 점의 광목이 마네킹에 붙지 않고 평

　평함을 유지하도록 유의한다.

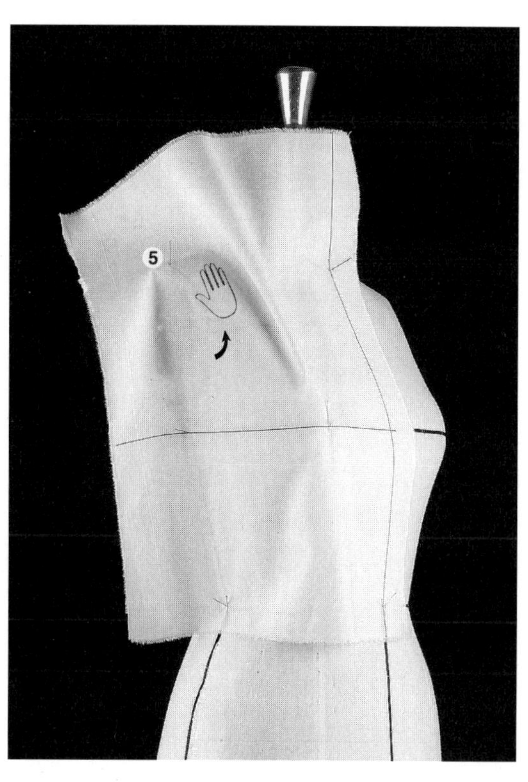

5 암홀선을 따라 광목이 남지 않도록 쓸어 올린 다음 어깨 끝점을 고정한다.

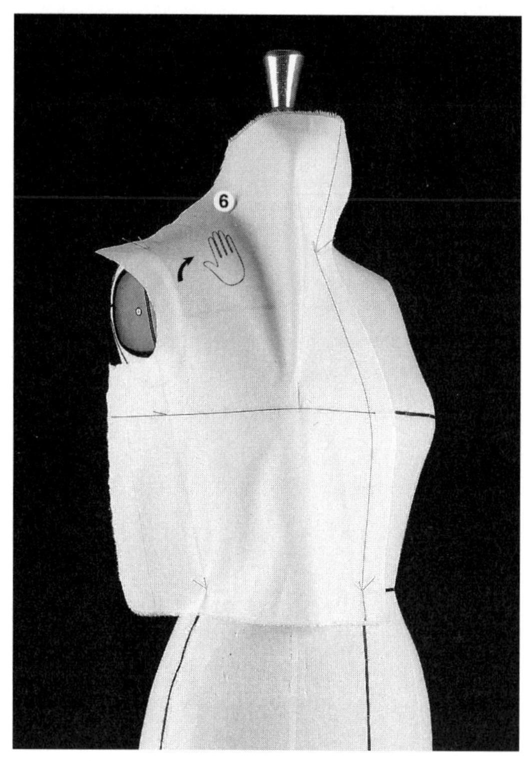

6 남은 광목을 모두 목선 쪽으로 보내고 옆 목점을 고정한다.

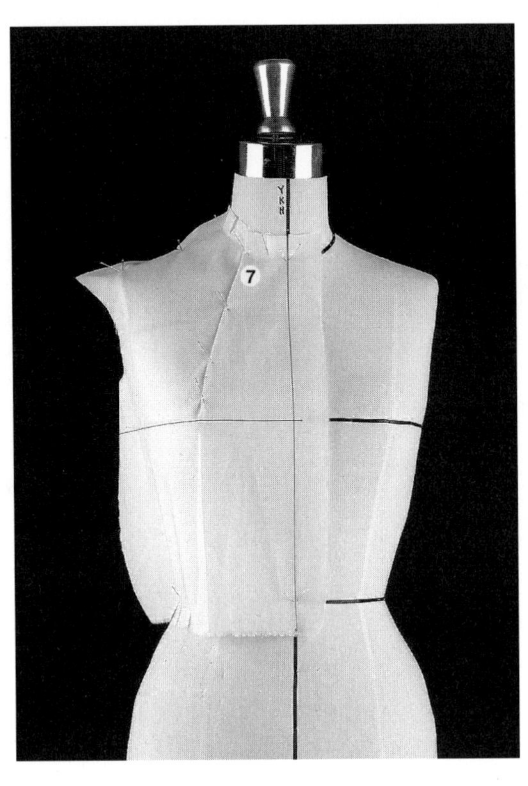

7 옆 목점에서부터 단계적으로 광목을 정리하고 가윗집
   을 넣은 다음 원하는 위치에 다트를 잡는다.

• 디자인에 따라 셔링이나 맞주름 처리 등을 할 수 있다.

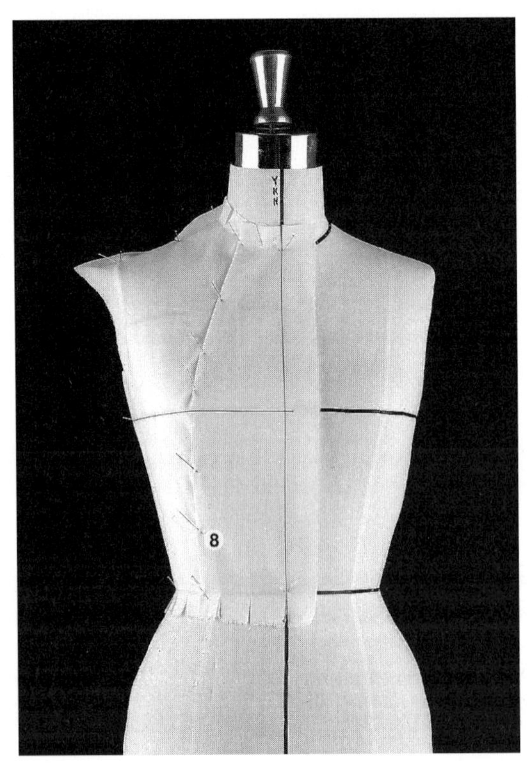

8 허리선의 광목을 정리한 후 남은 광목을 접어 넣어 허
   리 다트를 닫는다.

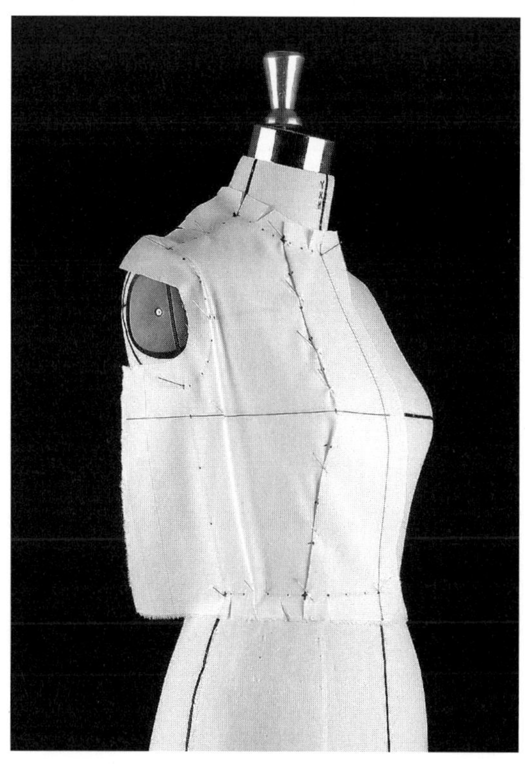

• 옆선에서 여유분을 주고 모든 작업점을 표시한다.

패턴 정리

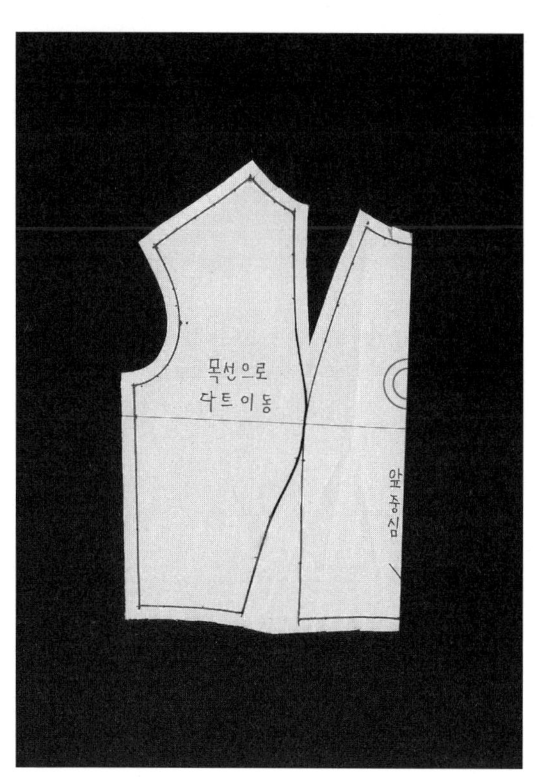

• 작업점을 따라 완성선을 그린다.

• 필요한 사항을 기록한다.

• 시접을 주고 시접선을 그린다.

• 시접선을 따라 자른다.

* 다트의 크기가 클 경우 시접만 남기고 잘라내기도 한다.

3 앞판 어깨 다트를 옆선으로 이동

광목 준비

- 너비: 약 35cm

- 식서 방향 길이: 약 55cm

- 상의 원형의 광목 준비를 참조하여 앞 중심선과 가슴선을 표시해둔다.

드레이핑

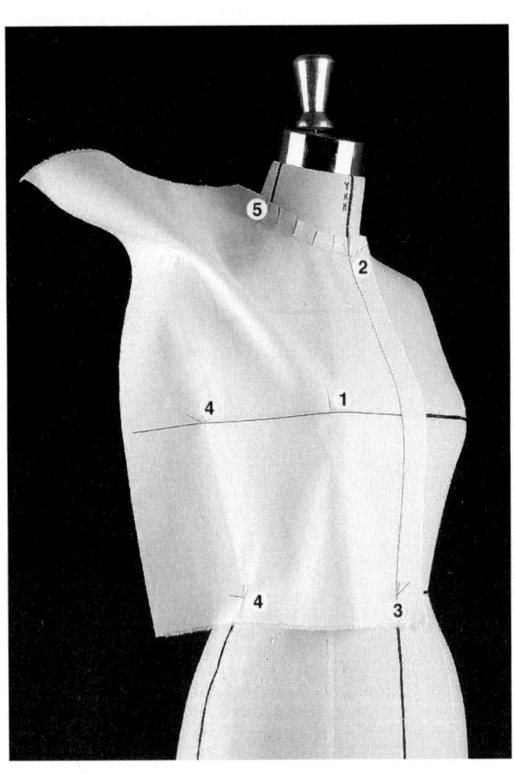

1 유두점을 고정한다.

2 앞 목점을 고정한다.

3 앞 중심 허리선을 고정한다.

4 가슴선을 따라 옆선을 고정한다. 허리선도 고정한다.

5 목둘레선을 따라 광목을 단계적으로 정리한 다음 옆 목점을 고정한다

* 앞 중심선과 가슴선이 만나는 점의 광목이 마네킹에 붙지 않고 평 평함을 유지하도록 유의한다.

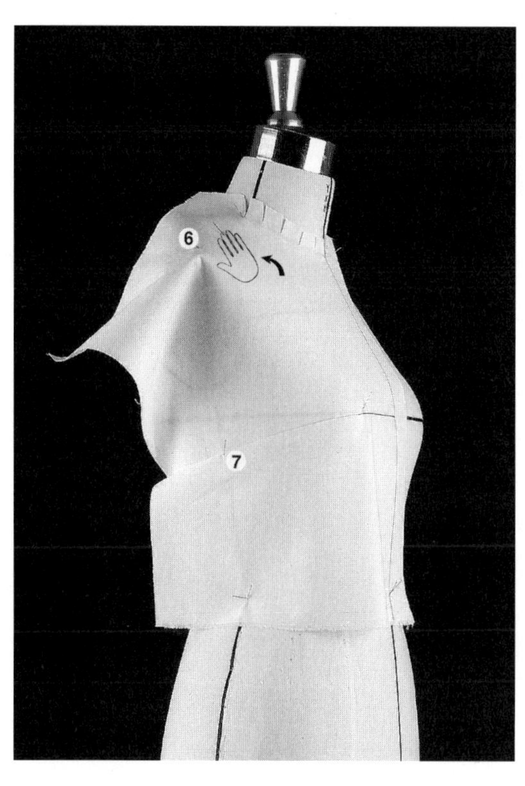

6 어깨선에 광목이 남지 않도록 쓸어 내린 후 어깨 끝점
을 고정한다.

7 옆선에서 원하는 위치에 다트를 잡는다.

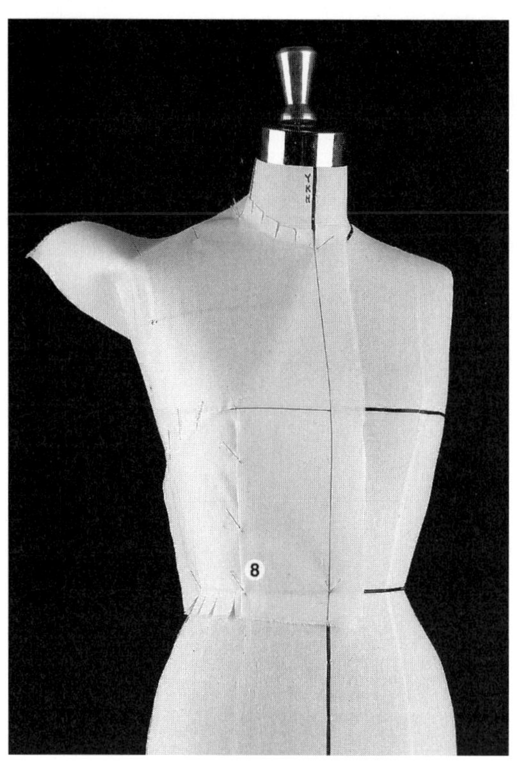

8 허리선의 광목을 정리한 후 남은 광목을 접어 넣어 허
리 다트를 닫는다.

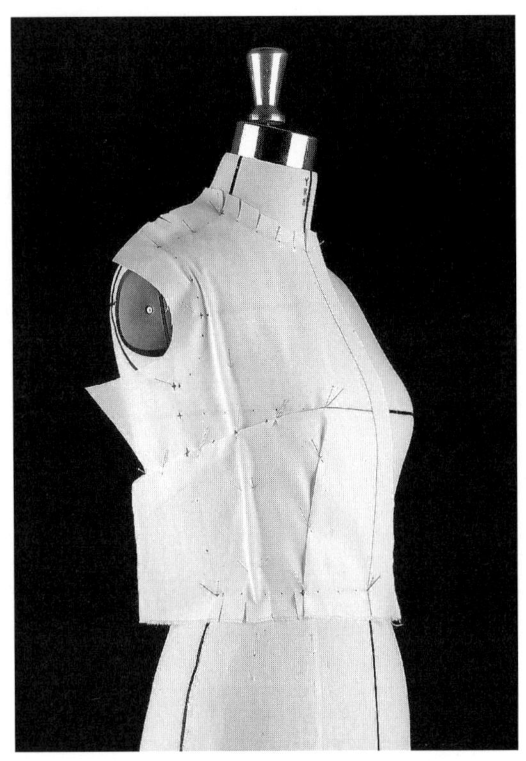

• 옆선에서 여유분을 주고 모든 작업점을 표시한다.

패턴 정리

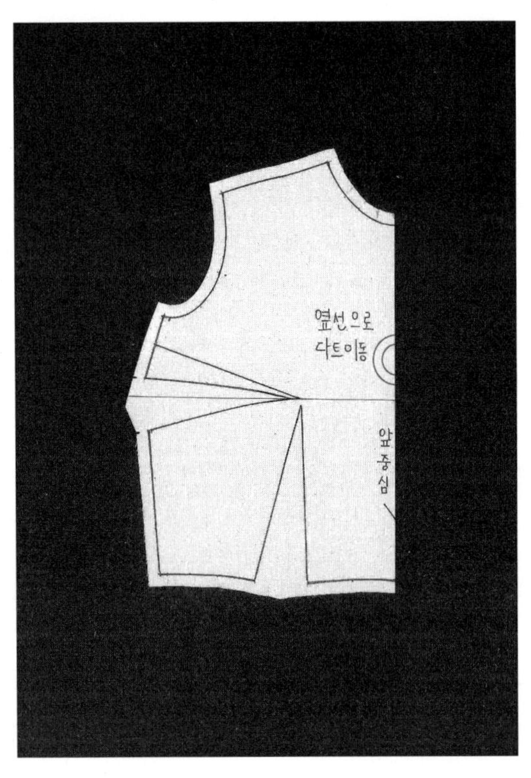

• 작업점을 따라 완성선을 그린다.

• 필요한 사항을 기록한다.

• 시접을 주고 시접선을 그린다.

• 시접선을 따라 자른다.

4 앞판 어깨 다트를 허리선으로 이동

광목 준비

- 너비: 약 35cm

- 식서 방향 길이: 약 55cm

- 상의 원형의 광목 준비를 참조하여 앞 중심선과 가슴선을 표시해둔다.

드레이핑

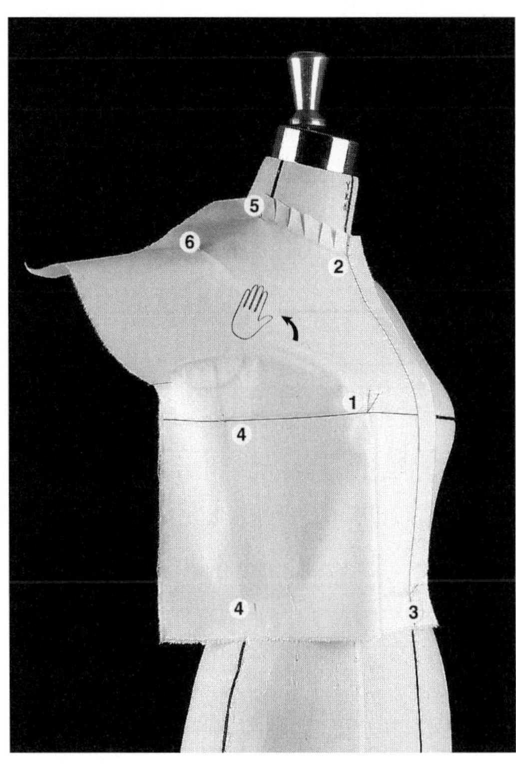

1 유두점을 고정한다.

2 앞 목점을 고정한다.

3 앞 중심 허리선을 고정한다.

4 가슴선을 따라 옆선을 고정한다. 허리선도 고정한다.

5 목둘레선을 따라 광목을 단계적으로 정리한 다음 옆
  목점을 고정한다

6 어깨선에 광목이 남지 않도록 쓸어 내린 후 어깨 끝점
  을 고정한다.

* 앞 중심선과 가슴선이 만나는 점의 광목이 마네킹에 붙지 않고 평
  평함을 유지하도록 유의한다.

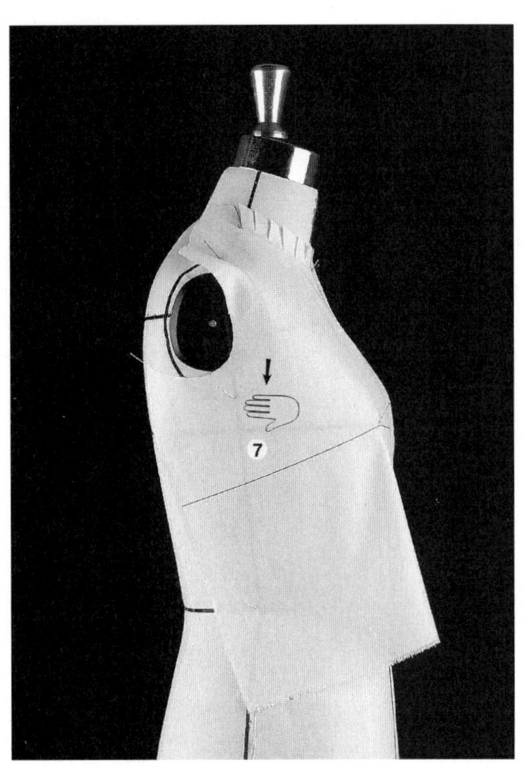

7 암홀과 옆선에 광목이 남지 않도록 모두 쓸어 내리고 옆선을 다시 고정한다.

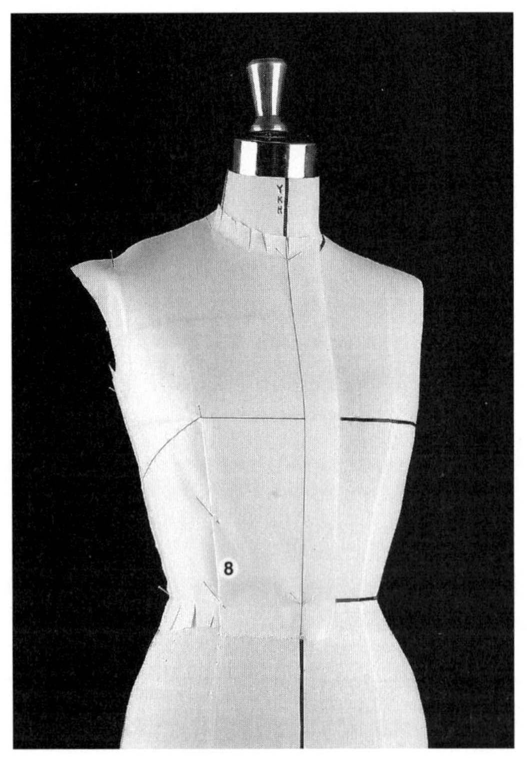

8 허리선의 광목을 정리한 후 남은 광목을 접어 넣어 허리 다트를 닫는다.

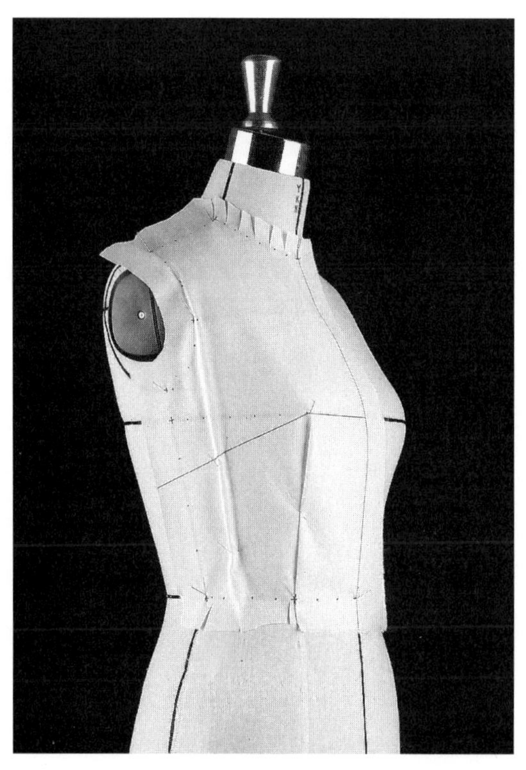

• 옆선에서 여유분을 주고 모든 작업점을 표시한다.

패턴 정리

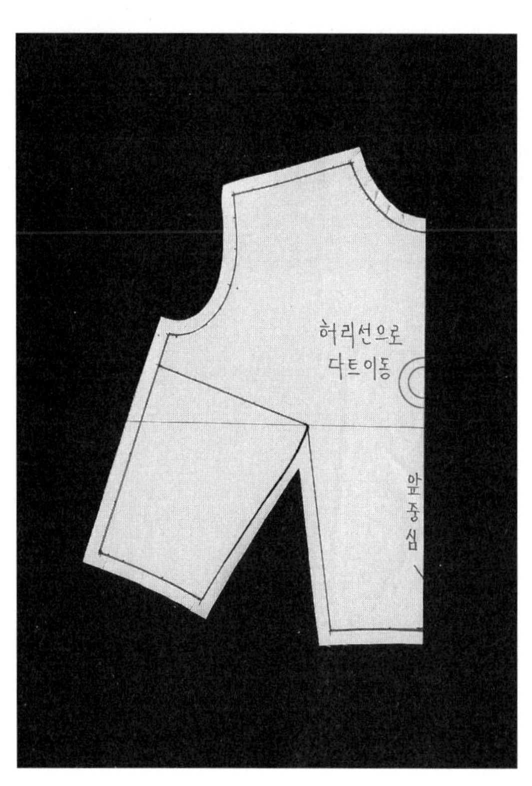

• 작업점을 따라 완성선을 그린다.

• 필요한 사항을 기록한다.

• 시접을 주고 시접선을 그린다.

• 시접선을 따라 자른다.

5 앞판 어깨 다트와 허리 다트 모두를 앞 중심선으로 이동

광목 준비

- 너비: 약 35cm

- 식서 방향 길이: 약 55cm

- 상의 원형의 광목 준비를 참조하여 앞 중심선과 가슴선을 표시해둔다.

드레이핑

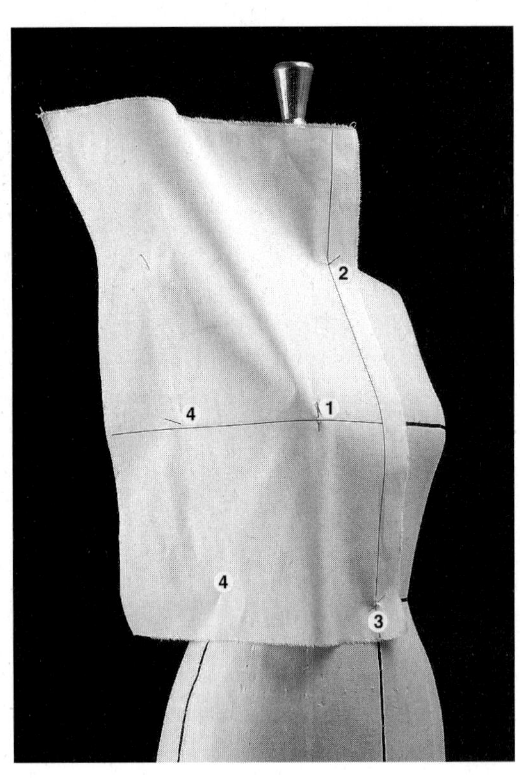

1 유두점을 고정한다.

2 앞 목점을 고정한다.

3 앞 중심 허리선을 고정한다.

4 가슴선을 따라 옆선을 고정한다. 허리선도 고정한다.

* 앞 중심선과 가슴선이 만나는 점의 광목이 마네킹에 붙지 않고 평

평함을 유지하도록 유의한다.

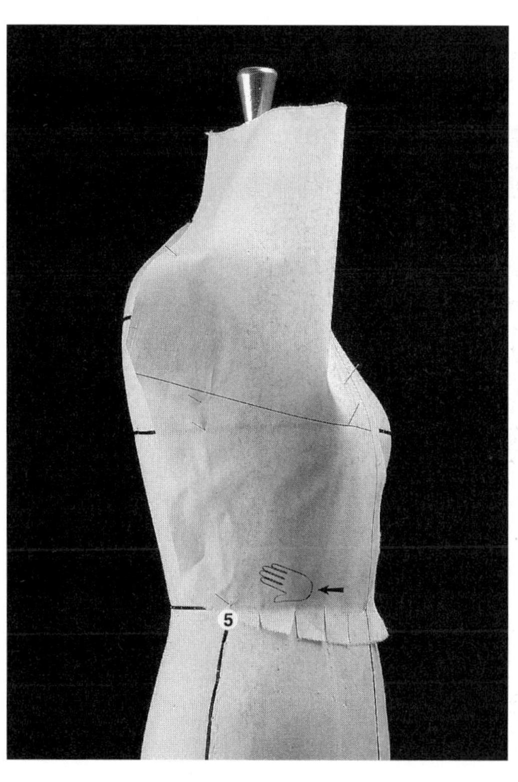

5 앞 중심 허리선에서부터 광목을 정리하고 가윗집을 넣은 다음 옆 허리선을 고정한다.

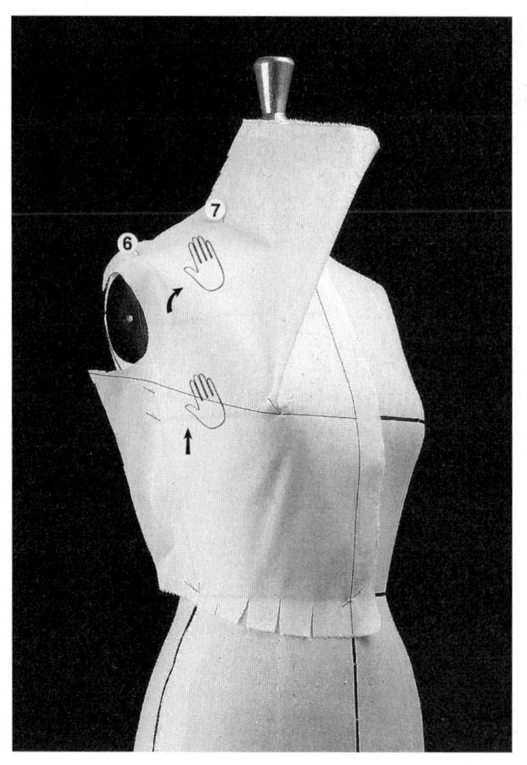

6 옆선에 광목이 남지 않도록 모두 위로 쓸어 올린 후 어깨 끝점을 고정한다.

• 광목을 정리한다.

7 남은 광목을 모두 목선 쪽으로 보내고 옆 목점을 고정한다.

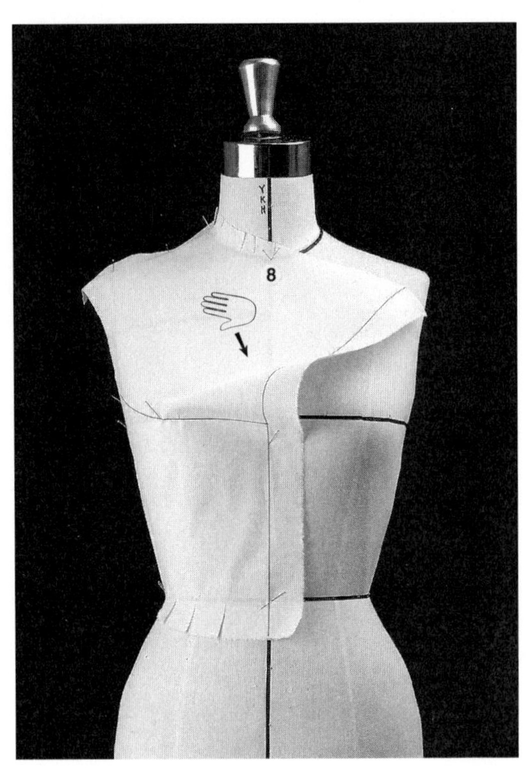

8 옆 목점에서부터 목둘레선을 따라 조금씩 단계적으로
광목을 자르면서 가윗집을 넣어 목선에 광목이 편안
하게 놓이도록 한 다음 앞 목점을 고정한다.

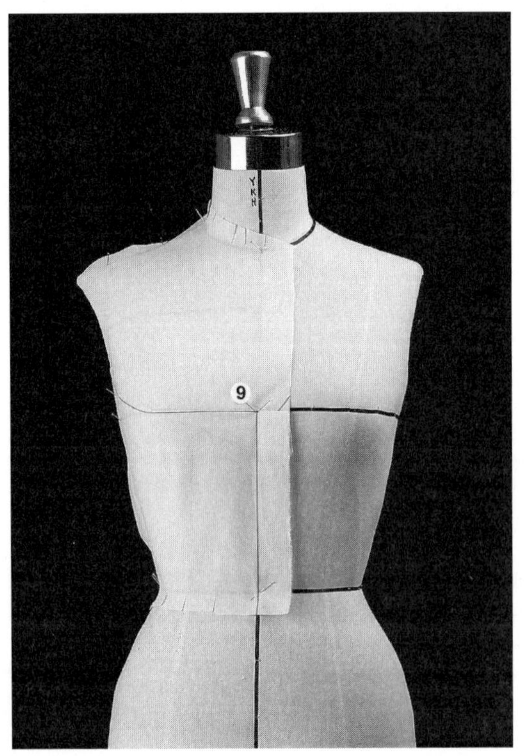

9 앞 중심선의 원하는 위치에서 남은 광목을 접어 넣어
다트를 닫는다.

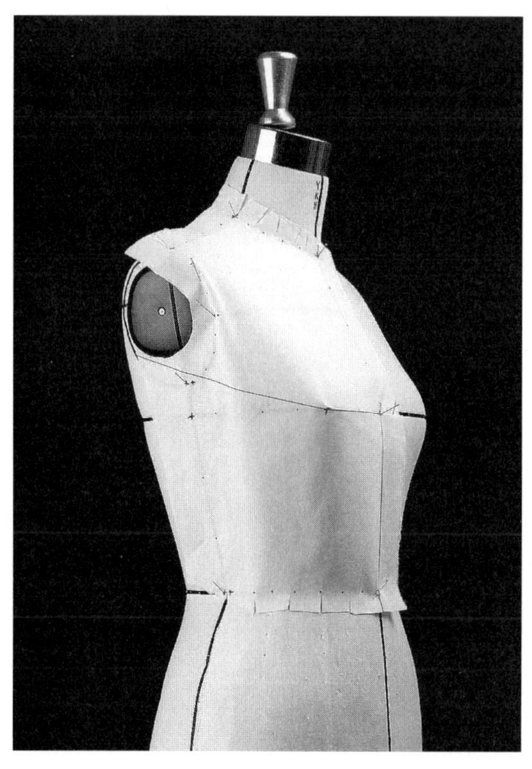

• 옆선에서 여유분을 주고 모든 작업점을 표시한다.

패턴 정리

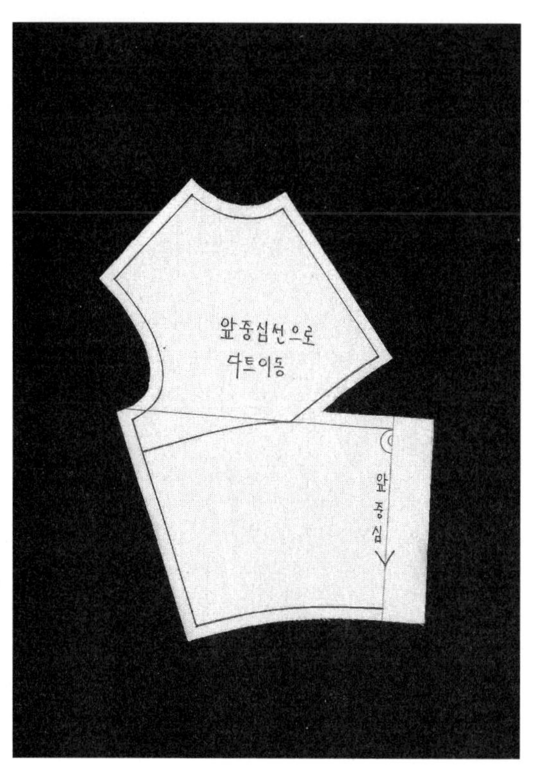

• 작업점을 따라 완성선을 그린다.

• 필요한 사항을 기록한다.

• 시접을 주고 시접선을 그린다.

• 시접선을 따라 자른다.

6 카울네크

광목 준비

- 너비: 약 80cm

- 식서 방향 길이: 약 80cm

- 중심선을 바이어스로 표시한다.

- 마네킹에 광목을 걸쳐서 살펴보고 필요한 가슴선을 그려둔다.

드레이핑

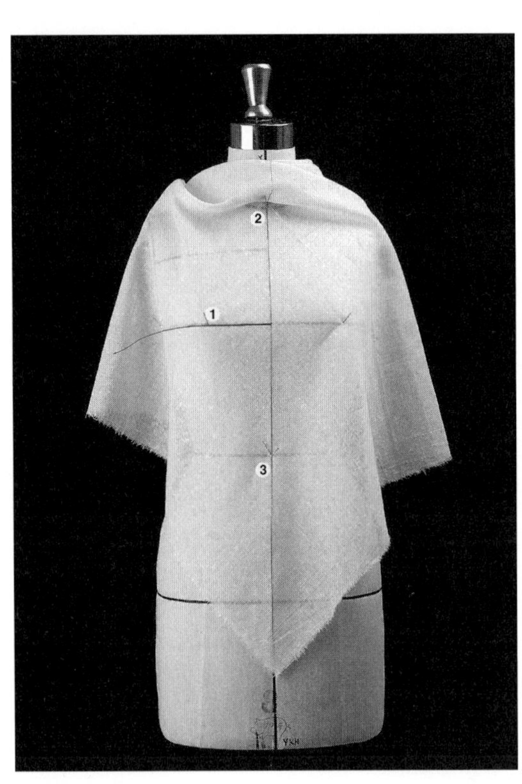

1 유두점을 고정한다.

2 앞 목점을 고정한다.

3 앞 중심 허리선을 고정한다.

* 앞 중심선과 가슴선이 만나는 점의 광목이 마네킹에 붙지 않고 평

평함을 유지하도록 유의한다.

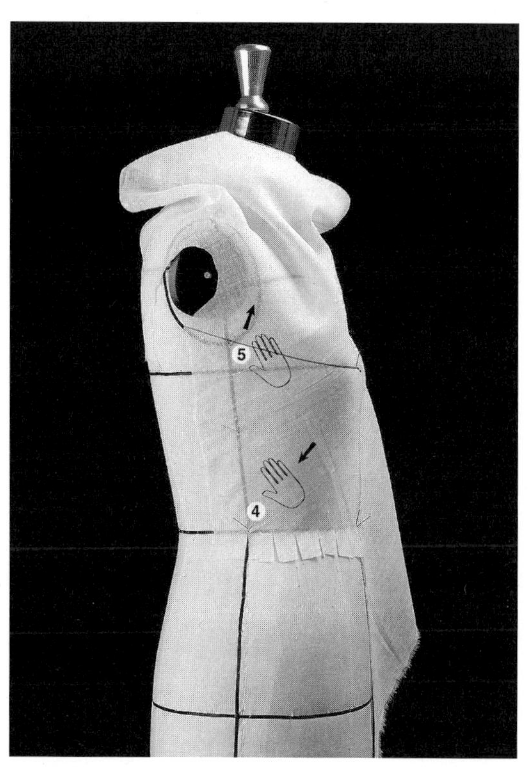

4 앞 중심 허리선에서부터 광목을 정리하고 가윗집을
넣은 다음 옆 허리선을 고정한다.

5 옆선에 광목이 남지 않도록 하면서 암홀선을 따라 모
두 위로 쓸어 올린 후 어깨 끝점을 고정한다.

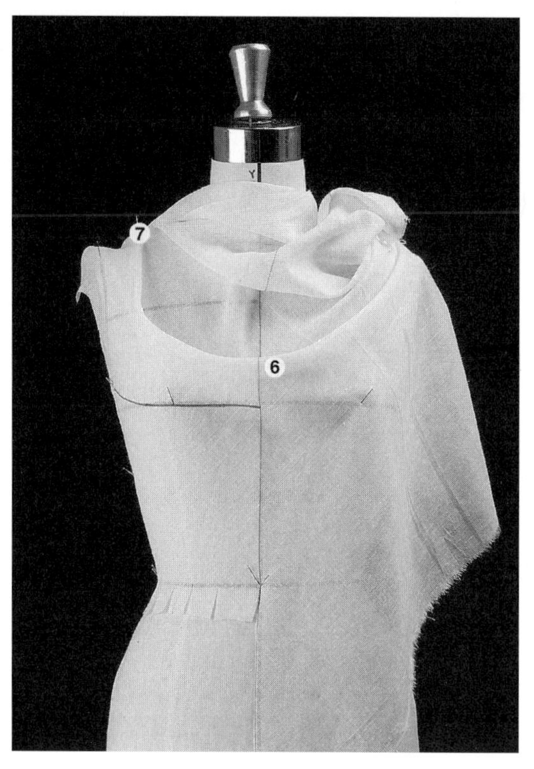

6, 7 앞 목점에 고정한 핀을 뽑고 원하는 디자인에 따라
광목을 늘어뜨린 다음 앞 중심선과 어깨선에 고정
한다.

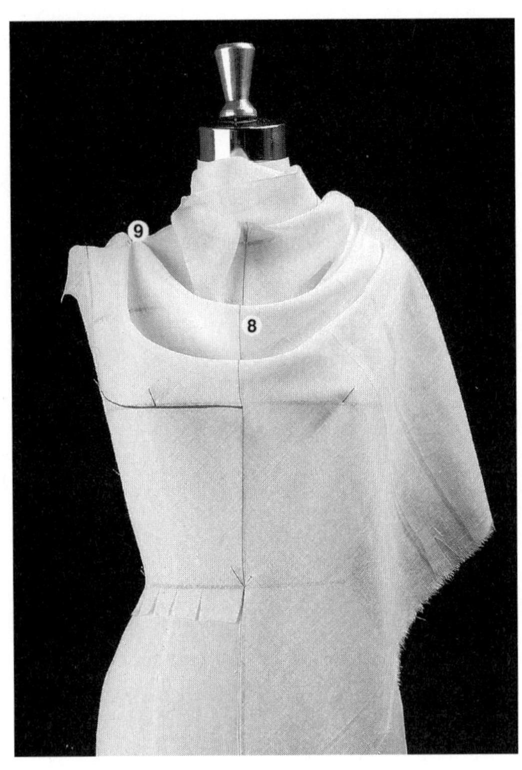

8, 9 같은 방법으로 두 번째 카울을 잡고 앞 중심선과 어
깨선에 고정한다.

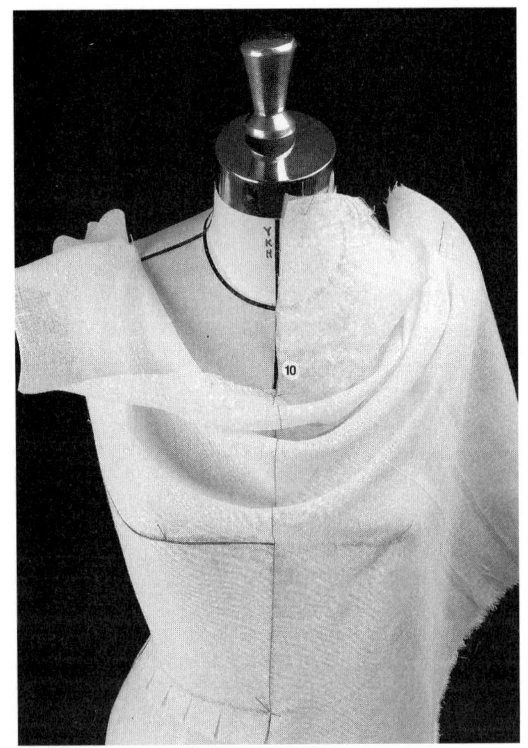

10 마지막 카울의 위치를 정하고 광목을 잘라 정리한다.

* 152쪽의 패턴 정리에서 보는 것처럼 마지막 카울 위치와 시접(약

7cm)을 정한 다음 남은 광목은 앞 중심선과 직각이 되게 잘라낸다.

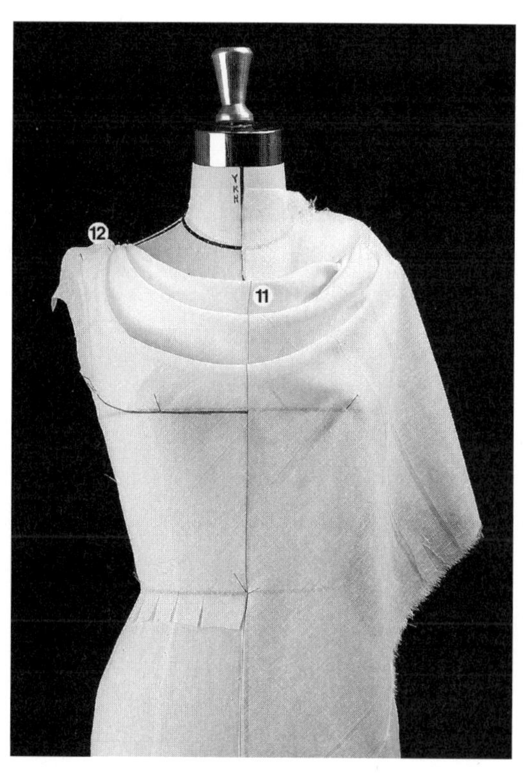

11, 12 시접을 안으로 접어 넣고 마지막 카울을 늘어뜨린
다음 앞 중심선과 어깨선에 고정한다.

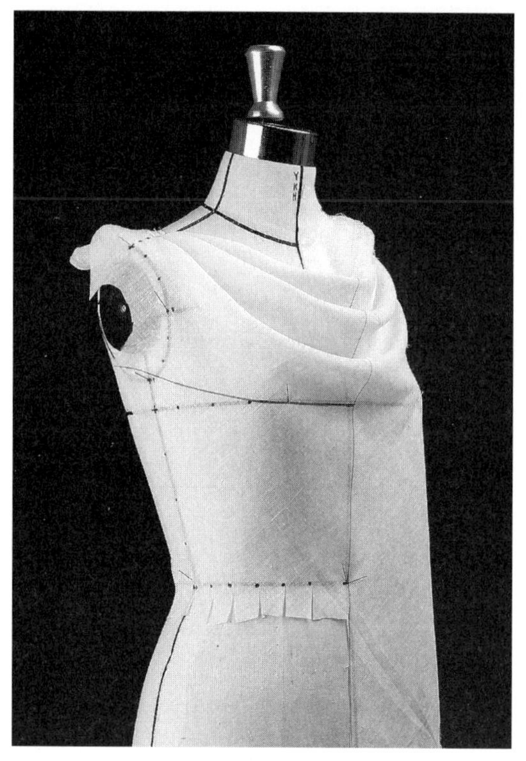

• 옆선에서 여유분을 주고 모든 작업점을 표시한다.

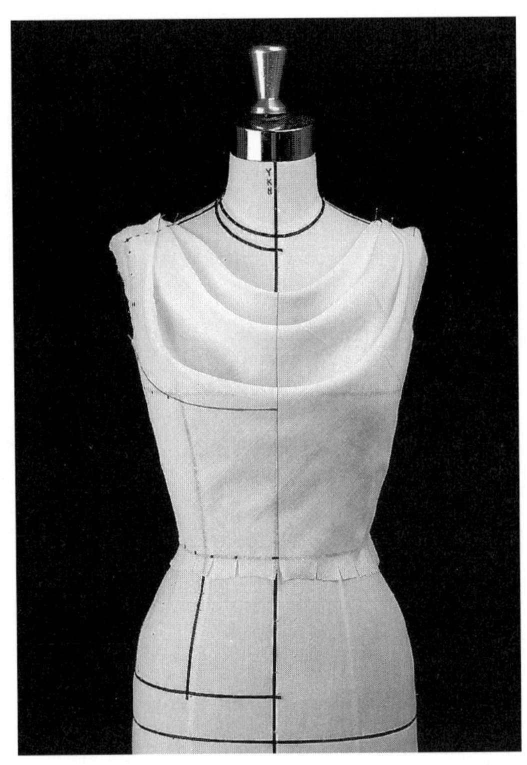

• 반대쪽도 대칭으로 베껴서 전체적인 볼륨을 확인한다.

패턴 정리

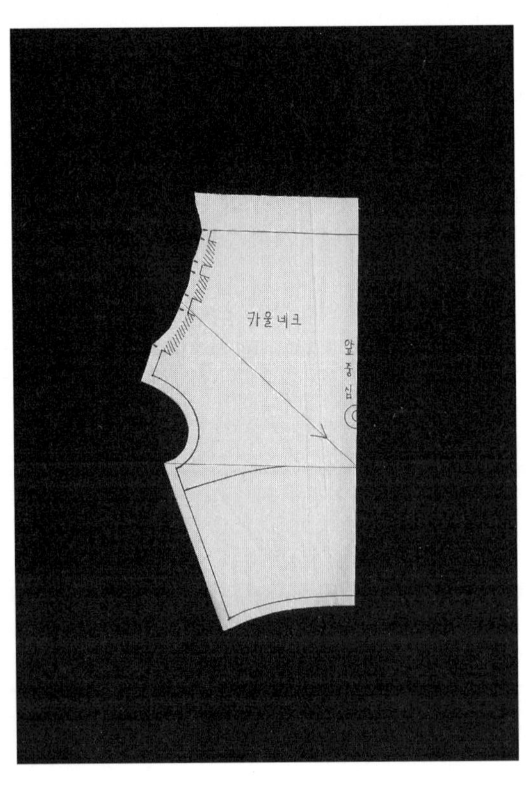

• 작업점을 따라 완성선을 그린다.

• 필요한 사항을 기록한다.

• 시접을 주고 시접선을 그린다.

• 시접선을 따라 자른다.

11 어깨 프린세스라인, 차이나 칼라 디자인 상의

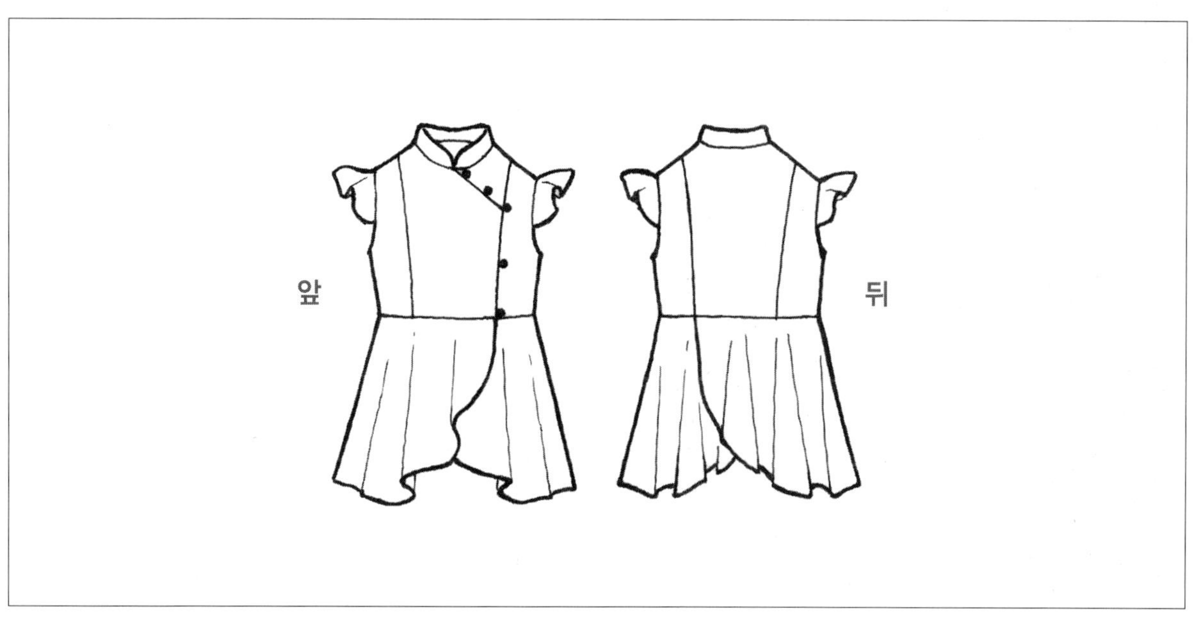

1 라인테이프 치기

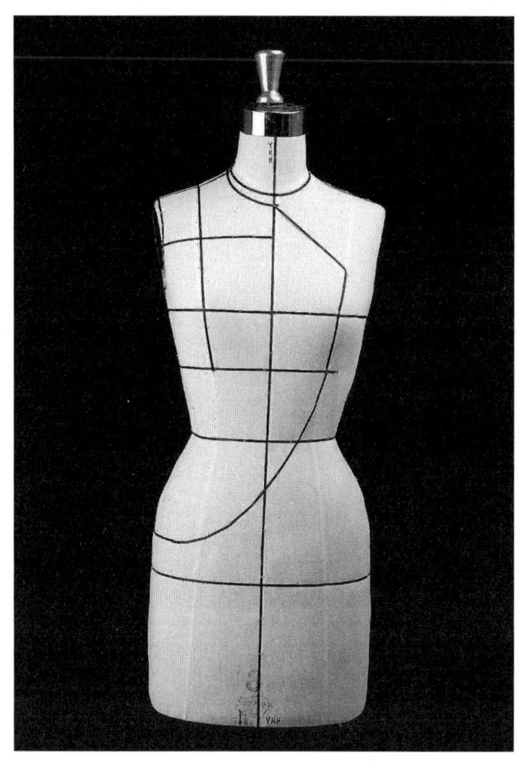

- 목둘레선, 프린세스라인, 높인 허리선, 앞 여밈선, 밑 단선을 친다.
- 예 옆목 0.5cm, 앞목 1cm를 키워준 다음 앞뒤 판의 곡선이 자연스럽게 연결되도록 한다.

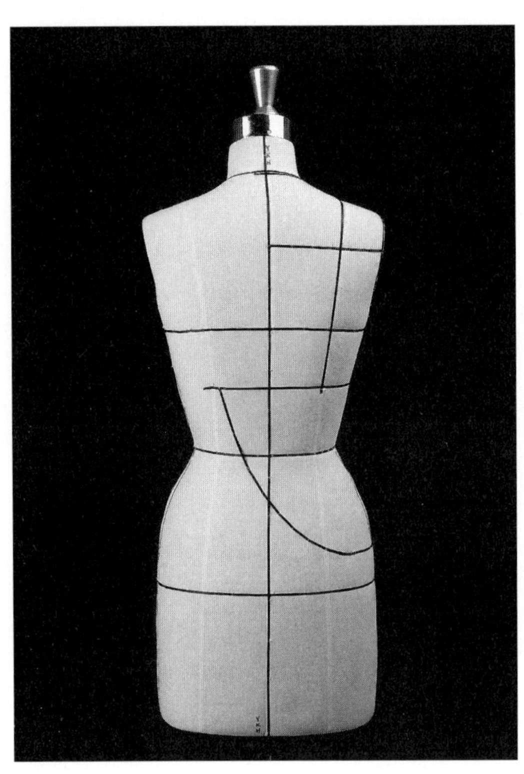

• 디자인에 따라 뒤판에 라인테이프를 친다.

예 뒷목 0.5cm

2 광목 준비

광목 준비 예

뒤 중심판 (20 × 45, 30, 3)　뒤 옆판 (20)　앞 옆판 (20)　앞 중심판 (40)

소매 (30 × 20)

칼라 (10 × 30, 2)

뒤 프릴 (50 × 50, 3)　　앞 프릴 (50, 3)

3 드레이핑

앞 중심판

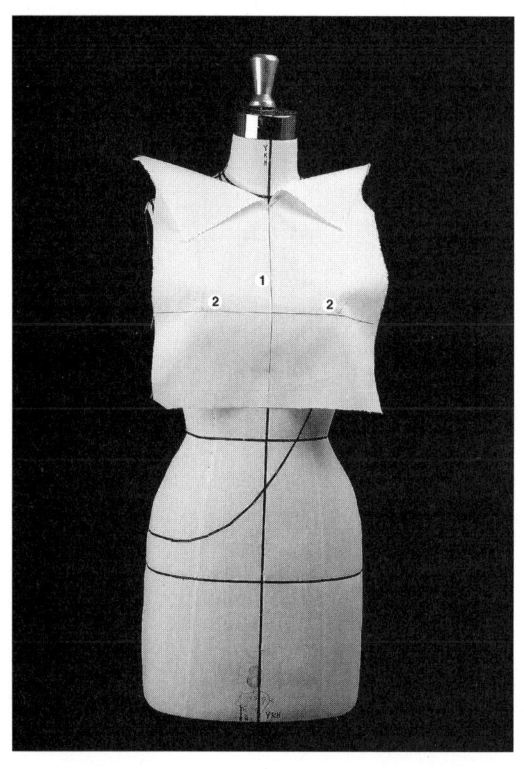

1 앞 중심선과 가슴선이 만나는 점의 광목이 마네킹에 붙지 않고 평평함을 유지하도록 유의하면서 앞 목점과 앞 중심 허리선을 고정한다.

• 앞 목점까지 가윗집을 넣는다.

2 양쪽 유두점을 고정한다.

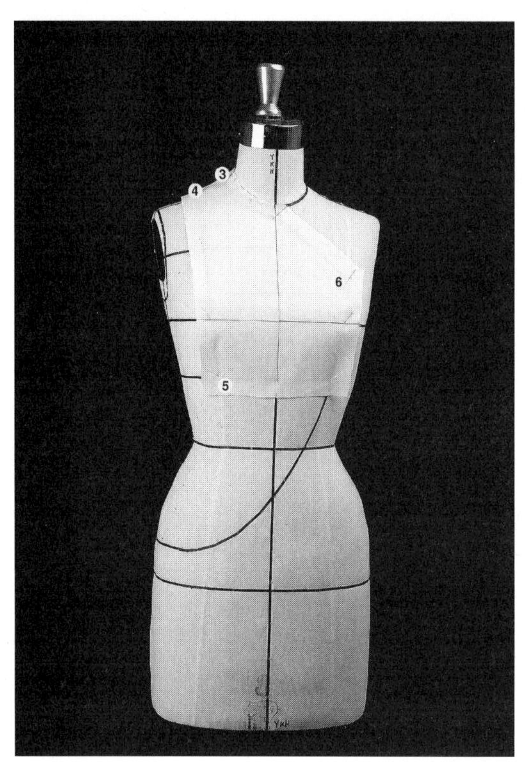

3 목둘레선을 따라 단계적으로 광목을 잘라 정리하고 가윗집을 넣은 후 옆 목점을 고정한다.

4 프린세스라인의 시작점을 고정한다.

5 허리선을 고정하고 광목을 정리한다.

6 여밈선을 고정한다.

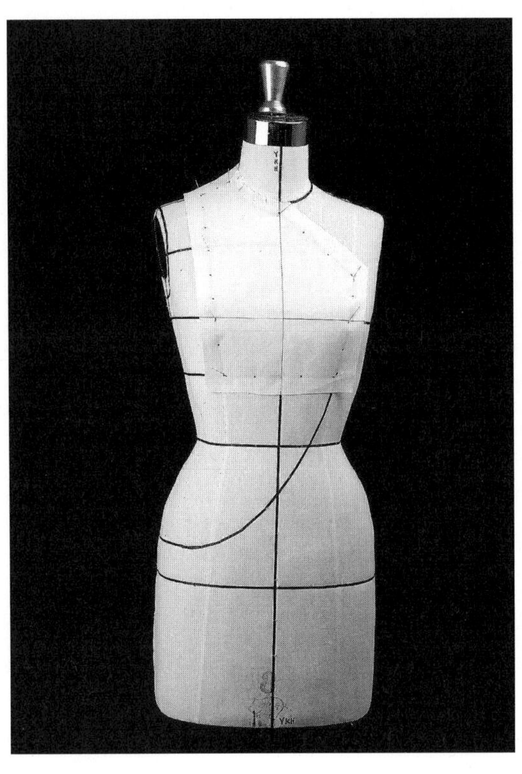

• 모든 작업점을 표시한다.

앞 옆판

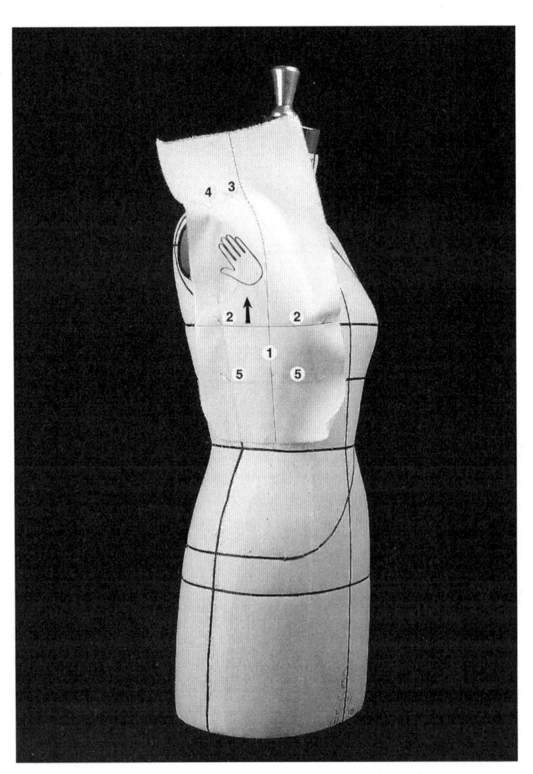

1 가슴선에 수직으로 교차하면서 식서선을 고정한다.

2 양쪽 가슴선을 고정한다.

3 식서선을 수직으로 유지하면서 프린세스라인 시작점을 고정한다.

4 어깨 끝점을 고정한다.

5 양쪽 허리선을 고정한다.

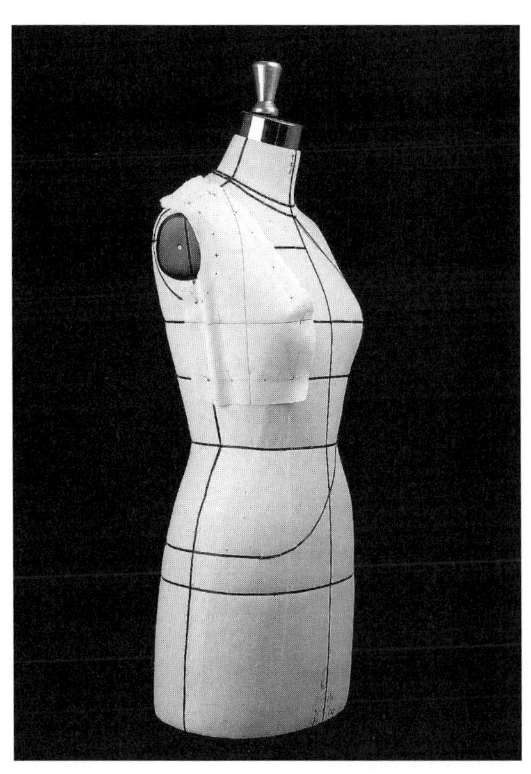

- 여유분을 주고 모든 작업점을 표시한다.

- 유두점에 남은 약간의 광목은 봉제시 이새 처리하여
  중심판과 연결한다.

앞 아래판

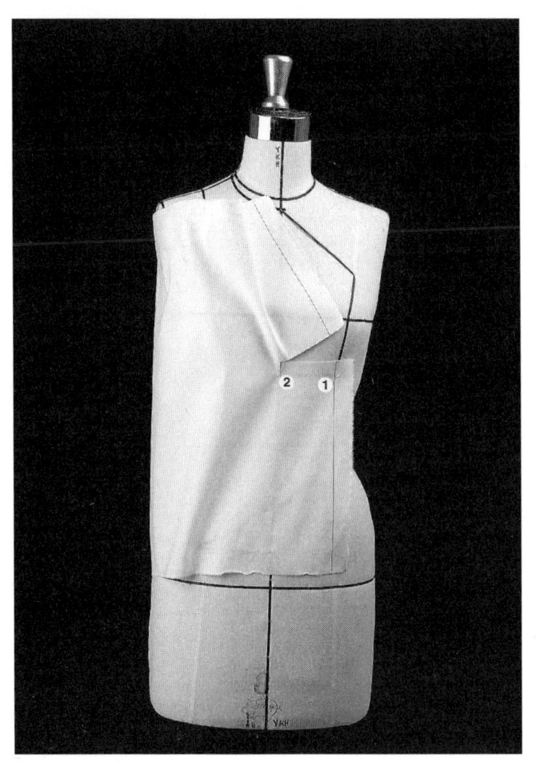

1 허리선의 여밈 끝부분을 고정한다.

2 앞 중심 허리선을 고정하고 광목을 정리한 다음 가윗
  집을 넣는다.

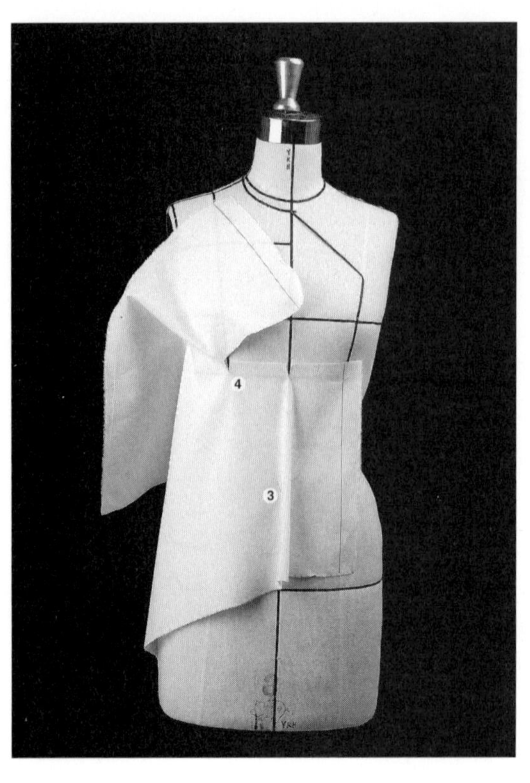

3 디자인에 따라 플레어의 양을 정하고 움직이지 않도
  록 고정한다.

4 두 번째 플레어를 잡을 위치에 수직으로 핀을 꽂고 가
  윗집을 넣는다.

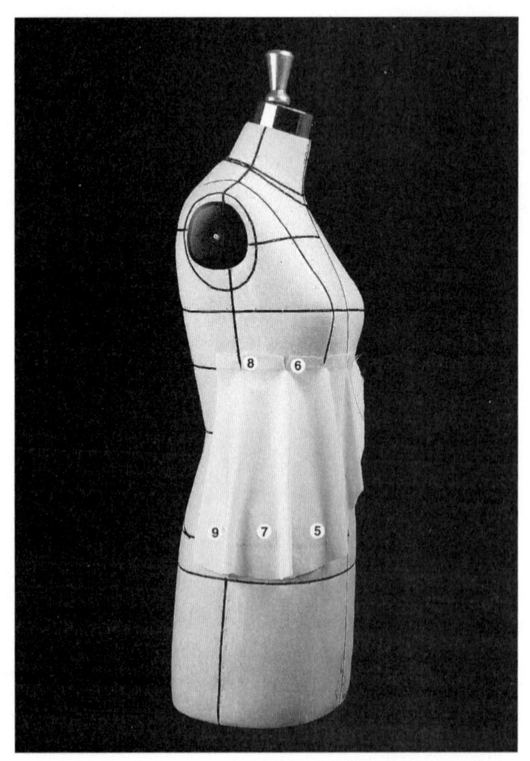

5, 6, 7 같은 방법으로 계속 플레어를 작업한다.

8 옆 허리선을 고정한다.

9 옆선에서는 1/2 플레어의 양만 잡고 광목을 정리한다.

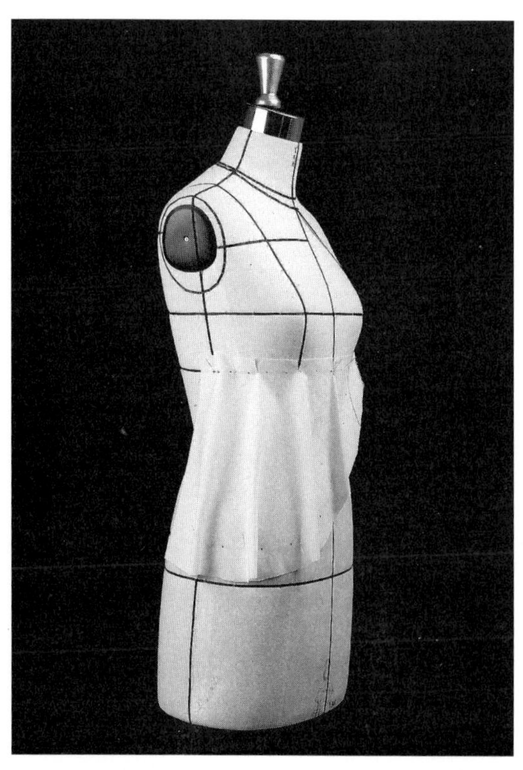

• 여유분을 주고 모든 작업점을 표시한다.

뒤 중심판

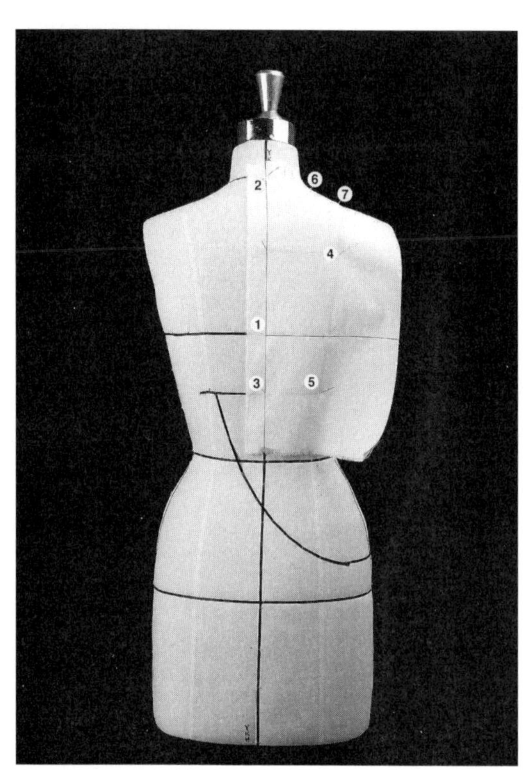

1 뒤 중심선과 가슴선의 교차점을 고정한다.

2 뒤 목점을 고정한다.

3 뒤 중심 허리선을 고정한다.

4 뒤 품선과 프린세스라인의 교차점을 고정한다.

5 허리선을 고정한다.

6 목둘레선을 따라 가윗집을 넣고 옆 목점을 고정한다.

7 프린세스라인 시작점을 고정한다.

• 모든 작업점을 표시한다.

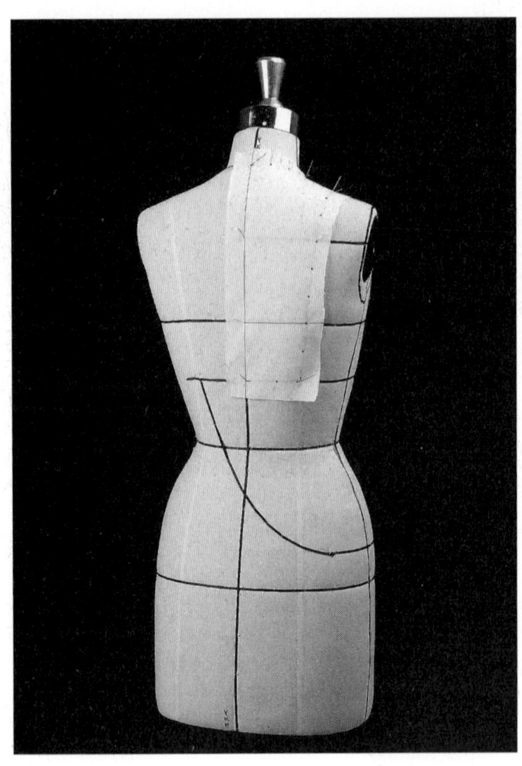

뒤 옆판

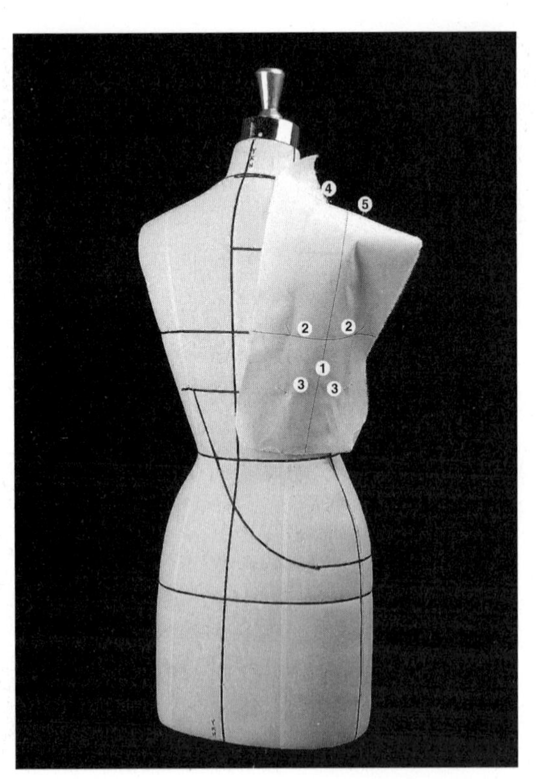

1 가슴선에 수직으로 교차하면서 식서선을 고정한다.

2 양쪽 가슴선을 고정한다.

3 양쪽 허리선을 고정한다.

4 프린세스라인 시작점을 고정한다.

5 어깨 끝점을 고정한다.

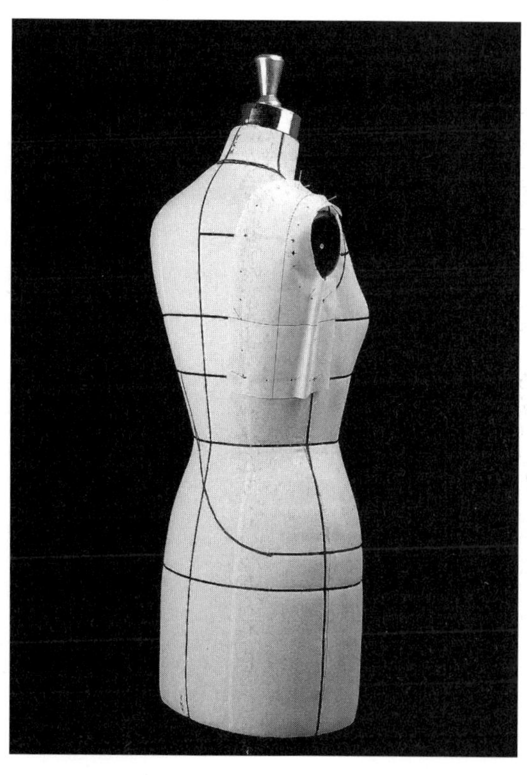

• 여유분을 주고 모든 작업점을 표시한다.

뒤 아래판

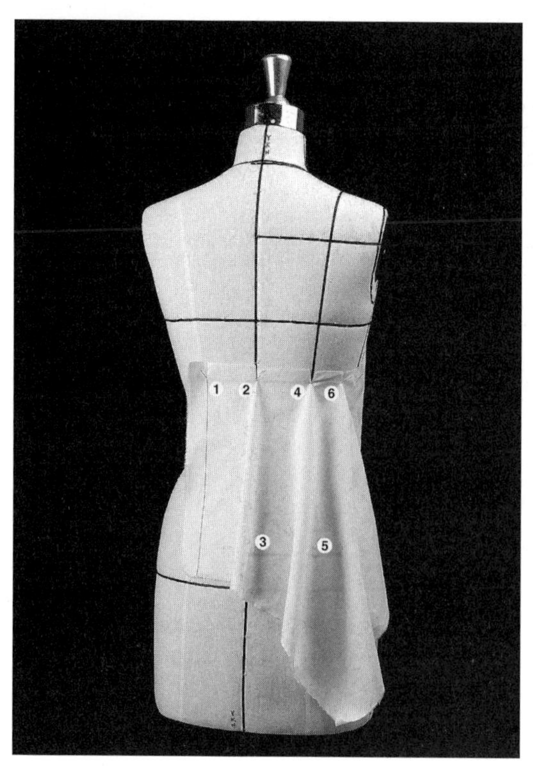

1~6 앞판과 마찬가지 방법으로 여밈 끝자락에서부터
디자인에 따라 플레어 작업을 한다.

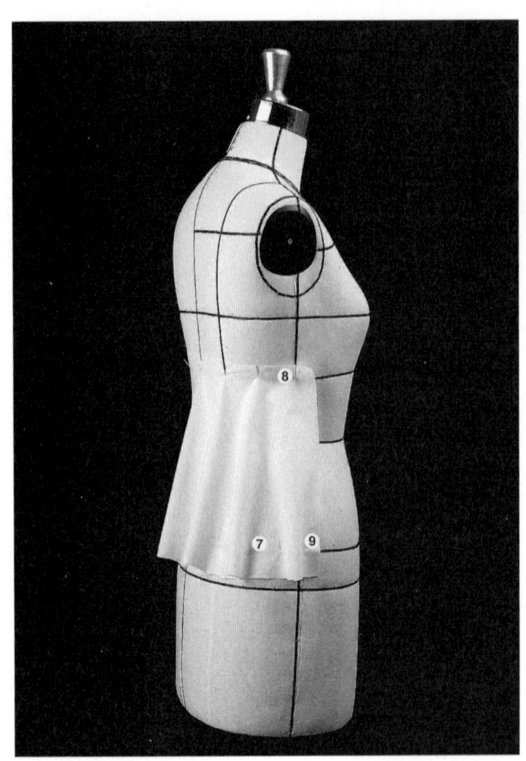

7, 8, 9 앞판과 마찬가지 방법으로 옆선을 마무리한다.

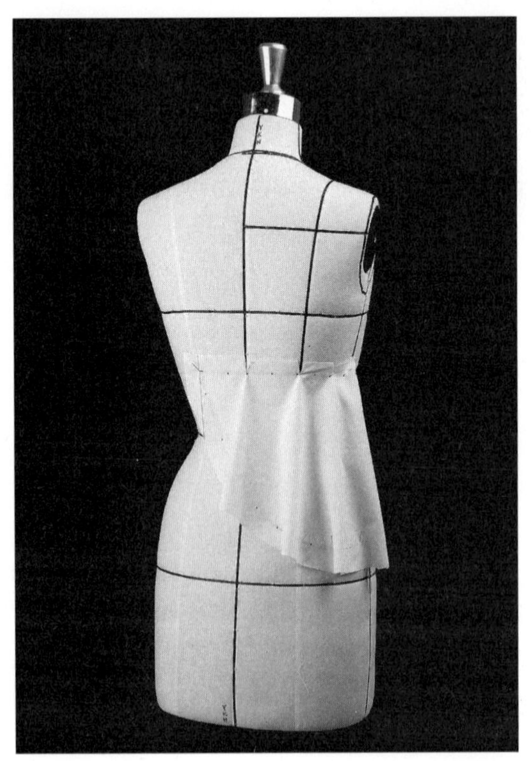

• 여유분을 주고 모든 작업점을 표시한다.

• 옷 길이를 정하고 광목을 정리한다.

칼라

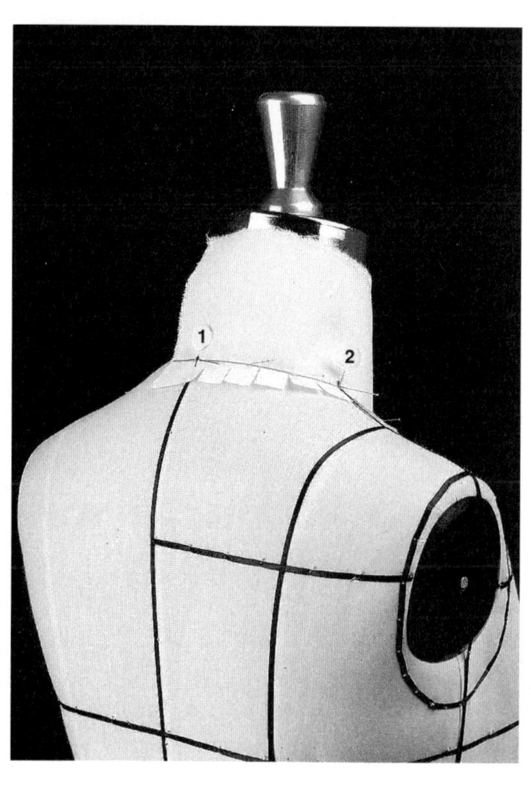

1 뒤 목점을 고정한다.

2 목둘레선을 따라 가윗집을 넣고 옆 목점을 고정한다.
이때 칼라가 목에 붙는 정도를 살피면서 볼륨을 정하
도록 한다.

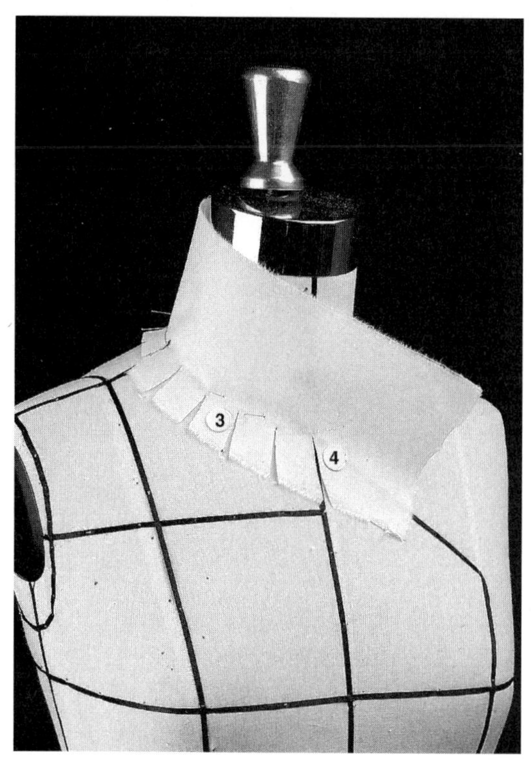

3, 4 디자인에 따라 목에서 떨어지는 볼륨을 유지하면서
옆 목점에서부터 단계적으로 가윗집을 넣어 앞 목선
에 편안하게 놓이도록 한 다음 앞 목점을 고정한다.

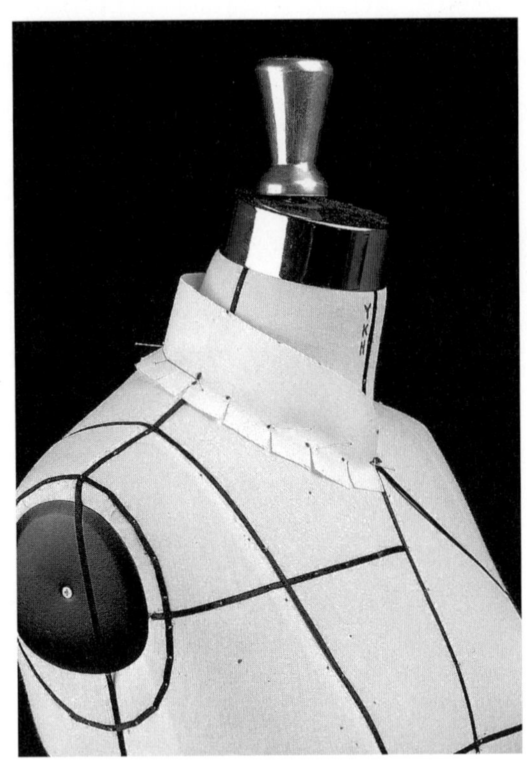

• 디자인에 따라 칼라의 너비와 모양을 정하고 작업점
을 표시한다.

소 매

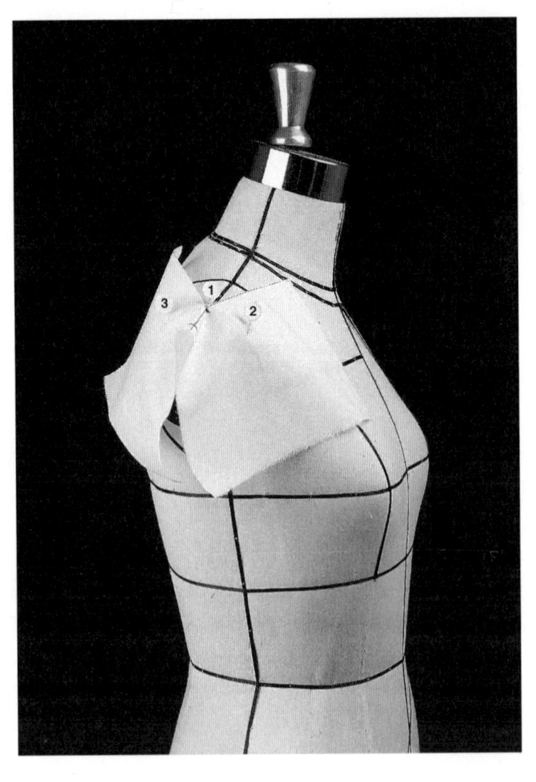

1 소매머리의 중심점을 어깨 끝점에 고정한다. 소매머
리의 중심점까지 가윗집을 넣고 디자인에 따라 플레
어의 양을 정한다.

2, 3 앞부분과 뒷부분의 암홀에서 두 번째 플레어를 잡
을 위치를 고정한다.

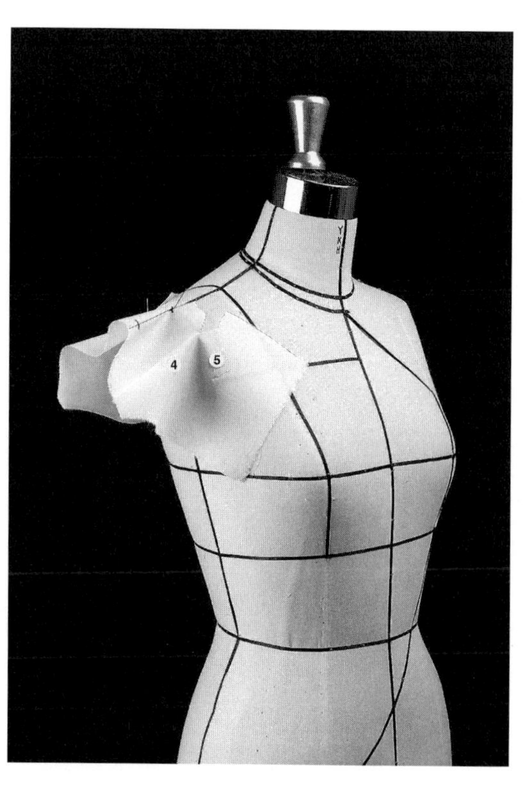

4, 5 광목을 정리하고 가윗집을 넣은 다음 플레어를 잡고 소매 끝점을 고정한다.

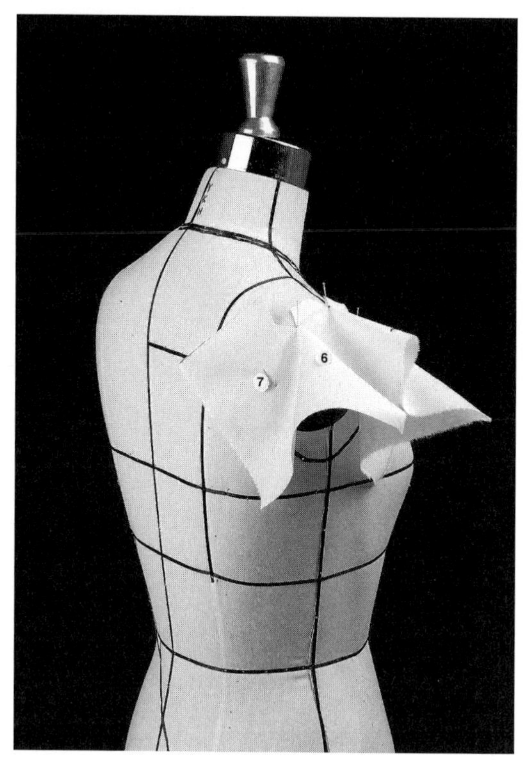

6, 7 앞부분과 같은 방법으로 뒷부분에서도 필요한 플레어를 잡고 소매 끝점을 고정한다.

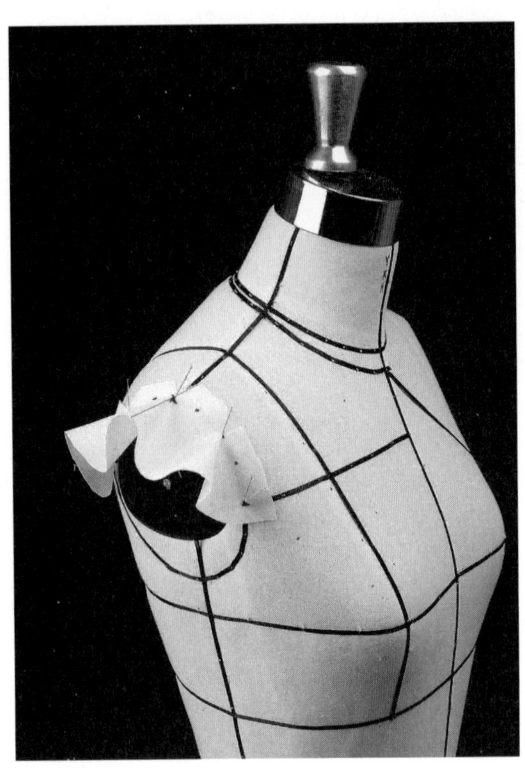

4 볼륨 확인과 패턴 정리

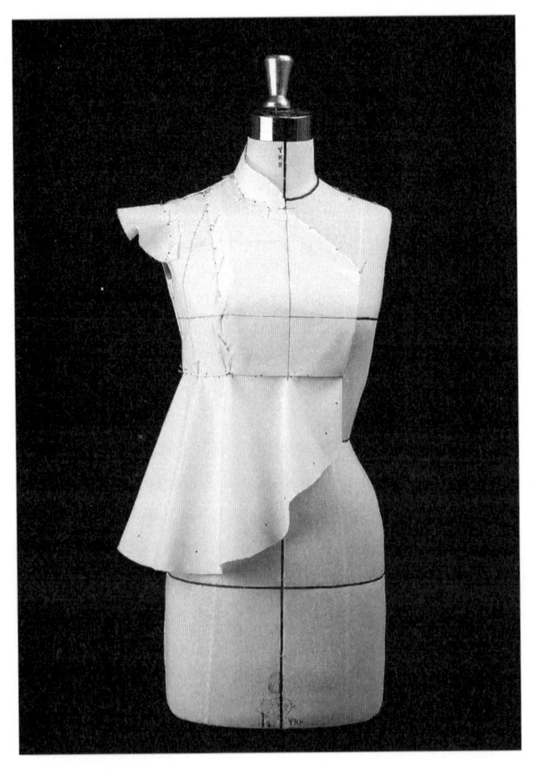

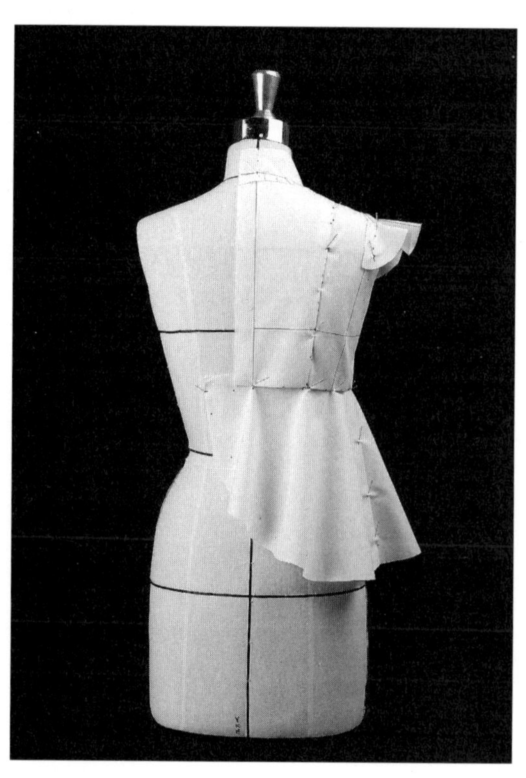

• 뒷면에서 볼륨을 확인한다.

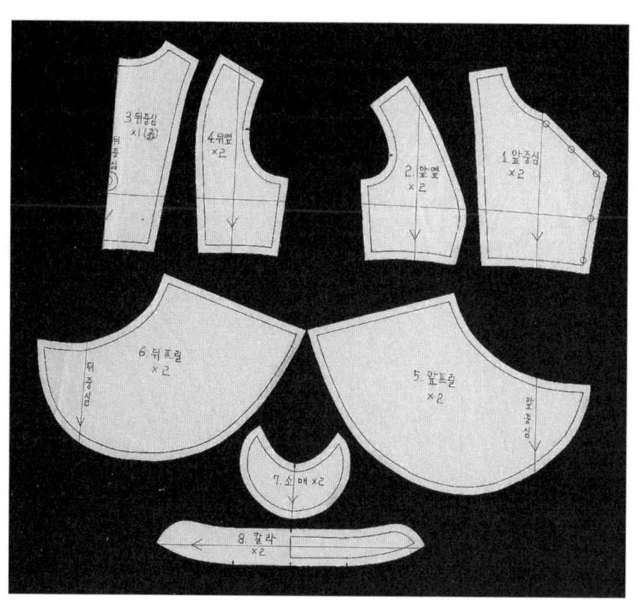

• 작업점을 따라 완성선을 그린다.

• 필요한 사항을 기록한다.

• 시접을 주고 시접선을 그린다.

• 시접선을 따라 자른다.

12 암홀 프린세스라인, 셔츠 칼라 디자인 상의

1 라인테이프 치기

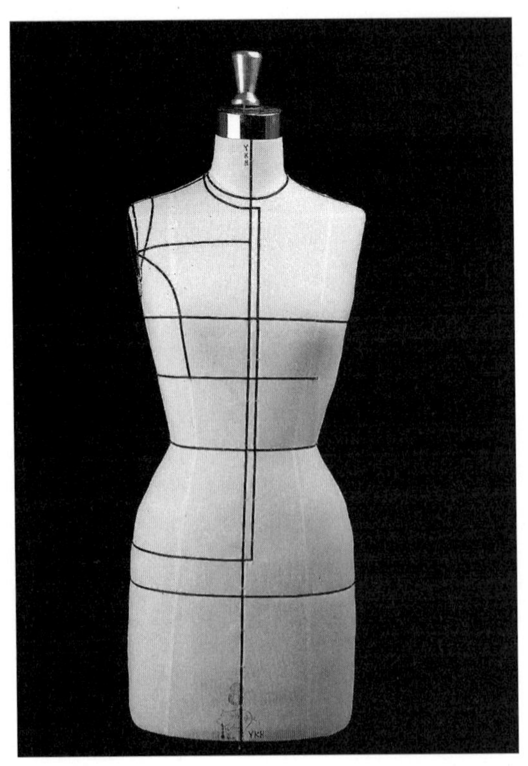

- 디자인에 따라 목둘레선(예 옆목 0.5cm, 앞목 1.5cm), 암홀선(예 어깨선 −3cm), 프린세스라인, 허리선, 밑단선을 친다.

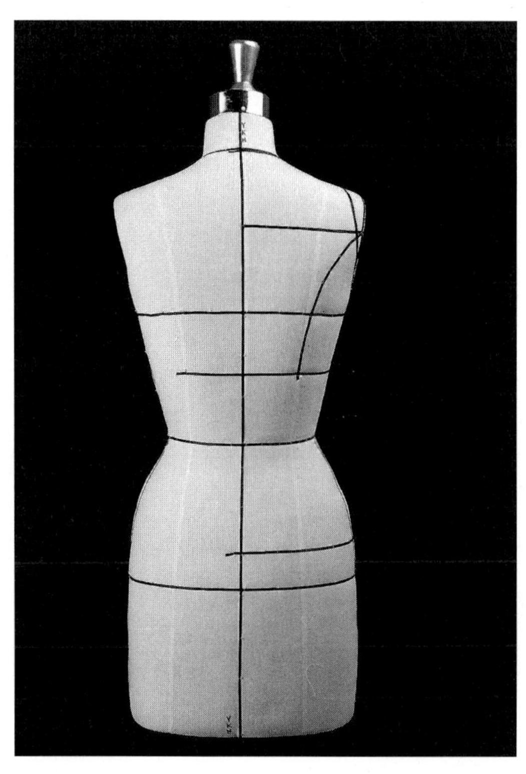

- 목둘레선(예 뒤 중심 0.3cm), 암홀선, 프린세스라인, 허리선, 밑단선을 친다. 이때 앞판과의 조화를 생각하여 옆면에서도 관찰해가면서 치도록 한다.

2 광목 준비

광목 준비 예

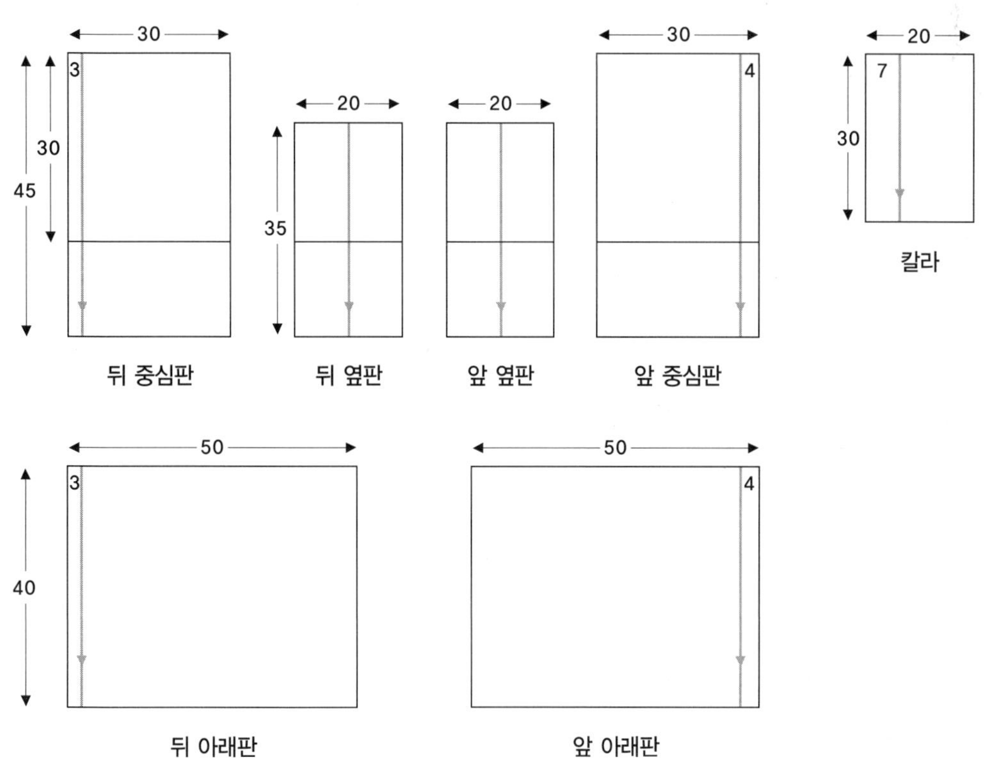

3 드레이핑

앞 중심판

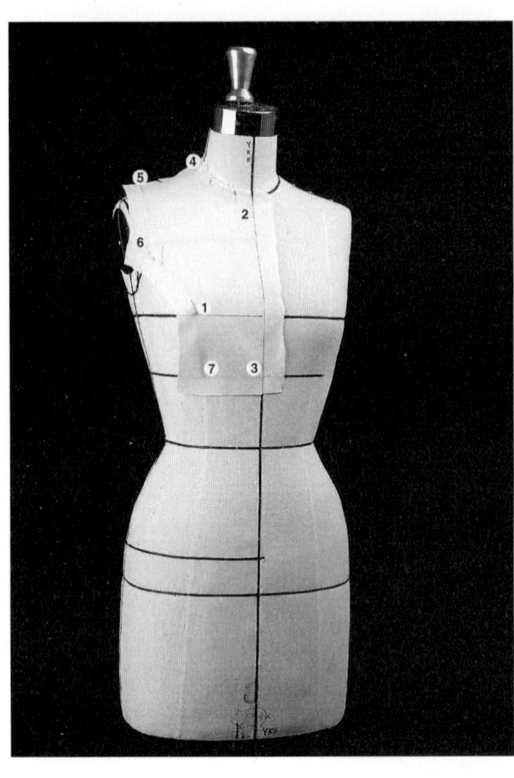

1 프린세스라인과 가슴선의 교차점을 고정한다.

2 앞 목점을 고정한다.

3 앞 중심 허리선을 고정한다.

4 목둘레선을 따라 광목을 단계적으로 정리한 다음 옆
목점을 고정한다.

5 어깨 끝점을 고정한다.

6 프린세스라인 시작점을 고정한다.

7 허리선을 고정한다.

• 광목을 정리한다.

* 앞 중심선과 가슴선이 만나는 점의 광목이 마네킹에 붙지 않고 평
평함을 유지하도록 유의한다.

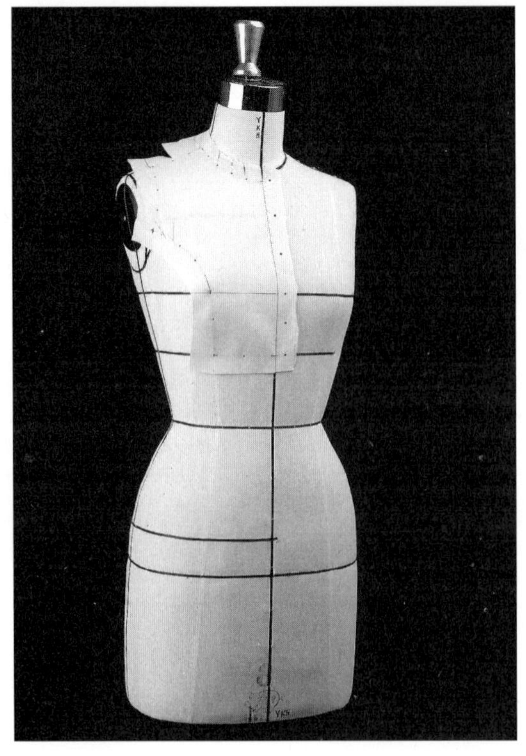

• 품선 끝에서 여유분을 주고 모든 작업점을 표시한다.

앞 옆판

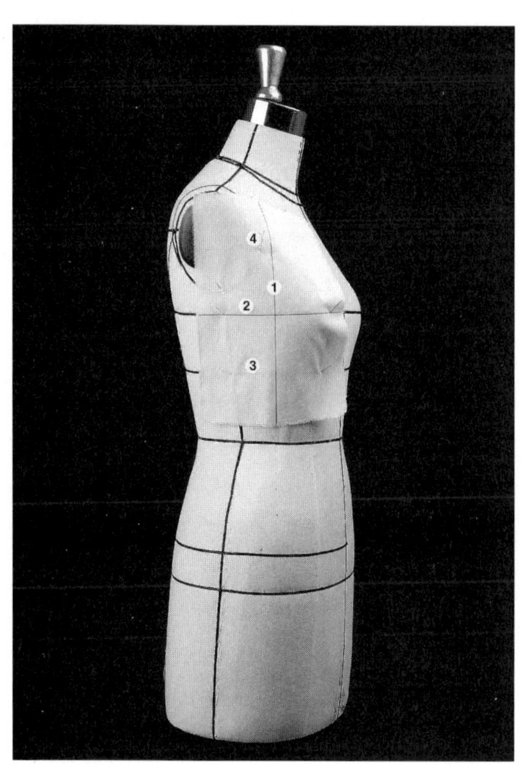

1 가슴선에 수직으로 교차하면서 식서선을 고정한다.

2 양쪽 가슴선을 고정한다.

3 양쪽 허리선을 고정한다.

4 프린세스라인 시작점을 고정한다.

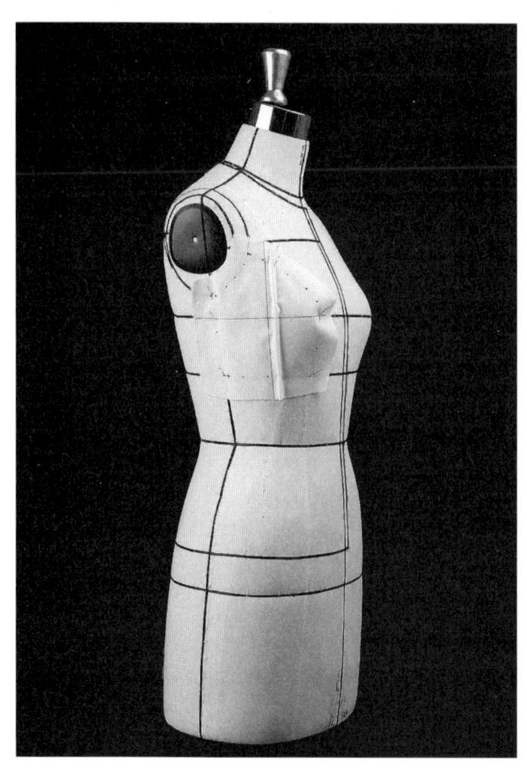

• 품선 끝과 옆선에서 여유분을 주고 모든 작업점을 표시한다.

• 광목을 정리한다.

앞 아래판

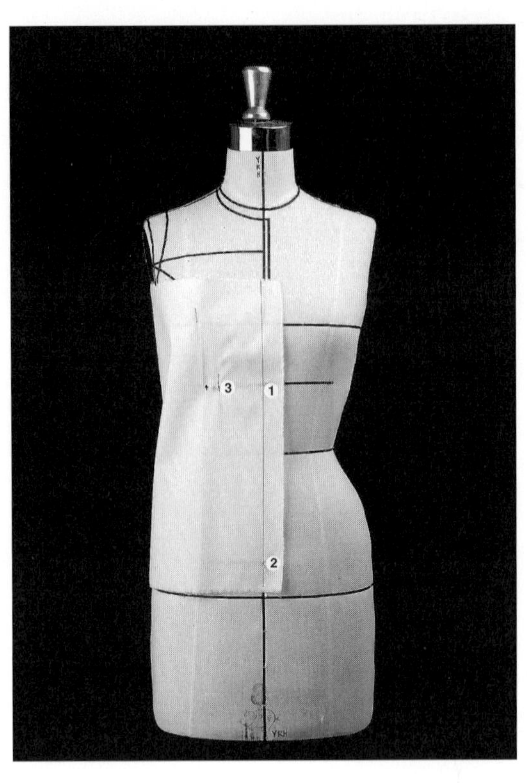

1 앞 중심 허리선을 고정한다.

2 앞 중심선 밑단을 고정한다.

3 외주름의 주름 깊이 위치에 수직으로 핀을 꽂는다.

* 외주름을 잡는 자세한 방법은 '요크와 외주름 스커트'(74쪽) 참조.

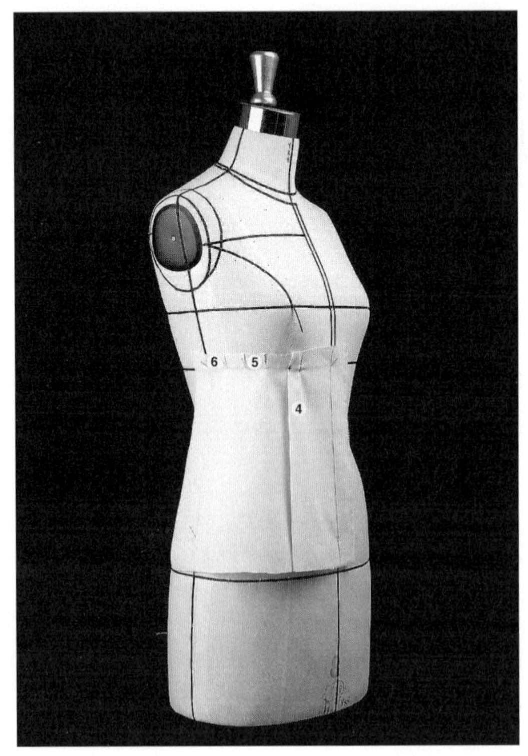

4, 5, 6 외주름을 잡아 고정하고 디자인에 따라 밑단의 볼륨을 주면서 허리선을 고정한다.

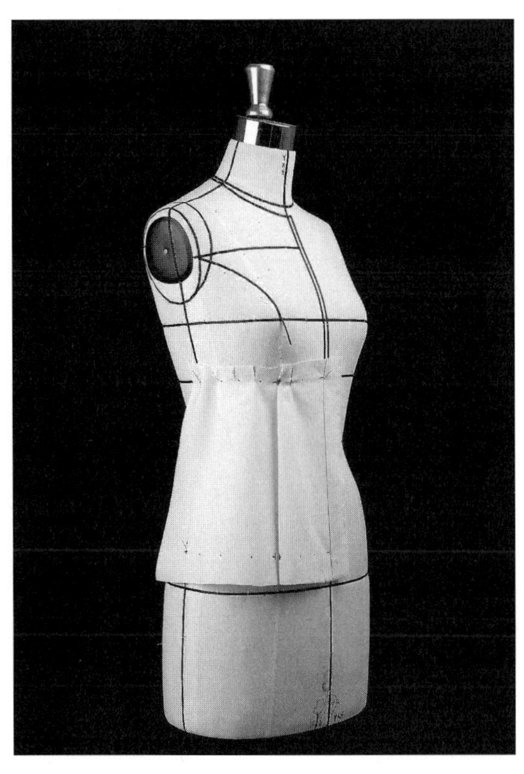

• 여유분을 주고 모든 작업점을 표시한다.

뒤 중심판

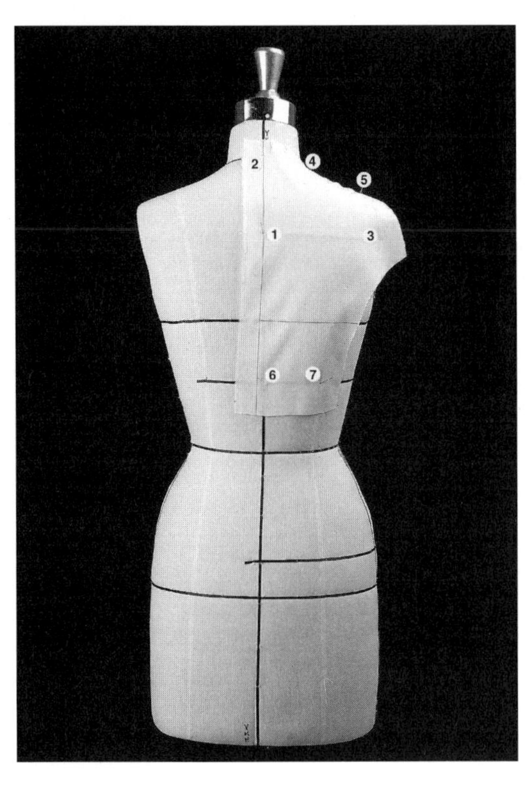

1 뒤 중심선과 뒤 품선의 교차점을 고정한다.

2 뒤 목점을 고정한다.

3 광목을 수평으로 쓸어 붙인 다음 뒤 품선과 암홀의 교 차점을 고정한다.

4 목둘레선을 따라 광목을 단계적으로 정리한 다음 옆 목 점을 고정한다.

5 어깨 끝점을 고정한다.

6 뒤 중심선의 몸판에 광목이 남지 않도록 쓸어 내려 뒤 중심 허리선을 고정한다.

7 허리선을 고정한다.

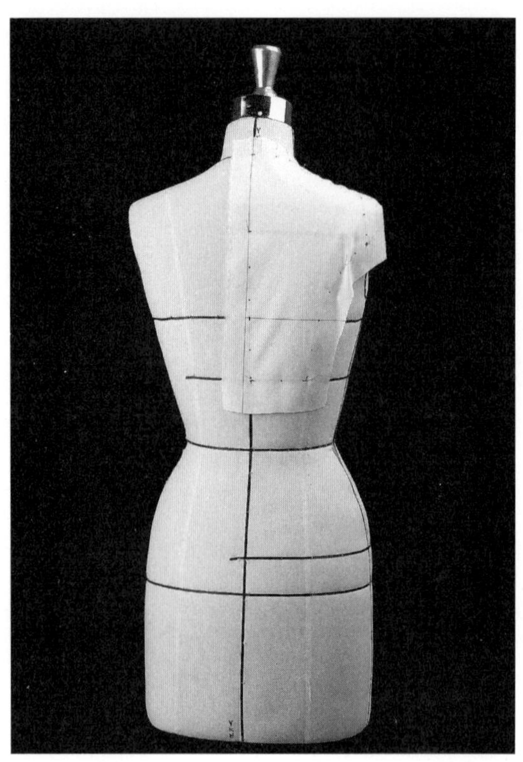

- 품선에서 여유분을 주고 모든 작업점을 표시한다.

뒤 옆판

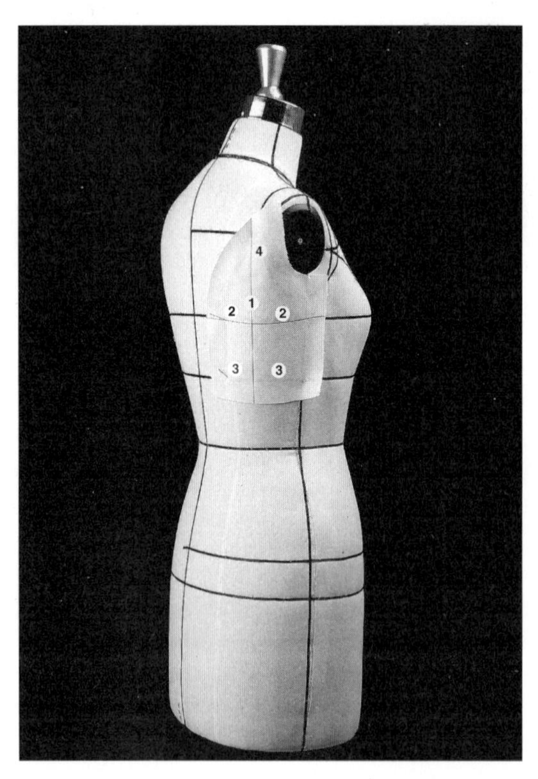

1 가슴선에 수직으로 교차하면서 식서선을 고정한다.

2 양쪽 가슴선을 고정한다.

3 양쪽 허리선을 고정한다.

4 프린세스라인 시작점을 고정한다.

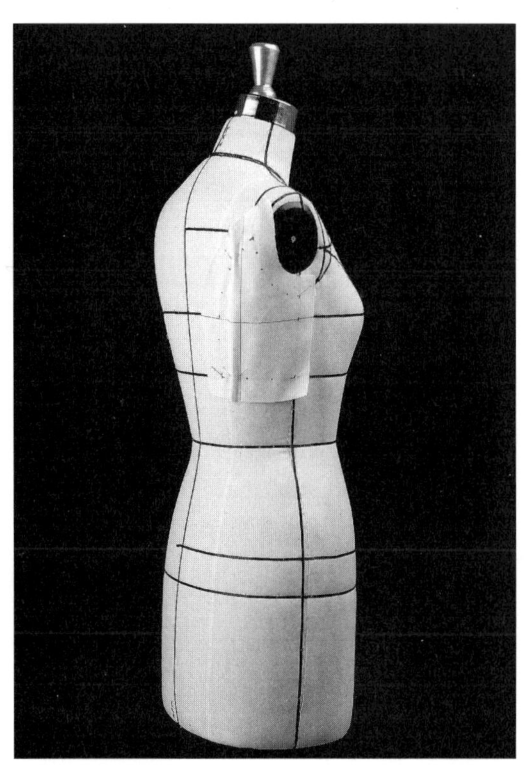

- 품선 끝과 옆선에서 여유분을 주고 모든 작업점을 표시한다.

뒤 아래판

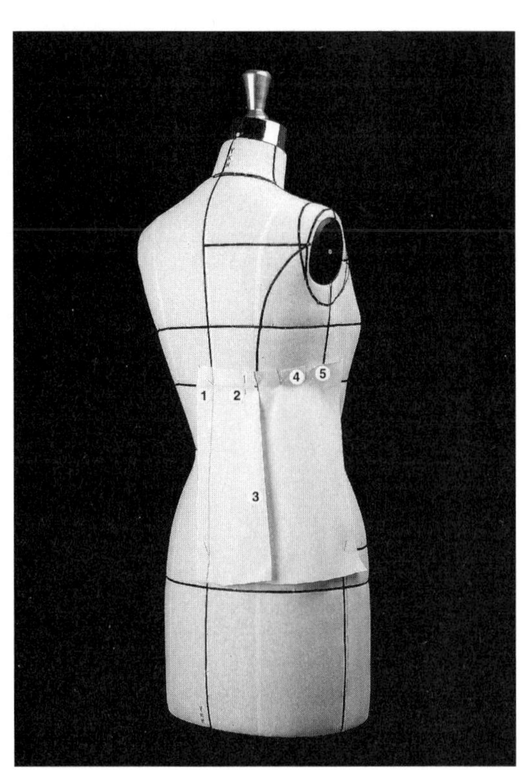

1 뒤 중심선을 고정한다.

2~5 앞 아래판과 같은 방법으로 주름을 잡고 원하는 볼륨을 찾아놓는다.

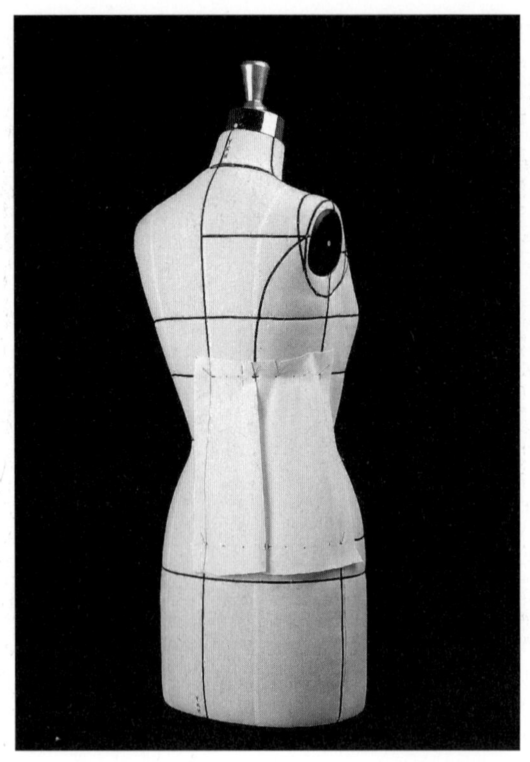

• 허리선에서 여유분을 주고 모든 작업점을 표시한다.

칼라

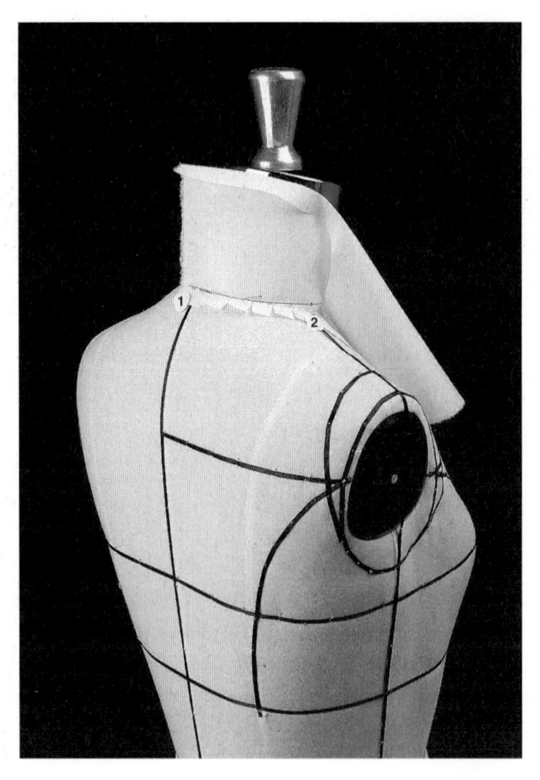

1 뒤 목점을 고정한다.

2 목둘레선을 따라 가윗집을 넣고 옆 목점을 고정한다.
이때 칼라가 목에 붙는 정도를 살피면서 볼륨을 정하
도록 한다.

• 디자인에 따라 칼라의 너비를 정하여 광목을 정리하
고 시접을 안으로 접어둔다.

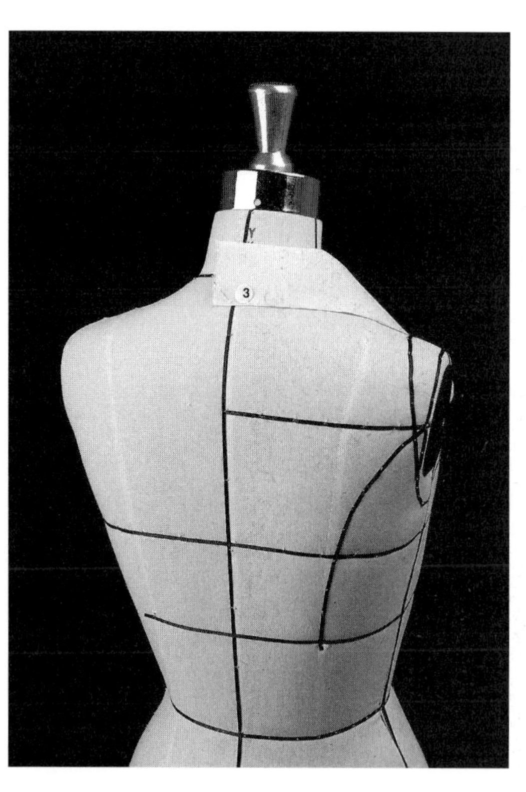

3 칼라를 접어서 편안하게 놓고 움직이지 않도록 뒤 중
심선을 고정한다.

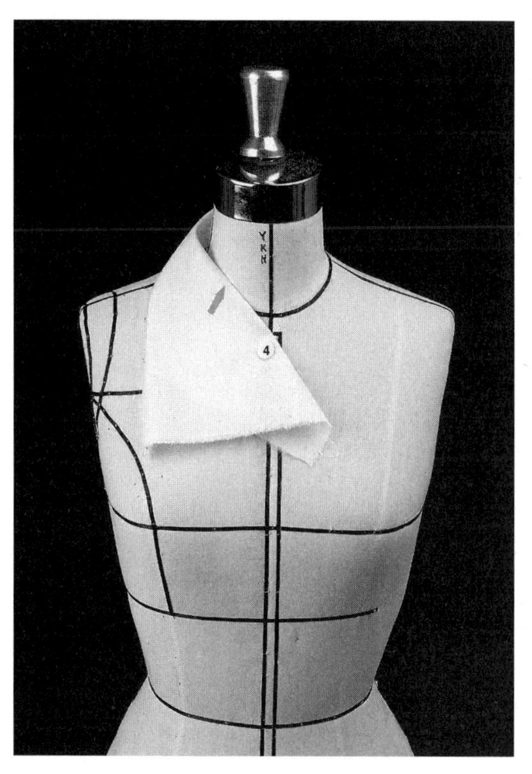

4 옆 목점에서 볼륨을 유지하면서 앞 목점을 고정한다.
이때 화살표가 가리키는 부분처럼 광목이 위쪽으로
올라가 목에 붙는 현상이 나타난다.

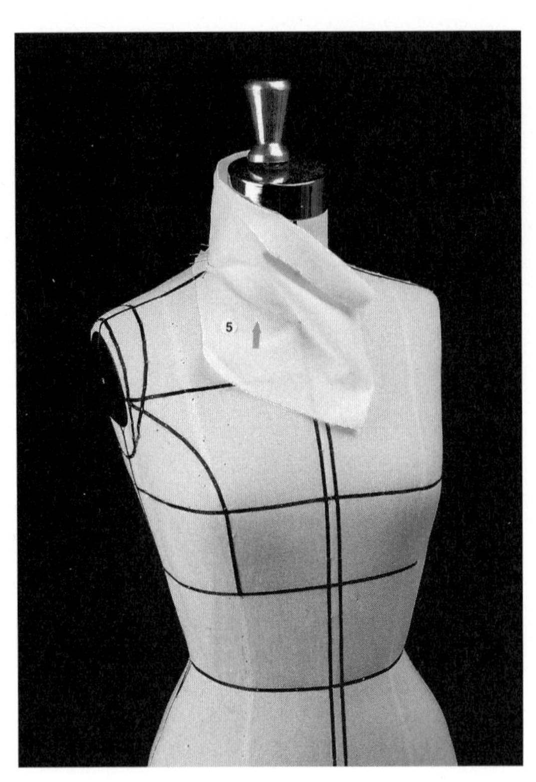

5 칼라를 위로 젖혀보면 화살표가 가리키는 부분에 광
  목이 당기면서 편안하지 않은 것을 확인할 수 있다.

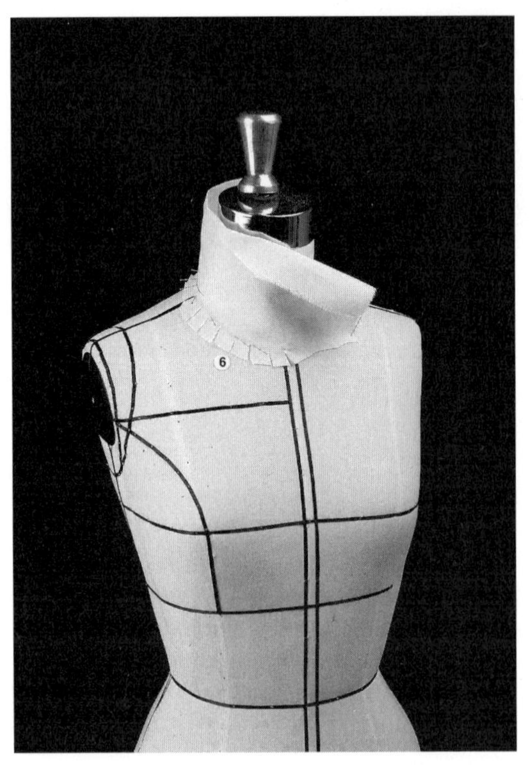

6 옆 목점에서부터 단계적으로 광목을 살짝 목둘레선
  아래로 당기면서 가윗집을 넣어 광목이 편안하게 펴
  지도록 목선을 정리한다.

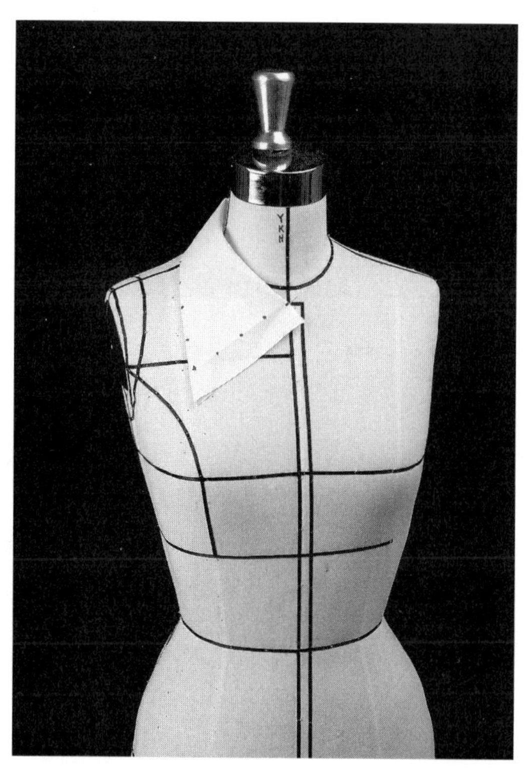

- 디자인에 따라 광목을 접어 모양을 찾은 다음 작업점을 표시한다.
- 안쪽의 목둘레선에도 작업점을 표시한다.

4 볼륨 확인과 패턴 정리

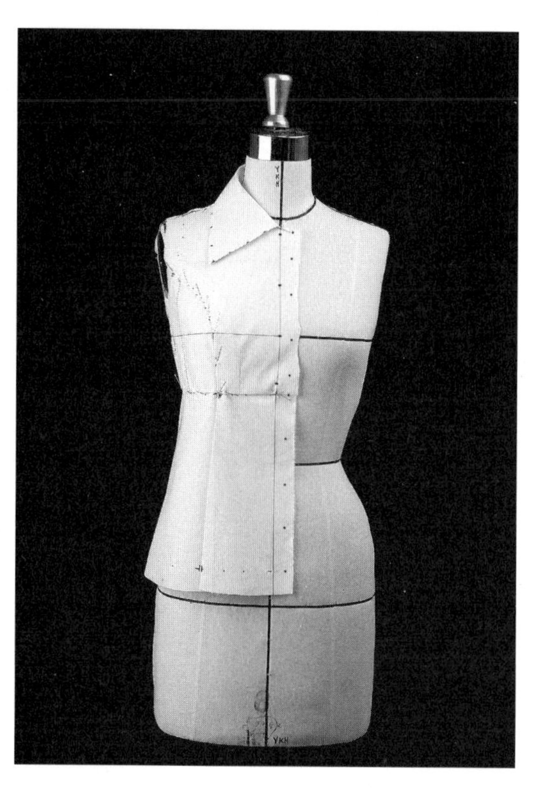

- 모든 시접을 연결한다.
- 앞면에서 볼륨을 확인한다.

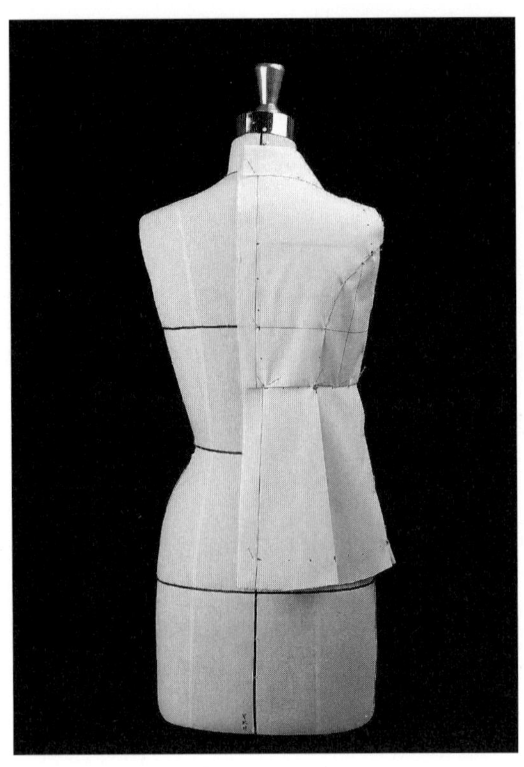

• 뒷면에서 볼륨을 확인한다.

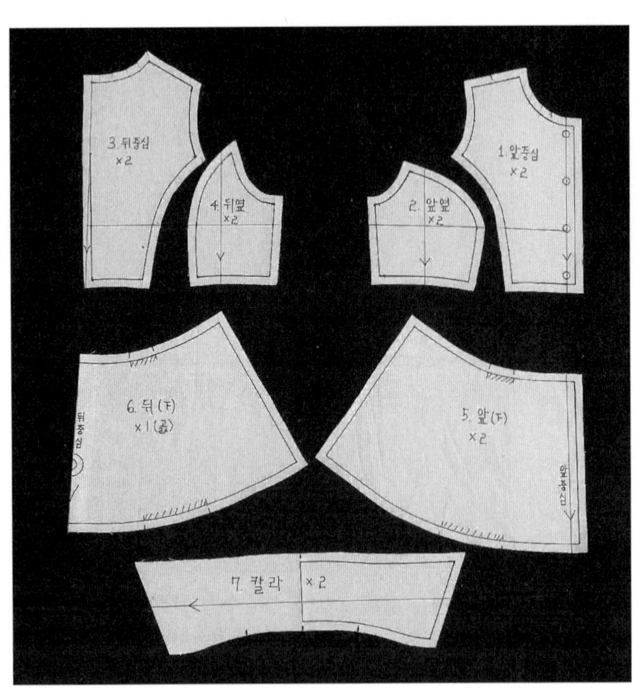

• 작업점을 따라 완성선을 그린다.

• 앞 단추와 여밈선도 그린다.

• 필요한 사항을 기록한다.

• 시접을 주고 시접선을 그린다.

• 시접선을 따라 자른다.

13 다트 이동, 와이셔츠 칼라 디자인 상의

1 라인테이프 치기

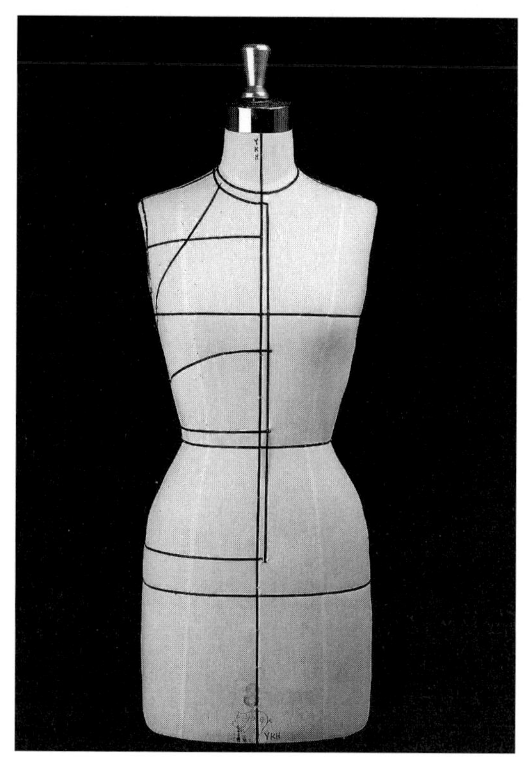

• 목둘레선, 암홀선, 허리선, 밑단선, 앞 여밈선을 치도
록 한다.

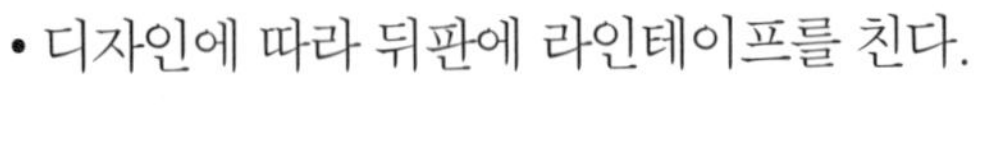

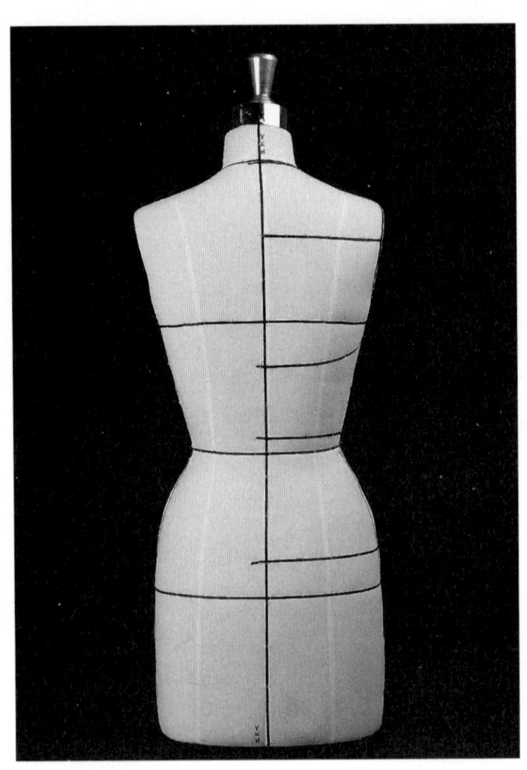

• 디자인에 따라 뒤판에 라인테이프를 친다.

30
3
20
뒤 위판

30
4
20
앞 가운데판

35
4
40
앞 위판

10
2
30
칼라 밴드

50
3
45
뒤 아래판

50
4
45
앞 아래판

7
15
30
겉 칼라

2 광목 준비

광목 준비 예

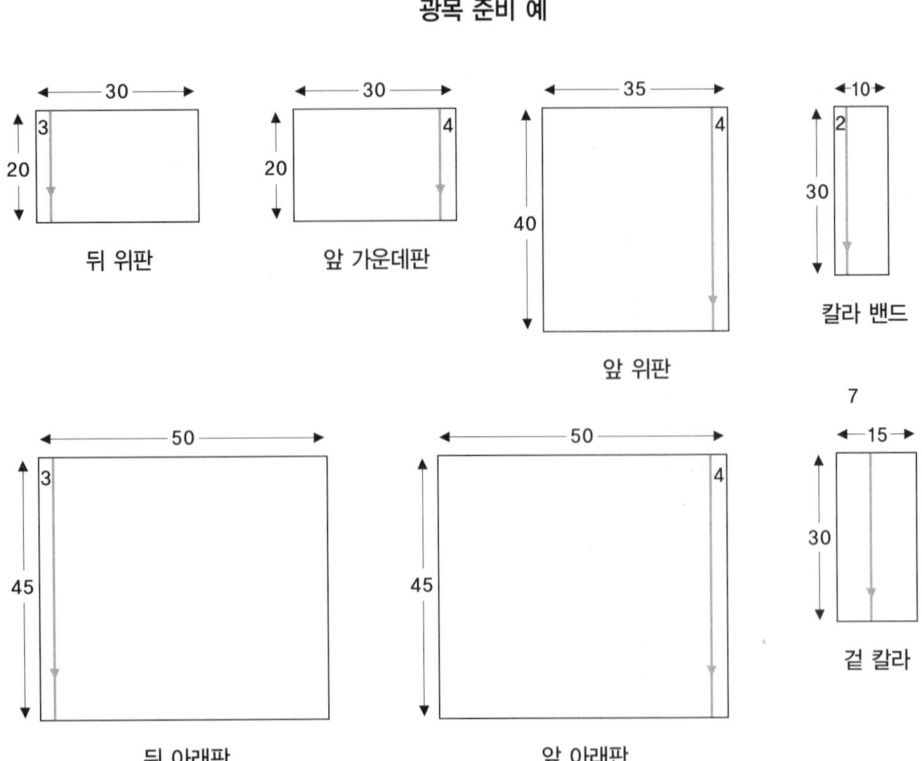

3 드레이핑

앞 위판

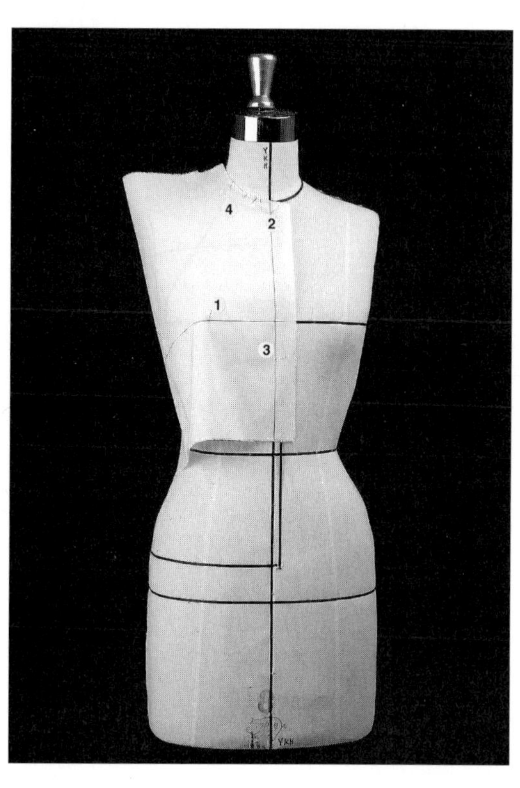

1 유두점을 고정한다.

2 앞 목점을 고정한다.

3 앞 중심 허리선을 고정한다.

4 목둘레선을 따라 광목을 단계적으로 정리한 다음 옆

  목점을 고정한다.

* 앞 중심선과 가슴선이 만나는 점의 광목이 마네킹에 붙지 않고 평

  평함을 유지하도록 유의한다.

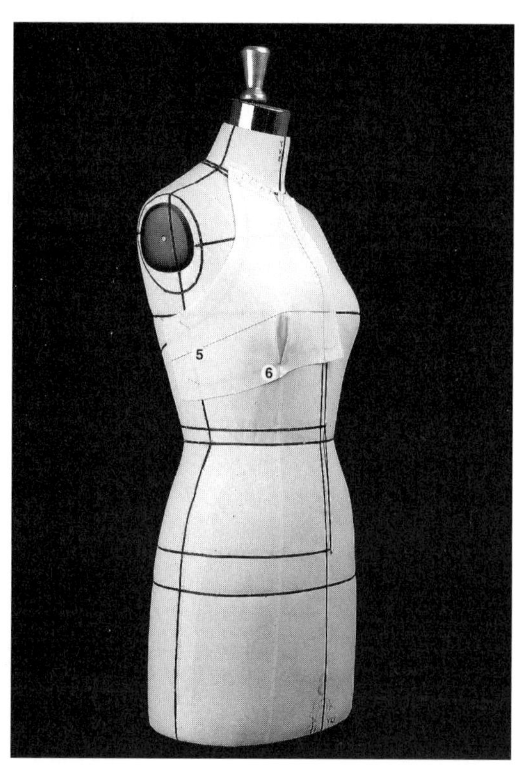

5 옆선에 광목이 남지 않도록 허리선 쪽으로 쓸어 붙인

  다음 옆선을 고정한다.

6 광목을 정리하고 남은 광목으로 맞주름을 잡는다.

• 옆선에서 여유분을 주고 모든 작업점을 표시한다.

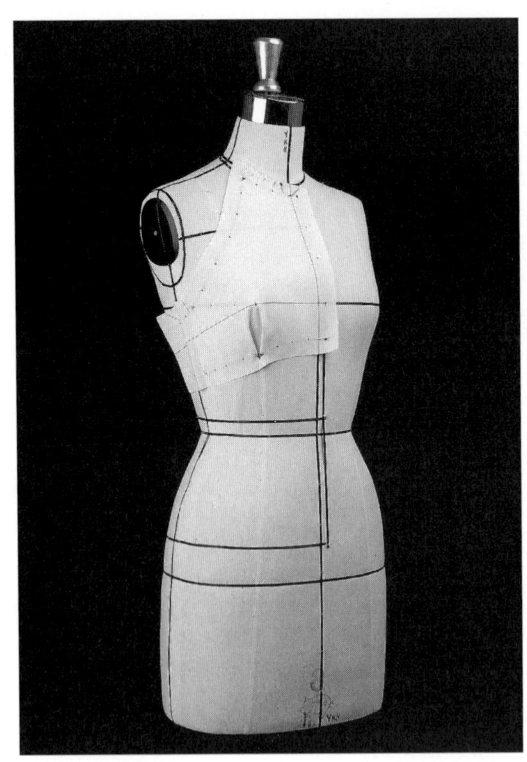

앞 가운데판

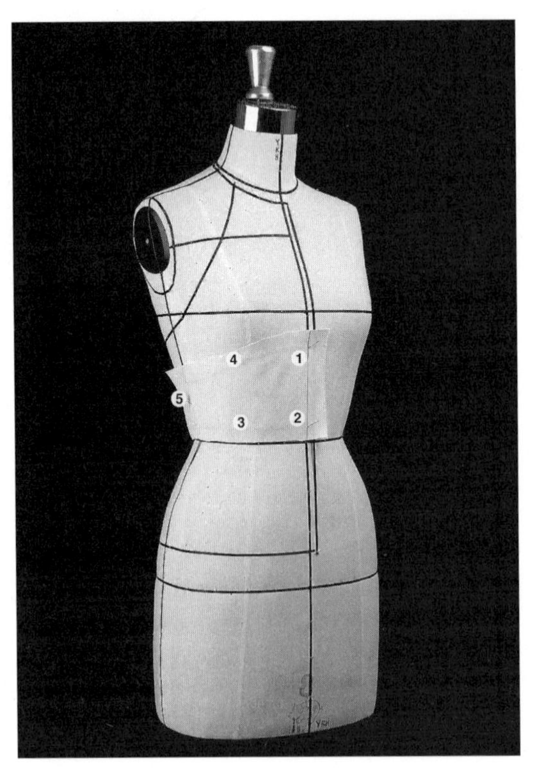

1, 2 앞 중심선을 고정한다.

3, 4 위아래 허리선에 편안하게 놓이도록 광목을 단계적
으로 자르면서 가윗집을 넣어 가운데판의 허리선을
고정해나간다.

5 옆선을 고정한다.

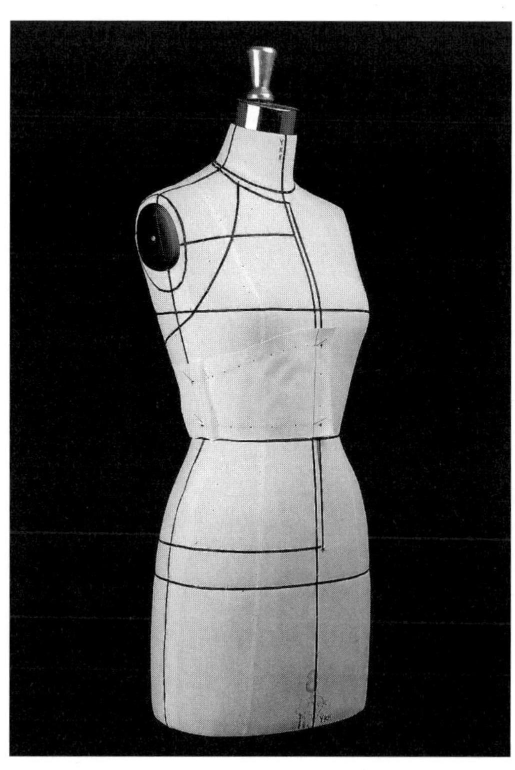

- 옆선에서 여유분을 주고 모든 작업점을 표시한다.

앞 아래판

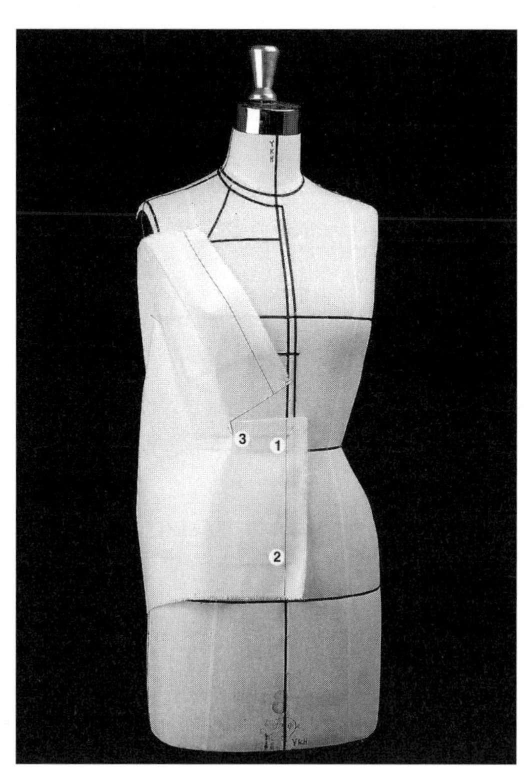

1, 2 앞 중심선을 고정한다.

3 맞주름을 잡을 위치를 정하고 광목을 정리한다.

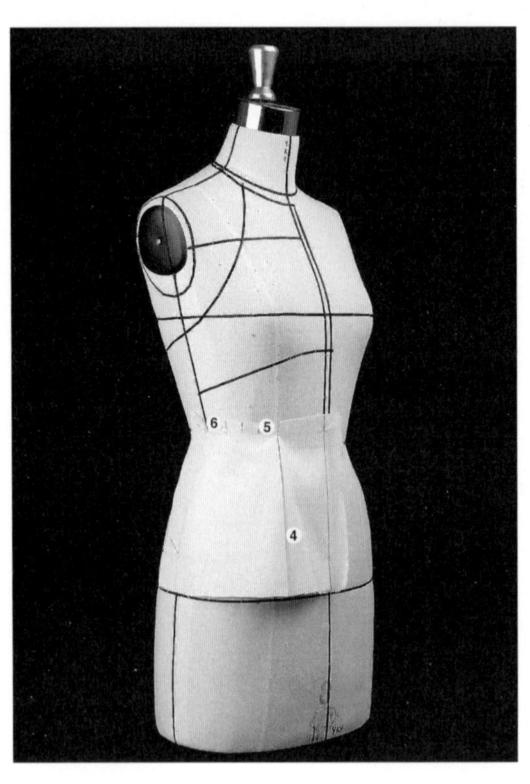

4, 5 맞주름을 잡고 고정한다.

* 허리 부분은 주름이 없고 밑단에만 맞주름을 잡는다.

* 기본 맞주름을 잡는 방법은 '요크와 맞주름 스커트'(83쪽) 참조.

6 디자인에 따라 볼륨을 주고 허리선을 고정한다.

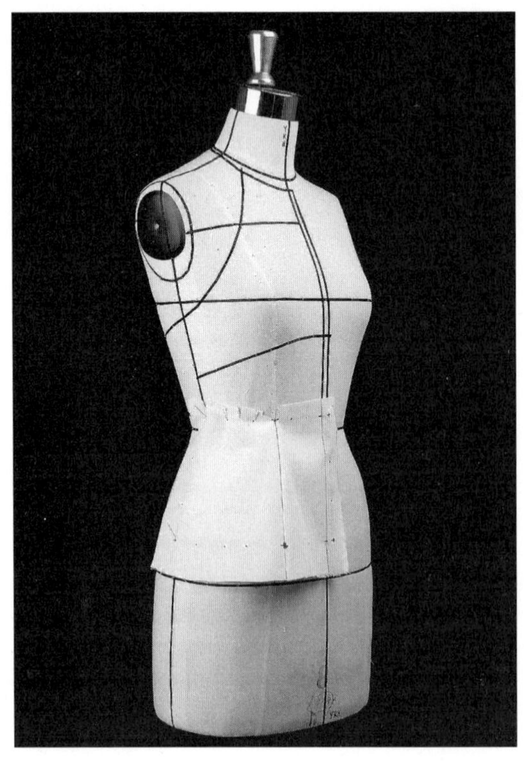

• 옆 허리선에서 여유분을 주고 모든 작업점을 표시한다.

뒤 위판

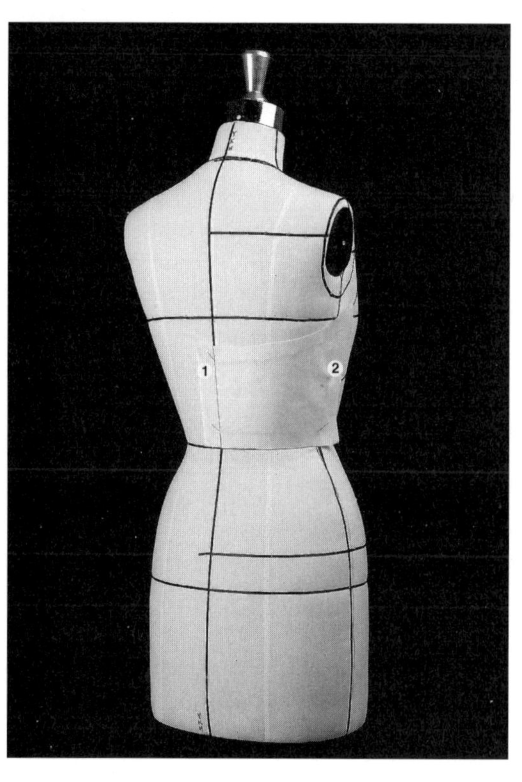

1 뒤 중심선을 고정한다.

2 광목을 단계적으로 정리하여 몸판에 광목이 남지 않

도록 작업한 후 옆선을 고정한다.

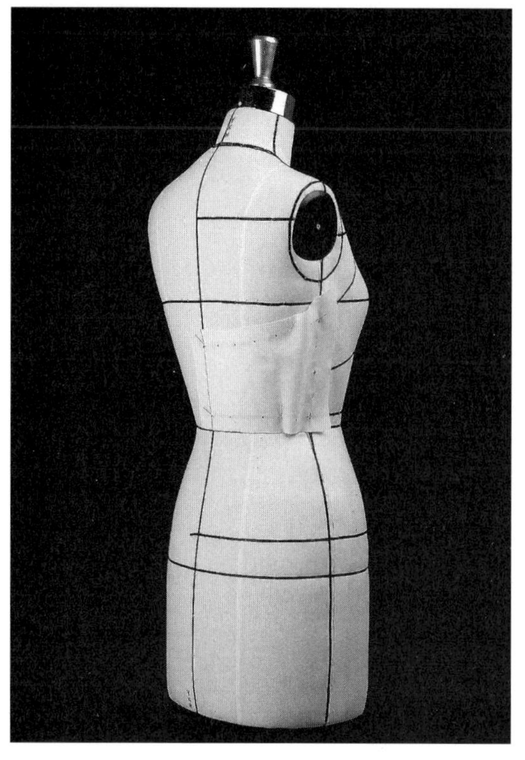

• 옆선에서 여유분을 주고 모든 작업점을 표시한다.

뒤 아래판

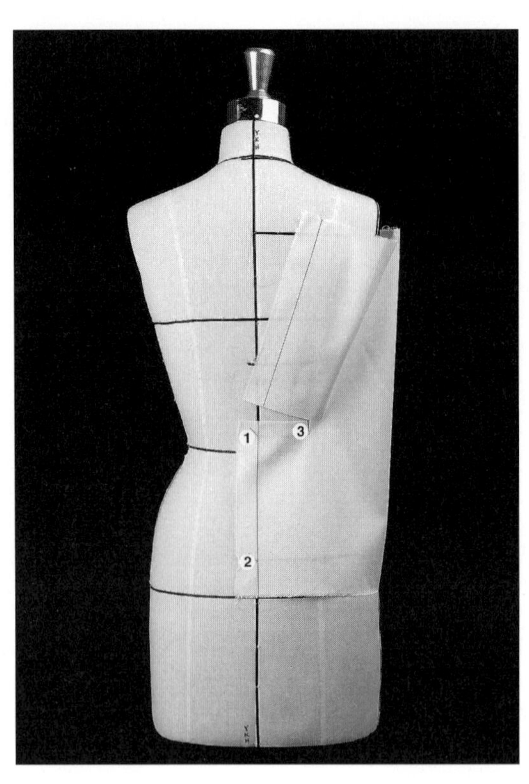

1, 2 뒤 중심선을 고정한다.

3 맞주름을 잡을 위치를 정하고 광목을 정리한다.

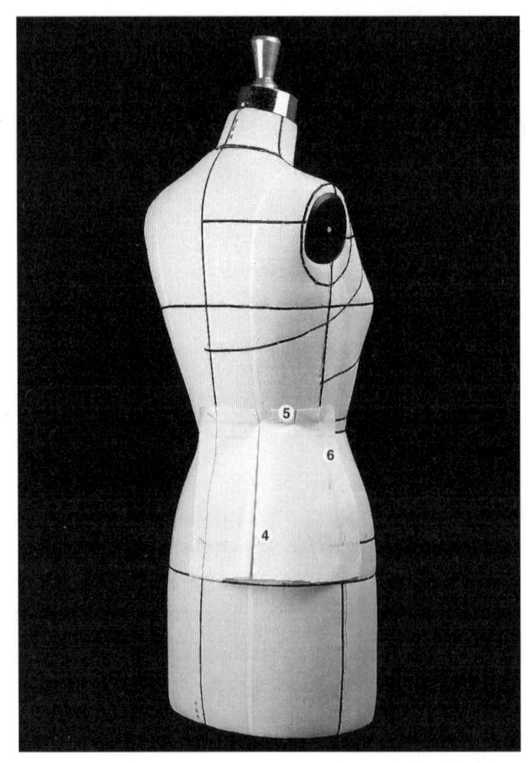

4, 5, 6 앞 아래판과 같은 방법으로 맞주름을 잡고 볼륨

을 준 다음 옆선을 고정한다.

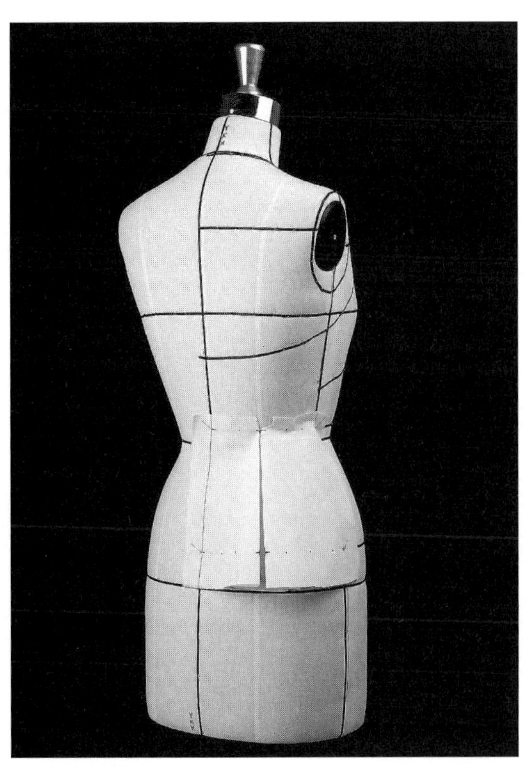

• 허리선에서 여유분을 주고 모든 작업점을 표시한다.

칼라 밴드

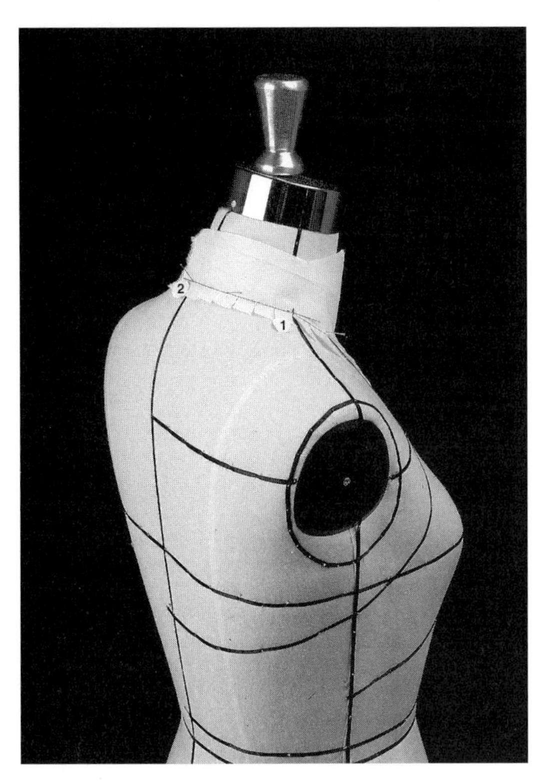

• '어깨 프린세스라인, 차이나 칼라 디자인 상의'(153쪽)
  에서 작업한 방법을 이용해도 된다.

1 옆 목점을 고정한다.

2 목둘레선을 따라 편안하게 놓이도록 광목을 정리하고
  뒤 목점을 고정한다. 이때 목선과의 볼륨을 정하도록
  한다.

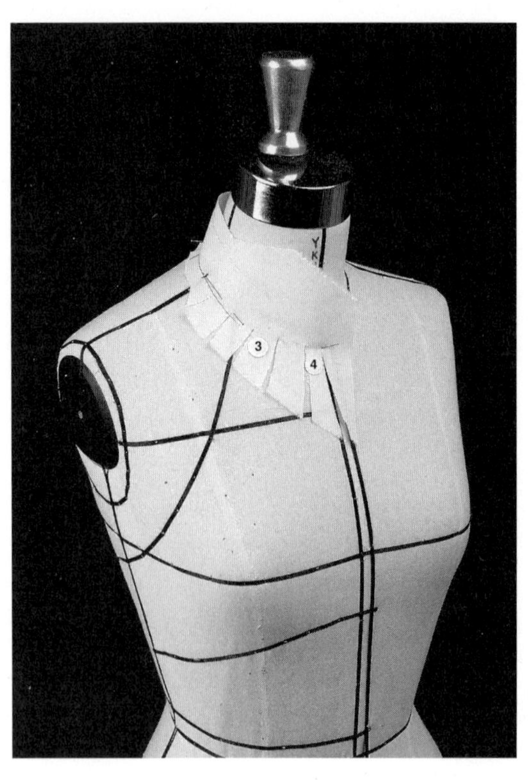

3, 4 옆 목점에서부터 단계적으로 가윗집을 넣어 목선에

편안하게 놓이도록 한 다음 앞 목점을 고정한다.

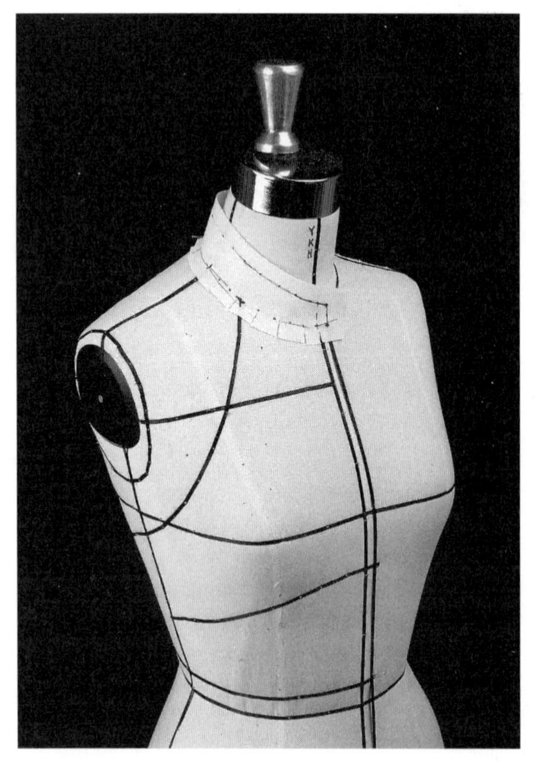

• 디자인에 따라 칼라 밴드의 너비와 모양을 정한다.

• 여밈선까지 칼라를 연장한다.

• 모든 작업점을 표시한다. 앞 중심선 표시도 잊지 않도

록 한다.

겉 칼라

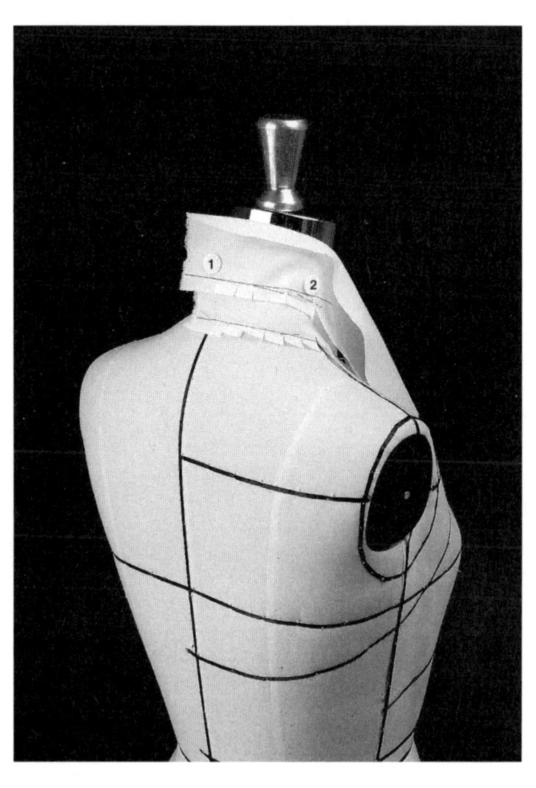

1, 2 칼라 밴드와 연결해 고정한다.

• 디자인에 따라 칼라 너비를 정하고 광목을 정리한 후

　시접은 안으로 접어둔다.

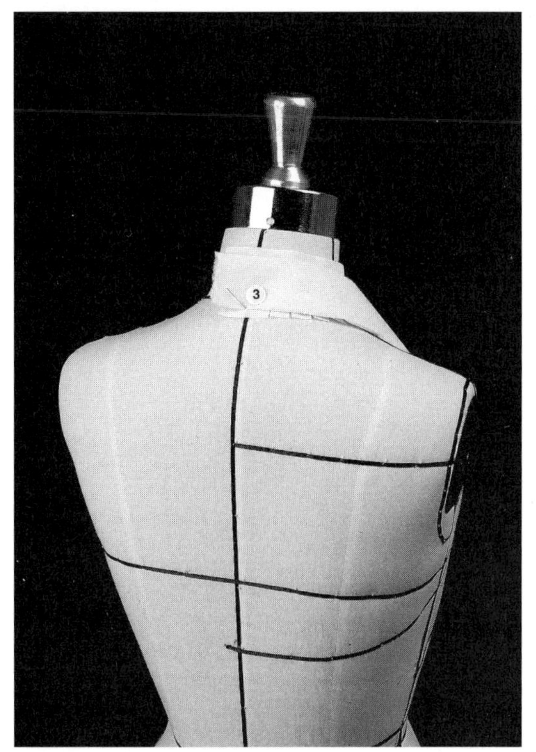

3 겉 칼라를 접어서 뒤 중심선을 고정한다.

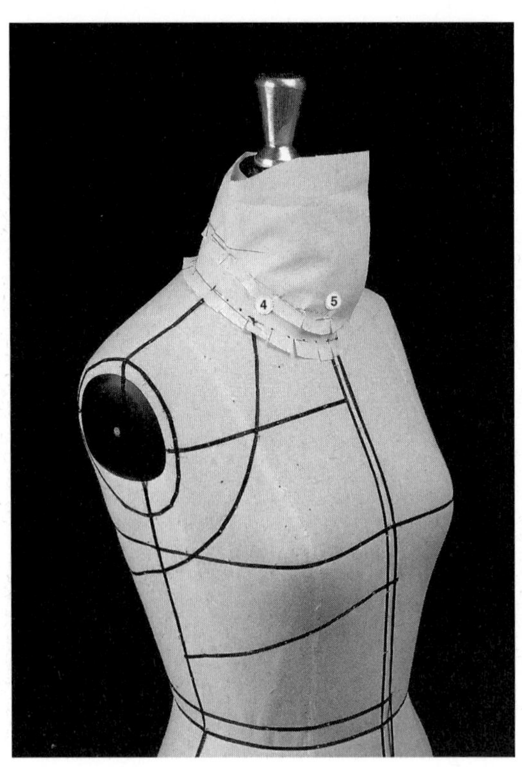

4, 5 옆 목점에서부터 칼라 밴드와 이어지는 앞 목둘레
선을 고정한다.

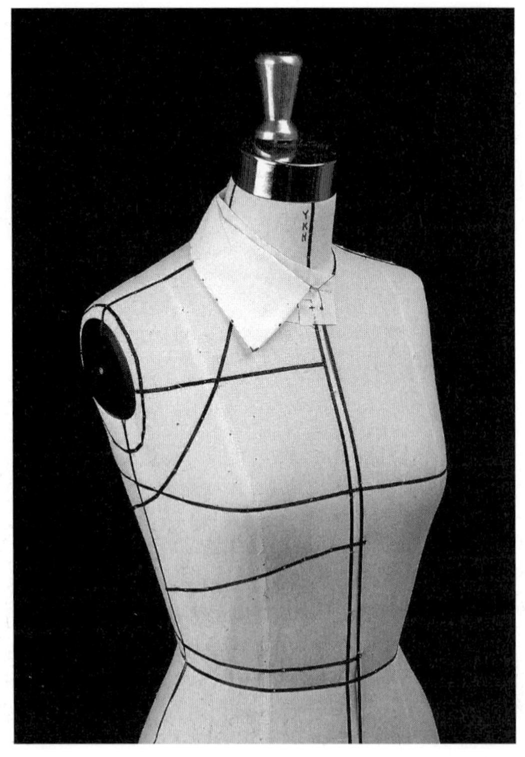

• 디자인에 따라 겉 칼라의 모양을 접어 찾은 다음 작업
점을 표시한다.

4 볼륨 확인과 패턴 정리

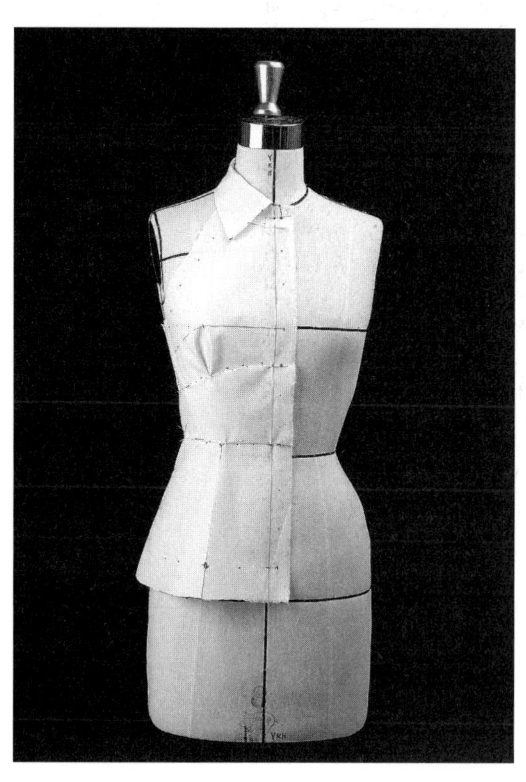

• 모든 시접을 연결한다.

• 앞면에서 볼륨을 확인한다.

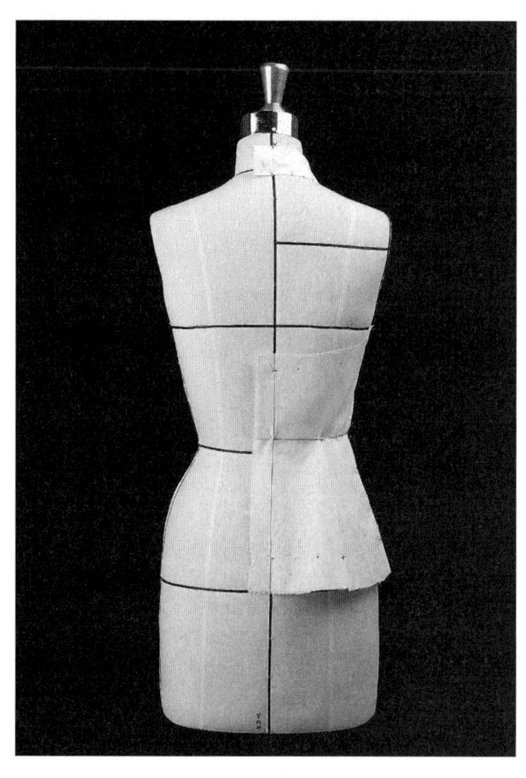

• 뒷면에서 볼륨을 확인한다.

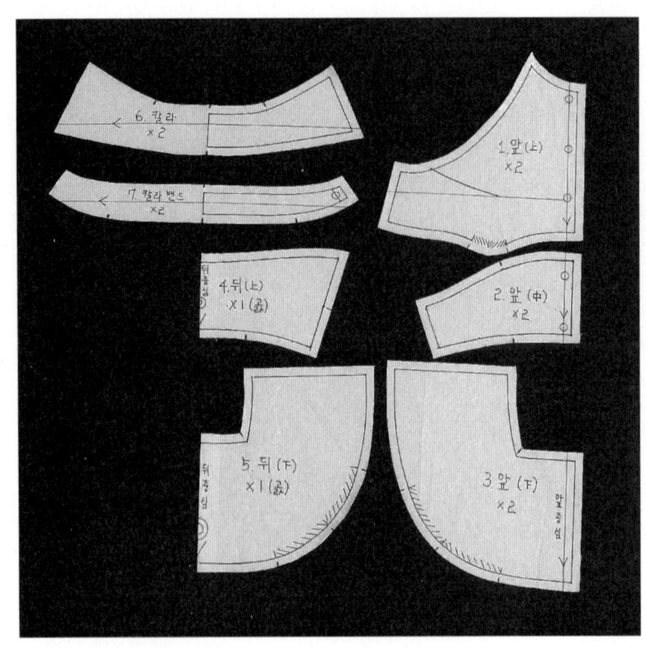

- 작업점을 따라 완성선을 그린다.

- 단추 표시와 여밈선도 그린다.

- 필요한 사항을 기록한다.

- 시접을 주고 시접선을 그린다.

- 시접선을 따라 자른다.

14 뷔스티에

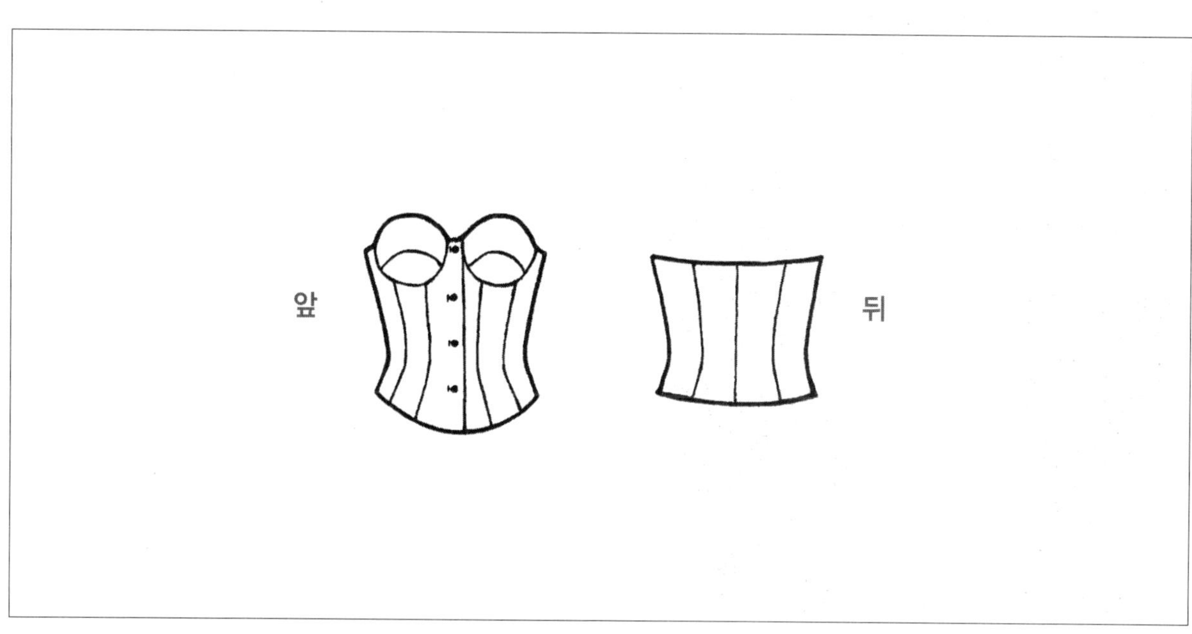

1 라인테이프 치기

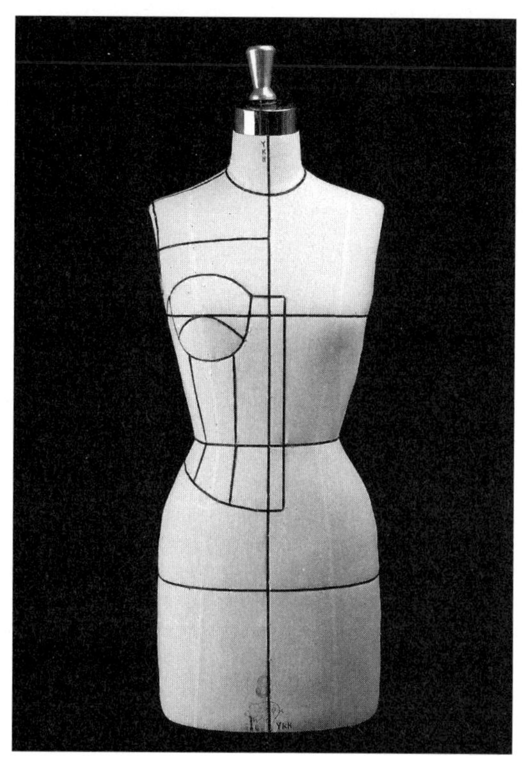

• 디자인에 따라 앞판에 라인테이프를 친다.

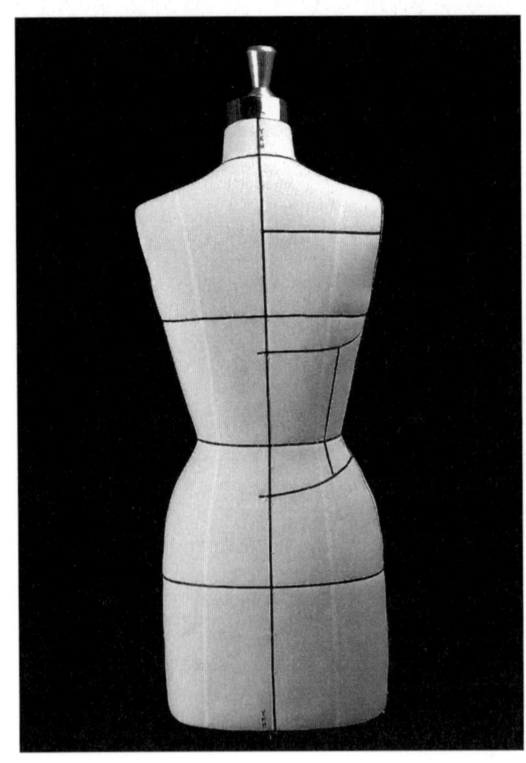

• 디자인에 따라 뒤판에 라인테이프를 친다.

2 광목 준비

지금부터는 라인테이프를 친 후 아래의 예에서 제시하는 광목 치수에 의존하지 말고 필요한 광목 치수와 기준선을 스스로 정하는 훈련을 하도록 한다.

• 디자인별로 광목의 치수가 달라지므로 원하는 디자인에 따라 광목을 준비한다.

　예 **앞가슴 2장:** 너비 약 20cm, 식서 방향 길이 약 20cm

　　앞 몸판 3장: 너비 약 15cm, 식서 방향 길이 약 35cm

　　뒤 몸판 2장: 너비 약 20cm, 식서 방향 길이 약 35cm

• 중심선과 필요한 선을 그어서 준비한다.

3 드레이핑

앞가슴 A

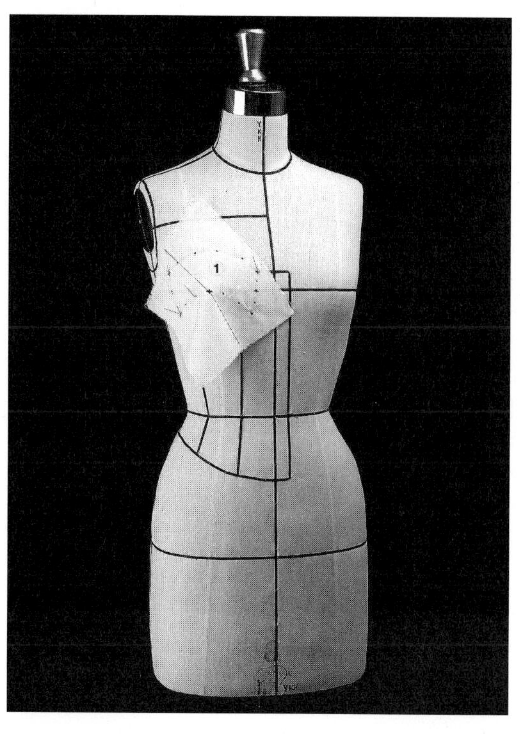

1 광목을 정바이어스로 놓고 고정한 다음 필요한 작업

점을 표시하고 광목을 정리한다.

• 식서선의 방향은 변경할 수 있다.

앞가슴 B

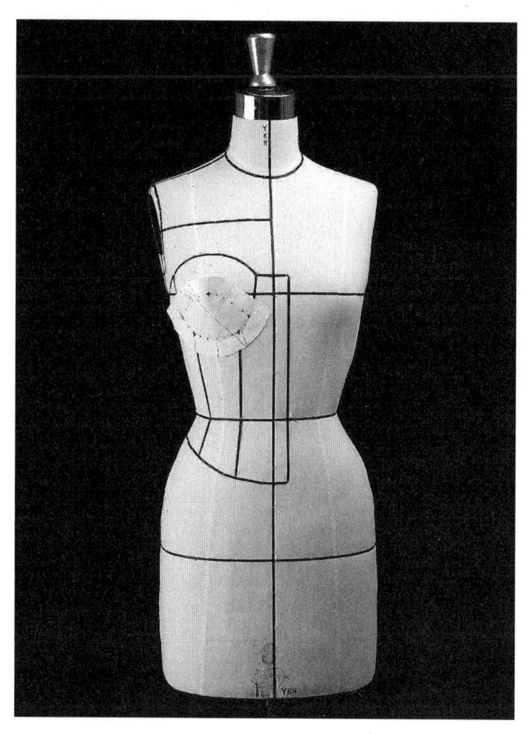

• 마찬가지 방법으로 식서선을 맞추어 고정하고 광목을

정리한 다음 모든 작업점을 표시한다.

* 이때 유두점, 아랫부분의 조각과 연결되는 부위의 접합점을 반드시

표시하도록 한다.

앞판 A

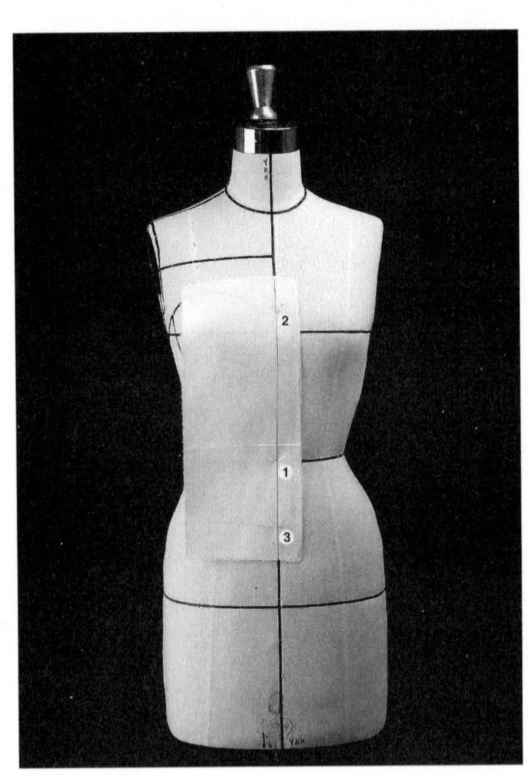

1, 2, 3 앞 중심선을 고정한다.

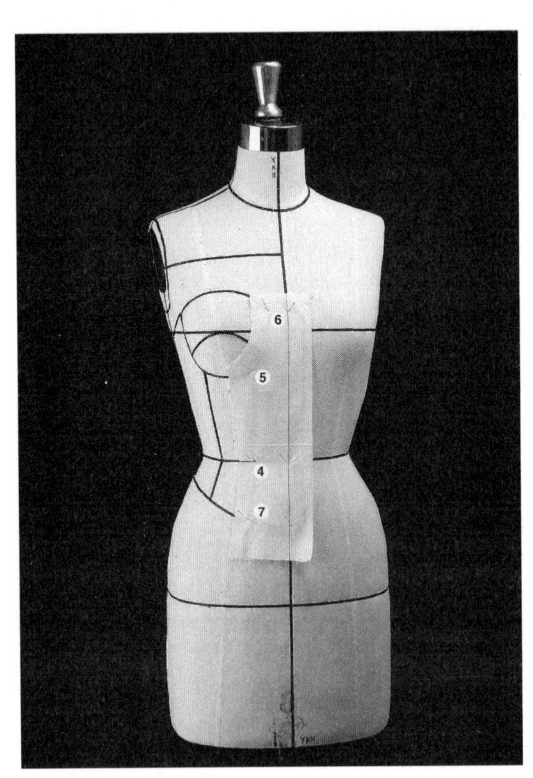

4 라인을 따라 먼저 광목을 정리하고 허리선에 가윗집

을 넣은 다음 허리선을 고정한다.

5, 6 윗부분을 고정한다.

7 밑단을 고정한다.

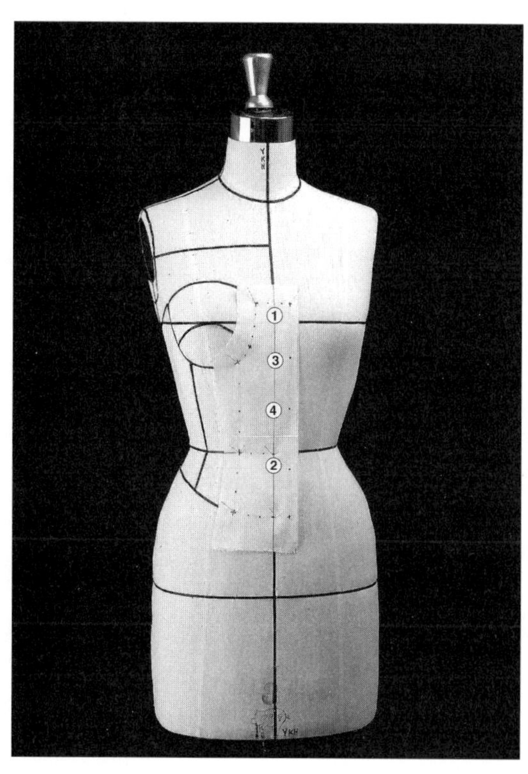

- 모든 작업점을 표시한다.

- 단추의 위치도 번호 순서대로 찾아 표시한다.

- 첫 번째와 마지막 단추 위치를 먼저 결정한 다음 간격에 따라 나머지 단추 위치를 정한다.

- 옷이 벌어지지 않도록 가슴선과 허리선 근처에는 단추가 있어야 한다.

앞판 B

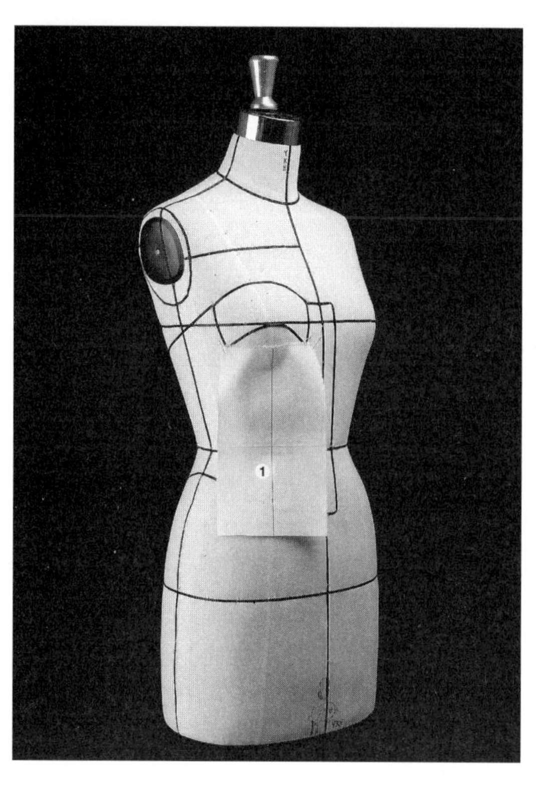

1 쪽의 중앙에 식서선이 수직으로 떨어지도록 위와 아래에서 움직이지 않게 고정한다.

- 경우에 따라 바이어스로 작업하기도 한다.

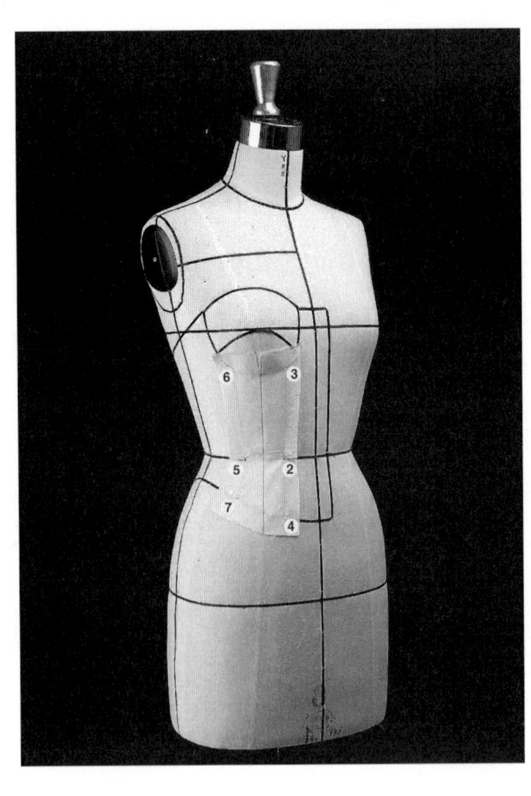

- 광목을 정리한다.

2 허리선에 가윗집을 넣고 고정한다.

3 윗부분을 고정한다.

4 밑단을 고정한다.

5, 6, 7 허리선에 가윗집을 넣고 고정한 다음 윗부분과 밑단을 고정한다.

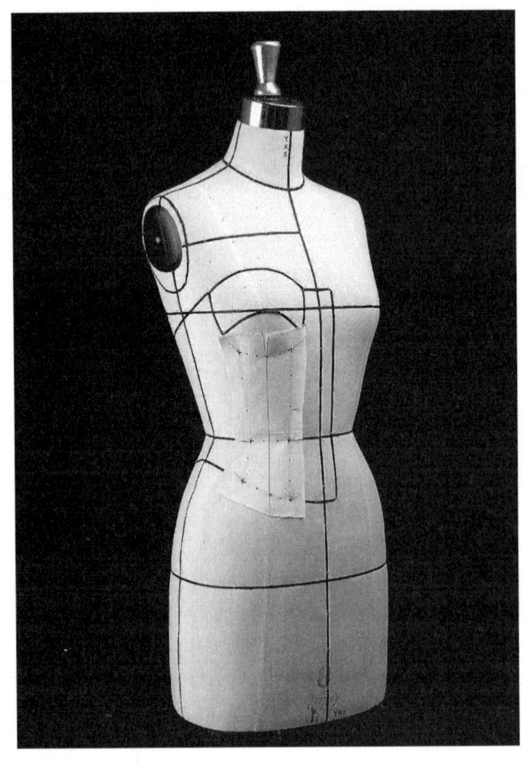

- 모든 작업점을 표시한다.

- 중요한 부분은 + 표시하도록 한다.

앞판 C

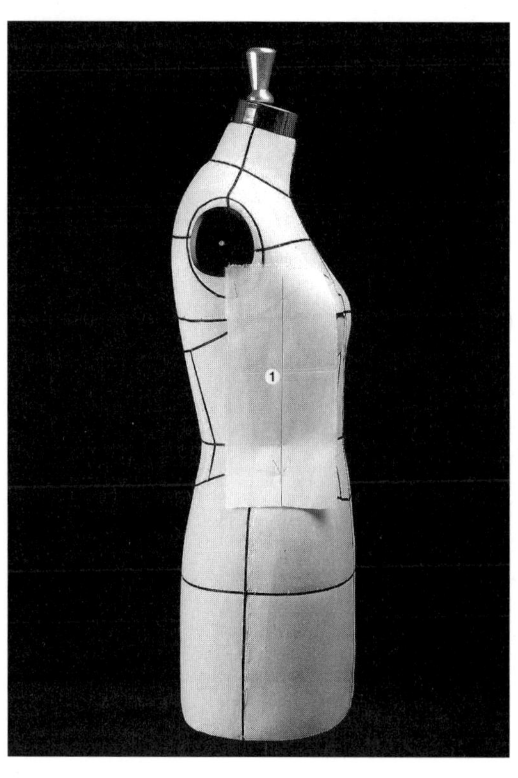

1 식서선이 수직으로 떨어지도록 위와 아래에서 움직이

지 않게 고정한다.

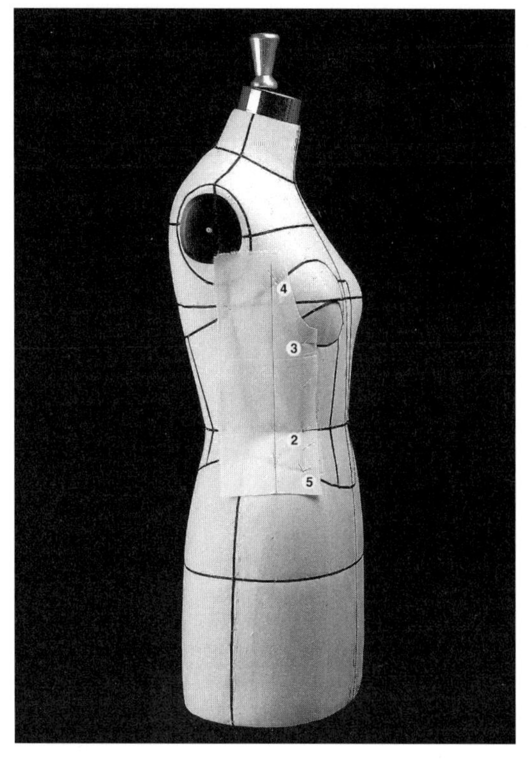

• 광목을 정리한다.

2~5 허리선에 가윗집을 넣고 고정한 다음 윗부분과 밑

단을 고정한다.

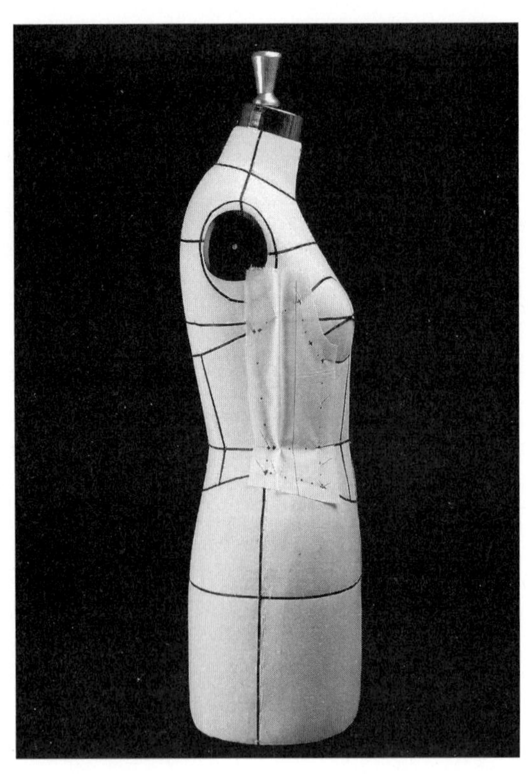

- 옆선에서 여유분을 준 다음 여유분 표시까지만 허리
  선에 가윗집을 넣는다.

- 허리선과 옆선을 고정한 다음 모든 작업점을 표시한다.

뒤판 A

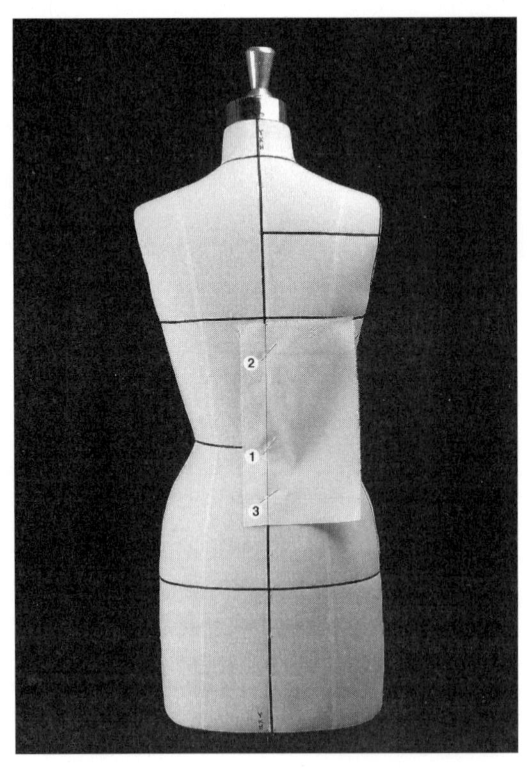

1, 2, 3 뒤 중심선을 고정한다.

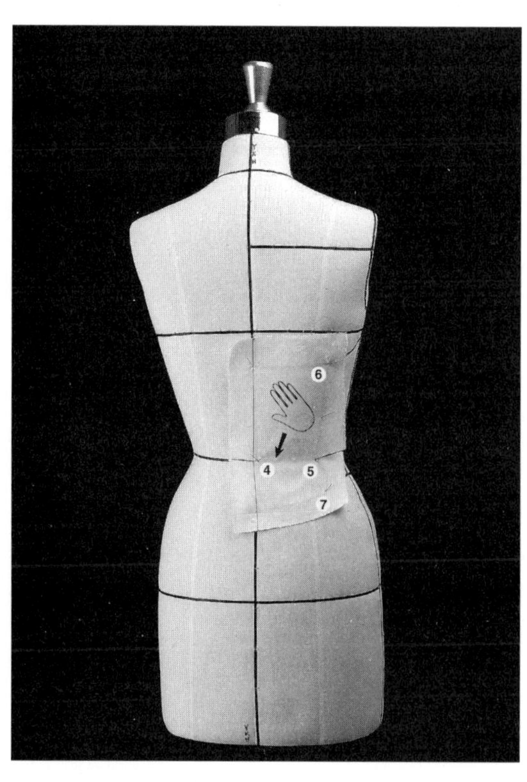

4, 5 뒤 중심 허리선의 핀을 뽑고 광목이 밀착되게 쓸어

붙인 다음 가윗집을 주고 고정한다.

6, 7 광목을 정리하고 윗부분과 밑단을 고정한다.

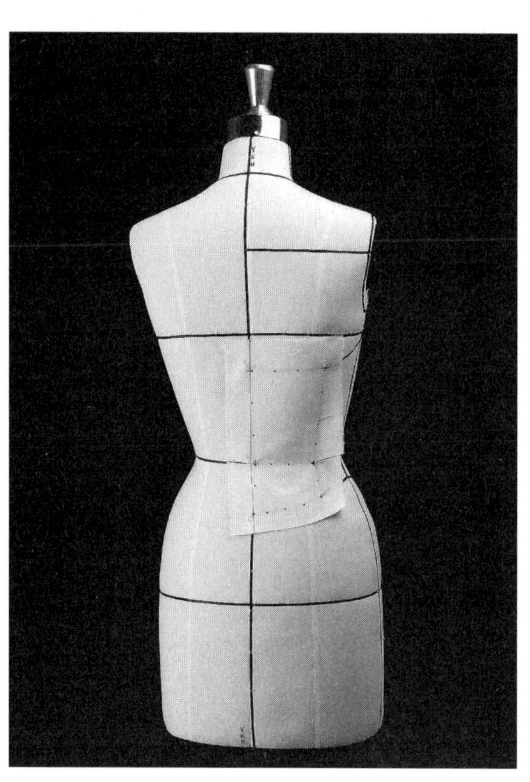

• 모든 작업점을 표시한다.

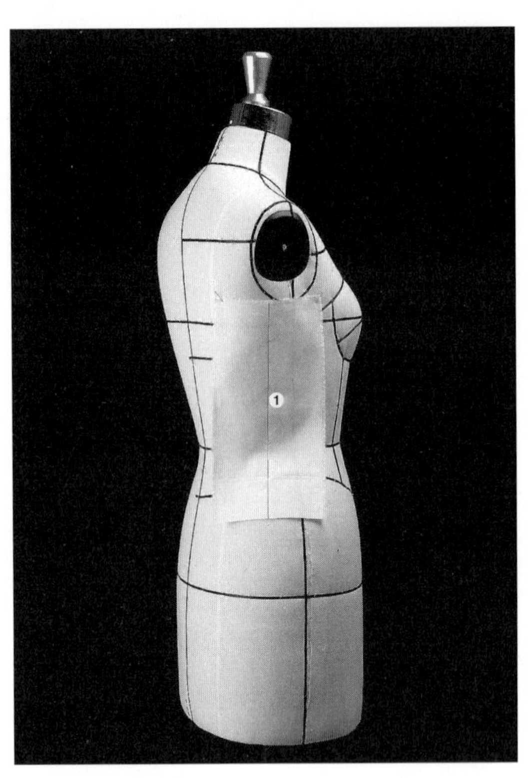

1 식서선이 수직으로 떨어지도록 위와 아래에서 움직이
지 않게 고정한다.

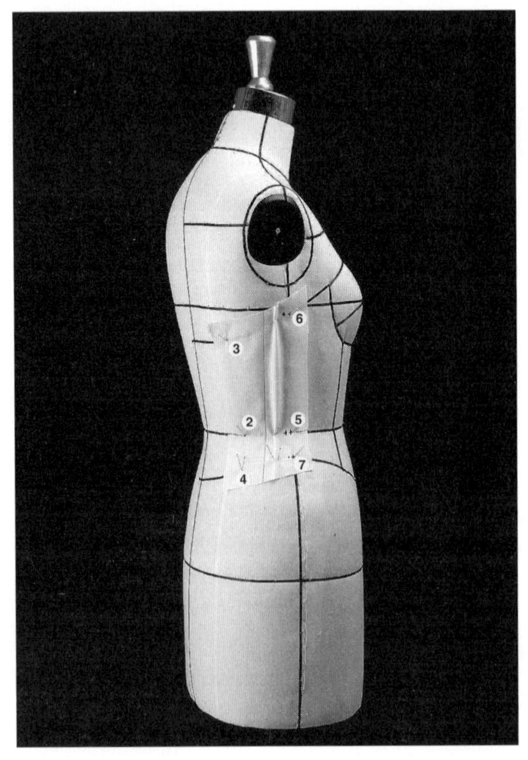

• 광목을 정리한다.

2, 3, 4 허리선에 가윗집을 넣고 고정한 다음 윗부분과
밑단을 고정한다.

5, 6, 7 옆선에서 여유분을 준 다음 여유분 표시까지만
허리선에 가윗집을 넣고 옆선을 고정한다.

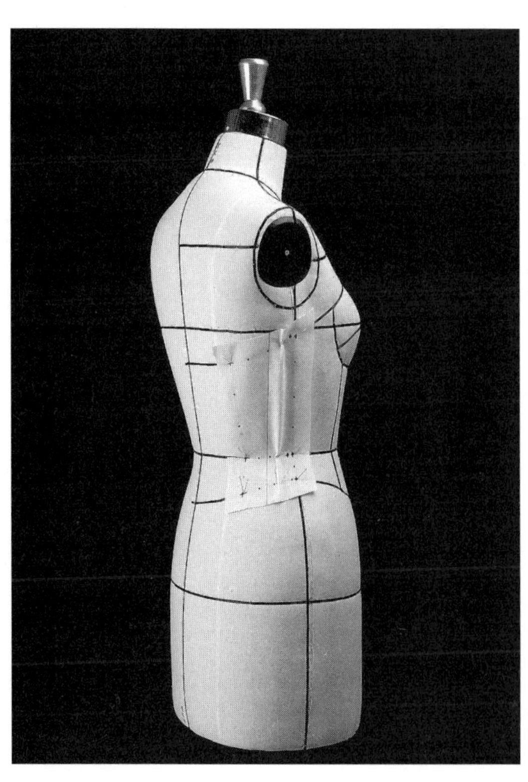

- 모든 작업점을 표시한다.

4 볼륨 확인과 패턴 정리

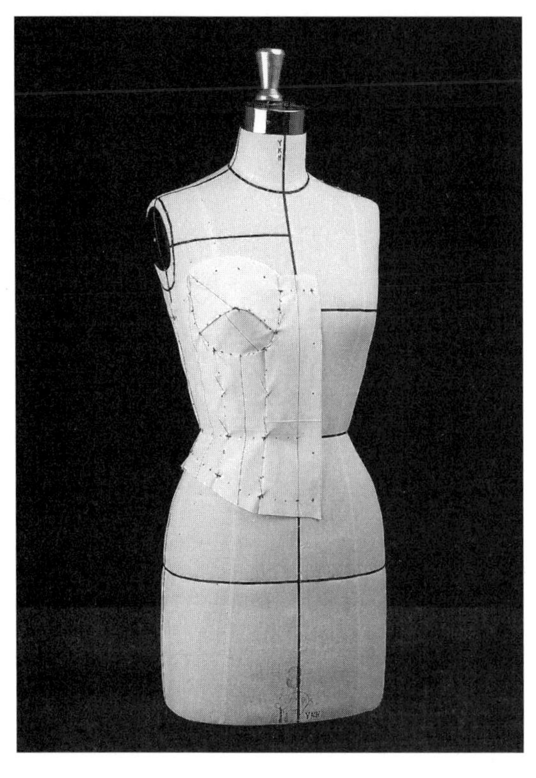

- 모든 시접을 연결한다.

- 앞면에서 볼륨을 확인한다.

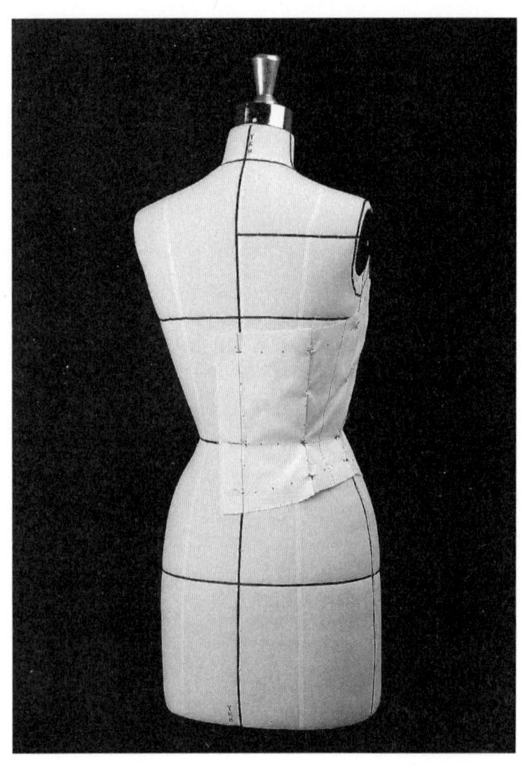

• 뒷면에서 볼륨을 확인한다.

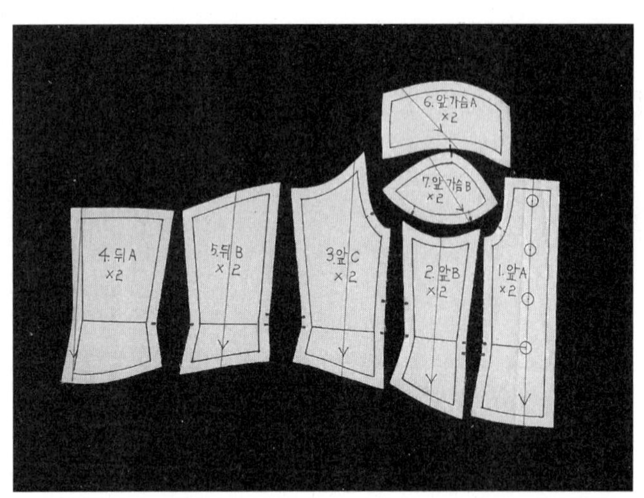

• 작업점을 따라 완성선을 그린다.

• 필요한 사항을 기록한다.

• 시접을 주고 시접선을 그린다.

• 시접선을 따라 자른다.

15 숄 형태의 칼라, 3단 프릴 디자인 상의

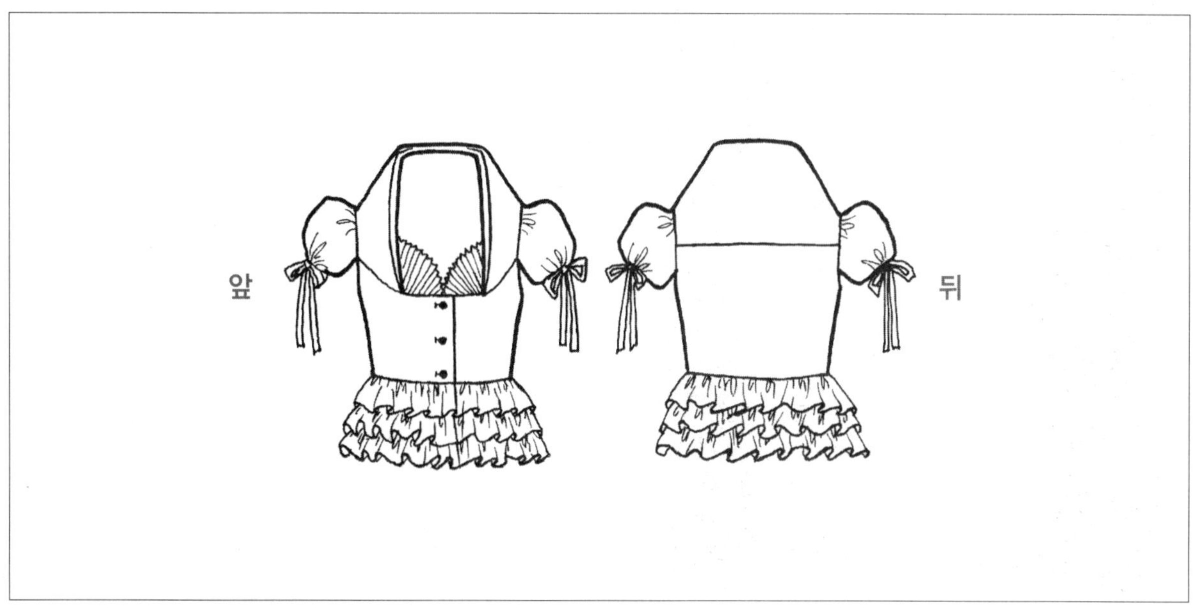

1 라인테이프 치기

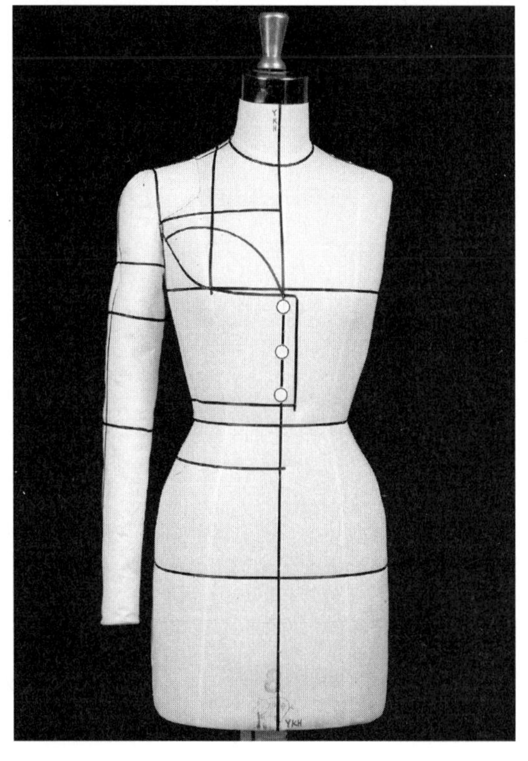

• 디자인에 따라 앞판에 라인테이프를 친다.

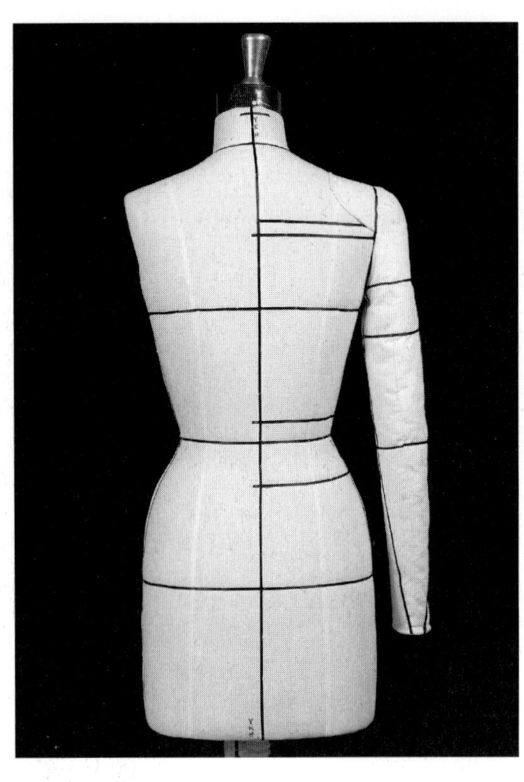

2 광목 준비

• 디자인에 따라 광목을 준비한다.

    예 **뒤판 1장**: 너비 30cm, 식서 방향 길이 35cm

    칼라 1장: 가로 세로 60cm인 정사각형의 사선 방향으로 1/2을 사용한다.

    앞판 1장: 너비 30cm, 식서 방향 길이 35cm

    앞가슴 1장: 너비 15cm, 식서 방향 길이 60cm

    소매: 너비 35cm, 식서 방향 길이 25cm

    뒤 요크 1장: 너비 25cm, 식서 방향 길이 20cm

    앞 요크 1장: 너비 25cm, 식서 방향 길이 20cm

    1프릴 1장: 너비 10cm, 식서 방향 길이 80cm

    2프릴 1장: 너비 10cm, 식서 방향 길이 80cm

    3프릴 1장: 너비 10cm, 식서 방향 길이 80cm

• 중심선과 필요한 선을 그어서 준비한다.

3 드레이핑

칼라

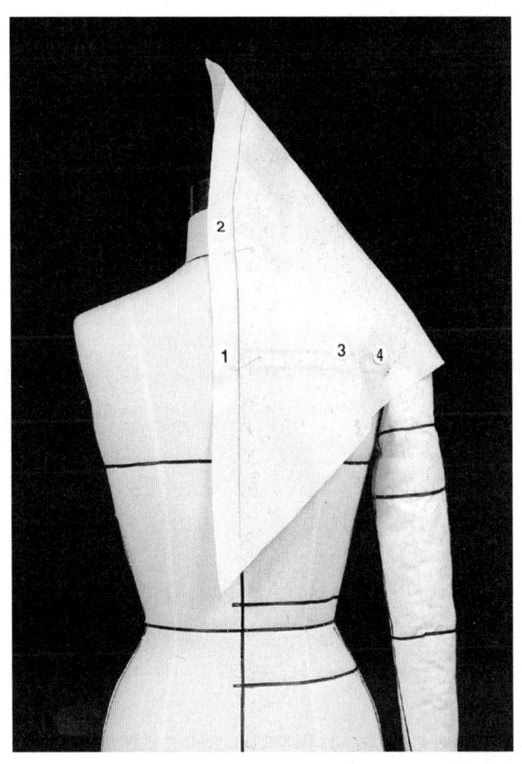

1, 2 광목을 바이어스로 뒤 중심선을 고정한다.

3, 4 뒤품선과 암홀선이 만나는 점에서 여유분을 안으로
   밀어 넣어 고정한다.

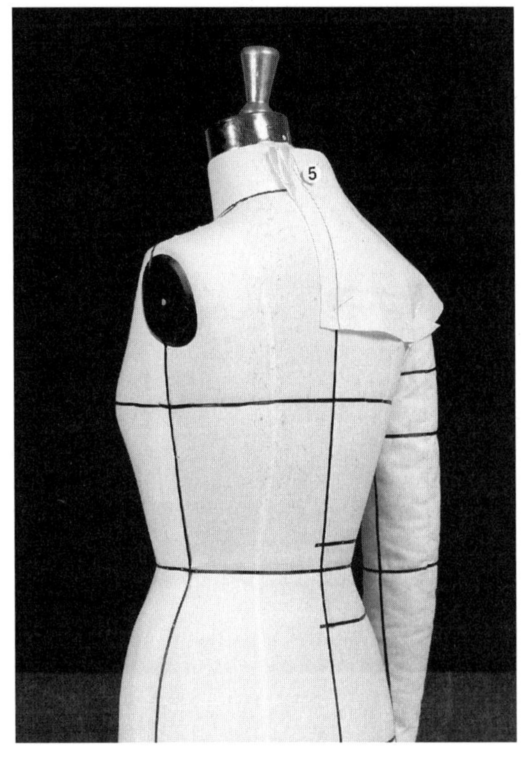

5 디자인에 따라 뒤 목점에서 주름을 접어 고정한다.

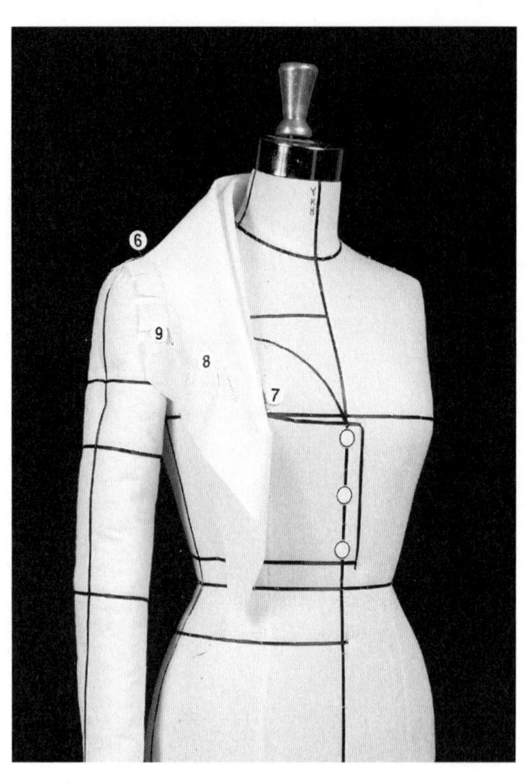

6, 7 칼라의 각도에 맞추어 어깨점과 유두점을 정하여
고정한다.

8, 9 품선에서 여유분을 주고 고정한다.

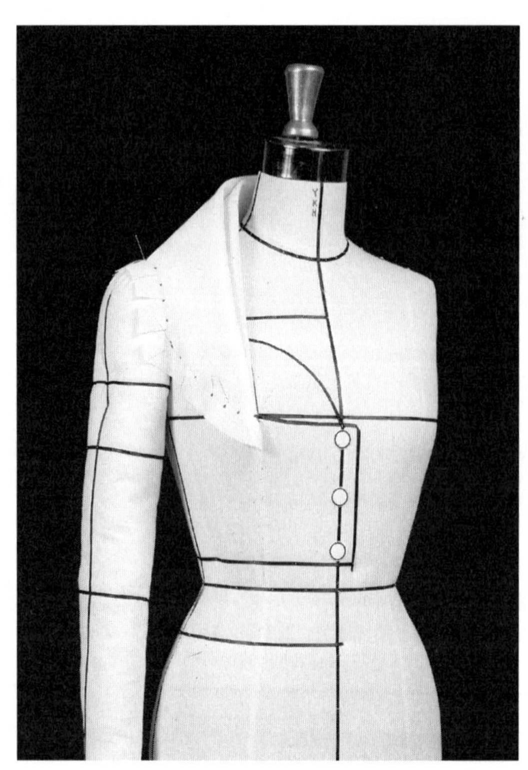

• 광목을 정리하고 모든 작업점을 표시한다.

앞가슴

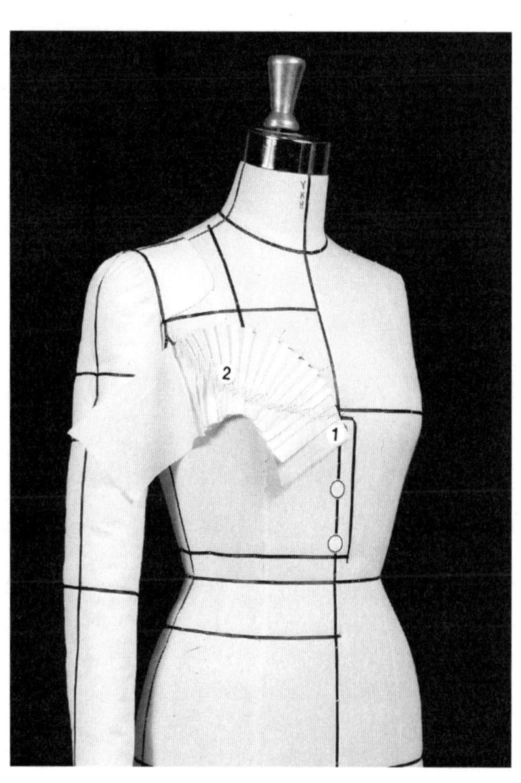

• 광목을 주름 잡아 준비한다.

1 앞 중심선을 고정한다.

2 앞가슴의 모양을 따라 주름을 고정한다.

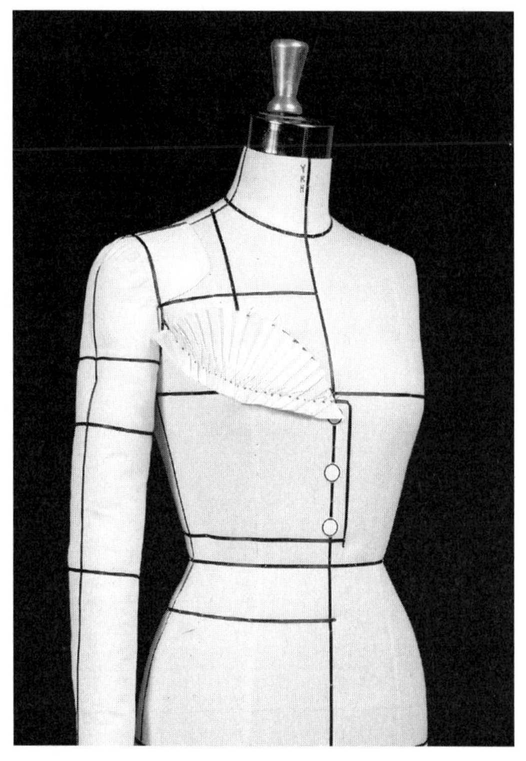

• 광목을 정리하고 모든 작업점을 표시한다.

앞판

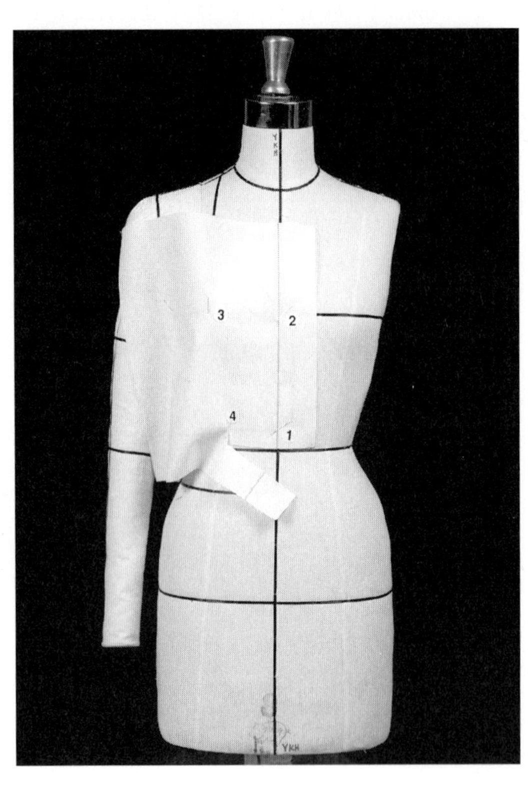

1, 2 앞 중심선을 고정한다.

3, 4 곡선을 따라 조금씩 단계적으로 앞판을 작업한다.

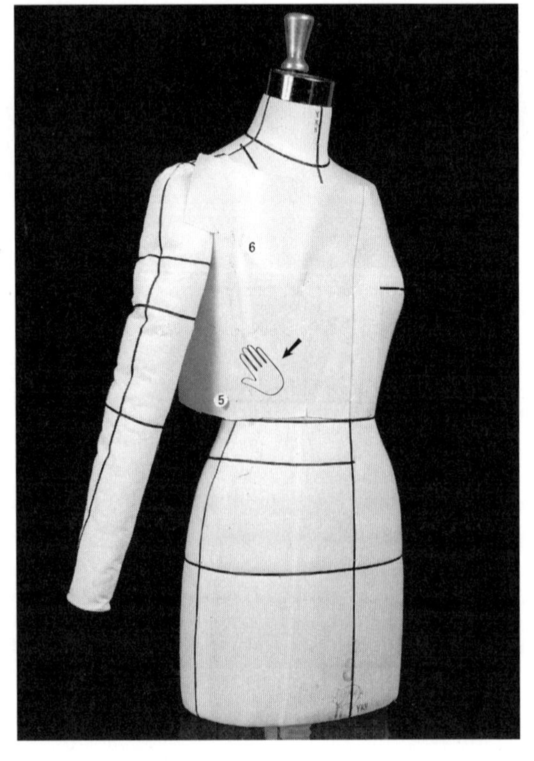

5 광목을 정리하고 가윗집을 주면서 허리선을 완성한다.

6 품선에서 여유분을 주고 고정한다.

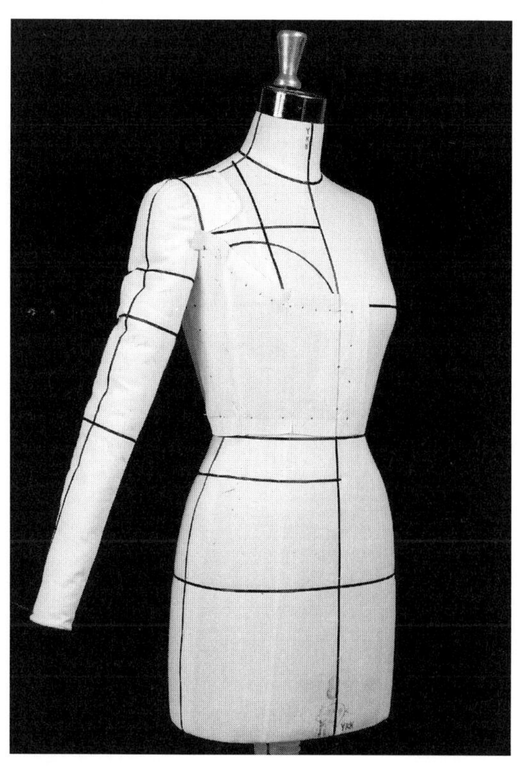

• 옆선에서 여유분을 주고 모든 작업점을 표시한다.

뒤판

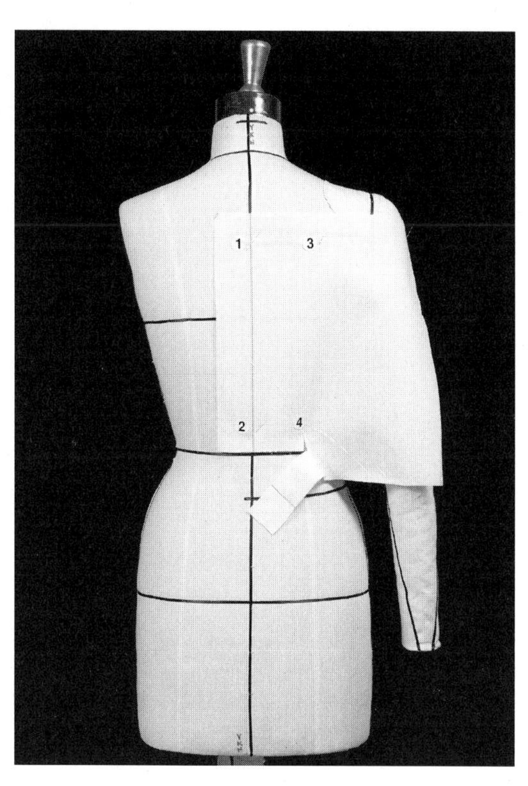

1, 2 뒤 중심선을 고정한다.

3, 4 조금씩 단계적으로 뒤판을 작업한다.

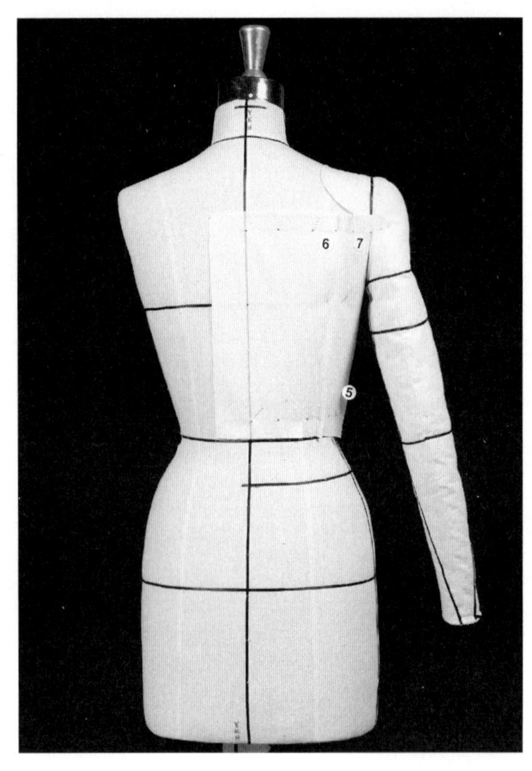

5 옆선에서 여유분을 주고 허리선을 완성한다.

6, 7 품선에서 여유분을 준다.

• 모든 작업점을 표시한다.

앞 요크

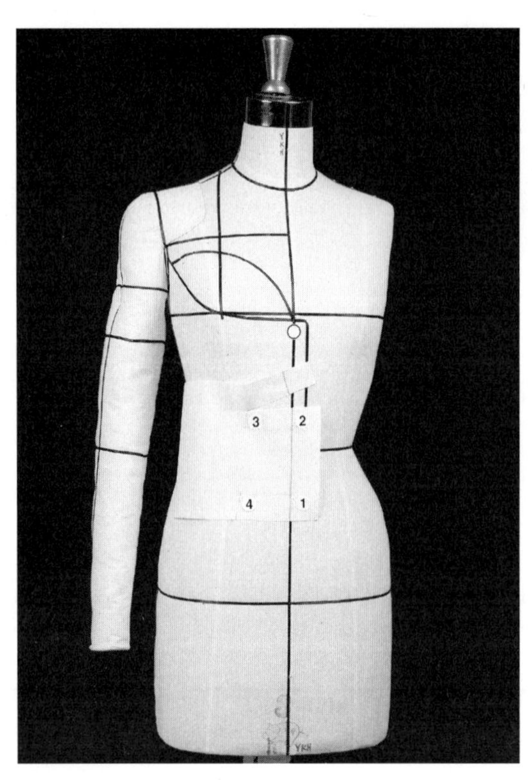

1, 2 앞 중심선을 고정한다.

3, 4 광목이 편안하게 놓이도록 조금씩 정리하면서 앞

요크를 작업한다.

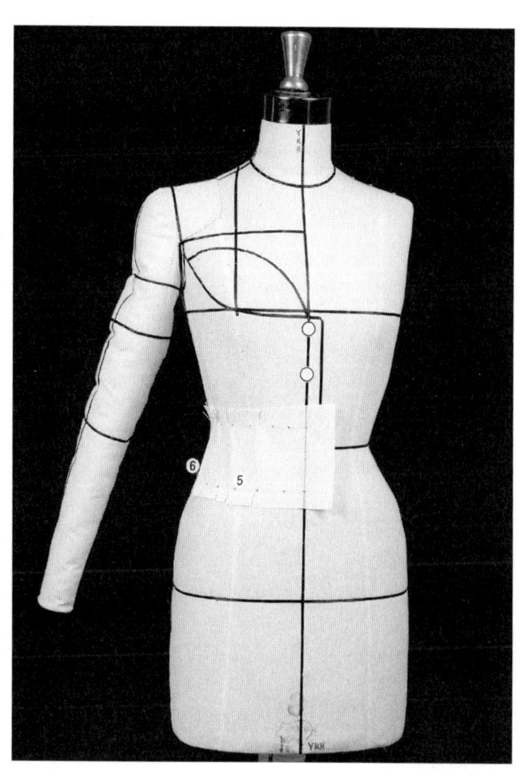

5 밑단을 완성한다.

6 옆선에서 여유분을 주고 고정한 다음 모든 작업점을
표시한다.

뒤 요크

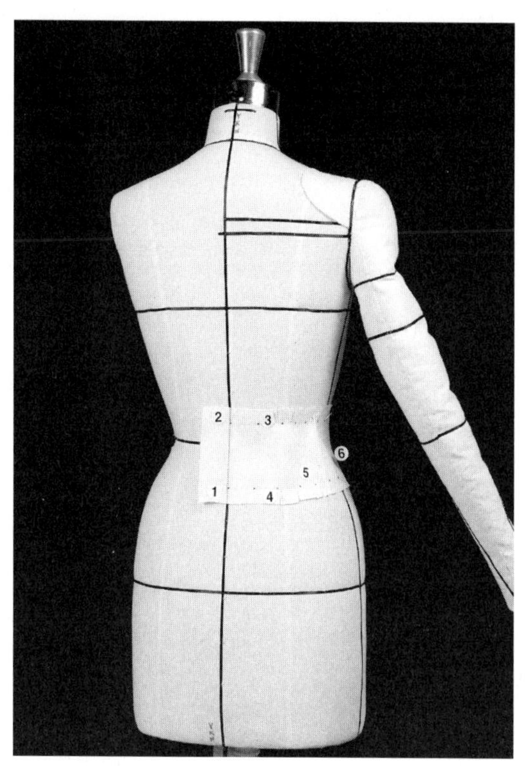

1~6 앞판과 같은 방법으로 뒤 요크를 완성한다.

프릴

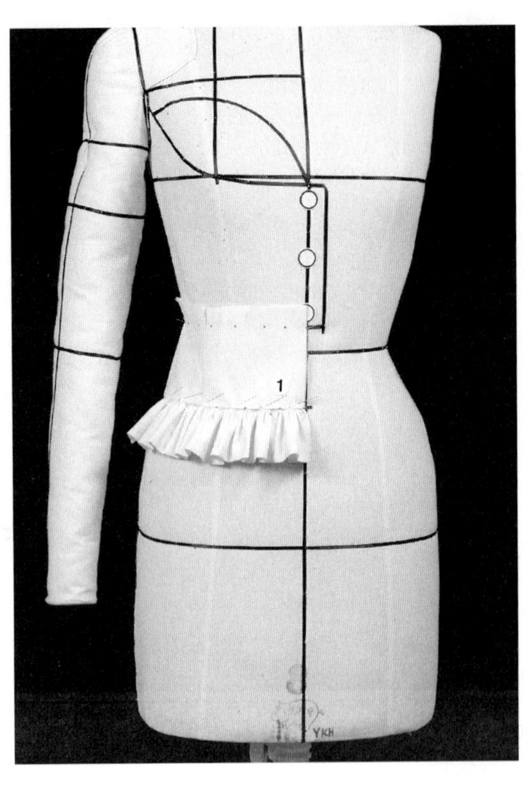

- 요크 밑단의 시접을 안으로 접어 넣어둔다.

1 원하는 프릴을 잡아 요크 밑단에 연결한다.

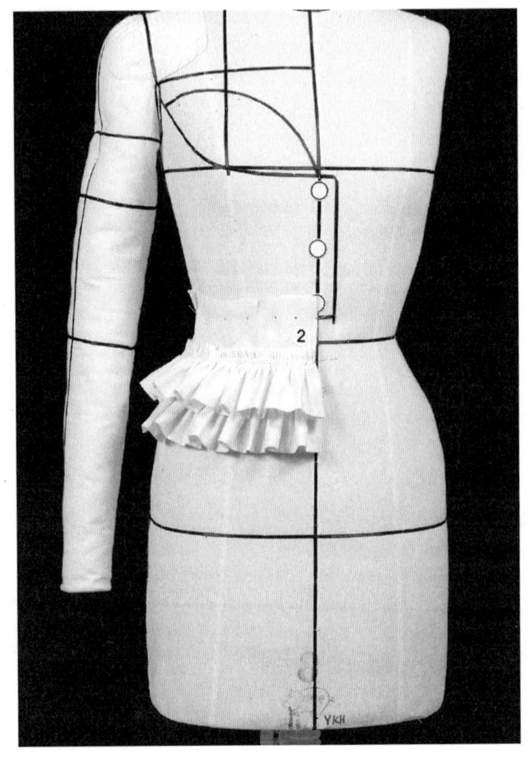

2 두 번째 프릴을 잡아 요크 위의 원하는 위치에 고정한다.

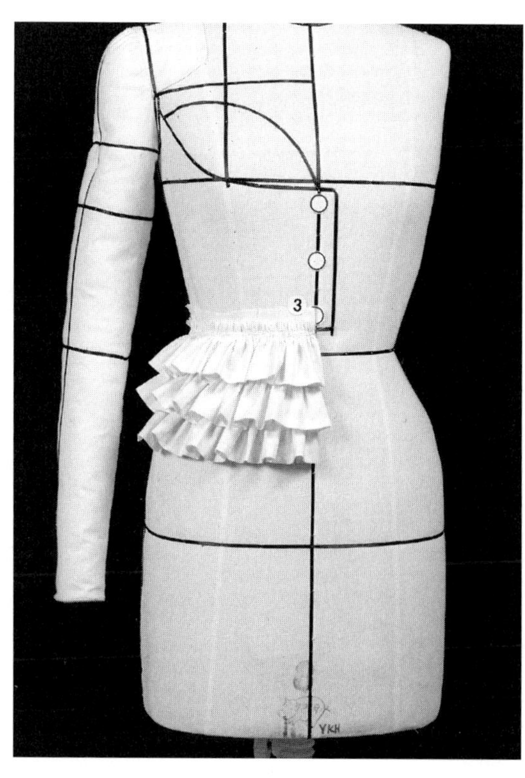

3 세 번째 프릴을 잡아 허리선에 고정한다.

• 뒤판도 같은 방법으로 작업한다.

소매

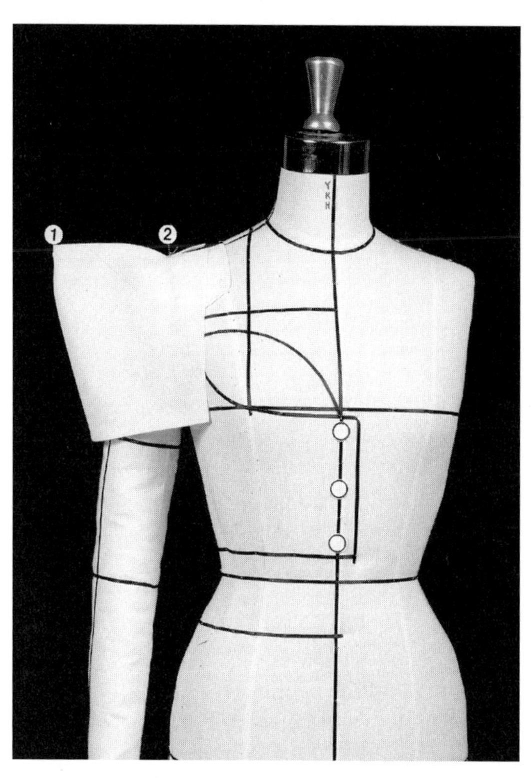

1 소매 중심선을 접는다.

2 디자인에 따라 소매의 볼륨을 정하여 어깨 끝점을 고

정한다.

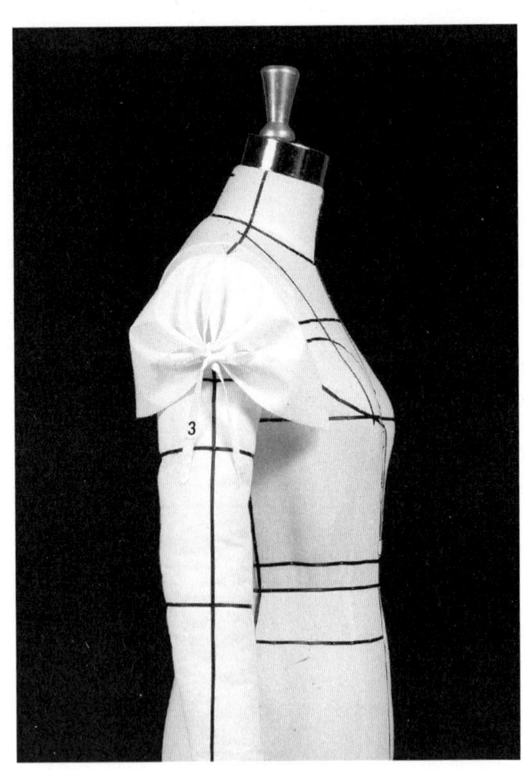

3 디자인에 따라 소매 중심선을 리본으로 묶는다.

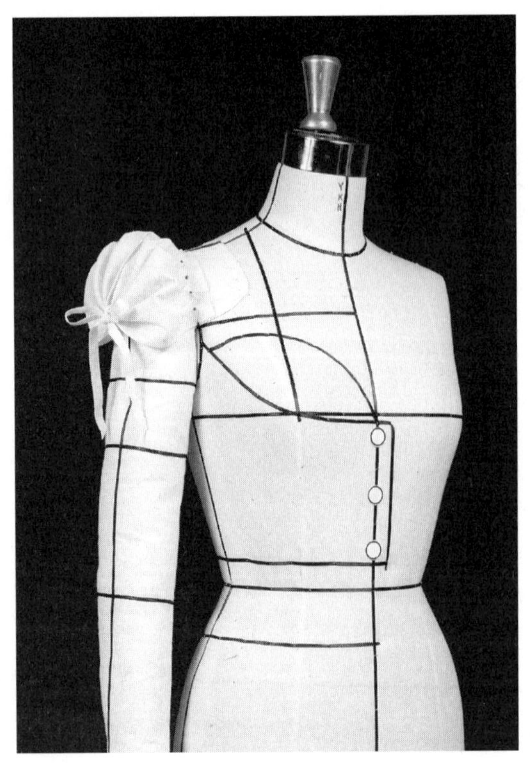

- 디자인에 따라 앞뒤 판 암홀에 소매의 주름을 잡아 고
  정한다.
- 모든 작업점을 표시한다.

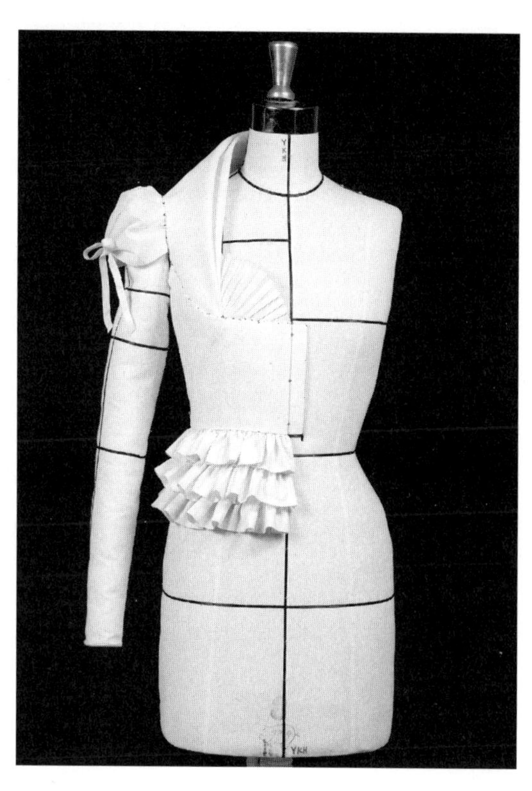

- 모든 시접을 연결한다.

- 앞면에서 볼륨을 확인한다.

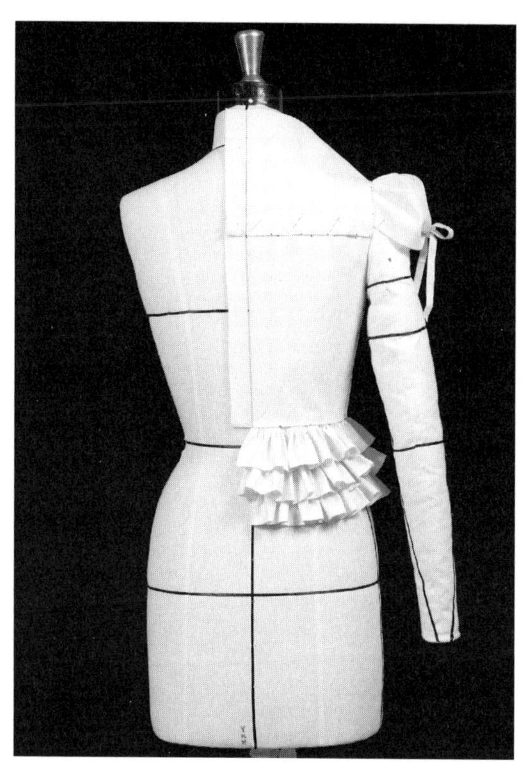

- 뒷면에서 볼륨을 확인한다.

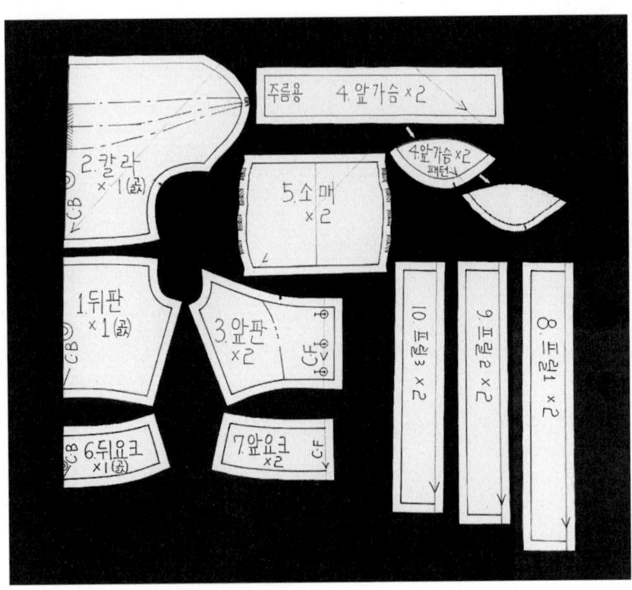

• 작업점을 따라 완성선을 그린다.

• 필요한 사항을 기록한다.

• 시접을 주고 시접선을 그린다.

• 시접선을 따라 자른다.

＊ 필요한 경우 안단 패턴도 따로 베껴낸다.

허리선 미드리프, 플레어 개더 디자인 드레스

1 라인테이프 치기

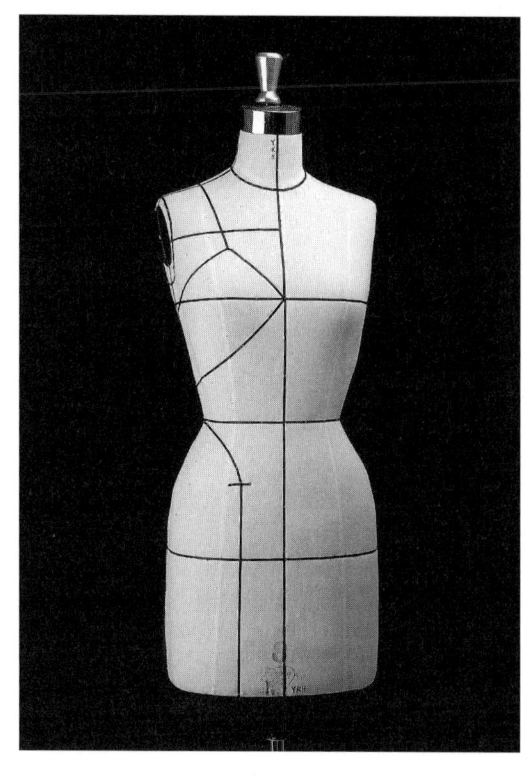

• 디자인에 따라 앞판에 라인테이프를 친다. 앞 중심판
과 옆판의 접합점도 표시한다.

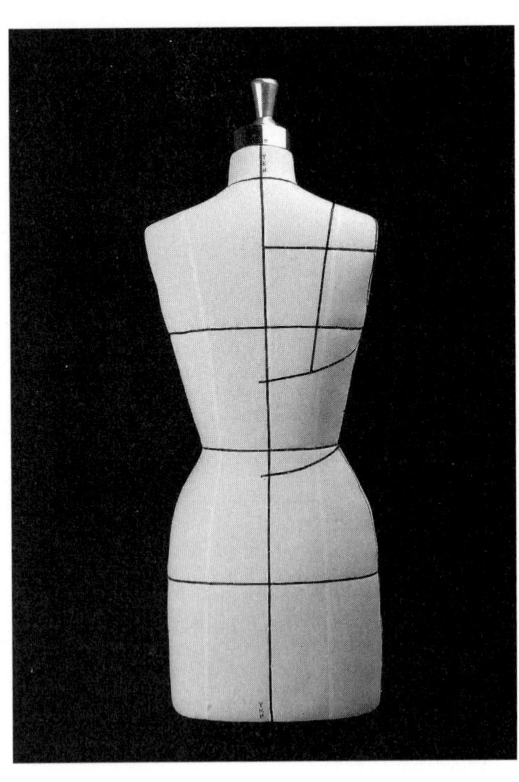

2 광목 준비

• 디자인에 따라 광목을 준비한다.

　예 **앞 위판:** 너비 약 40cm, 식서 방향 길이 약 50cm

　　앞 중심판: 너비 약 35cm, 식서 방향 길이 약 70cm

　　앞 옆판: 너비 약 60cm, 식서 방향길이 약 70cm

　　뒤 위판: 너비 약 35cm, 식서 방향 길이 약 30cm

　　뒤 아래판: 너비 약 70cm, 식서 방향 길이 약 70cm

• 필요한 안내선을 그린다.

3 드레이핑

앞 위판

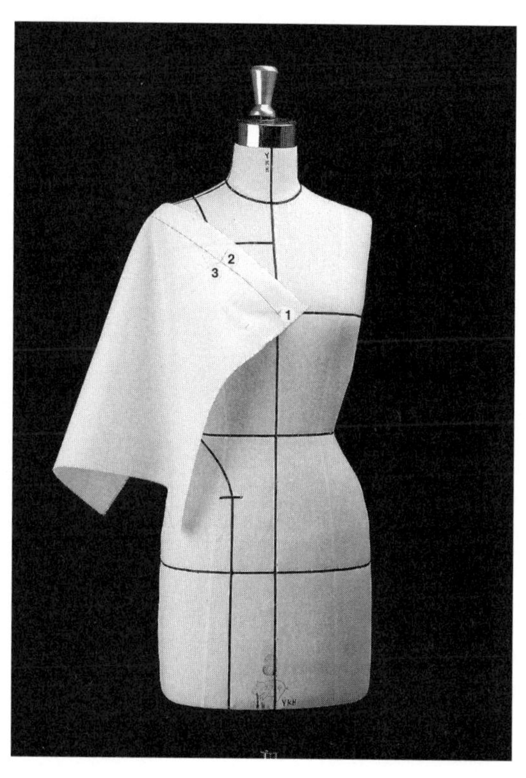

1, 2 앞 위판의 시작점을 고정한다.

3 플레어 시작점에 수직으로 핀을 꽂는다.

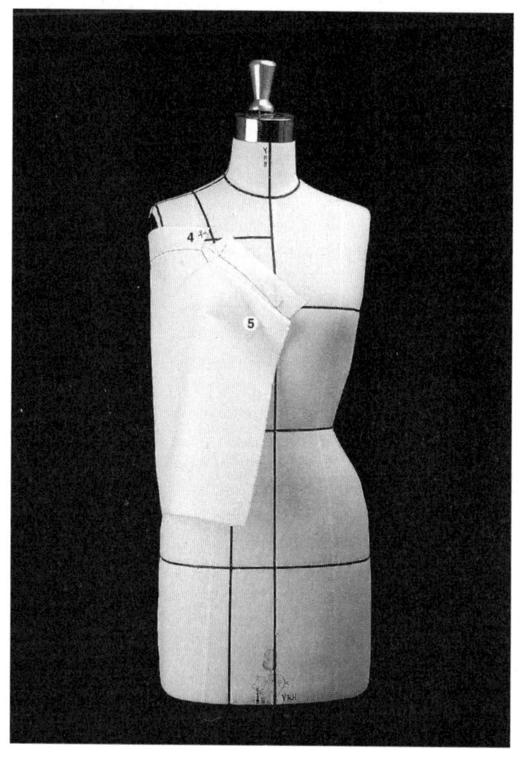

4 플레어 시작점까지 가윗집을 넣는다.

5 디자인에 따라 플레어 볼륨을 정한다.

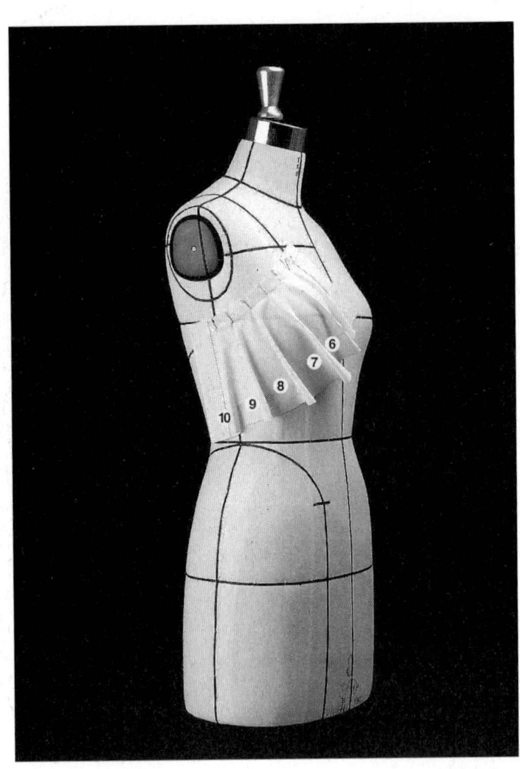

6~10 같은 작업을 반복하여 플레어를 잡는다.

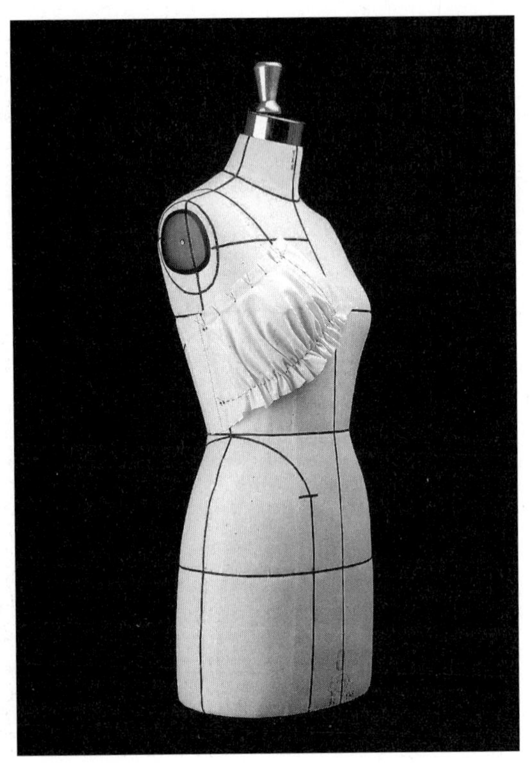

- 옆선에서 여유분을 준다.

- 홈질하여 개더 모양을 살핀 후 모든 작업점을 표시
한다.

앞 중심판

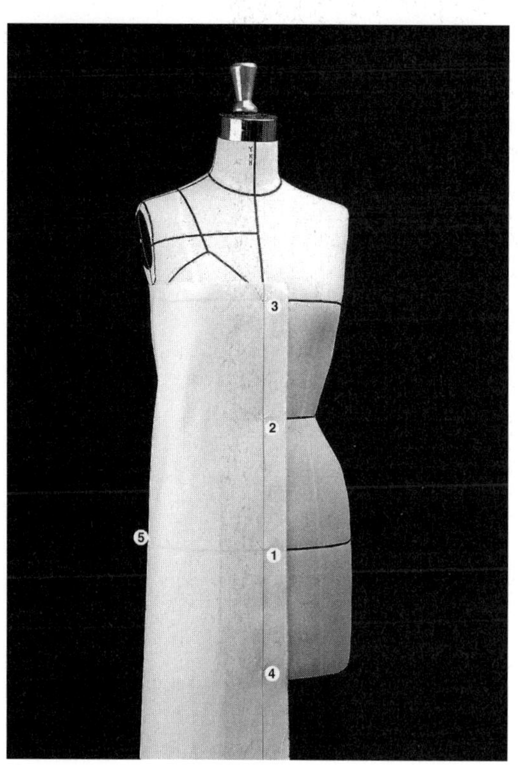

1~4 앞 중심선을 고정한다.

5 엉덩이선을 임시로 고정한다.

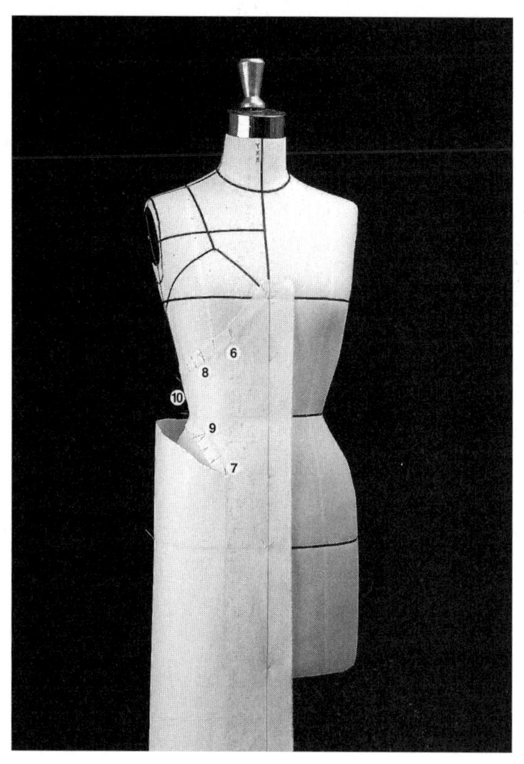

6~10 광목을 조금씩 단계적으로 자르면서 가윗집을 넣

고 옆선을 고정한다.

* (스커트 부분 작업을 위해) 광목을 자를 때 유의한다.

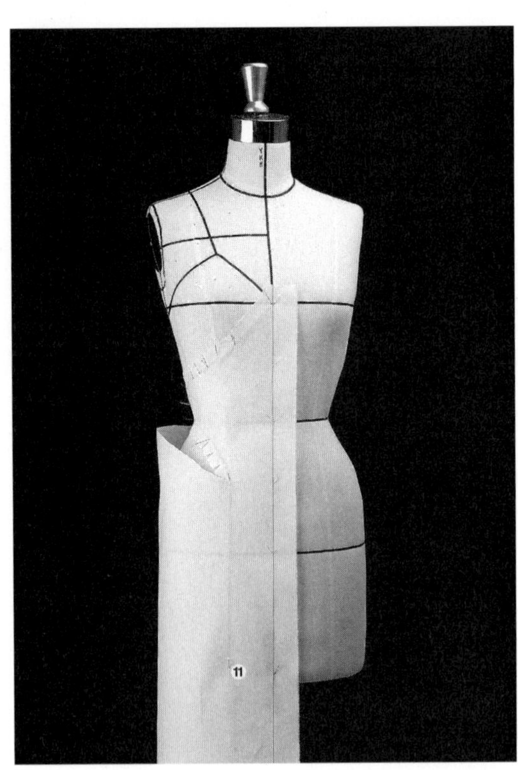

11 플레어 잡을 위치를 고정하고 가윗집을 넣는다.

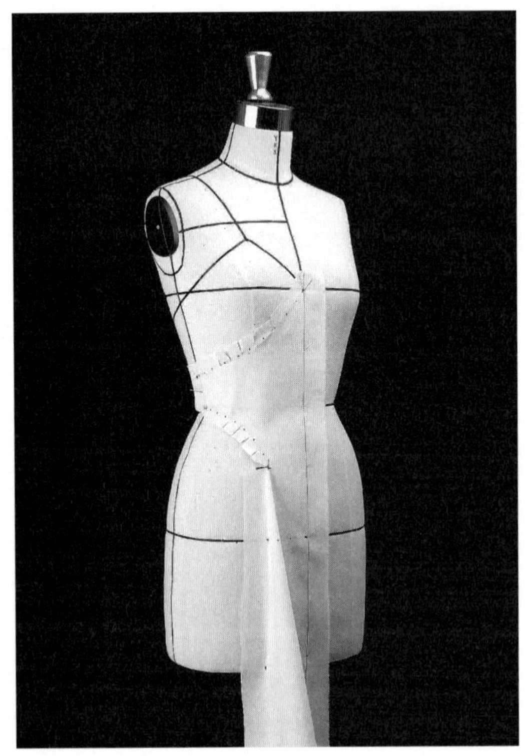

• 플레어를 고정하고 옆선에서 여유분을 준 다음 모든

작업점을 표시한다.

앞 옆판

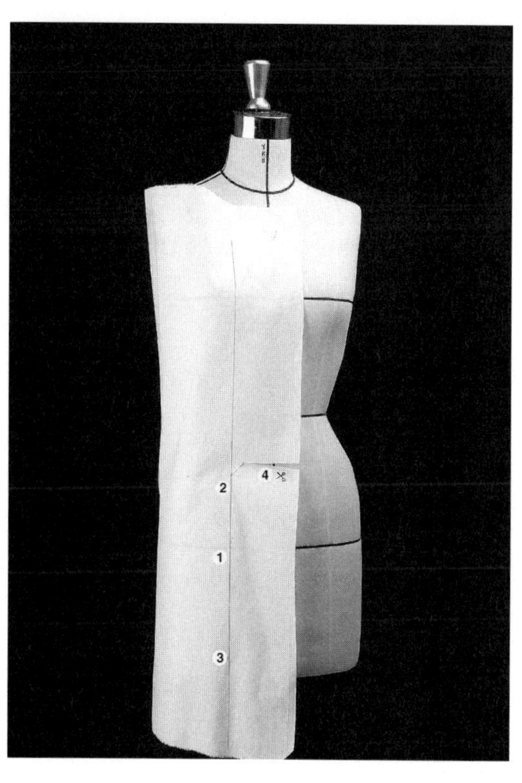

1, 2, 3 앞 중심판과 옆판의 접합점 위치에서 식서선을
수직으로 고정한다.

4 가윗집을 넣는다.

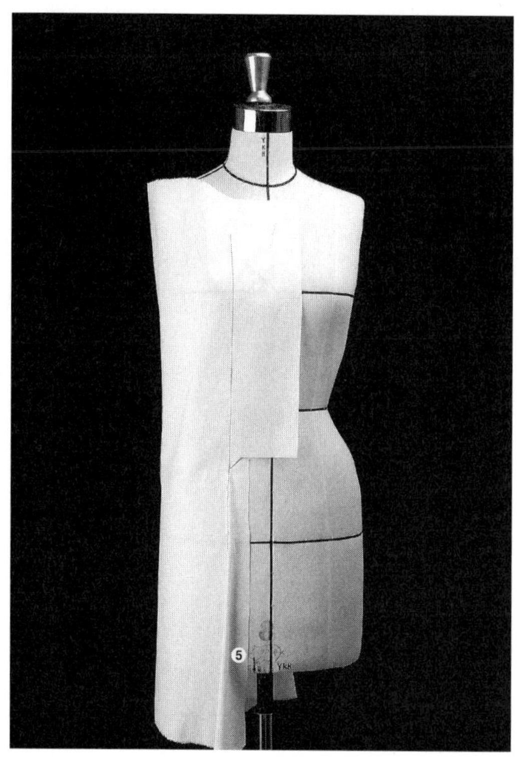

5 플레어를 잡고 고정한다.

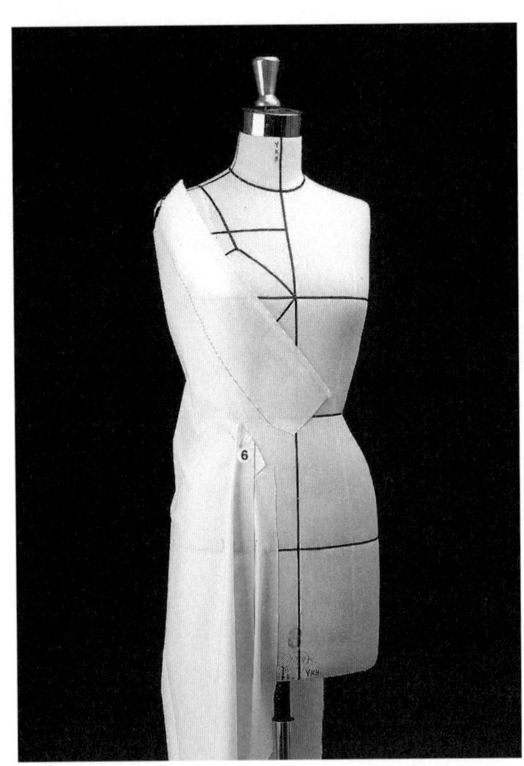

6 개더와 플레어의 양을 동시에 정하고 고정한다.

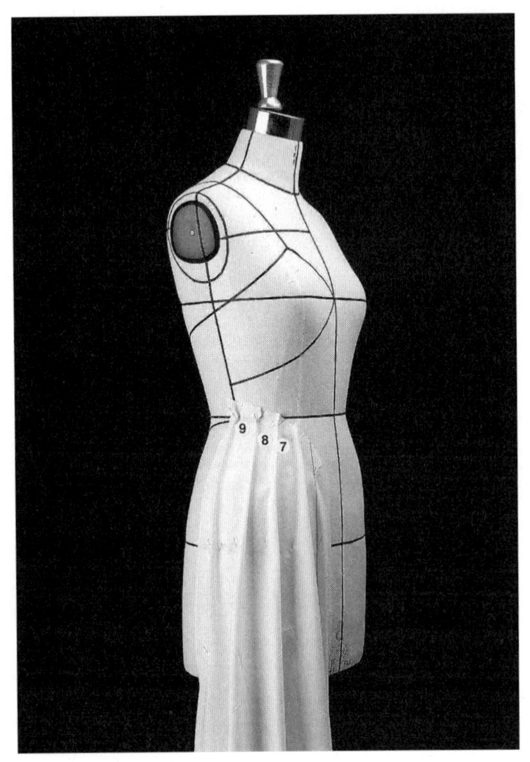

7, 8, 9 같은 작업을 반복한다.

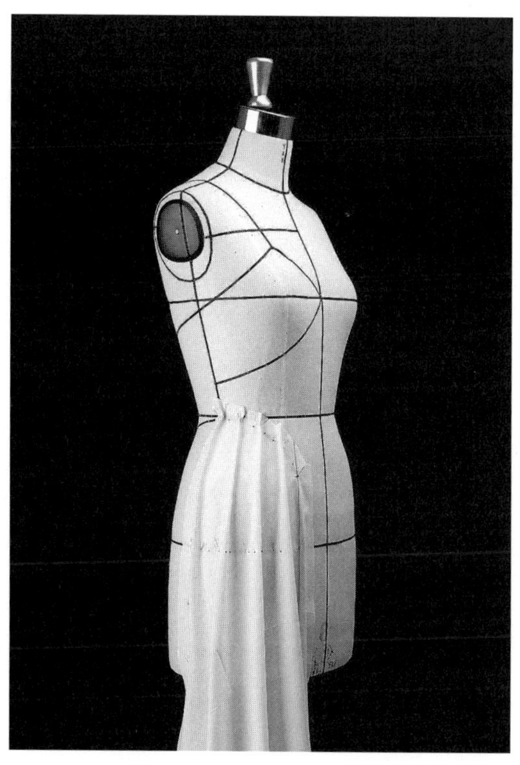

• 옆 허리선에서 여유분을 주고 모든 작업점을 표시한다.

뒤 위판

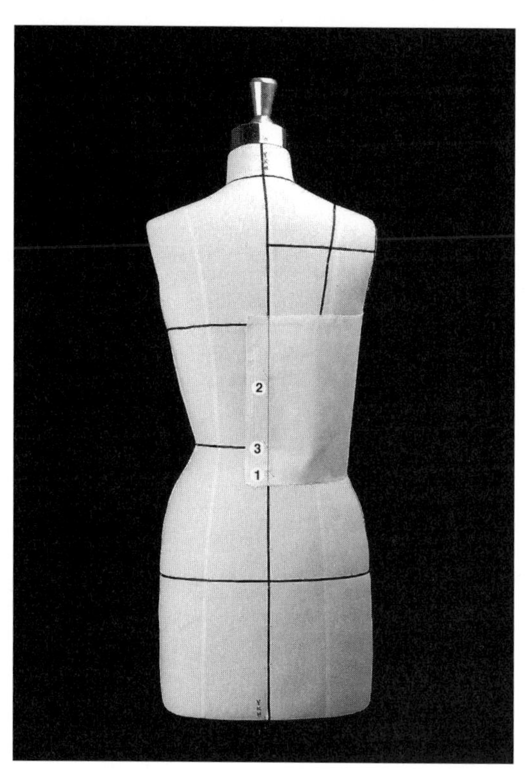

1, 2, 3 뒤 중심선을 고정한다.

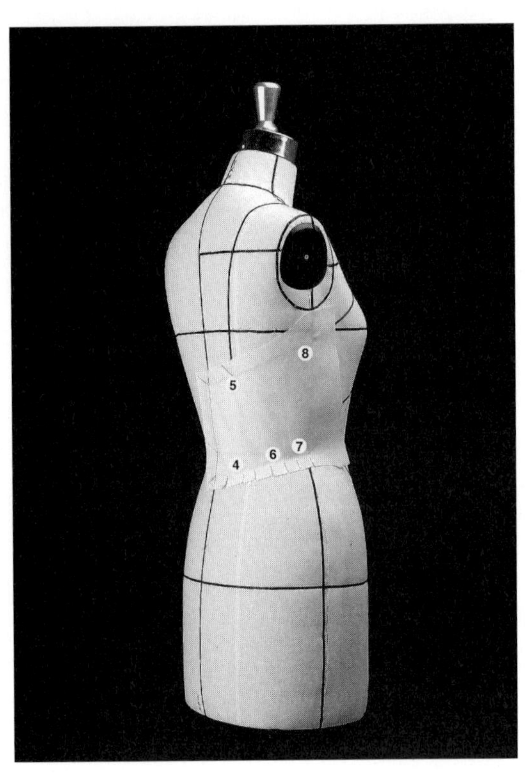

4~8 광목을 조금씩 단계적으로 자르면서 가윗집을 넣고 옆선을 고정한다.

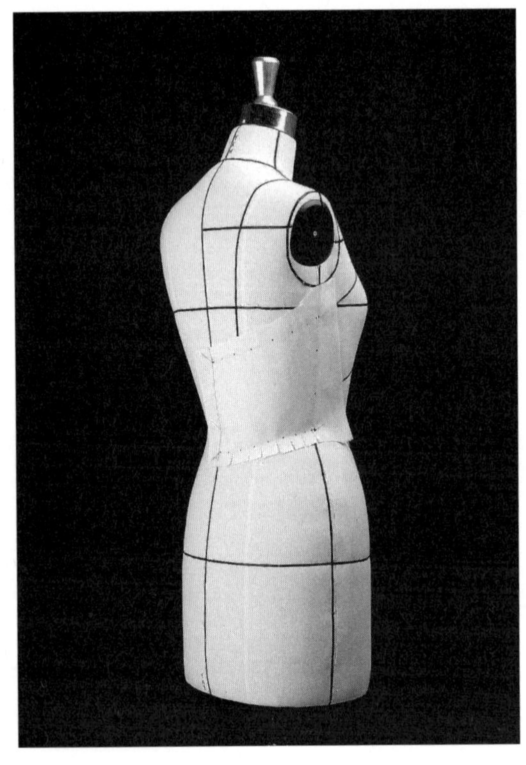

• 옆선에서 여유분을 주고 모든 작업점을 표시한다.

뒤 아래판

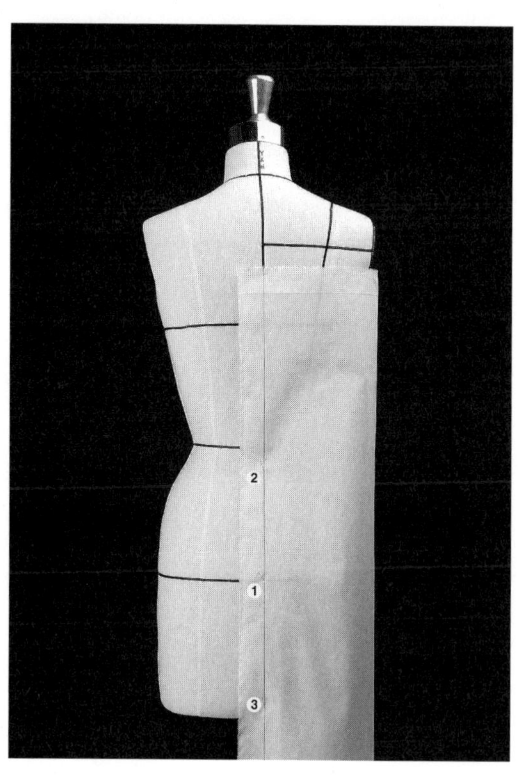

1, 2, 3 뒤 중심선을 고정한다.

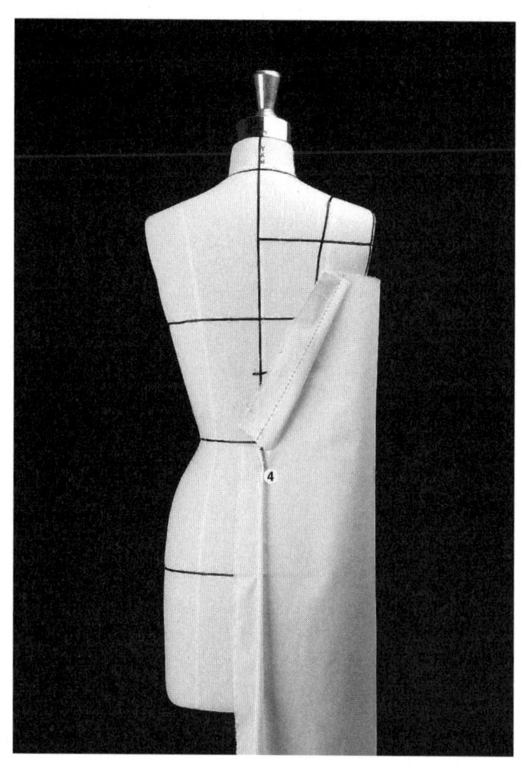

4 광목을 정리하고 가윗집을 준 다음 개더와 플레어를

잡는다.

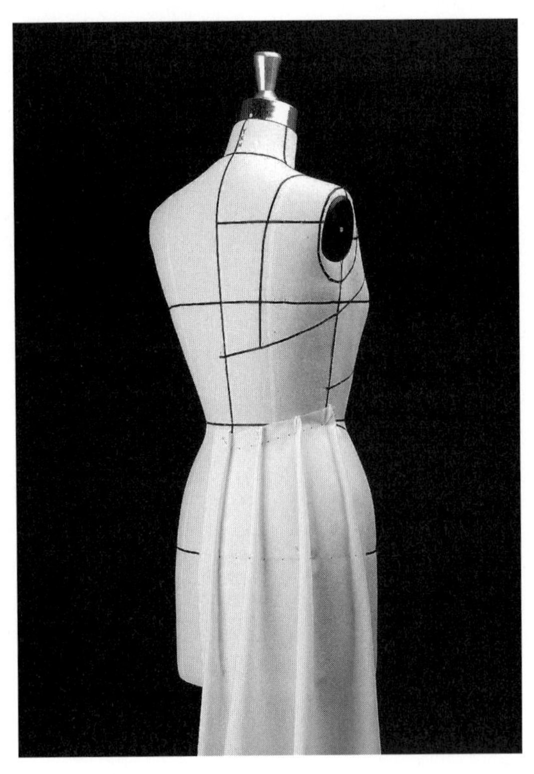

- 같은 방법으로 디자인에 따라 개더와 플레어를 잡는다.

- 옆선의 허리선에 여유분을 준다.

- 모든 작업점을 표시한다.

4 볼륨 확인과 패턴 정리

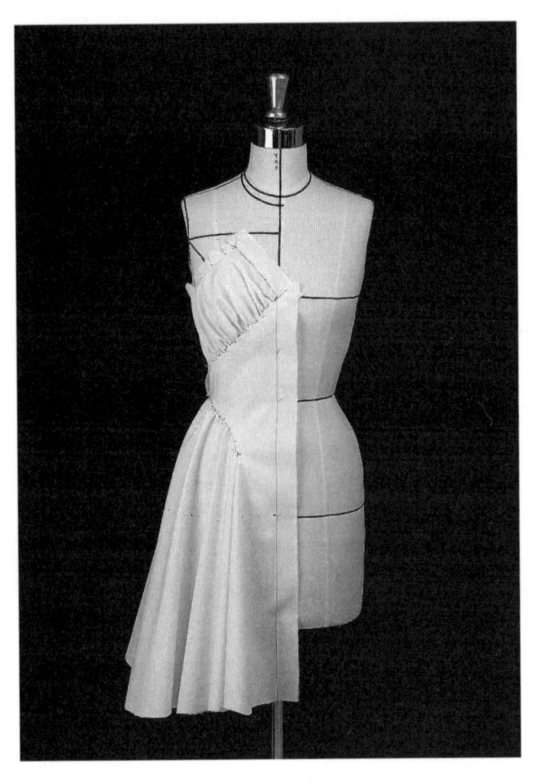

- 모든 시접을 연결한다.

- 앞면에서 볼륨을 확인한다.

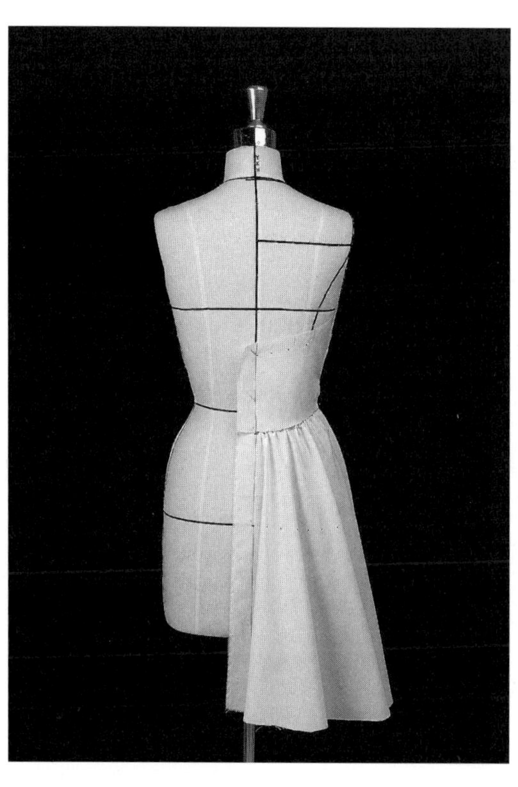

• 뒷면에서 볼륨을 확인한다.

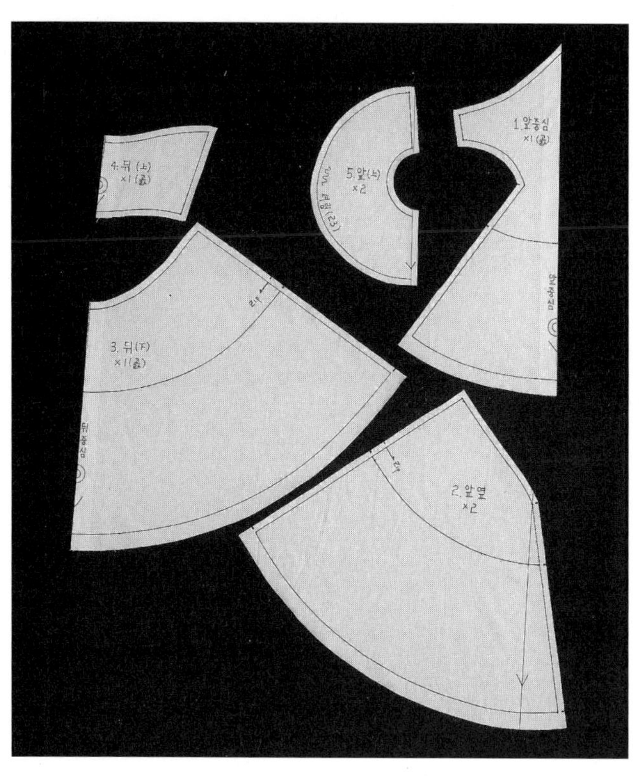

• 작업점을 따라 완성선을 그린다.

• 필요한 사항을 기록한다.

• 시접을 주고 시접선을 그린다.

• 시접선을 따라 자른다.

17 사선 패널라인 디자인 드레스

1 라인테이프 치기

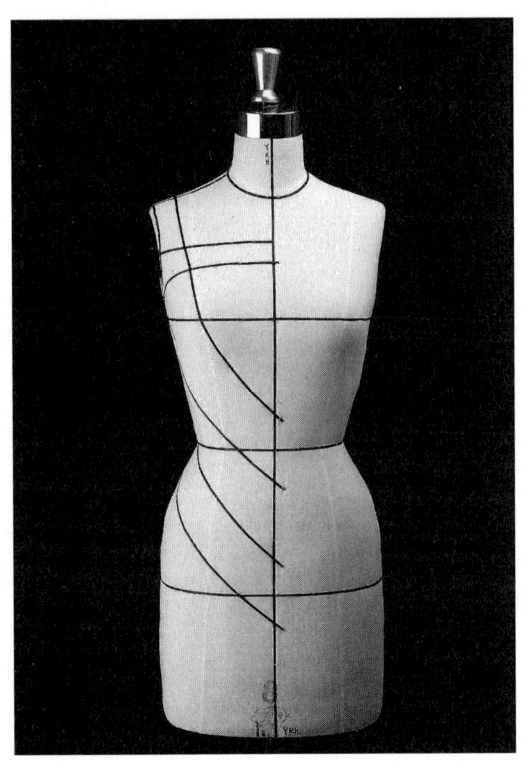

• 디자인에 따라 앞판에 라인테이프를 친다.

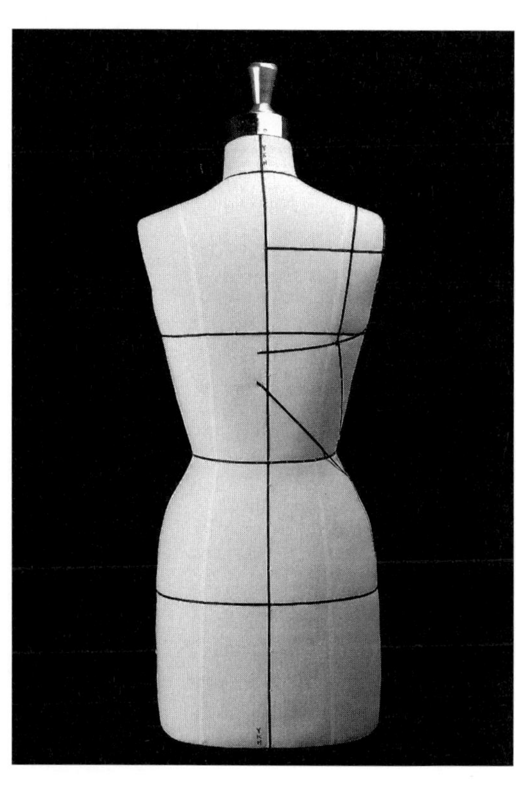

2 광목 준비

• 디자인에 따라 광목을 준비한다.

　예 **앞 중심판:** 너비 약 20cm, 식서 방향 길이 약 30cm

　　앞 옆판: 너비 약 40cm, 식서 방향 길이 약 60cm

　　뒤 중심판: 너비 약 60cm, 식서 방향 길이 약 90cm

　　뒤 옆판: 너비 약 50cm, 식서 방향 길이 약 70cm

　　앞 스커트: 너비 약 60cm, 식서 방향 길이 약 90cm

　　뒤 스커트: 너비 약 50cm, 식서 방향 길이 약 90cm

• 필요한 안내선을 그린다.

3 드레이핑

앞 중심판

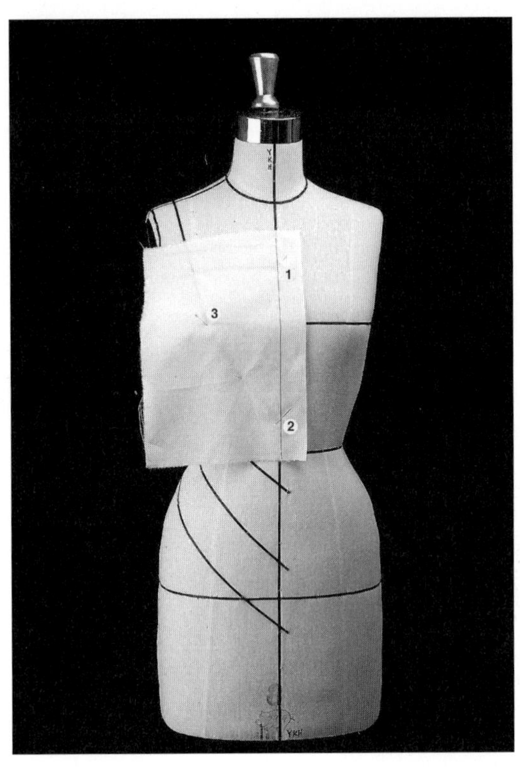

1, 2 앞 중심선과 가슴선이 만나는 점의 광목이 마네킹
에 붙지 않고 평평함을 유지하도록 유의하면서 앞
중심선을 고정한다.

3 가슴선을 고정한다.

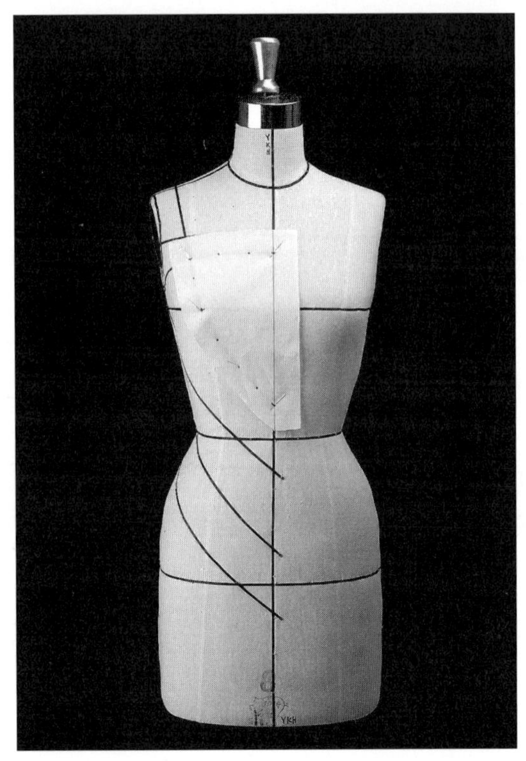

• 광목을 정리하고 앞 중심판을 고정한 다음 모든 작업
점을 표시한다.

앞 중심판

앞 옆판

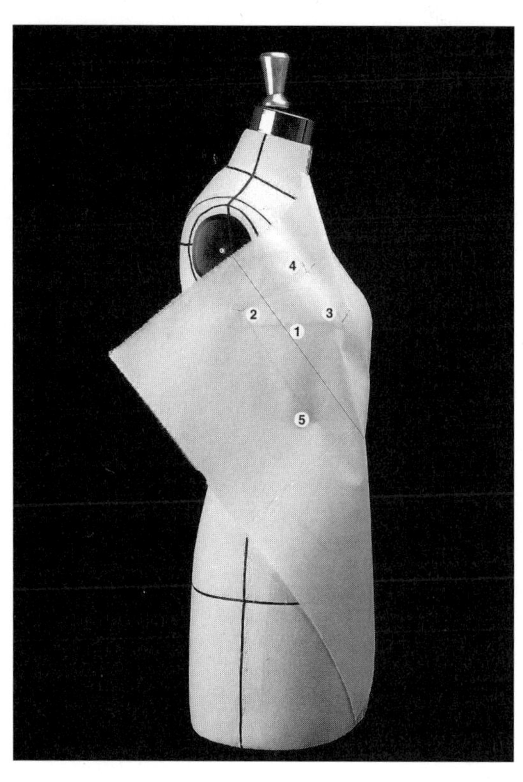

1 광목을 바이어스로 고정한다.

2, 3 양쪽 가슴선을 고정한다.

4, 5 윗부분과 허리선을 고정한다.

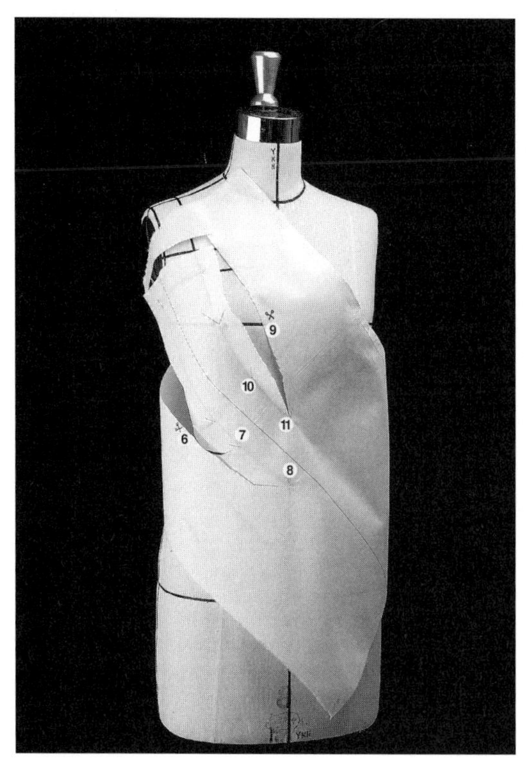

6, 7 광목을 정리하면서 앞 옆판을 붙여나간다.

8 플레어 시작점에 수직으로 핀을 꽂고 시작점까지 가

윗집을 넣는다.

9, 10, 11 같은 방법으로 앞 옆판을 고정하고 플레어 시작

점에 가윗집을 넣는다.

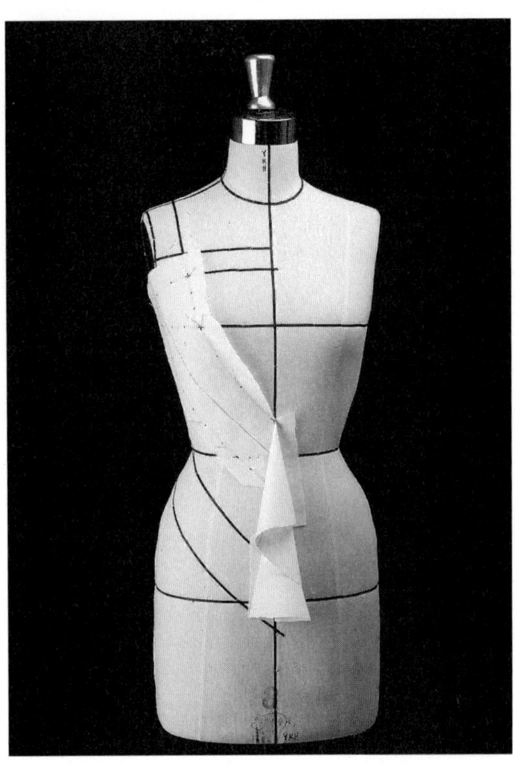

• 위아래 플레어의 볼륨과 옷의 길이를 정한다.

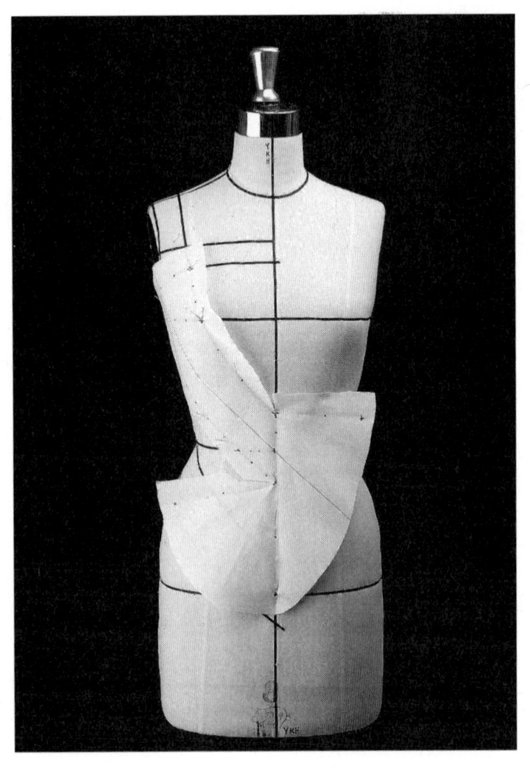

• 모든 작업점을 표시한다.

* 위의 작업을 마친 뒤 펼쳐본 모습이다.

뒤 옆판

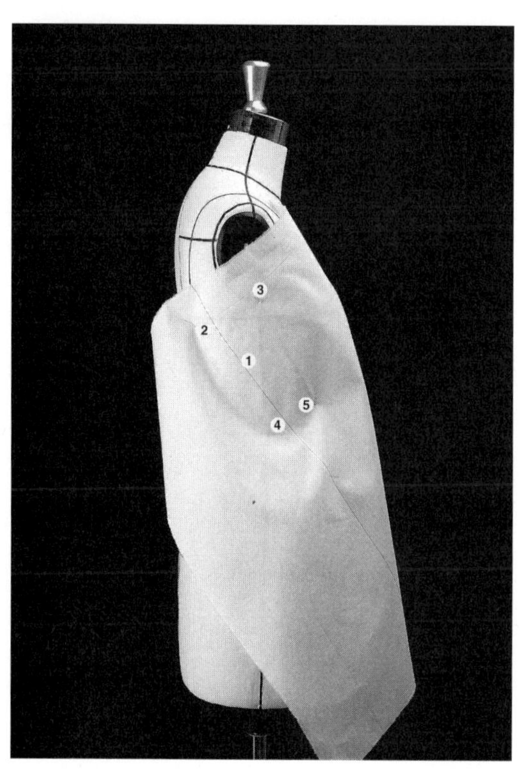

1 광목을 바이어스로 고정한다.

2~5 뒤 옆판 라인을 고정한다.

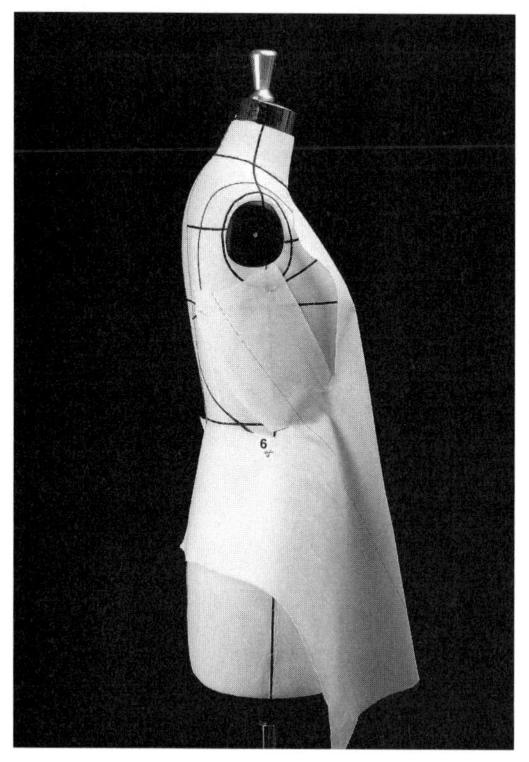

6 광목을 잘라 정리하고 필요한 곳에 가윗집을 넣는다.

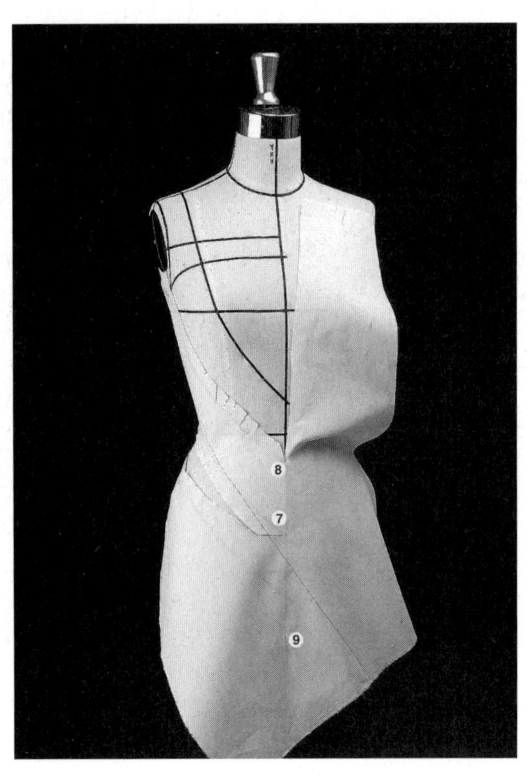

7, 8 플레어 시작점에 수직으로 핀을 꽂고 가윗집을 넣

는다.

9 플레어를 잡을 위치를 고정한다.

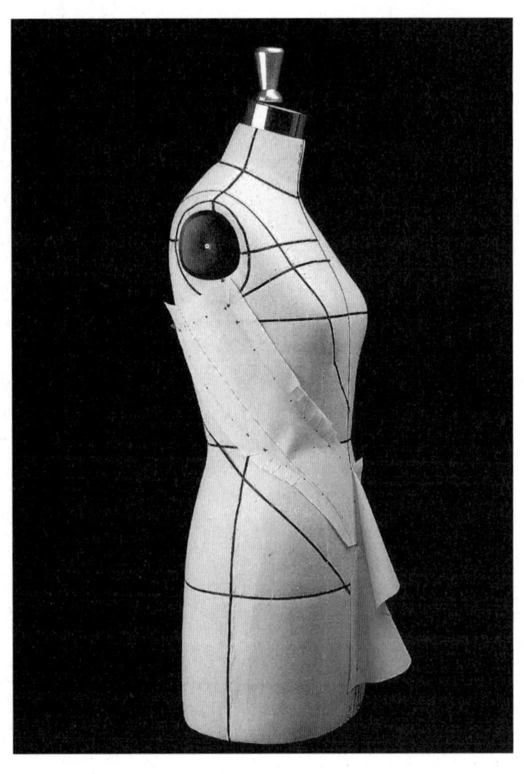

• 위아래 플레어의 볼륨을 정하여 고정하고 모든 작업

점을 표시한다.

뒤 중심판

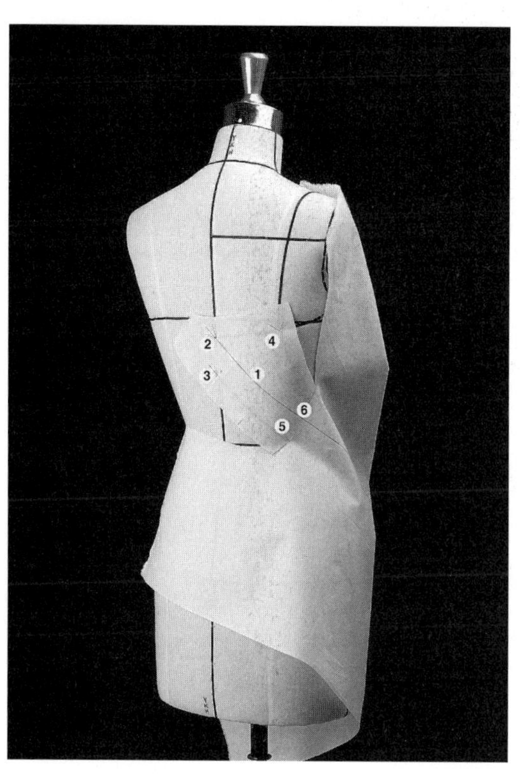

1 광목을 바이어스로 고정한다.

2, 3 뒤 중심선을 고정한다.

4, 5, 6 광목을 정리하고 가윗집을 넣으면서 뒤 중심판을
고정한다.

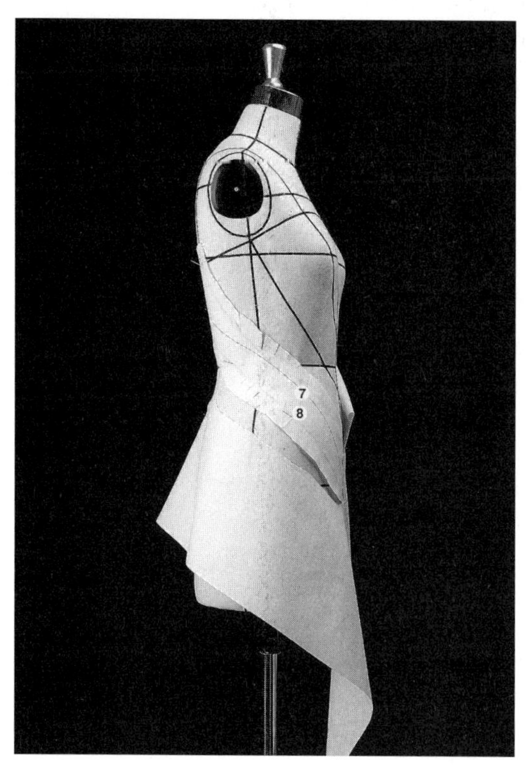

7, 8 광목을 조금씩 단계적으로 자르면서 가윗집을 주고
뒤 중심판을 계속 붙여나간다.

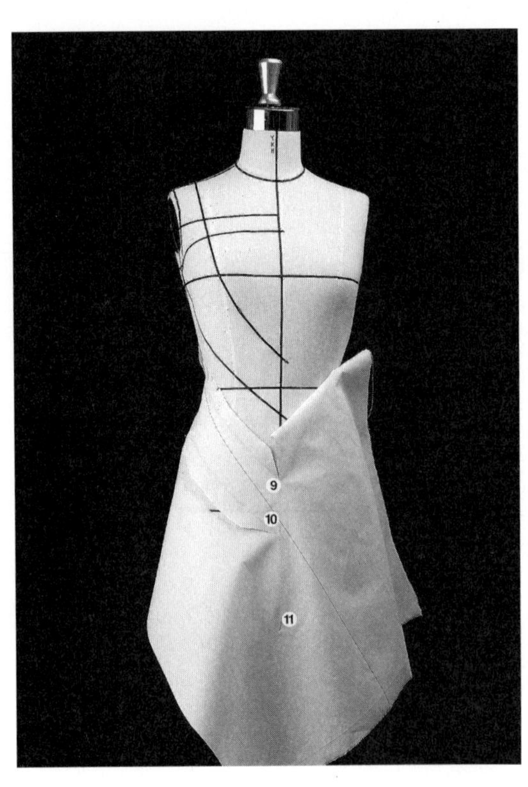

9, 10 플레어 시작점을 고정한다.

11 플레어를 잡을 위치를 고정한다.

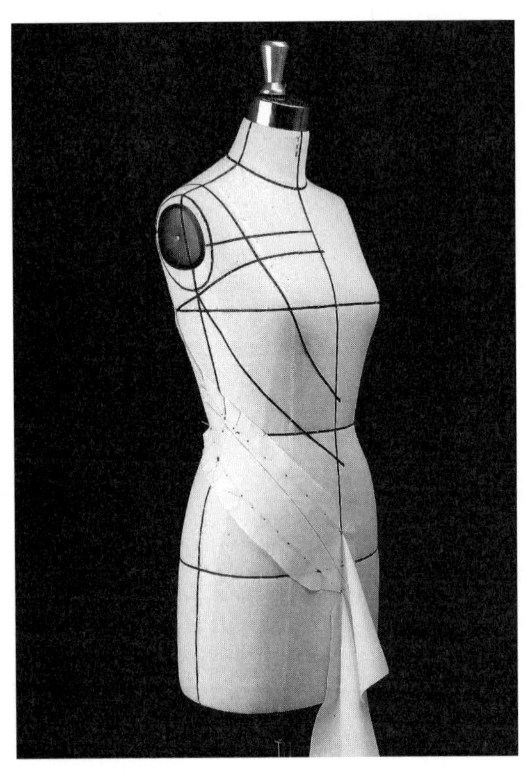

• 위아래 플레어의 볼륨을 정하여 고정한다.

• 옷 길이를 정한다.

• 모든 작업점을 표시한다.

앞 스커트

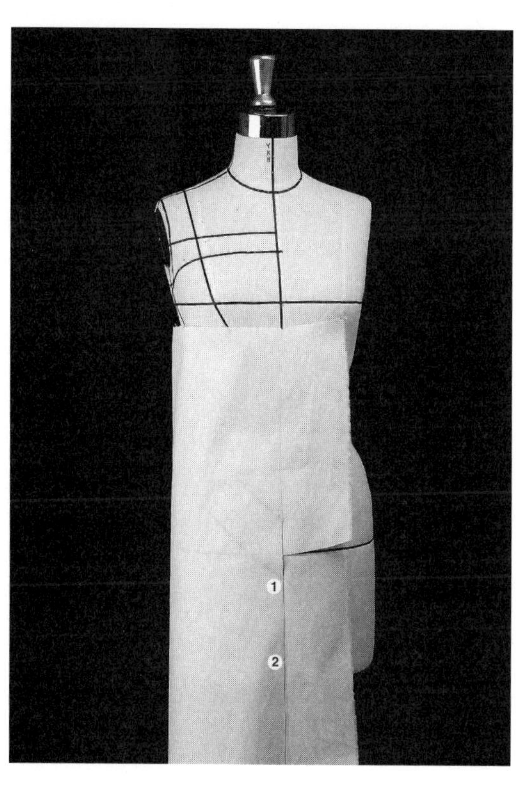

1, 2 앞 중심선을 고정한다.

• 플레어 시작점에 가윗집을 넣는다.

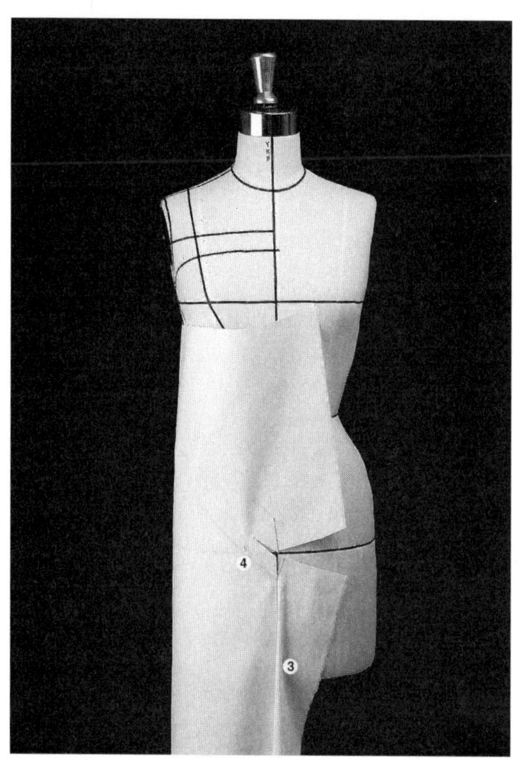

3 플레어를 잡는다.

4 두 번째 플레어를 잡을 위치에 수직으로 핀을 꽂고 가

윗집을 넣는다.

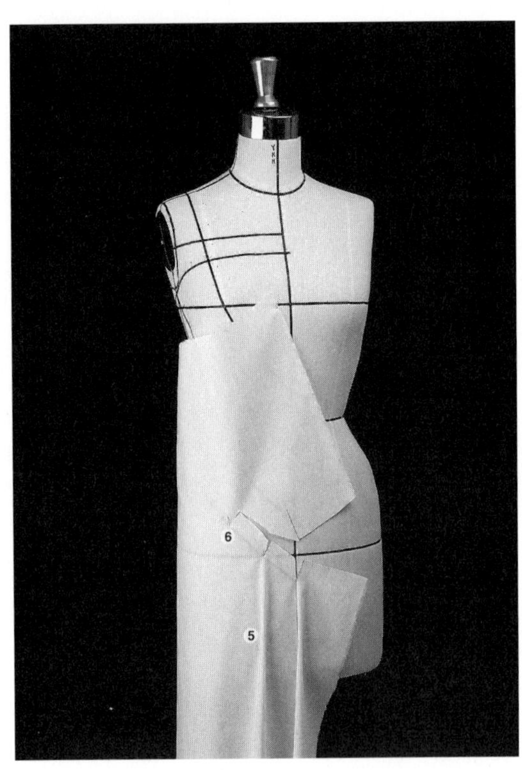

5, 6 같은 작업을 반복하여 플레어를 잡는다.

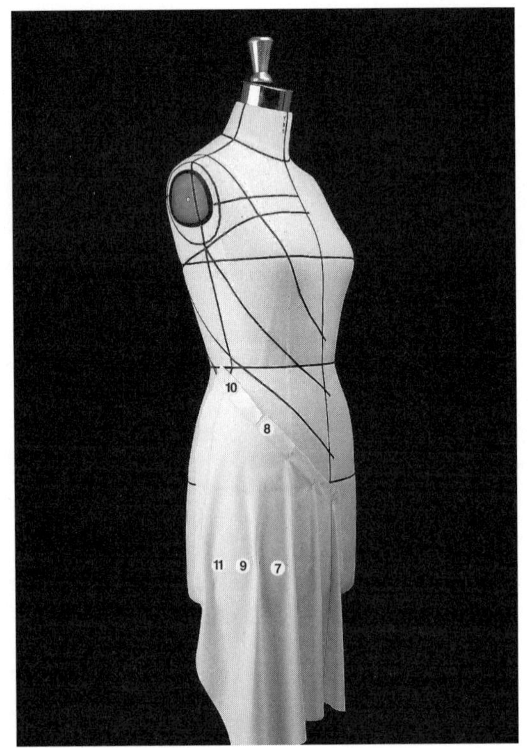

7~11 순서대로 같은 작업을 반복한다.

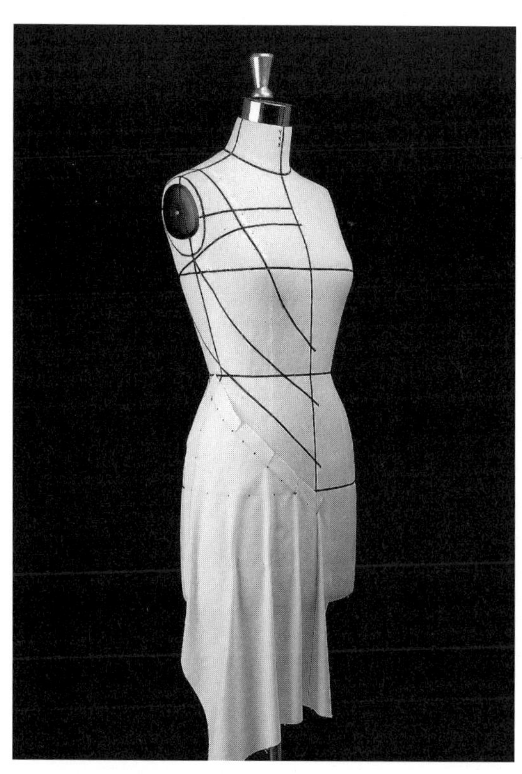

- 옷 길이를 정한다.

- 모든 작업점을 표시한다.

뒤 스커트

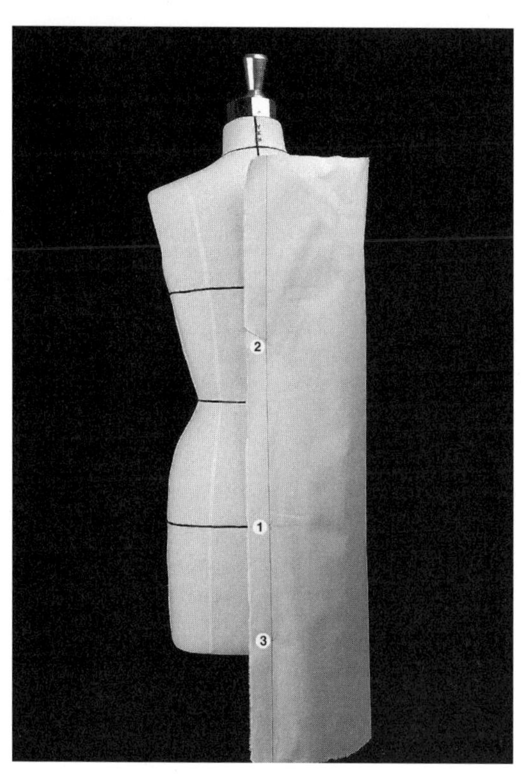

1, 2, 3 뒤 중심선을 고정한다.

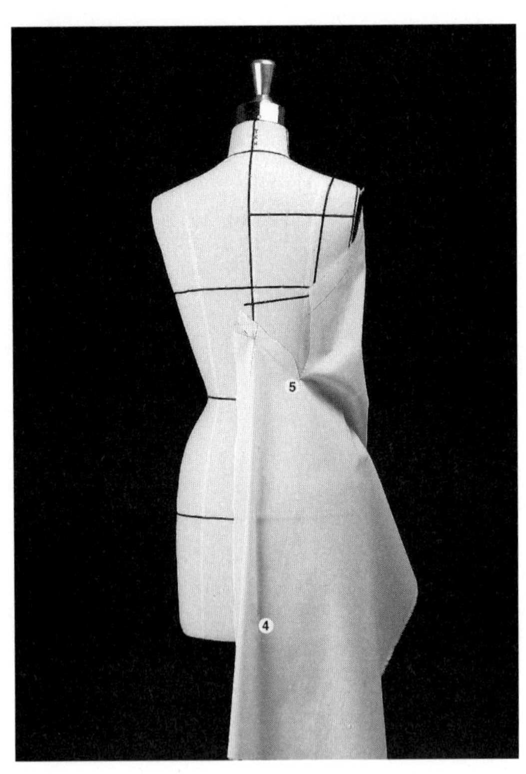

4, 5 플레어를 잡고 두 번째 플레어를 잡을 위치에 수직

으로 핀을 꽂은 다음 가윗집을 넣는다.

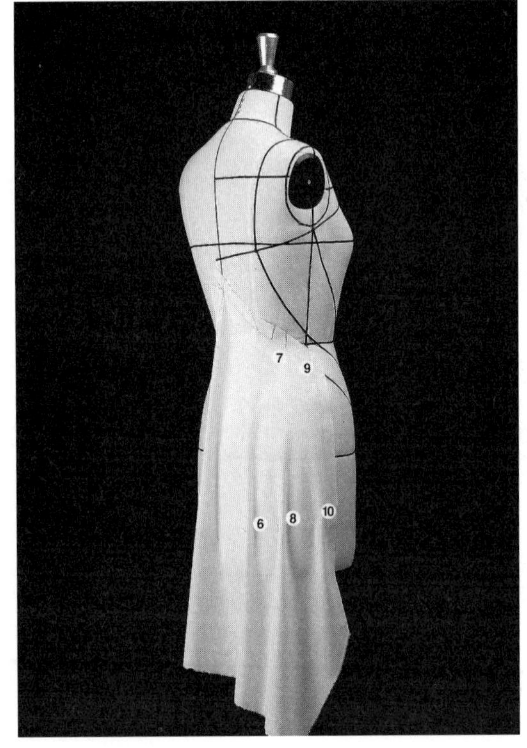

6~10 순서대로 같은 작업을 반복한다.

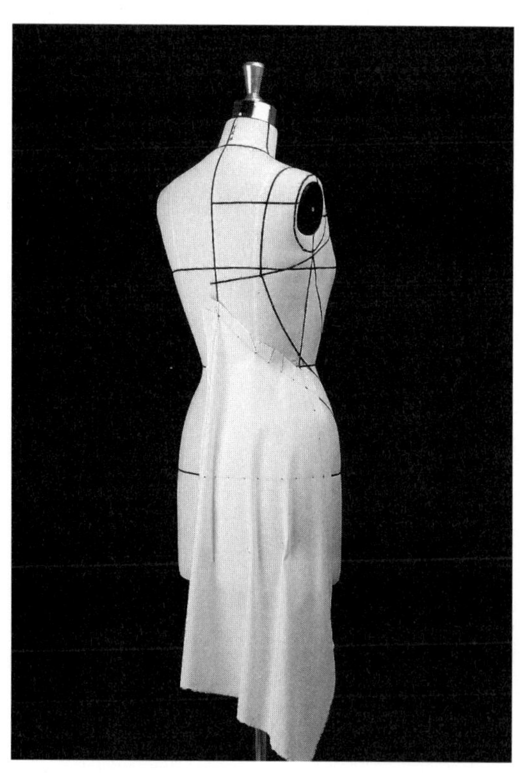

- 옷 길이를 정한다.

- 모든 작업점을 표시한다.

4 볼륨 확인과 패턴 정리

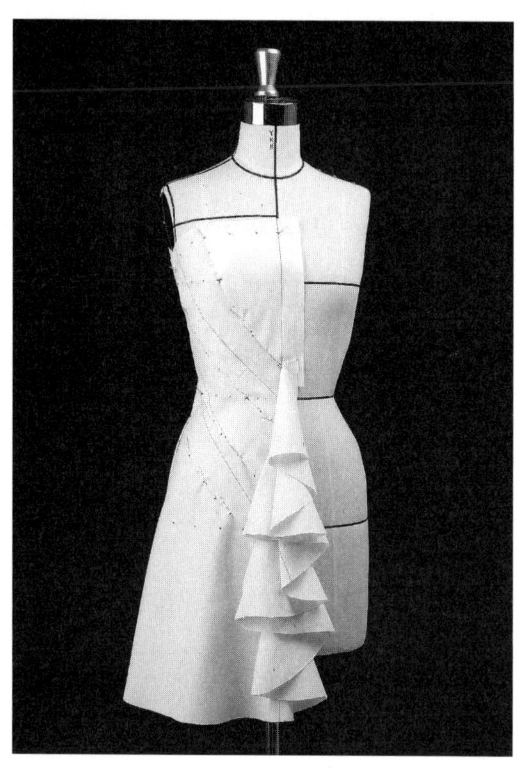

- 모든 시접을 연결한다.

- 앞면에서 볼륨을 확인한다.

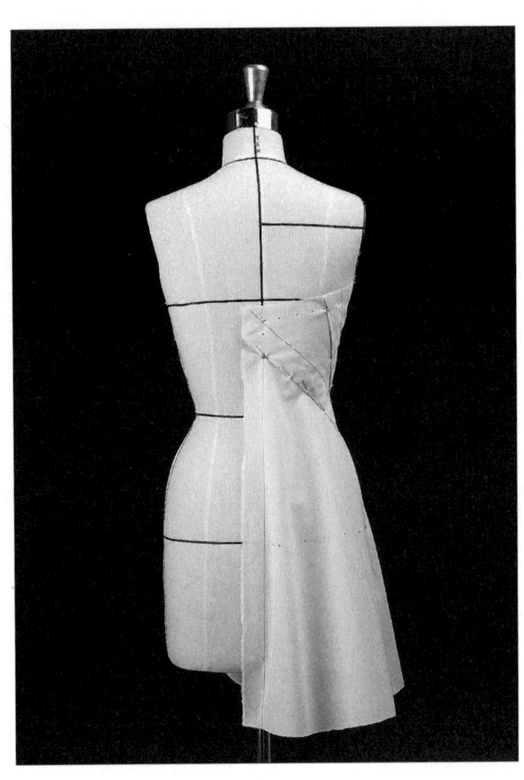

• 뒷면에서 볼륨을 확인한다.

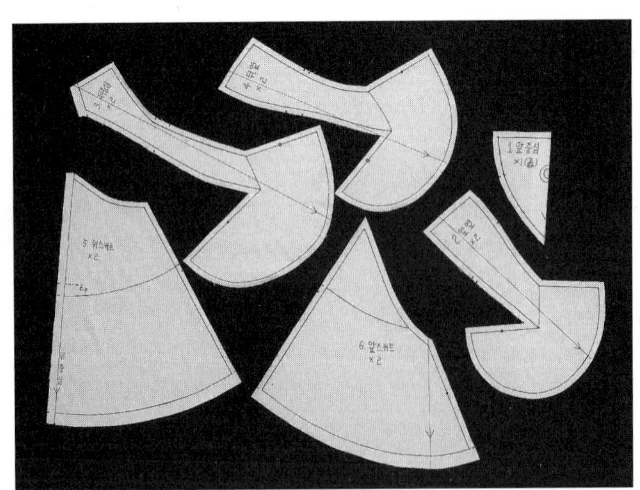

• 작업점을 따라 완성선을 그린다.

• 필요한 사항을 기록한다.

• 시접을 주고 시접선을 그린다.

• 시접선을 따라 자른다.

18 차이나 칼라, 캡소매 디자인 드레스

1 라인테이프 치기

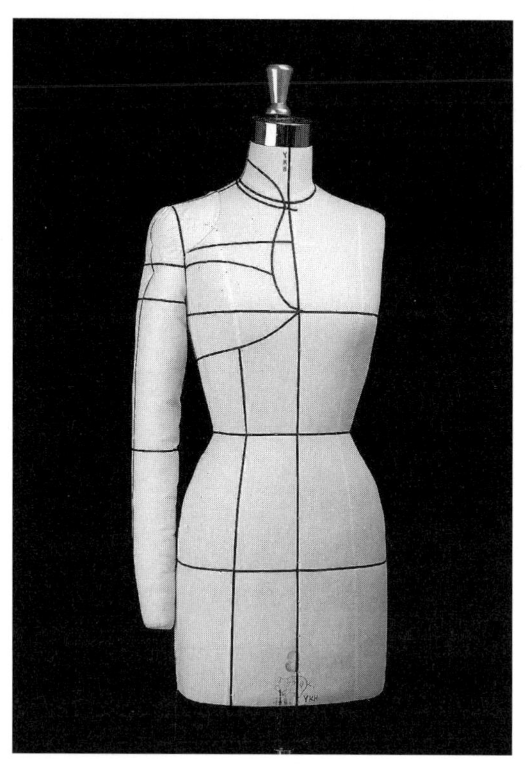

- 마네킹 팔을 고정한다.

- 어깨선과 암홀선을 다시 친다.

- 디자인에 따라 라인테이프를 친다.

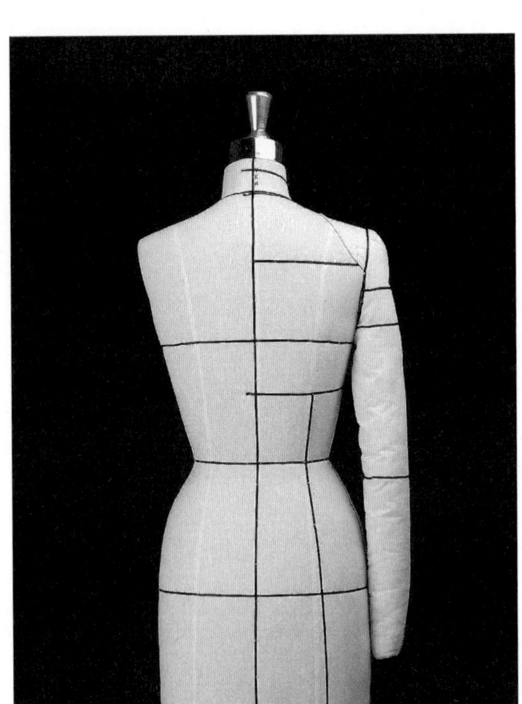

• 뒤판에 라인테이프를 친다.

2 광목 준비

• 디자인에 따라 광목을 준비한다.

  예 **앞 위판:** 너비 약 25cm, 식서 방향 길이 약 30cm

    앞 아래판: 너비 약 35cm, 식서 방향 길이 약 35cm

    앞 중심판: 너비 약 35cm, 식서 방향 길이 약 70cm

    앞 옆판: 너비 약 40cm, 식서 방향 길이 약 70cm

    뒤 위판: 너비 약 30cm, 식서 방향 길이 약 35cm

    뒤 중심판: 너비 약 25cm, 식서 방향 길이 약 70cm

    뒤 옆판: 너비 약 40cm, 식서 방향 길이 약 70cm

    소매: 너비 약 20cm, 식서 방향 길이 약 20cm

    칼라: 너비 약 15cm, 식서 방향 길이 약 30cm

• 필요한 안내선을 그린다.

3 드레이핑

앞 위판

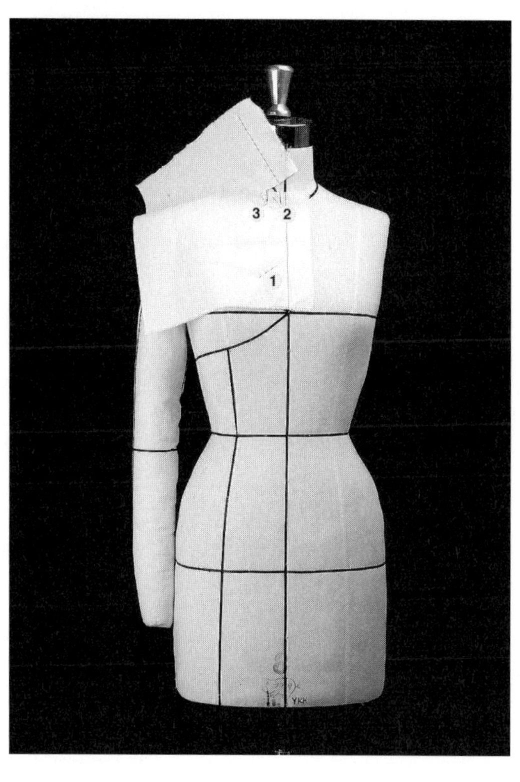

1, 2 중심선을 맞추어 위판의 시작점과 앞 목점을 고정
한다.

3 목둘레선을 따라 가윗집을 넣으면서 광목을 편안하게
놓는다.

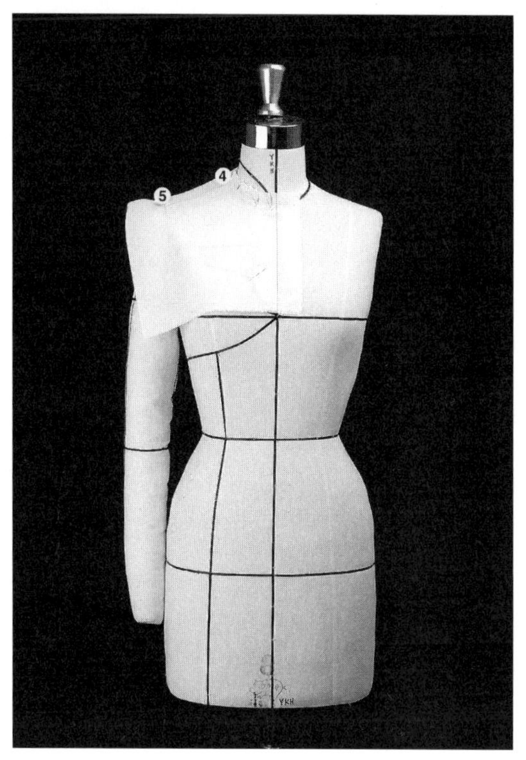

4, 5 옆 목점과 어깨 끝점을 고정한다.

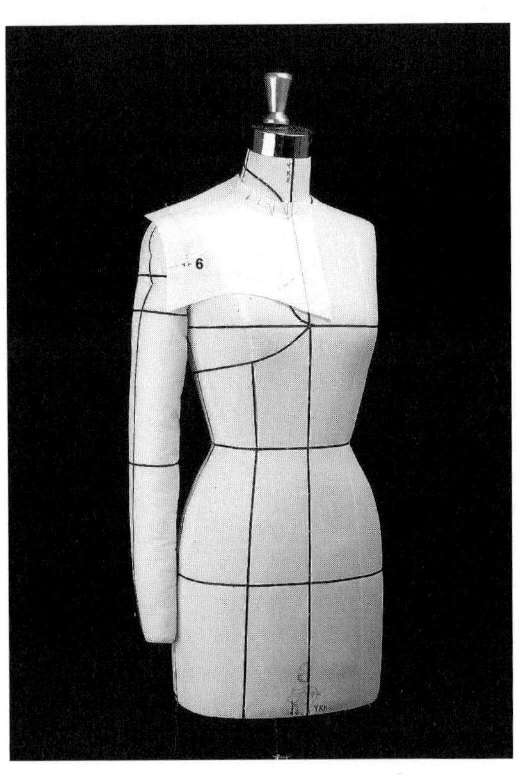

6 품선에서 여유분을 표시한다.

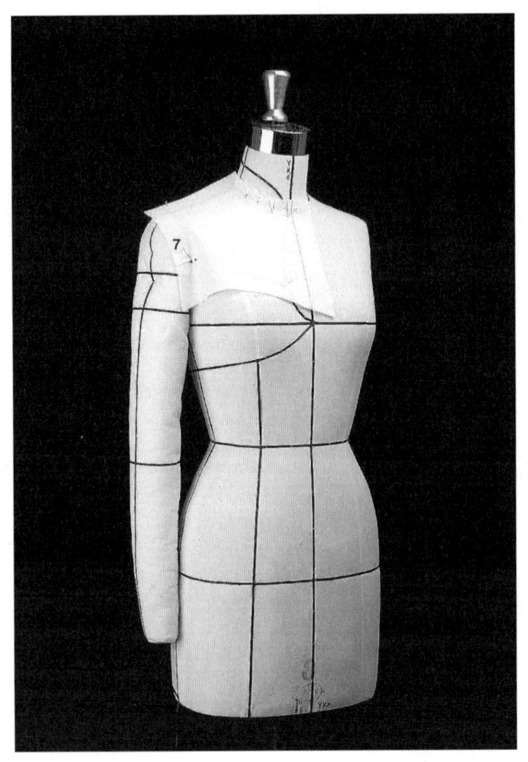

7 여유분을 표시한 점이 품선에 오도록 광목을 안으로

밀어 넣고 품선을 다시 고정한다.

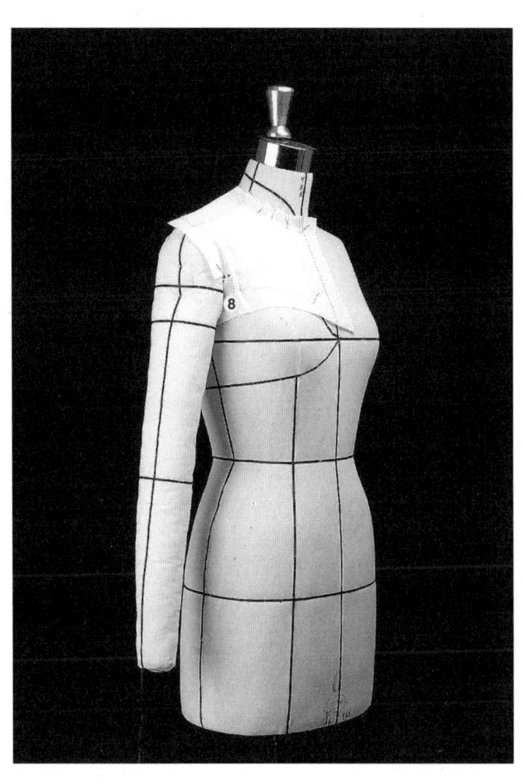

8 여유분이 움직이지 않도록 아래판과의 연결선에 고정
해둔다.

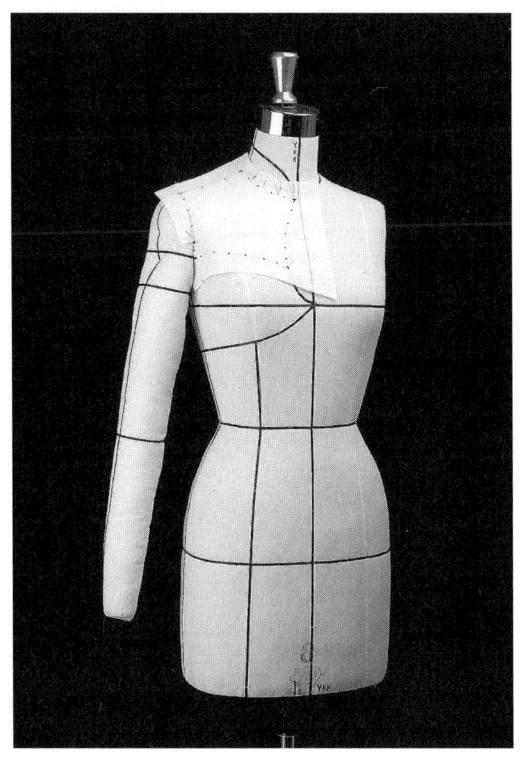

• 모든 작업점을 표시한다.

앞 아래판

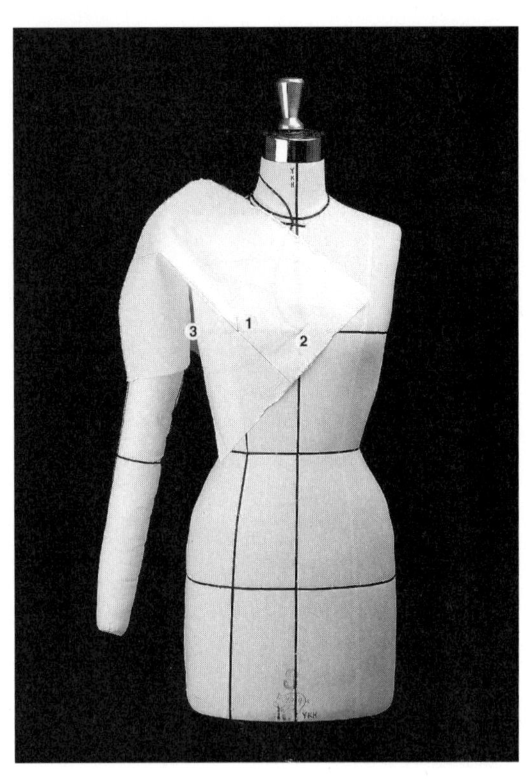

1 광목을 바이어스로 놓고 유두점을 고정한다.

2, 3 앞 중심선과 옆선을 고정한다.

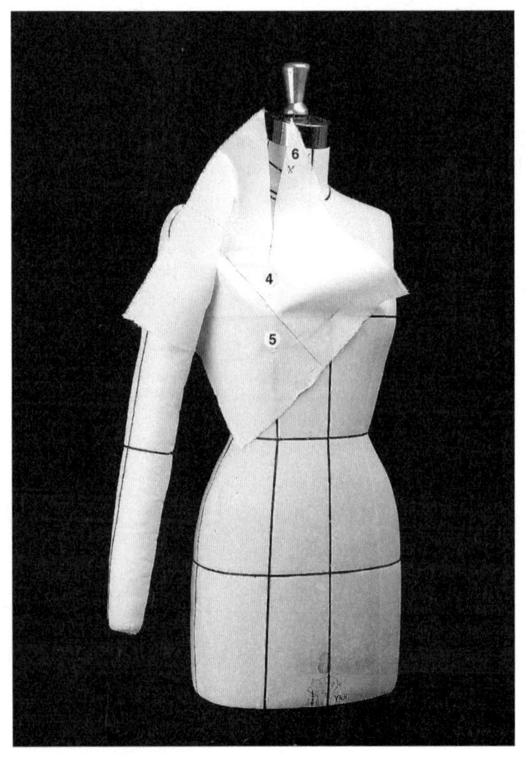

4, 5 유두점 위아래 점을 고정한다.

6 플레어를 잡을 위치까지 가윗집을 넣는다.

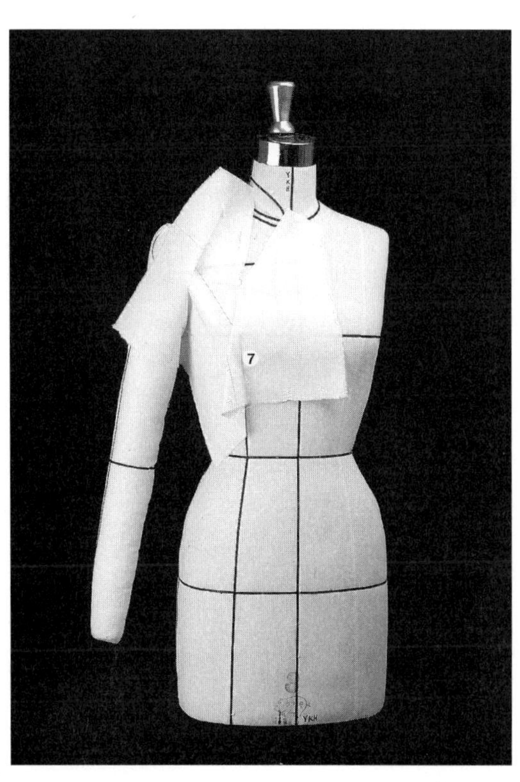

7 디자인에 따라 주름의 볼륨을 정한다.

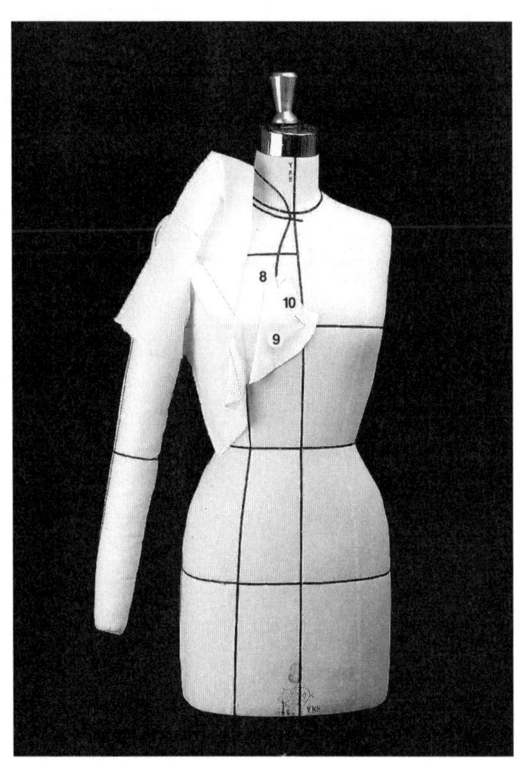

8, 9, 10 디자인에 따라 순서대로 볼륨을 완성한다.

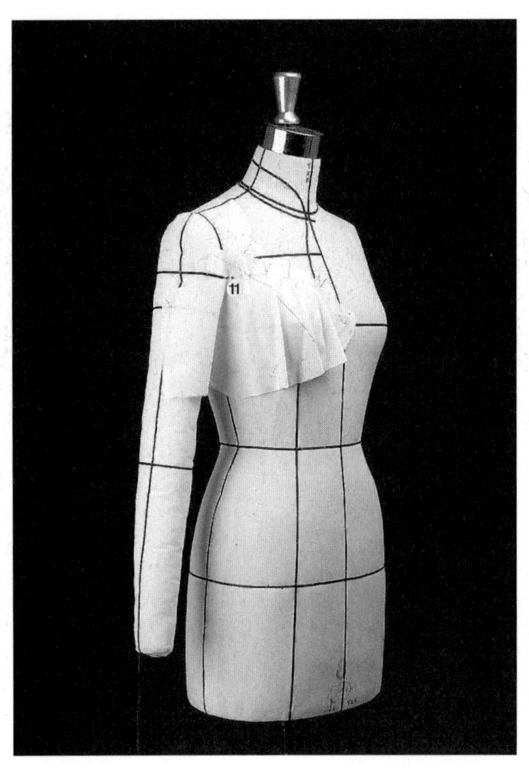

- 반대쪽에서도 디자인에 따라 볼륨을 잡아준다.

11 품선 끝에서 여유분을 표시하고 표시한 부분까지 가 윗집을 넣는다. 여유분이 움직이지 않도록 고정한다.

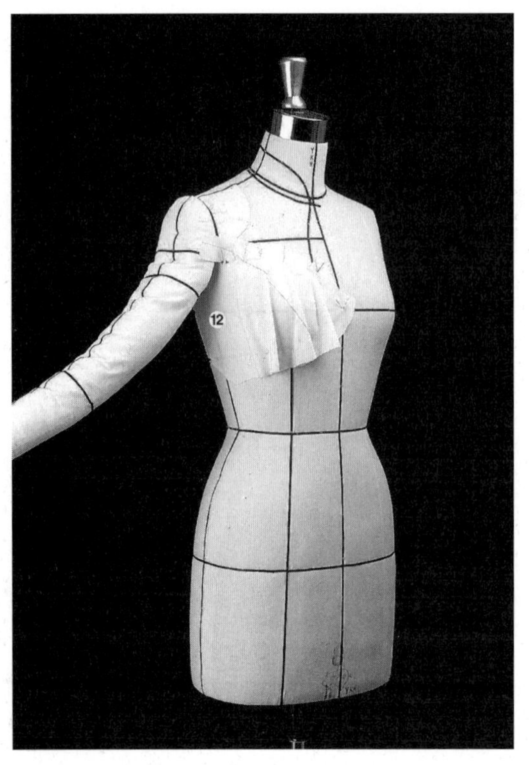

12 광목을 정리하여 팔 밑으로 편안하게 놓고 옆선에 고 정한다.

- 옆선에서도 여유분을 준다.

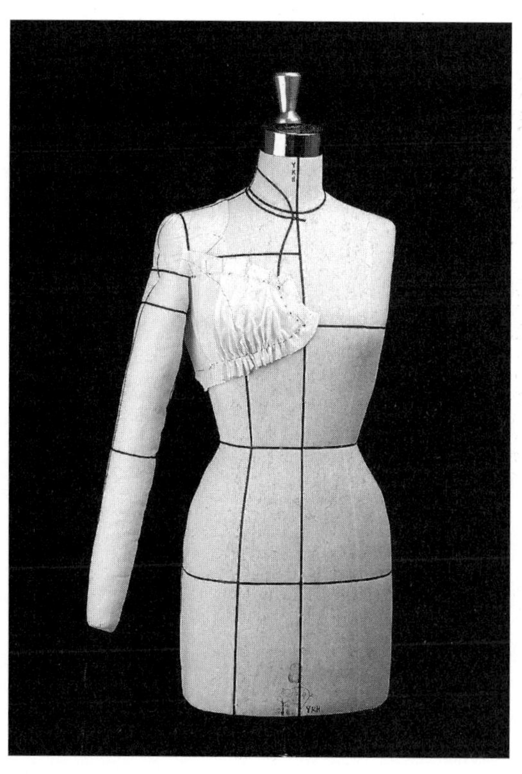

• 홈질하여 주름의 볼륨을 확인하고 모든 작업점을 표
시한다.

앞 중심판

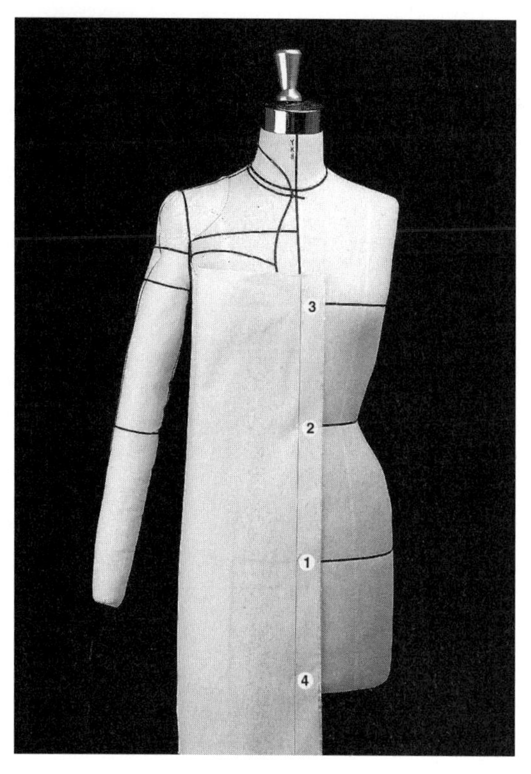

1~4 앞 중심선을 고정한다.

• 홈질하여 주름의 볼륨을 확인하고 모든 작업점을 표
시한다.

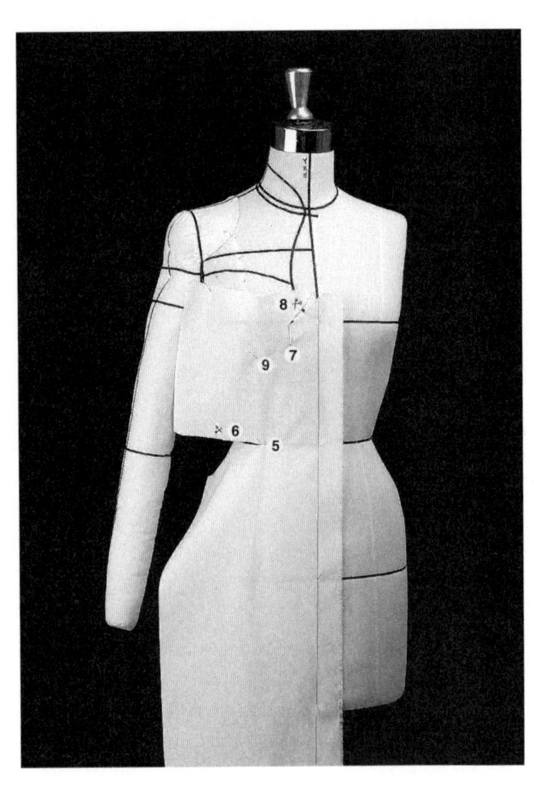

5 허리선을 고정한다.

6 허리선에 가윗집을 넣는다.

7, 8, 9 광목을 잘라 정리하면서 가윗집을 주어 중심판을
　　　고정한다.

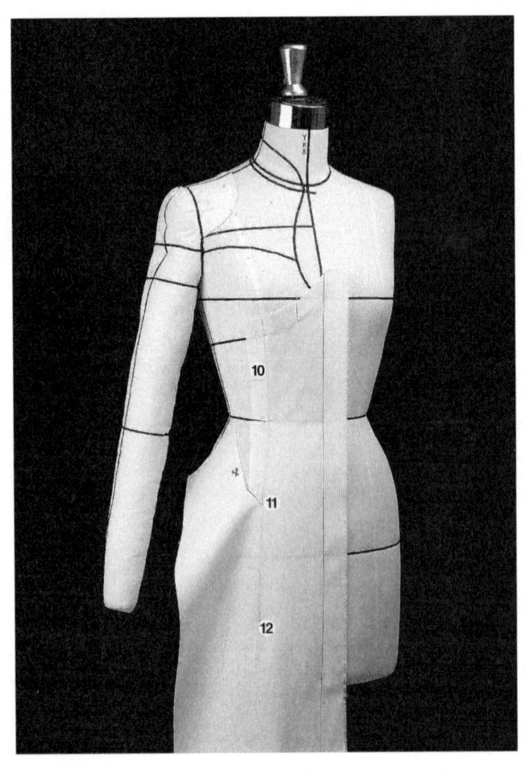

10 디자인선을 고정한다.

11 플레어의 시작점에 수직으로 핀을 꽂고 가윗집을 넣
　는다.

12 플레어를 잡을 위치를 고정한다.

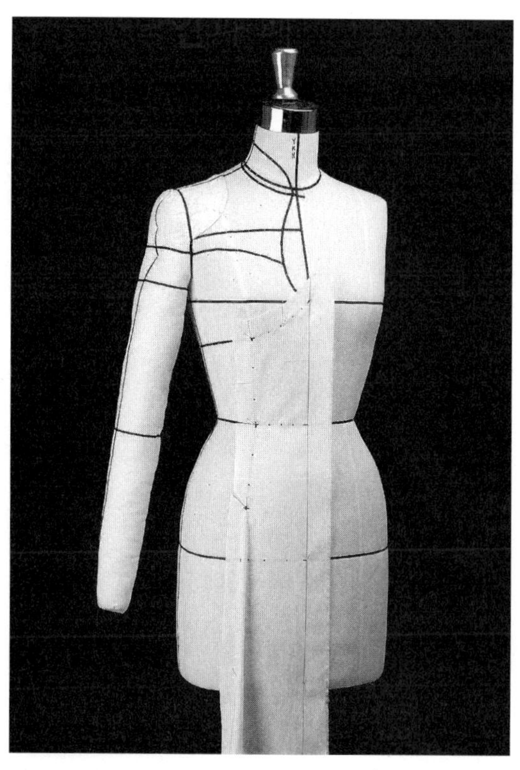

- 플레어의 볼륨을 정하여 고정하고 모든 작업점을 표시한다.

앞 옆판

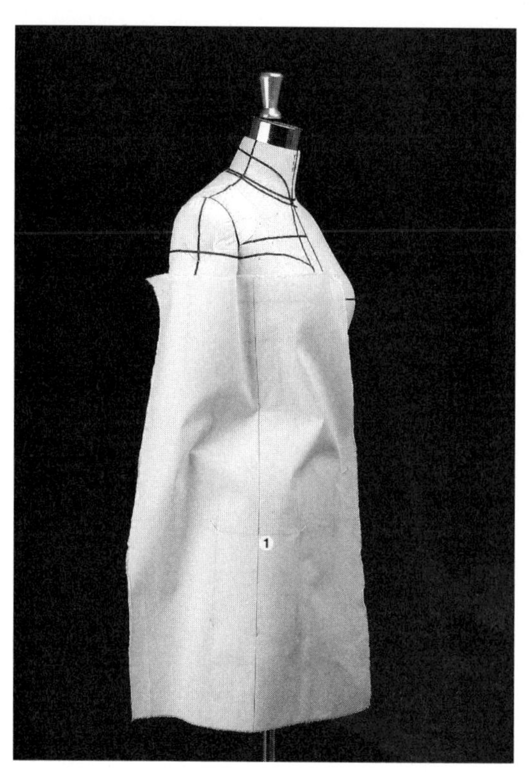

1 식서선을 수직으로 위와 아래에서 움직이지 않도록 고정한다.
- 양쪽 엉덩이선과 밑단을 고정한다.

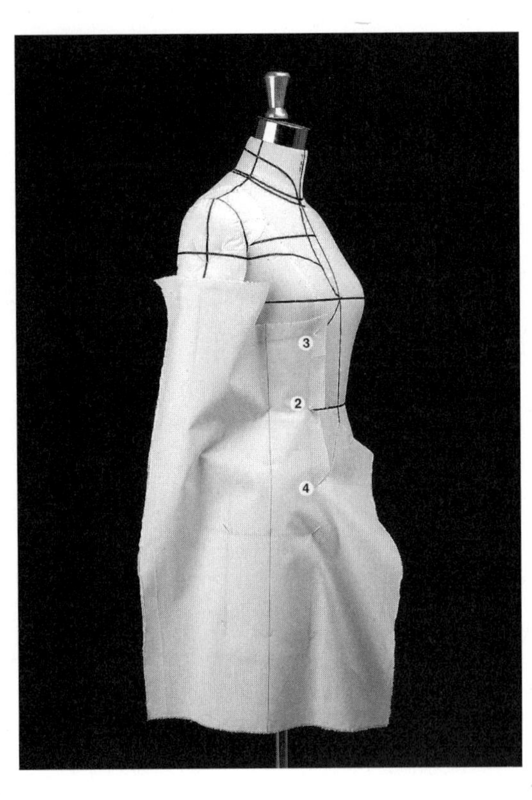

2 광목을 정리하고 허리선에 가윗집을 넣은 다음 고정한다.

3 몸판 라인을 고정한다.

4 플레어 시작점에 수직으로 핀을 꽂고 가윗집을 넣는다.

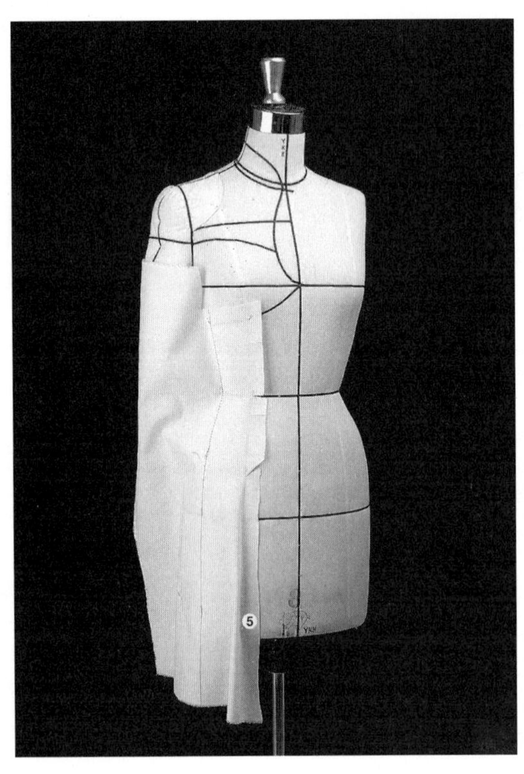

5 플레어의 볼륨을 정하여 고정한다.

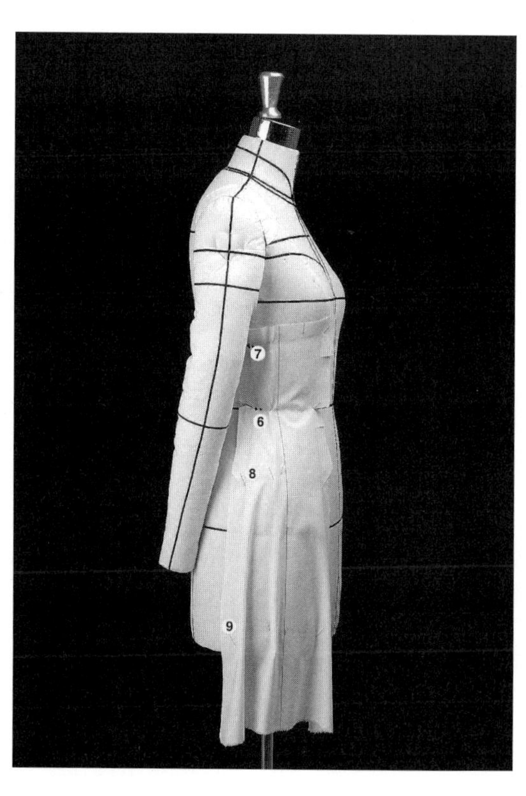

- 옆선에서 여유분을 표시한다.

- 허리선의 여유분을 표시한 곳까지 가윗집을 넣는다.

6, 7, 8 여유분을 안으로 밀어 넣고 옆선을 고정한다.

9 옆선 밑단에 플레어의 볼륨을 준다.

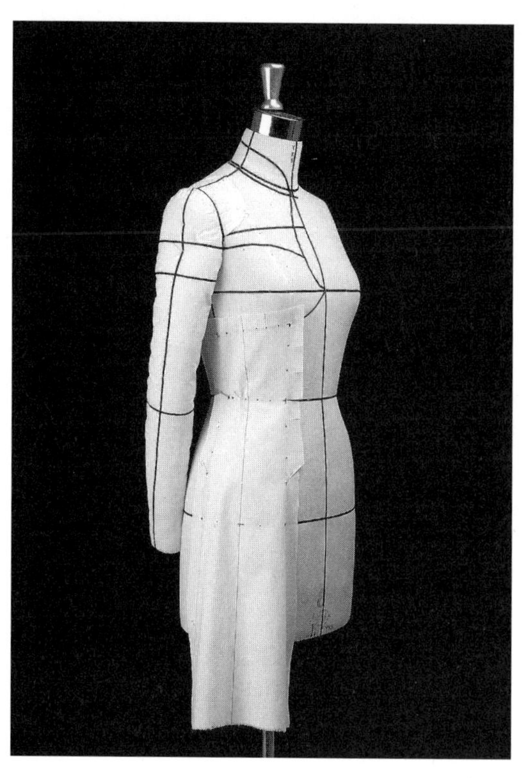

- 모든 작업점을 표시한다.

뒤 위판

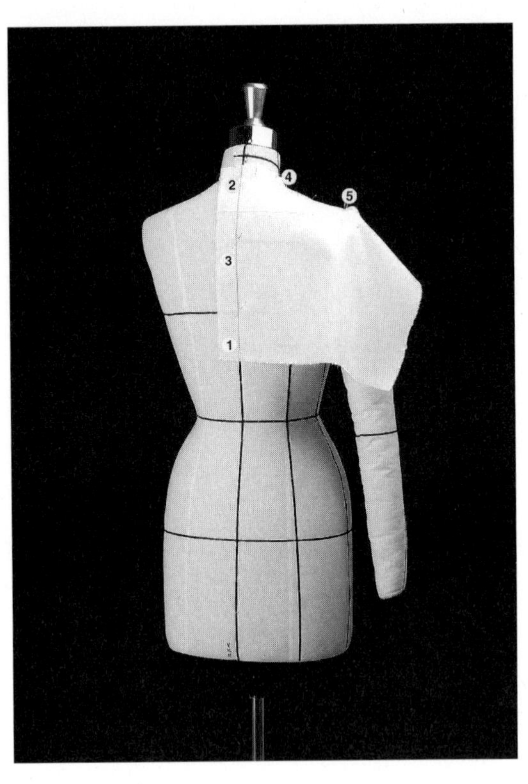

1, 2, 3 뒤 중심선을 고정한다.

4 목둘레선을 따라 가윗집을 넣으면서 옆 목점을 고정

한다.

5 어깨 끝점을 고정한다.

• 광목을 정리한다.

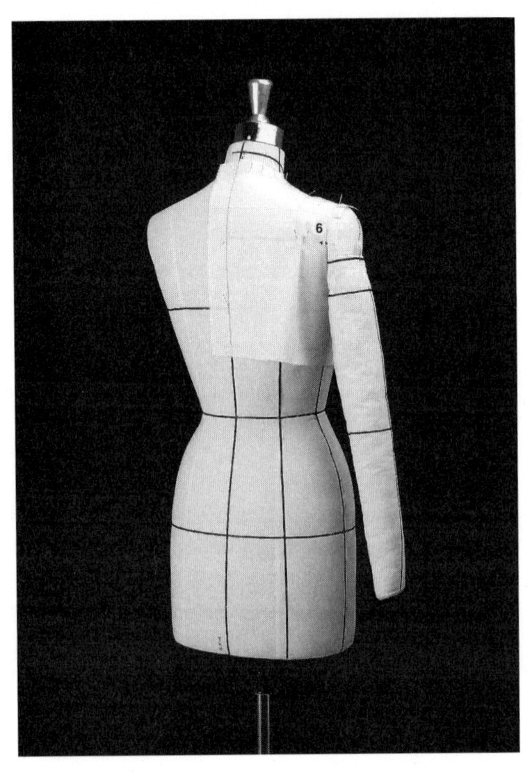

6 품선 끝에서 여유분을 주고 가윗집을 넣은 다음 광목

을 팔 밑으로 편안하게 놓는다.

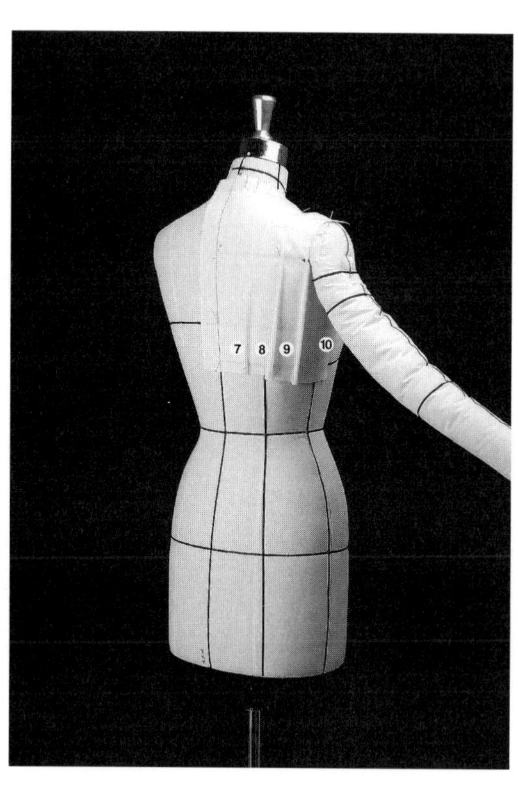

7, 8, 9 디자인에 따라 주름 분량을 잡는다.

10 여유분을 주고 옆선을 고정한다.

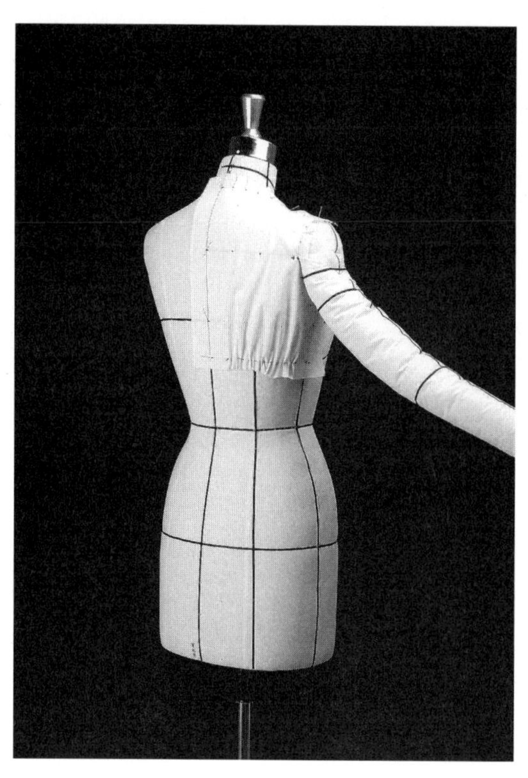

• 홈질하여 주름의 볼륨을 확인하고 모든 작업점을 표
시한다.

뒤 중심판

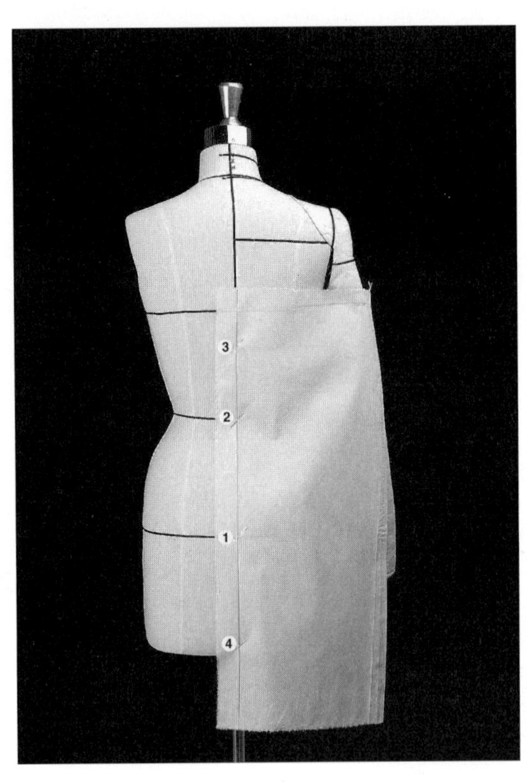

1~4 뒤 중심선을 고정한다.

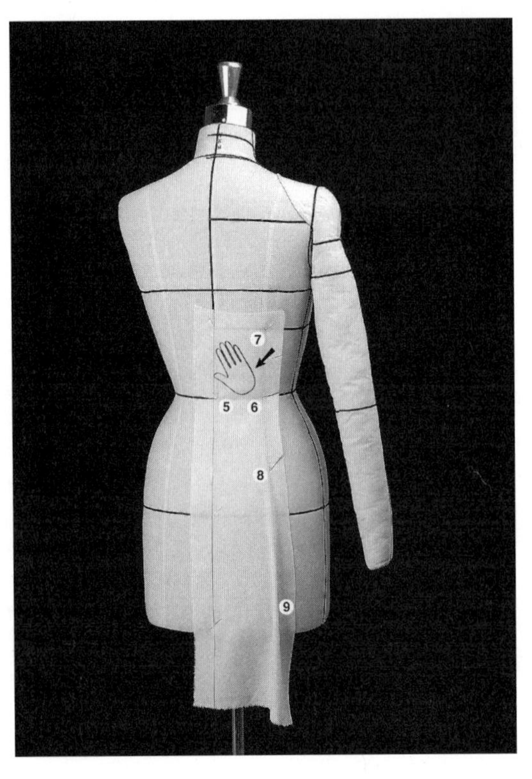

5 뒤 중심 허리선의 핀을 빼고 중심판의 광목이 편안하게 놓이도록 광목을 마네킹에 쓸어 붙여서 허리선을 다시 고정한다.

6 허리선을 고정하고 가윗집을 넣는다

7, 8 디자인선을 고정하고 플레어 시작점에 수직으로 핀을 꽂은 뒤 가윗집을 넣는다.

9 디자인에 따라 플레어를 잡는다.

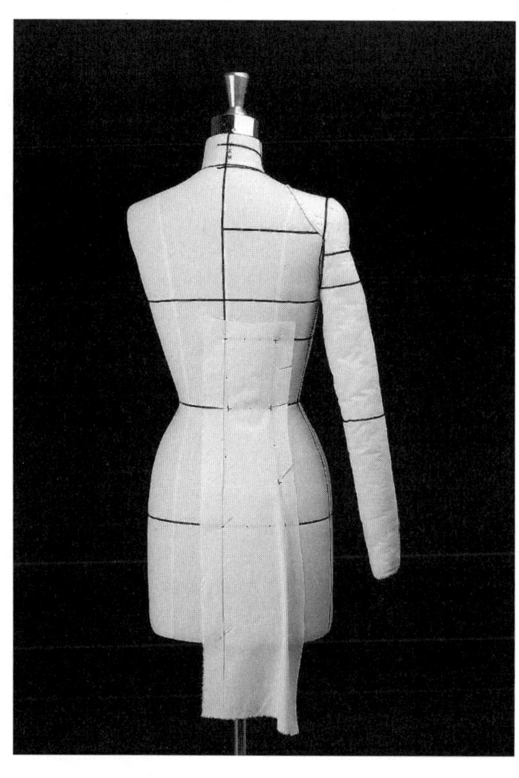

- 모든 작업점을 표시한다.

뒤 옆판

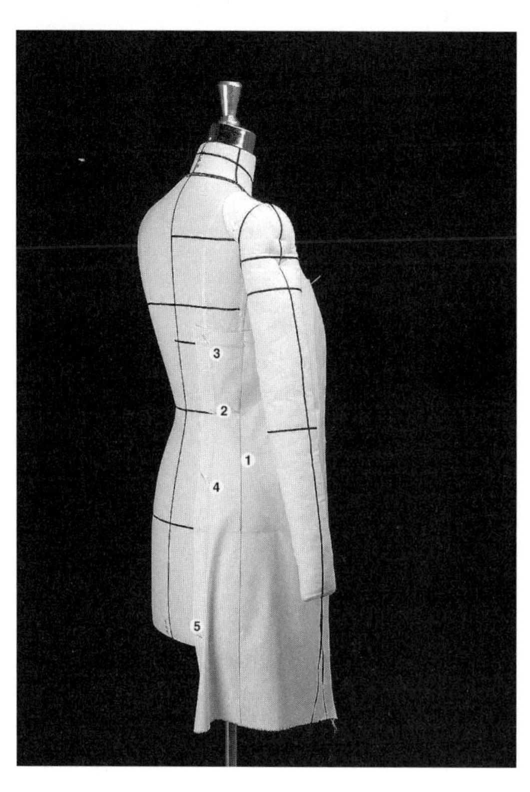

1 식서선을 수직으로 위와 아래에서 움직이지 않도록
   고정한다.

2 허리선을 고정하고 광목을 정리한 후 가윗집을 넣는다.

3, 4, 5 라인을 정리하고 중심판과 같은 방법으로 플레어
   의 볼륨을 정한다.

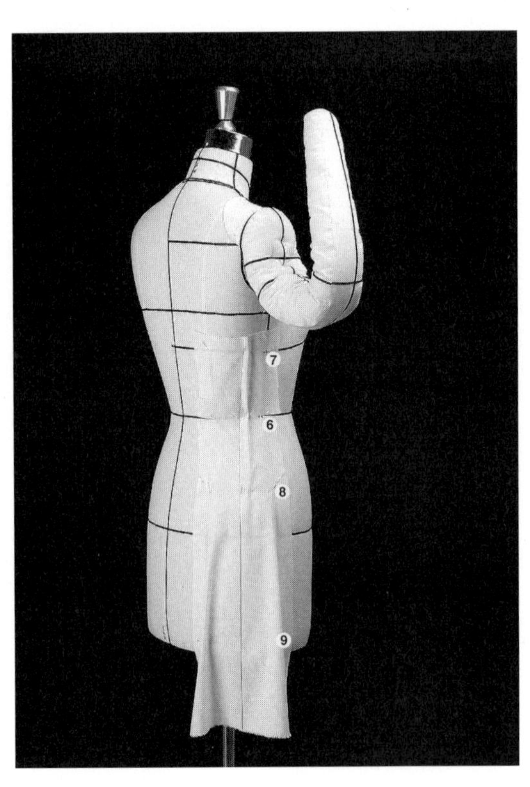

• 옆선에서 여유분을 준다.

6~9 앞 옆판과 마찬가지 방법으로 옆선을 고정하고 플레어의 볼륨을 정한다.

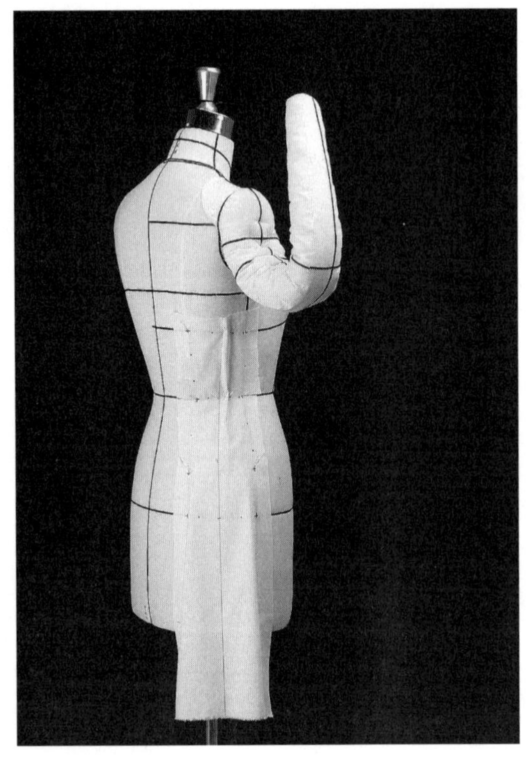

• 모든 작업점을 표시한다.

소매

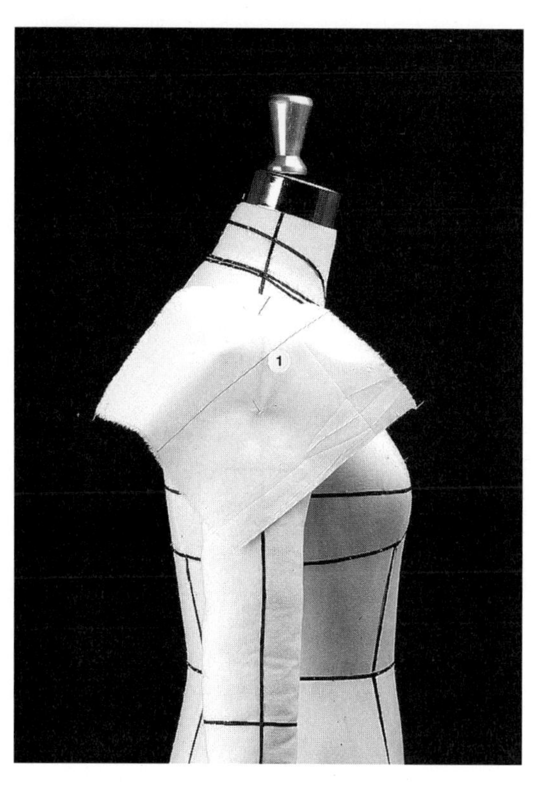

1 광목을 바이어스로 어깨 끝점에 고정한다.

• 어깨 끝점까지 가윗집을 준다.

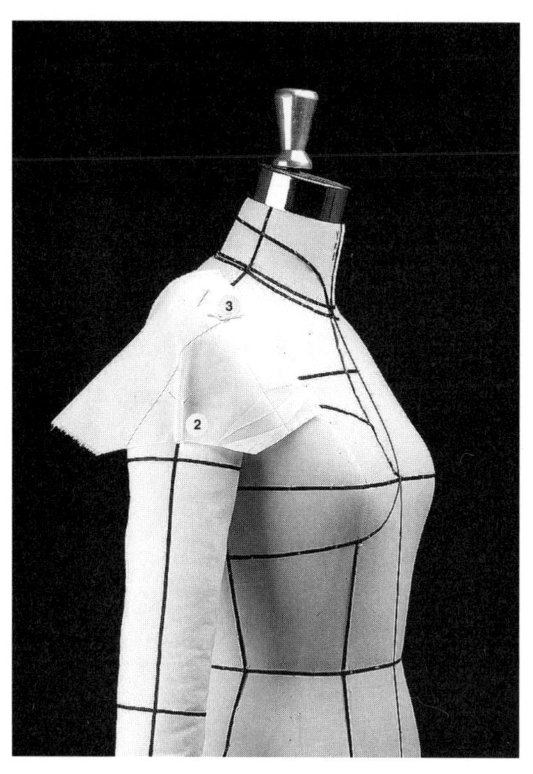

2 소매 중심 밑단에 원하는 볼륨을 고정한다.

3 디자인에 따라 주름을 잡는다.

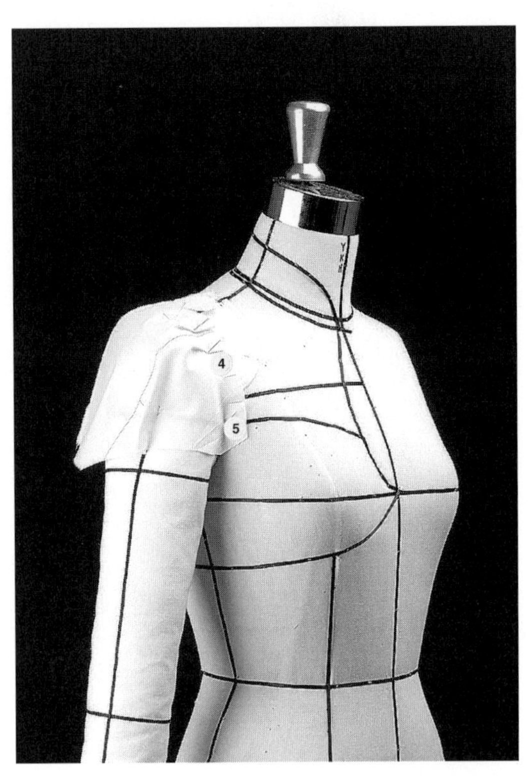

4 디자인에 따라 두 번째 주름을 잡아 고정한다.

5 소매의 밑단과 암홀이 만나는 점을 고정한다.

• 광목을 정리한다.

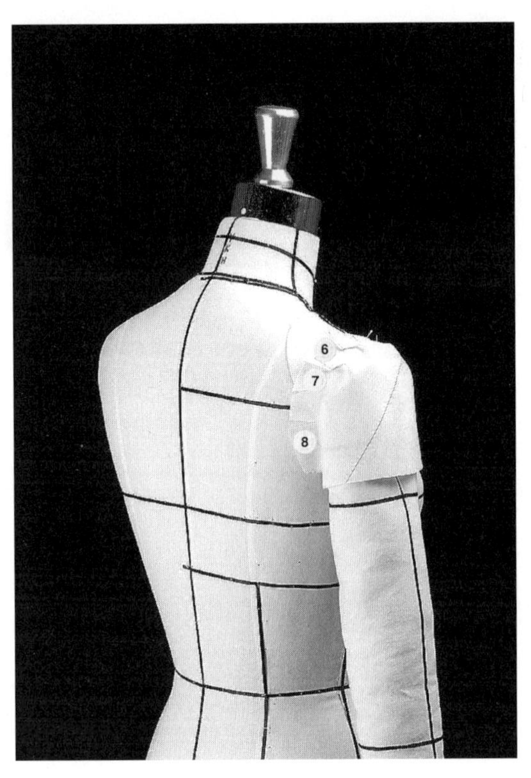

• 소매 밑단에 고정해두었던 볼륨을 자연스럽게 풀어놓
  는다.

6, 7, 8 앞판과 같은 방법으로 주름을 잡고 소매의 밑단
  과 암홀이 만나는 점을 고정한다.

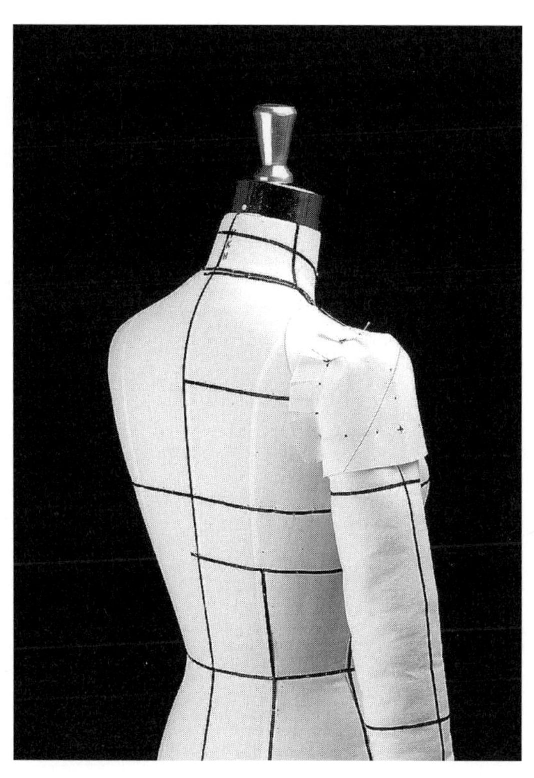

- 소매의 중심선 등 모든 작업점을 표시한다.

- 주름의 위치를 표시하고 접힌 안쪽은 먹지 등을 사용
  하여 베껴낸다.

칼라

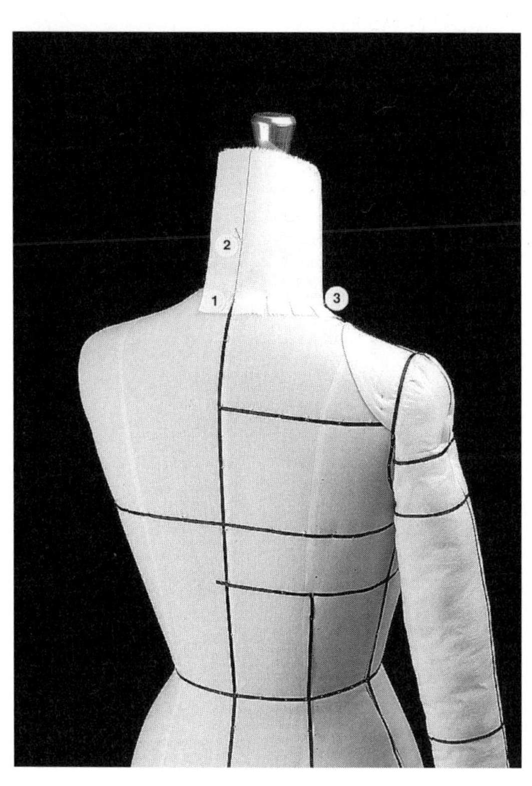

1, 2 뒤 중심선을 고정한다.

3 목둘레선을 따라 광목을 정리하고 옆 목점을 고정한
다. 이때 칼라가 목에서 얼마나 떨어져야 하는지 볼륨
을 확인하면서 단계적으로 가윗집을 넣는다.

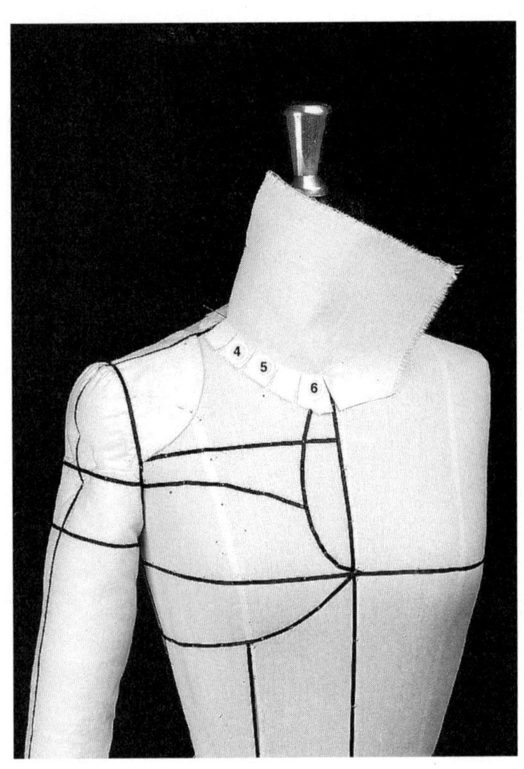

4, 5, 6 같은 방법으로 볼륨을 확인하면서 옆 목점에서부터 조금씩 단계적으로 광목을 정리해 가윗집을 넣고 앞 목점을 고정한다.

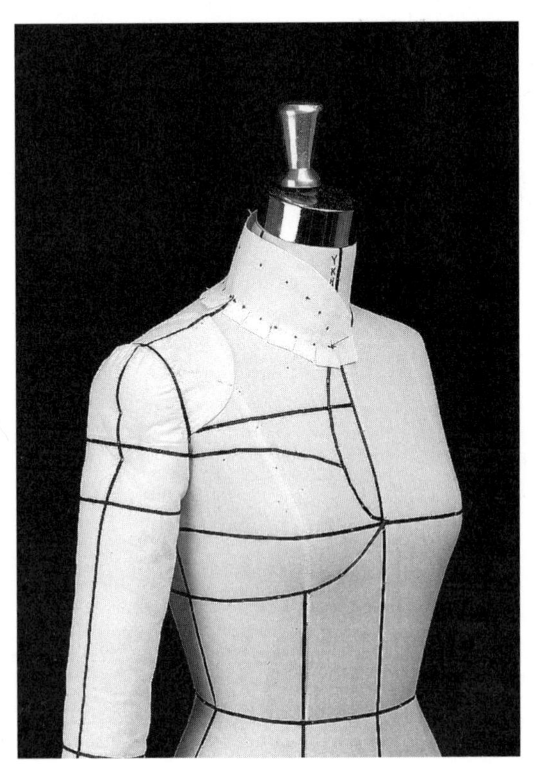

- 디자인에 따라 칼라의 모양을 정하고 광목을 정리한다.
- 모든 작업점을 표시한다.
- 몸판의 어깨선과 만나는 곳이므로 옆 목점을 반드시 표시하도록 한다.

4 볼륨 확인과 패턴 정리

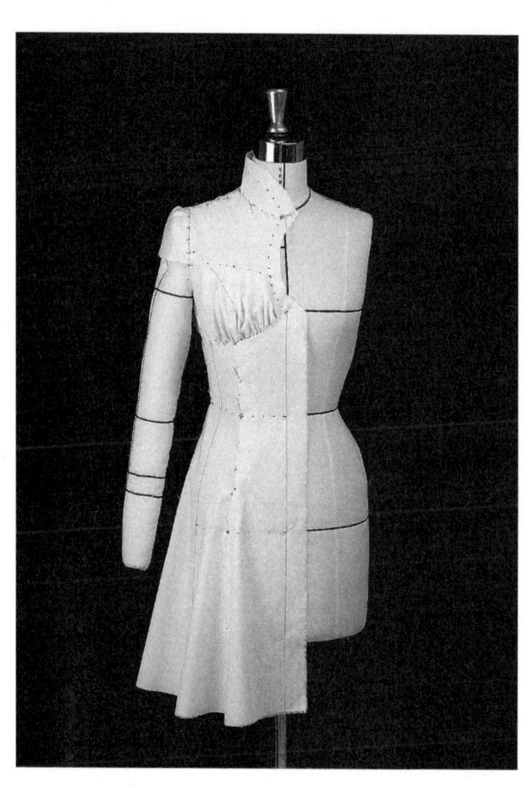

- 모든 시접을 연결한다.

- 앞면에서 볼륨을 확인한다.

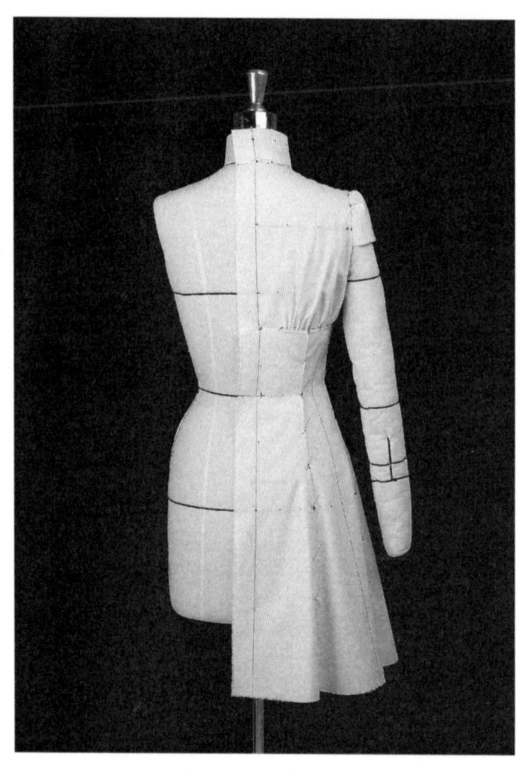

- 뒷면에서 볼륨을 확인한다.

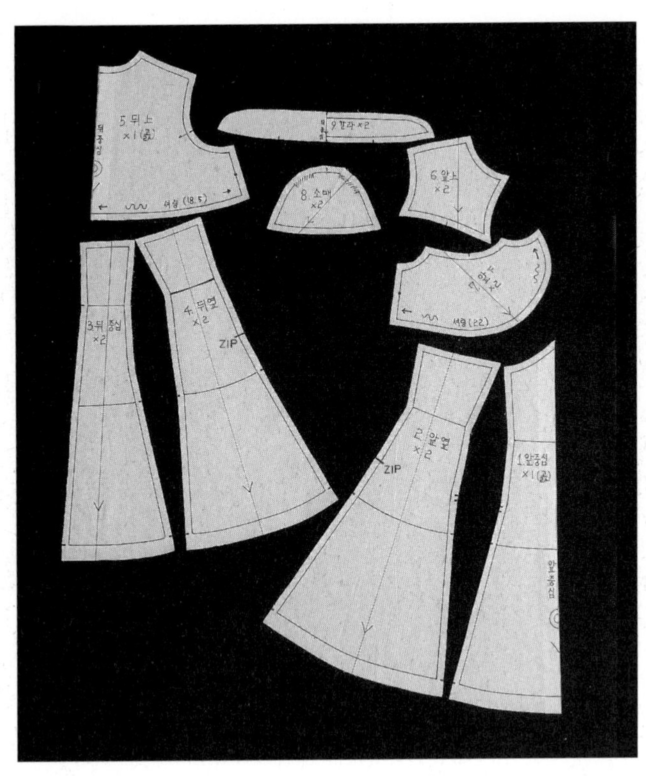

- 작업점을 따라 완성선을 그린다.

- 필요한 사항을 기록한다.

- 시접을 주고 시접선을 그린다.

- 시접선을 따라 자른다.

오픈 와이셔츠 칼라, 기본 주름 소매 디자인 셔츠

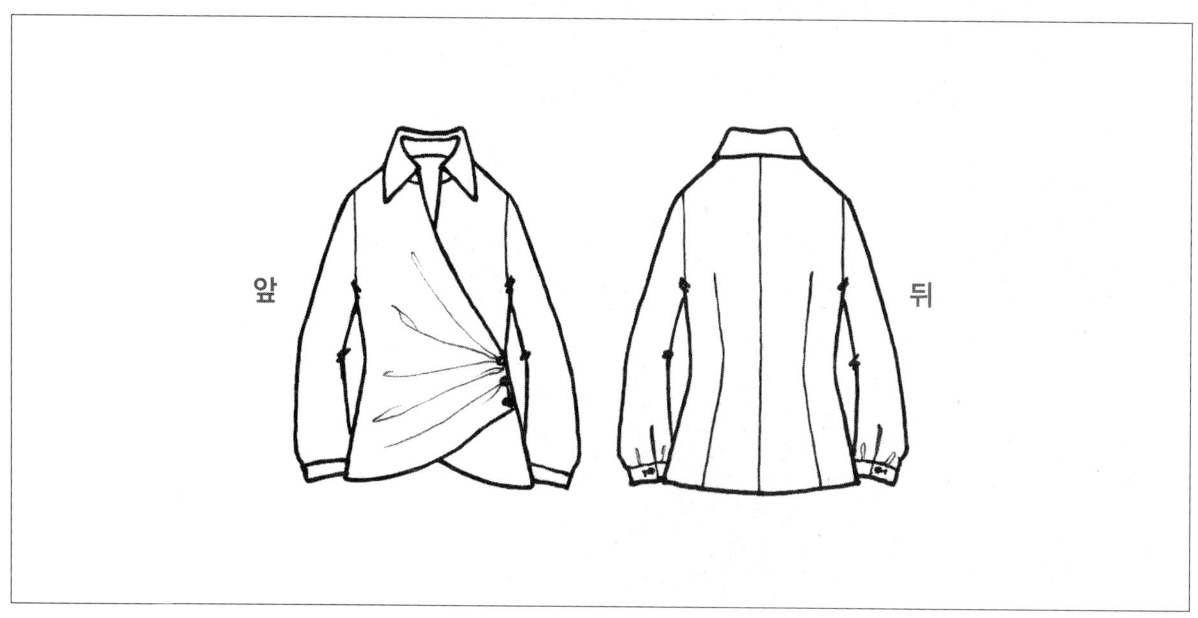

1 라인테이프 치기

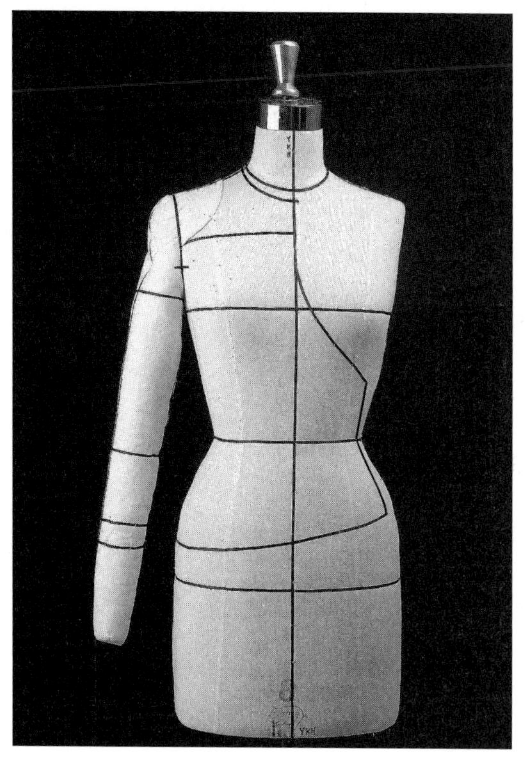

- 마네킹에 팔을 고정한다.

- 어깨선과 암홀선을 친다.

- 디자인에 따라 라인테이프를 친다(목둘레선, 여밈선, 옷
  길이, 소매 길이, 커프스 너비, 소매 트임 위치).

* 암홀에 경첩점을 표시한다.

* 몸판과 팔의 겨드랑이점이 일치하는지 확인하고, 필요하면 몸판에
  맞추어 팔의 겨드랑이점을 수정하여 표시해둔다.

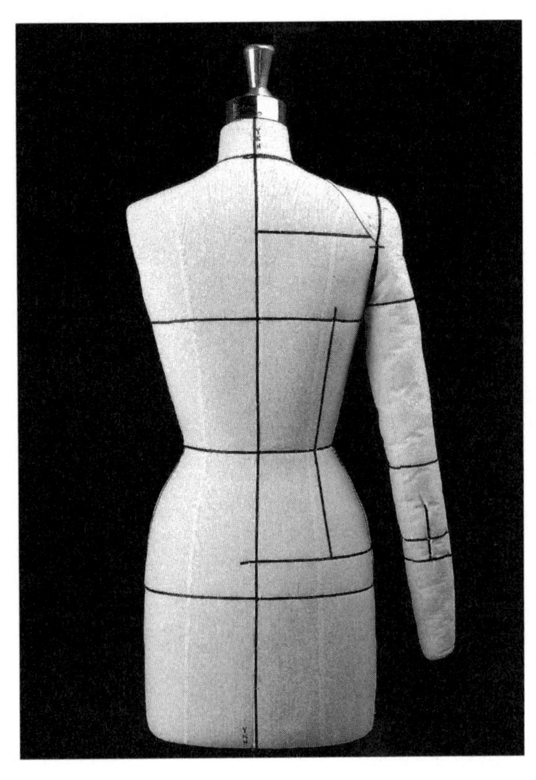

• 뒤판에 라인테이프를 친다.

* **경첩점을 표시한다. 마네킹의 겨드랑이점선과 수직으로 4cm 위
로 정한다.**

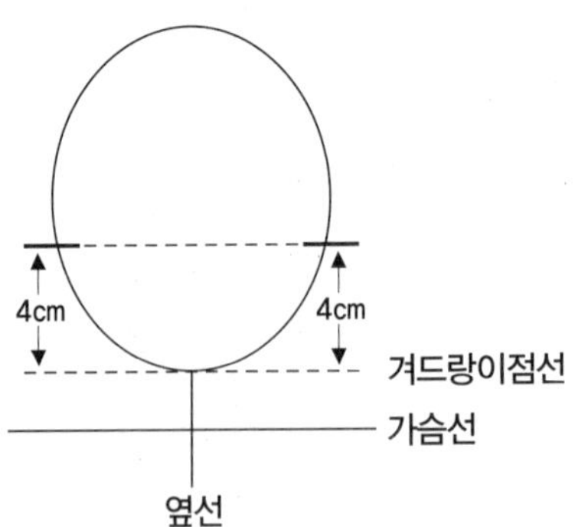

2 광목 준비

• 디자인에 따라 광목을 준비한다.

   예 **앞판:** 너비 약 75cm, 식서 방향 길이 약 70cm

     뒤판: 너비 약 30cm, 식서 방향 길이 약 70cm

     소매: 너비 약 50cm, 식서 방향 길이 약 60cm

     칼라 밴드: 너비 약 15cm, 식서 방향 길이 약 30cm

     겉 칼라: 너비 약 20cm, 식서 방향 길이 약 30cm

     커프스: 너비 약 10cm, 식서 방향 길이 약 30cm

• 필요한 안내선을 그린다.

3 드레이핑

앞판

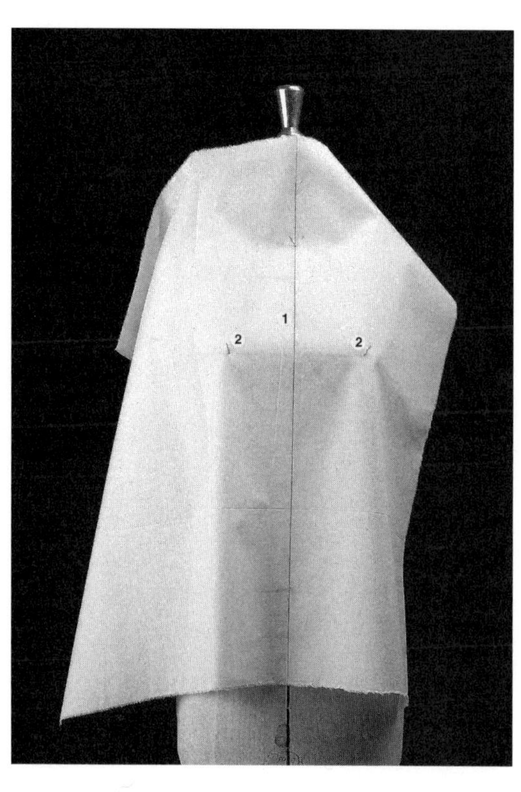

1 식서선을 수직으로 앞 중심선을 고정한다.

2 양쪽 유두점을 고정한다.

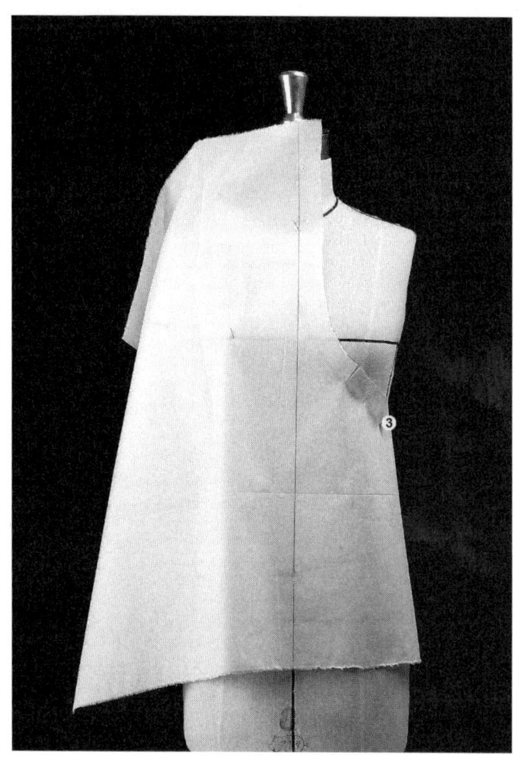

3 여밈선을 따라 광목을 조금씩 단계적으로 자르면서

　가윗집을 주고 여밈선을 고정한다.

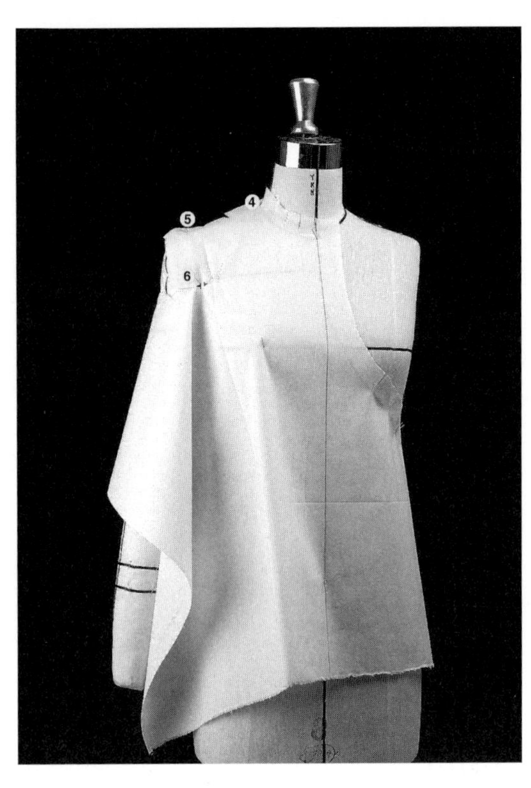

4 목둘레선을 따라 광목을 정리하고 옆 목점을 고정한다.

5 어깨 끝점을 고정한다.

6 품선 끝에서 여유분을 주고 품선을 고정한다. 고정된
   품선 끝까지 가윗집을 넣고 광목을 팔 밑으로 편안하
   게 놓는다.

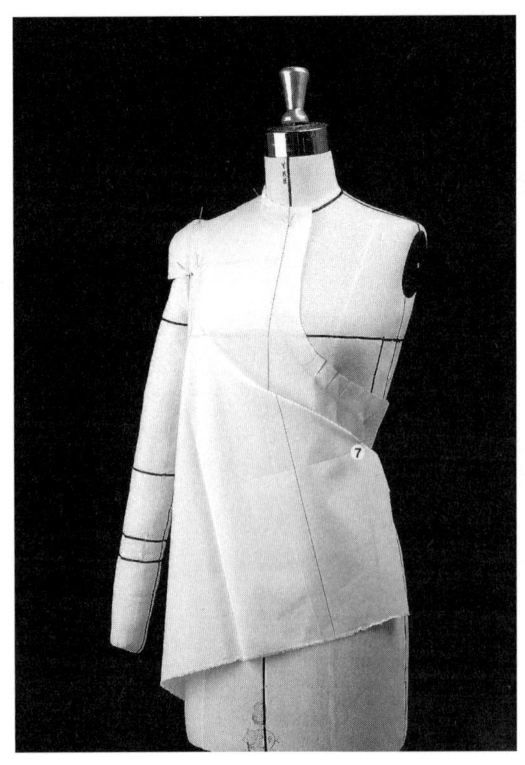

7 유두점에서 출발하는 첫 번째 주름을 잡는다.

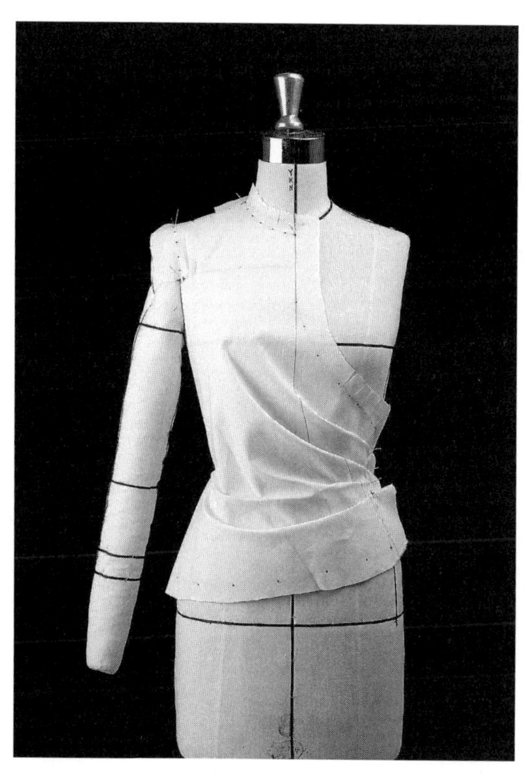

- 옆선에서 여유분을 주고 허리선에 가윗집을 넣은 다음 옆선을 고정한다. 남은 광목으로 디자인에 따라 주름을 잡아 고정한다.
- 모든 작업점을 표시한다.

뒤판

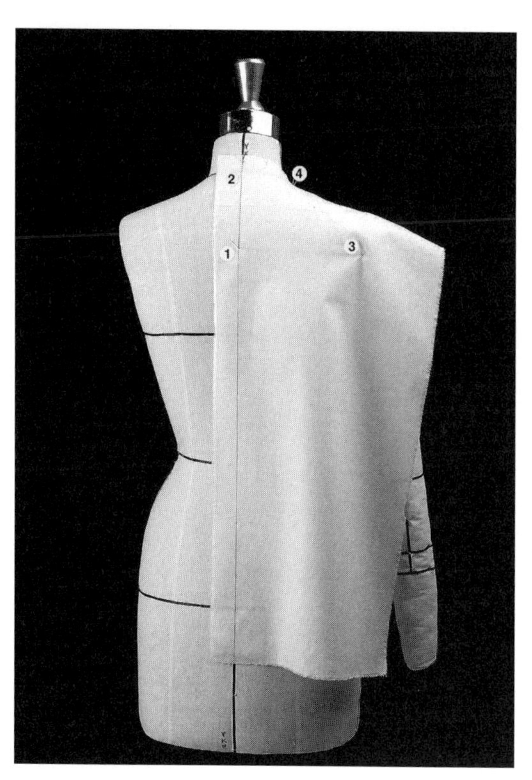

1, 2 뒤 중심선과 만나는 품선과 뒤 목점을 고정한다.

3 광목을 수평으로 쓸어 붙인 다음 품선 끝을 고정한다.

4 목둘레선을 따라 광목을 정리하고 옆 목점을 고정한다.

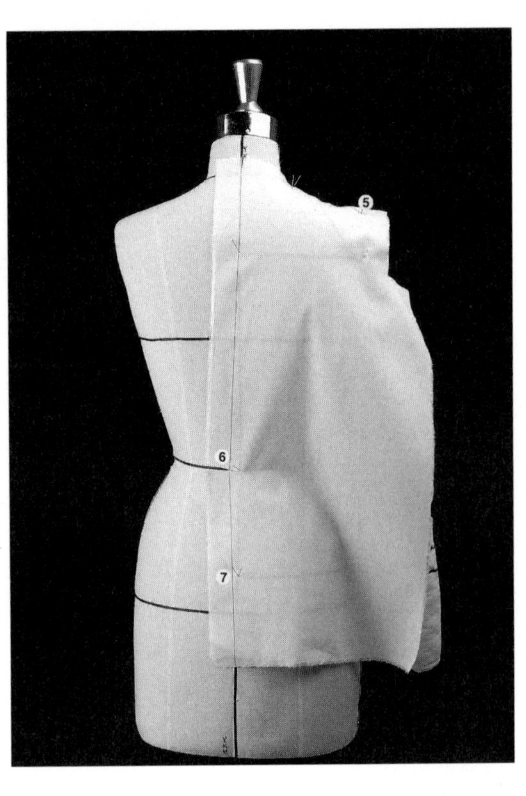

5 어깨 끝점을 고정한다.

6 뒤 중심선에 광목이 남지 않도록 광목을 쓸어 내린 다음 허리선에 가윗집을 넣고 뒤 중심 허리선을 다시 고정한다.

7 뒤 중심 밑단을 고정한다.

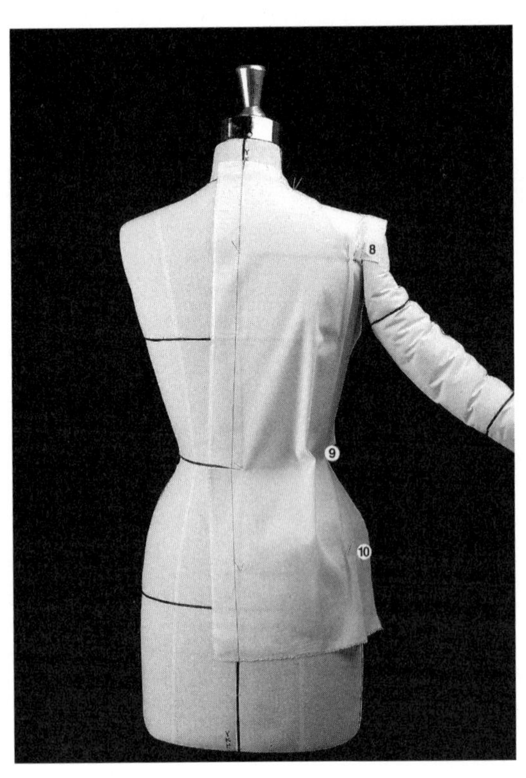

• 품선 끝에서 여유분을 준다.

8 여유분을 안으로 밀어 넣고 품선을 다시 고정한 다음 광목을 정리하고 가윗집을 넣는다.

9, 10 광목을 팔 밑으로 편안하게 놓고 옆선에서 여유분을 준다. 허리선에 가윗집을 넣어 옆선을 고정한다.

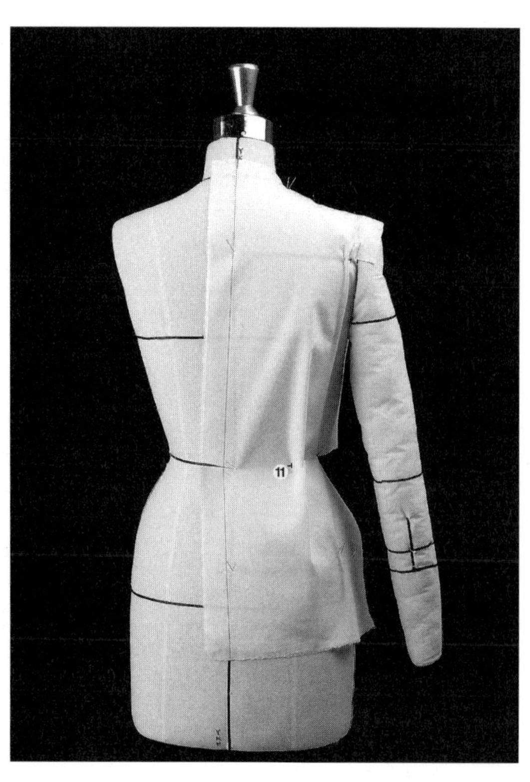

11 다트를 잡을 위치를 정하고 다트의 허리선에 가윗집을 넣는다.

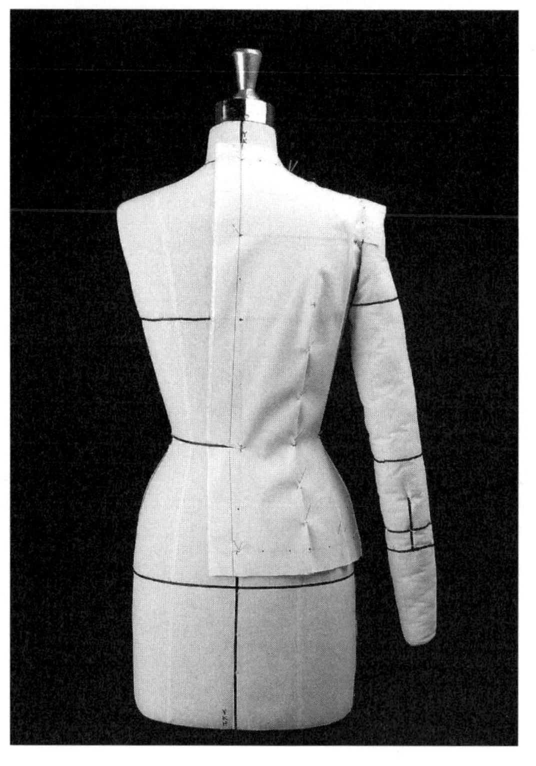

• 다트를 닫고 모든 작업점을 표시한다.

* 다트를 닫을 때 여유분까지 없어지지 않도록 유의한다. 그래서 다트를 먼저 잡은 다음 옆선에서 여유분을 주는 순서로 작업하기도 한다.

칼라 밴드

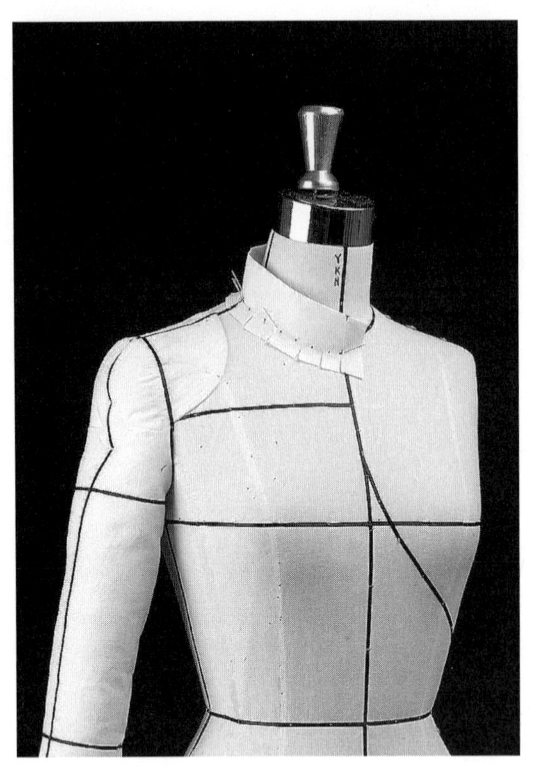

- '어깨 프린세스라인, 차이나 칼라 디자인 상의'(153쪽)
  에서 작업한 차이나 칼라를 참조하여 칼라 밴드를 완성
  한다.

겉 칼라

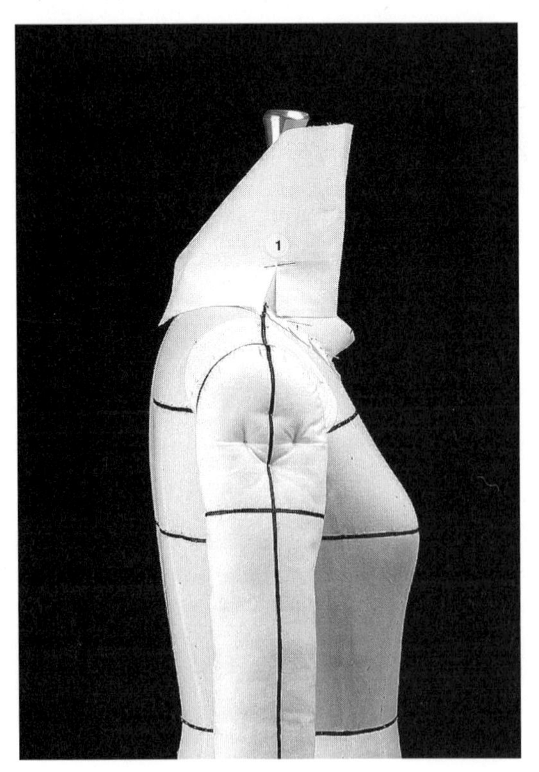

- 이 방법이 어렵다고 생각되면 '다트 이동, 와이셔츠
  칼라 디자인 상의'(181쪽)에서 작업한 와이셔츠 칼라 방
  법을 사용하여 작업해도 좋다.
1 옆 목점 윗부분의 칼라 밴드와 연결할 위치를 고정하
  고 가윗집을 넣는다.

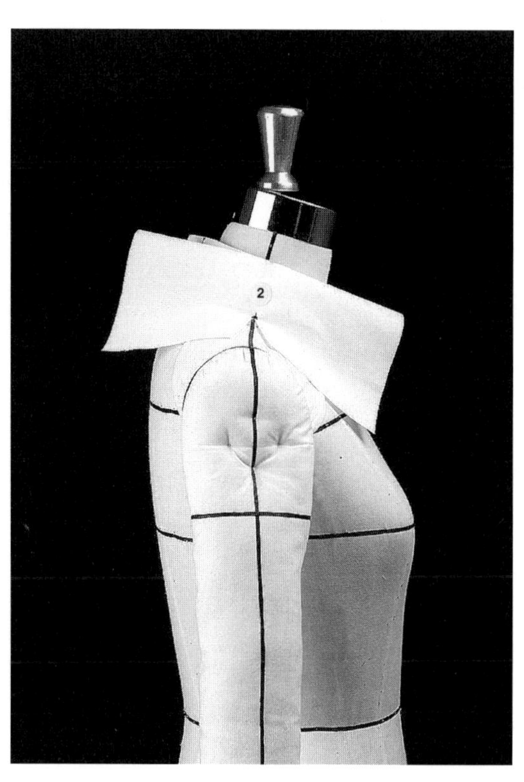

2 칼라를 젖혀서 제자리에 놓은 다음 디자인에 따라 칼라
의 너비를 정하여 가윗집을 넣고 어깨선에 고정한다.

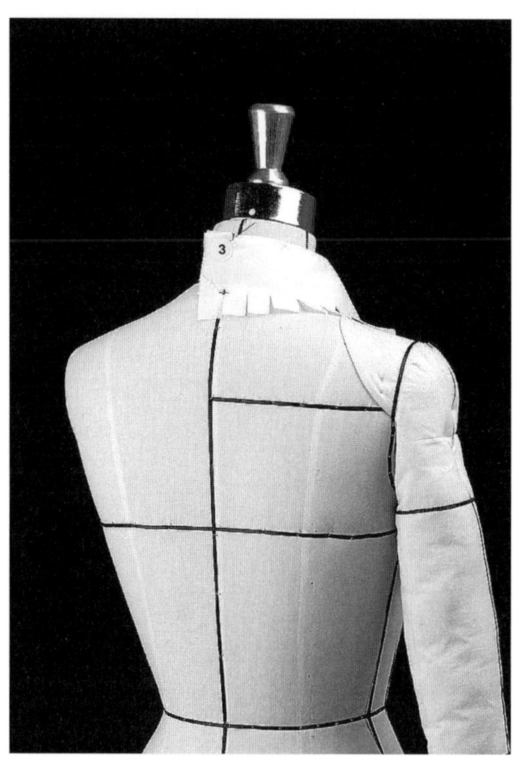

3 칼라의 너비와 모양을 살피면서 어깨선에서부터 광목
을 조금씩 단계적으로 잘라 가윗집을 넣고 뒤 중심선
을 고정한다.

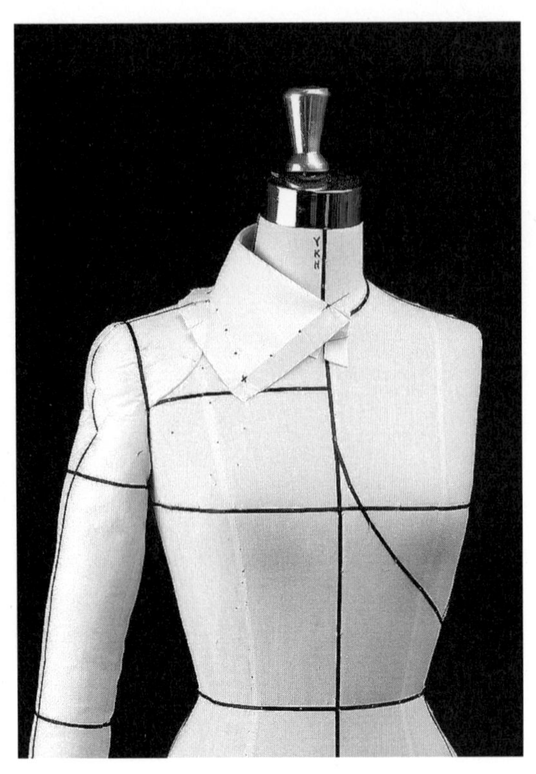

- 밴드의 앞 중심선을 고정한다.

- 디자인에 따라 모양을 찾고 모든 작업점을 표시한다.

소매

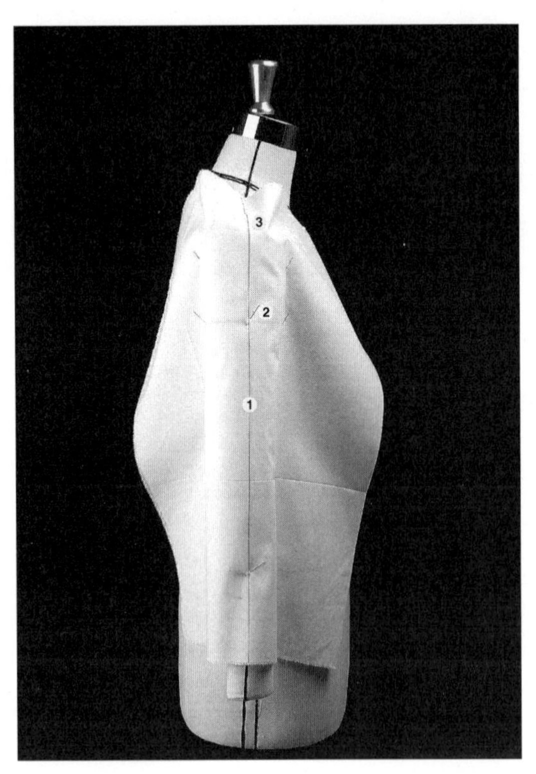

1 식서선을 수직으로 팔의 중심선에 맞추어 고정한다.

2 팔의 중심선과 위 팔둘레선이 만나는 점을 고정한다.

3 어깨 끝점을 고정한다.

- 광목이 팔을 감싸게 위 팔둘레선 양쪽을 고정한다.

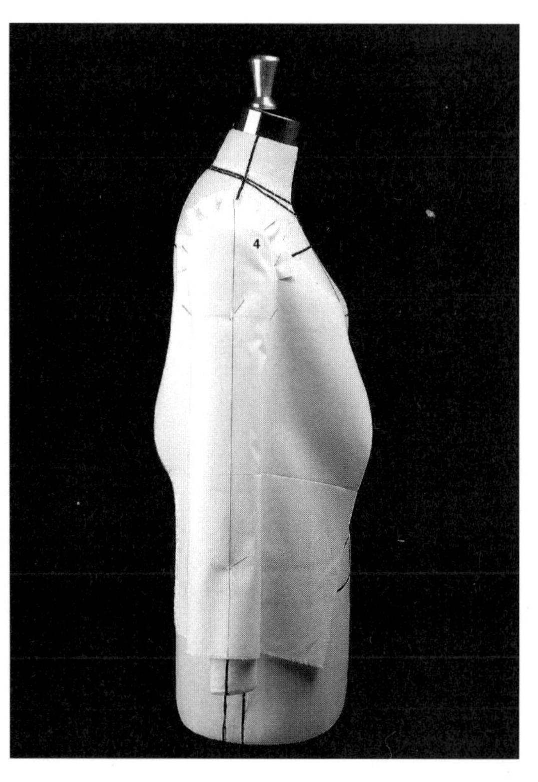

- 소매머리 부분의 광목을 정리한다. 몸판보다 소매 치수가 조금 큰 것은 이새(소매를 봉제할 때 머리 부분의 동그란 볼륨을 살려주기 위해 봉제시 박아서 오므림 처리를 하는 것) 처리를 할 것이므로 골고루 분산시켜 암홀에 고정해둔다.

4 앞뒤 모두 암홀의 경첩점에 가윗집을 넣어 팔 밑으로 광목이 편안하게 놓이도록 한다.

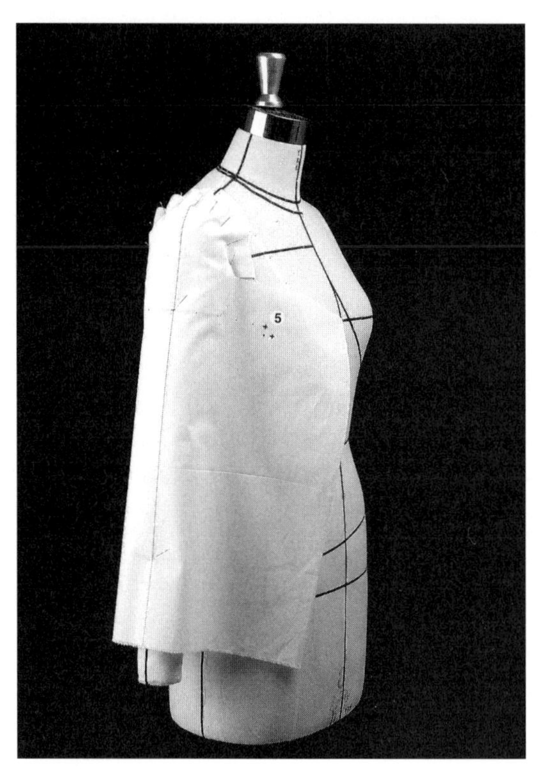

5 광목으로 팔을 감싸 위 팔둘레선과 팔의 겨드랑이점이 만나는 점을 광목에 표시한다.

- 몸판에 주었던 여유분과 같은 여유분을 더하여 표시한다.

  예 몸판의 겨드랑이점에서 아래로 1cm, 옆으로 1cm의 여유분을 준 경우 소매에서도 겨드랑이점을 기준으로 1cm 내리고 1cm 나간 점을 표시한다.

- 같은 방법으로 뒤판에도 표시한다.

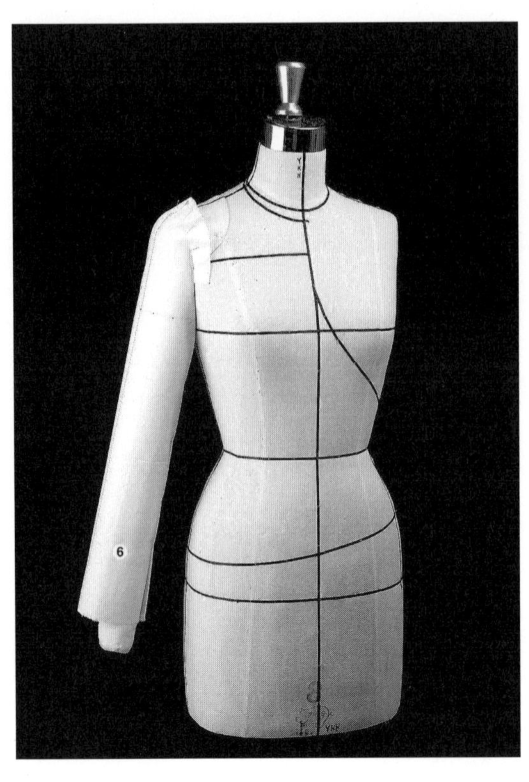

6 광목을 정리하고 디자인에 따라 볼륨을 확인한 후 소매통을 연결한다

• 보이지 않는 팔 밑부분의 몸판 암홀과 소매 암홀 작업법(300~301쪽) 참조.

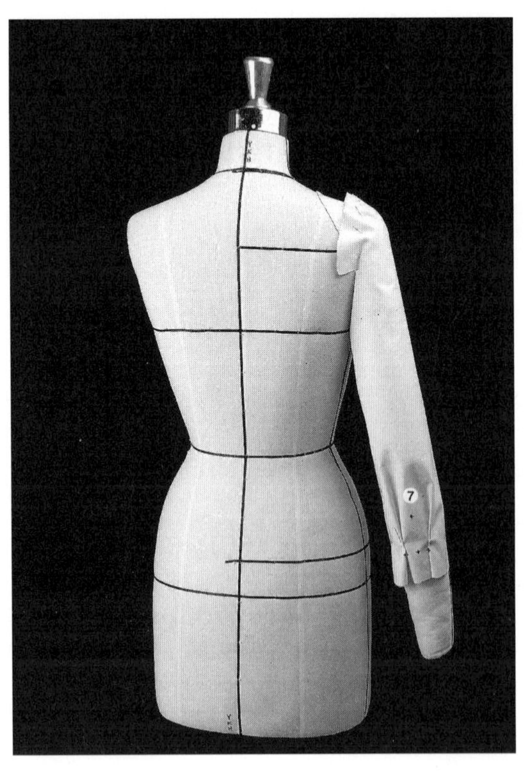

7 트임의 위치를 표시하고 디자인에 따라 주름을 잡는다.

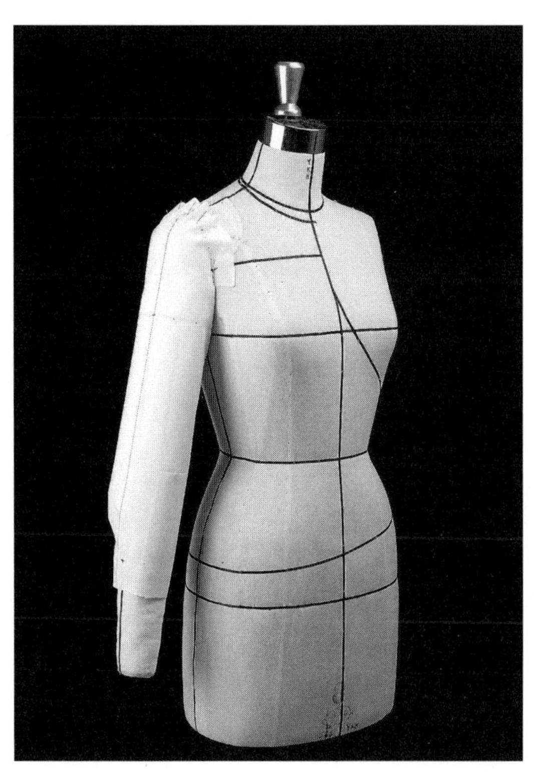

- 모든 작업점을 표시한다.

- 소매 밑단 치수에 맞추어 커프스를 만들어 연결한다.

4 볼륨 확인과 패턴 정리

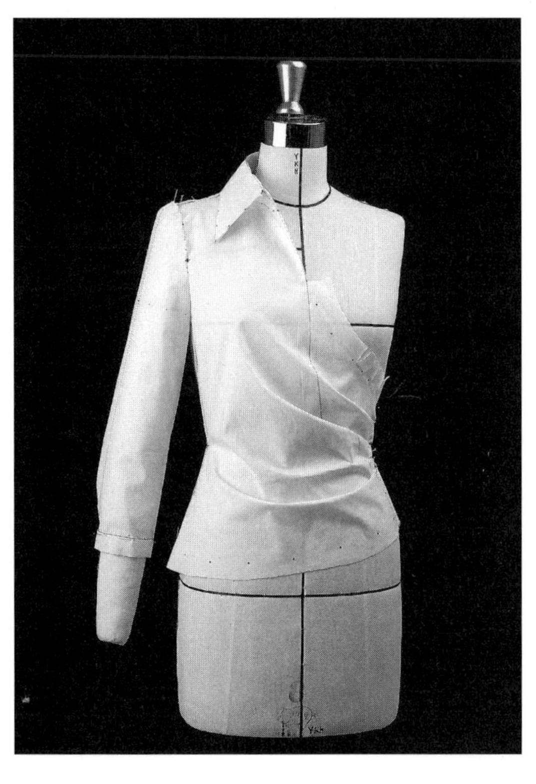

- 모든 시접을 연결한다.

- 앞면에서 볼륨을 확인한다.

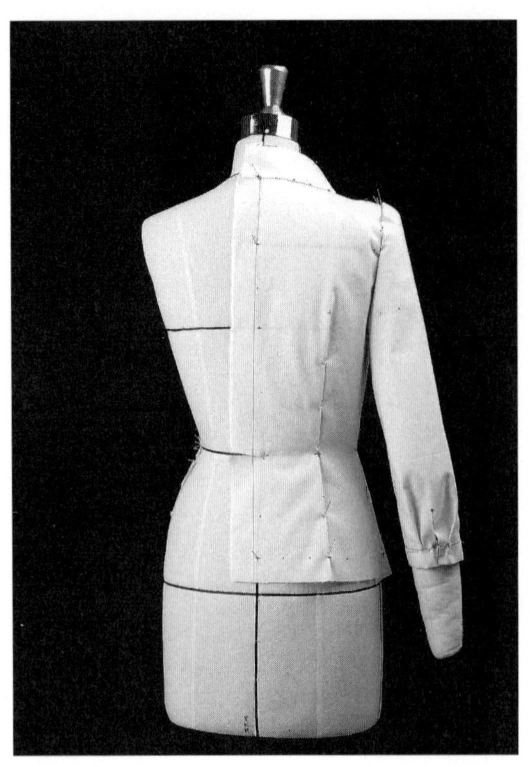

• 뒷면에서 볼륨을 확인한다.

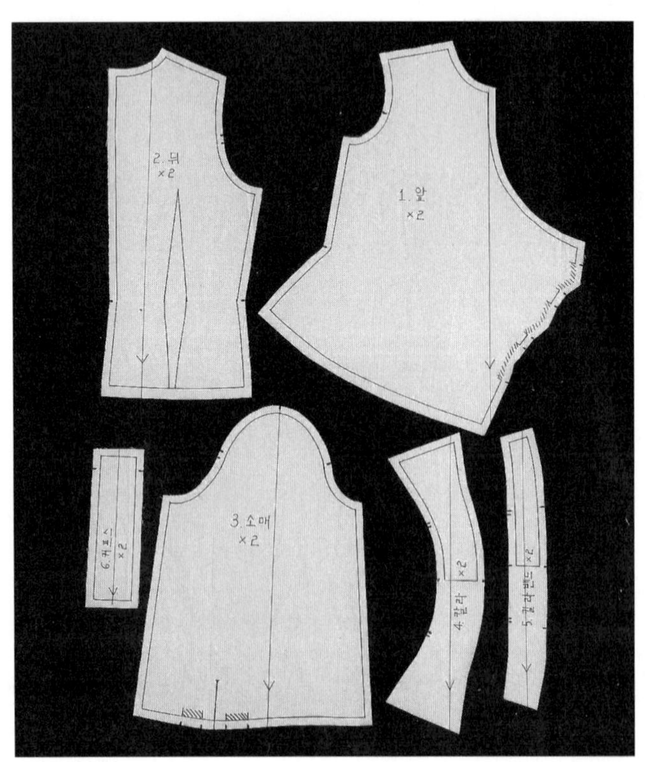

• 작업점을 따라 완성선을 그린다.

• 필요한 사항을 기록한다.

• 시접을 주고 시접선을 그린다.

• 시접선을 따라 자른다.

 # 20 셔츠 칼라, 밑단 셔링 처리 소매 디자인 블라우스

1 라인테이프 치기

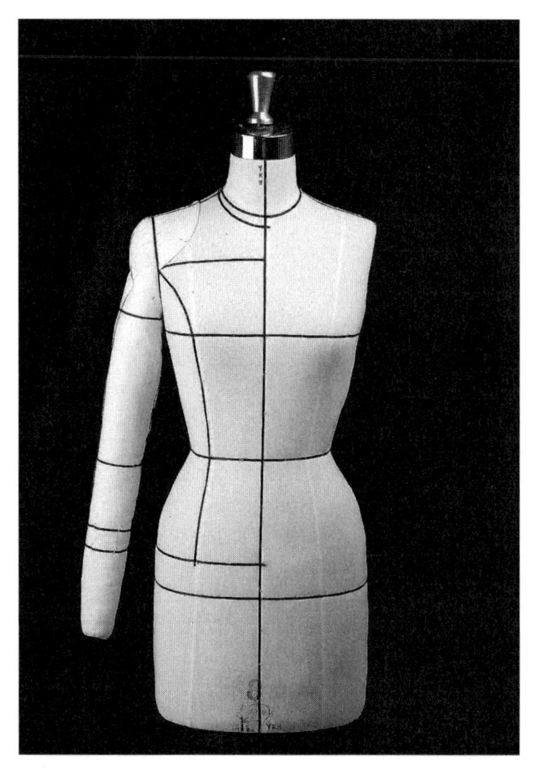

- 마네킹 팔을 고정한다.

- 디자인에 따라 앞판에 라인테이프를 친다.

• 뒤판에 라인테이프를 친다.

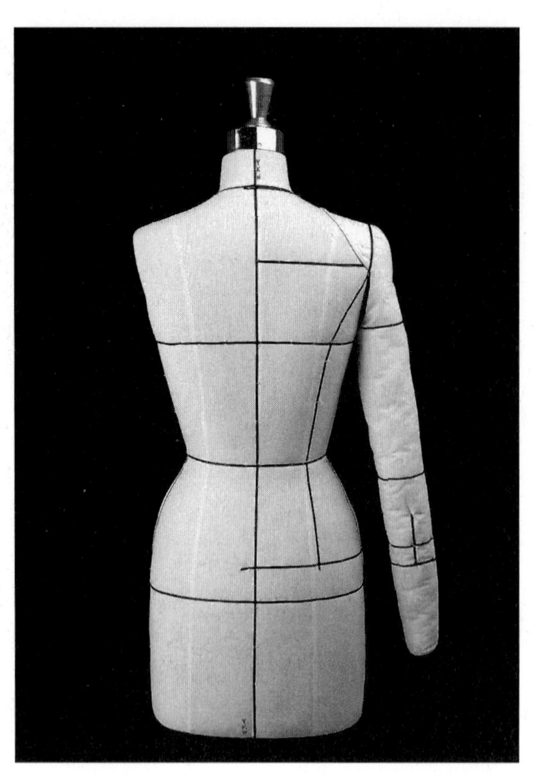

2 광목 준비

• 디자인에 따라 광목을 준비한다.

    예 **앞 중심판:** 너비 약 30cm, 식서 방향 길이 약 65cm

       앞 옆판: 너비 약 20cm, 식서 방향 길이 약 55cm

       뒤 중심판: 너비 약 25cm, 식서 방향 길이 약 65cm

       뒤 옆판: 너비 약 20cm, 식서 방향 길이 약 50cm

       소매: 너비 약 60cm, 식서 방향 길이 약 60cm

       커프스: 너비 약 10cm, 식서 방향 길이 약 30cm

       칼라: 너비 약 20cm, 식서 방향 길이 약 30cm

       프릴 장식: 너비 약 50cm, 식서 방향 길이 약 50cm

• 필요한 안내선을 그린다.

3 드레이핑

앞 중심판

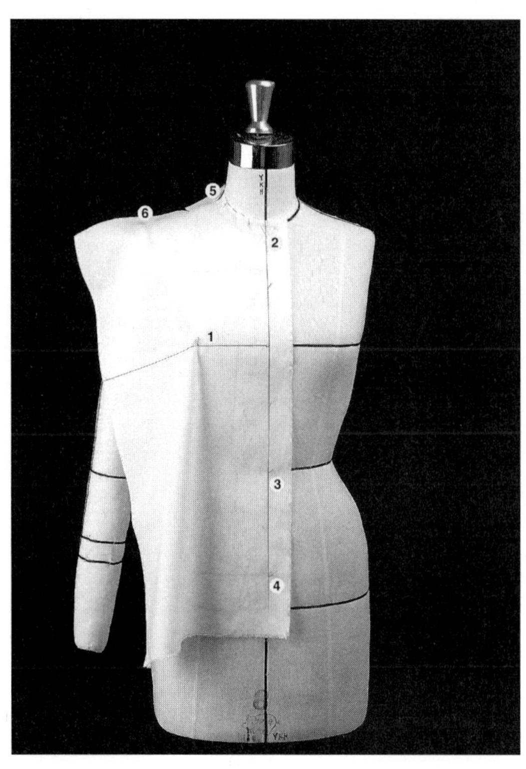

1 프린세스라인과 만나는 가슴선을 고정한다.

2 앞 목점을 고정한다.

3 앞 허리선을 고정한다.

4 앞 중심선 밑단을 고정한다.

5 목둘레선을 따라 광목을 단계적으로 정리한 다음 옆
　목점을 고정한다

6 어깨 끝점을 고정한다.

＊ 앞 중심선과 가슴선이 만나는 점의 광목이 마네킹에 붙지 않고 평
　평함을 유지하도록 유의한다.

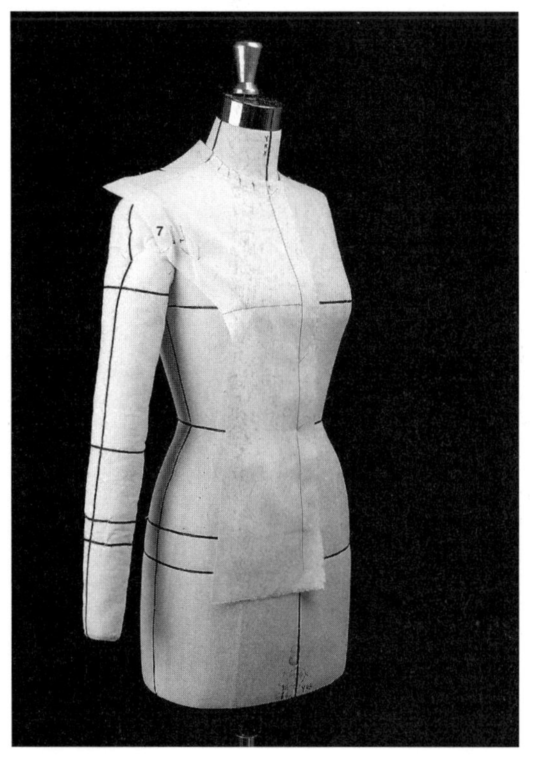

7 광목을 정리한다.

• 품선 끝에서 여유분을 주고 작업에 방해가 되지 않도
　록 프린세스라인에 고정해둔다.

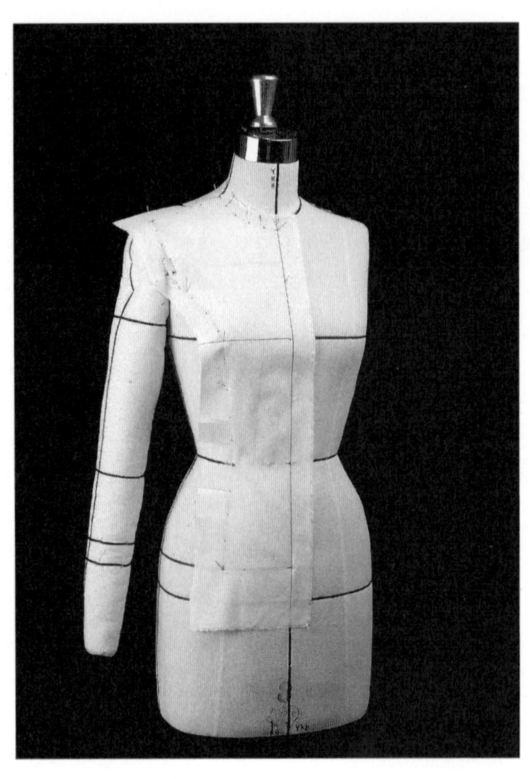

- 허리선에 가윗집을 넣는다.

- 프린세스라인과 밑단을 고정하고 모든 작업점을 표시한다.

앞 옆판

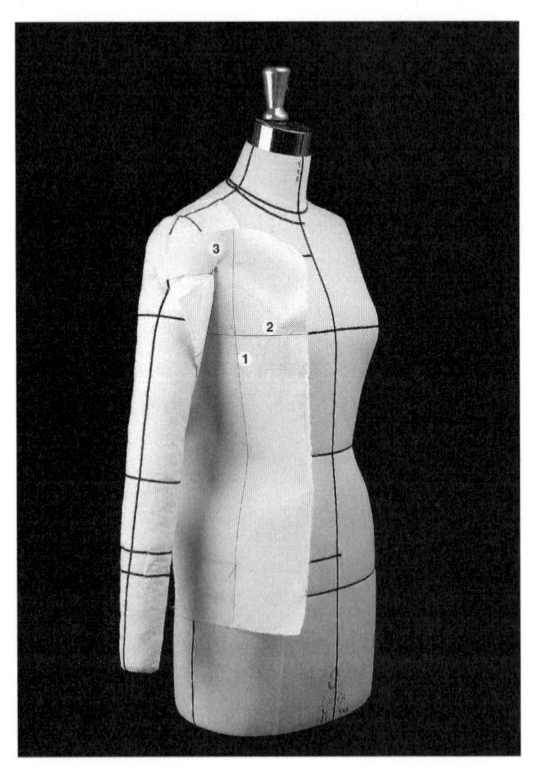

1 가슴선에 수직으로 위와 아래에서 움직이지 않도록 식서선을 고정한다.

2 양쪽 가슴선을 고정한다.

3 품선 끝에서 여유분을 준다.

- 품선 끝의 여유분을 준 곳까지 가윗집을 넣고 광목이 팔 밑으로 편안하게 놓이도록 한다.

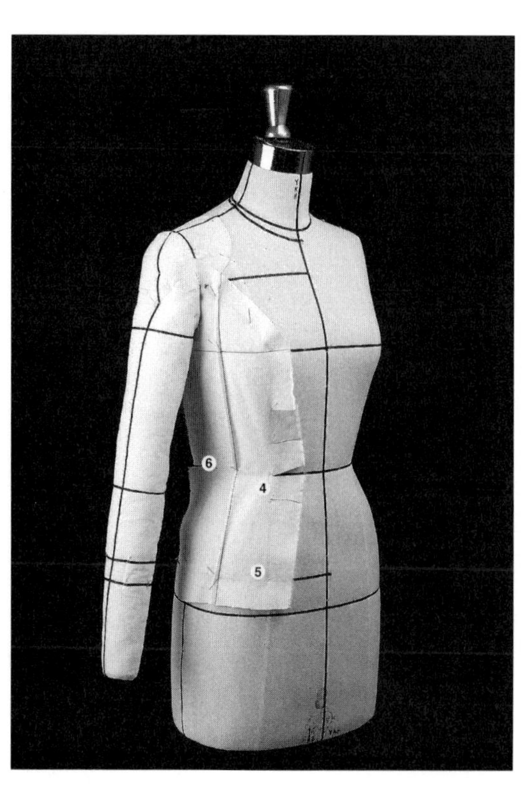

- 프린세스라인의 광목을 정리하고 허리선과 필요한 곳에 가윗집을 넣는다.

4, 5 프린세스라인을 고정한다.

6 옆선에서 여유분을 준 다음 옆 허리선에 가윗집을 넣는다.

- 옆선을 고정한다.

- 여유분이 움직이지 않도록 몸판에 고정한다.

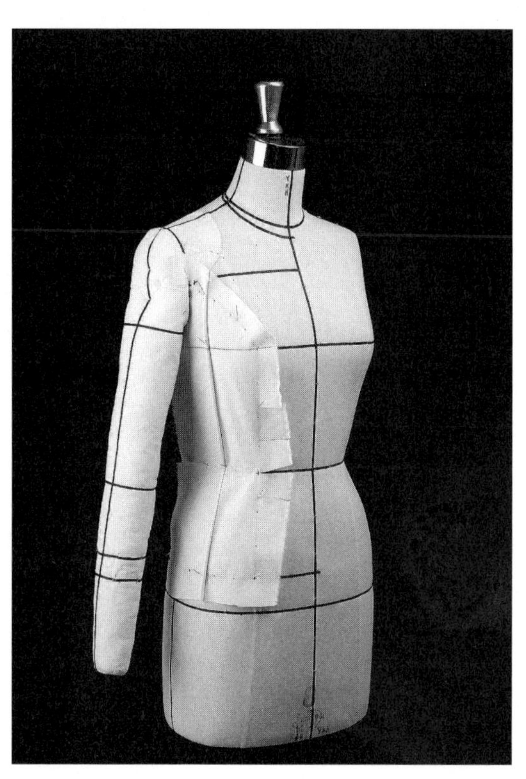

- 모든 작업점을 표시한다.

뒤 중심판

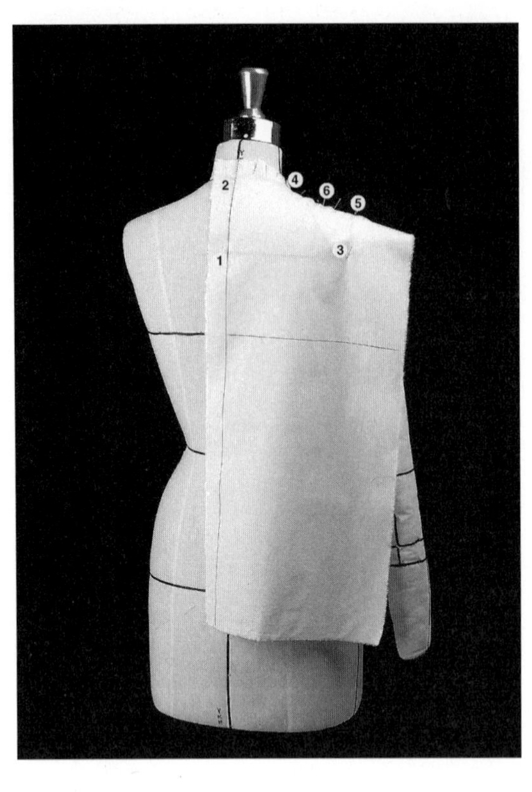

1, 2 뒤 중심선을 고정한다.

3 품선 끝을 고정한다.

4 목둘레선을 따라 광목을 정리하고 옆 목점을 고정한다.

5 어깨 끝점을 고정한다.

6 앞판에 비해 어깨 길이가 약간 긴 것은 봉제시에 이새 처리를 할 것이므로 골고루 분산시켜 핀으로 고정해 둔다.

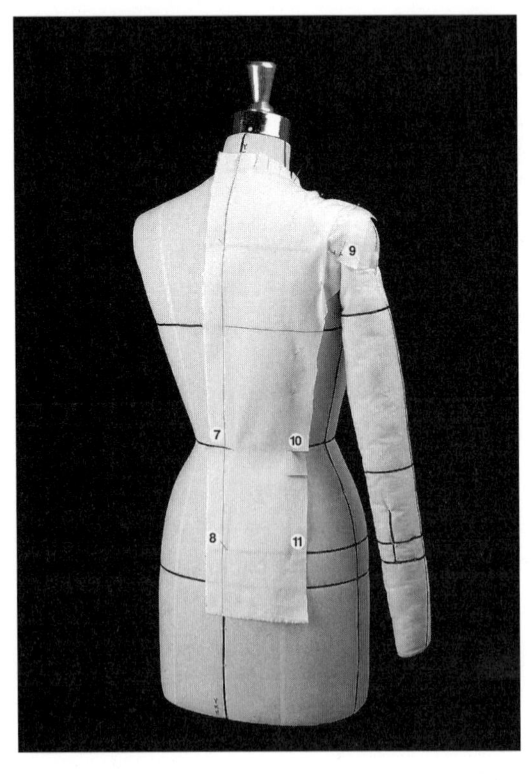

7, 8 광목이 중심에 밀착되도록 쓸어 내린 다음 허리선 과 엉덩이선을 고정한다.

• 광목을 정리한다.

9 품선 끝에서 여유분을 주고 가윗집을 넣어 광목이 팔 밑으로 편안하게 놓이도록 한다.

• 여유분이 움직이지 않도록 프린세스라인에 고정해둔다.

10, 11 허리선에 가윗집을 넣고 프린세스라인을 고정한다.

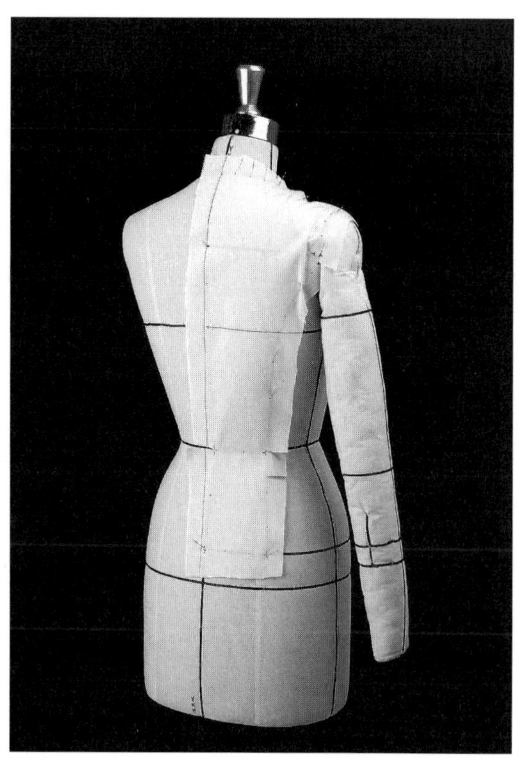

뒤 옆판

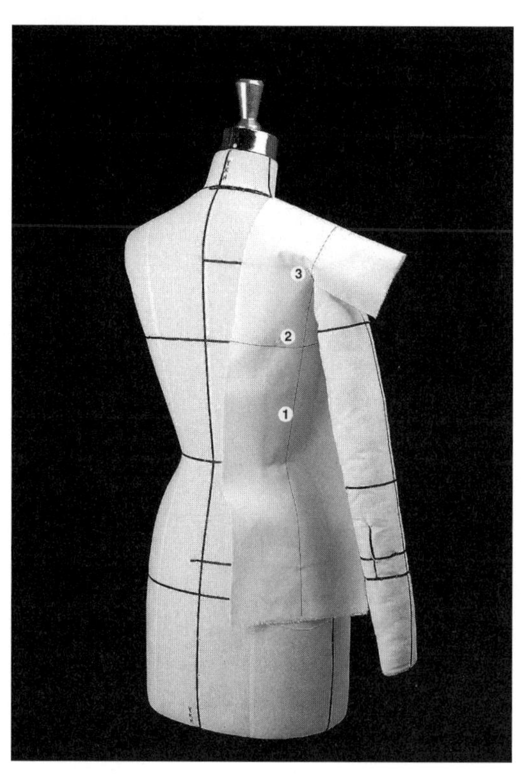

1 가슴선에 수직으로 위와 아래에서 움직이지 않도록
  식서선을 고정한다.

2 양쪽 가슴선을 고정한다.

3 품선 끝에서 여유분을 주고 가윗집을 넣어 광목이 팔
  밑으로 편안하게 놓이도록 한다.

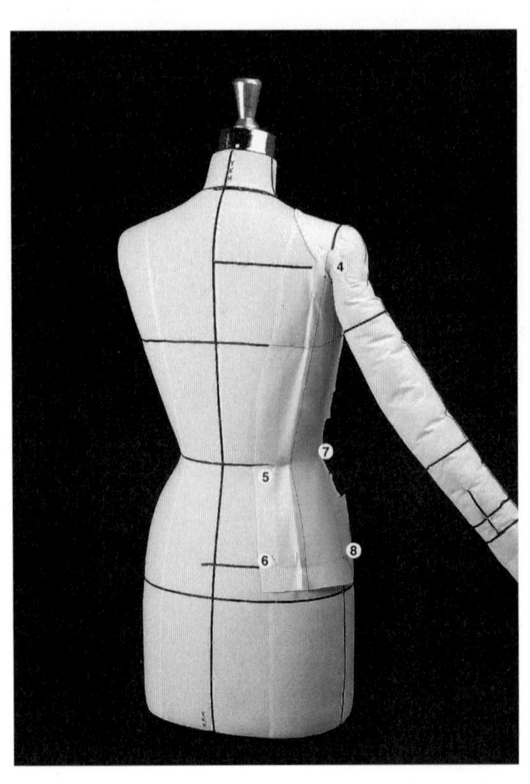

4 여유분이 움직이지 않도록 고정한다.

5, 6 허리선에 가윗집을 넣고 프린세스라인을 고정한다.

7, 8 옆선에서 여유분을 주고 허리선에 가윗집을 준 다음 옆선을 고정한다.

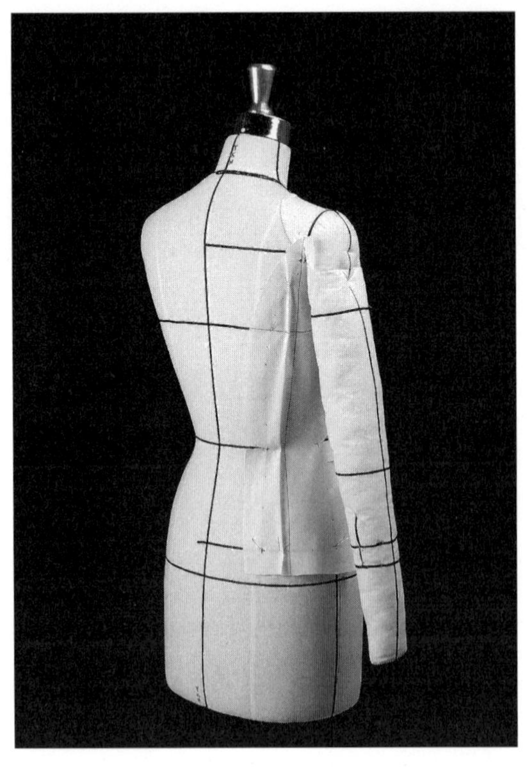

• 모든 작업점을 표시한다.

칼라

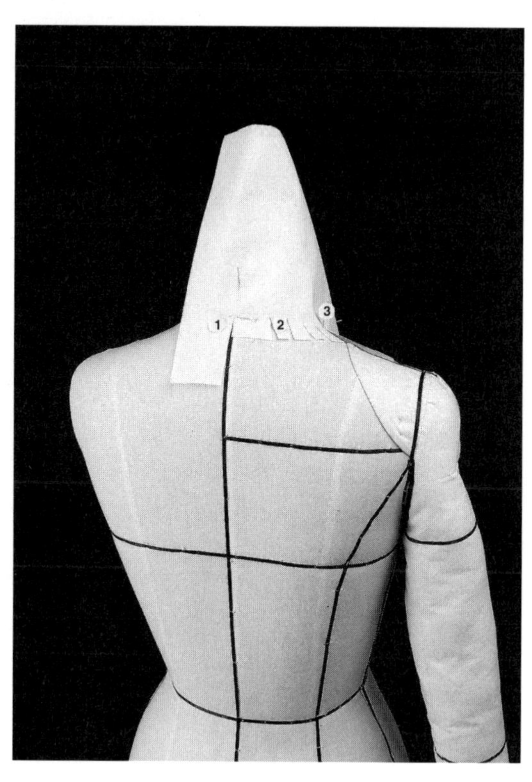

- '암홀 프린세스라인, 셔츠 칼라 디자인 상의'(168쪽)에 서 작업한 셔츠 칼라 방법을 사용해도 된다.

1 뒤 목점을 고정한다.

2 목둘레선을 따라 가윗집을 넣으면서 볼륨에 맞추어 광목이 목선에 놓이도록 한다.

3 옆 목점을 고정한다.

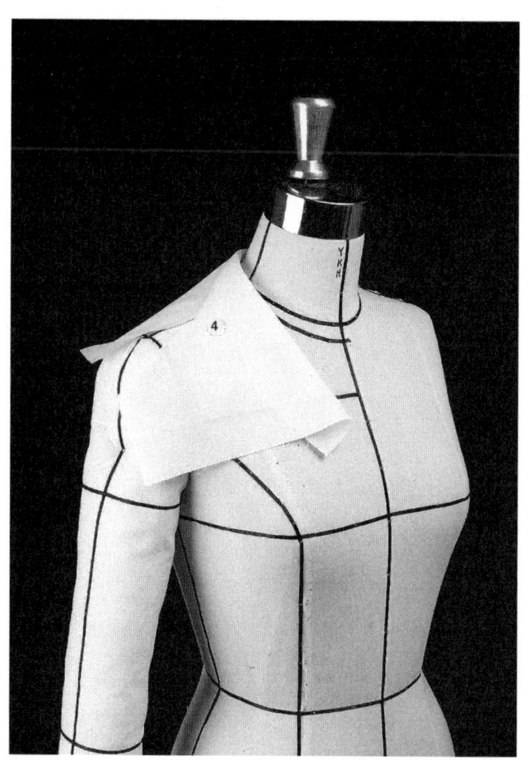

4 칼라를 젖혀서 제자리에 놓은 다음 디자인에 따라 칼라 의 너비를 정하여 가윗집을 넣고 어깨선에 고정한다.

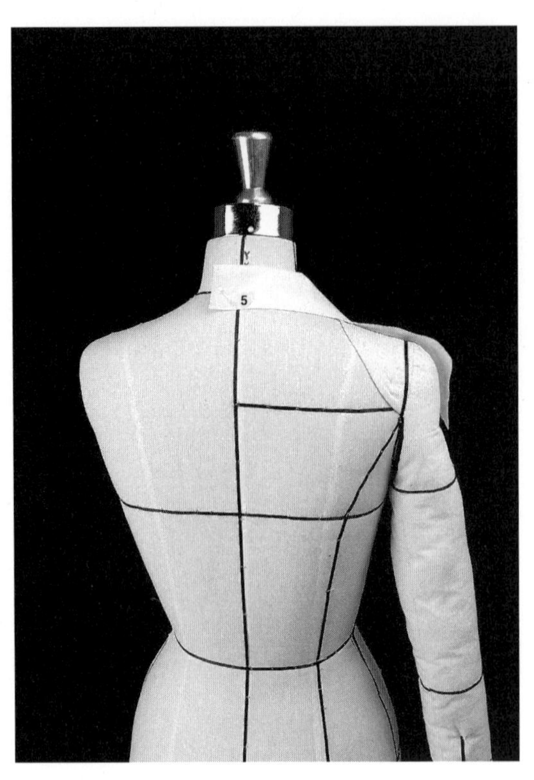

5 디자인에 따라 칼라를 접어본 후 광목을 정리한다.

• 시접을 안으로 접어 넣고 뒤 중심선을 고정한다.

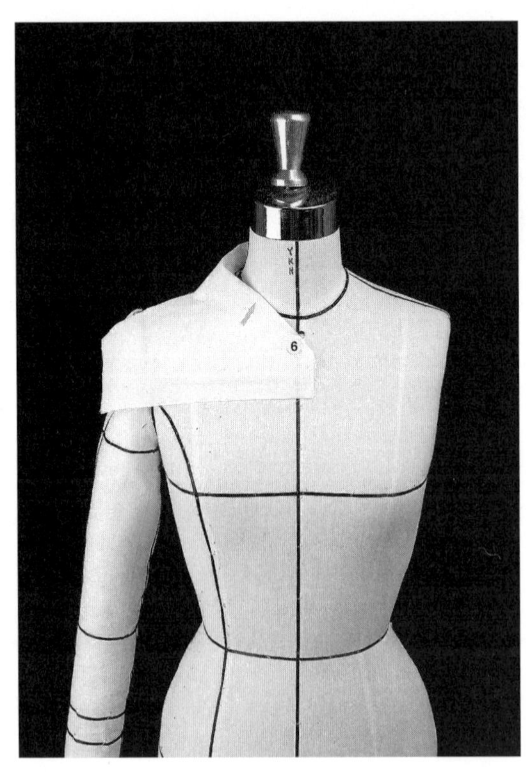

6 목둘레선에 광목이 남지 않도록 유의하면서 앞 중심
을 고정한다.

* 이때 화살표가 가리키는 부분처럼 칼라가 목에 닿는 것은 목둘레
안쪽의 광목이 편하게 놓이지 않았기 때문이다.

• 다음 단계에서 목선을 편하게 해주어야 한다.

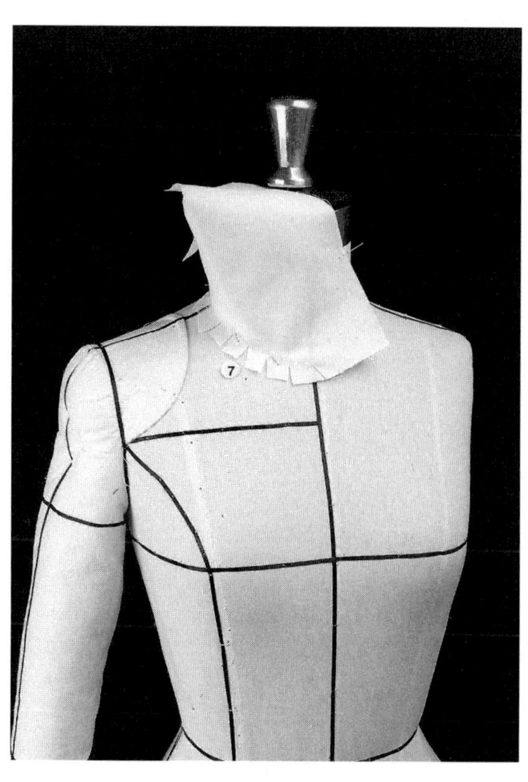

7 칼라를 위로 펼친 상태에서 옆 목점에서부터 조금씩 가윗집을 넣으면서 칼라가 편안하게 놓이도록 한다.

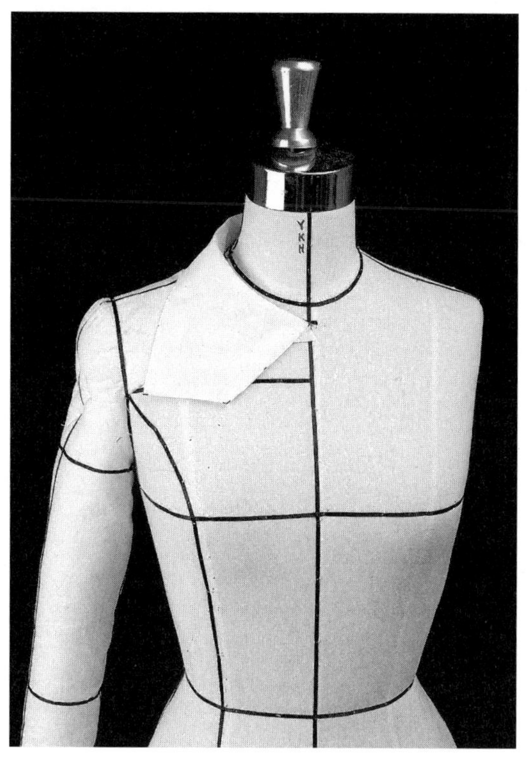

- 디자인에 따라 칼라의 모양을 찾고 모든 작업점을 표시한다.
- 안쪽 목둘레선의 작업점 표시도 잊지 않도록 한다.

소매

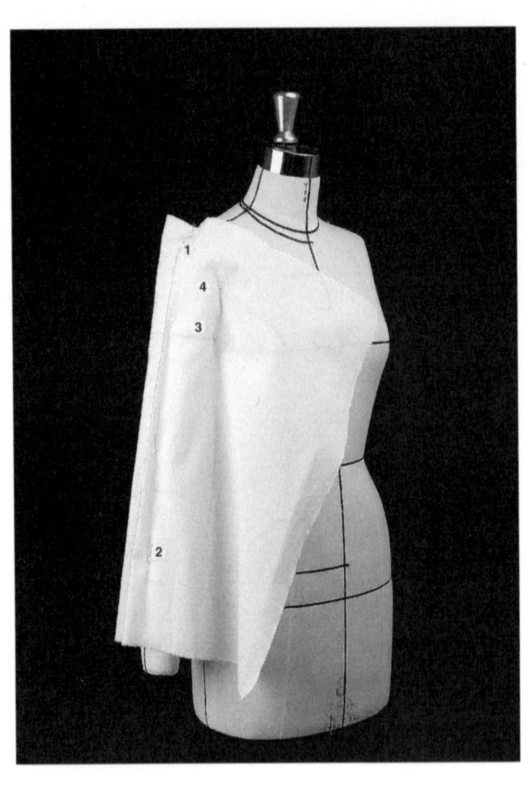

1 식서선을 수직으로 어깨 끝점에 고정한다.

2 소매 밑단에서 식서선 양쪽으로 같은 양의 플레어를 접고 소매 중심선을 고정한다.

3 광목을 감싸듯이 팔에 붙인 다음 위 팔둘레선을 고정한다.

4 앞뒤 품선 끝에 소매를 고정한다.

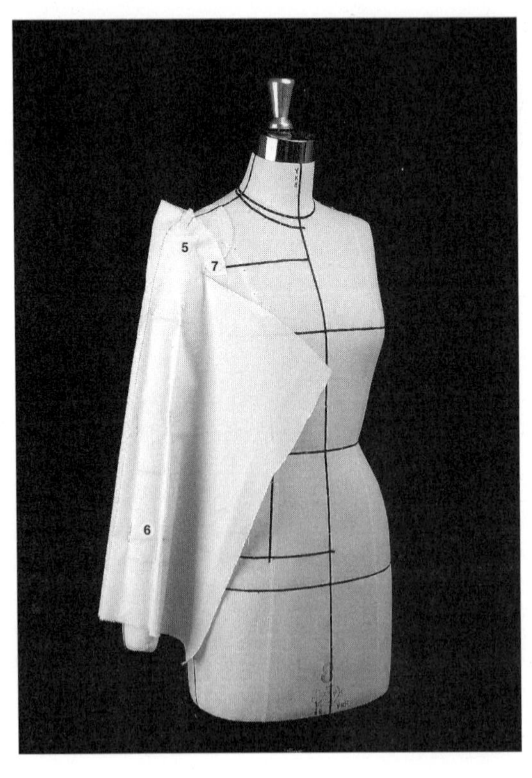

5 광목을 정리하고 이새 분량을 골고루 분산시켜 고정한다.

6 디자인에 따라 플레어 볼륨을 한 번 더 잡는다.

7 품선 끝을 고정하고 가윗집을 넣는다.

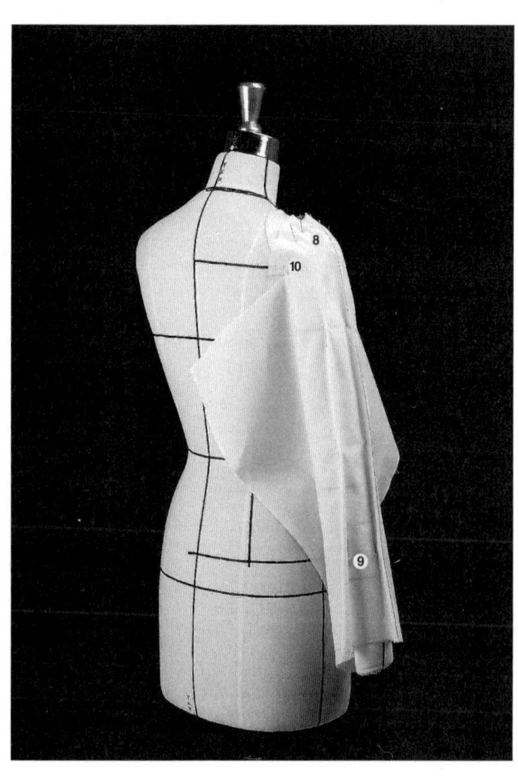

8, 9, 10 소매 앞부분과 같은 방법으로 뒷부분도 작업한다.

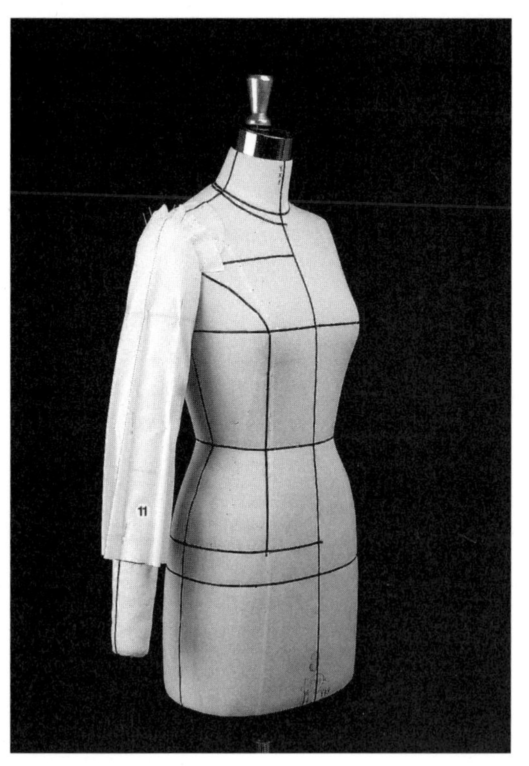

11 광목을 정리하고 겨드랑이점에서 몸판과 같은 여유

분을 주고 소매통을 연결한다.

• 282~285쪽 소매 작업법 참조.

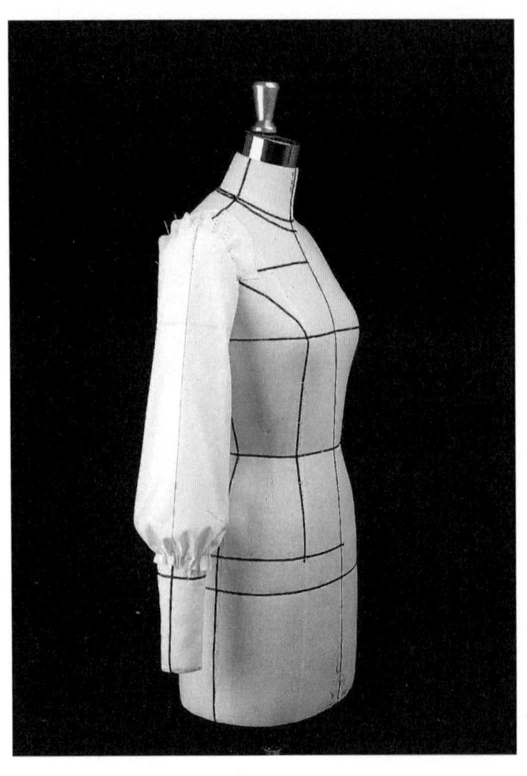

- 밑단 부분은 홈질하여 주름의 볼륨을 확인하고 모든 작업점을 표시한다.
- 소매 밑단 치수에 맞추어 커프스도 작업한다.

보이지 않는 팔 밑부분의 몸판 암홀

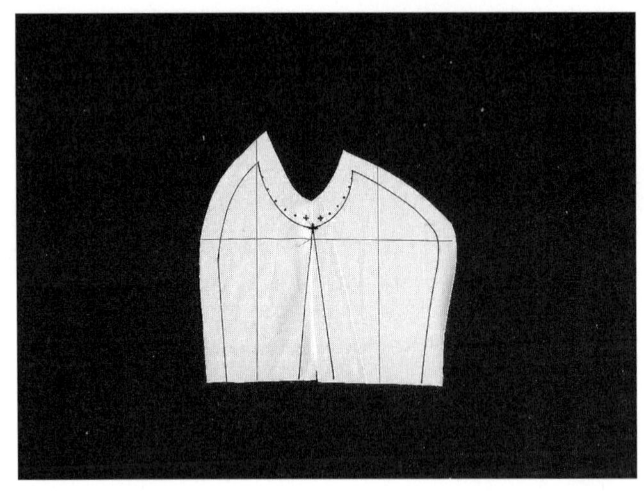

작업점 표시:

- 마네킹의 기본 암홀선은 점선으로 작업점을 표시한다. 겨드랑이점은 + 표시한다.
- 겨드랑이점에서 얼마나 내리고 더해줄지를 나타내는 여유분 점도 + 표시한다.

암홀 그리기:

- 완성선을 그릴 때, 앞뒤 옆판의 여유분 점을 맞추고 가슴선이 일직선상에 놓인 상태에서 자연스러운 암홀 곡선을 그려준다.

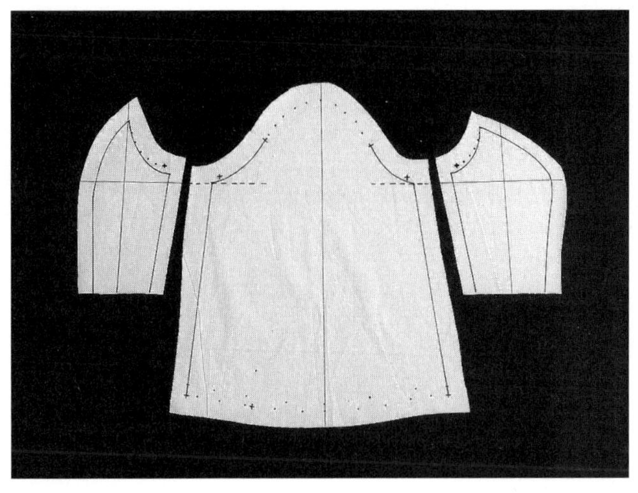

- 몸판의 겨드랑이점에서 주었던 여유분과 같은 양을 소매의 겨드랑이점에 준다.
- 몸판 암홀에 맞추어 소매의 암홀을 룰렛으로 베껴낸다.

4 볼륨 확인과 패턴 정리

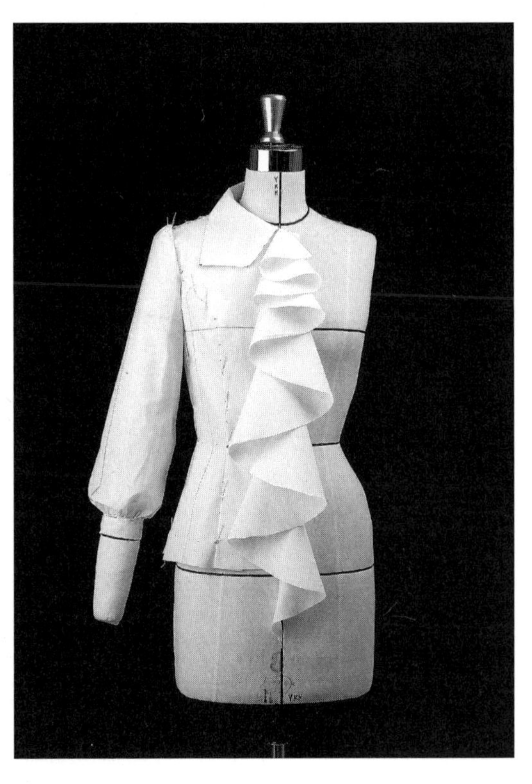

- 모든 시접을 연결한다.
- 앞 중심선에 플라운스를 고정한다.
- 앞면에서 볼륨을 확인한다.

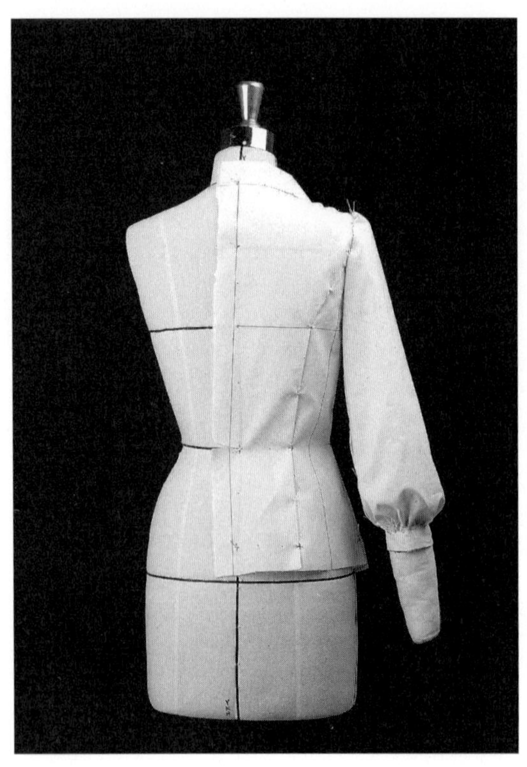

- 뒷면에서 볼륨을 확인한다.

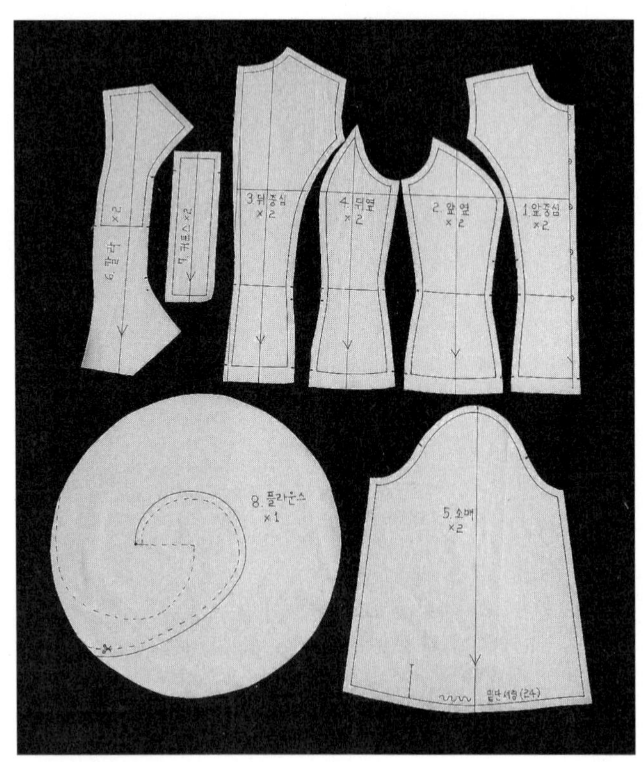

- 작업점을 따라 완성선을 그린다.

- 필요한 사항을 기록한다.

- 시접을 주고 시접선을 그린다.

- 시접선을 따라 자른다.

21 테일러드 칼라와 두 장 소매 재킷

1 라인테이프 치기

앞판 테이프 치기

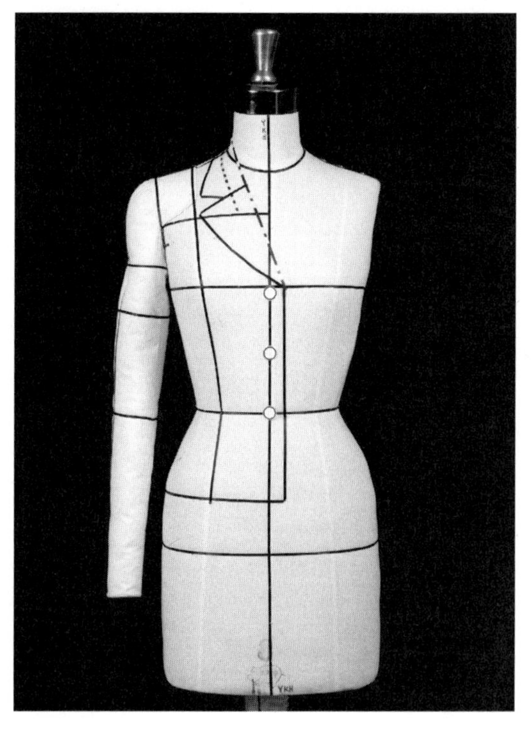

- 마네킹에 팔을 고정한다.

- 어깨선, 암홀선을 다시 친다.

- 디자인에 따라 앞판에 라인테이프를 친다(프린세스라인,

  여밈선, 옷 길이, 단추 위치, 꺾임선, 목둘레선, 칼라, 라펠).

- 경첩점을 표시하는 것도 잊지 않도록 한다.

칼라 앞판 테이프 상세 보기

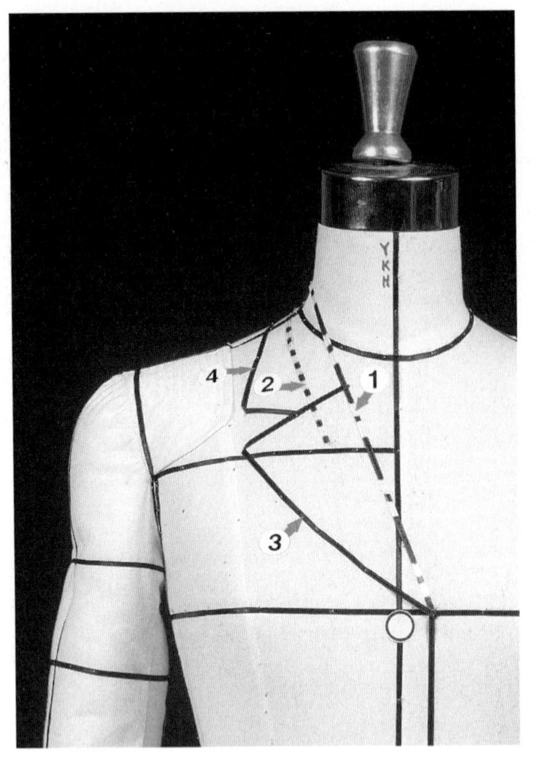

1 꺾임선(일점쇄선): 디자인에 따라 목둘레선에서 스탠드 분량만큼 올린 뒤 중심선에서 출발하여 꺾임선 시작점까지 연결한다. 꺾임선 시작점은 첫 단추 가장자리와 여밈이 교차하는 점이다.

2 목둘레선(점선): 뒤 목점에서 시작하여 옆 목점을 지나 꺾임선과 나란하게 한다. 라펠의 모양에 따라 정해지므로 품선 정도까지 표시해둔다.

3 라펠 모양(실선): 디자인에 따라 라펠선을 표시한다.

4 칼라 모양(실선): 디자인에 따라 칼라 모양을 표시한다.

뒤판 테이프 치기

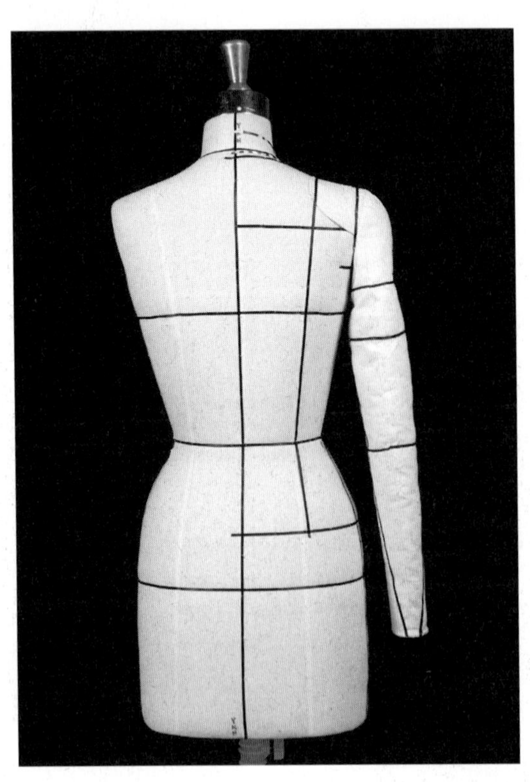

• 디자인에 따라 뒤판에 라인테이프를 친다

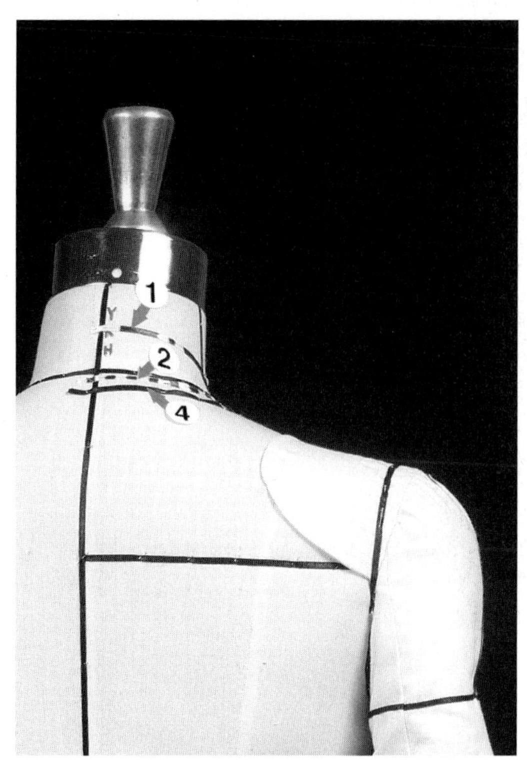

1 꺾임선(일점 쇄선).

2 목둘레선(점선).

3 뒤판에서는 라펠 모양이 보이지 않는다.

4 칼라(실선).

2 광목 준비

- 디자인에 따라 광목을 준비한다.

  예 뒤판 1장: 너비 25cm, 식서 방향 길이 65cm

  뒤 옆판 1장: 너비 25cm, 식서 방향 길이 65cm

  앞판 1장: 너비 25cm, 식서 방향 길이 65cm

  앞 옆판 1장: 너비 25cm, 식서 방향 길이 65cm

  소매 1장: 너비 40cm, 식서 방향 길이 70cm

  칼라 1장: 너비 30cm, 식서 방향 길이 30cm

  안소매 복사용 1장: 너비 20cm, 식서 방향 길이 60cm

  겉소매 복사용 1장: 너비 30cm, 식서 방향 길이 70cm

- 중심선과 식서선 등 필요한 선을 그어서 준비한다.

- 라펠 작업을 고려하여 광목을 충분히 남겨놓고 앞판 중심선을 긋는다.

3 드레이핑

앞판

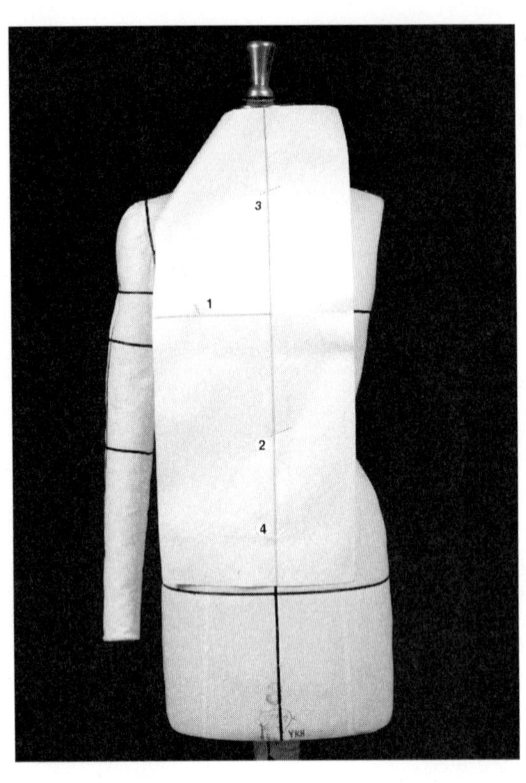

1 식서선을 앞 중심선에 맞추고 유두점을 고정한다.

2 앞 중심 허리선을 고정한다.

3 가슴 부분이 가라앉지 않도록 유의하면서 앞 목점을
  고정한다.

4 앞 중심선 밑단을 고정한다.

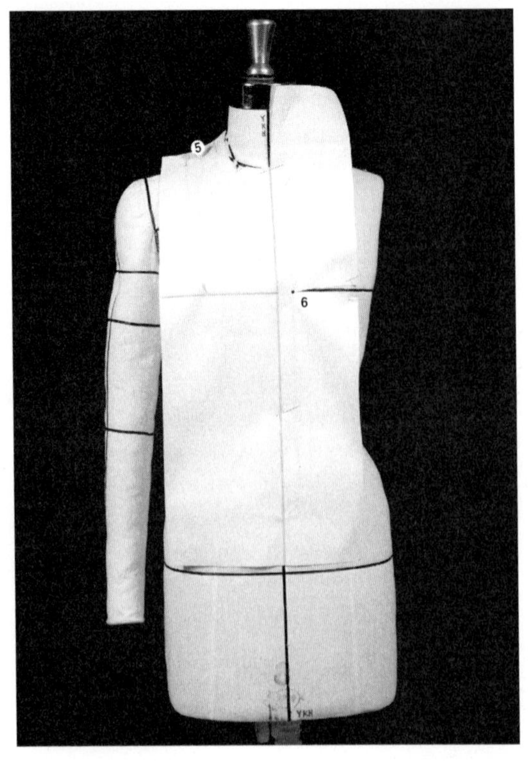

5 앞 목점부터 시작하여 가윗집을 주면서 목둘레선을
  정리하고 옆 목점과 어깨선을 고정한다.

6 꺾임선의 시작점을 고정하고 가윗집을 넣는다.

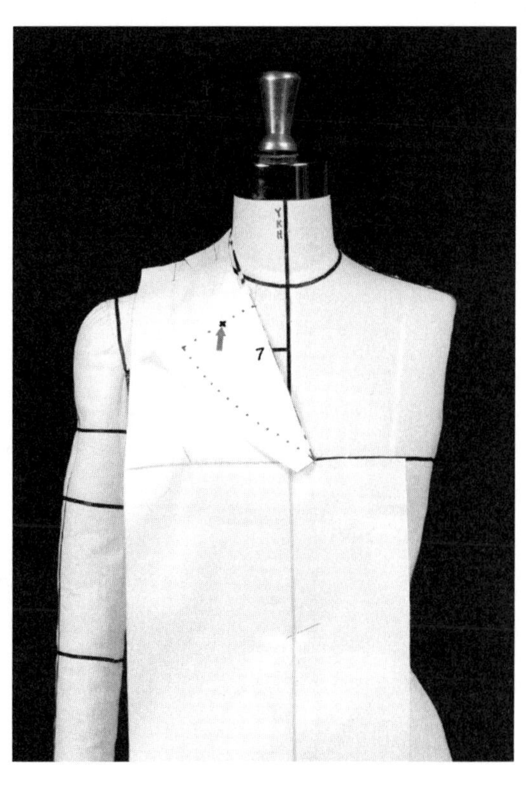

7 꺾임선을 따라 광목을 접어놓고 라펠 라인테이프를 따라 점을 찍는다. 이때 화살표가 가리키는 것처럼 칼라와 라펠의 분기점을 반드시 표시해두도록 한다.

• 광목을 정리한다.

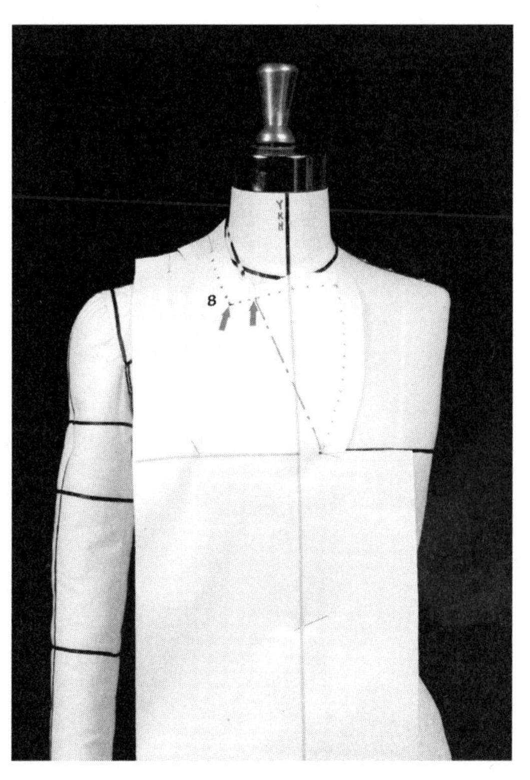

8 광목을 펼친 다음 뒷면에 찾아놓은 라펠과 꺾임선을 다시 표시하고, 라펠선을 앞 목둘레선과 만나는 점까지 연장한다(화살표 구간).

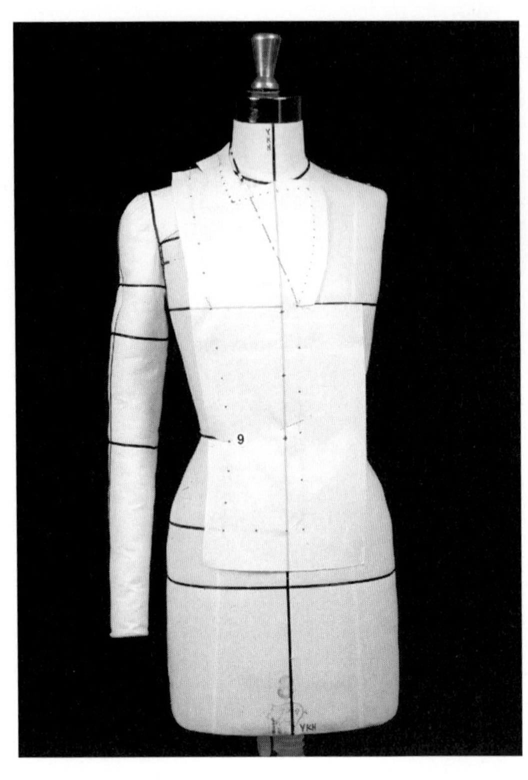

9 허리선을 고정하고 광목을 정리한다.

• 필요한 모든 작업점을 표시한다.

앞 옆판

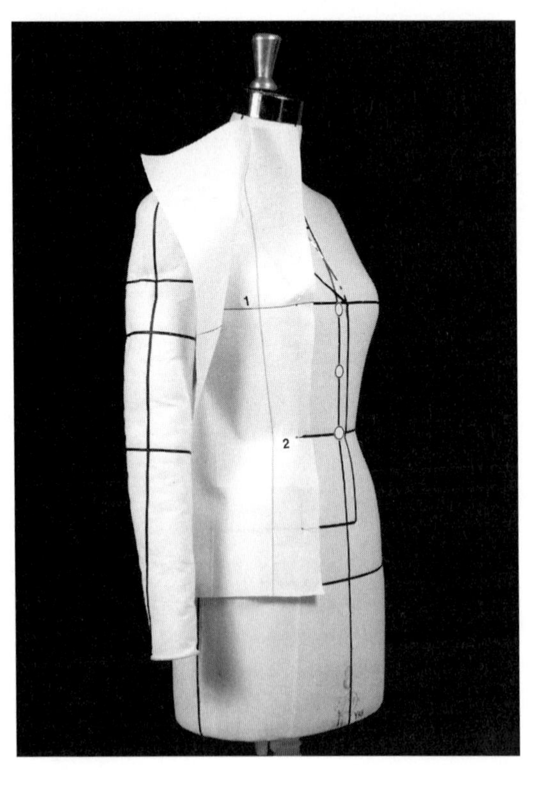

1 가슴선에 수직으로 위와 아래에서 움직이지 않도록
식서선을 고정한다.

2 허리선을 표시하고 광목을 정리한다. 허리선에 가윗
집을 주고 허리선과 밑단을 고정한다.

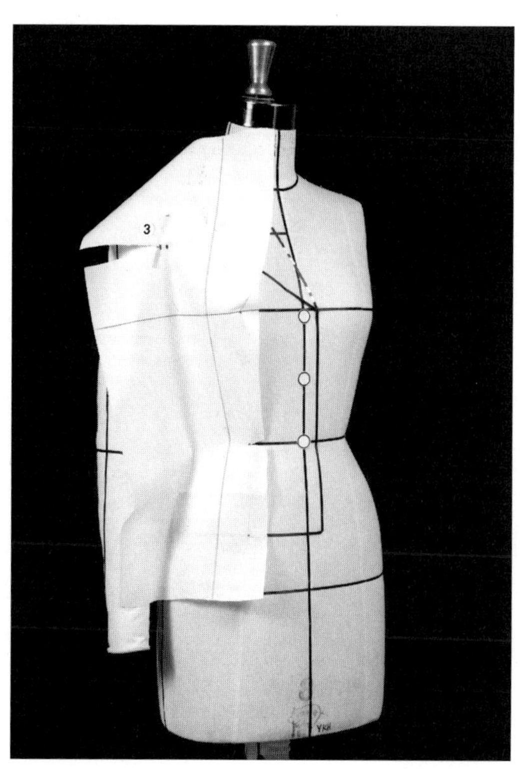

3 품선 끝에서 여유분을 주고 여유분을 표시한 곳까지
가윗집을 넣는다.

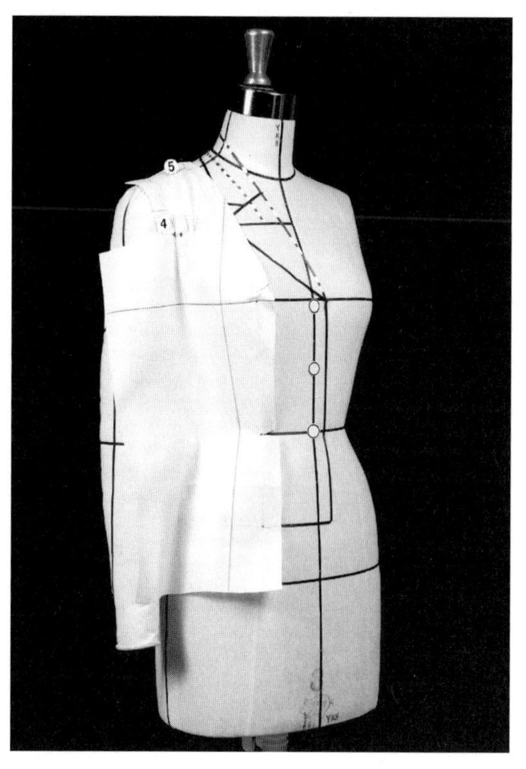

4 여유분을 안으로 밀어 넣고 고정한다.

5 여유분이 자연스럽게 어깨선에서 사라지도록 광목을
위로 쓸어 올리고 정리한 다음 어깨선을 고정한다.

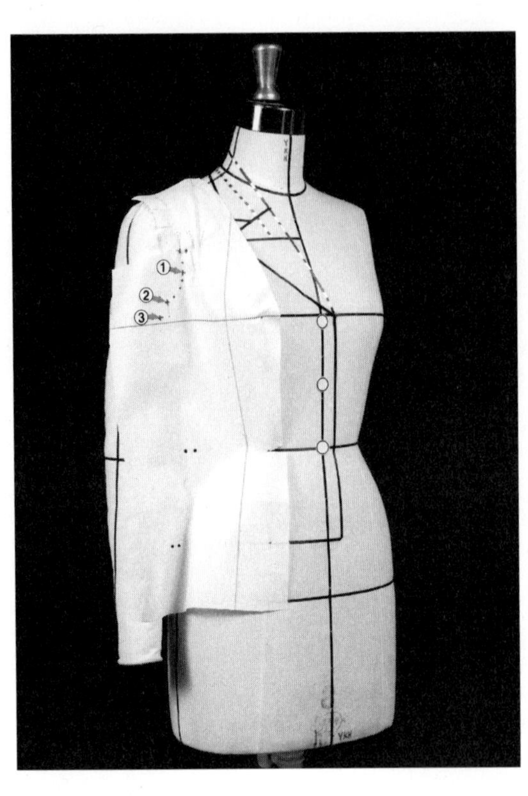

- 광목을 팔 밑으로 보내어 몸판에 붙인 다음 필요한 점
  들을 표시한다.

  ① 경첩점.

  ② 마네킹 몸판의 겨드랑이점.

  ③ 마네킹 몸판의 겨드랑이점에서부터 여유분을 더한
    점(예를 들면 몸판 겨드랑이점에서 수직으로 1~1.5cm
    내리고 바깥쪽으로 1.5~2cm 나간 점).

- 허리와 밑단의 옆선에서도 여유분을 표시한다.

6 옆 허리선의 여유분을 표시한 곳까지 가윗집을 넣는다.

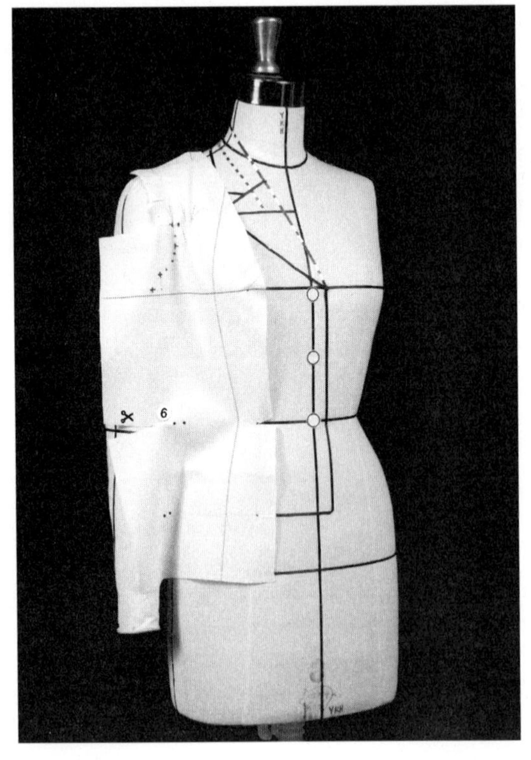

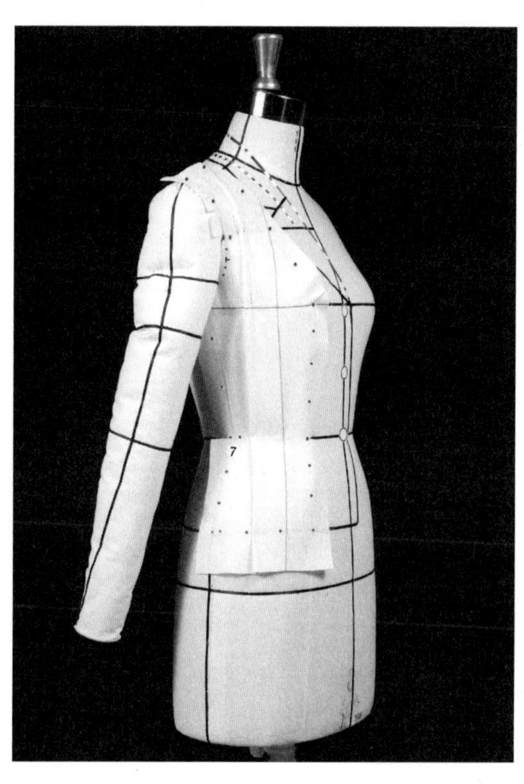

7 여유분을 안으로 밀어 넣고 옆선을 고정한다.

• 광목을 정리한다.

• 모든 작업점을 표시한다.

뒤판

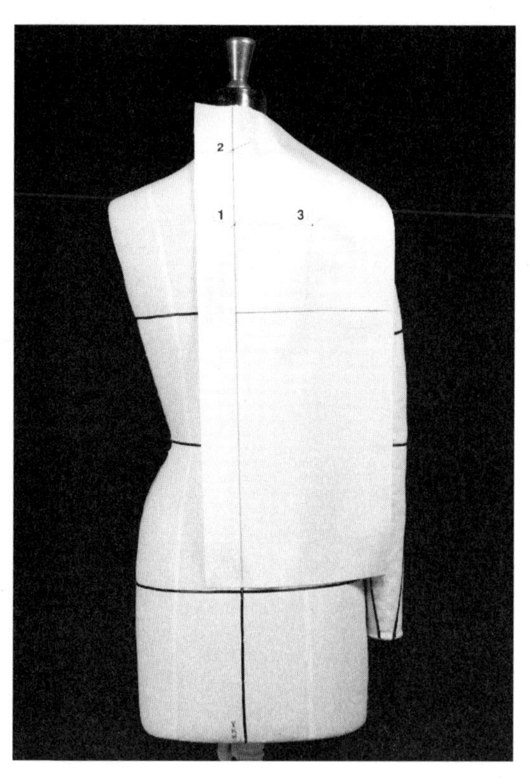

1 마네킹의 가슴선과 광목에 그어놓은 가슴선이 일치하
  는지 확인하고 뒤 중심 품선을 고정한다.

2 뒤 목점을 고정한다.

3 광목을 옆으로 평평하게 붙이고 고정한다.

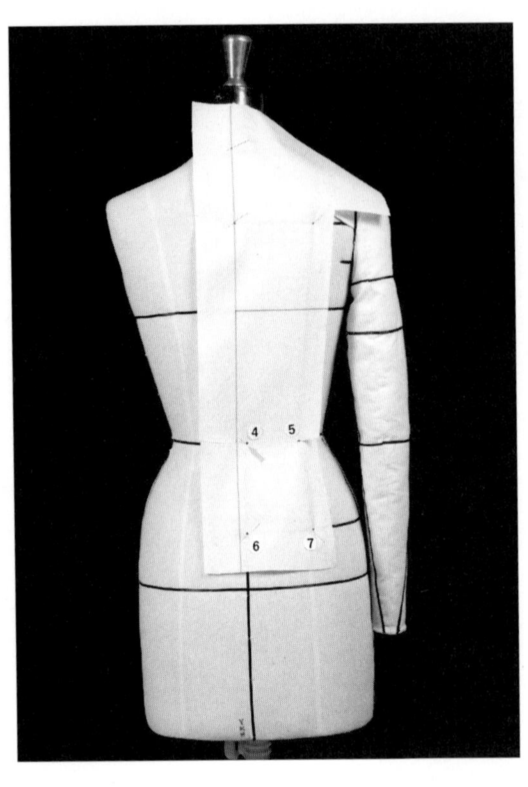

4, 5 광목이 뒤 중심에 편안하게 붙도록 손바닥으로 쓸어 내리고 허리선을 고정한다.

6, 7 허리선 양쪽으로 필요한 가윗집을 주고 밑단을 고정한다.

• 광목을 정리한다.

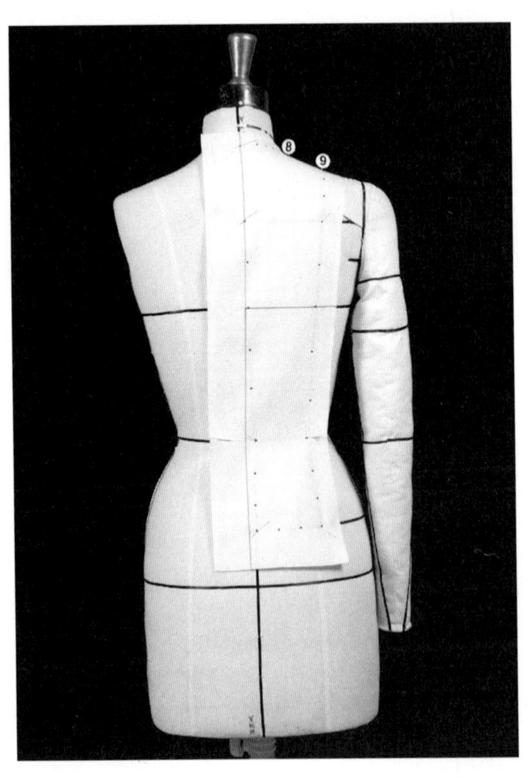

8 목둘레선을 따라 광목을 정리하고 옆 목점을 고정한다.

9 어깨선을 고정한다.

• 모든 작업점을 표시한다.

뒤 옆판

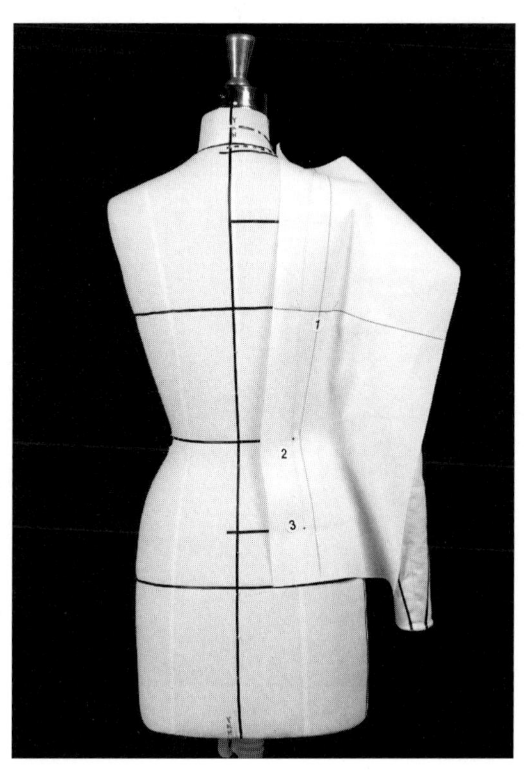

1 가슴선에 수직으로 위와 아래에서 움직이지 않도록

   식서선을 고정한다.

2 허리선을 고정한다.

3 밑단을 고정한다.

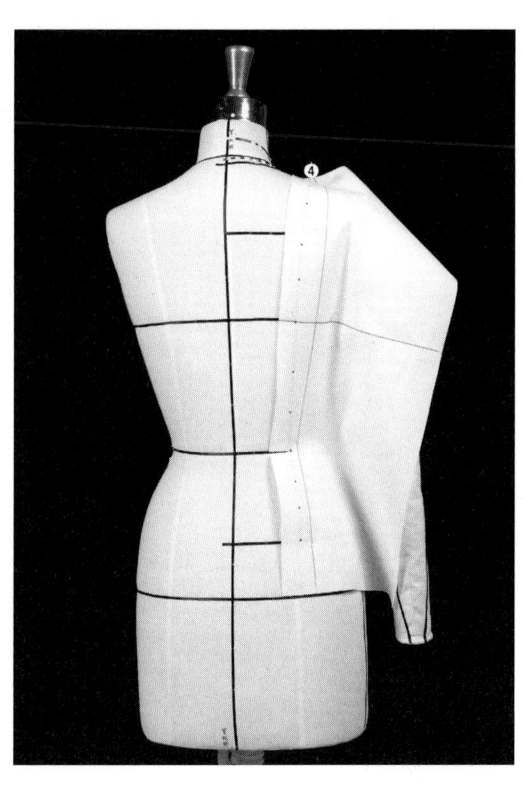

4 디자인선을 따라 어깨선을 찾아 고정한다.

• 허리선에 가윗집을 주고 광목을 정리한다.

• 모든 작업점을 표시한다.

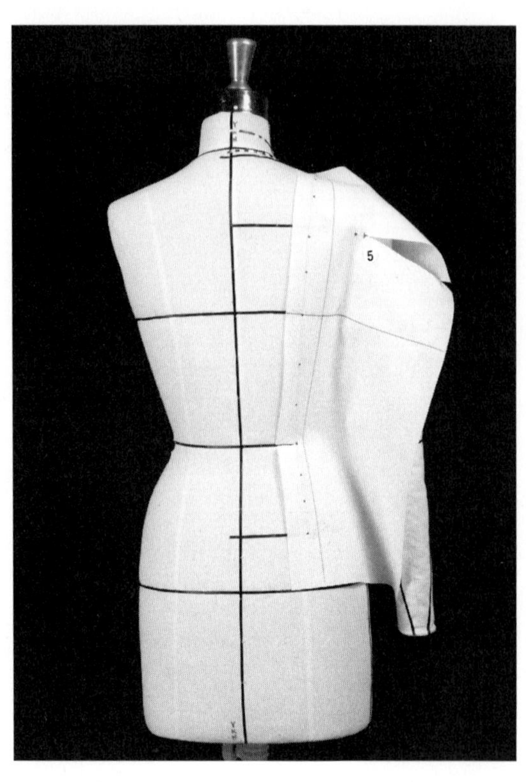

5 앞판과 마찬가지 방법으로 품선 끝에서 여유분을 표

　시하고 가윗집을 준다.

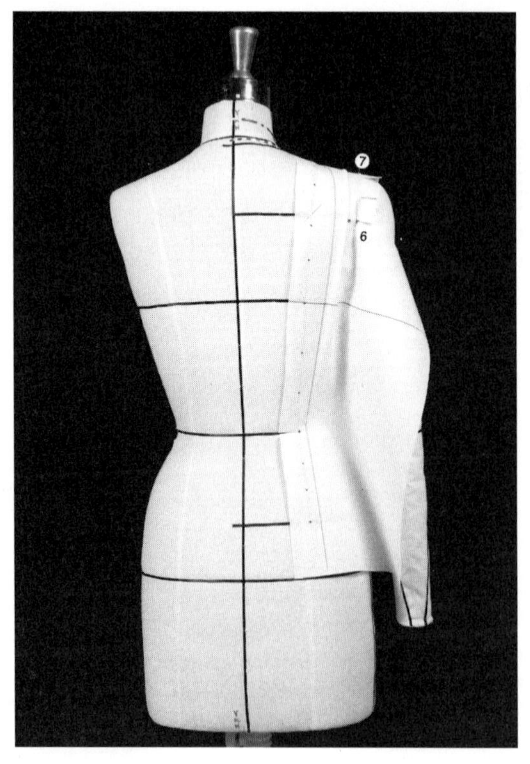

6 여유분을 안으로 밀어 넣어 고정한다.

7 어깨선을 고정하고 광목을 정리한다.

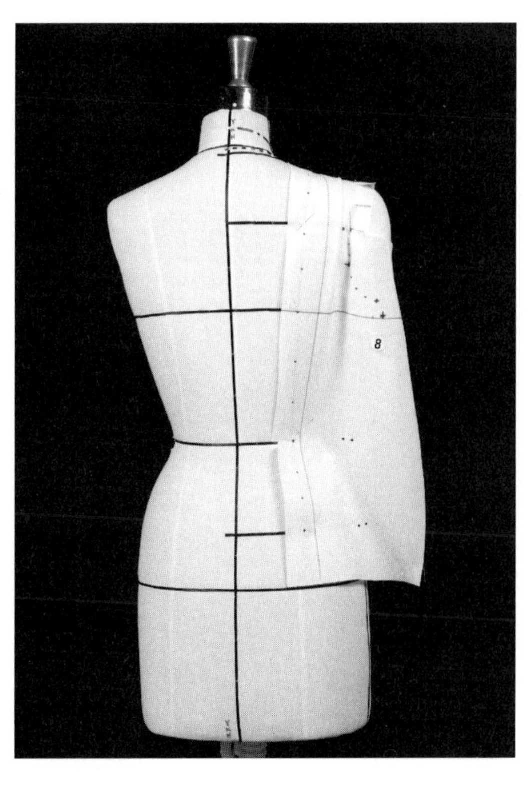

8 앞판과 마찬가지로 광목을 팔 밑으로 편안하게 놓고 필요한 점들을 찾는다(경첩점, 몸판 겨드랑이점, 여유분을 더한 점).

• 옆선에서 여유분을 표시한다.

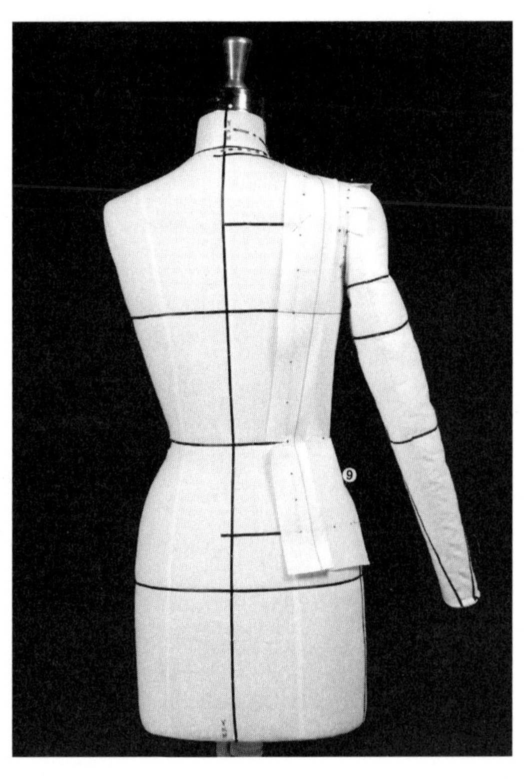

9 허리선에 여유분을 표시한 곳까지 가윗집을 주고 여유분을 안으로 밀어 넣어 옆선을 고정한다.

• 광목을 정리하고 모든 작업점을 표시한다.

소매

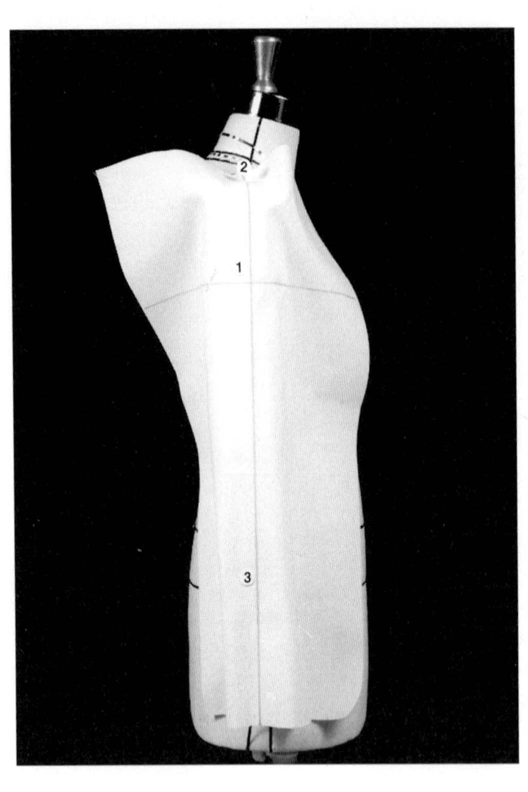

1 위 팔둘레선과 중심선의 교차점을 고정한다. 중심선

　양쪽으로 위 팔둘레선을 고정한다.

2 어깨 끝점을 고정한다.

3 밑단을 고정한다.

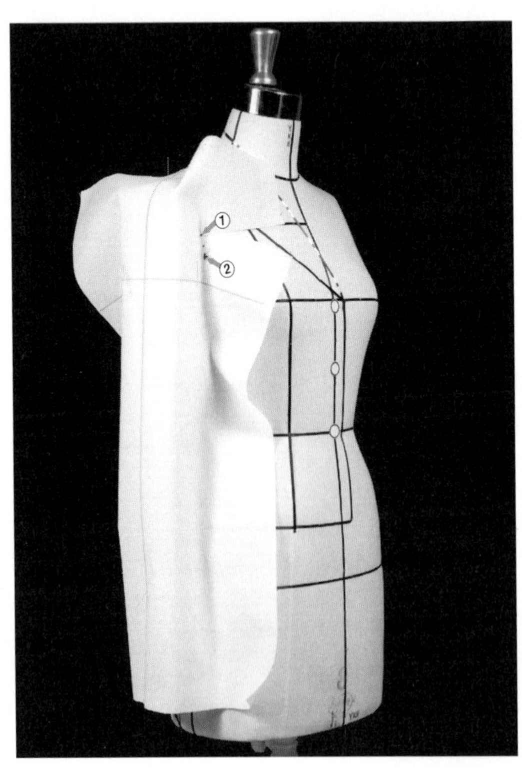

• 광목을 팔에 감싸듯이 둘러서 붙인 후 ① 품선 끝과

　② 경첩점을 고정한다.

• 경첩점에 가윗집을 준다.

＊ 위 팔둘레선이 움직이지 않도록 유의한다.

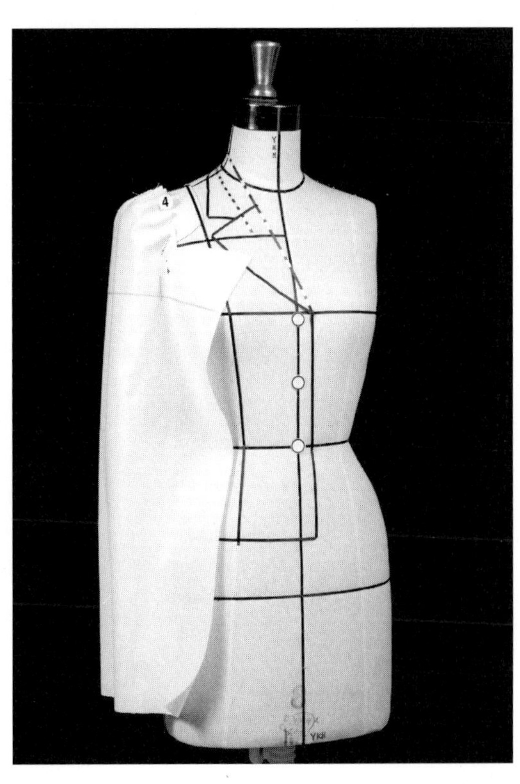

4 남은 광목은 이새 처리를 할 것이므로 이새 분량을 골고루 분산시켜 소매 머리 부분을 고정한 다음 광목을 정리한다.

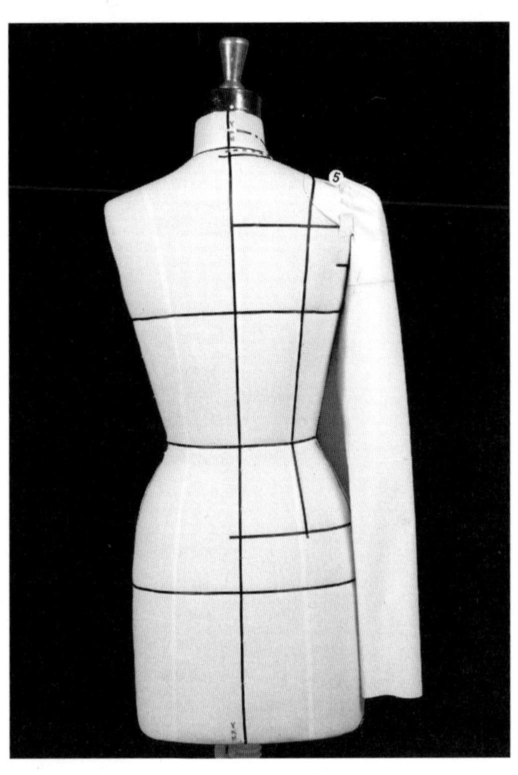

5 뒷부분도 앞부분과 마찬가지로 작업한다.

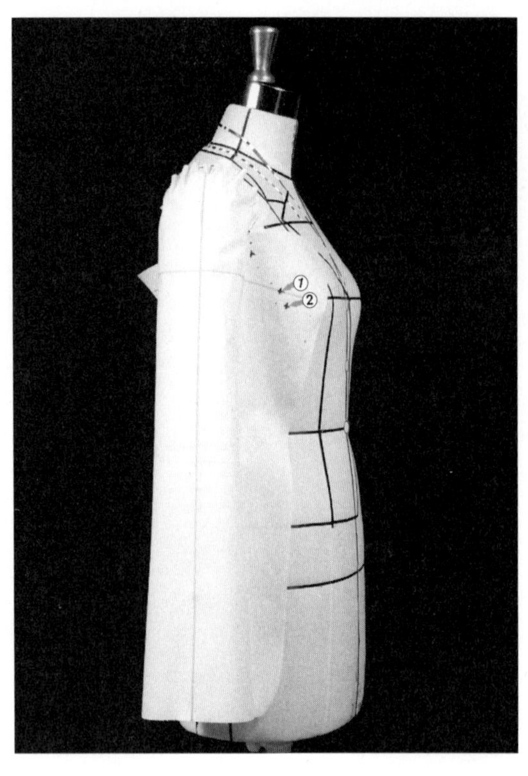

- 광목을 팔에 감싸듯이 붙인 후 ① 팔의 겨드랑이점과 ② 팔의 겨드랑이점에서 여유분을 더한 점(앞 몸판의 겨드랑이점에서 작업한 양과 같은 여유분을 주어야 한다)을 표시한다.

- 310쪽 참조.

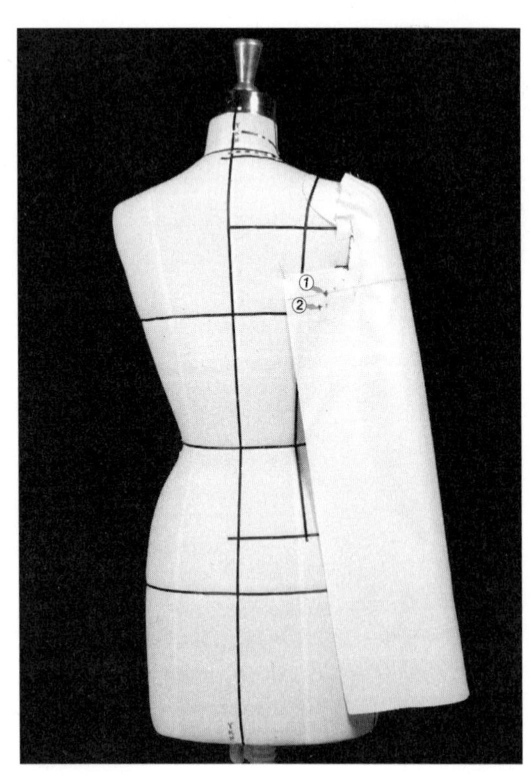

- 뒷부분도 마찬가지 방법으로 ① 겨드랑이점과 ② 여유분을 더한 점(뒤 몸판과 같은 양을 주어야 한다)을 표시한다.

- 315쪽 작업 과정 8 참조.

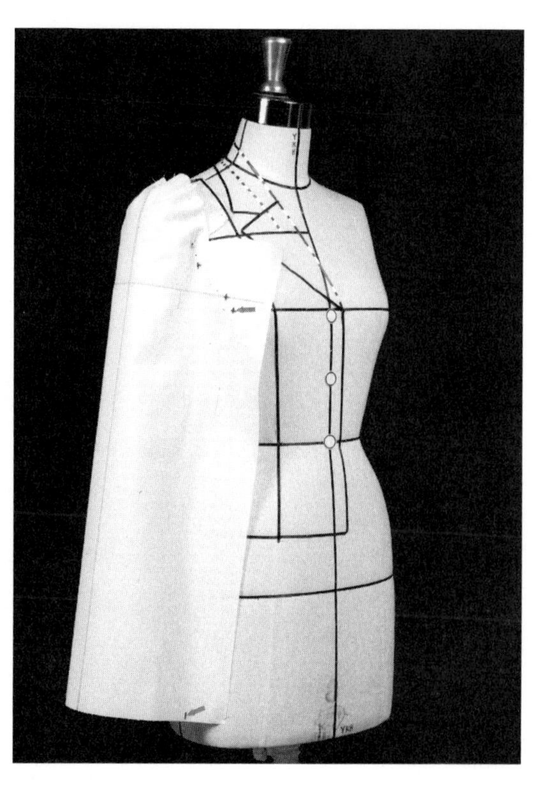

- 여유분을 준 점에서부터 소매 밑단까지 수직선을 찾는다. 광목을 접어서 찾으면 한결 쉽다.
- 뒷부분도 마찬가지로 수직선을 찾는다.

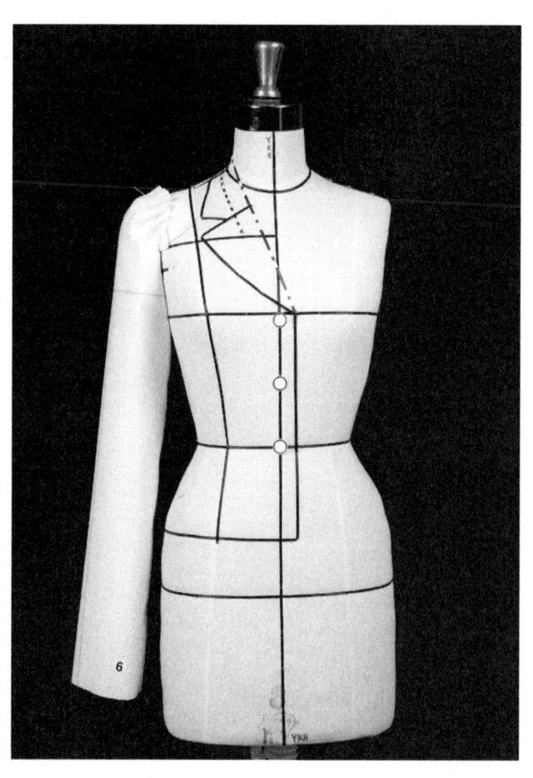

6 광목을 정리하고 소매통을 연결한다.

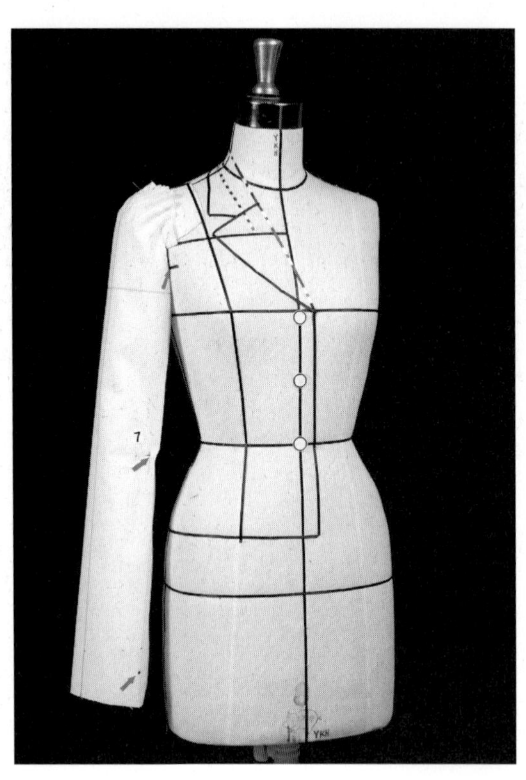

7 앞부분의 겉소매와 안소매 절개선의 위치를 정하고
팔이 접히는 부분에 남은 광목을 핀으로 집어서 팔꿈
치 둘레의 볼륨을 정한다.

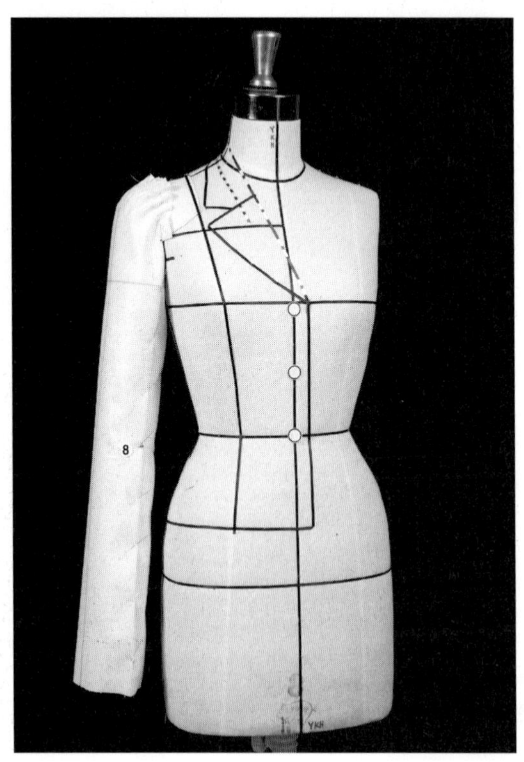

8 집어놓은 부분에 가윗집을 주고 다트를 잡는 방법과
마찬가지로 닫아서 절개선을 완성한다.

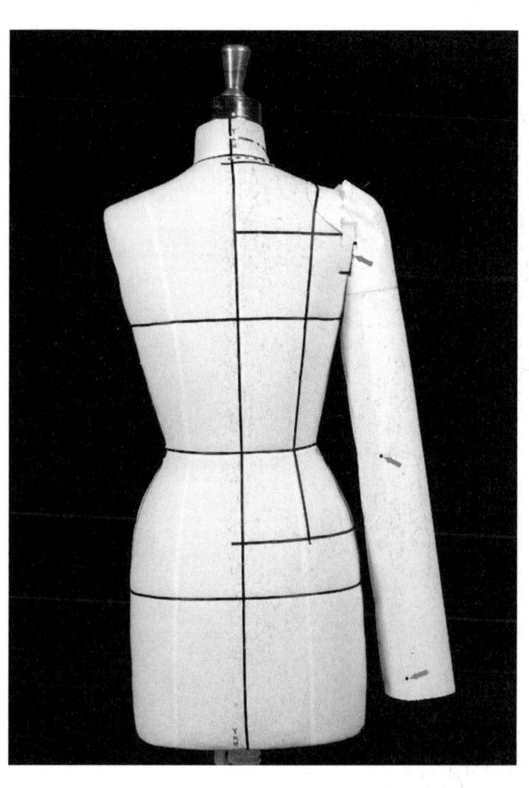

• 뒷부분의 겉소매와 안소매 절개선의 위치를 정한다

　(절개선 시작점, 팔꿈치선, 소매 밑단).

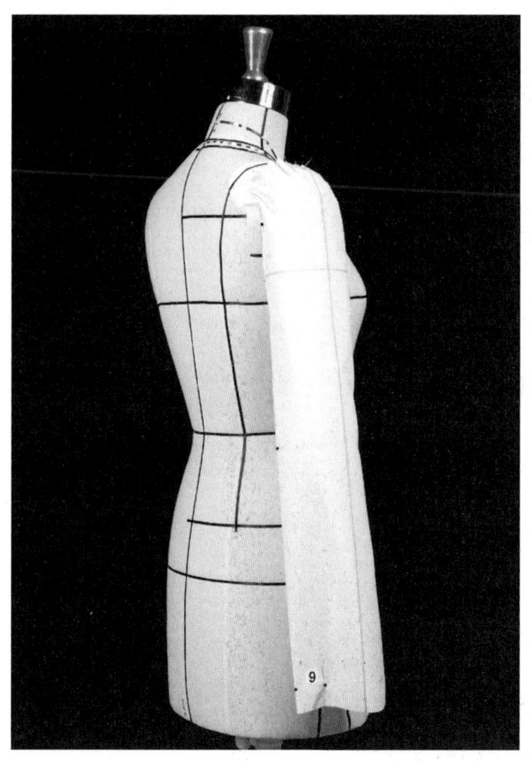

9 소매 밑단에서 원하는 소매통을 정한다.

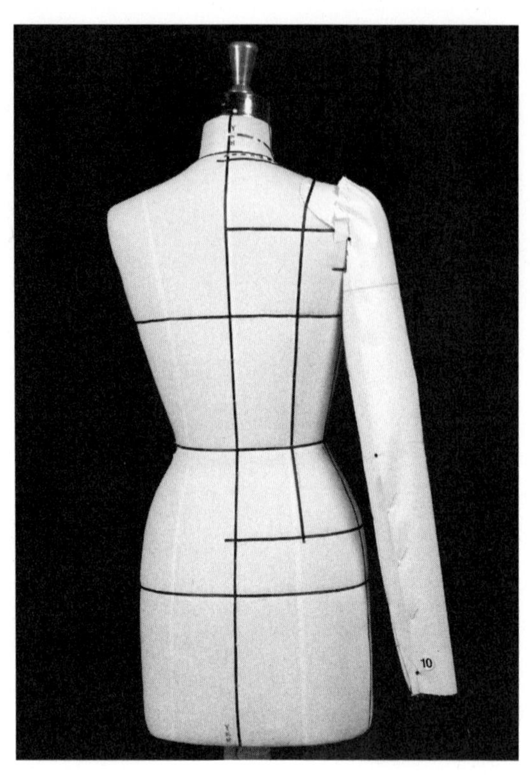

10 팔꿈치점을 꼭짓점으로 해서 다트를 잡는 방법과 마

찬가지로 닫아서 절개선을 완성한다.

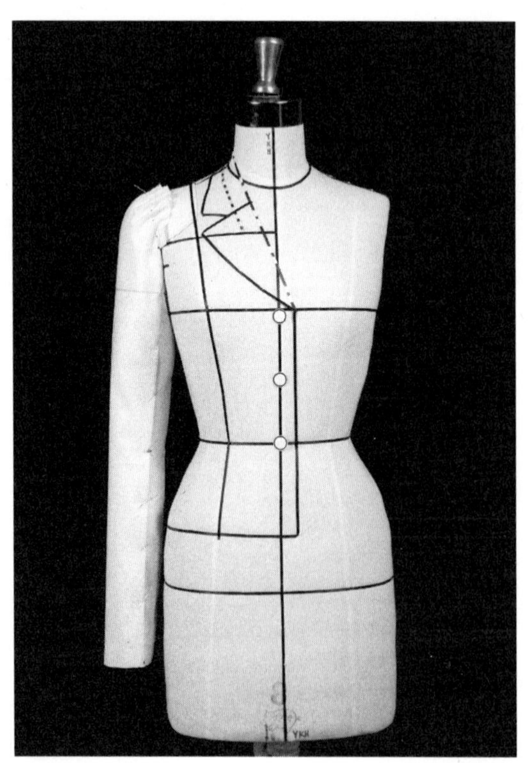

• 소매 길이를 정하여 시접을 접어놓고 모든 작업점을

표시한다.

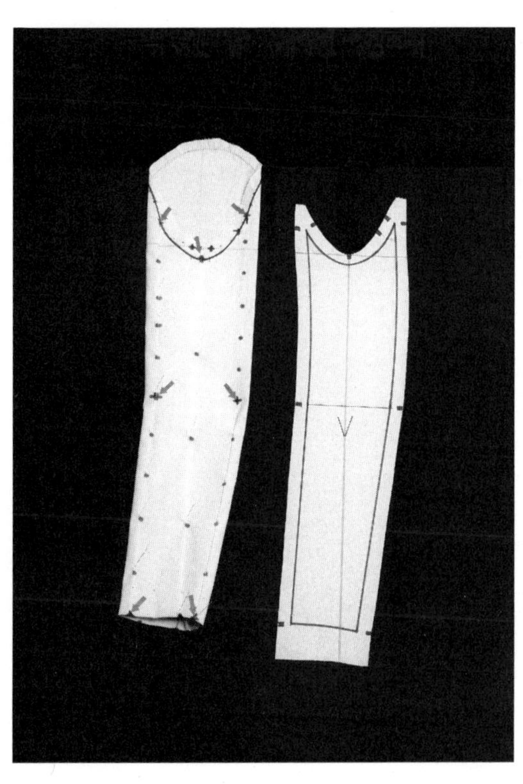

- 소매를 마네킹에서 빼낸다.

- 화살표로 표시된 안소매 부분을 다른 광목에 한 장으로 베껴놓는다.

*** 모든 안내선과 접합점 표시도 잊지 않도록 한다.**

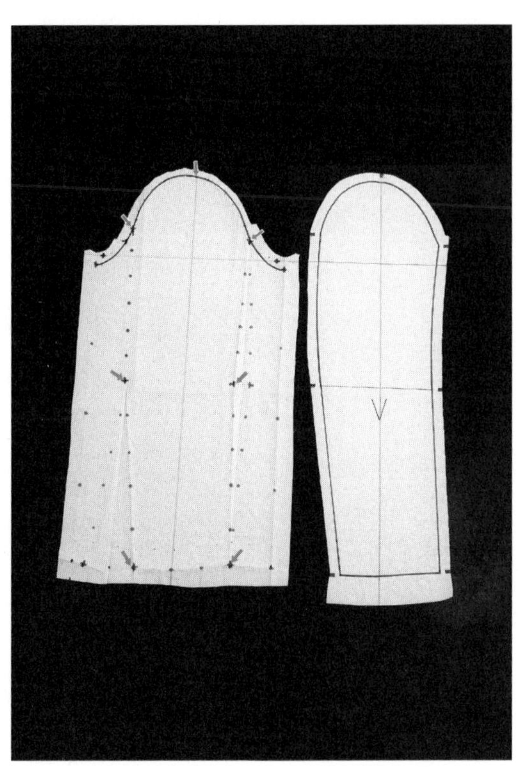

- 소매통 연결핀을 뽑아 펼쳐놓는다.

- 화살표로 표시된 겉소매 부분을 다른 광목에 베껴놓는다.

칼라

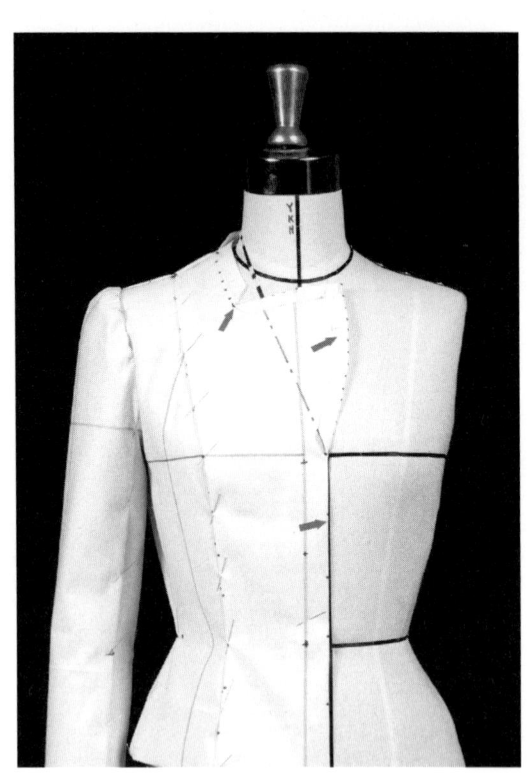

- 꺾임선 시작점을 기준으로 라펠 부분의 시접을 접어 놓는다(라펠 부분은 겉으로, 여밈 끝부분은 안으로 어긋나게 접는다).

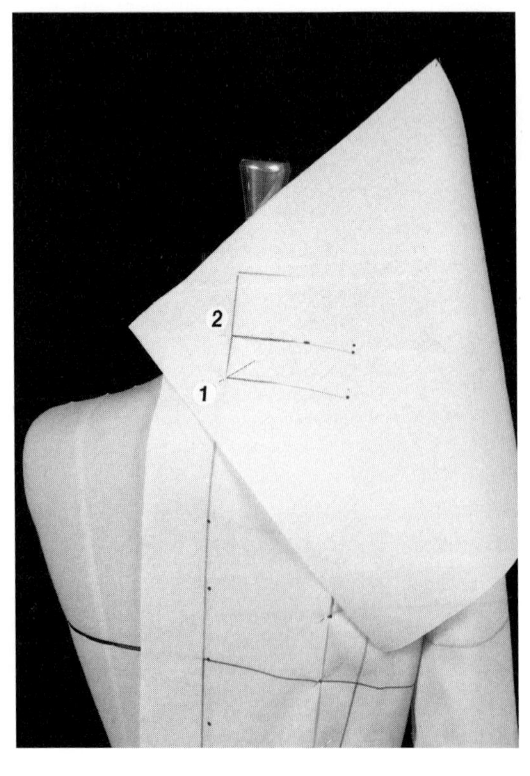

- 작업을 시작하기 전에 스탠드 분량과 칼라의 너비를 정하고 출발선을 그려서 시작하면 편리하다. 처음에는 옆 목점을 못 찾는 경우가 많으므로 옆 목점 치수에서 0.5cm 정도 내려온 점을 표시해 작업해보도록 하자.
- 광목을 바이어스로 작업한다.

1 뒤 목점을 고정한다.

2 뒤 중심 꺾임선을 고정한다.

*** 핀의 방향이 수평이 되도록 꽂는다.**

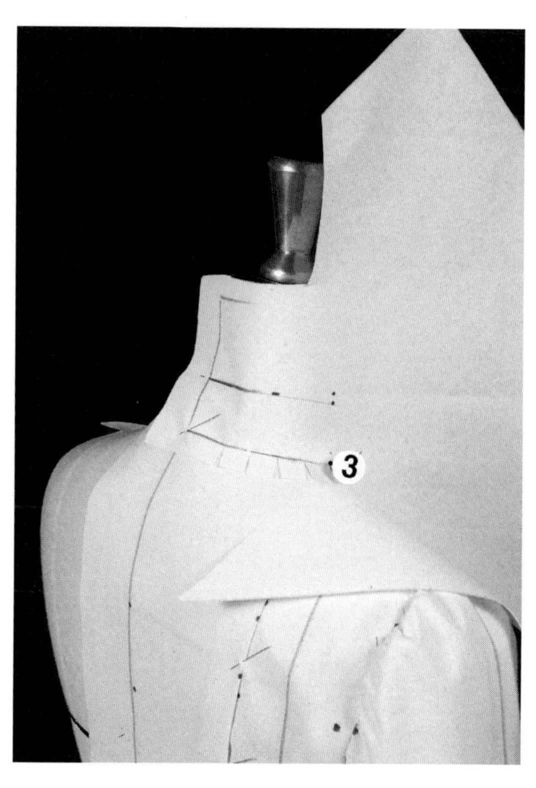

3 목둘레선을 따라 광목을 자르고 가윗집을 주면서 옆
목점을 고정한다.

• 칼라 가장자리 부분의 광목도 정리한다.

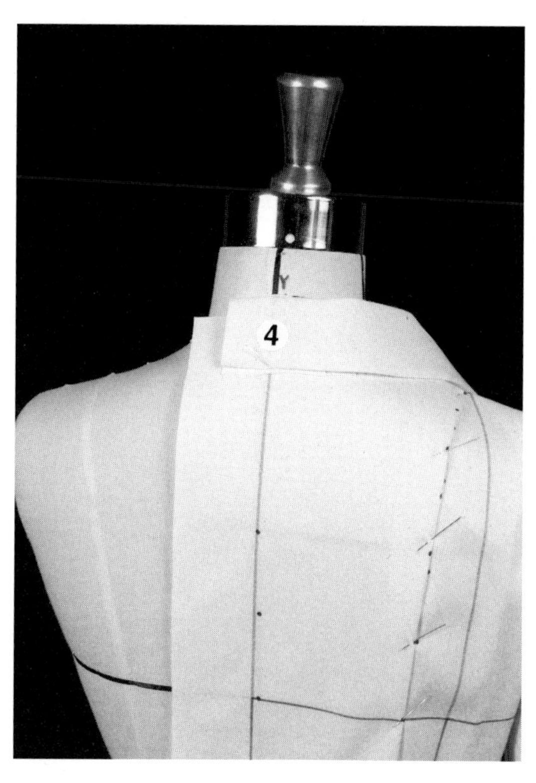

4 칼라 가장자리 시접을 안으로 접어놓는다. 꺾임선에
수평으로 고정해두었던 핀을 뽑고 꺾임선을 접어서
뒤 중심선을 고정한다.

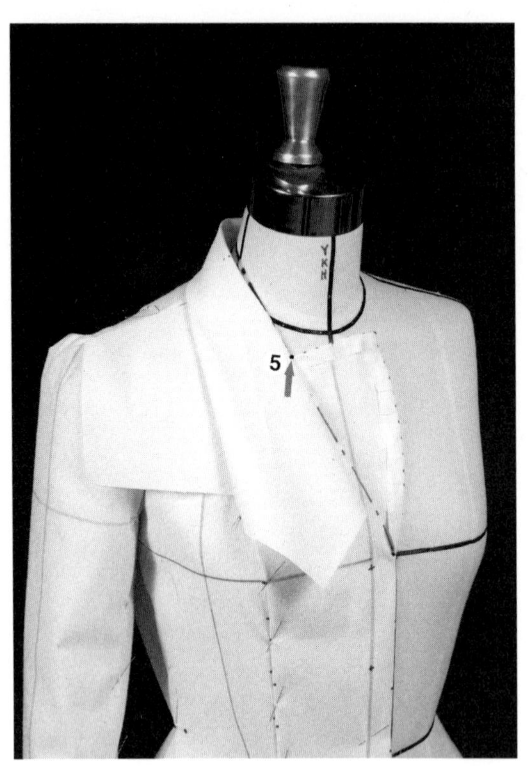

5 마네킹의 옆목에서 떨어지는 정도를 살펴보면서 칼라의 꺾임선을 몸판의 꺾임선에 고정한다.

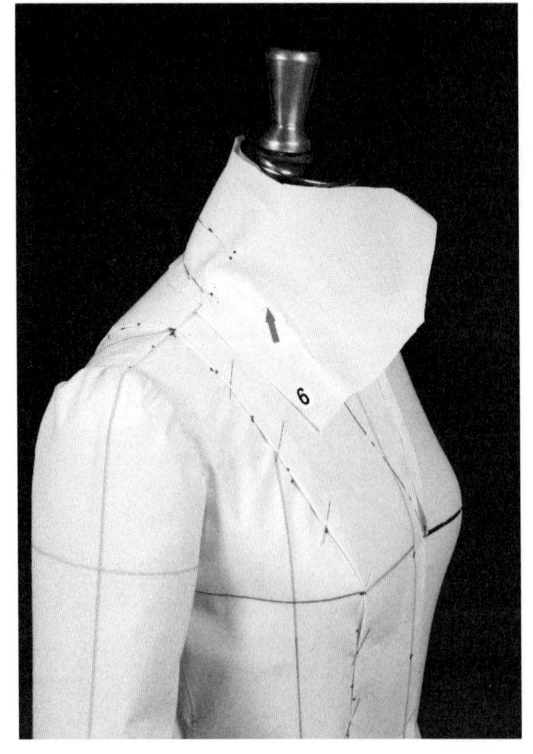

6 광목을 정리하고 칼라를 펼친다.

• 화살표 부분에 보이는 것처럼 광목이 안으로 들어가면서 불편하게 놓이는 것을 볼 수 있다.

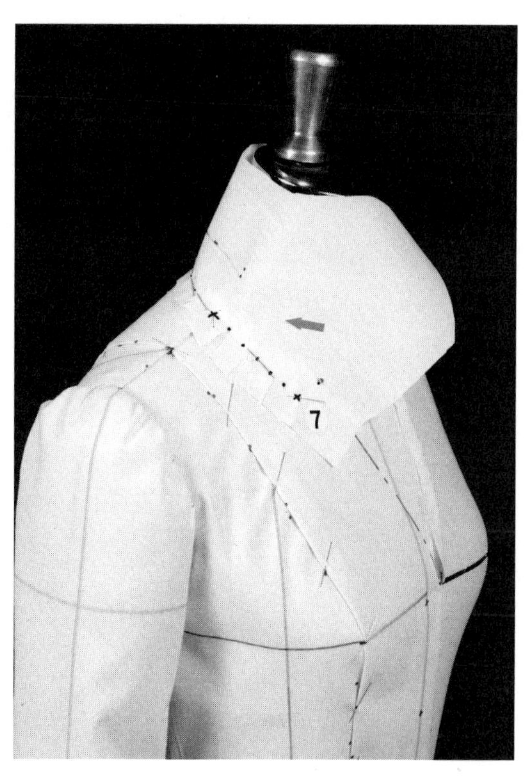

7 광목이 편안하게 펴지도록 광목을 아래로 살짝 당겨
가윗집을 주면서 몸판의 앞 목둘레선을 고정한다.

• 화살표 부분이 펴지는 것을 확인할 수 있다.

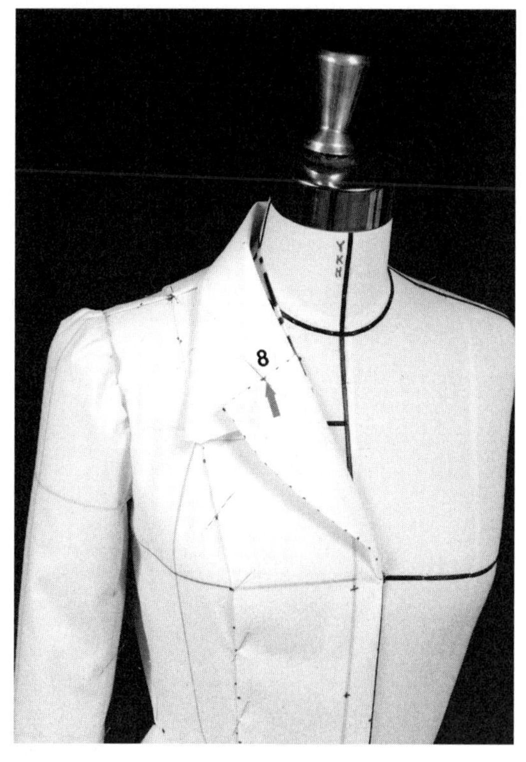

• 칼라를 다시 접어놓는다.

8 칼라와 라펠의 분기점까지 칼라와 라펠 광목 두 겹만
고정한다.

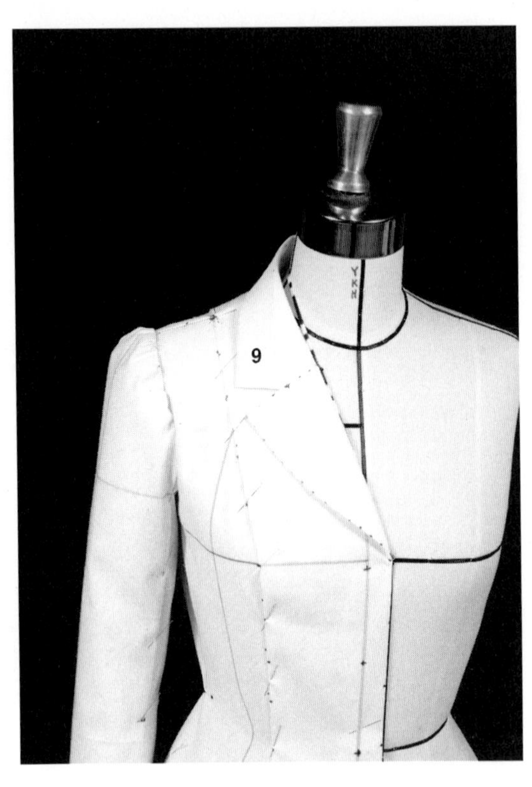

9 칼라의 모양을 찾는다.

• 모든 작업점을 표시한다.

• 칼라를 젖혀놓고 앞뒤 목둘레선과 이어지는 칼라와 라펠의 분기점까지 작업점을 표시한다.

4 볼륨 확인과 패턴 정리

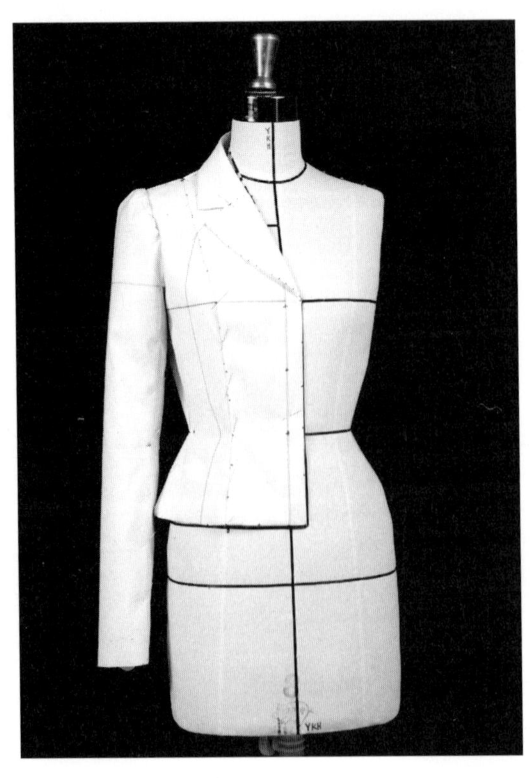

• 모든 시접을 연결한다.

• 앞면에서 볼륨을 확인한다.

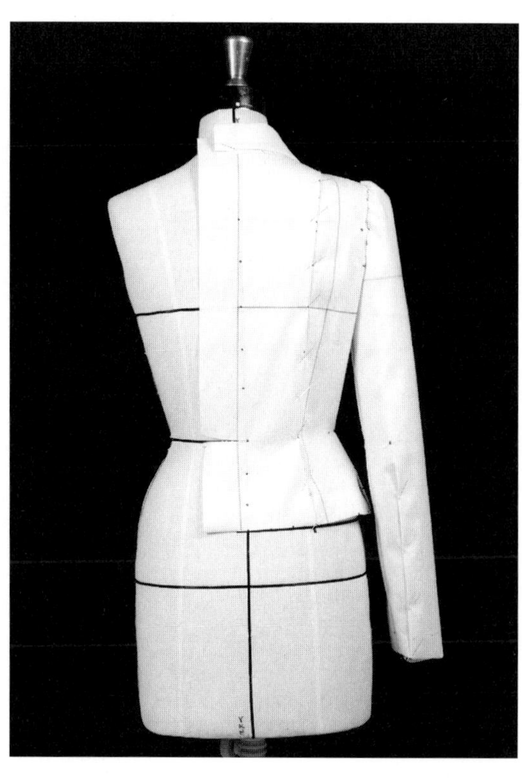

• 뒷면에서 볼륨을 확인한다.

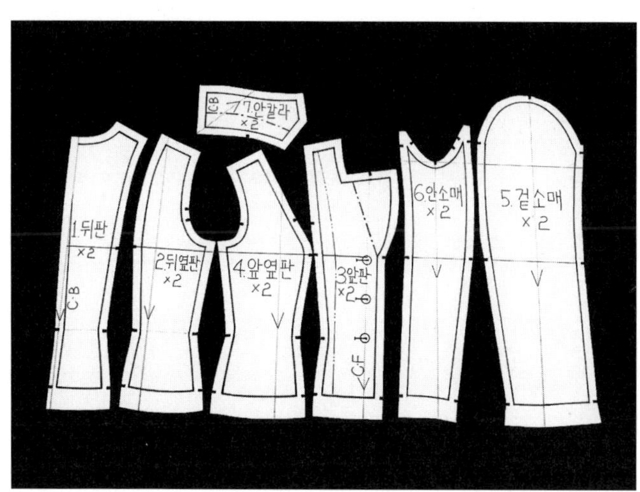

• 작업점을 따라 완성선을 그린다.

• 필요한 사항을 기록한다.

• 시접을 주고 시접선을 그린다.

• 시접선을 따라 자른다.

＊ 필요한 경우 안단과 겉 칼라의 패턴도 따로 베껴낸다.

22 피크드 칼라, 다트 이동 응용 디자인 재킷

1 라인테이프 치기

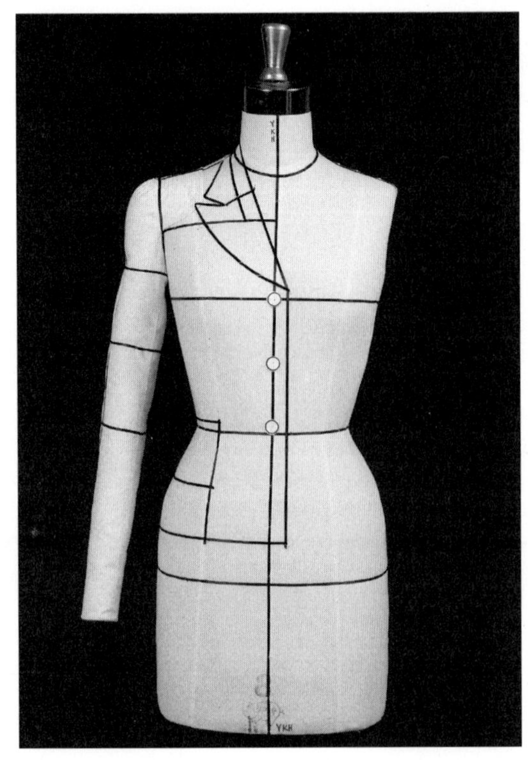

• 디자인에 따라 앞판에 라인테이프를 친다.

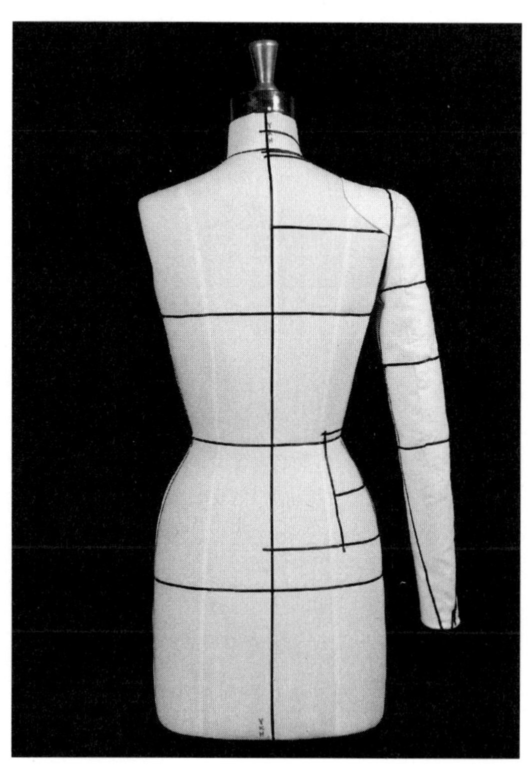

• 디자인에 따라 뒤판에 라인테이프를 친다.

2 광목 준비

• 디자인에 따라 광목을 준비한다.

  예 **앞판 1장:** 너비 35cm, 식서 방향 길이 70cm

  뒤판 1장: 너비 30cm, 식서 방향 길이 70cm

  옆판 1장: 너비 35cm, 식서 방향 길이 30cm

  소매 1장: 너비 40cm, 식서 방향 길이 35cm

  주머니 1장: 너비 25cm, 식서 방향 길이 15cm

  칼라 1장: 너비 30cm, 식서 방향 길이 30cm

• 중심선과 필요한 선을 그어서 준비한다.

• 라펠 작업을 고려하여 앞 중심선을 긋는다.

3 드레이핑

앞판

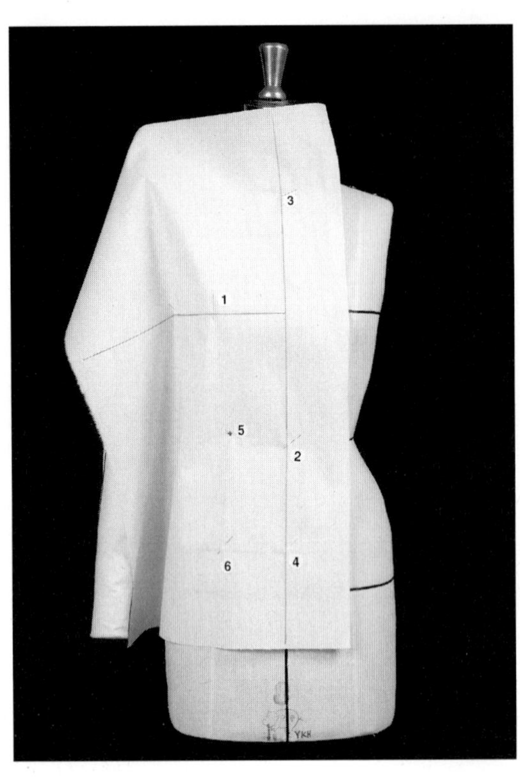

1 앞 중심선과 광목의 식서선을 맞추고 유두점을 고정한다.

2 앞 중심 허리선을 고정한다.

3 가슴 부분의 광목이 평평함을 유지하도록 유의하면서 앞 목점을 고정한다.

4 앞 중심선 밑단을 고정한다.

5 허리선을 고정한다.

6 밑단을 고정한다.

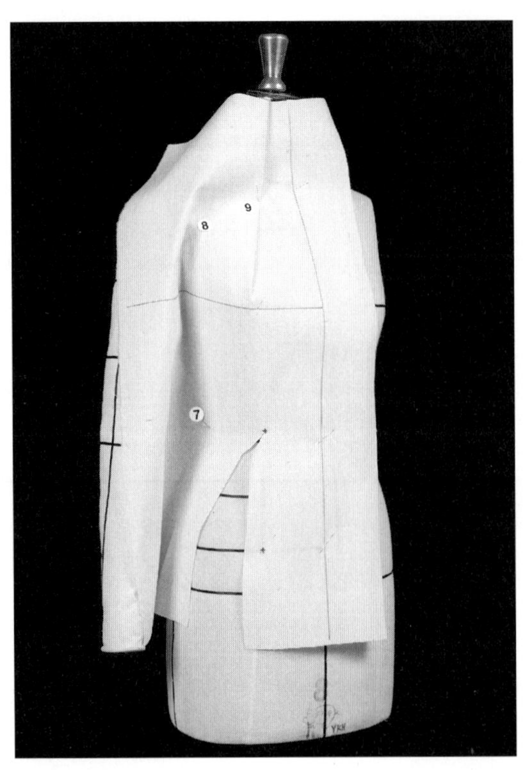

• 절개선을 따라 시접을 남기고 광목을 자른 다음 고정한 허리선까지 가윗집을 준다.

7 허리선에 광목이 남지 않도록 옆으로 밀어 붙여서 옆 허리선을 고정한다.

8 옆선에 광목이 남지 않도록 위로 쓸어 올린다.

9 목선 방향으로 남은 광목을 다트처럼 집어둔다(정확한 위치는 칼라 작업시 조정한다).

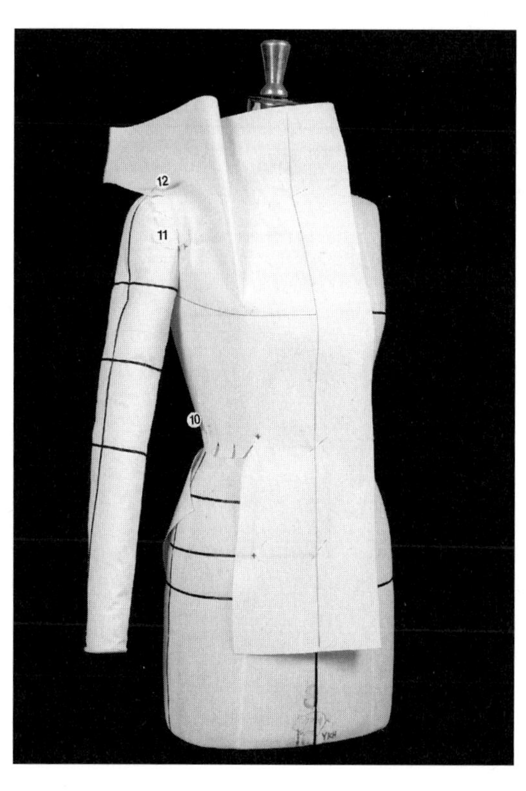

10 허리선 아랫부분에 남은 광목을 정리하여 잘라버린다.

11 품선 끝에서 여유분을 주고 안으로 밀어 넣어 고정한다.

• 여유분을 준 곳까지 가윗집을 넣은 다음 남은 광목은 팔 밑으로 보낸다.

12 암홀을 따라 광목이 남지 않도록 하면서 어깨 끝점을 고정한다.

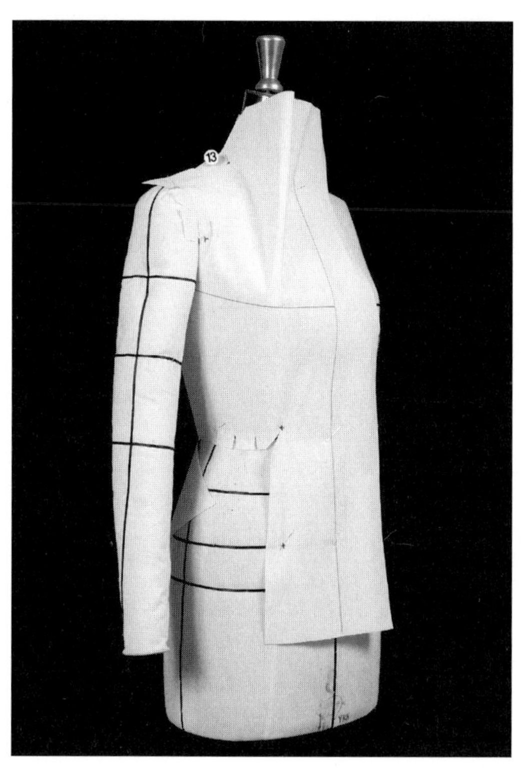

13 어깨선의 광목을 정리하고 옆 목점을 고정한다.

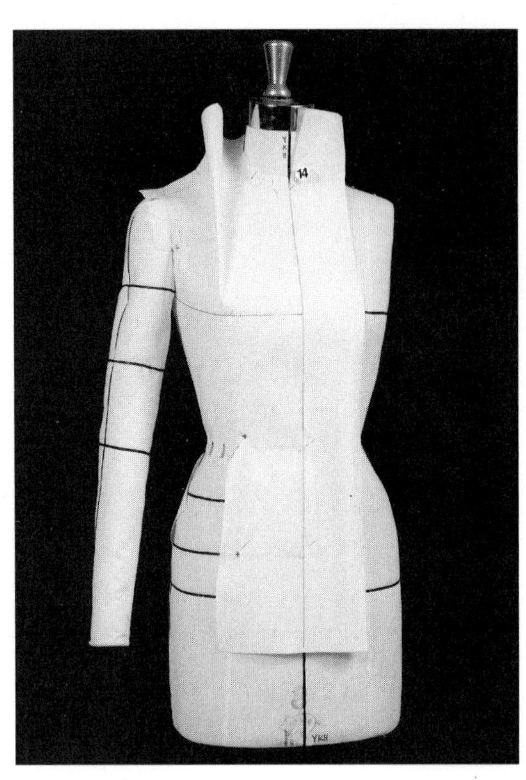

14 앞 목점부터 광목을 정리하면서 가윗집을 주어 목둘
레선에 광목이 편안하게 놓이도록 한다.

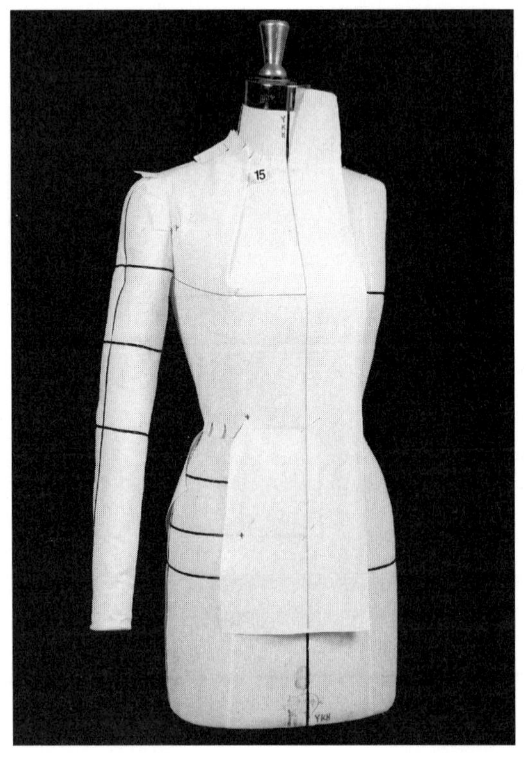

15 디자인에 따라 주름을 잡아 고정하고 목둘레선의 광
목을 정리한다.

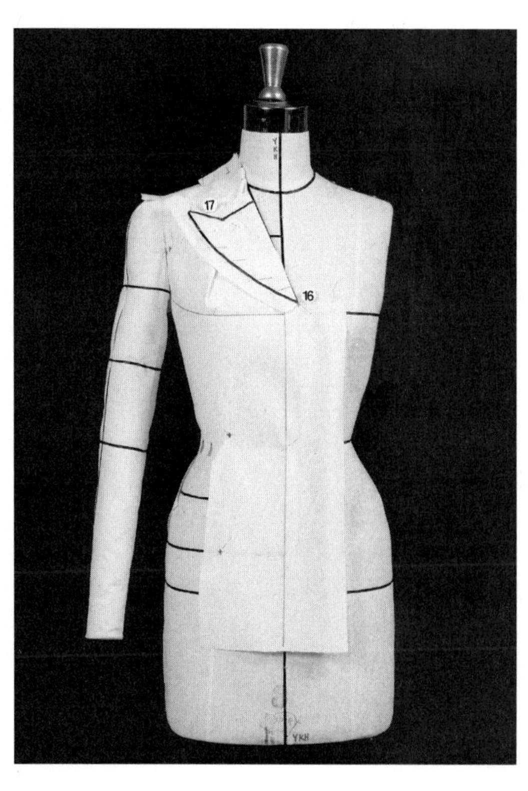

- 테일러드 칼라의 앞판 작업(307쪽)과 같은 방법이다.

16 꺾임선 시작점까지 가윗집을 주고 꺾임선을 따라 광목을 접는다.

17 원하는 라펠 모양을 찾는다.

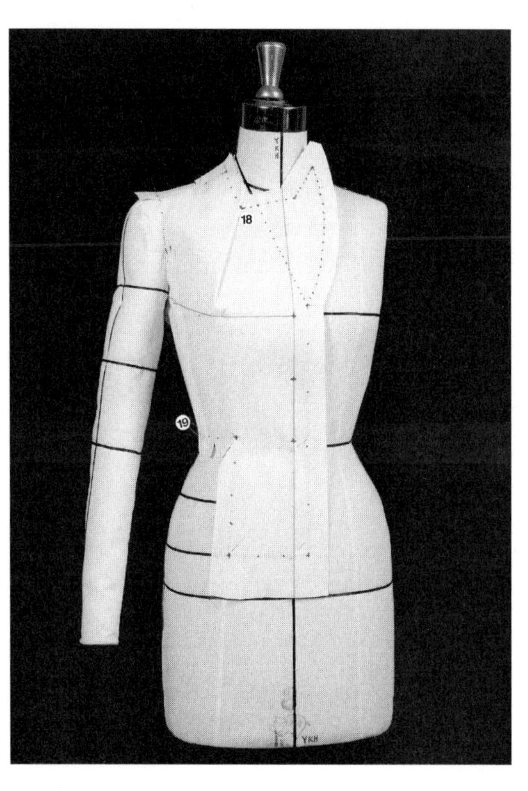

18 칼라를 펼쳐놓고 라펠선을 앞 목둘레선과 만나는 곳까지 연장하여 앞 목둘레선을 완성한다.

- 최종적으로 주름 위치를 정한다.

19 옆선에서 여유분을 주고 옆선을 고정한다.

- 겨드랑이점에서 여유분을 주는 방법은 310쪽 위 그림 설명을 참조한다.

- 모든 작업점을 표시한다.

뒤판

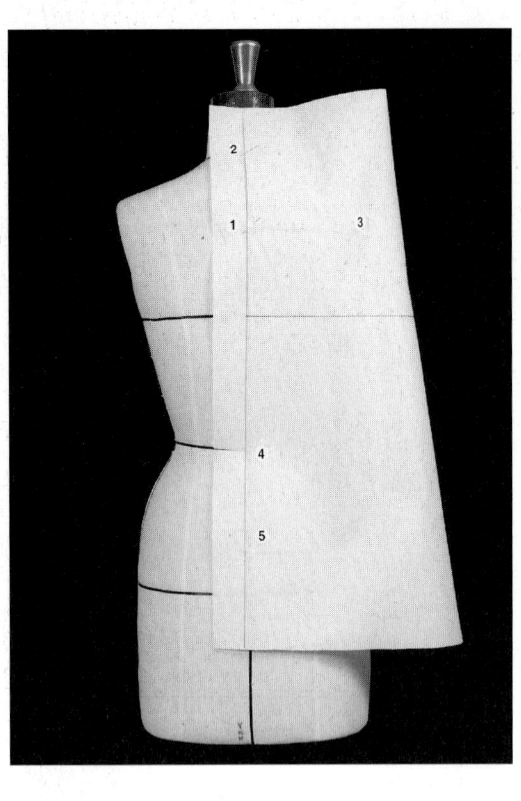

1 뒤 중심 품선을 고정한다.

2 뒤 목점을 고정한다.

3 품선 끝 암홀을 고정한다.

4 몸판에 광목을 쓸어 붙이고 뒤 중심 허리선을 고정한다. 가윗집을 준다.

5 뒤 중심선 밑단을 고정한다.

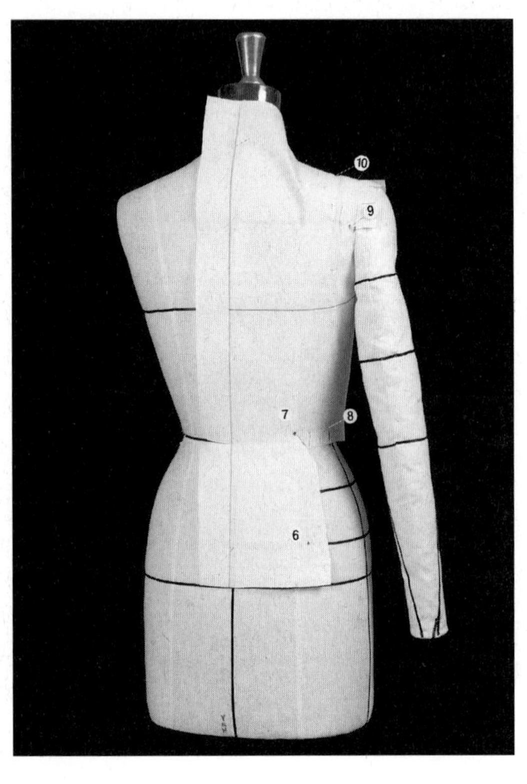

6 밑단을 고정한다.

7 허리선을 고정한 다음 앞판과 마찬가지 방법으로 광목을 정리한다.

8 옆 허리선을 고정한다.

9 품선 끝에서 여유분을 주고 고정한다. 가윗집을 주고 남은 광목은 팔 밑으로 보낸다.

10 암홀에 광목이 남지 않도록 쓸어 올리고 어깨 끝점을 고정한다.

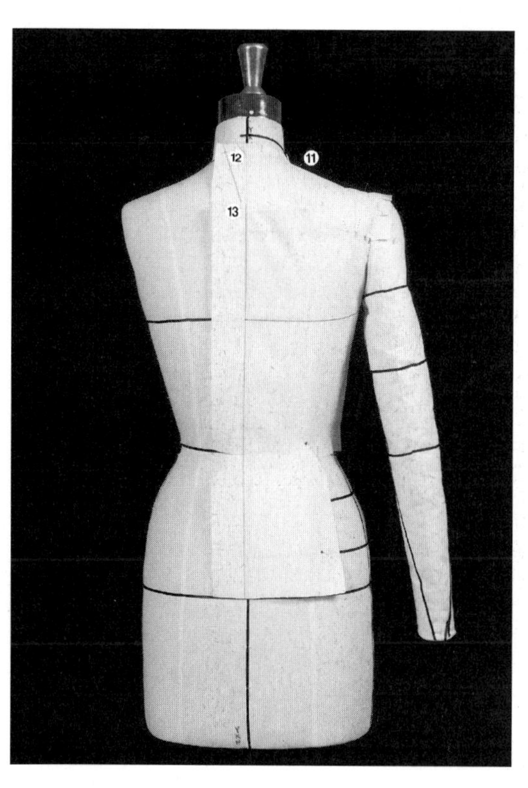

11 어깨선의 광목을 정리하고 옆 목점을 고정한다.

12 옆 목점에서 시작하여 가윗집을 넣어가면서 목둘레
선을 작업하고 뒤 목점을 고정한다.

13 남는 광목을 디자인에 따라 주름을 잡고 고정한다.

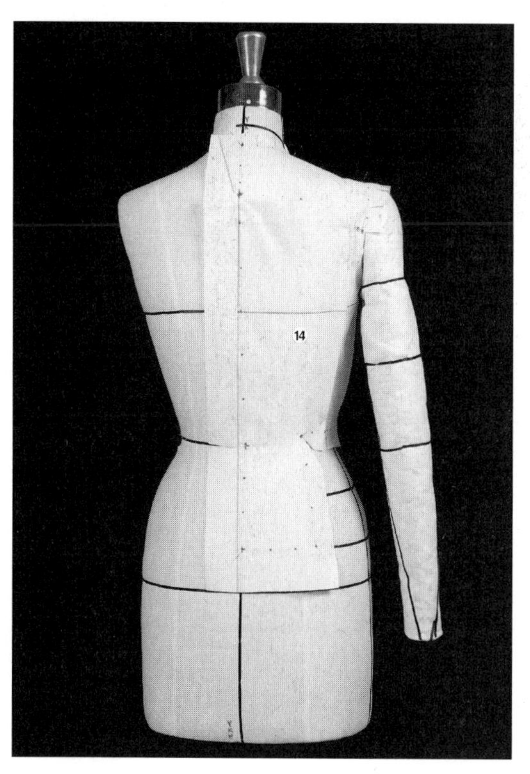

14 옆선에서 앞판과 같은 여유분을 주고 모든 작업점을
표시한다.

칼라

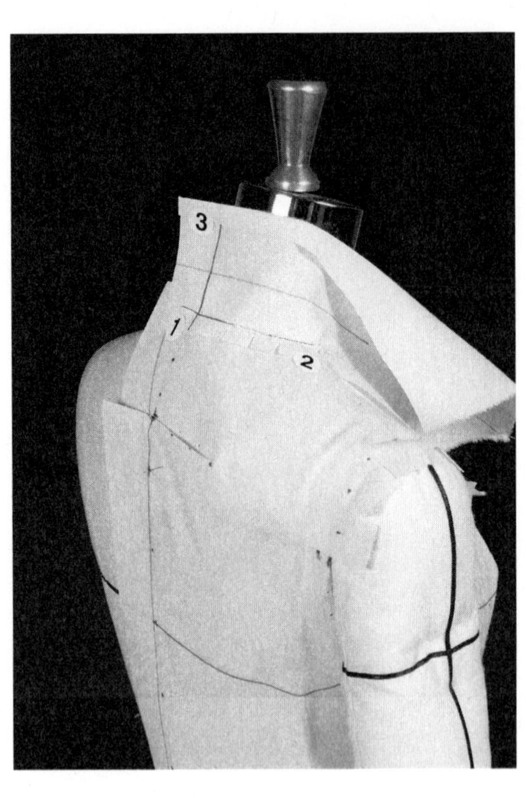

• 테일러드 칼라(324~328쪽)를 참조한다.

1 뒤 목점을 고정한다.

2 옆 목점을 고정한다.

3 스탠드 분량과 칼라 분량을 정하고 광목을 정리한 다음 칼라 가장자리 시접을 안으로 꺾어놓는다.

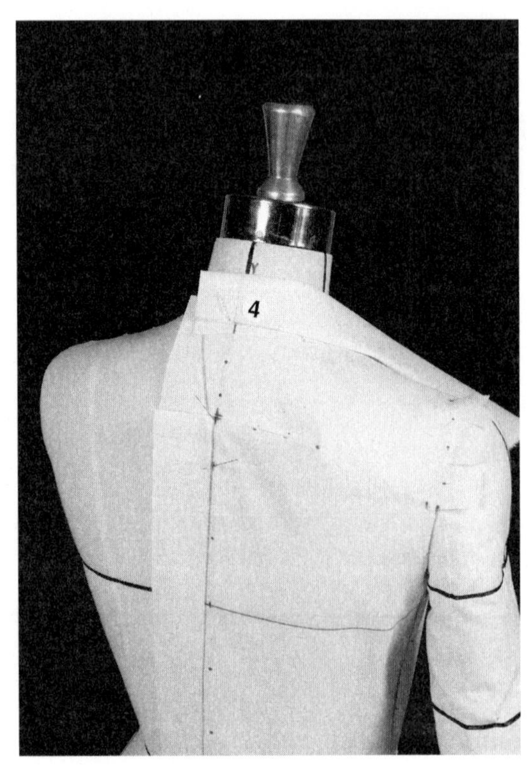

4 꺾임선을 기준으로 칼라를 접어서 뒤 중심선을 고정한다.

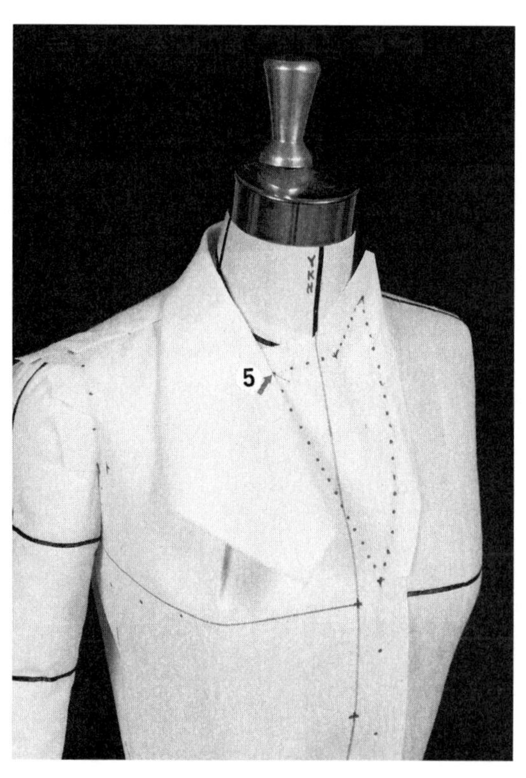

5 칼라의 꺾임선과 몸판의 꺾임선이 만나는 점을 고정
한다.

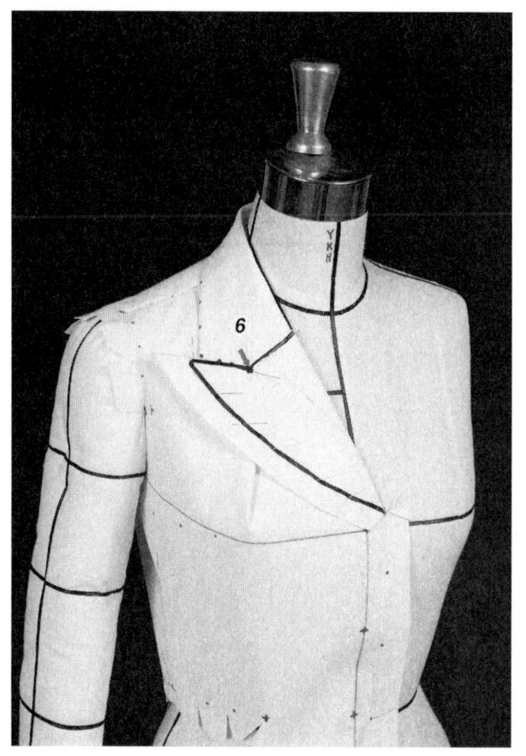

6 칼라와 라펠의 분기점을 고정하고 시접을 접어 넣으
면서 칼라의 모양을 찾는다.

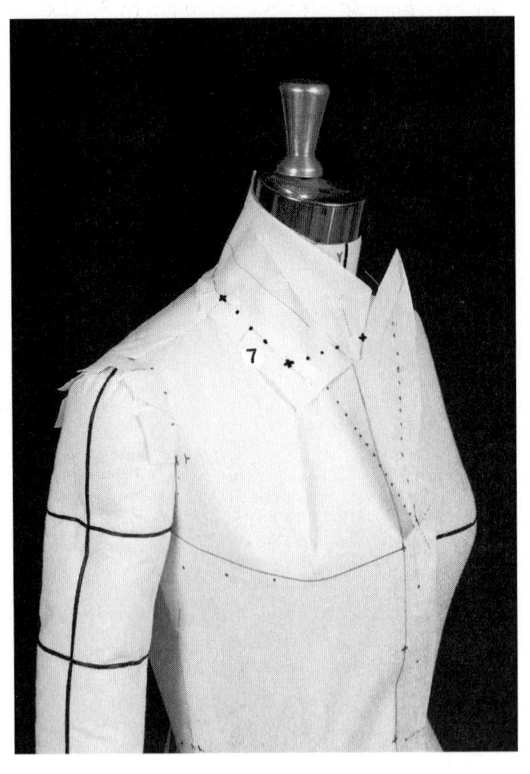

7 광목이 편안하게 놓이도록 가윗집을 주면서 앞 목둘
레선을 완성한다.

• 앞뒤 목둘레선과 칼라의 분기점까지 모든 작업점을
표시한다.

옆판

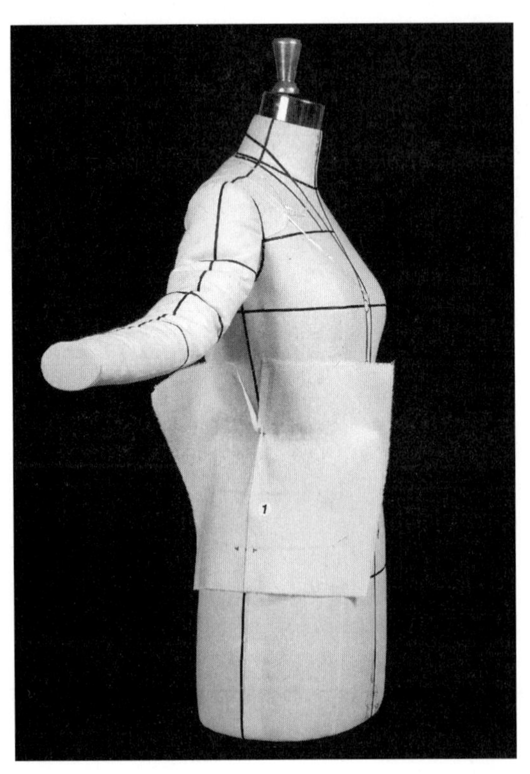

1 옆선에서 허리선과 밑단에 필요한 여유분을 먼저 핀
으로 집어놓고 옆선을 고정한다.

• 허리선의 여유분은 몸판과 같은 분량을 주도록 한다.

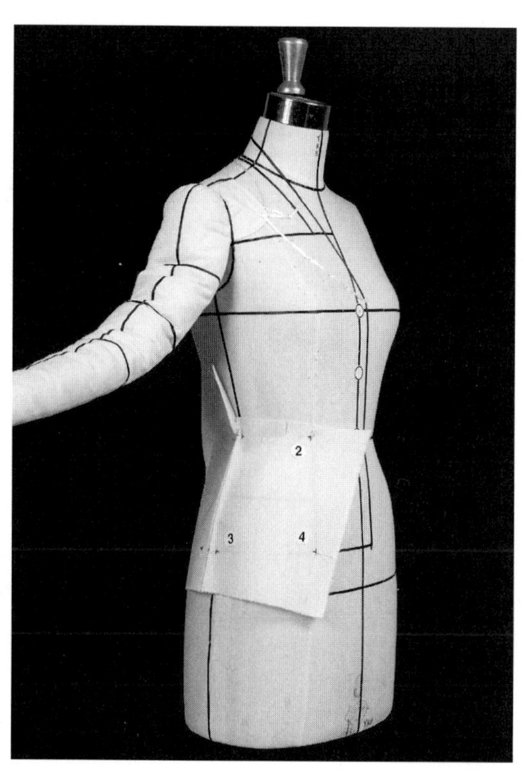

2 옆선에서부터 광목을 정리해가면서 허리선을 고정한다.

3 옆 밑단을 고정한다.

4 밑단을 고정한다.

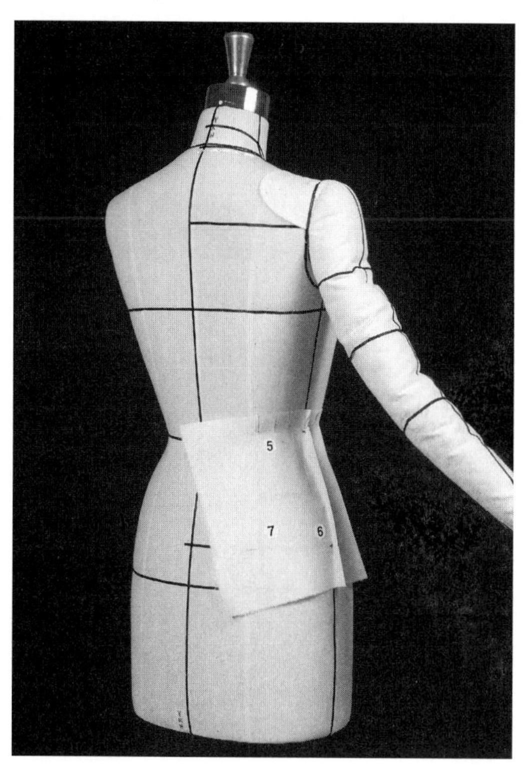

5, 6, 7 앞판과 같은 방법으로 뒤판도 작업하여 옆판을 완성한다.

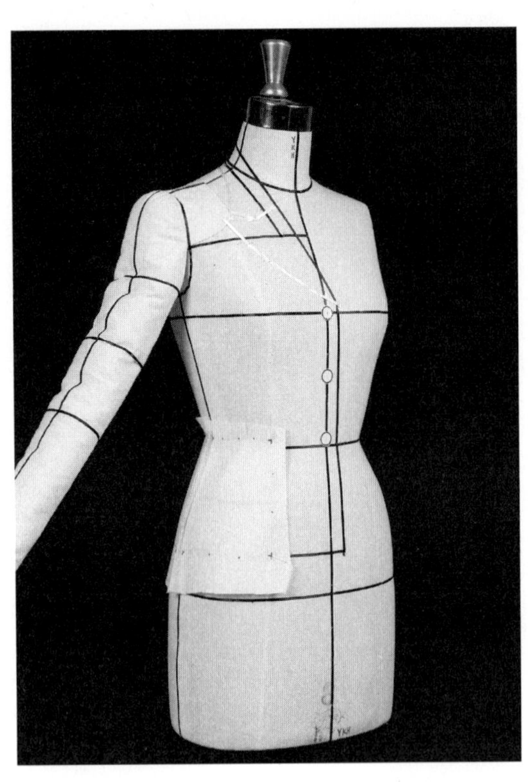

- 모든 작업점을 표시한다.

- 광목을 정리한다.

주머니

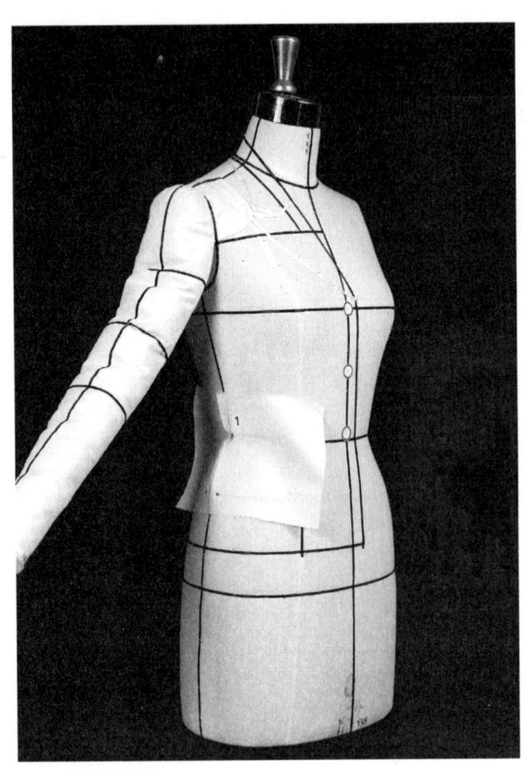

1 옆판과 같은 여유분을 주고 옆선을 고정한다.

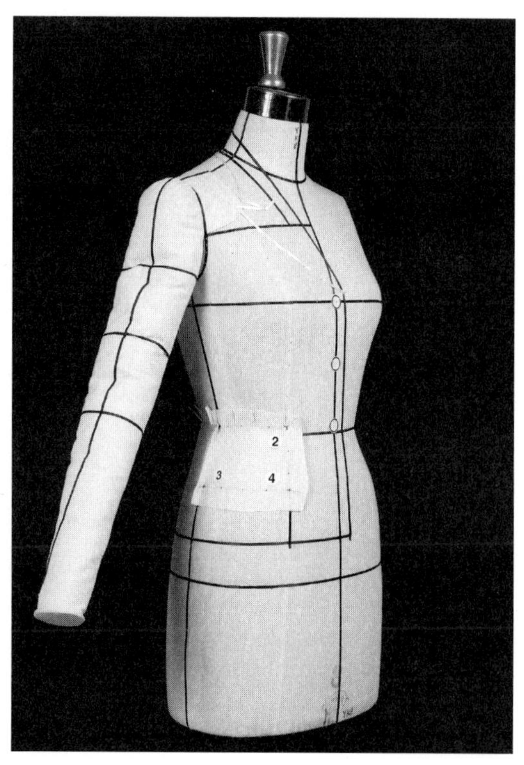

2, 3, 4 옆판과 같은 방법으로 앞뒤 주머니 모양을 완성
하고 모든 작업점을 표시한다.

소매

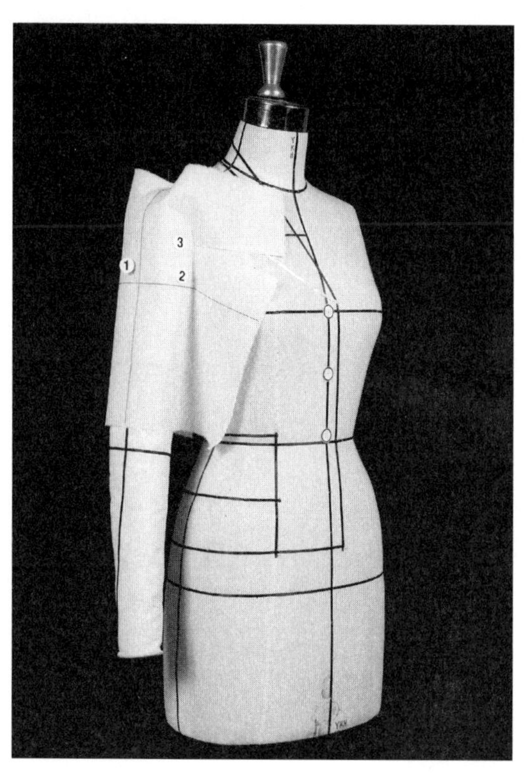

1 위 팔둘레선에 맞추어 소매의 중심선을 고정한다.

2 위 팔둘레선을 따라 광목을 붙이고 고정한다.

3 품선 끝을 고정하고 가윗집을 준다.

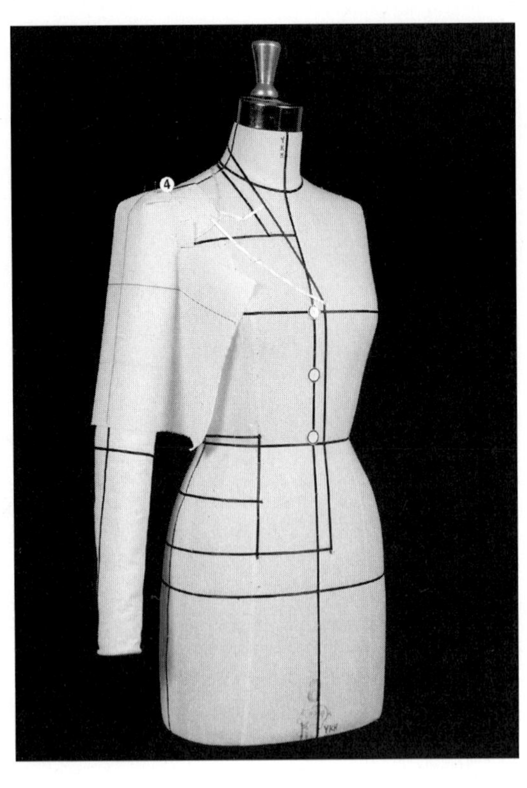

4 어깨 끝점을 고정하고 남은 광목은 원하는 위치에 접어둔다.

• 뒷부분도 마찬가지 방법으로 완성한다.

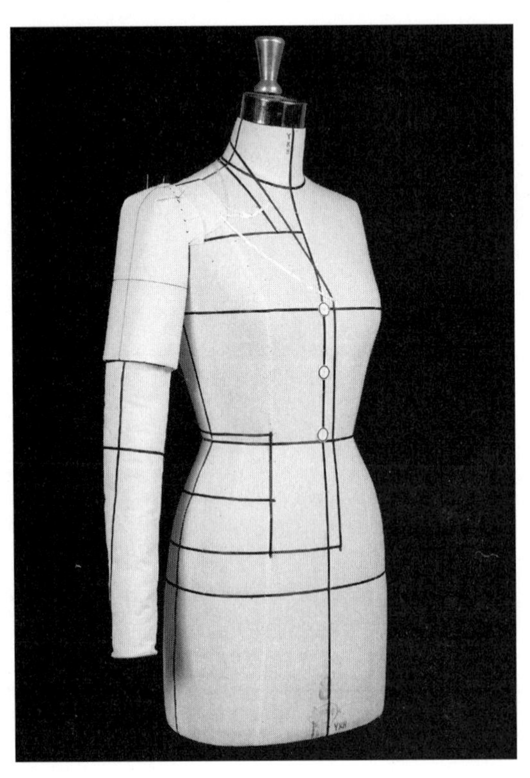

• 광목을 팔 밑으로 보내고 겨드랑이점에서 여유분을 준 다음 소매통을 연결한다(겨드랑이 부분의 작업 방법은 310쪽 위 그림을 참조한다).

• 소매 길이를 정한다.

• 모든 작업점을 표시한다.

4 볼륨 확인과 패턴 정리

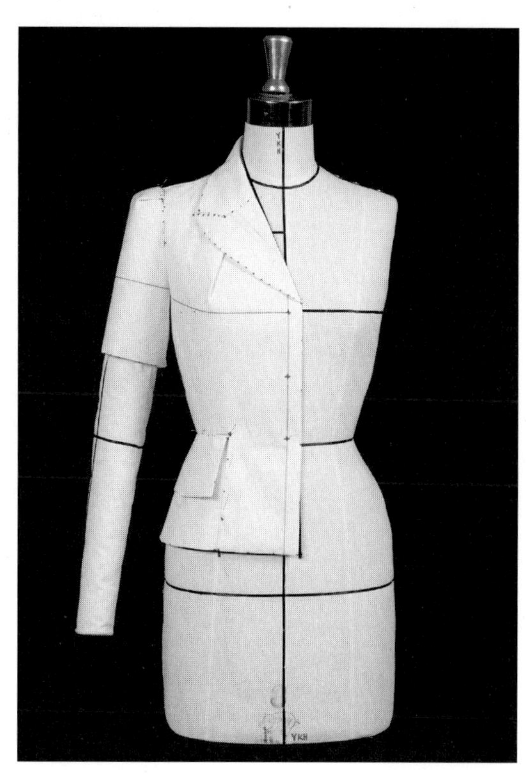

- 모든 시접을 연결한다.

- 앞면에서 볼륨을 확인한다.

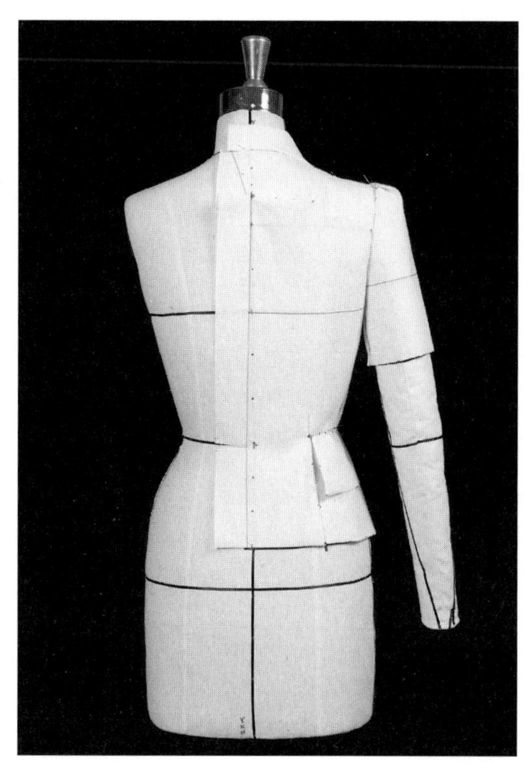

- 뒷면에서 볼륨을 확인한다.

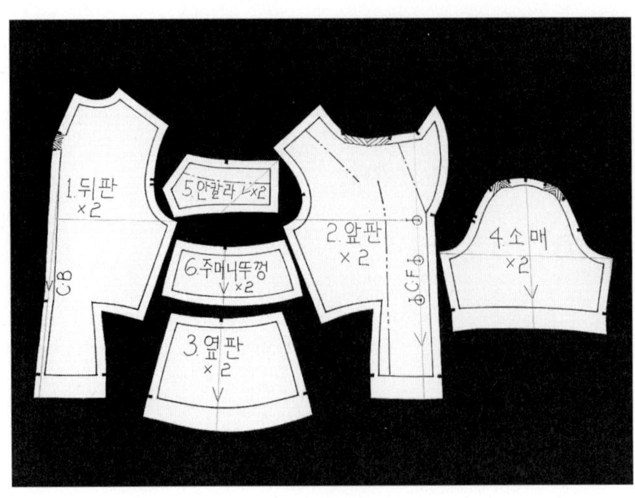

• 작업점을 따라 완성선을 그린다.

• 필요한 사항을 기록한다.

• 시접을 주고 시접선을 그린다.

• 시접선을 따라 자른다.

＊ 필요한 경우 안단과 겉 칼라의 패턴도 따로 베껴낸다.

23 숄 칼라, 불규칙한 밑단 디자인 재킷

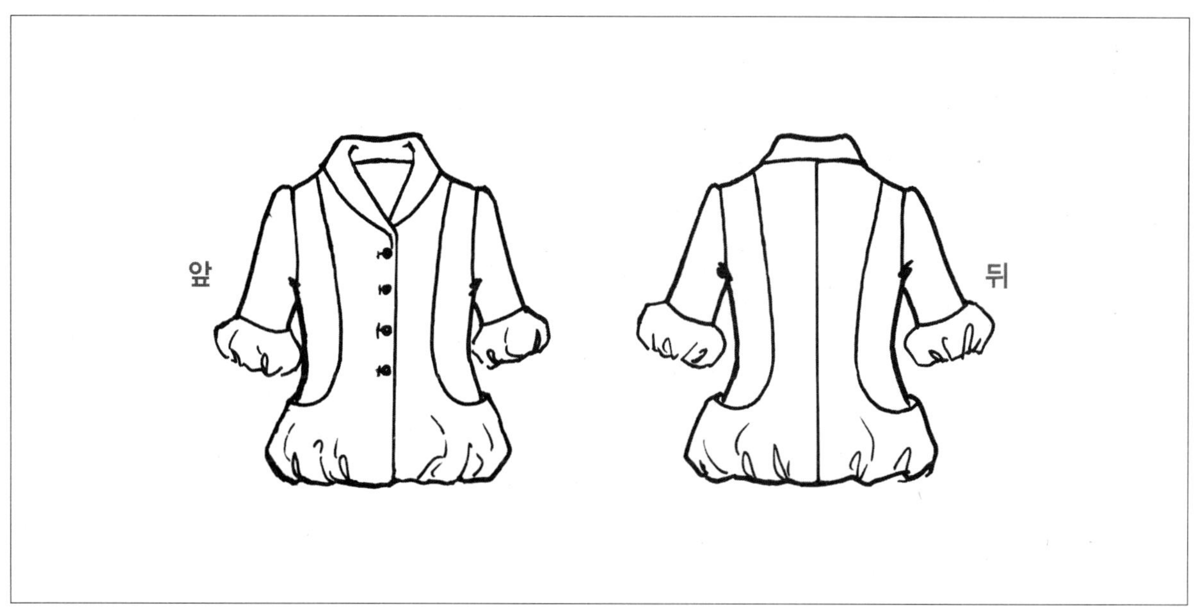

1 라인테이프 치기

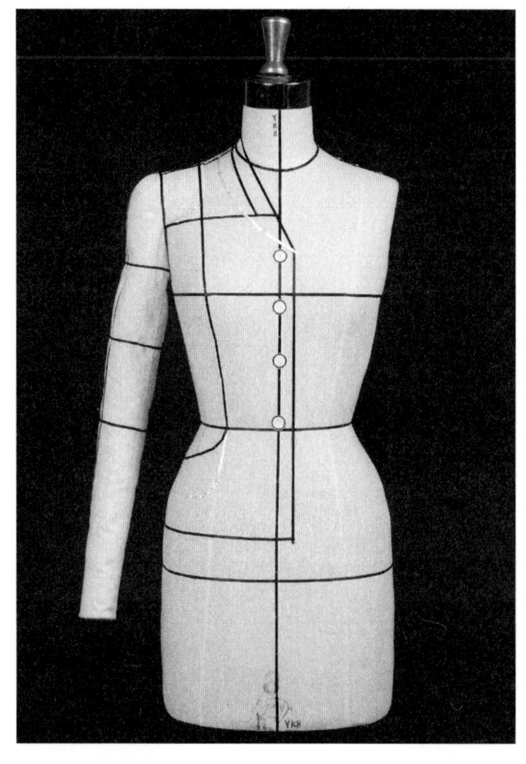

• 디자인에 따라 앞판에 라인테이프를 친다.

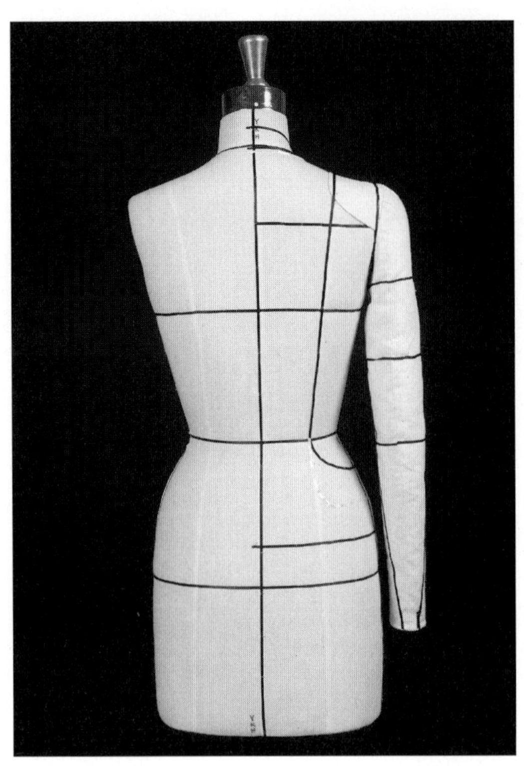

• 디자인에 따라 뒤판에 라인테이프를 친다.

2 광목 준비

• 디자인에 따라 광목을 준비한다.

    예 **앞판 1장:** 너비 40cm, 식서 방향 길이 80cm(칼라도 연결하여 작업한다.)

    앞 옆판 1장: 너비 25cm, 식서 방향 길이 60cm

    뒤판 1장: 너비 25cm, 식서 방향 길이 60cm

    뒤 옆판 1장: 너비 35cm, 식서 방향 길이 60cm

    소매 1장: 너비 40cm, 식서 방향 길이 40cm

    소매 밑단 1장: 너비 35cm, 식서 방향 길이 35cm

• 중심선과 필요한 선을 그어서 준비한다.

3 드레이핑

앞판

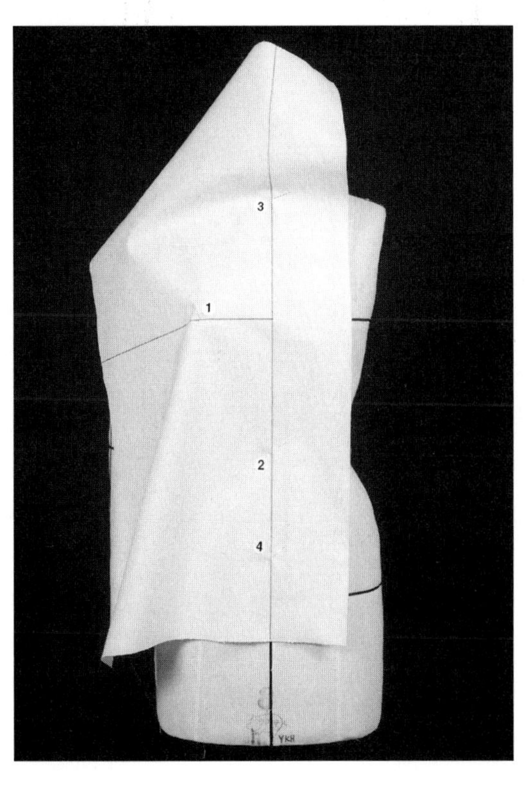

1 유두점을 고정한다.

2 앞 중심 허리선을 고정한다.

3 앞 목점을 고정한다. 가슴 부분의 광목이 평평함을
유지하도록 유의한다.

4 앞 중심선 밑단을 고정한다.

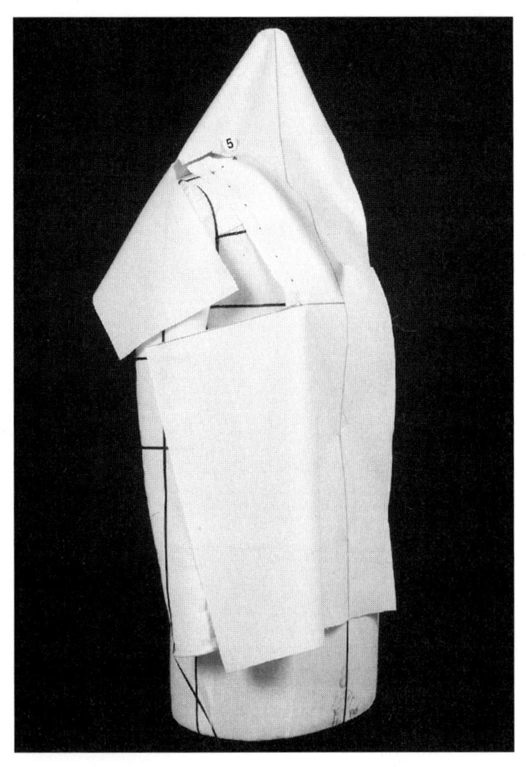

5 유두점에서 어깨 프린세스라인을 따라 고정하고 광목
을 정리한 다음 옆 목점을 고정한다.

• 숄 칼라를 작업해야 하므로 광목을 자를 때 유의한다.

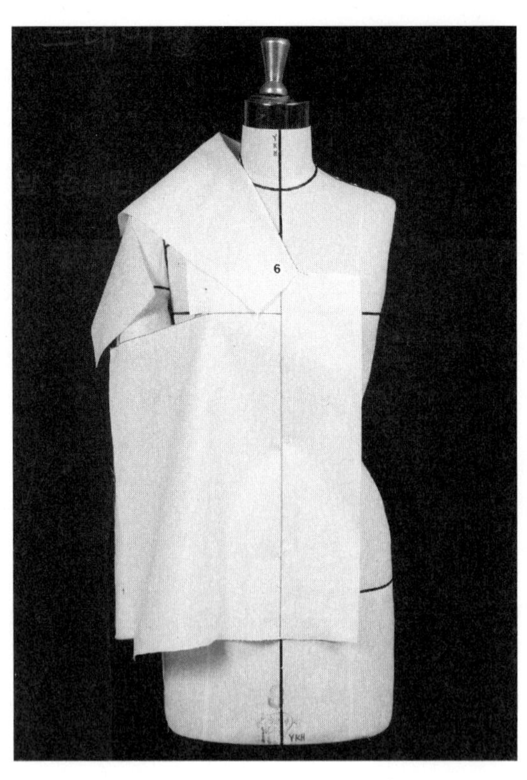

6 꺾임선 시작점에 가윗집을 넣고 꺾임선을 따라 광목
을 접는다.

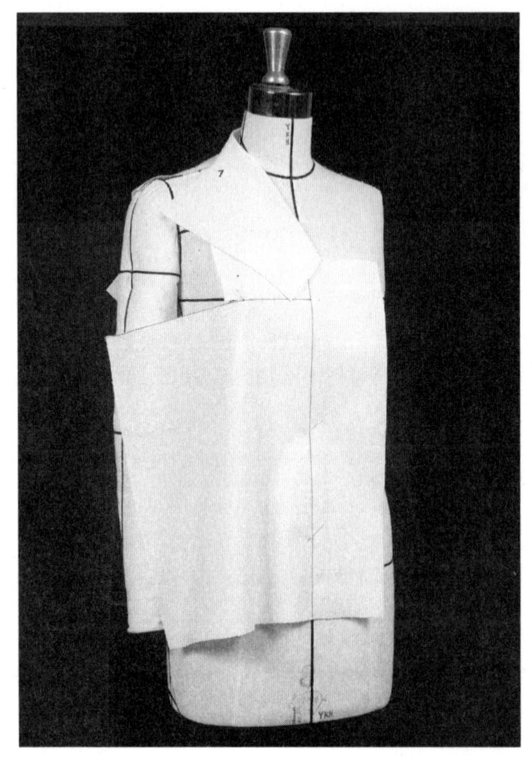

7 어깨선의 위치에서 칼라의 너비를 정하고 그곳까지
가윗집을 넣는다.

8 디자인에 따라 칼라의 모양을 찾고 뒤 중심선을 고정
한다.

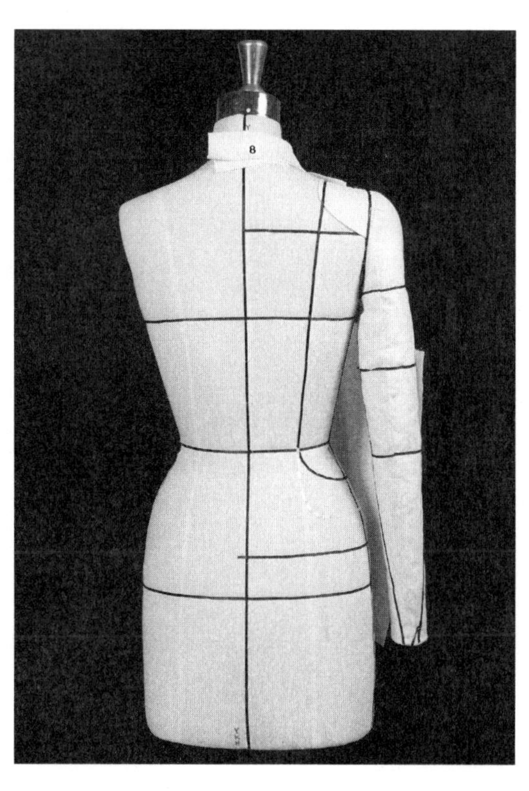

9 가윗집을 주면서 목둘레선을 정리한다.

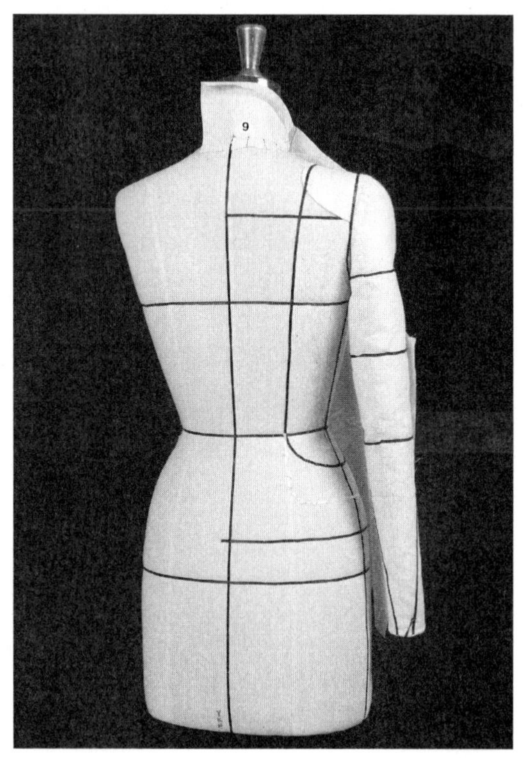

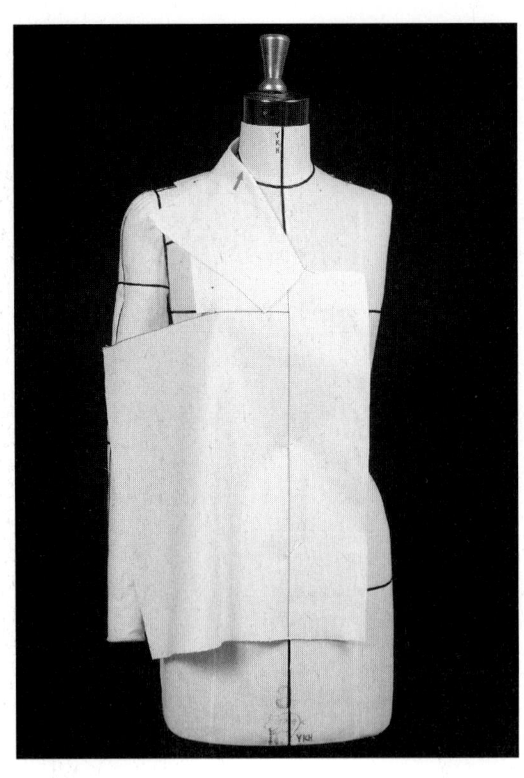

- 화살표가 가리키는 곳에서 칼라가 목에 닿아 있는 것
  을 볼 수 있다.

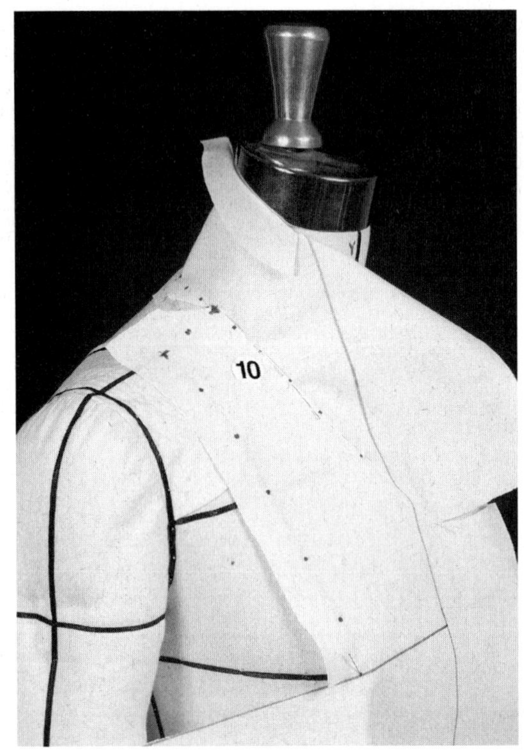

10 광목이 편안하게 놓이도록 꺾임선과 나란한 방향으
   로 다트를 잡아준다.
- 필요한 작업점을 표시해둔다.

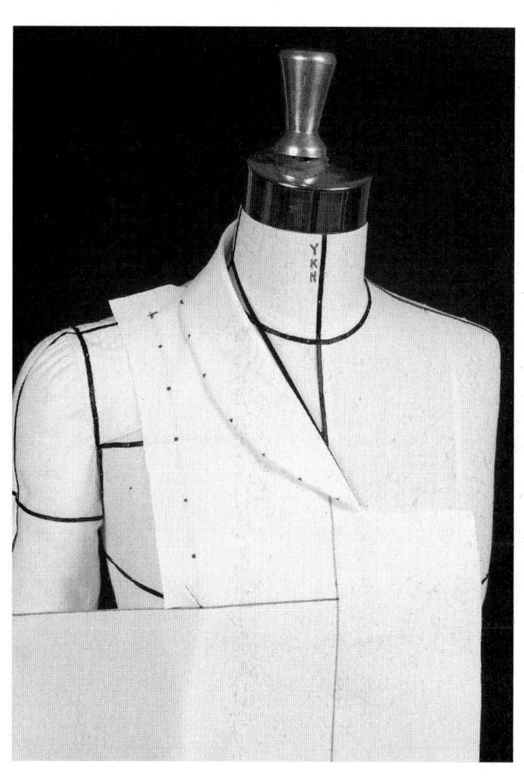

• 뒤 중심선에 다시 칼라를 고정하고 편안하게 놓은 다음 앞판의 칼라 모양을 찾는다.

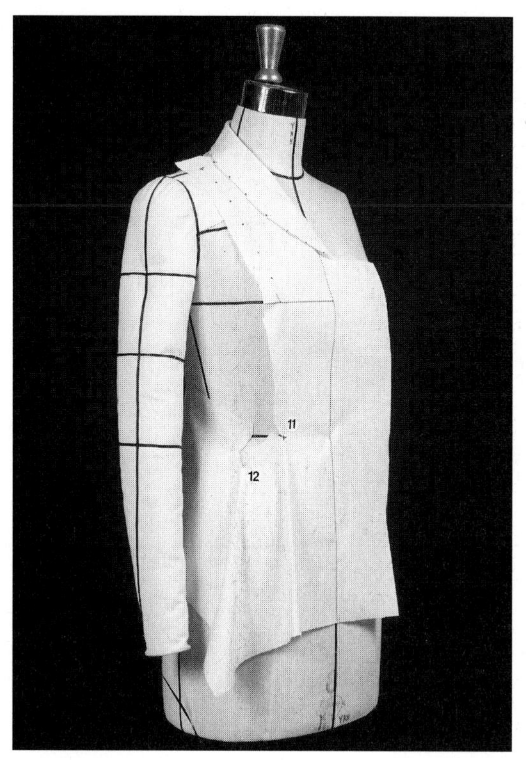

11 허리선을 고정한 다음 플레어 분량을 잡는다.

12 디자인에 따라 플레어를 잡는다.

• 플레어 작업 방법은 '플레어 스커트'(51쪽)의 방법을 참조한다.

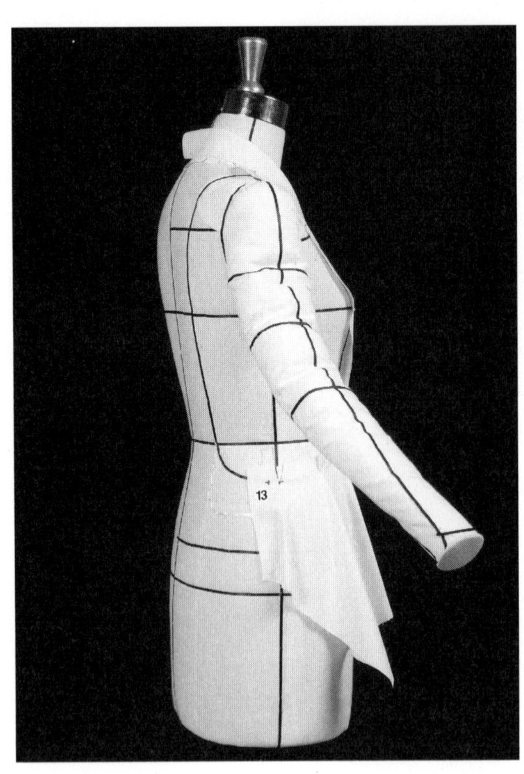

13 옆선에서 1/2 분량의 플레어를 잡는다.

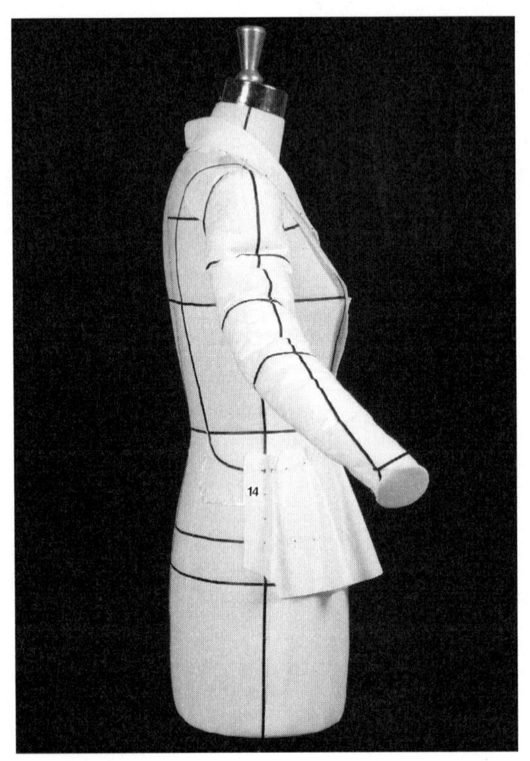

14 여유분을 주고 옆선을 고정한 다음 모든 작업점을 표

시한다.

앞 옆판

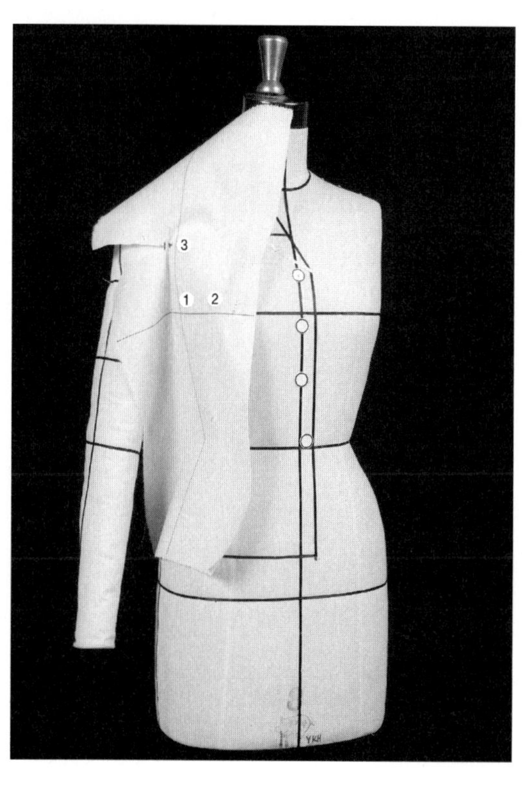

1 가슴선에 수직으로 식서선을 고정한다.

2 양쪽 가슴선을 고정한다.

3 품선 끝에서 여유분을 주고 가윗집을 넣는다.

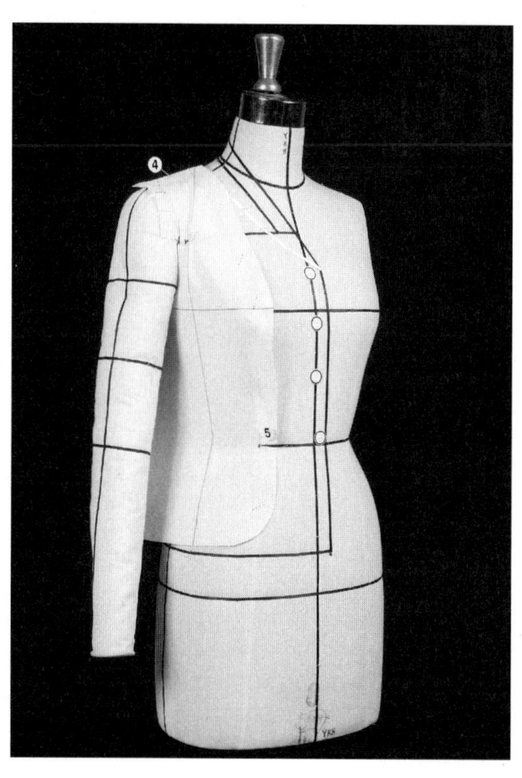

• 광목을 팔 밑으로 보내어 편안하게 놓이도록 한다.

4 여유분을 안으로 밀어 넣어 고정한 다음 암홀선을 정리하고 어깨선을 고정한다.

5 어깨 프린세스라인의 광목을 정리하고 허리선을 고정한다.

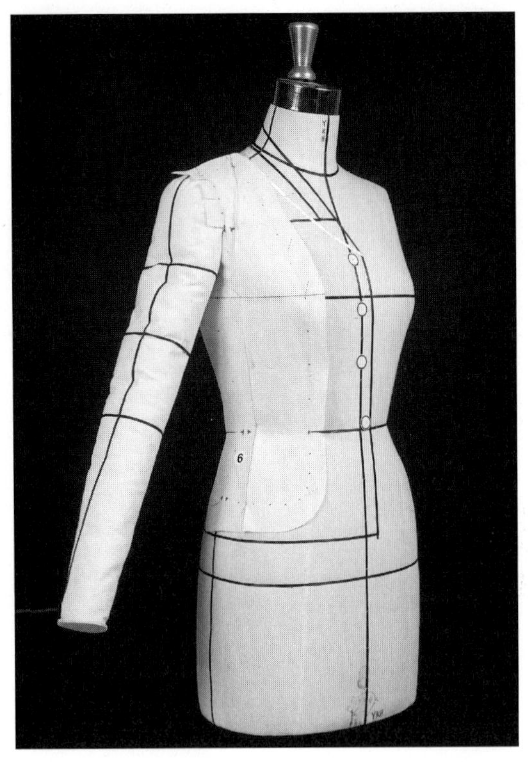

6 옆선에서 여유분을 주고 고정한다. 모든 작업점을 표
  시한다.

뒤판

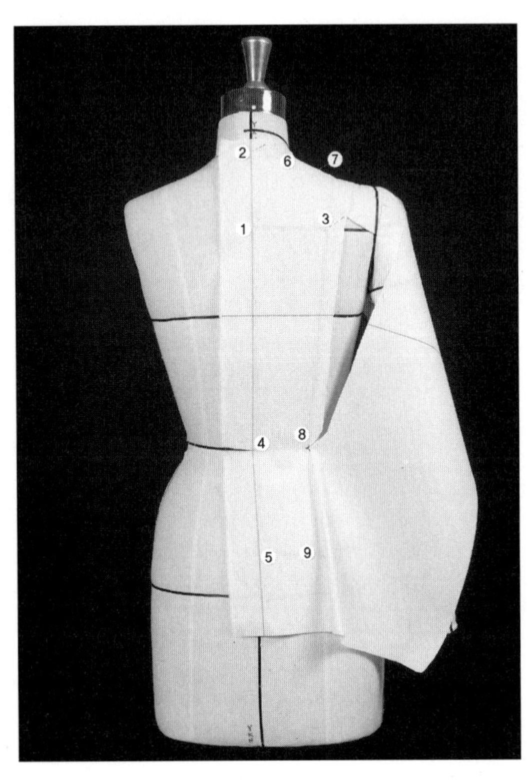

1 뒤 중심 품선을 고정한다.

2 뒤 목점을 고정한다.

3 뒤 품선을 고정한다.

4 몸판을 쓸어 내린 다음 뒤 중심 허리선을 고정한다.

5 뒤 중심 밑단을 고정한다.

6 목둘레선을 정리하고 옆 목점을 고정한다.

7 어깨선을 고정한다.

8 허리선을 고정한다. 프린세스라인을 따라 광목을 정
  리한다.

• 플레어 작업을 고려하여 광목을 자를 때 유의한다.

9 디자인에 따라 플레어를 잡는다.

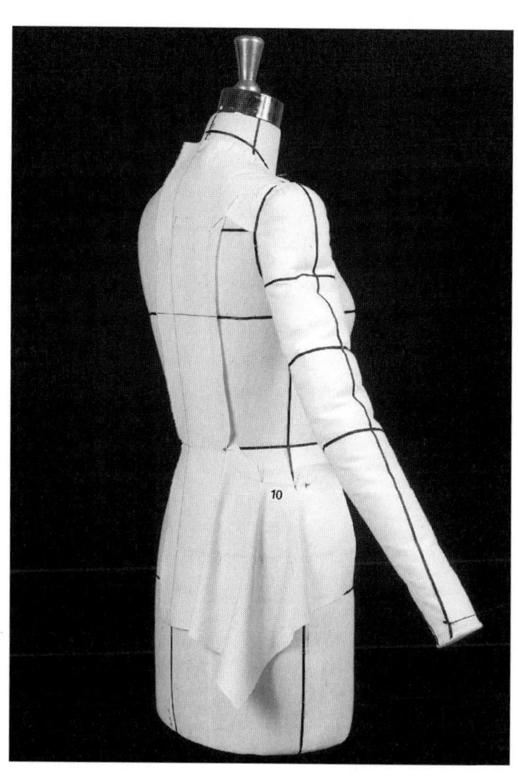

10 디자인에 따라 플레어를 잡고 옆선에 여유분을 표시한다.

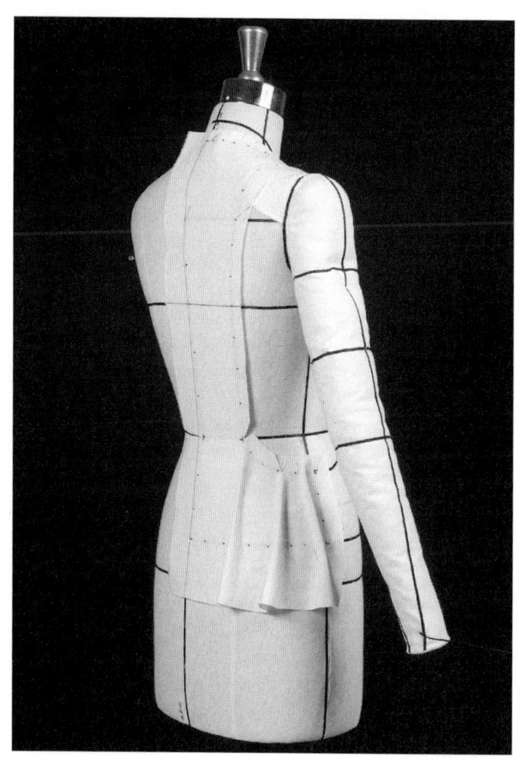

• 옆선에서 여유분을 주고 모든 작업점을 표시한다.

뒤 옆판

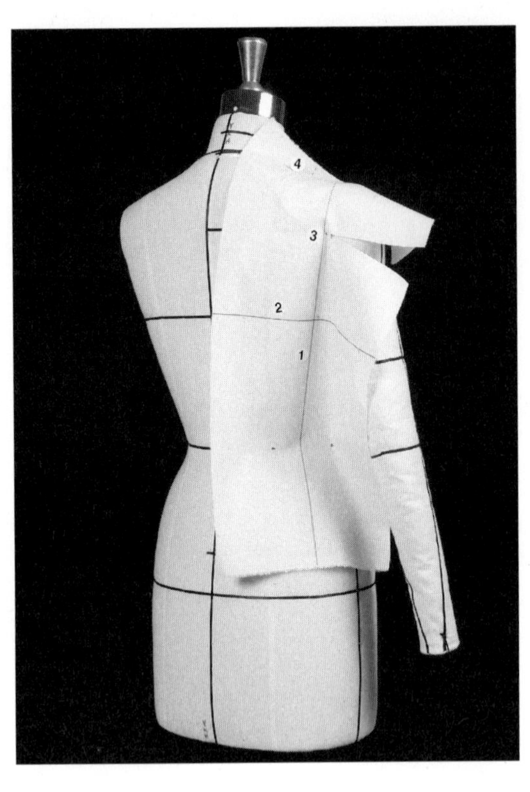

1 가슴선에 수직으로 식서선을 고정한다.

2 양쪽 가슴선을 고정한다.

3 품선 끝에서 여유분을 주고 가윗집을 넣는다.

4 어깨선을 고정한다.

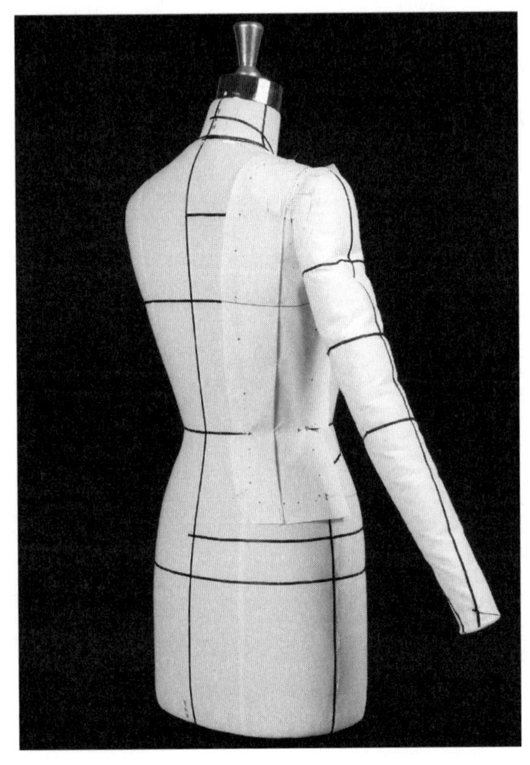

• 앞 옆판과 마찬가지 방법으로 작업하여 모든 작업점
  을 표시한다.

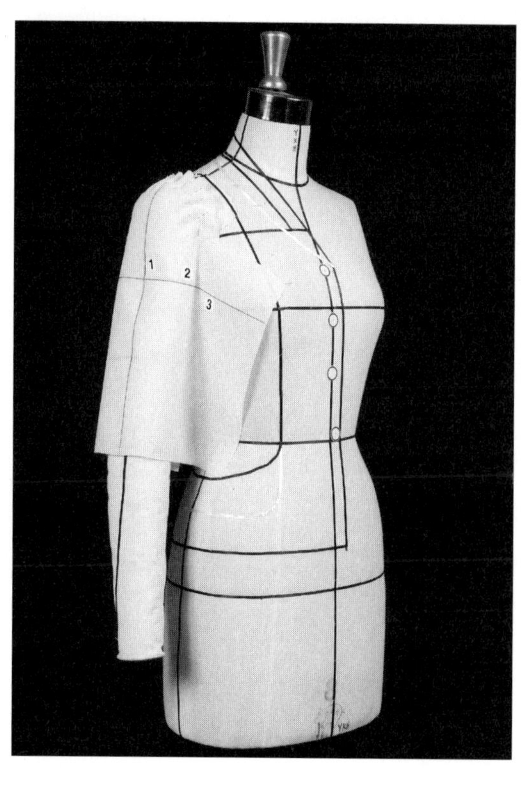

1 중심선을 고정한다.

2 팔을 감싸듯이 광목을 붙인 다음 위 팔둘레선 양쪽을 고정한다. 품선 끝을 고정하고 가윗집을 준다.

• 광목을 정리하고 이새 분량을 골고루 분산시킨 다음 소매머리를 고정한다.

3 겨드랑이점에서 여유분을 주고 소매통을 연결한 다음 아래의 설명을 참조하여 소매 밑단을 단다.

• 원둘레 L=2πr이라는 공식을 이용하여 소매 밑단 둘레와 같은 원둘레가 나오도록 반지름 치수를 찾아서 원을 그려 작업한다.

• 밑단 길이는 원래 길이의 두 배로 한 다음 접어 올려서 주름을 잡아 고정한다.

4 볼륨 확인 및 패턴 정리

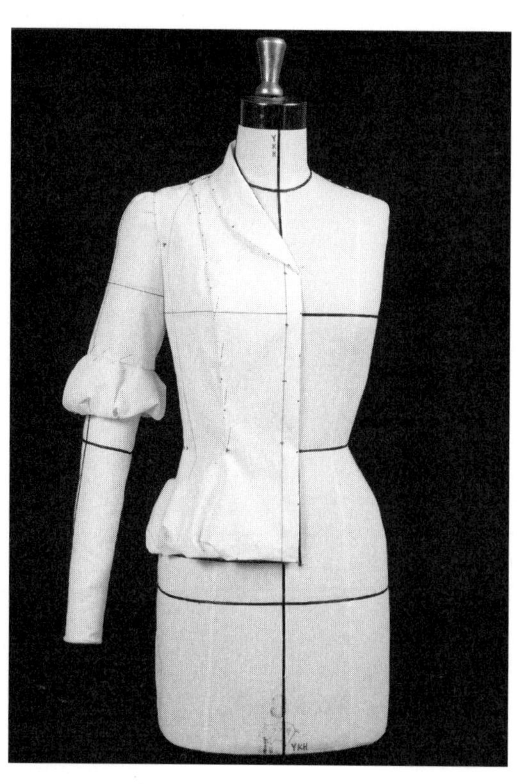

• 모든 시접을 연결한다.

• 앞면에서 볼륨을 확인한다.

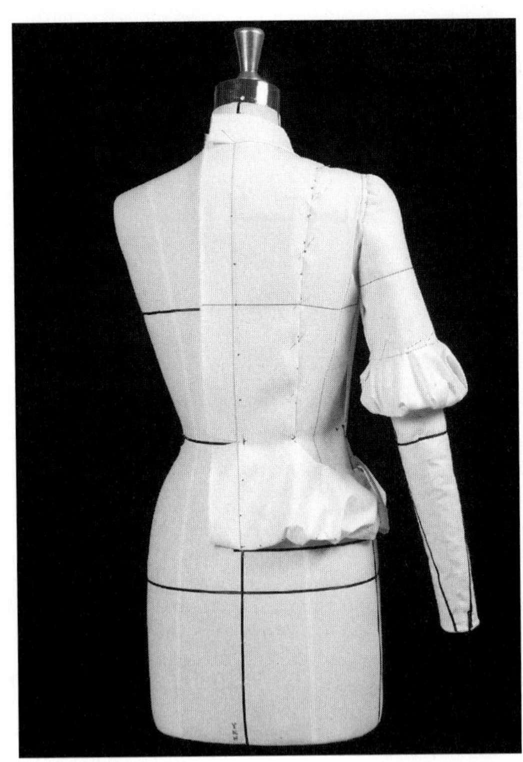

• 뒷면에서 볼륨을 확인한다.

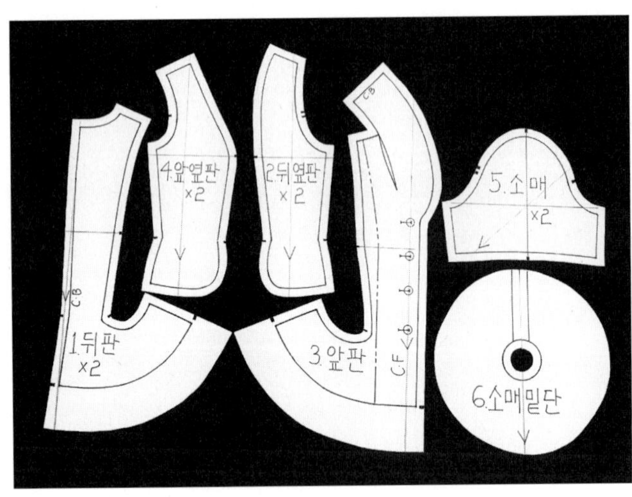

• 작업점을 따라 완성선을 그린다.

• 필요한 사항을 기록한다.

• 시접을 주고 시접선을 그린다.

• 시접선을 따라 자른다.

*** 필요한 경우 안단과 겉 칼라의 패턴도 따로 베껴낸다.**

 **24** 윙 칼라, 짧은 허리 밴드 디자인 재킷

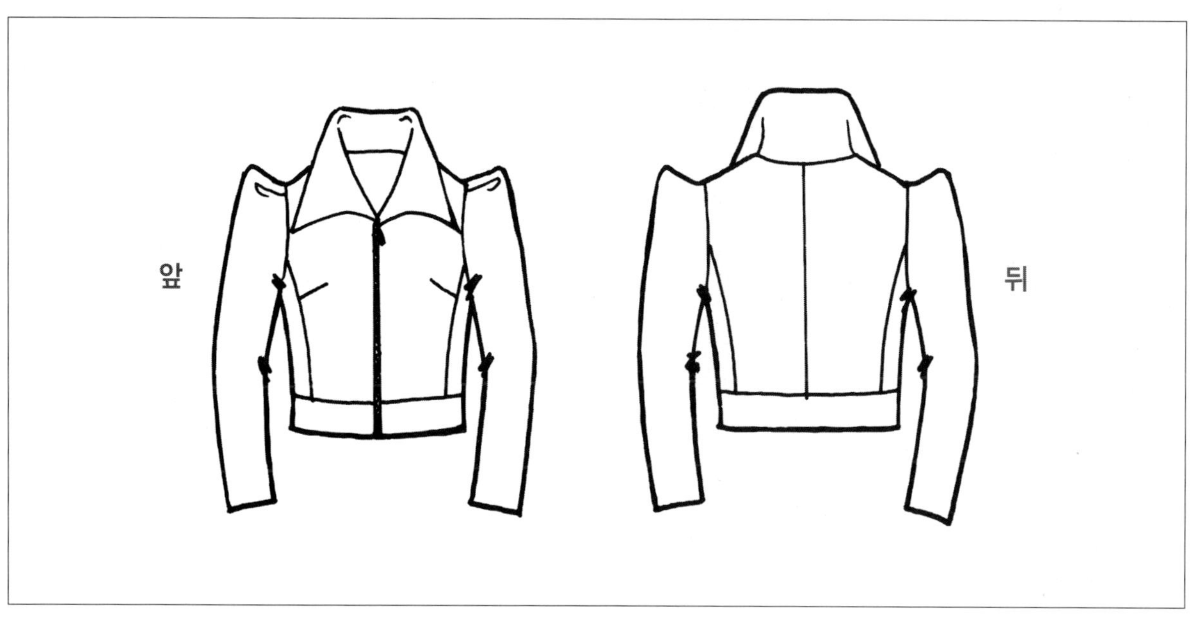

1 라인테이프 치기

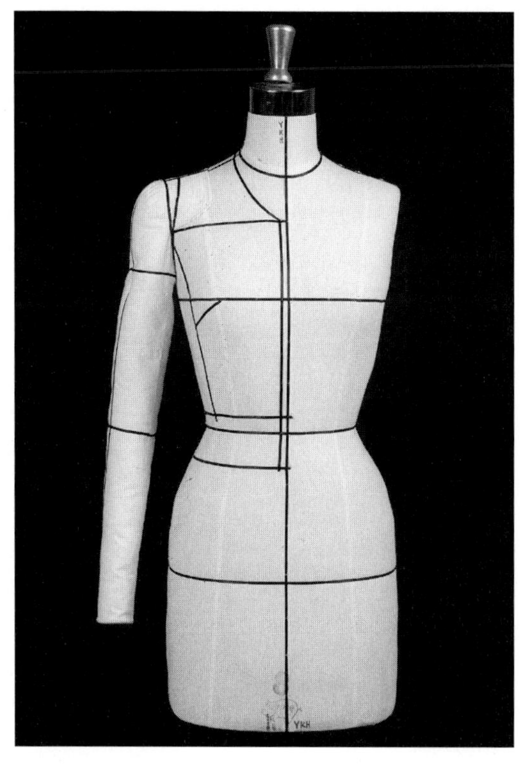

• 디자인에 따라 앞판에 라인테이프를 친다.

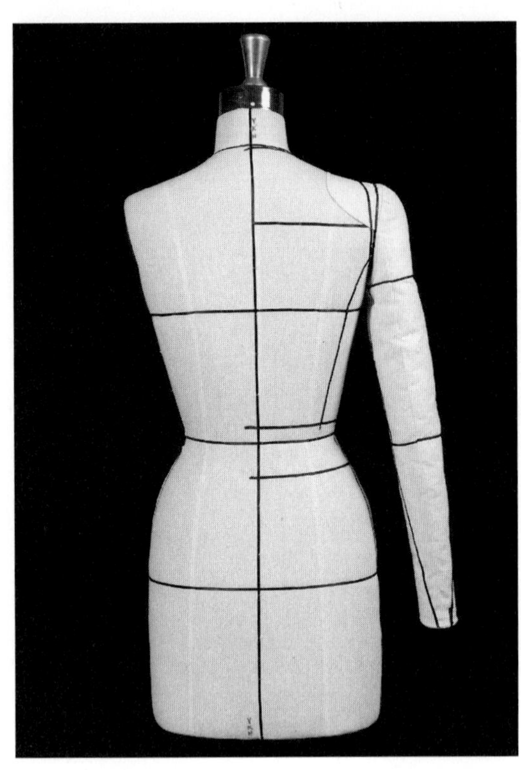

2 광목 준비

• 디자인에 따라 광목을 준비한다.

　예 **앞판 1장:** 너비 30cm, 식서 방향 길이 50cm

　　앞 옆판 1장: 너비 20cm, 식서 방향 길이 35cm

　　뒤판 1장: 너비 25cm, 식서 방향 길이 50cm

　　뒤 옆판 1장: 너비 20cm, 식서 방향 길이 35cm

　　앞판 벨트 1장: 너비 10cm, 식서 방향 길이 20cm

　　뒤판 벨트 1장: 너비 10cm, 식서 방향 길이 20cm

　　소매 1장: 너비 50cm, 식서 방향 길이 70cm

　　칼라 1장: 너비 35cm, 식서 방향 길이 35cm

• 중심선과 필요한 선을 그어서 준비한다.

3 드레이핑

앞판

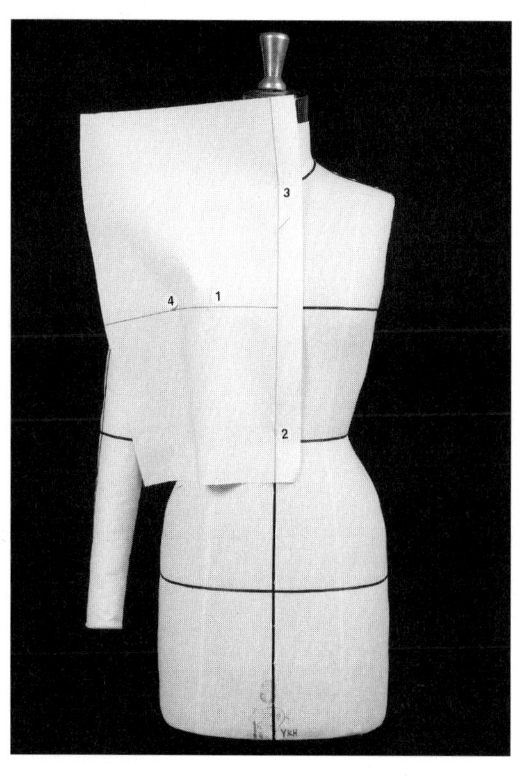

1 유두점을 고정한다.

2 앞 중심 허리선을 고정한다.

3 앞 목점을 고정한다.

4 프린세스라인과 가슴선이 만나는 점을 고정한다.

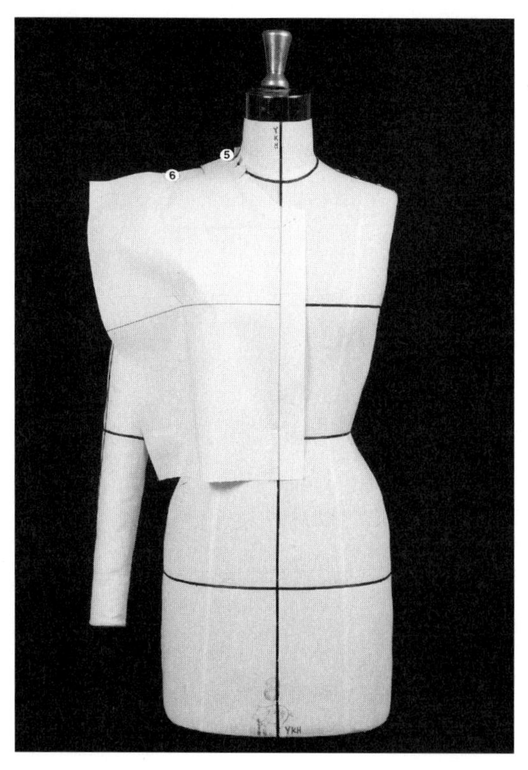

5 목둘레선을 정리하고 옆 목점을 고정한다.

6 어깨선을 고정한다.

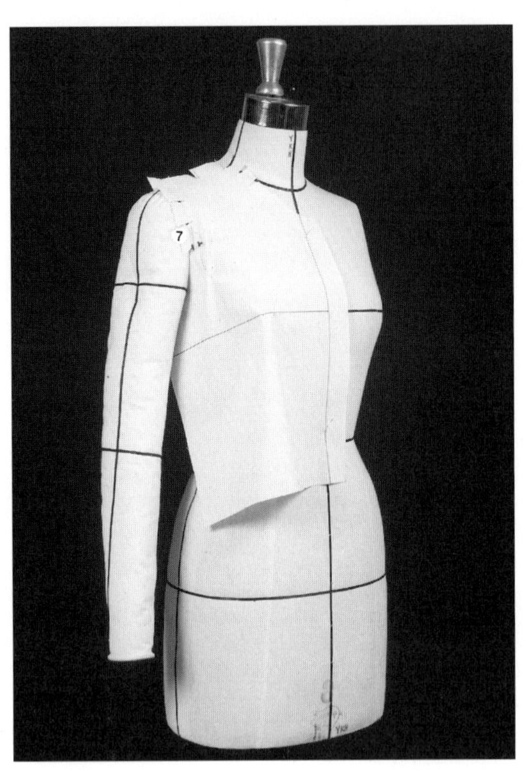

7 품선 끝에서 여유분을 주고 밀어 넣어 고정한다.

• 남은 광목은 팔 밑으로 보낸다.

• 광목을 정리한다.

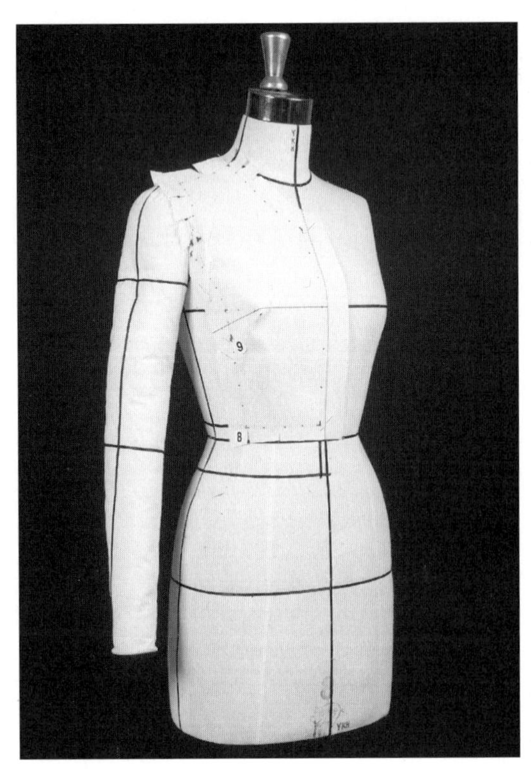

8 허리선에 따라 광목을 정리하고 프린세스라인 밑단을
  고정한다

9 남은 광목으로 디자인에 따라 다트를 잡는다.

• 광목을 정리하고 모든 작업점을 표시한다.

앞 옆판

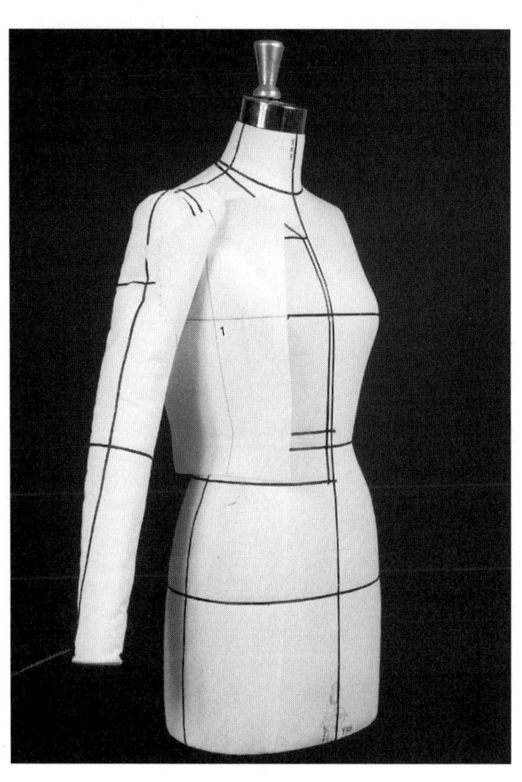

1 가슴선에 수직으로 식서선을 고정한다.

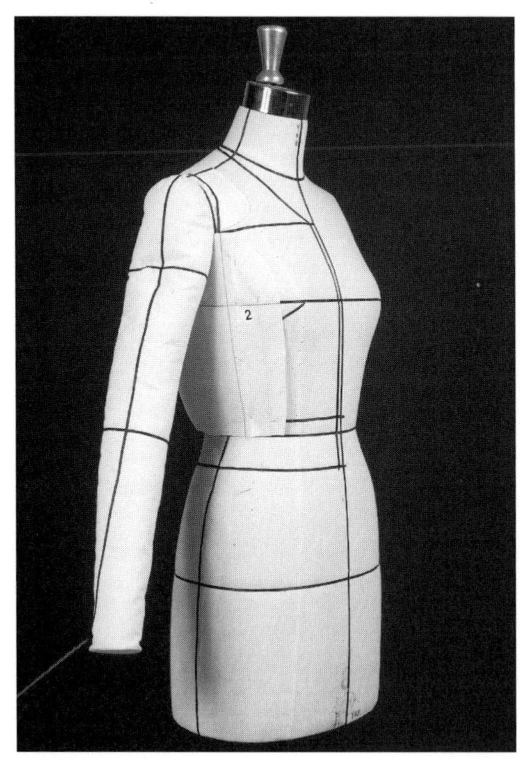

2 앞판과 같은 위치에 같은 여유분을 주고 프린세스라
인을 고정한다.

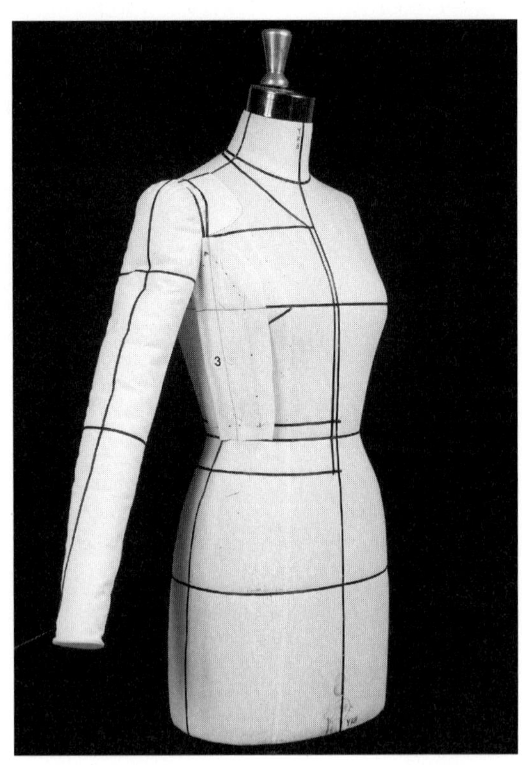

3 옆선에서 여유분을 주고 밀어 넣어 고정한 다음 모든

작업점을 표시한다.

뒤판

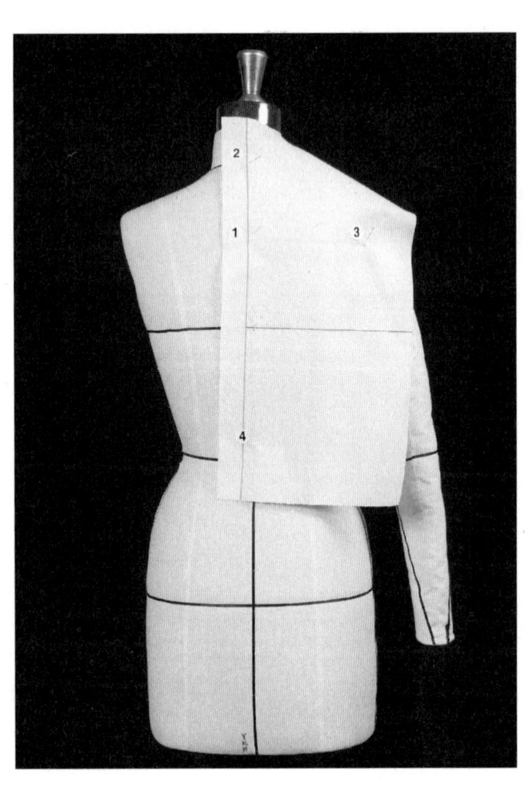

1 뒤 중심 품선을 고정한다.

2 뒤 목점을 고정한다.

3 뒤 품선의 암홀 끝을 고정한다.

4 광목을 몸판에 쓸어 붙이고 허리선을 고정한다.

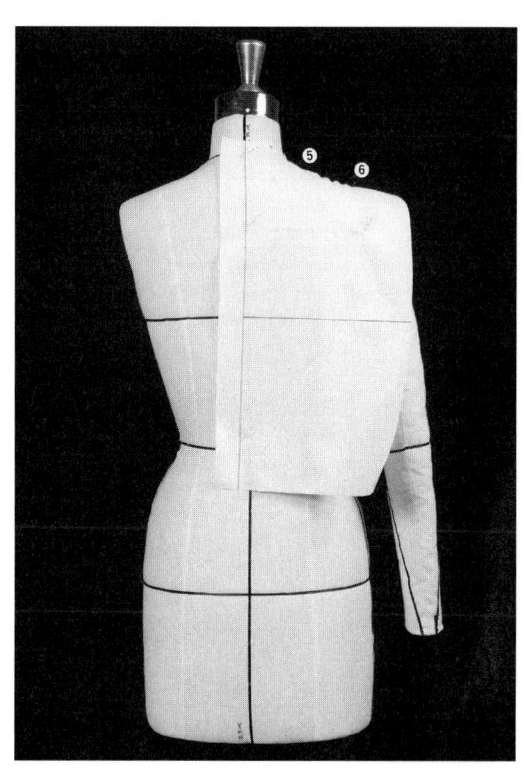

5 목둘레선을 정리하고 옆 목점을 고정한다.

6 어깨선을 고정한다. 앞판에 비해 약간의 이새가 들어
간다.

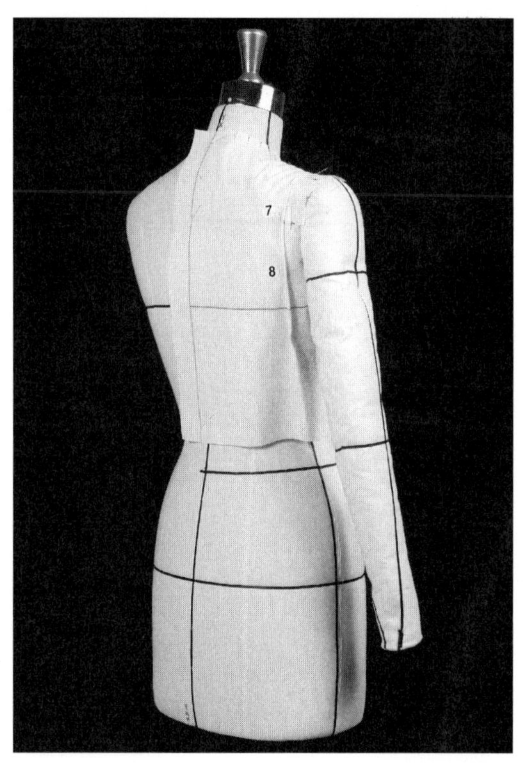

7 품선 끝에서 여유분을 준다.

• 가윗집을 주고 광목은 팔 밑으로 보낸다.

8 프린세스라인에서 여유분이 움직이지 않도록 고정한다.

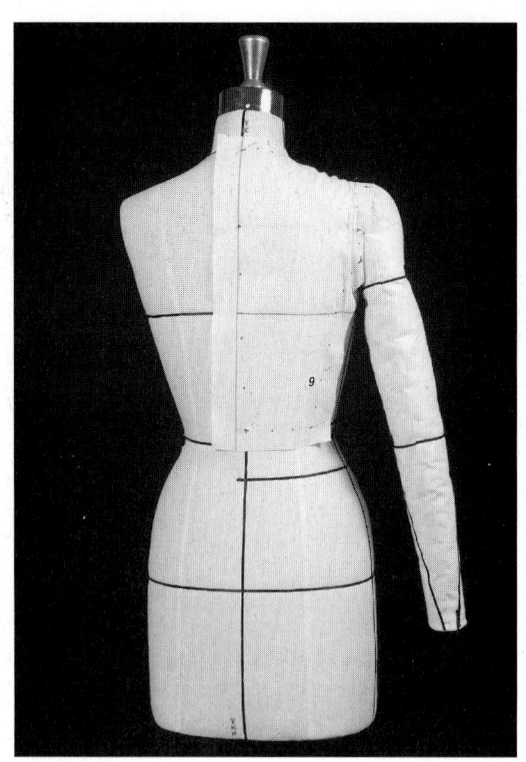

9 프린세스라인을 고정하고 광목을 정리한 다음 모든
작업점을 표시한다.

뒤 옆판

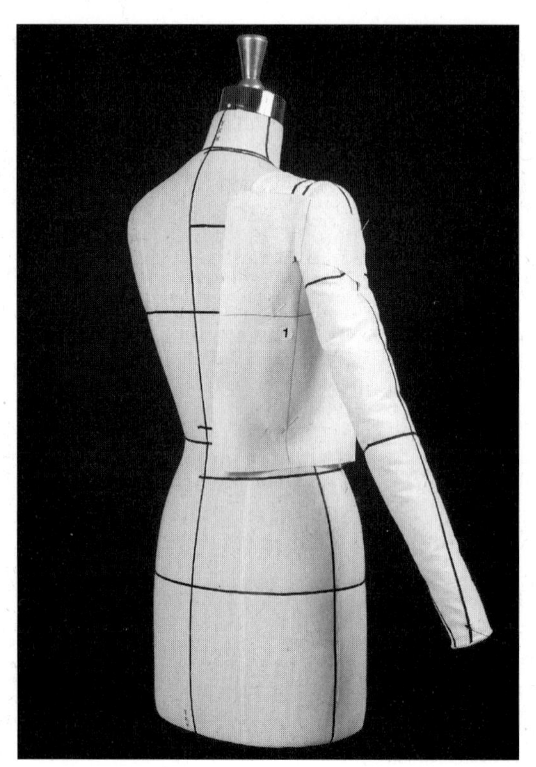

1 가슴선에 수직으로 식서선을 고정한다.

• 프린세스라인 시작점에 가윗집을 준다.

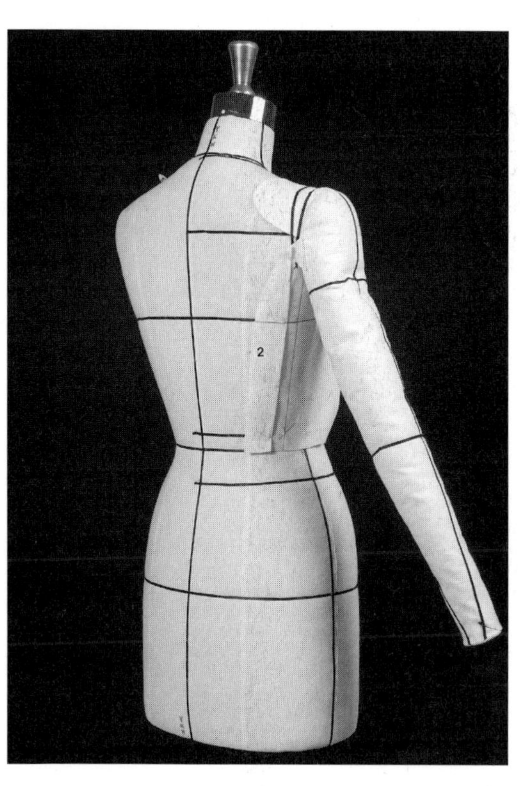

2 뒤판 프린세스라인과 같은 위치에 같은 여유분을 주고 프린세스라인을 고정한다.

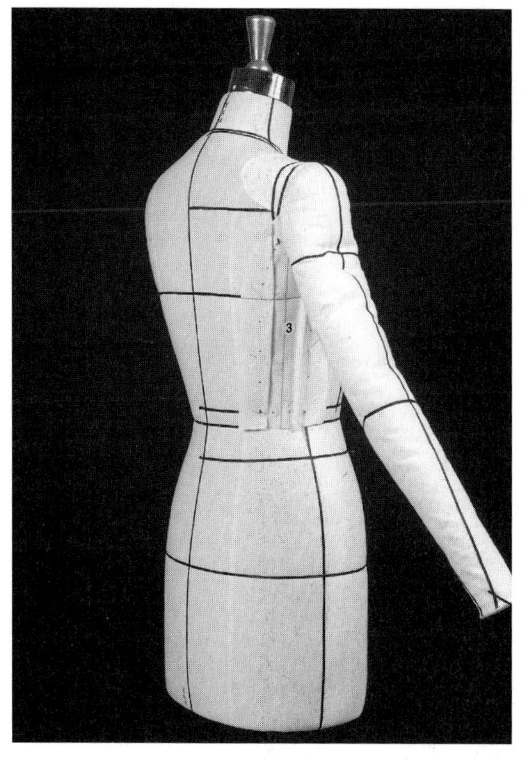

3 옆선에서 여유분을 주고 고정한 다음 모든 작업점을 표시한다.

앞 벨트

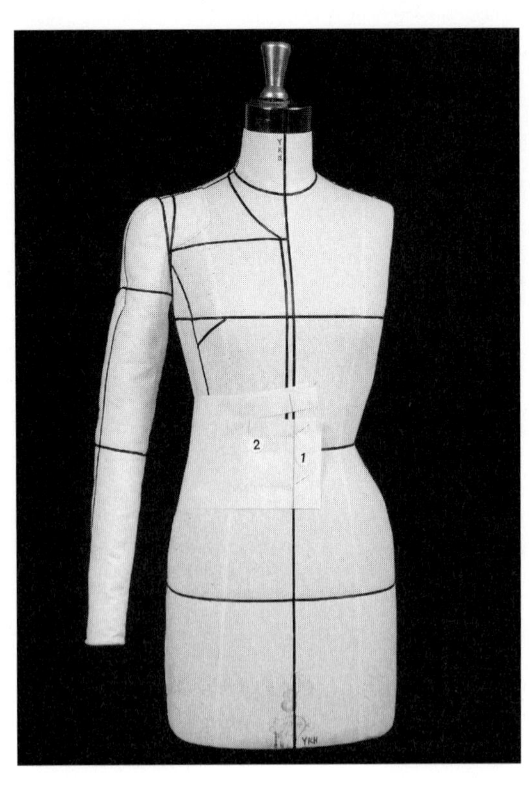

1 앞 중심선을 고정한다.

2 허리선에 광목이 편안하게 놓이도록 조금씩 가윗집을
   주면서 고정한다.

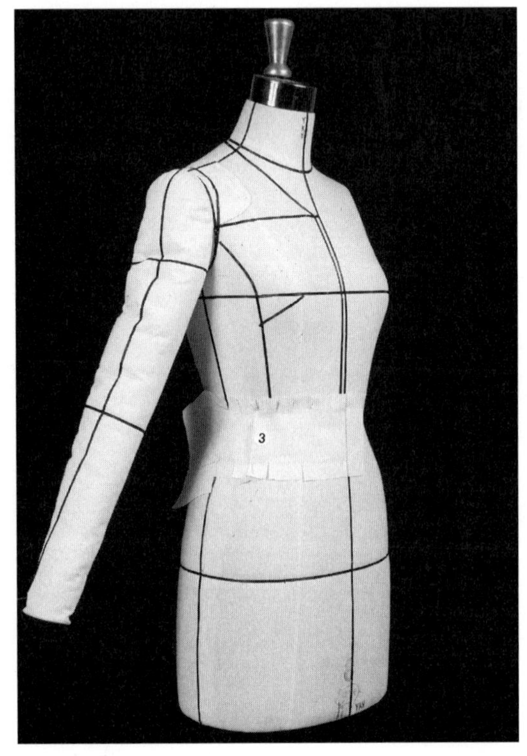

3 앞 옆판과 같은 여유분을 주고 접어둔다.

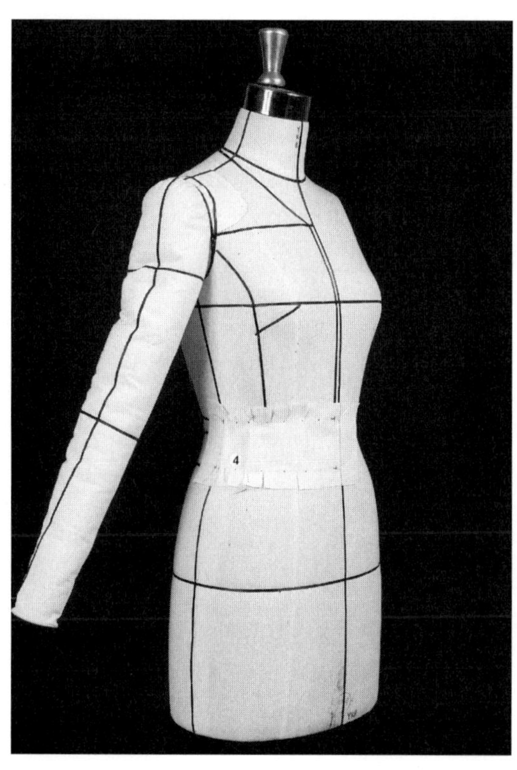

4 옆선에서 여유분을 주고 모든 작업점을 표시한다.

뒤 벨트

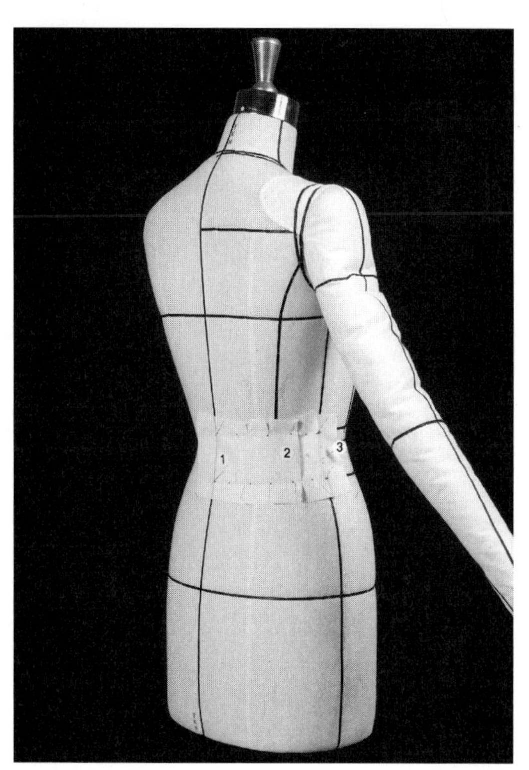

1, 2, 3 앞 벨트와 같은 방법으로 뒤 벨트를 완성한다.

소매

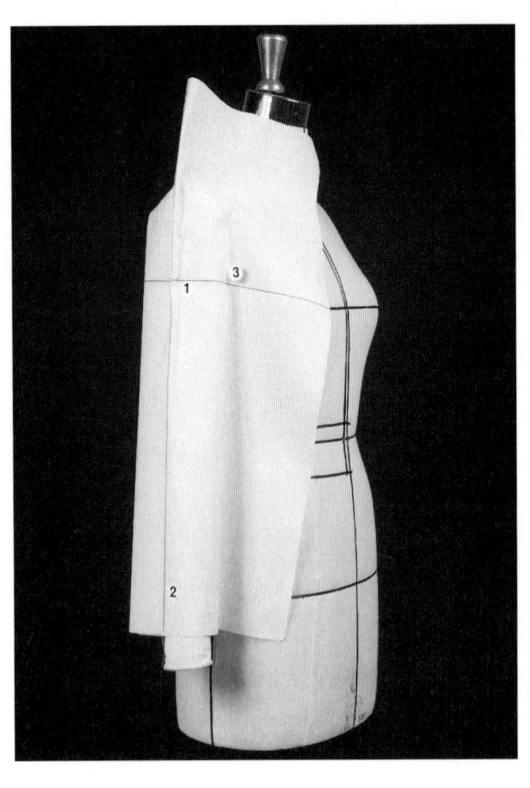

1 디자인에 따라 소매의 볼륨을 정하고 광목이 움직이

  지 않도록 중심선에서 집어 고정한다.

2 중심선 밑단을 고정한다.

3 위 팔둘레선을 고정한다.

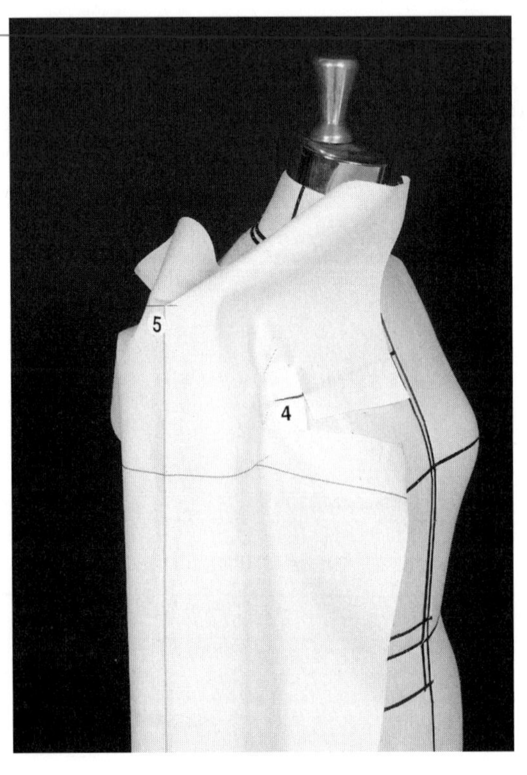

4 품선 끝을 고정하고 가윗집을 준다.

5 소매의 첫 번째 주름 끝이 놓일 위치에 핀을 꽂아 표

  시해둔다.

* 핀은 광목 한두 올을 뜨는 정도로 꽂는다.

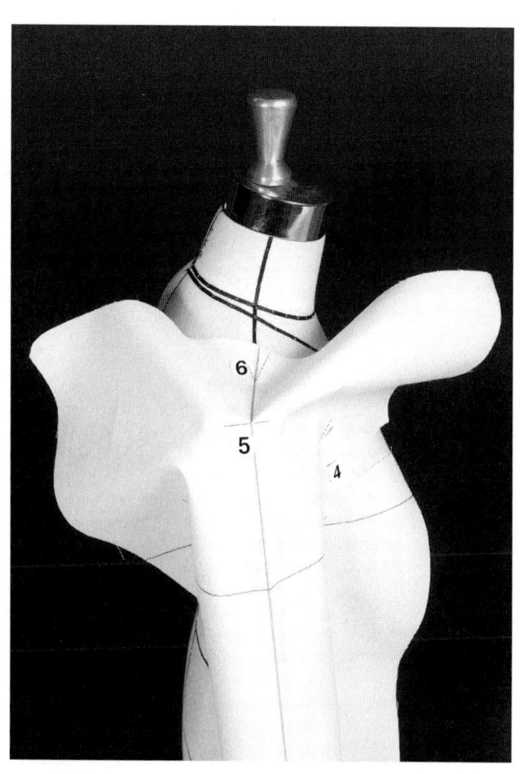

6 주름 끝에 꽂아놓은 핀을 잡고 광목을 팽팽하게 유지

하면서 원하는 볼륨을 찾아 어깨점을 고정한다.

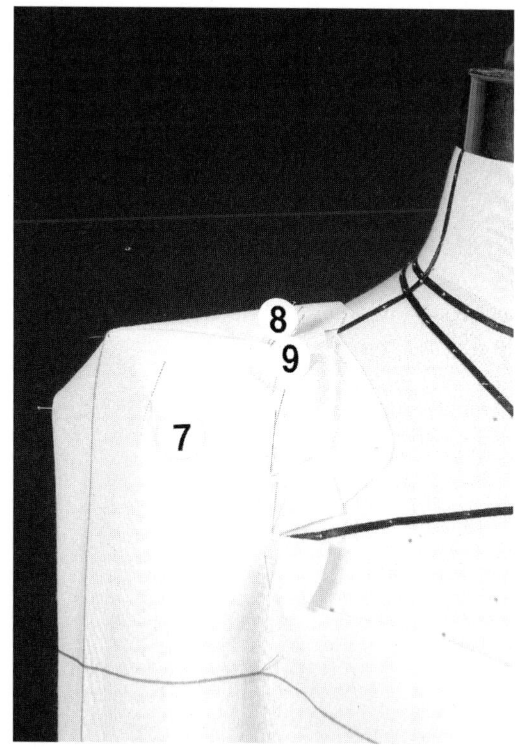

7 두 번째 주름 끝이 놓일 위치를 핀으로 표시해둔다.

8, 9 남은 광목으로 어깨점과 조금 떨어진 점에 두 개의

주름을 잡는다.

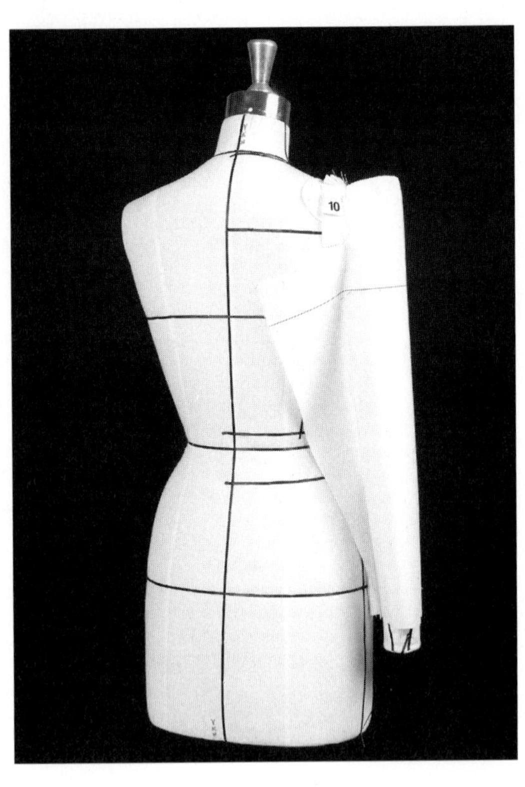

10 앞부분과 마찬가지 방법으로 작업하여 뒷부분도 완성한다.

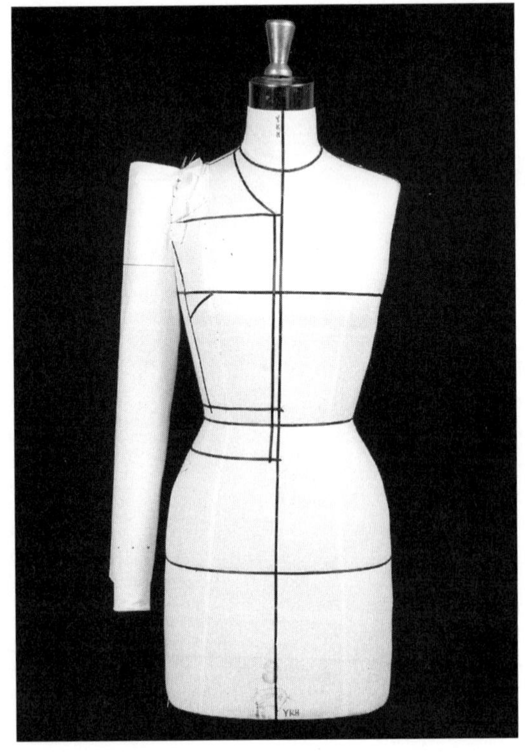

• 광목을 팔 밑으로 보내고 소매통을 연결한다.

• 소매 길이를 정하고 모든 작업점을 표시한다.

칼라

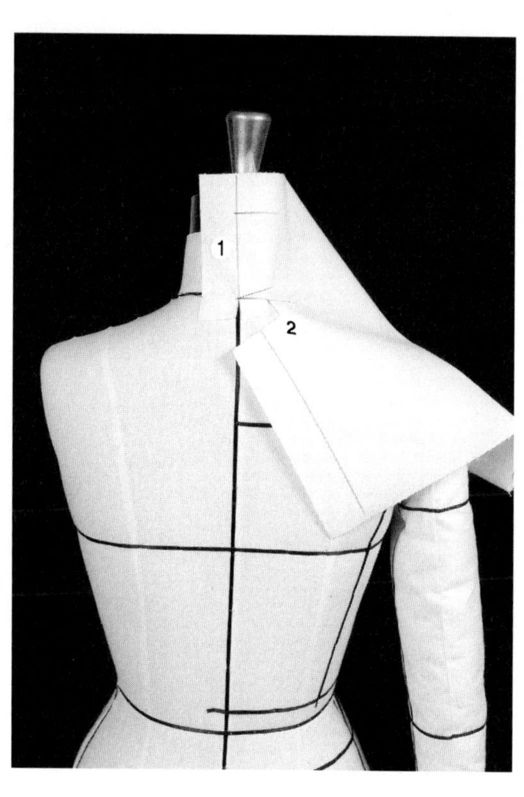

1 뒤 중심선을 고정한다.

2 칼라에 볼륨을 주기 위해 조금씩 단계적으로 광목을

자르면서 가윗집을 주고 목둘레선을 고정한다.

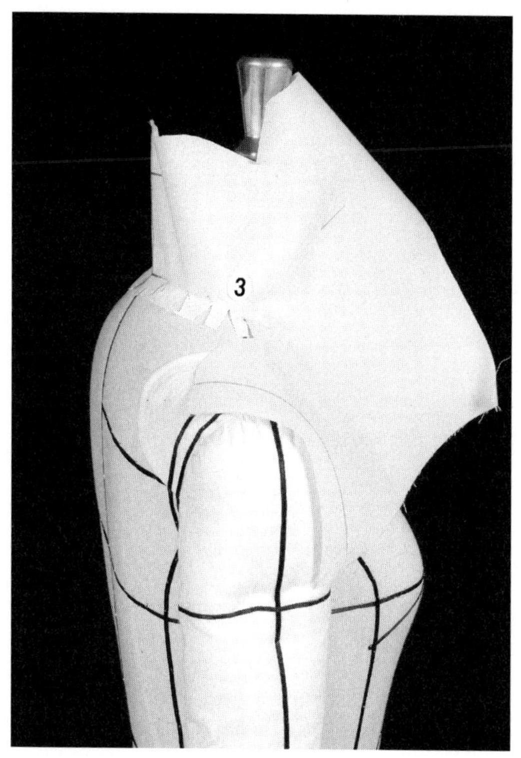

3 칼라를 펼친 상태에서 옆 목점을 고정한다.

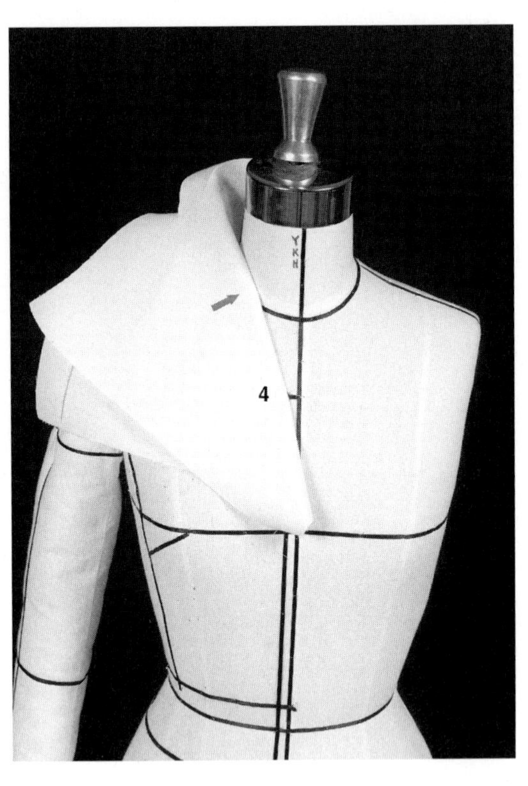

4 칼라 가장자리의 시접을 접어놓고 앞 중심선에 칼라
  를 연결한다.

• 이때 화살표가 가리키는 곳에서 칼라가 목에 닿아 있
  는 것을 볼 수 있다.

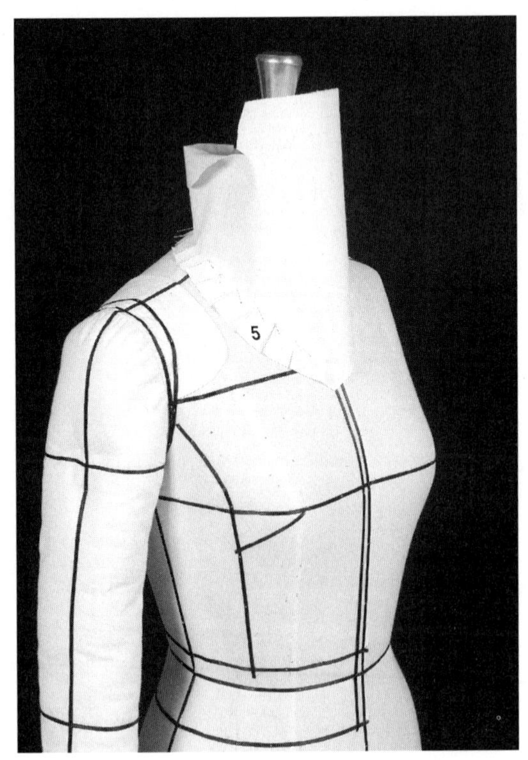

5 광목을 정리하면서 가윗집을 주어 목둘레선을 완성
  한다.

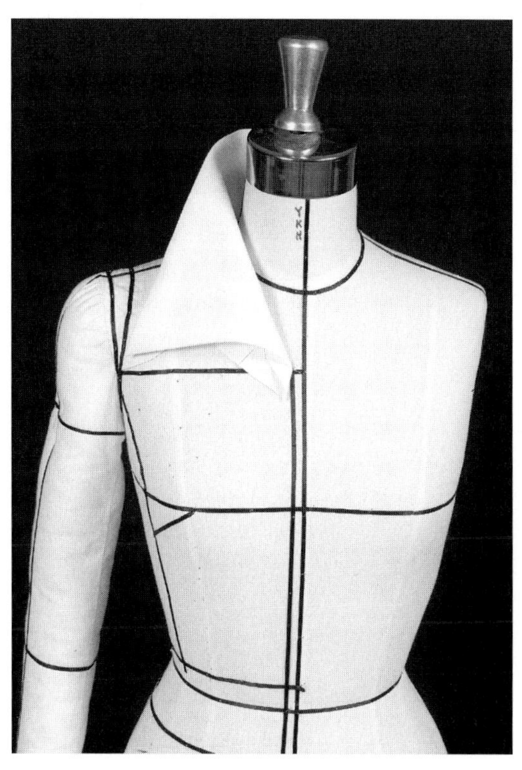

• 시접을 접어 넣고 디자인에 따라 칼라를 완성한다.

4 볼륨 확인과 패턴 정리

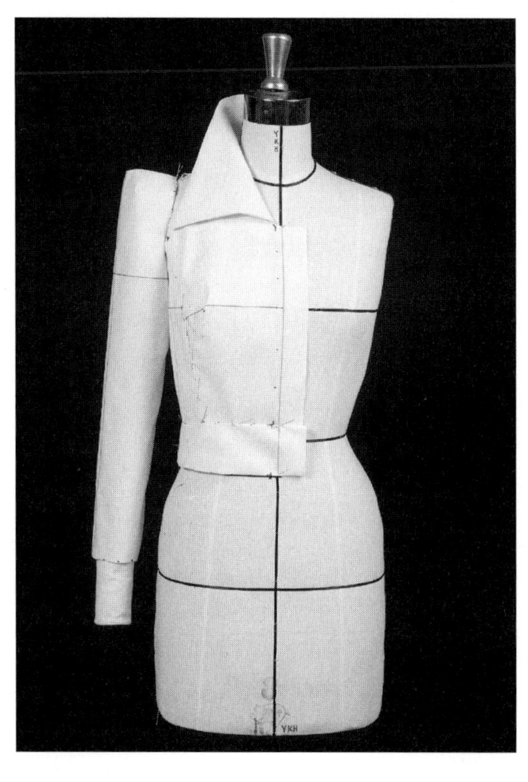

• 모든 시접을 연결한다.

• 앞면에서 볼륨을 확인한다.

• 뒷면에서 볼륨을 확인한다.

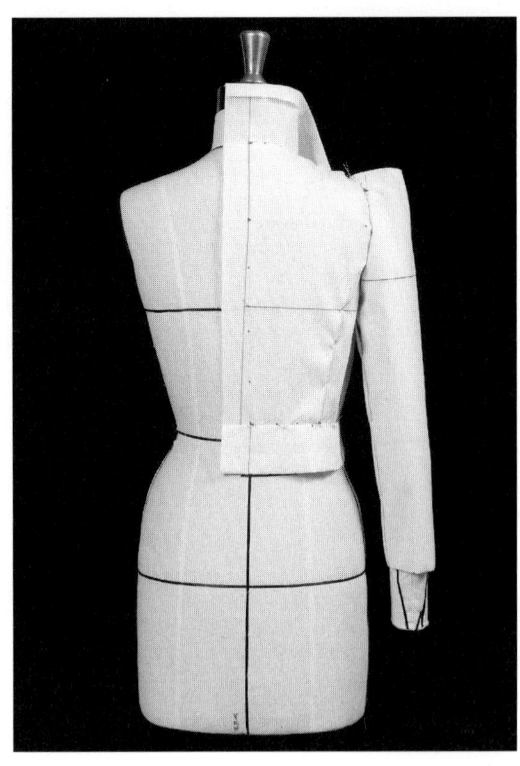

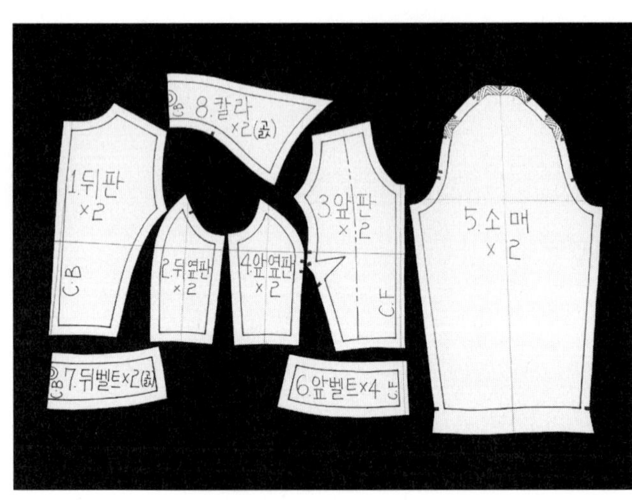

• 작업점을 따라 완성선을 그린다.

• 필요한 사항을 기록한다.

• 시접을 주고 시접선을 그린다.

• 시접선을 따라 자른다.

＊ 칼라는 425쪽의 패턴처럼 반대쪽도 함께 베껴 펼친

　 패턴을 만들어 작업하기도 한다.

＊ 필요한 경우 앞 안단의 패턴도 따로 베껴낸다.

하이네크, 허리 주름 디자인 재킷

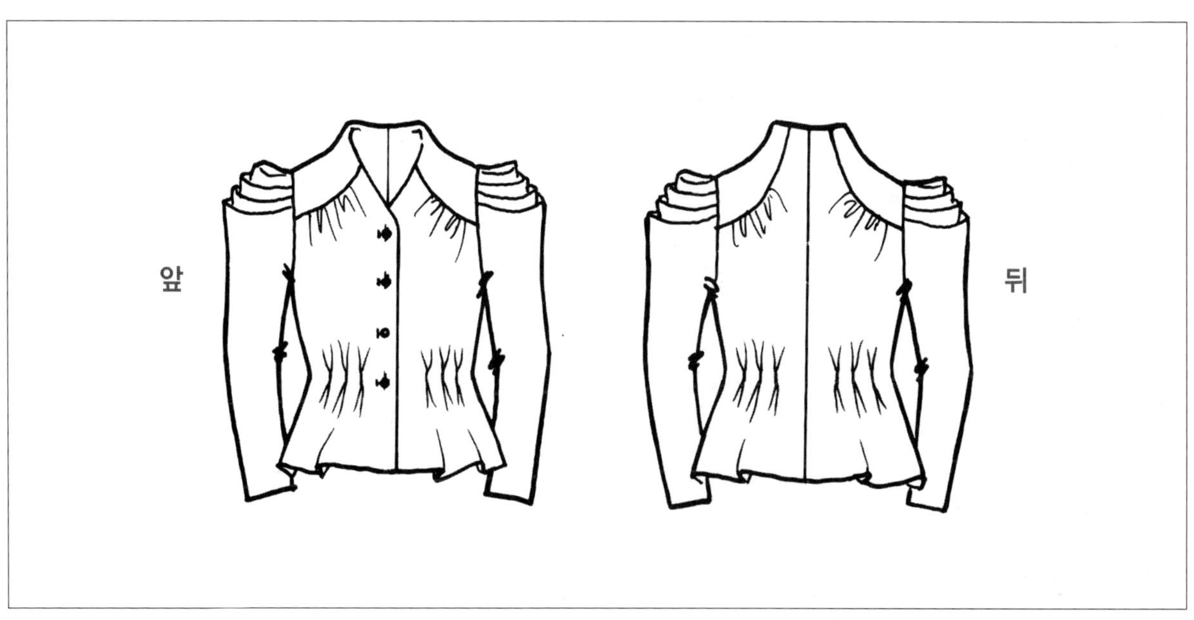

1 라인테이프 치기

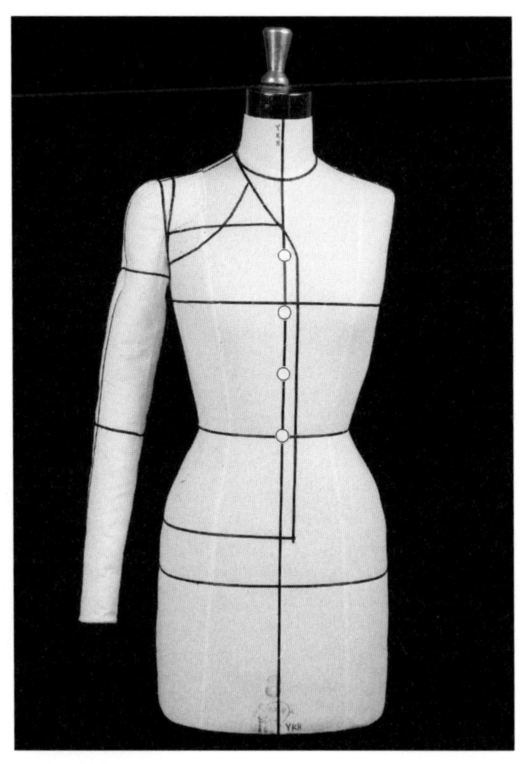

• 디자인에 따라 앞판에 라인테이프를 친다.

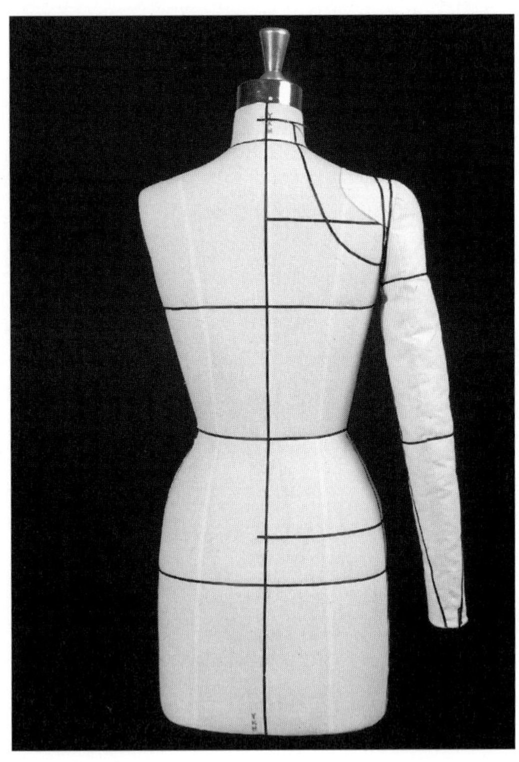

2 광목 준비

• 디자인에 따라 광목을 준비한다.

예 **앞판 1장:** 너비 40cm, 식서 방향 길이 65cm

뒤판 1장: 너비 35cm, 식서 방향 길이 70cm

앞 요크 1장: 너비 20cm, 식서 방향 길이 25cm

뒤 요크 1장: 너비 20cm, 식서 방향 길이 25cm

소매 1장: 너비 50cm, 식서 방향 길이 80cm

3 드레이핑

앞 요크

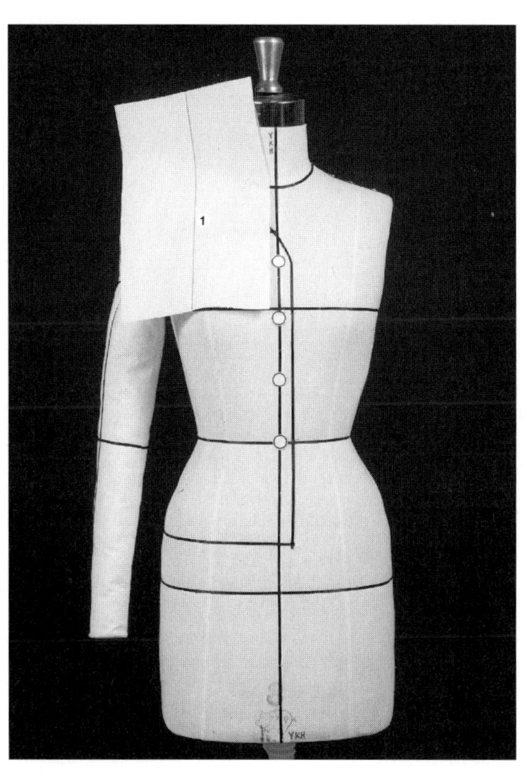

1 앞 중심선과 평행하게 식서선을 고정한다.

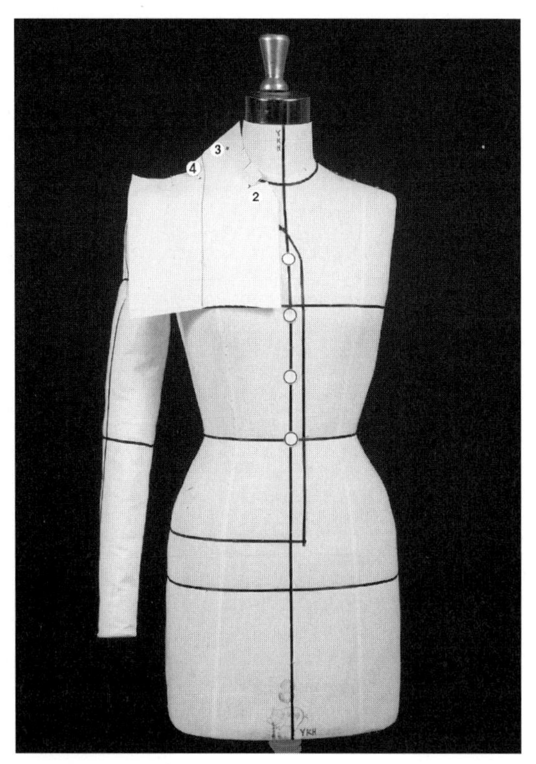

2 요크선에 맞추어 광목을 정리하고 목둘레선에 가윗집
을 준다.

3 올라간 옆 목점을 고정한다.

4 가윗집을 주면서 어깨선을 고정한다.

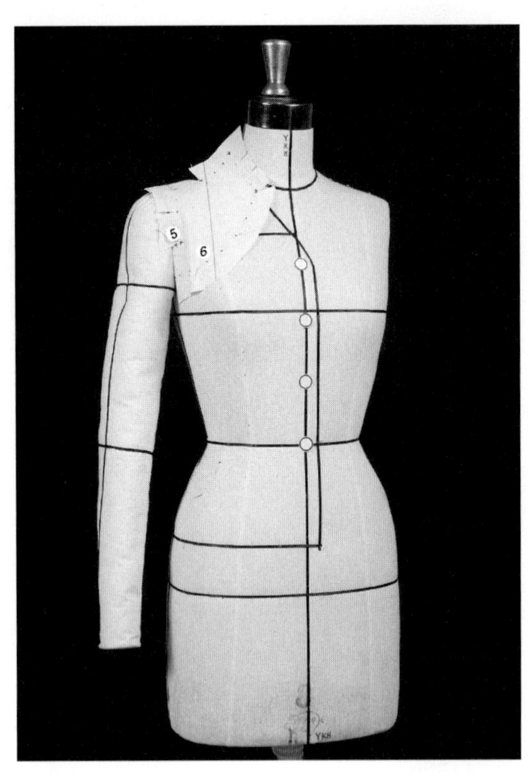

5 품선 끝에서 여유분을 주고 안으로 밀어 넣는다.

• 가윗집을 주고 남은 광목을 겨드랑이 밑으로 보낸다.

6 여유분이 움직이지 않도록 요크선에 고정하고 모든

  작업점을 표시한다.

뒤 요크

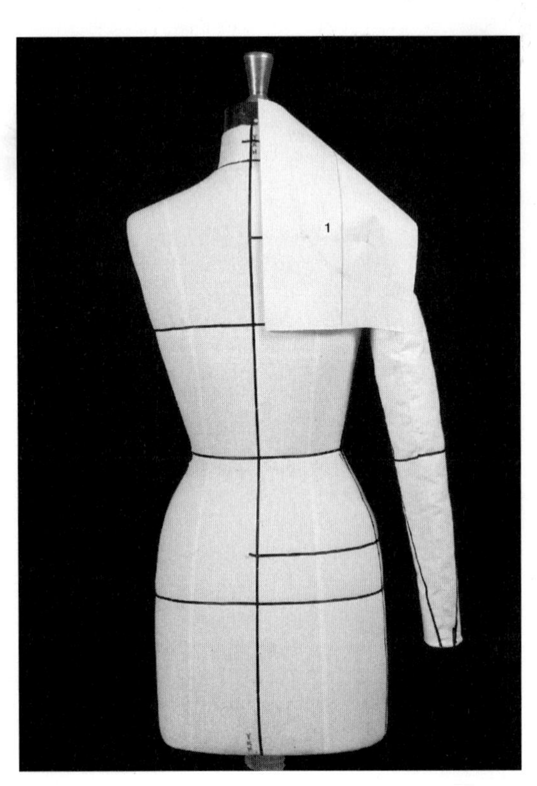

1 뒤 중심선과 평행하게 식서선을 고정한다.

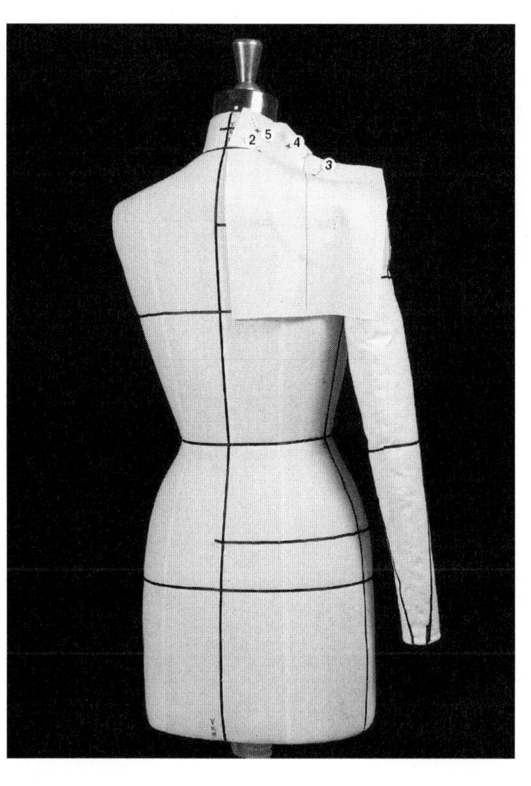

2~5 앞판과 같은 방법으로 올라간 뒤 목선과 어깨선을
고정한다.

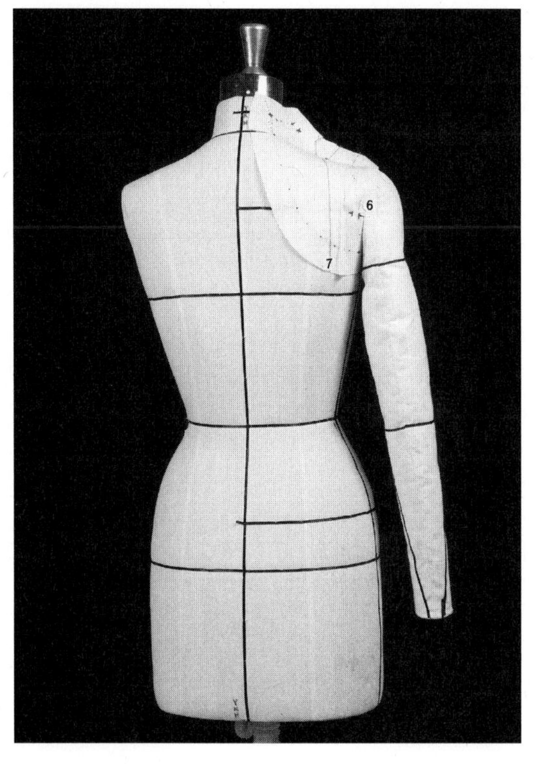

6 품선에서 여유분을 주고 안으로 밀어 넣는다. 가윗집
을 주고 남은 광목을 겨드랑이 밑으로 보낸다.

7 여유분을 고정하고 모든 작업점을 표시한다.

앞판

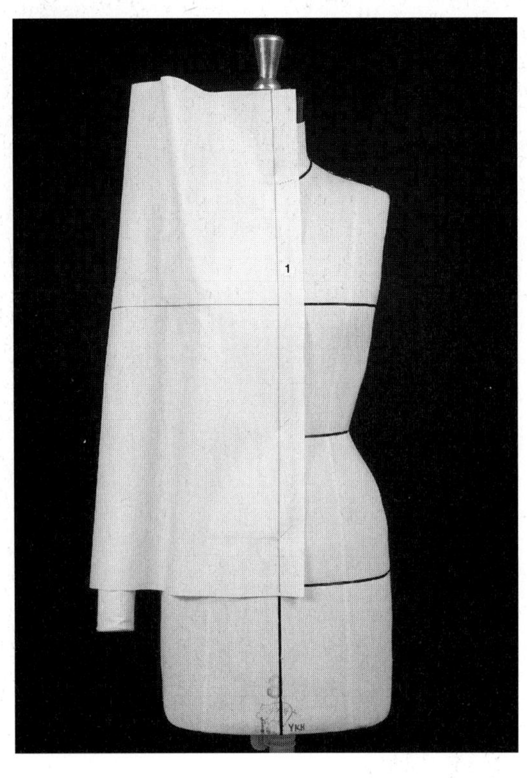

1 앞 중심선을 식서선에 맞추고 유두점, 허리선, 앞 목
  점, 앞 중심선 밑단 등을 고정한다.

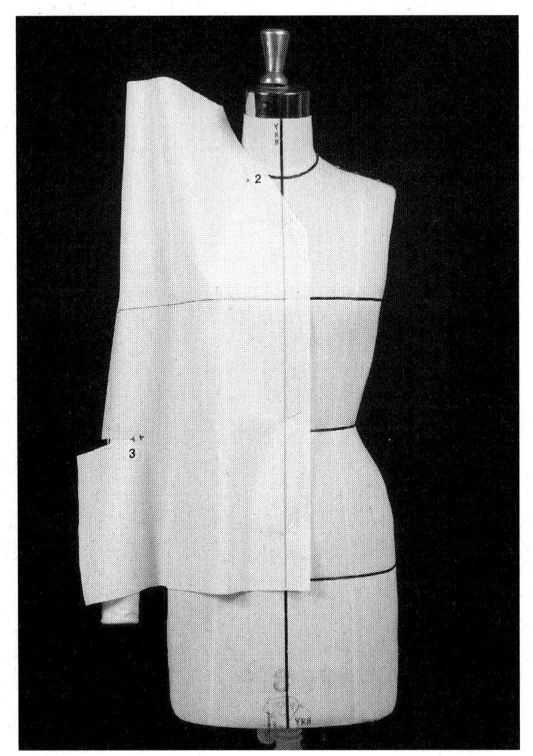

2 광목을 정리하고 앞 요크와 만나는 점을 고정한다.

3 앞 허리선의 치수에 주름 분량을 더하여 표시하고, 허
  리선에서 줄 여유분도 표시한 다음 그곳까지 가윗집
  을 준다.

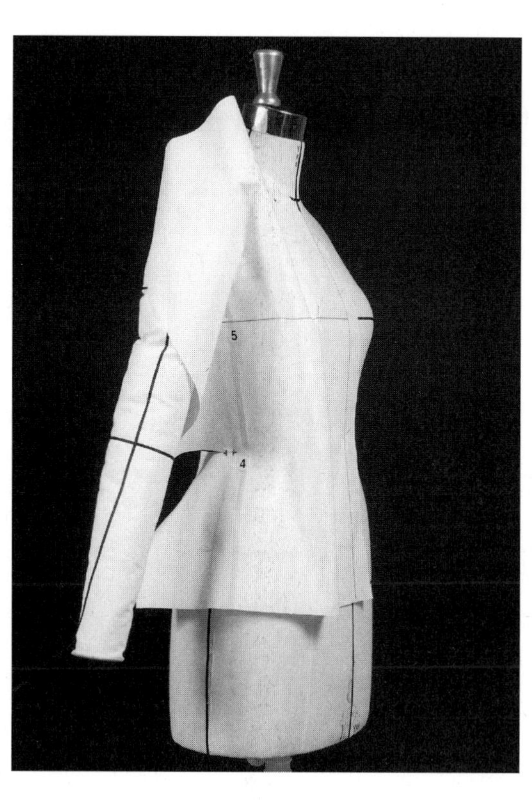

4 주름 분량 표시점을 옆 허리선에 고정한다.

• 주름 잡을 때 여유분까지 포함되지 않도록 여유분을
더하지 않은 점을 고정한다.

5 옆 가슴선도 고정해둔다.

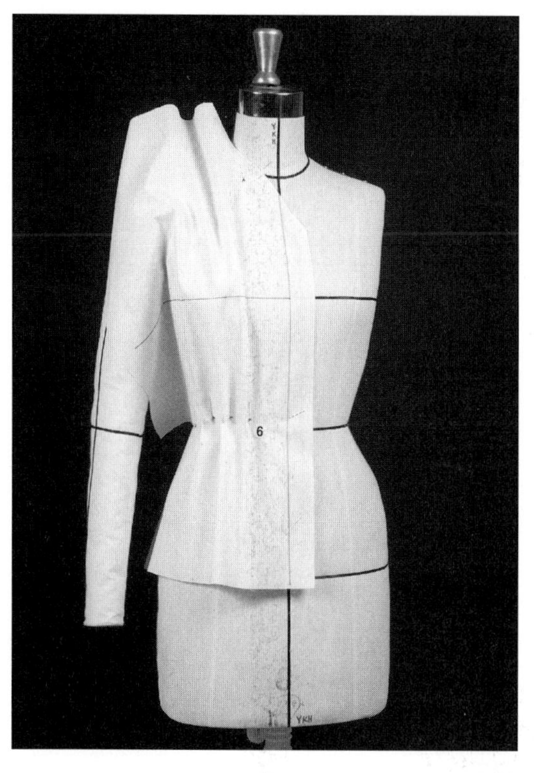

6 주름의 위치와 양을 분산시켜 자리를 잡는다.

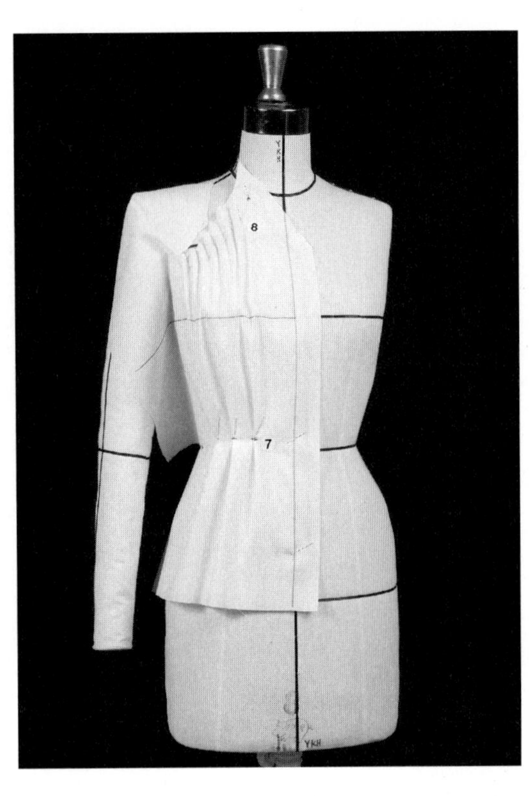

7 주름을 고정한다.

8 요크와 연결될 부분의 셔링도 골고루 분산시켜 고정
한다.

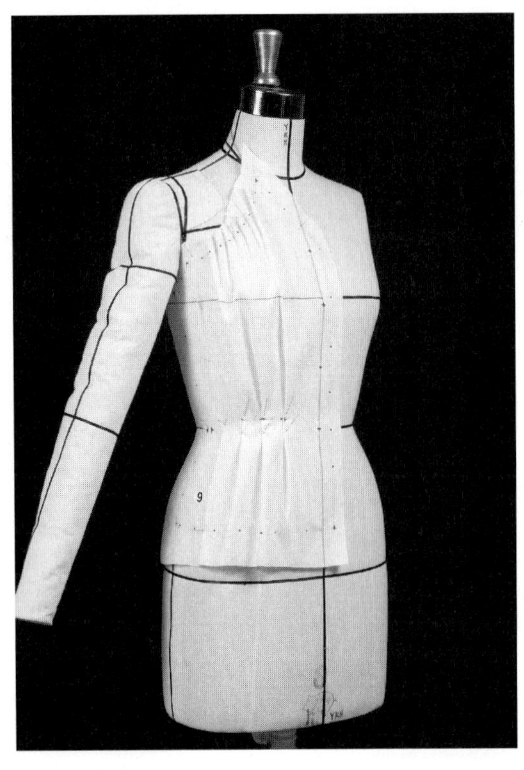

9 옆선에서 여유분을 주고 모든 작업점을 표시한다.

뒤판

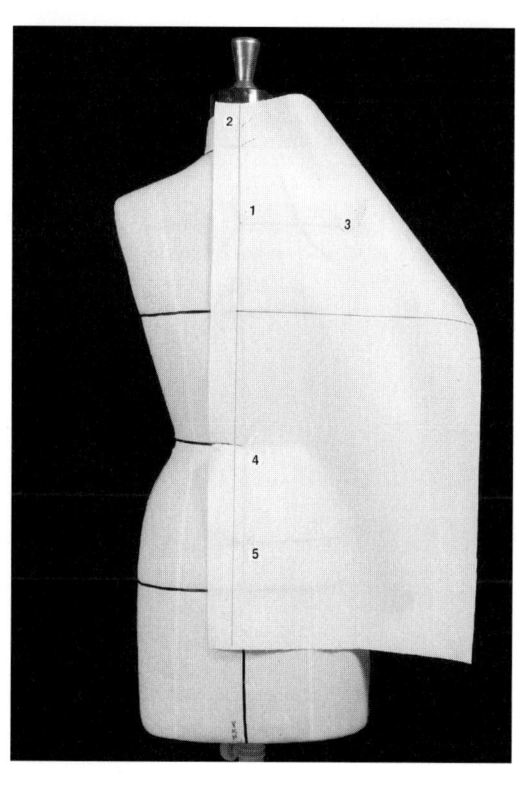

1 뒤 중심 품선을 고정한다.

2 올라간 뒤 목점을 고정한다.

3 뒤 품선 끝을 고정한다.

4 뒤 중심선에서 광목을 아래로 쓸어 내리고 허리선을
고정한다.

5 허리선에 광목이 밀착되게 한 번 눌러준 다음 뒤 중심
선 밑단을 고정한다.

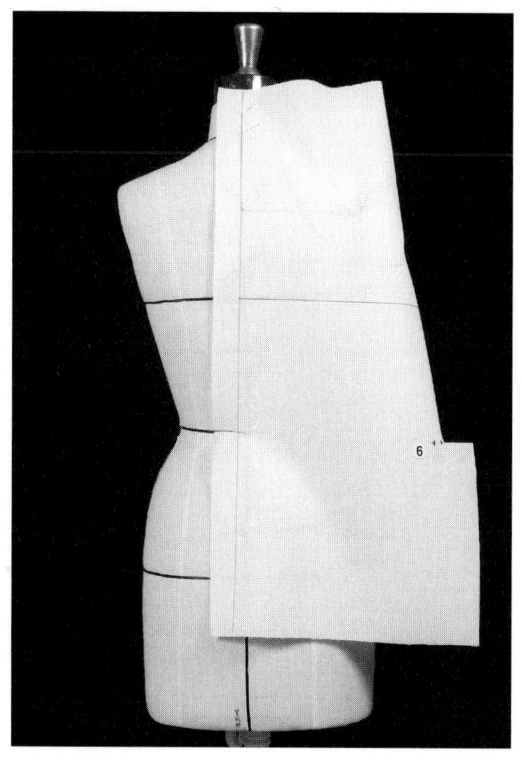

6 앞판과 마찬가지로 허리선 치수에 주름 분량을 더하
여 표시하고 여유분도 표시한다.

• 여유분 표시점까지 가윗집을 준다.

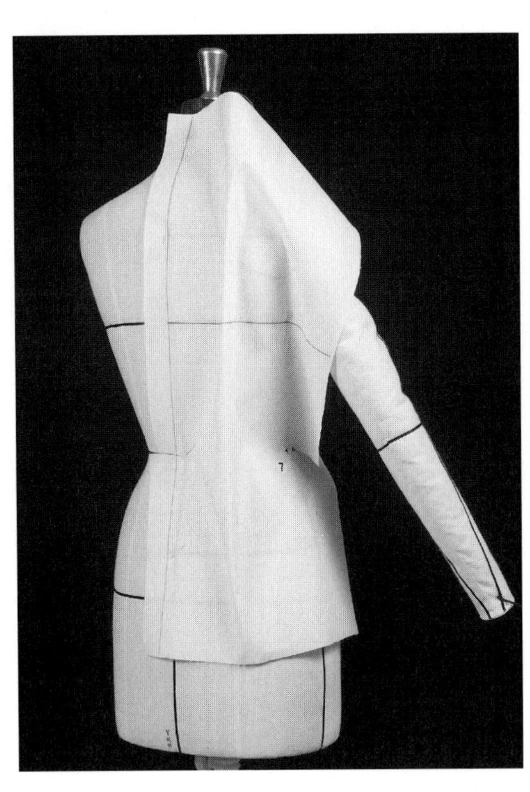

7 옆선을 고정한다.

• 가슴선도 움직이지 않도록 고정해둔다.

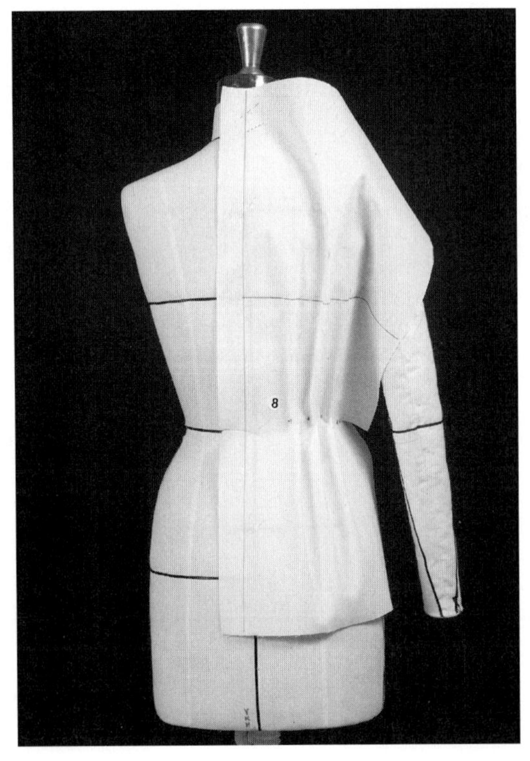

8 주름의 위치와 양을 분산시켜 자리를 잡는다.

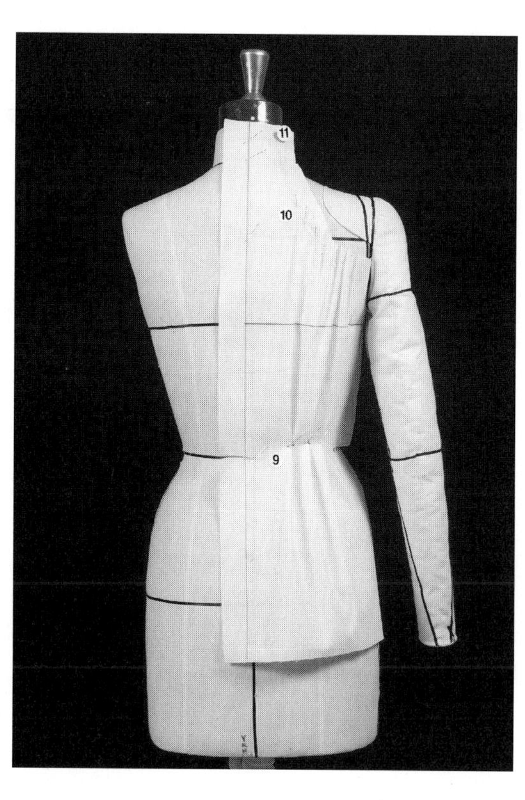

9 주름을 고정한다.

10 요크와 연결될 부분의 셔링도 골고루 분산시켜 고정
한다.

11 올라간 뒤 목선을 완성한다.

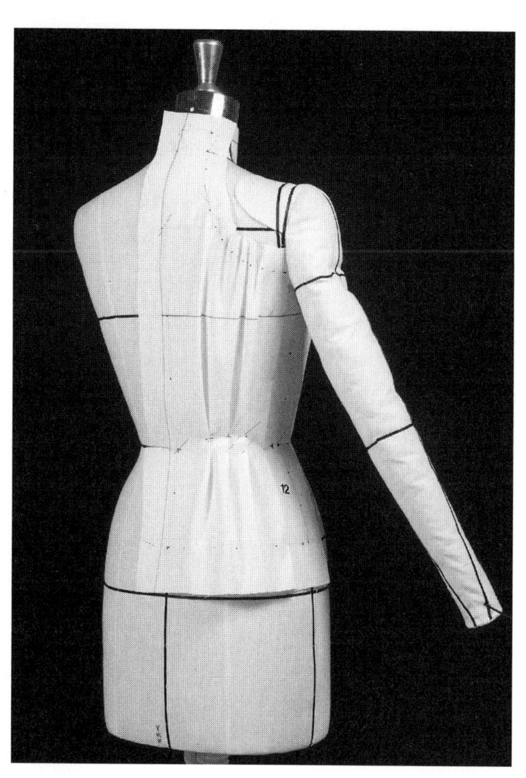

12 앞판과 마찬가지 방법으로 옆선에서 여유분을 밀어
넣고 고정한 다음 모든 작업점을 표시한다.

소매

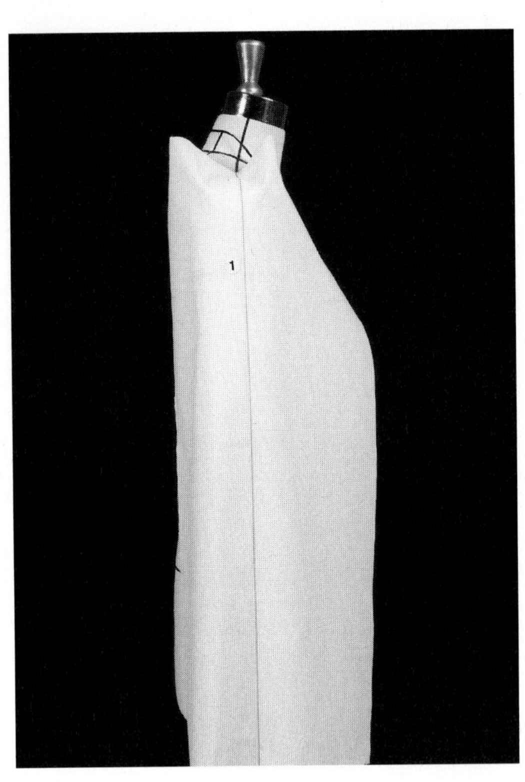

1 팔의 중심선에 맞추어 식서선을 고정한다.

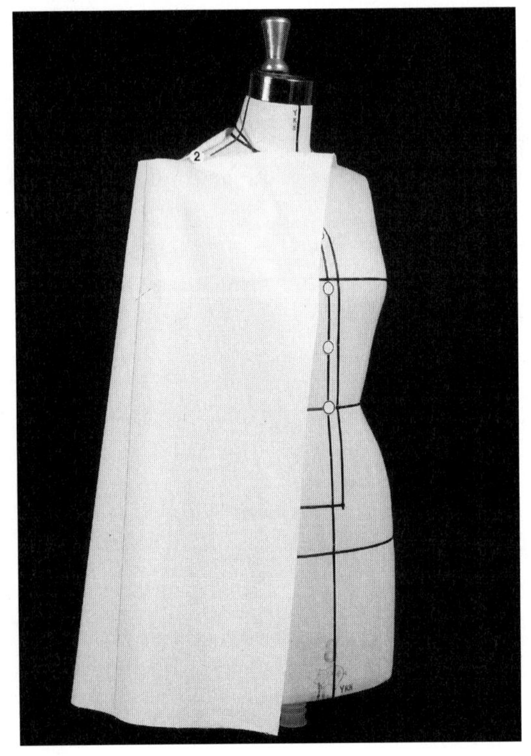

2 디자인에 따라 첫 번째 주름을 잡아 암홀에 고정한다.

• 앞부분과 뒷부분을 동시에 균형을 보면서 작업한다.

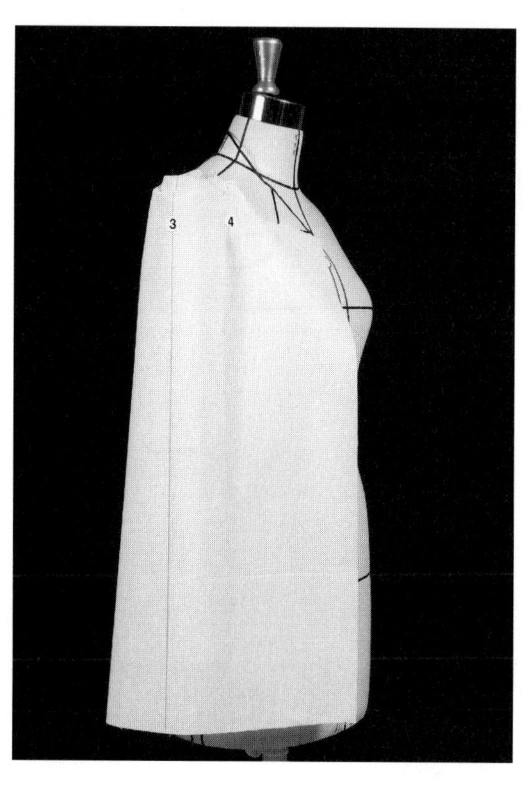

3 중심에서 두 번째 주름을 잡는다.

4 중심에서 잡은 주름을 원하는 방향에 맞추어 앞뒤 암홀에 고정한다.

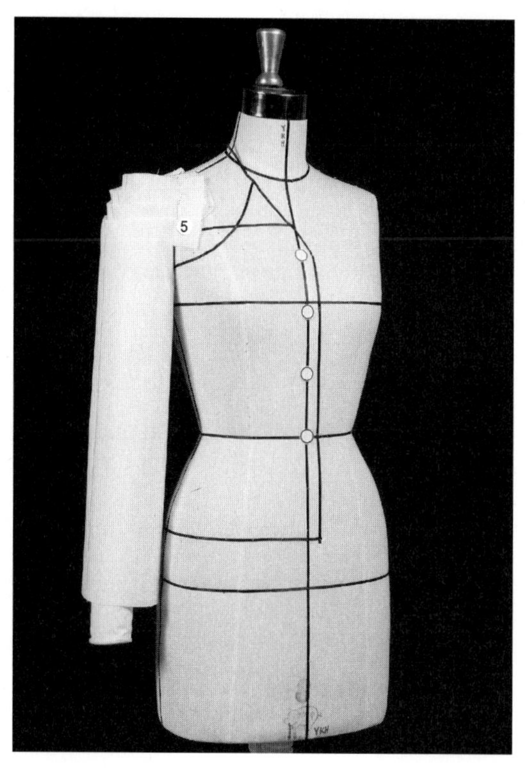

5 같은 방법으로 원하는 주름을 계속 반복하여 작업한 다음 경첩점에 가윗집을 주고 팔 밑으로 광목을 보낸다.

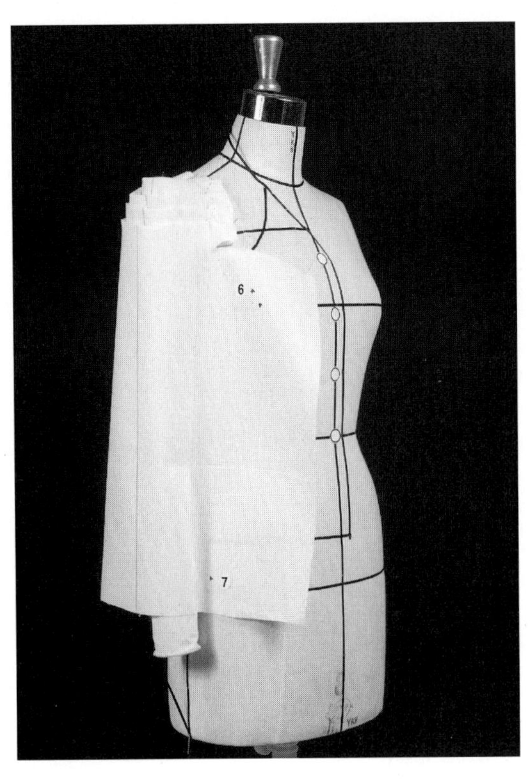

6 위 팔둘레선을 따라 광목을 붙인 다음 팔의 겨드랑이
점을 표시한다.

• 앞판의 겨드랑이점과 같은 여유분을 주고 표시한다.

• 사진은 점을 찍은 후 펼쳐본 상태.

7 소매통을 정하여 표시한다.

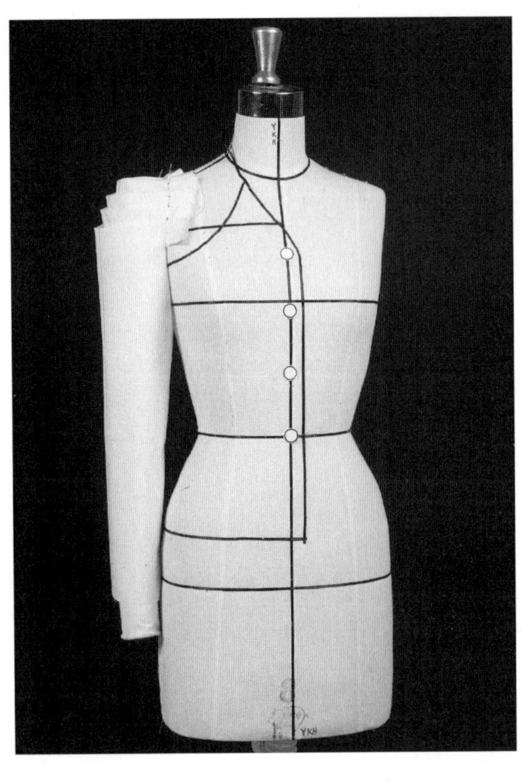

• 광목을 정리하고 소매통을 연결한다.

• 소매 길이를 정하고 모든 작업점을 표시한다.

4 볼륨 확인과 패턴 정리

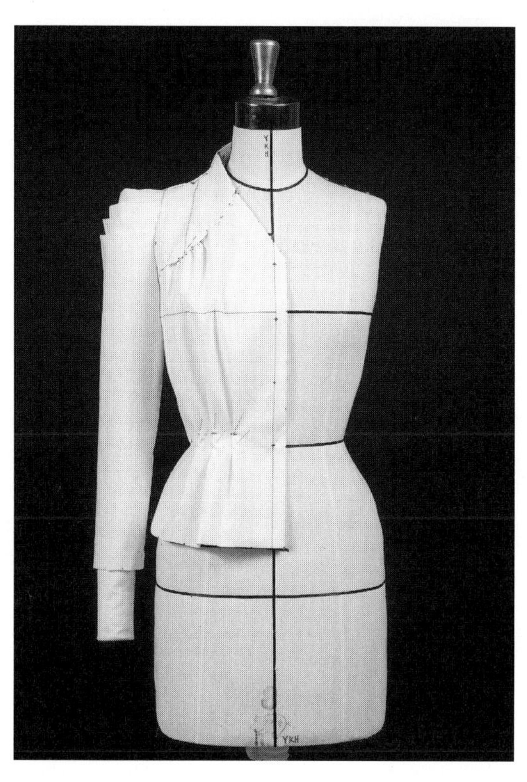

- 모든 시접을 연결한다.

- 앞면에서 볼륨을 확인한다.

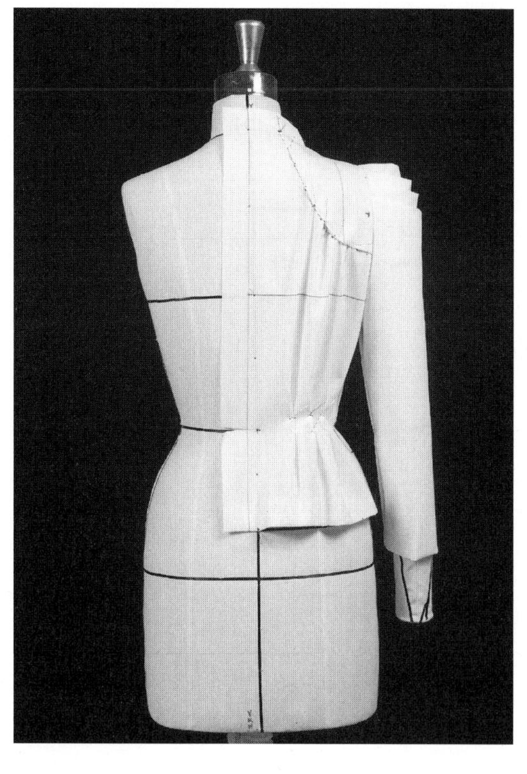

- 뒷면에서 볼륨을 확인한다.

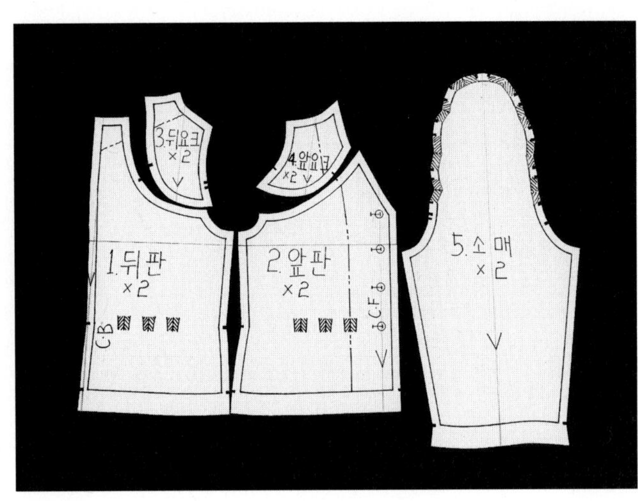

- 작업점을 따라 완성선을 그린다.

- 필요한 사항을 기록한다.

- 시접을 주고 시접선을 그린다.

- 시접선을 따라 자른다.

* **필요한 경우 앞뒤 판의 안단 패턴도 따로 베껴낸다.**

테일러드 형태의 라운드 칼라, 래글런 소매 디자인 재킷

1 라인테이프 치기

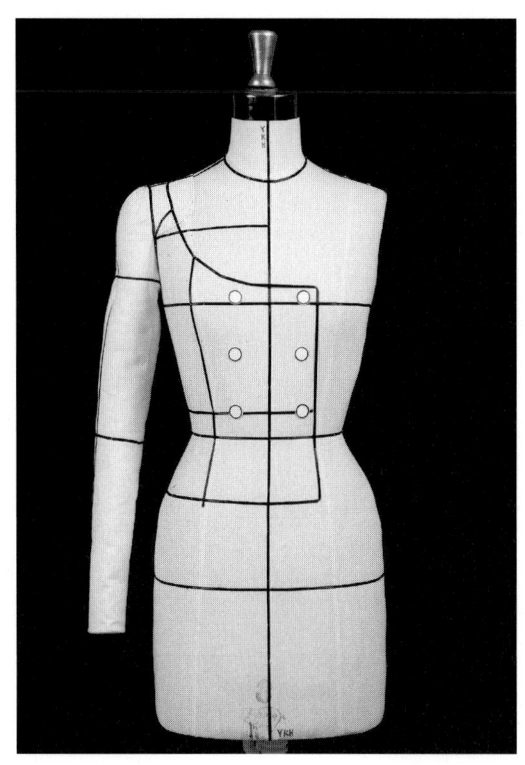

• 디자인에 따라 앞판에 라인테이프를 친다.

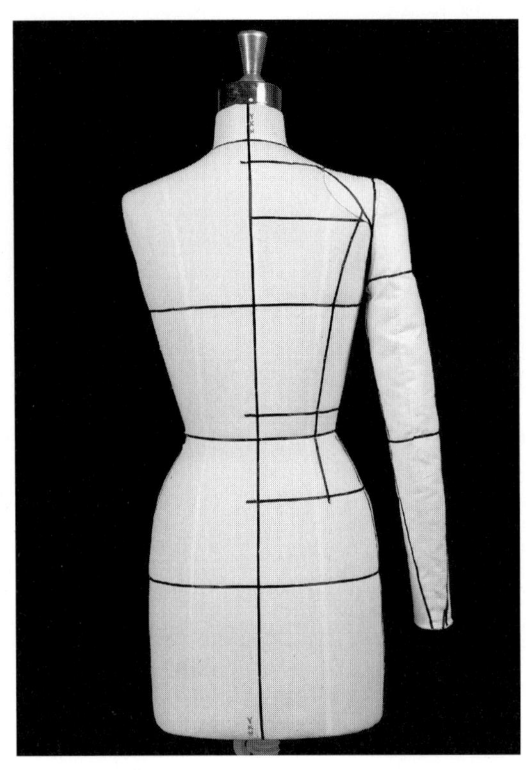

- 디자인에 따라 뒤판에 라인테이프를 친다.

2 광목 준비

- 디자인에 따라 광목을 준비한다.

  예 **앞판 1장:** 너비 30cm, 식서 방향 길이 60cm

   앞 옆판 1장: 너비 20cm, 식서 방향 길이 50cm

   뒤판 1장: 너비 30cm, 식서 방향 길이 60cm

   뒤 옆판 1장: 너비 20cm, 식서 방향 길이 50cm

   소매 1장: 너비 45cm, 식서 방향 길이 40cm(드레이핑 작업 후에 앞뒤 소매를 분리하여 베껴낸다.)

   칼라 1장: 너비 50cm, 식서 방향 길이 50cm(드레이핑 작업 후에 위 칼라와 아래 칼라로 분리하여 베껴낸다.)

   소매 밑단 1장: 너비 55cm, 식서 방향 길이 25cm

- 중심선과 필요한 선을 그어서 준비한다.

- 더블버튼으로 작업할 공간을 고려하여 앞 중심선을 긋는다.

3 드레이핑

앞판

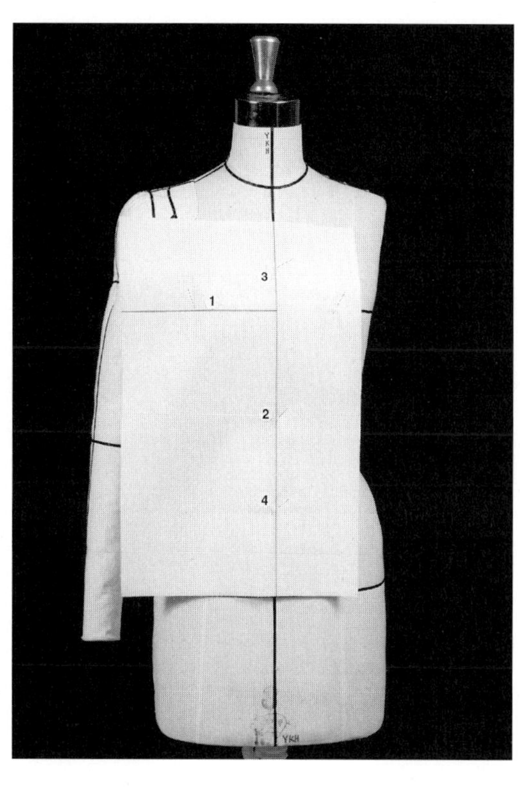

1 유두점을 고정한다.

2 앞 중심 허리선을 고정한다.

3 앞 목점을 고정한다.

4 앞 중심선 밑단을 고정한다.

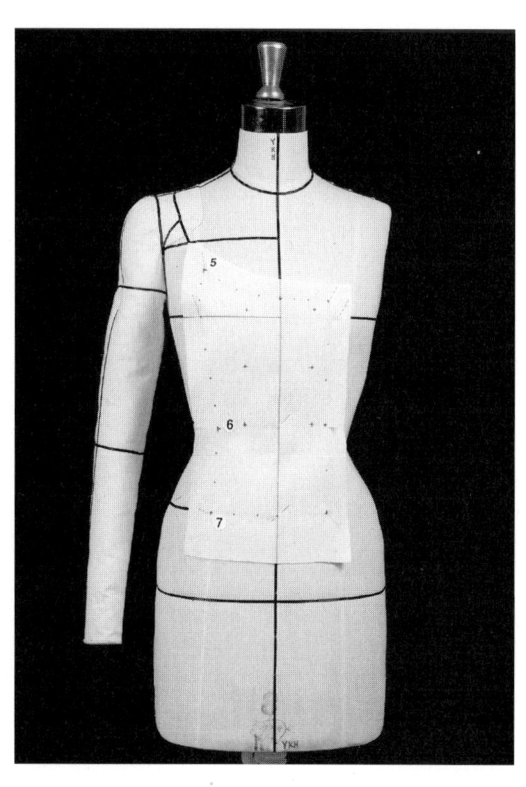

5 목둘레선을 따라 광목을 정리하고 고정한다.

6 가윗집을 주고 허리선을 고정한다.

7 밑단을 고정한다.

• 광목을 정리하고 모든 작업점을 표시한다.

앞 옆판

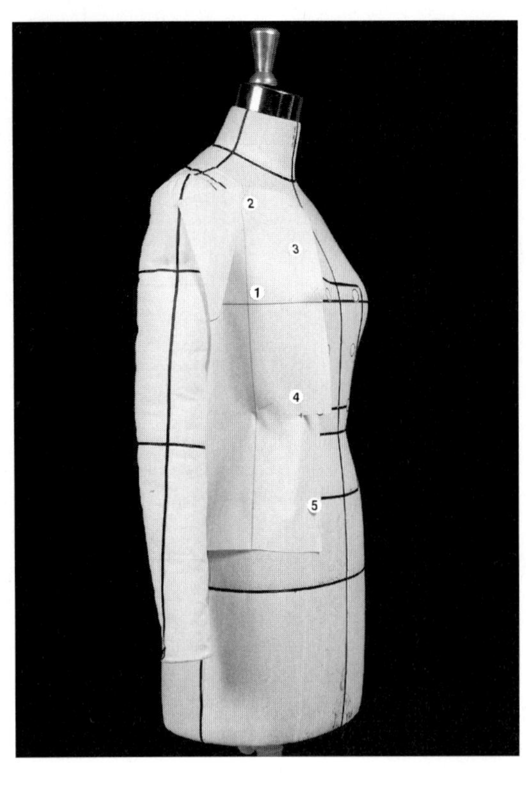

1 가슴선에 수직으로 위와 아래에서 움직이지 않도록 식서선을 고정한다.

2, 3 래글런선 시작점과 프린세스라인 시작점을 고정한다.

4 허리선을 표시하고 가윗집을 주어 고정한다.

5 밑단을 고정한다.

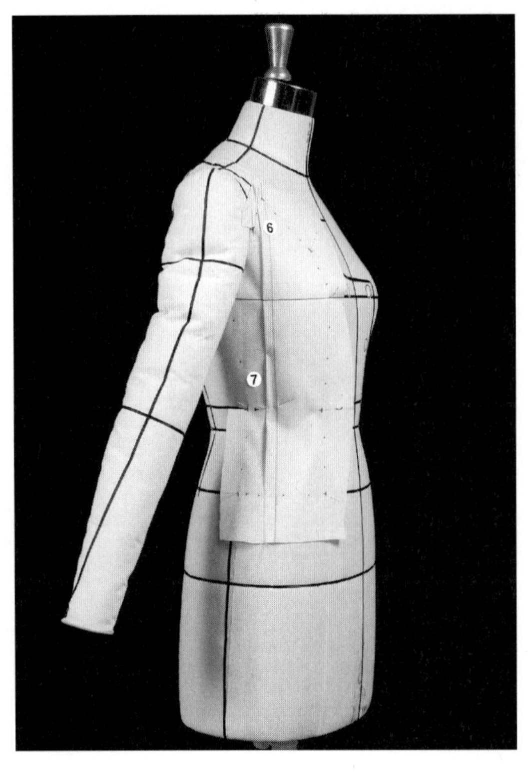

6 품선 끝에서 여유분을 주어 고정한다. 가윗집을 주고 광목을 팔 밑으로 보낸다.

7 옆선에서 여유분을 주어 고정하고 모든 작업점을 표시한다.

뒤판

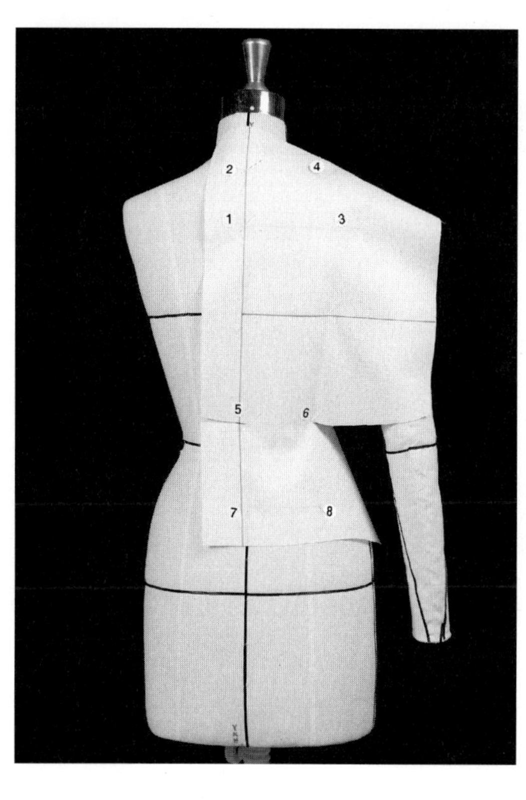

1 뒤 중심 품선을 고정한다.

2 뒤 목점을 고정한다.

3 프린세스라인 시작점을 고정한다.

4 뒤 목둘레선을 완성한다.

5, 6 허리선을 고정한다. 가윗집을 준다.

7, 8 밑단을 고정한다.

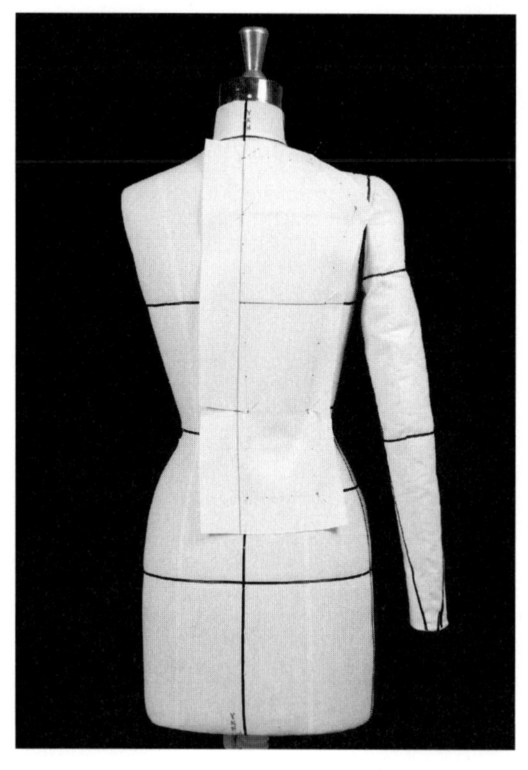

• 광목을 정리하고 모든 작업점을 표시한다.

뒤 옆판

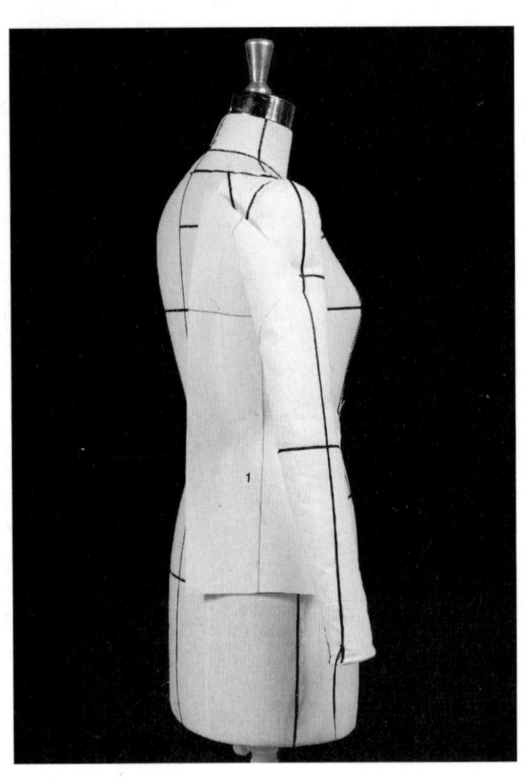

1 가슴선에 수직으로 위와 아래에서 움직이지 않도록
  식서선을 고정한다.

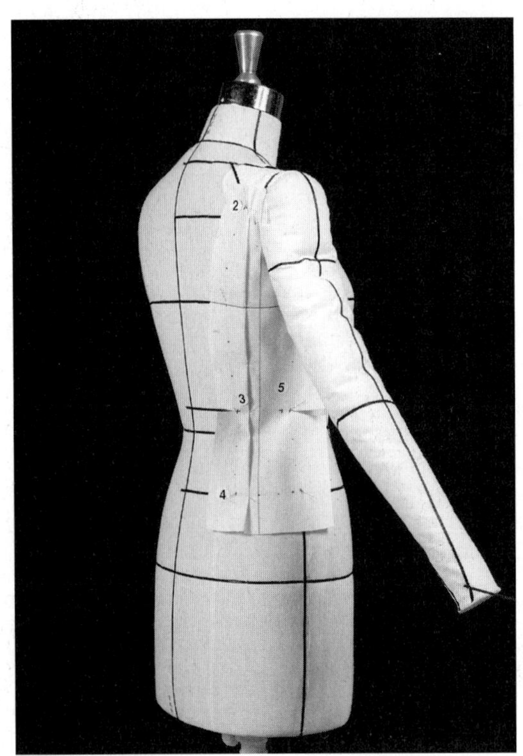

2, 3, 4 프린세스라인을 고정하고 광목을 정리한다.

5 품선 끝과 옆선에서 여유분을 주고 밀어 넣은 다음 모
  든 작업점을 표시한다.

소매

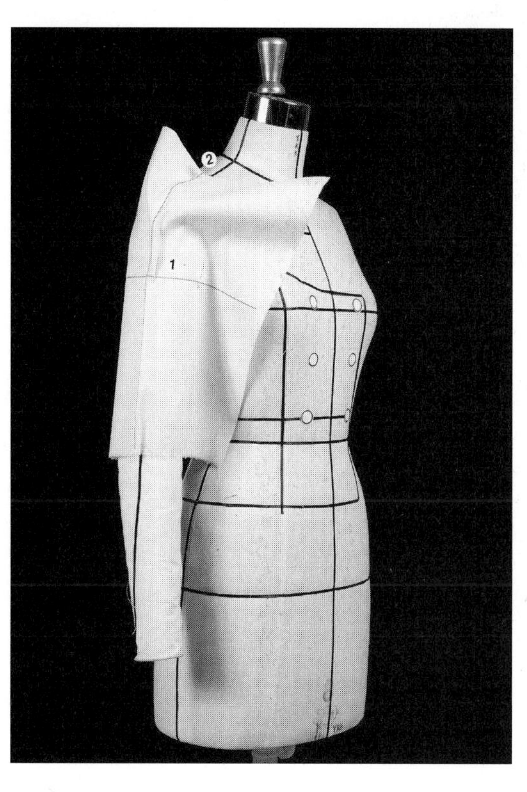

1 소매 중심선에 여유분을 주고 움직이지 않도록 고정
  해둔다.

• 위 팔둘레선이 움직이지 않도록 고정한다.

2 어깨 끝점을 고정한다.

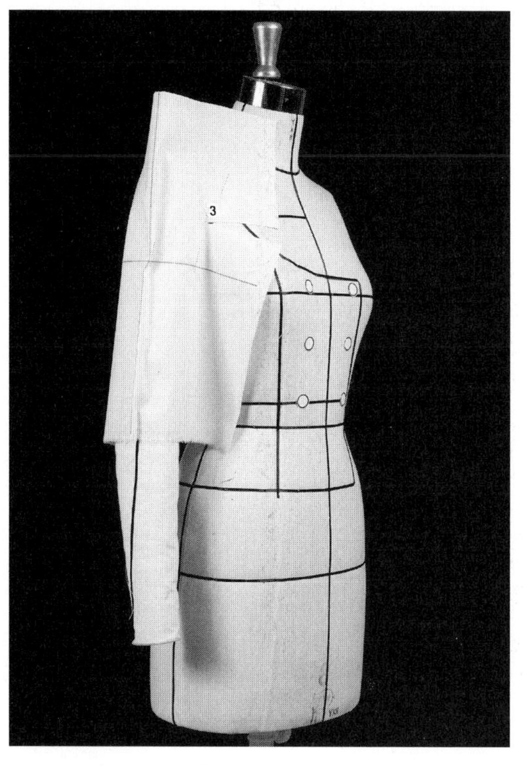

3 경첩점을 고정하고 가윗집을 준다.

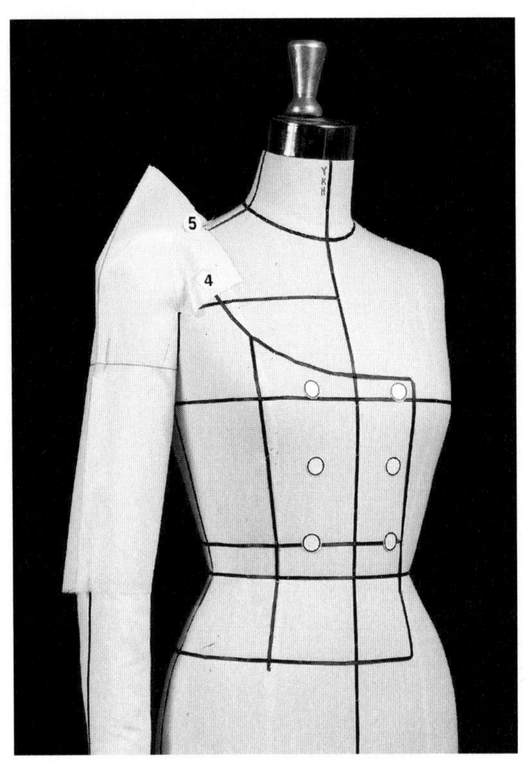

4 품선 끝과 만나는 래글런선에서 몸판의 앞 옆판과 같
은 여유분을 준 다음 고정한다.

- 광목을 정리하고 래글런선을 완성한다.

5 어깨선을 고정한다.

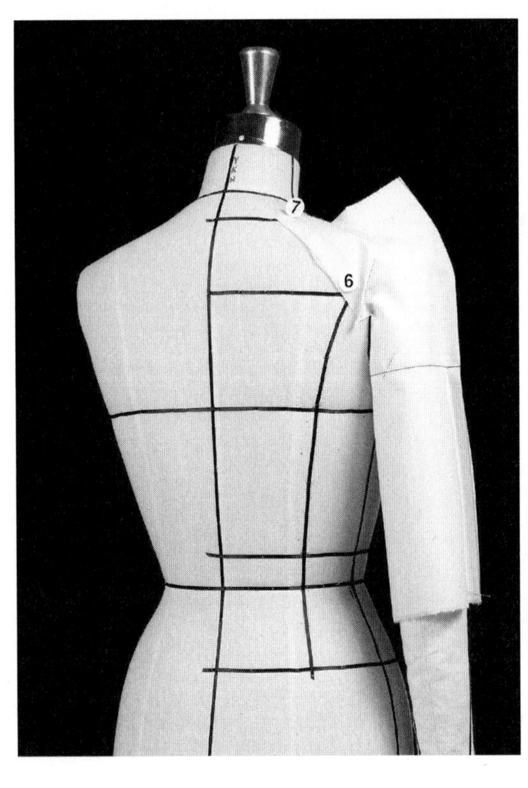

6 품선 끝과 만나는 래글런선에서 몸판의 뒤 옆판과 같
은 여유분을 준 다음 고정한다.

7 광목을 정리하고 래글런선을 완성한다.

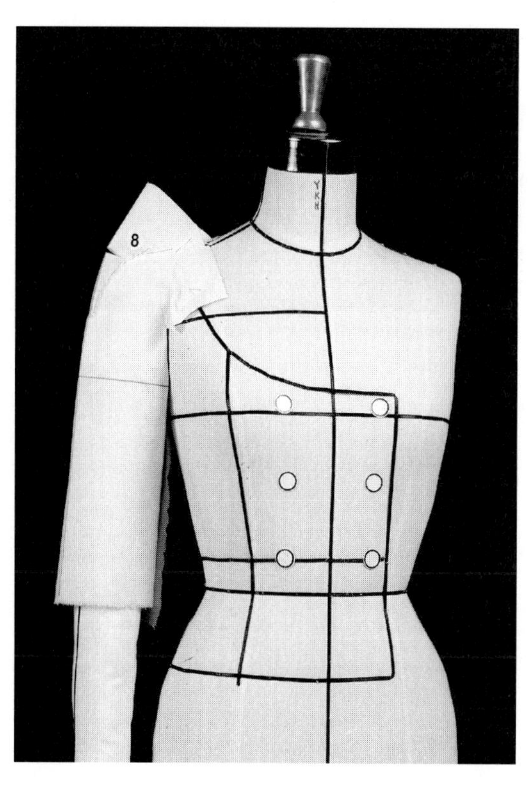

8 앞뒤의 어깨선과 소매 중심선을 연결한다.

• 소매 중심선의 여유분을 풀어준다.

• 어깨선의 곡선 부분에 가윗집을 넣어 광목이 편안하게 놓이도록 한다.

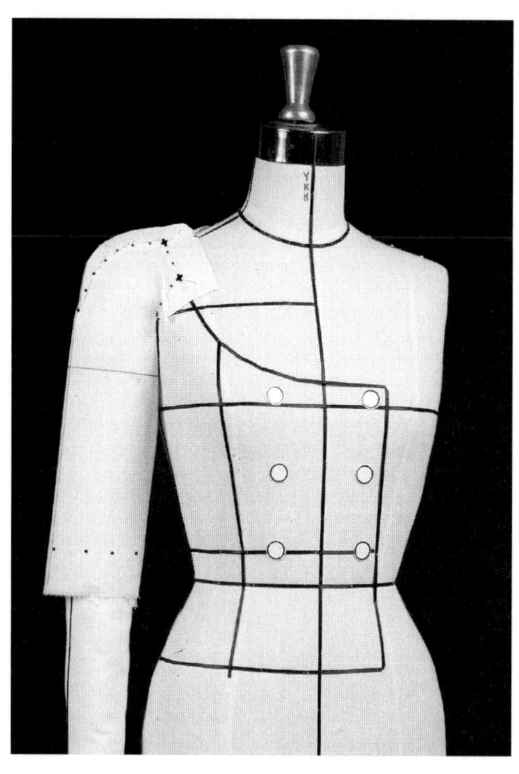

• 광목을 정리하고 소매 길이를 정한 다음 모든 작업점을 표시한다.

소매 밑단

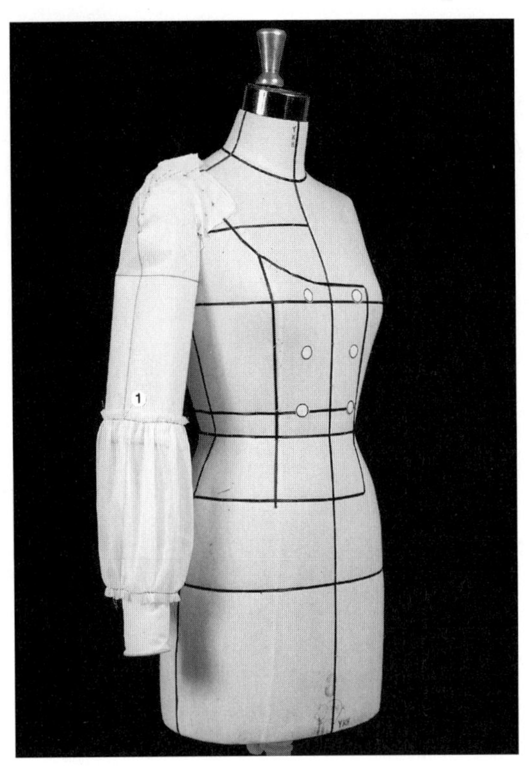

1 소매 밑단 길이의 두 배가 되도록 길이를 정한 다음
위아래 부분에 셔링을 잡고 통을 연결한 다음 소매와
연결한다.

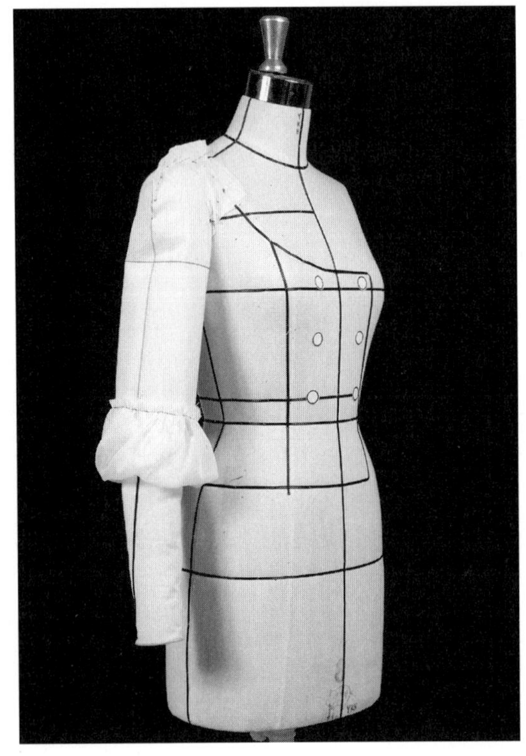

• 밑단을 접어 올려 고정한다. 이때 사선의 주름이 생기
도록 비틀어 고정한다.

칼라

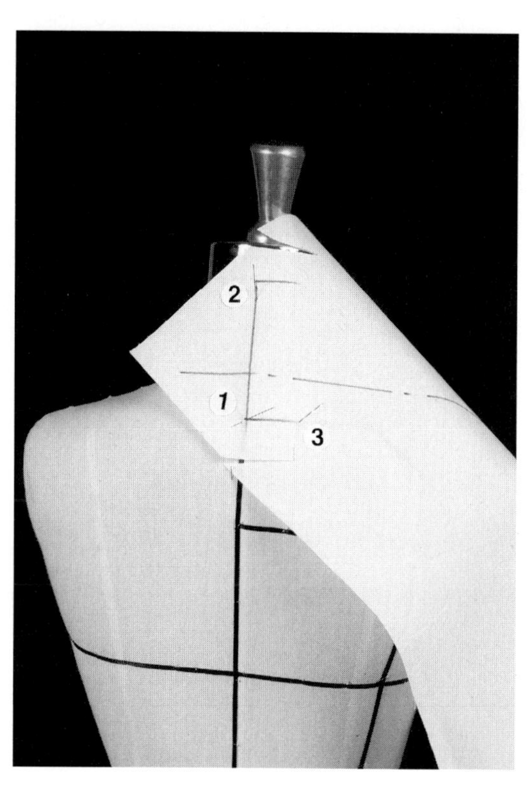

1 뒤 중심 목둘레선을 고정한다.

2 스탠드 분량과 칼라 분량을 결정하고 뒤 중심선을 고
  정한다.

3 목둘레선을 찾는다.

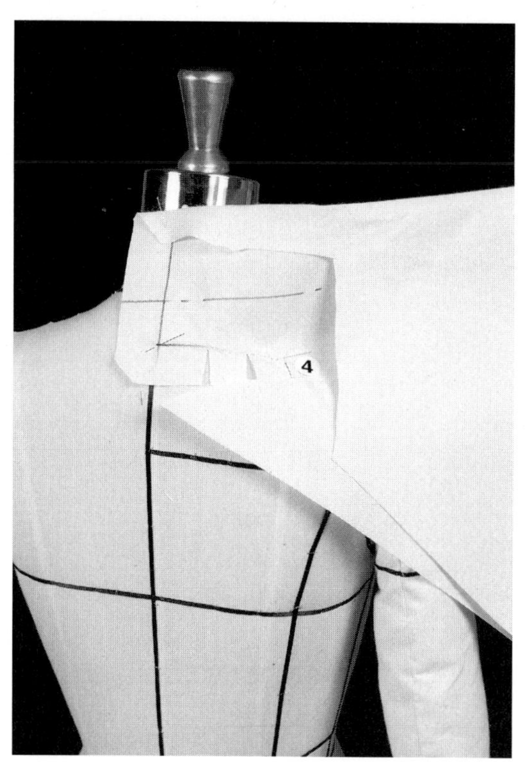

4 목둘레에 광목이 편안하게 놓이도록 하면서 목둘레선
  을 찾아나간다.

• 칼라 가장자리의 광목을 잘라 정리하고 시접은 안으
  로 접어둔다.

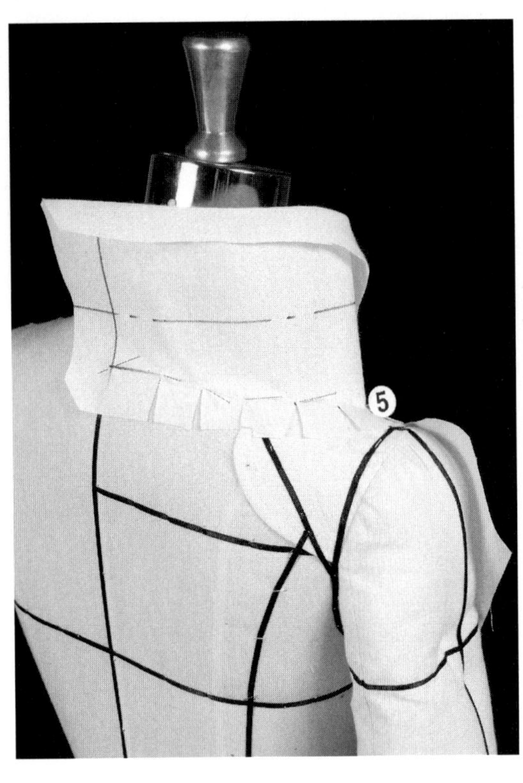

5 조금씩 단계적으로 칼라의 볼륨을 확인하면서 옆 목
  점을 고정한다.

• 광목을 정리한다.

• 칼라 가장자리가 될 부분의 시접은 접어둔다.

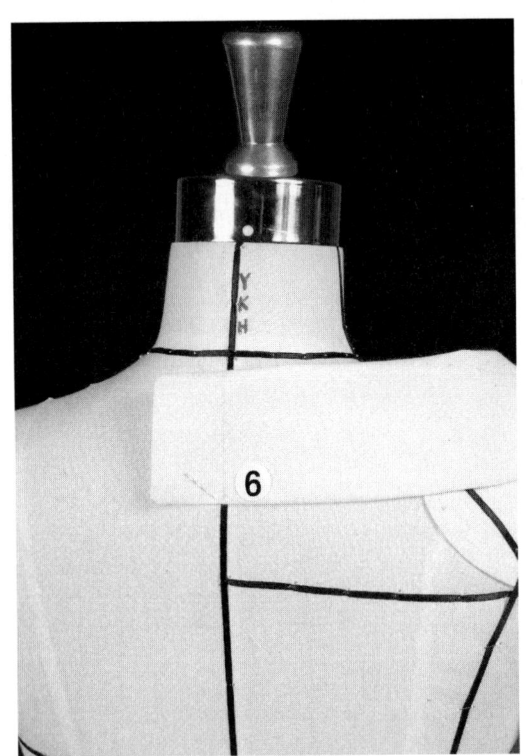

6 꺾임선을 기준으로 칼라를 접어서 뒤 중심선을 고정
  한다.

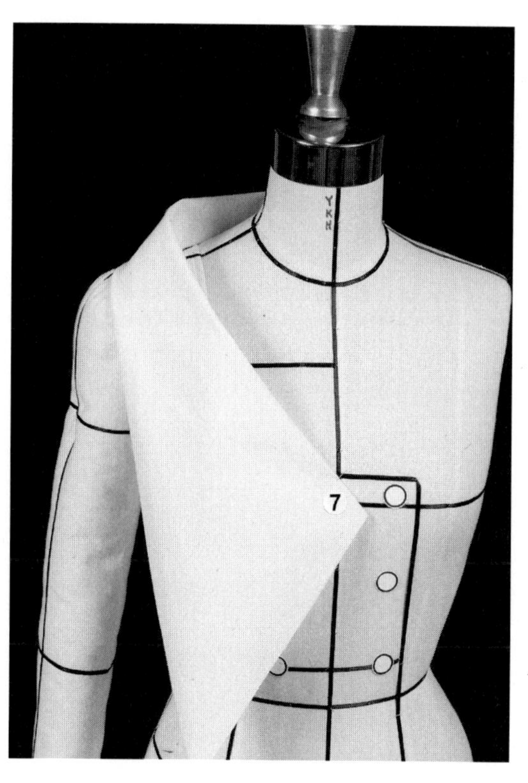

7 목둘레선에 광목이 남지 않게 하면서 칼라의 꺾임선
  을 앞 중심선에 고정한다.

• 칼라의 꺾임선이 약간 곡선이 되도록 목둘레선을 조
  정할 필요가 있다.

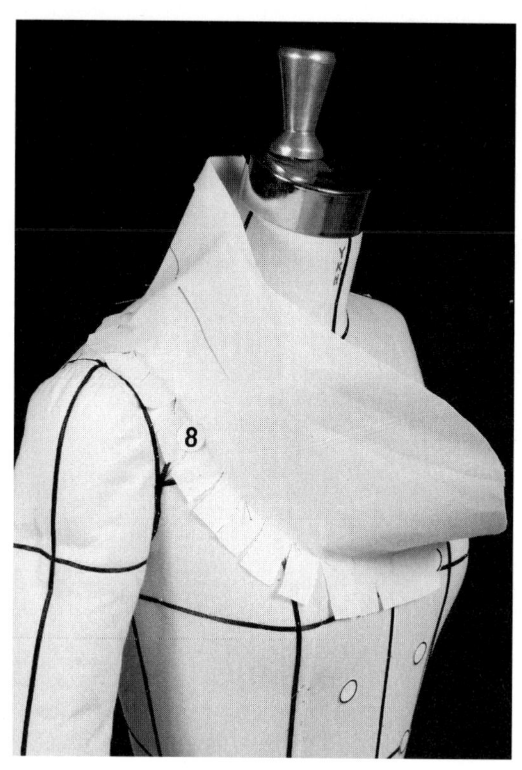

8 칼라의 가장자리가 퍼지듯이 편안하게 놓이는지 볼륨
  을 확인하면서 목둘레선에 가윗집을 주고 고정한다.
  이때 필요하면 7번의 앞 중심선 위치를 수정하도록
  한다.

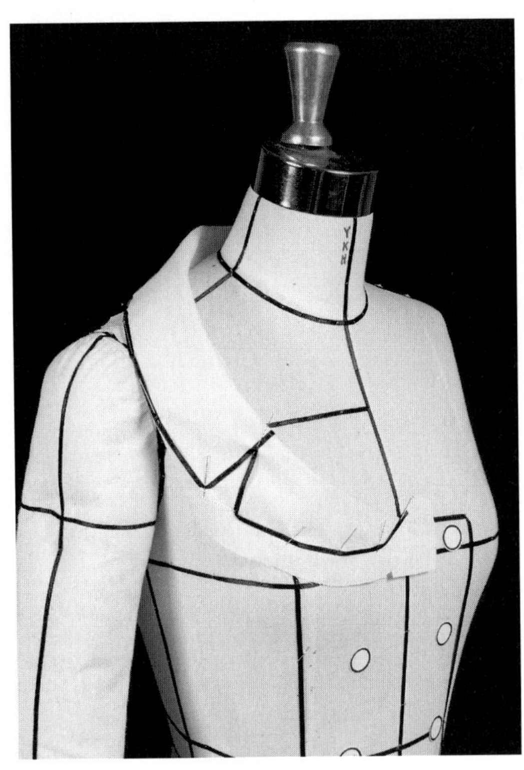

- 칼라의 모양을 찾아 라인테이프나 점으로 표시한다.

4 볼륨 확인과 패턴 정리

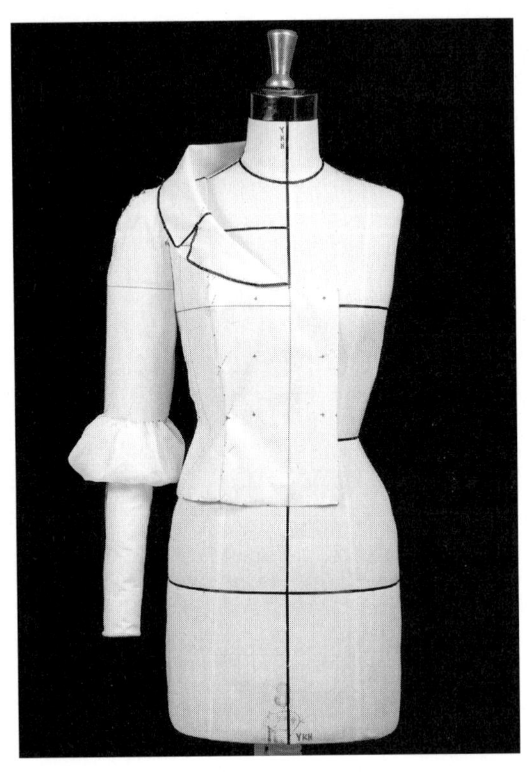

- 모든 시접을 연결한다.

- 앞면에서 볼륨을 확인한다.

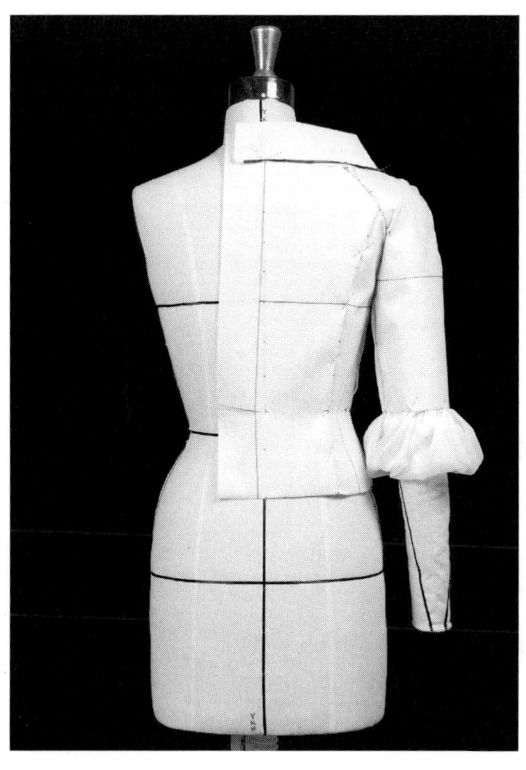

• 뒷면에서 볼륨을 확인한다.

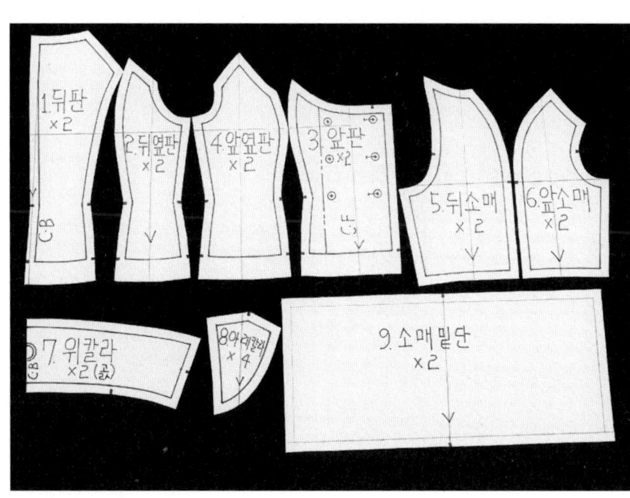

• 작업점을 따라 완성선을 그린다.

• 필요한 사항을 기록한다.

• 시접을 주고 시접선을 그린다.

• 시접선을 따라 자른다.

* 필요한 경우 앞 안단의 패턴도 따로 베껴낸다.

* 위 칼라는 425쪽의 패턴처럼 반대쪽도 베껴 펼친 패

턴을 만들어 작업하기도 한다.

 트렌치코트 칼라,
래글런 절개선의 기모노 소매 디자인 재킷

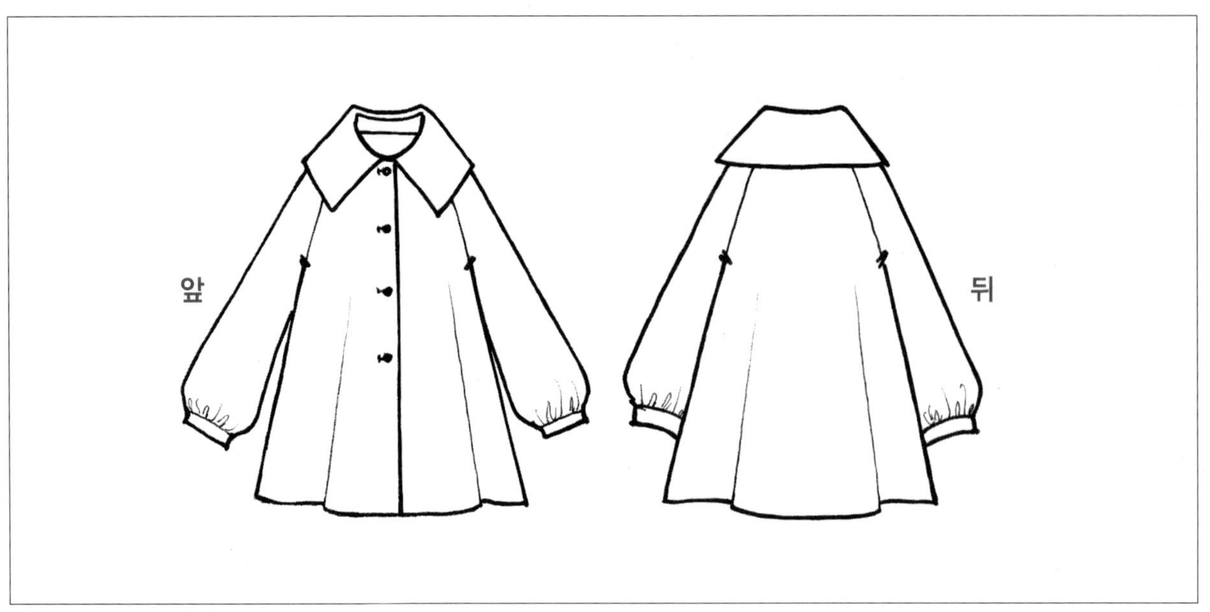

1 라인테이프 치기

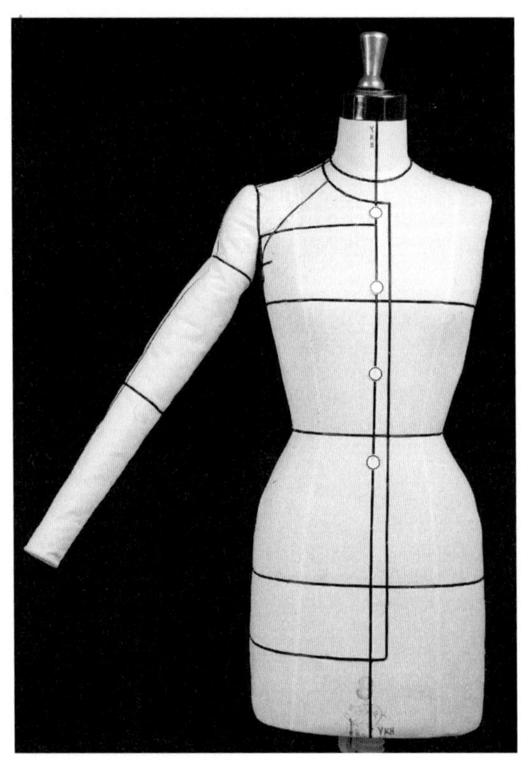

- 디자인에 따라 앞판에 라인테이프를 친다.

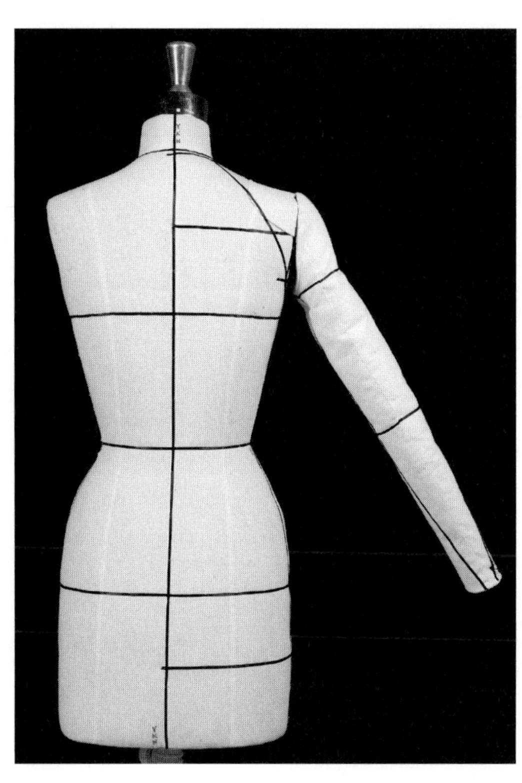

2 광목 준비

• 디자인에 따라 광목을 준비한다.

　예 **앞판 1장:** 너비 60cm, 식서 방향 길이 80cm

　　뒤판 1장: 너비 50cm, 식서 방향 길이 80cm

　　소매 1장: 너비 60cm, 식서 방향 길이 80cm

　　칼라 1장: 너비 40cm, 식서 방향 길이 40cm

　　밴드 칼라 1장: 너비 10cm, 식서 방향 길이 25cm

　　소매 커프스 1장: 너비 10cm, 식서 방향 길이 30cm

• 중심선과 필요한 선을 그어서 준비한다.

3 드레이핑

앞판

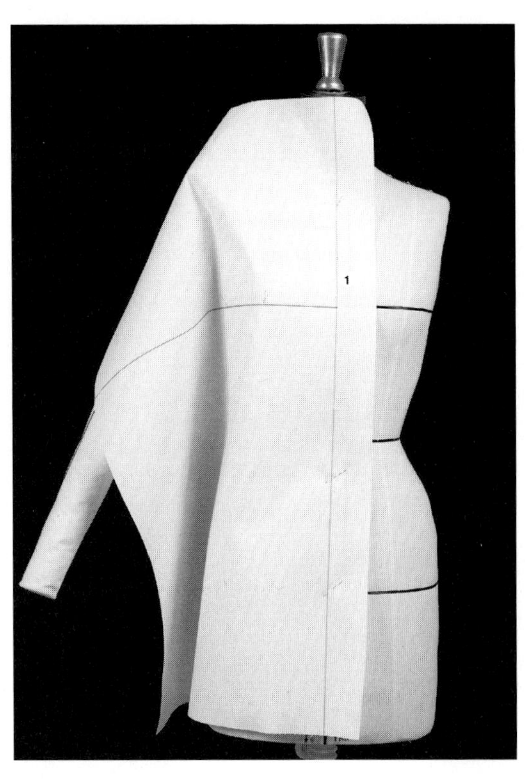

1 유두점을 고정하고 허리선, 밑단선, 앞 목점에 이르는 앞 중심선을 고정한다.

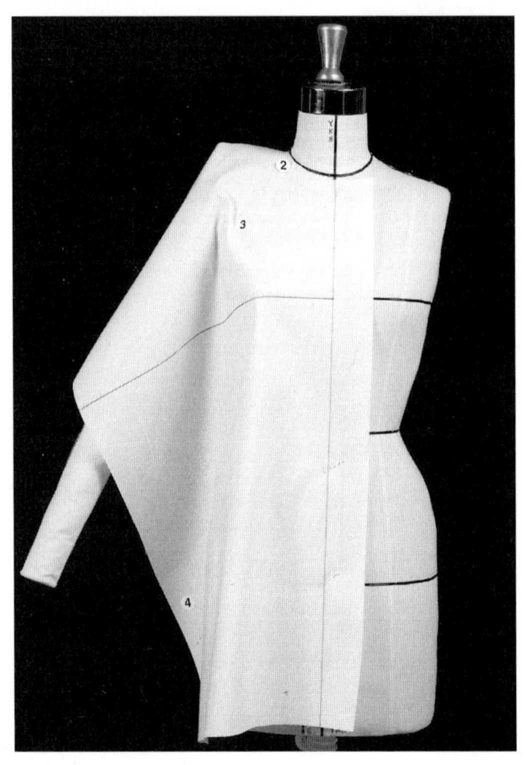

2 광목을 정리하면서 목둘레선을 완성한다.

3 래글런선에 필요한 품선의 여유분을 집어준다.

4 옆선을 고정한다.

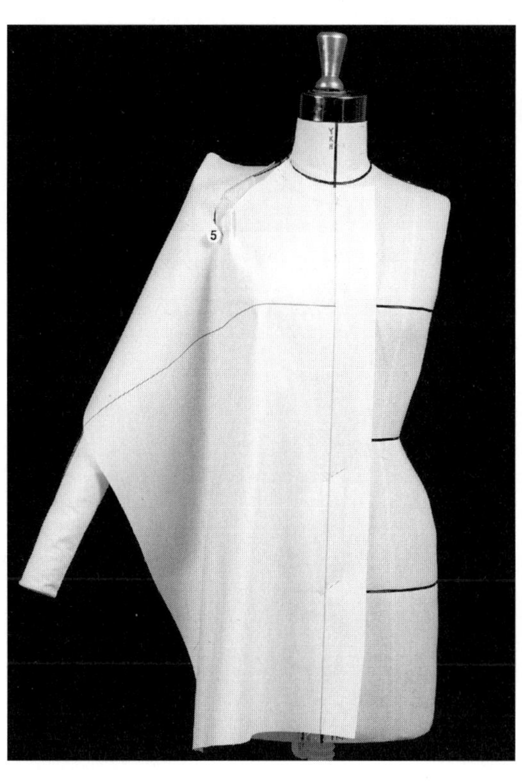

5 광목을 정리하고, 밑단 볼륨을 주고 싶은 위치의 래글
런선에 핀을 수직으로 고정한다.

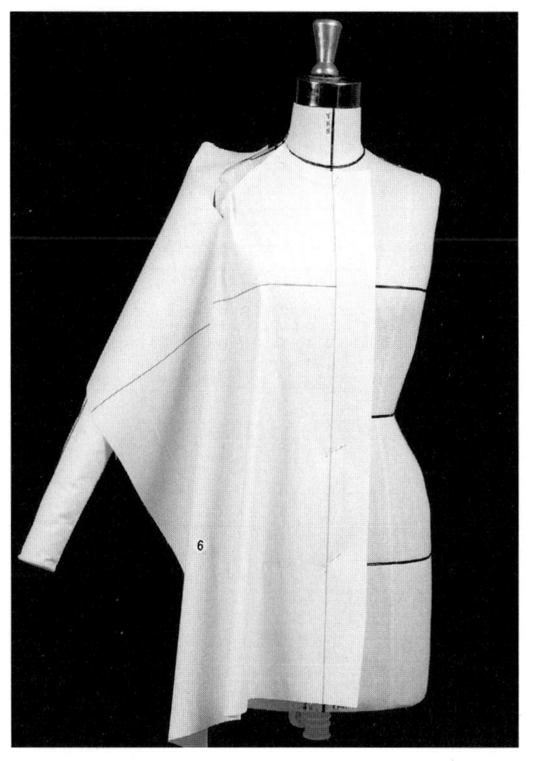

6 원하는 위치에 볼륨을 준다〔플레어 볼륨을 주는 방법은
'플레어 스커트'(51쪽)를 참조한다〕.

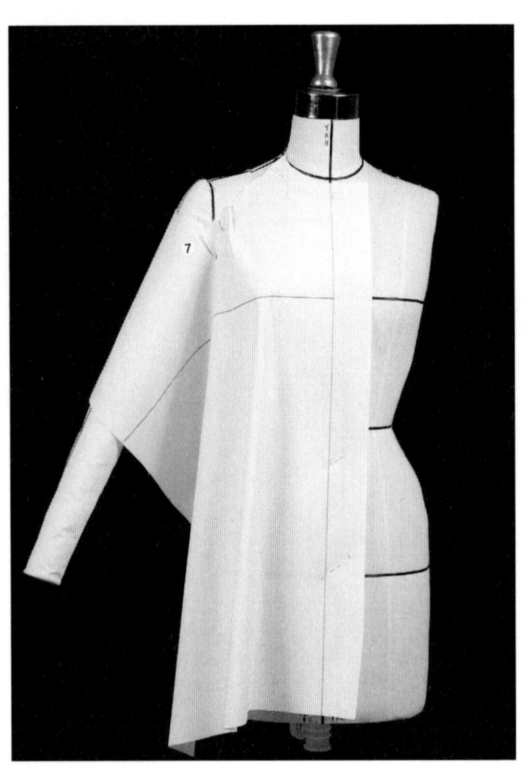

7 경첩점을 고정하고 가윗집을 주어 광목을 팔 밑으로
보낸다.

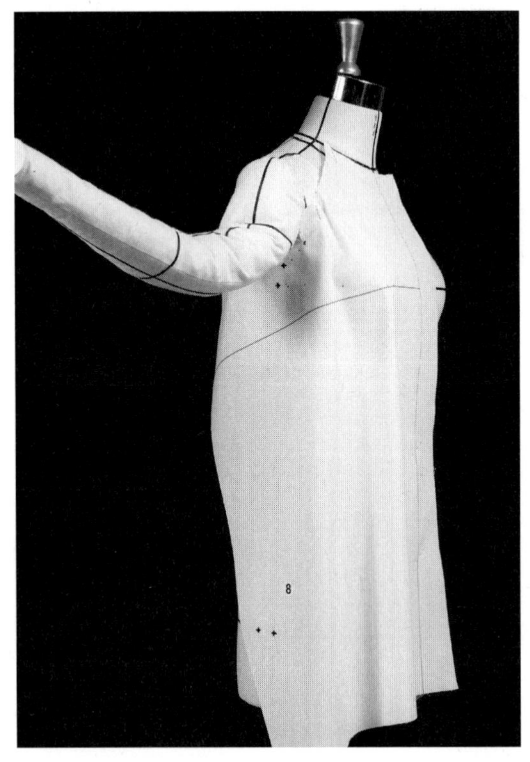

• 겨드랑이점에서 여유분을 표시한다.

8 옆선 밑단 위치를 확인하고 1/2 플레어 분량의 위치를
표시한다.

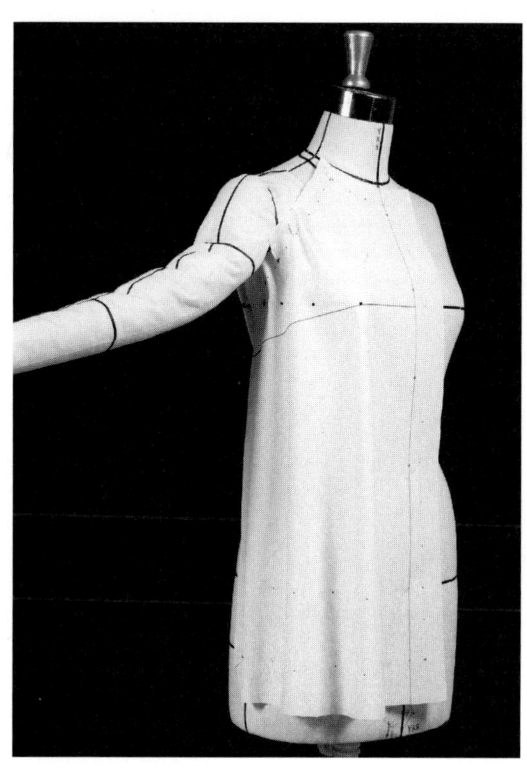

- 옆선에서 여유분을 밀어 넣어 고정하고 모든 작업점 을 표시한다.

뒤판

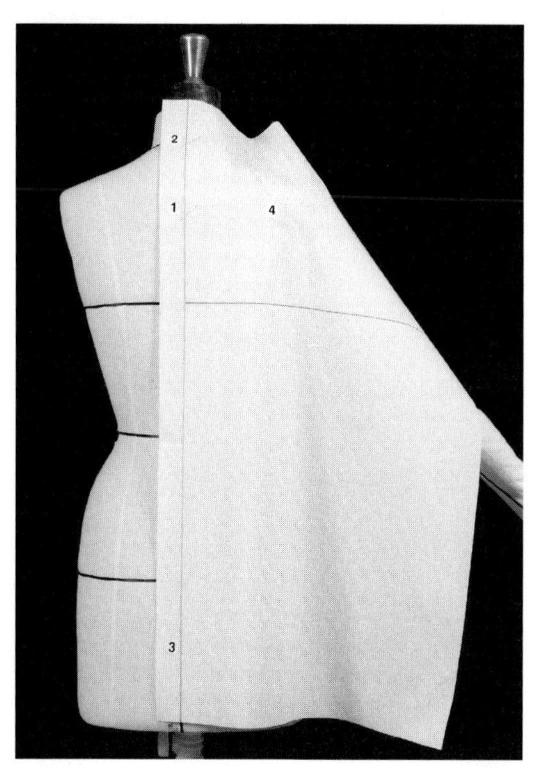

1 뒤 중심 품선을 고정한다.

2 뒤 목점을 고정한다.

3 밑단을 고정한다.

4 품선 끝을 고정한다.

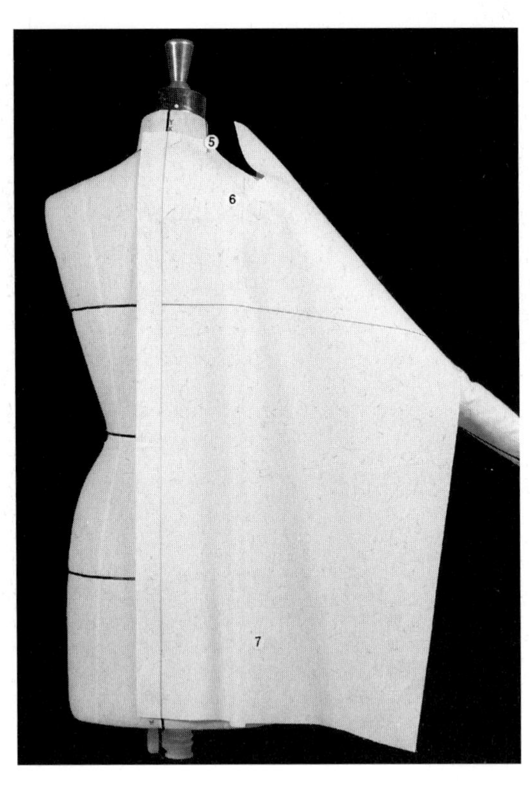

5 목둘레선을 완성한다.

6, 7 디자인에 따라 플레어 볼륨을 준다.

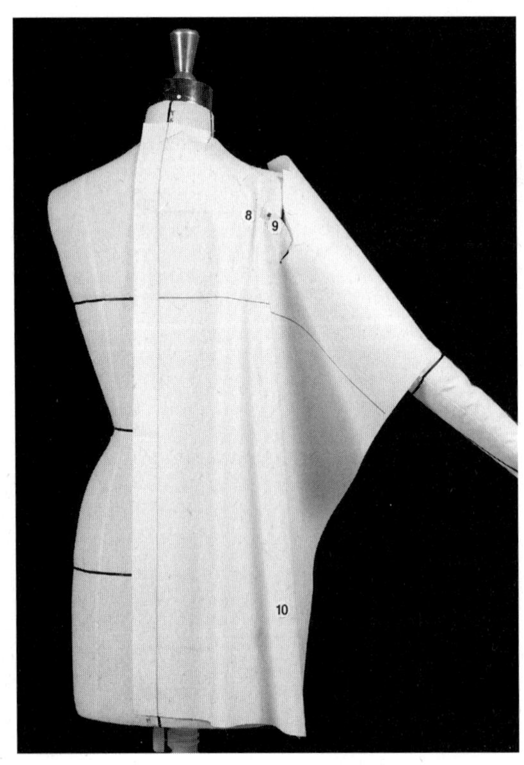

8, 9 래글런선에 품선 여유분을 고정한다.

• 광목을 정리한다.

10 디자인에 따라 플레어 볼륨을 준다.

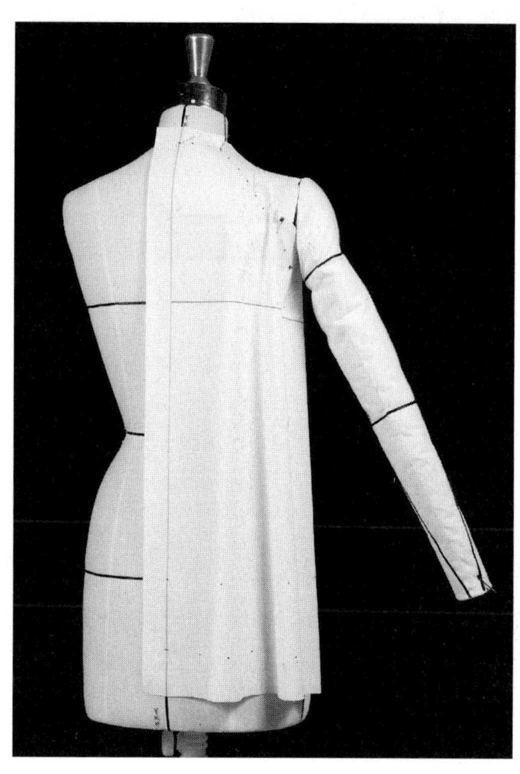

- 앞판과 마찬가지 방법으로 옆선에서 여유분을 주고 모든 작업점을 표시한다.

소매

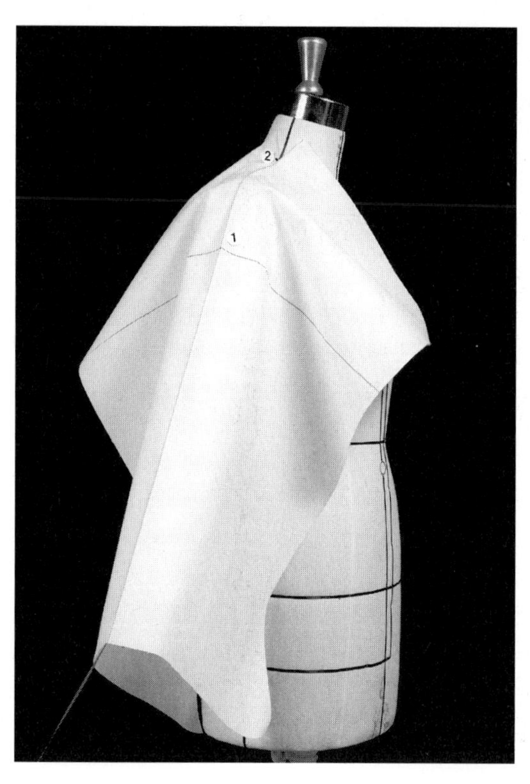

- 소매의 볼륨을 기준으로 팔의 경사도를 정하여 각도를 고정해둔다.

1 위 팔둘레선을 기준으로 소매 중심선을 고정한다.

2 옆 목점을 고정한다.

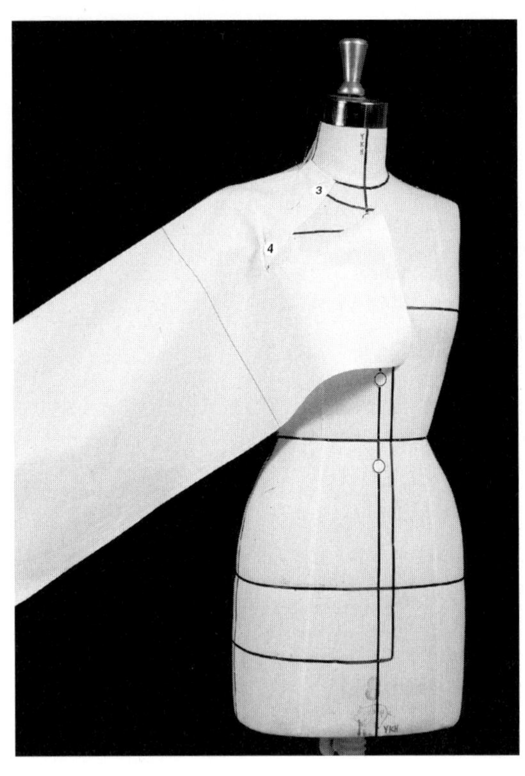

3 앞 목둘레선을 완성한다.

• 광목을 정리한다.

4 앞판의 래글런선과 같은 여유분을 집어준다.

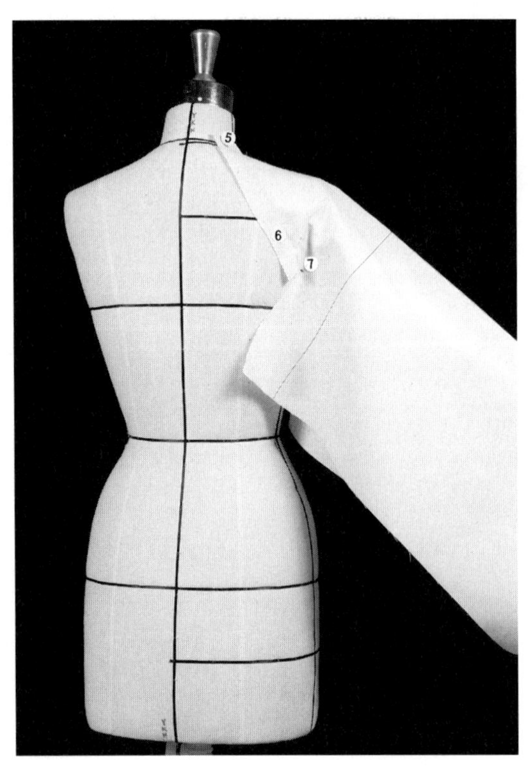

5 뒤 목둘레선을 완성한다.

6 광목을 정리한다.

7 뒤판의 래글런선과 같은 여유분을 집어준다.

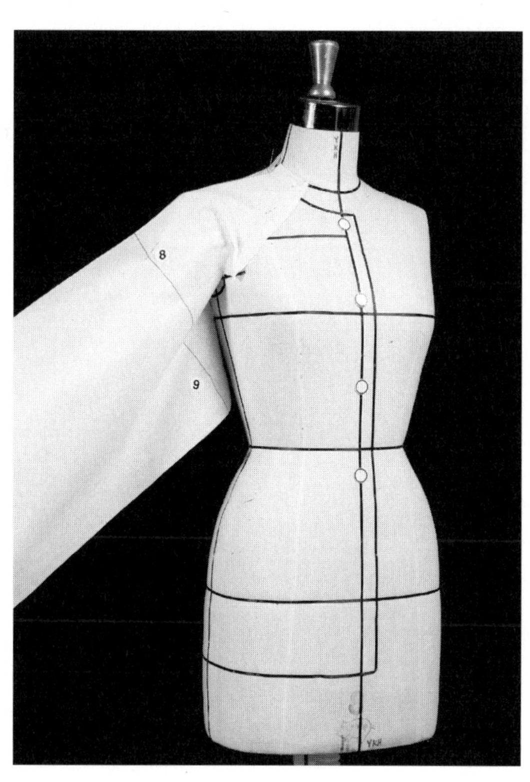

• 앞뒤 경첩점을 고정하고 가윗집을 준다.

8 작업하기 쉽도록 소매의 볼륨을 중심선에 임시로 고
  정해둔다.

9 앞뒤의 위 팔둘레선이 같은 높이에 위치하도록 확인
  한다.

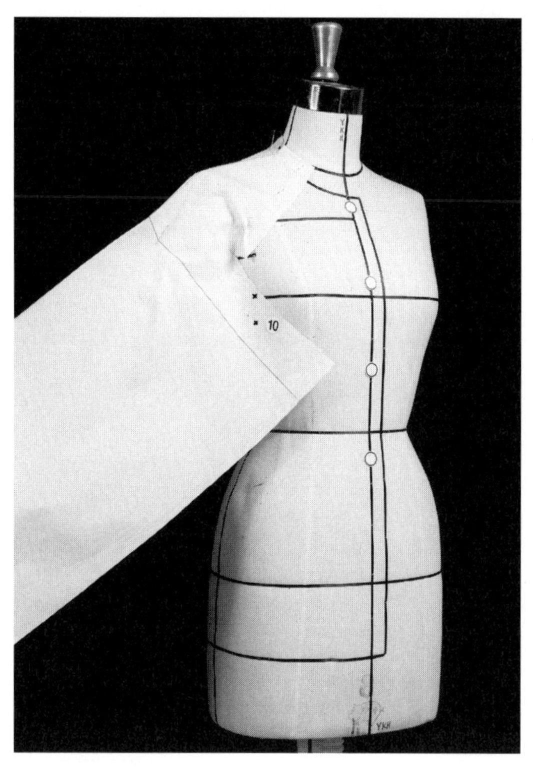

10 광목을 팔에 감싼 다음 팔의 겨드랑이점과 여유분을
   표시한다.

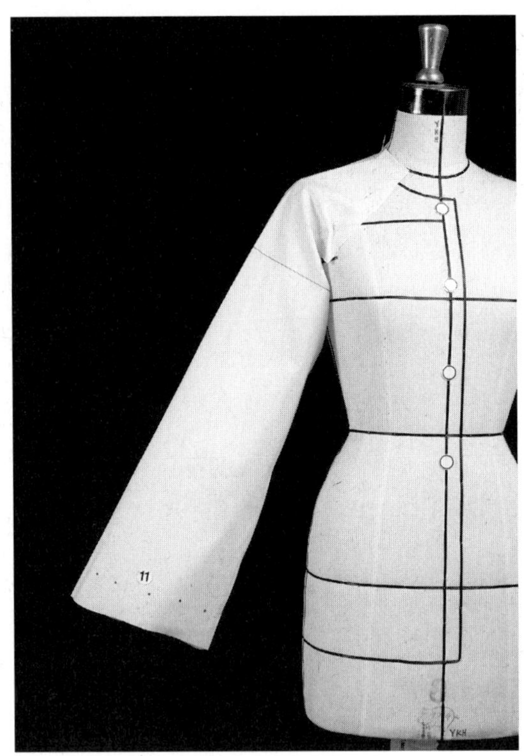

11 소매통을 연결하여 소매 볼륨과 길이를 정한다.

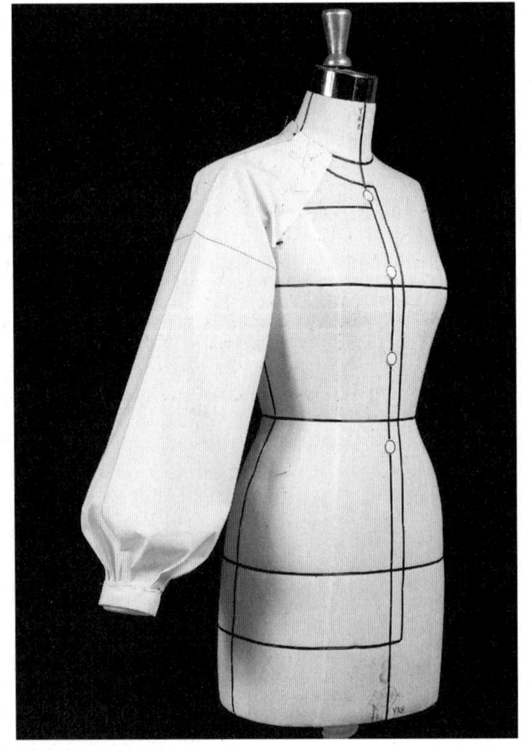

• 커프스의 너비와 볼륨을 정하여 소매와 연결한다.

• 모든 작업점을 표시한다.

칼라 밴드

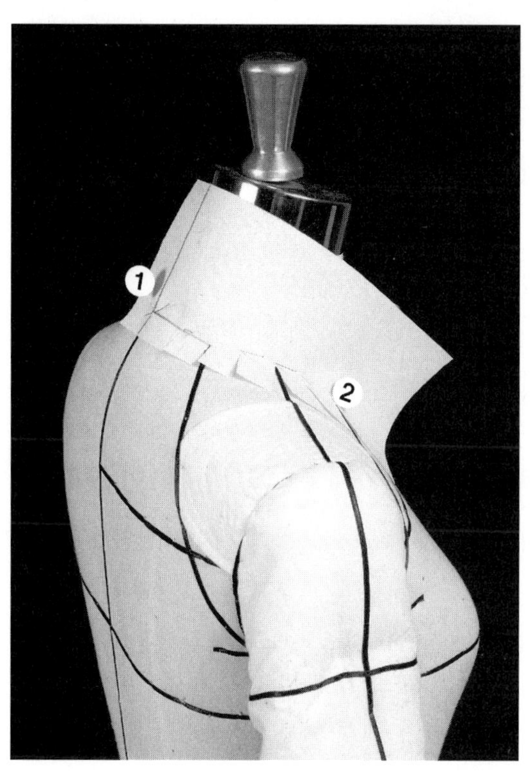

1 뒤 중심선을 고정한다.

2 차이나 칼라처럼 목에 붙는 듯한 볼륨을 유지하도록

하며 단계적으로 가윗집을 주면서 목둘레선을 찾는다.

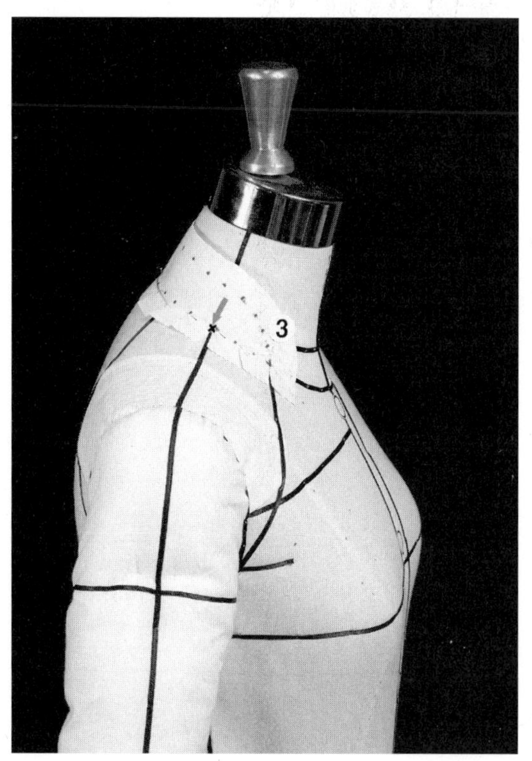

3 칼라 밴드의 모양을 정하고 모든 작업점을 표시한다.

• 어깨와 연결되는 곳의 접합점 표시를 잊지 않는다.

칼라

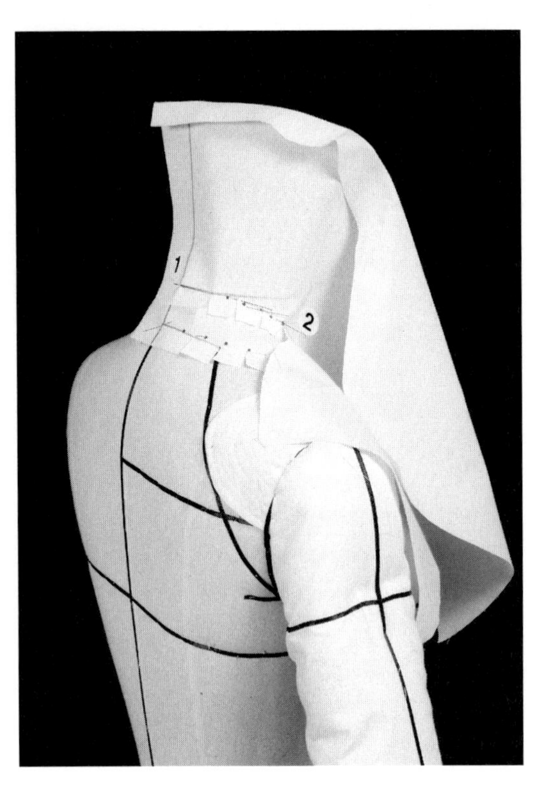

- 칼라 밴드와 연결하는 작업이다.

1 칼라의 너비를 정하고 뒤 중심선의 밴드 윗부분에 고정한다. 칼라 가장자리 시접은 접어놓는다.

2 칼라의 가장자리가 넓게 퍼진 듯한 느낌이 들도록 볼륨을 유지하면서 조금씩 단계적으로 작업하여 옆 목점까지 연결한다.

- 사진에서 보는 것처럼 밴드와 연결되는 아래쪽으로 광목이 많이 남아 있어야 한다(425쪽의 칼라 패턴을 살펴보도록 한다).

- 칼라 가장자리 시접은 접어둔다.

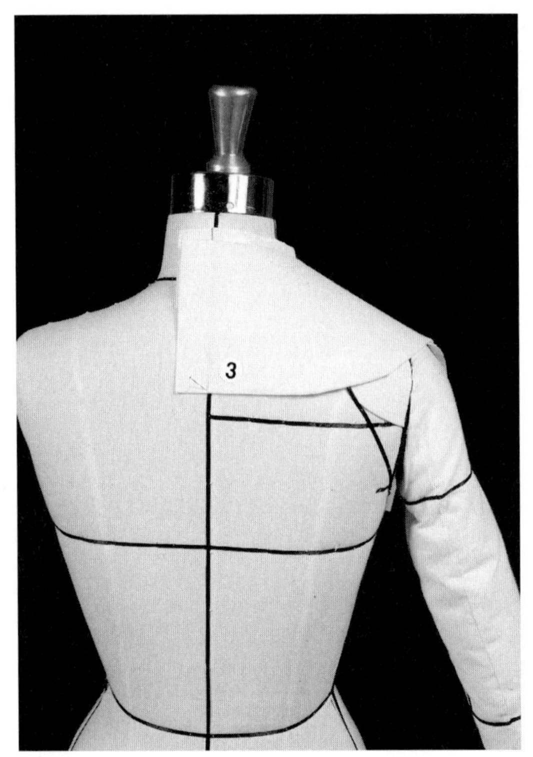

3 칼라를 접어서 뒤 중심선을 고정한다.

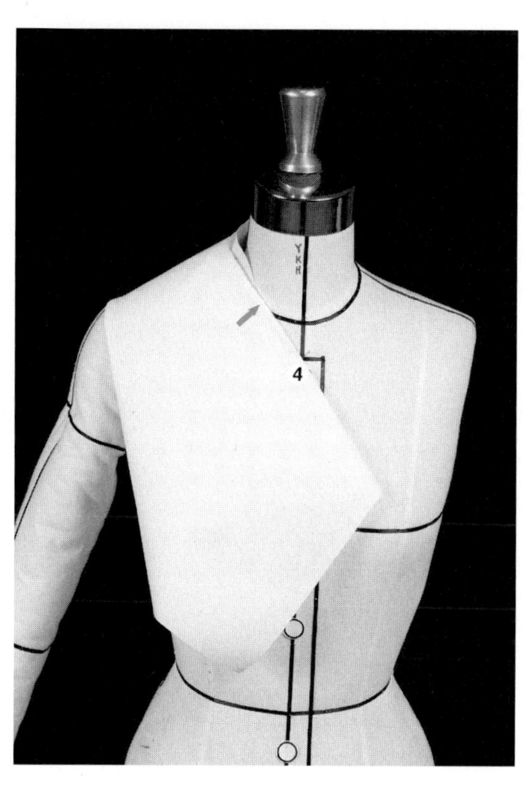

4 앞 중심선을 고정한다.

• 화살표가 가리키는 곳에서 칼라가 목에 닿아 있는 것
  을 볼 수 있다.

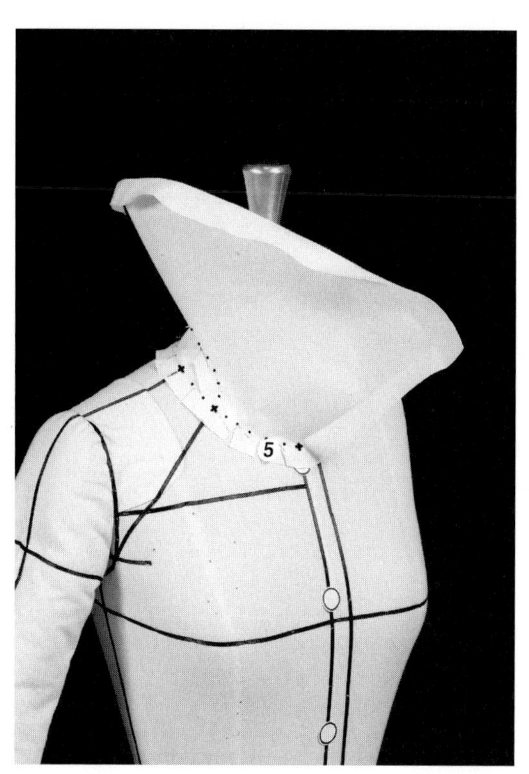

5 칼라를 펼쳐놓고 칼라 가장자리가 넓게 퍼진 듯한 볼
  륨을 유지하면서 조금씩 단계적으로 가윗집을 주어
  칼라 밴드와 연결하여 마무리하고 앞 목둘레선을 완
  성한다.

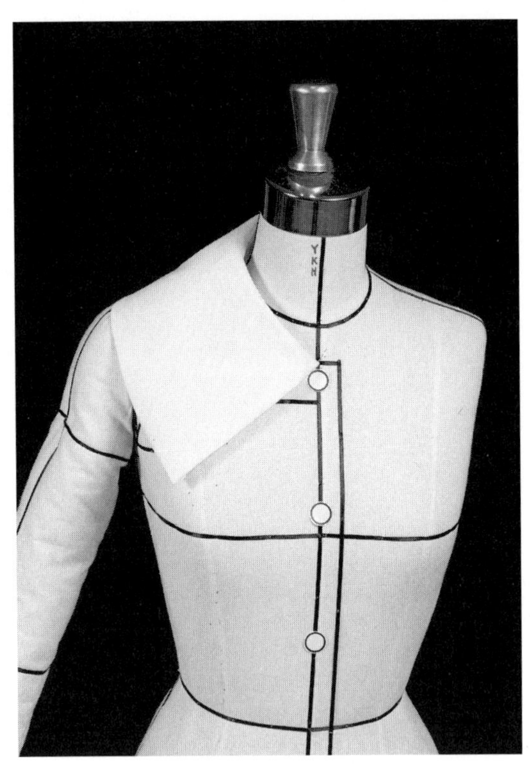

- 칼라 가장자리 시접을 접어가면서 모양을 완성한다.

4 볼륨 확인과 패턴 정리

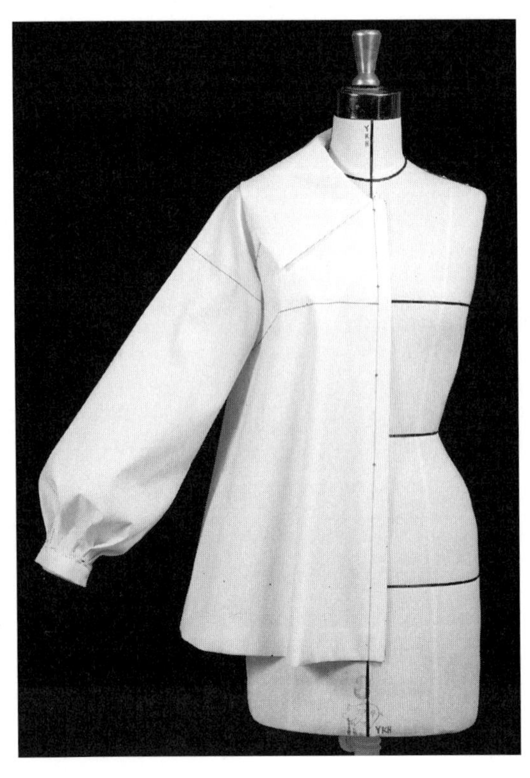

- 모든 시접을 연결한다.

- 앞면에서 볼륨을 확인한다.

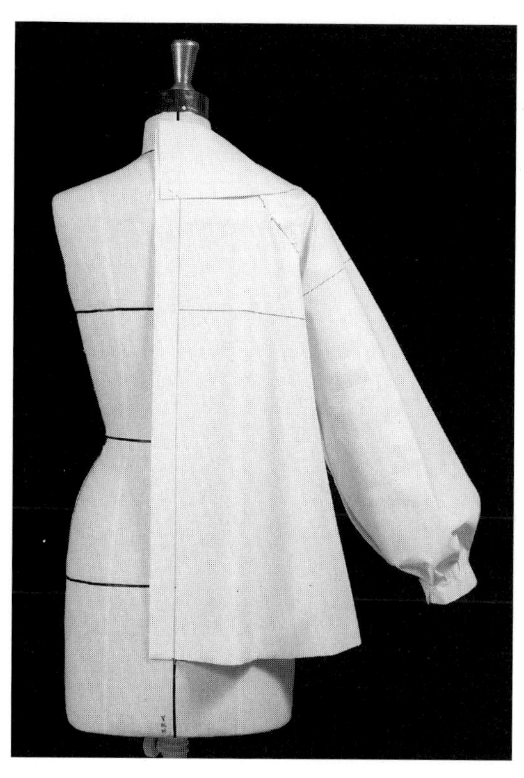

• 뒷면에서 볼륨을 확인한다.

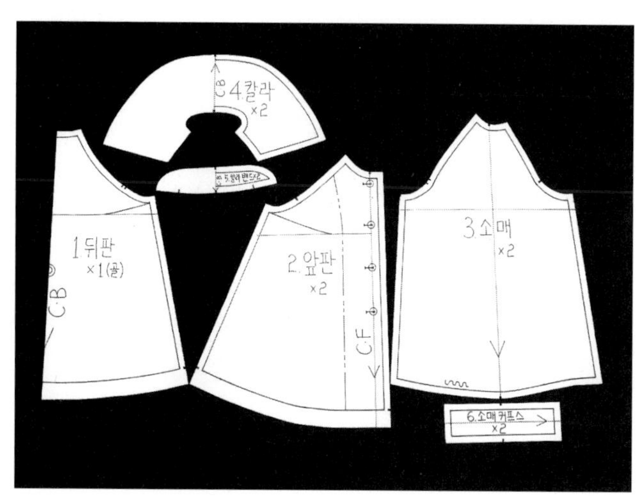

• 작업점을 따라 완성선을 그린다.

• 필요한 사항을 기록한다.

• 시접을 주고 시접선을 그린다.

• 시접선을 따라 자른다.

＊ **필요한 경우 앞 안단의 패턴도 따로 베껴낸다.**

 하이네크 칼라, 기모노 응용 소매 디자인 재킷

1 라인테이프 치기

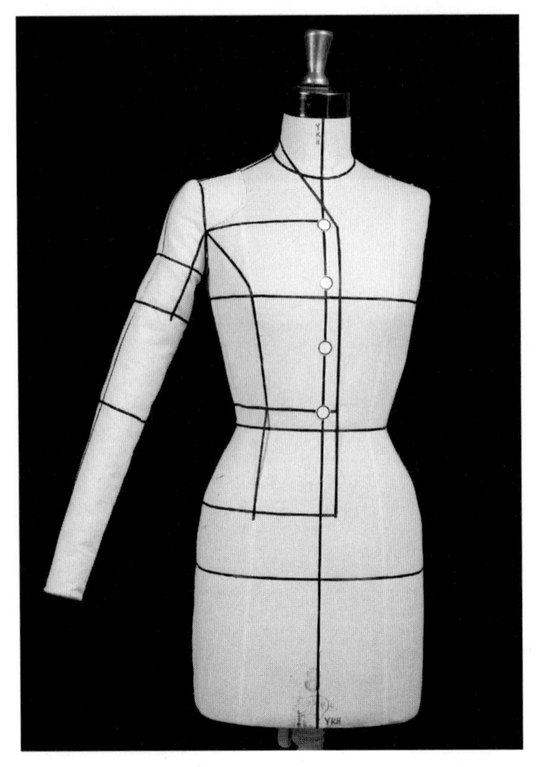

• 디자인에 따라 앞판에 라인테이프를 친다.

• 디자인에 따라 뒤판에 라인테이프를 친다.

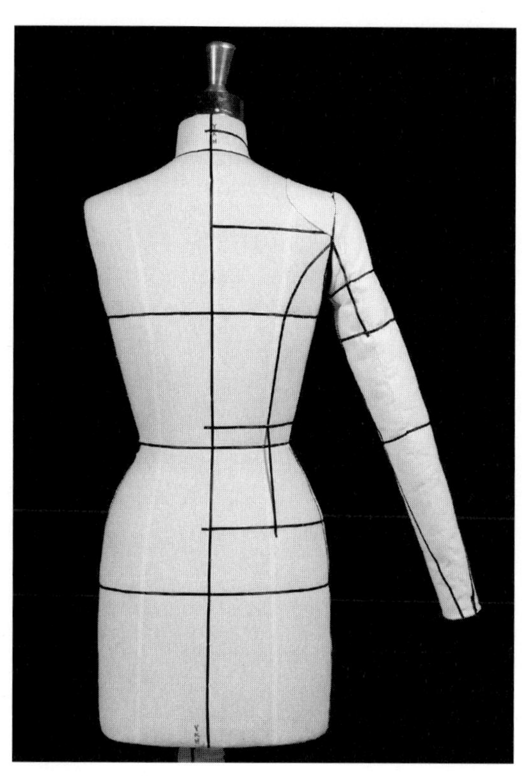

2 광목 준비

• 디자인에 따라 광목을 준비한다.

  예 **앞판 1장:** 너비 75cm, 식서 방향 길이 70cm

  뒤판 1장: 너비 75cm, 식서 방향 길이 70cm

  앞 옆판 1장: 너비 40cm, 식서 방향 길이 55cm

  뒤 옆판 1장: 너비 40cm, 식서 방향 길이 55cm

  밑소매 1장: 너비 30cm, 식서 방향 길이 25cm

• 중심선과 필요한 선을 그어서 준비한다.

3 드레이핑

앞판

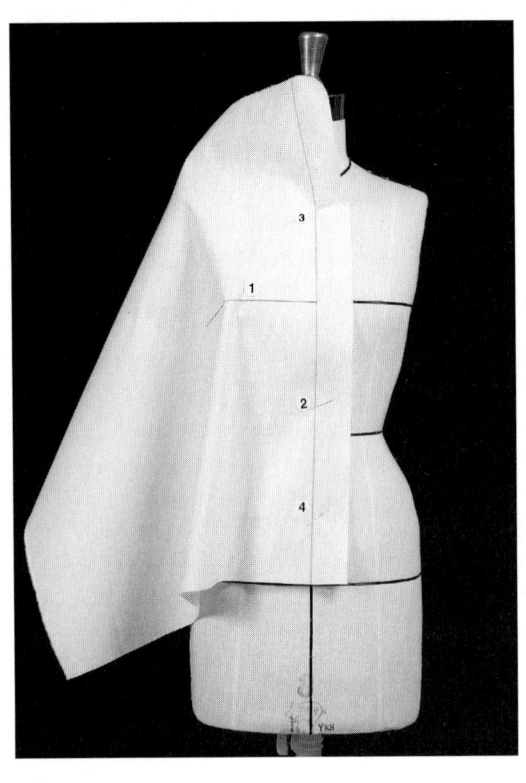

1 유두점을 고정한다.

2 허리선을 고정한다.

3 앞 목점을 고정한다.

4 앞 중심선 밑단을 고정한다.

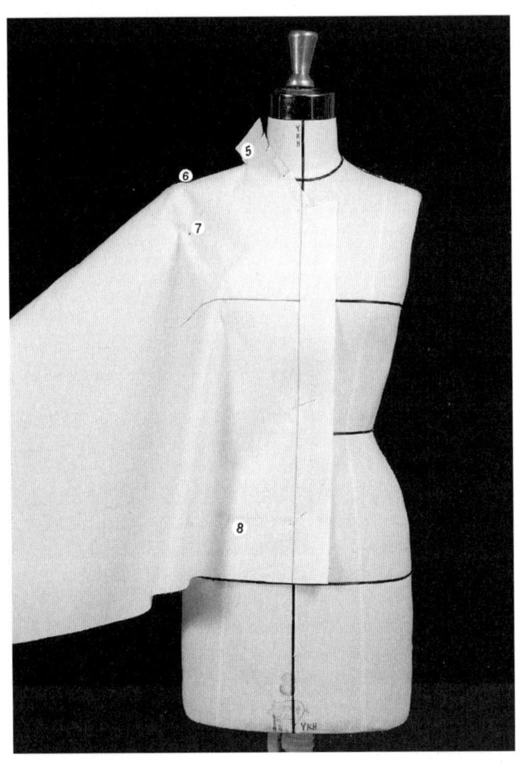

5 목둘레선을 따라 광목을 정리하면서 앞 목둘레선을
완성한다.

• 옆 목점에 가윗집을 준다.

6 어깨선을 고정한다.

7 품선 끝을 표시한다.

8 밑단을 고정한다.

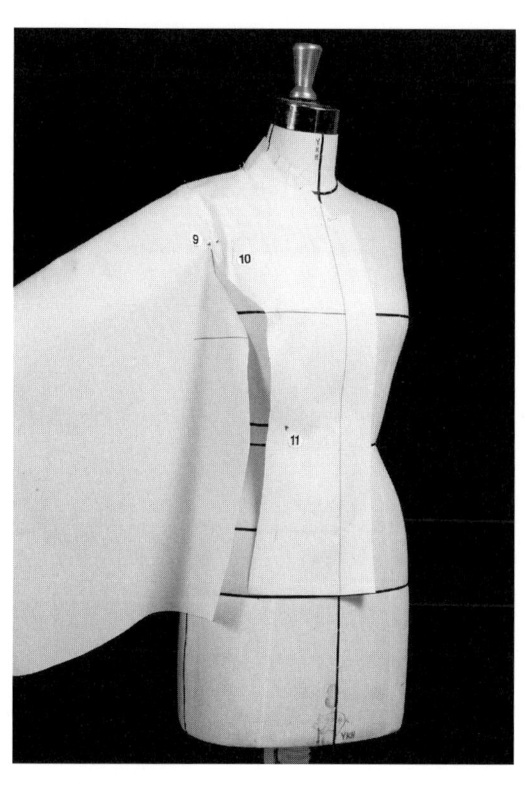

9 품선 끝에서 여유분을 주고 고정한다.

10 여유분이 움직이지 않도록 고정해둔다.

11 허리선을 표시하고 가윗집을 준 다음 고정한다.

• 광목을 잘라 정리한다.

＊ 소매가 연결될 것이므로 광목을 정리할 때 사진을 다시 한번 확인

하고 소매 부분의 광목을 훼손하지 않도록 유의한다.

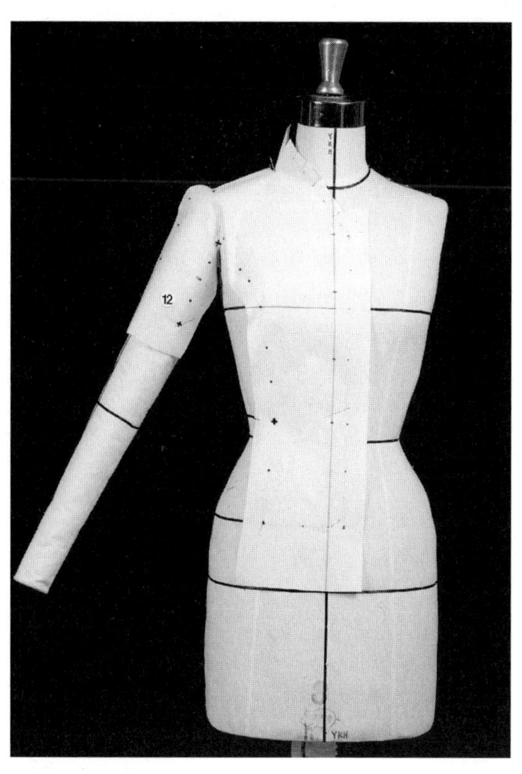

12 소매의 중심선과 절개선을 고정하고 모든 작업점을

표시한다.

앞 옆판

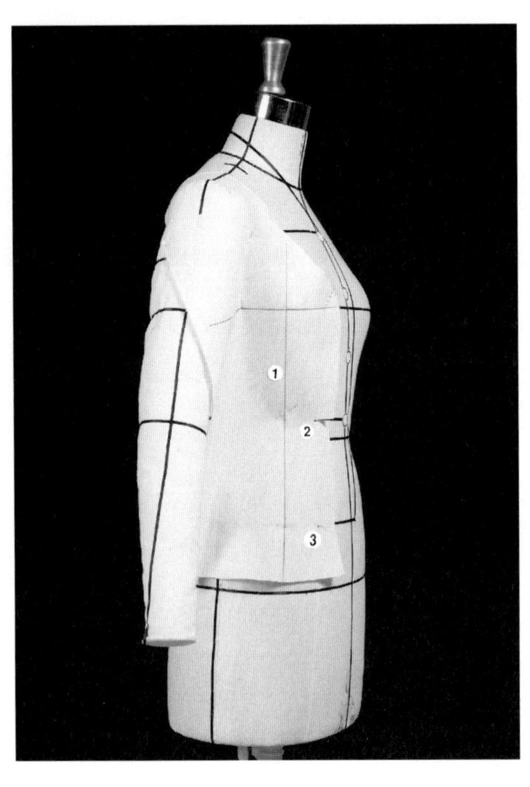

1 가슴선에 수직으로 위와 아래에서 움직이지 않도록
식서선을 고정한다. 식서선 양쪽 가슴선을 고정한다.

2 허리선을 찾아 가윗집을 주고 고정한다.

3 밑단을 고정한다.

• 광목을 정리한다.

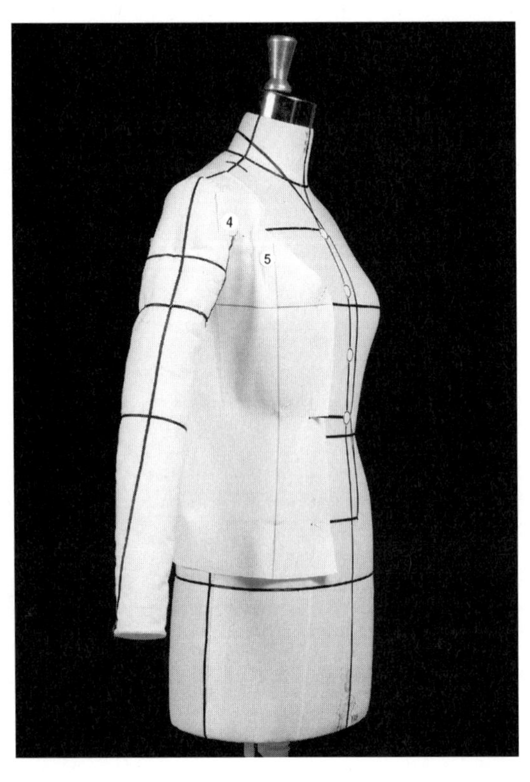

4 품선 끝에서 앞판과 같은 여유분을 준다.

• 품선 끝에 가윗집을 주고 광목은 팔 밑으로 보낸다.

5 여유분은 안으로 밀어 넣어 프린세스라인에 고정한다.

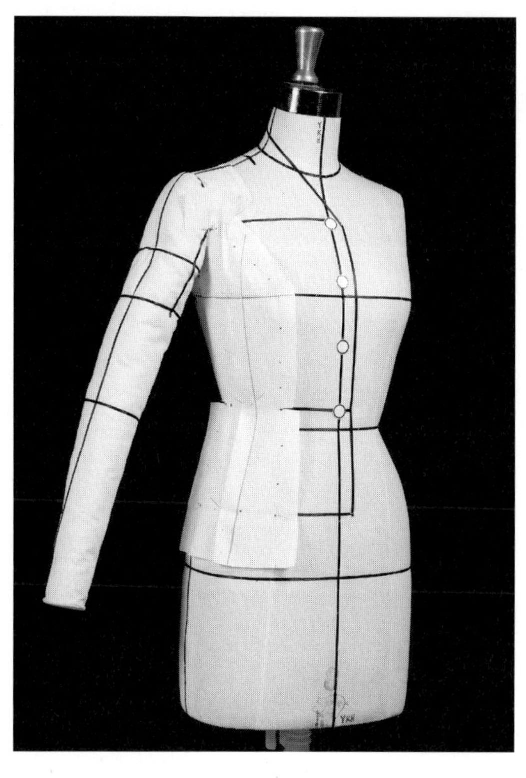

- 옆선에서 여유분을 주고 고정한 다음 모든 작업점을 표시한다.

- 겨드랑이 확장점 표시도 잊지 않도록 한다.

뒤판

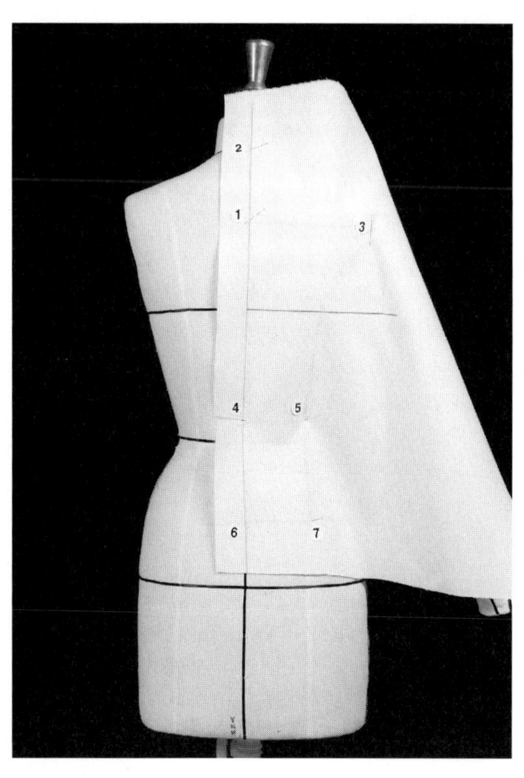

1 뒤 중심 품선을 고정한다.

2 뒤 목점을 고정한다.

3 뒤 품선 끝을 고정한다.

4, 5 광목을 쓸어 내리고 허리선을 고정한다.

6, 7 밑단을 고정한다

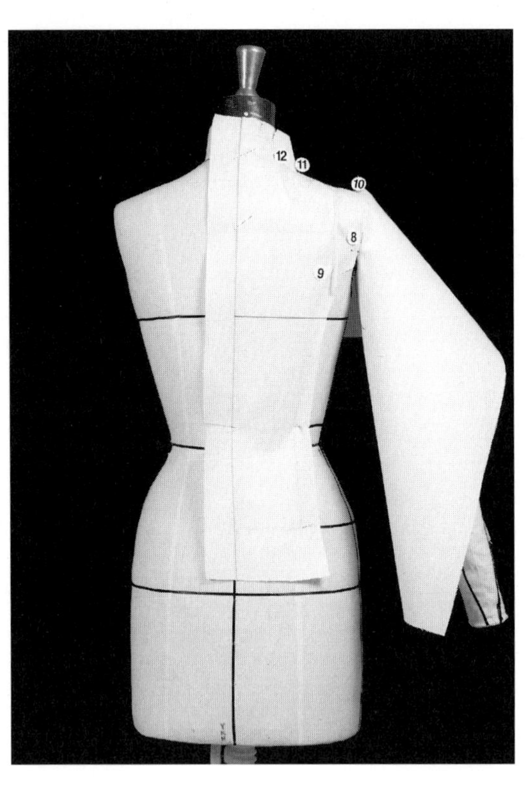

8 품선 끝에서 여유분을 준다.

9 프린세스라인에서 여유분을 주고 고정한다.

10, 11 어깨선을 고정한다.

12 뒤 목선에 남은 광목을 다트로 닫고 올라간 목둘레선
  을 완성한다.

• 프린세스라인을 따라 광목을 정리한다.

＊ 앞판과 마찬가지로 광목을 정리할 때 유의한다.

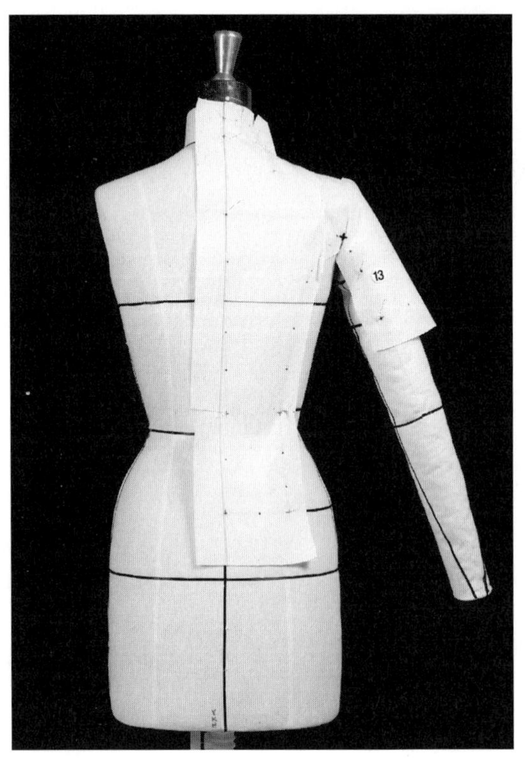

13 소매를 고정하고 모든 작업점을 표시한다.

뒤 옆판

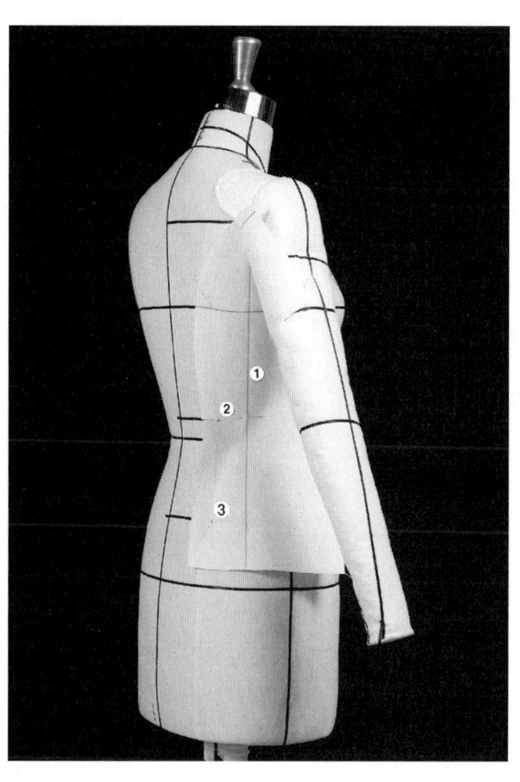

1 가슴선에 수직으로 위와 아래에서 움직이지 않도록

 식서선을 고정한다. 식서선 양쪽 가슴선을 고정한다.

2 허리선을 고정한다. 가윗집을 준다.

3 밑단을 고정한다.

• 광목을 정리한다.

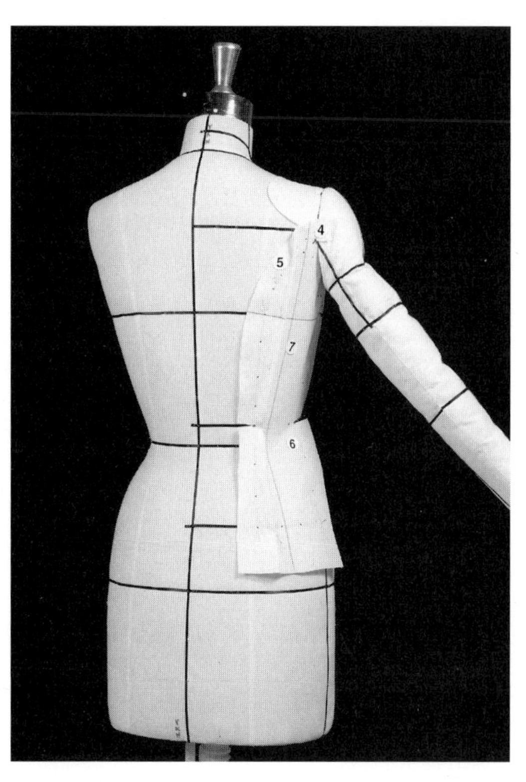

4 품선 끝에서 여유분을 준다.

5 여유분이 움직이지 않도록 프린세스라인을 고정한다.

6 옆선에서 여유분을 준다.

7 여유분이 움직이지 않도록 고정하고 모든 작업점을

 표시한다.

• 겨드랑이 확장점 표시도 잊지 않도록 한다.

밑소매

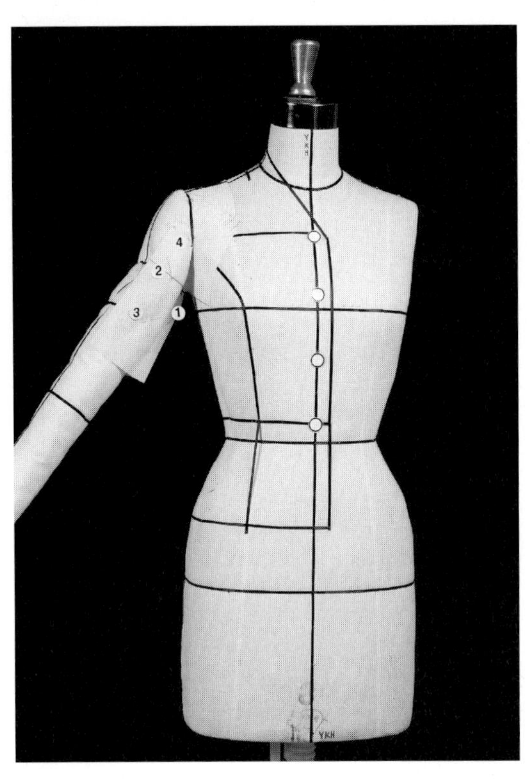

- 앞뒤 밑소매는 한 장으로 작업한다.

1 몸판의 겨드랑이점과 같은 여유분을 집어서 고정한

   다음 팔의 겨드랑이점에 고정한다.

2 위 팔둘레선을 따라 고정한다.

3 소매 밑단을 고정한다.

4 프린세스라인의 연결점을 고정한다.

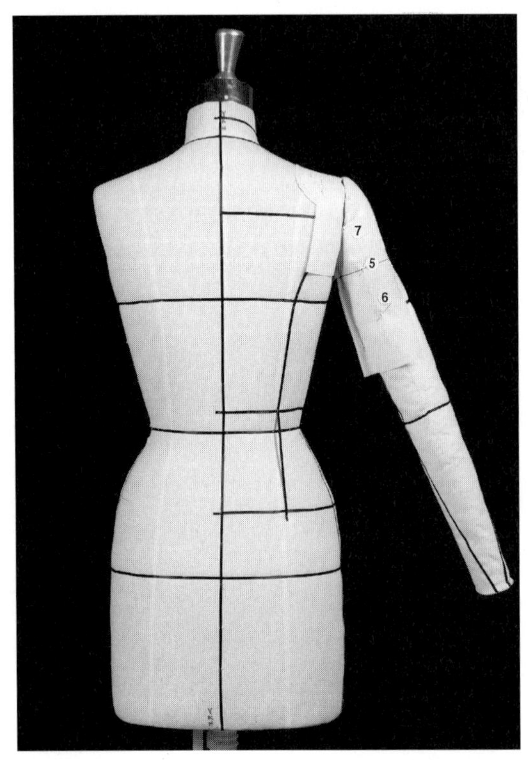

밑소매

5, 6, 7 앞부분과 마찬가지 방법으로 뒷부분 밑소매도

   완성한다.

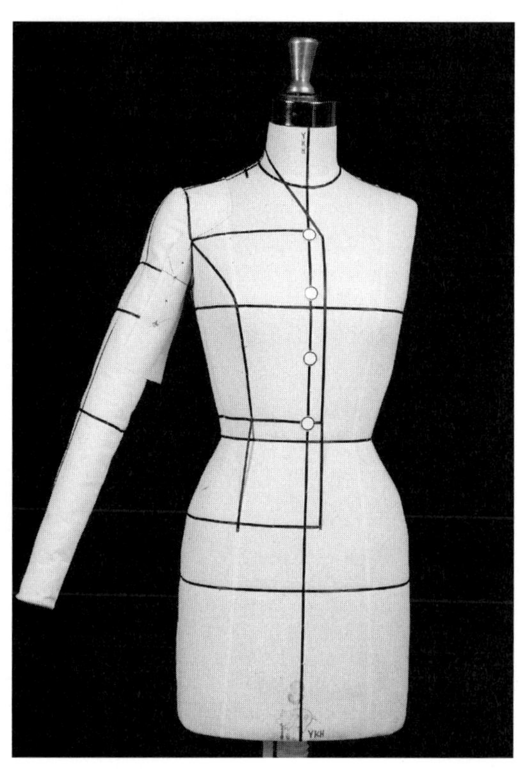

- 모든 작업점을 표시한다.

4 볼륨 확인과 패턴 정리

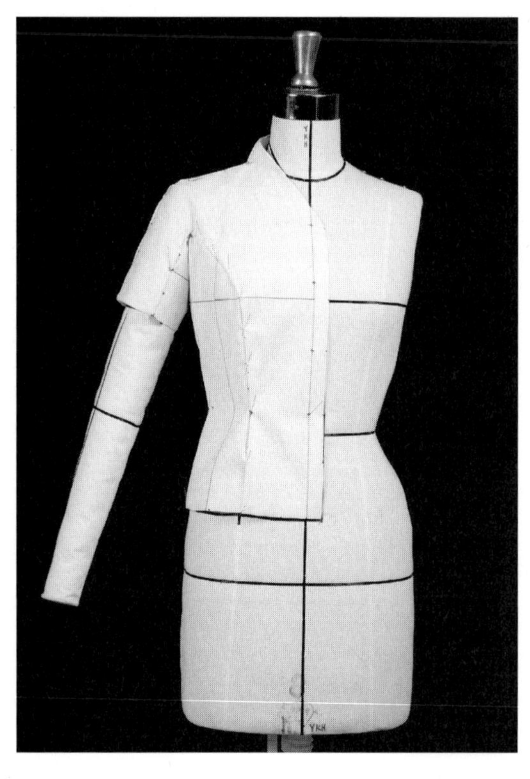

- 모든 시접을 연결한다.

- 앞면에서 볼륨을 확인한다.

• 뒷면에서 볼륨을 확인한다.

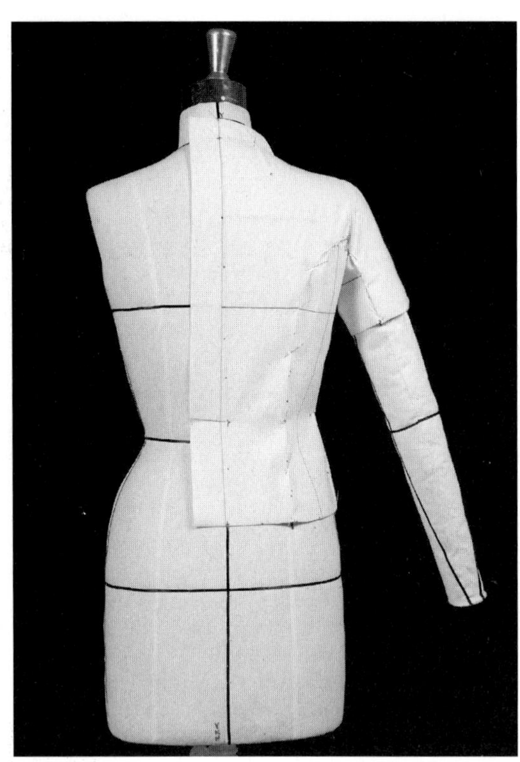

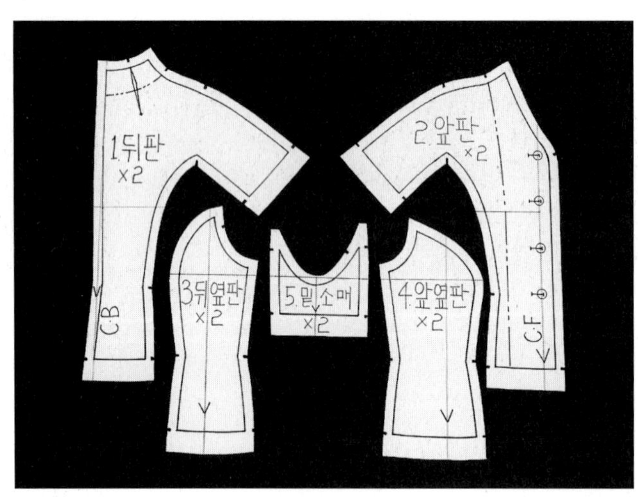

• 작업점을 따라 완성선을 그린다.

• 필요한 사항을 기록한다.

• 시접을 주고 시접선을 그린다.

• 시접선을 따라 자른다.

＊ 필요한 경우 앞뒤 판의 안단을 따로 베껴낸다.